有关人类宏观进化与微观演化的新认识

李法军 著

第二版

生物人类学

Biological Anthropology

A rec...

...uman macro and micro evolution

中山大学出版社
SUN YAT-SEN UNIVERSITY PRESS

·广州·

图书在版编目（CIP）数据

生物人类学 / 李法军著 . —2 版 . —广州：中山大学出版社，2020.12
ISBN 978-7-306-07014-2

Ⅰ . ①生… Ⅱ . ①李… Ⅲ . ①人类学—高等学校—教材 Ⅳ . ① Q98

中国版本图书馆 CIP 数据核字（2020）第 207184 号

SHENGWU RENLEIXUE

出 版 人：王天琪
责任编辑：张　蕊
封面设计：李法军　李澍尧
装帧设计：林绵华
责任校对：苏深梅
责任技编：何雅涛
出版发行：中山大学出版社
电　　话：编辑部　020-84111997，84111996，84113349
　　　　　发行部　020-84111998，84111981，84111160
地　　址：广州市新港西路 135 号
邮　　编：510275　　　传　　真：020-84036565
网　　址：http://www.zsup.com.cn　　E.mail：zdcbs@mail.sysu.edu.cn
印 刷 者：广州市友盛彩印有限公司
规　　格：787mm×1092mm　1/16　41.5 印张　1000 千字
版次印次：2007 年 3 月第 1 版　　2020 年 12 月第 2 版　　2024 年 7 月第 3 次印刷
印　　数：5031~5330 册
定　　价：195.00 元

谨以此书献给

朱泓先生七十寿辰

内 容 简 介

近 12 年来，国际和国内的生物人类学获得了长足的进展。面对不断涌现的新材料、新现象、新问题、新理论，我们需要做出适时的总结和回应。在全球视野下，以历史的维度持续考察人类的进化过程和个体的生命过程，将有助于我们更深刻地理解"构建人类命运共同体"这一全新论题的历史意义和现实意义。

现在看来，本书第一版有诸多方面需要修正。首先是总体结构，原有结构因部分细节的缺失而显得不完整。其次是逻辑顺序，初版部分内容缺乏足够的连贯性。再次是专业内容，初版缺乏对灵长类生物性的系统比较，生物考古学和法医学信息也较为匮乏。

新版共分为四编二十三章。第一编"我们是谁：人类生物性的自我解析"系统地阐释了现代人类生物性和遗传性的特征及其变异。第二编"我们是独特的吗：人类在自然界中的位置"从比较解剖学的视角展示了现代人类生物学特征的一般性和特殊性。第三编"我们从哪里来：漫漫演化之路"依据化石证据、考古学发现和遗传学分析，揭示了人类宏观进化与微观演化的过程。第四编"窥探逝去的岁月：基于人类生物遗存的生物考古学重建过程"专注于生物考古学和法医人类学的相关信息和最新进展。

本书图文并茂，包含 800 余幅图片。它既可作为人类学、考古学等学科的专业教材，也适合其他领域相关人士阅读和参考。

目　录

生物人类学
（第二版）

第二编　我们是独特的吗？
——人类在自然界中的位置

第三编　我们从哪里来？
——漫漫演化之路

生物人类学
（第二版）

专题

《我们从哪里来？我们是谁？我们到哪里去？》（*D'où Venons Nous / Que Sommes Nous / Où Allons Nous*），保罗·高更（Paul Gauguin）（法国），139.1×374.6 cm，美国波士顿美术馆藏

每当仰望星空的时候，我们就开始了和宇宙过往的对话。星际的浩瀚让人类感到自我的渺小。在心存敬畏的同时，人们也在不断地追问自己：宇宙从何而来？我们从何而来？我们又将走向何处？这些追问来自人类的普遍意识，存在于每个人的头脑之中，挥之不去。

自古以来，人类对事物的认知是多元的。无论是列维–布留尔表述的"原始思维"逻辑，还是恩斯特·海克尔的自然科学唯物主义，抑或是宗教、哲学及古史传说对人类历史的态度，都是人类对自我认知的产物。自达尔文以来，科学主义的视角为这种认知提供了更可循迹的可能性（Darwin，1859）。现代达尔文主义从绝对理性思维的视角探索人类的过去，努力回答着"我们是谁？"的疑问。

生命的多样性是赋予这个蓝色星球最珍贵的礼物，它保证在这个星球上的任何生命类群都能相互依存，各得所需（Chivian 和 Bernstein，2017）。从太空俯瞰地球，它简直就是一个蓝色的水世界。在碧蓝色的海洋中，参差绵延的海岸线将大陆凸现出来。在这个蓝色的星球上，无数类别的生命和非生命物质共同构造了一个多彩的世界。

陆地上、海洋里和天空中，无数的生命体本能地汲取能量，不断

地繁衍生息，生命与非生命物质构成了一个完美而和谐的自然生态系统。如果以更微观的视角聚焦到一片热带雨林，我们会发现，那里居然存在着无数无法想象到的奇异物种；或者聚焦到几处荒漠沙丘，我们也会惊异于那里存在的众多的具有顽强生命力的物种。

人类是无数类别的生命形式之一，是一个具有独特性的物种。在色彩斑斓的生命类群当中，我们人类自诩是这个小宇宙里的主人。虽然人类自身的多样性特征早已被人类自己察觉，但是作为"主人"的我们，对自己又了解多少呢？人类来自何时、何地、何种？人类自身为何会有迥异的外貌？今日人类的体质特征自初始就如此吗？若是不同，这些特征又经历了怎样的演化过程？人类是具有高度发达意识的物种，在很大程度上摆脱了物种本能的束缚，能对自身的来历进行探求。正是人类的这种能力，才使人类在众多的高等物种中脱颖而出。

在笔者看来，文化的本质即是人类的生物性对自然生态系统的适应性结果。这种适应性逐渐获得了回报，人类开始依靠文化渐渐摆脱对自然生态系统的依赖，这种反作用又促使人类朝着独特的方向发展。接下来的问题是，人类将会如何演化？

所有这些关于人类的问题，是人类对自己的提问，而这些问题也只有人类自己能够回答。但所有这些问题并不是所有人都能够解答得了的，因而人类发明了一种专门知识来探索和寻找答案。这门知识便是人类学。

本书不仅试图勾勒出目前我们对自身起源与演化的种种动人猜想（故事），而且希望告诉读者人类学家们是如何获得关于人类演化过程认知的灵感以及如何实现或论证他们的猜想

的。或者说，它既讲述一个关于人类演化的故事，又告诉读者人类学家们是如何编写这个故事的。

一、关于人类学

人类学是一门具有广阔视野的学问。人类学提供了人类认识"人、族群、文化、社会的理论和方法"（庄孔韶等，2002）。人类学家们身体力行，游走于书斋与田野之间，试图揭示人类体质的宏观进化和微观演化规律以及文化嬗变的原因、过程和结果（李法军等，2013；Ehrlich，2014；Kottak，2014）。人类学家们通过实践性的田野工作，执着于探索人性与文化的根源与流变。人类学的这一特点使从事这一学科研究的人不得不在一生当中专注于某一个方面的探索，只有少数人才拥有足够的精力涉足几个方面的研究。例如，生物人类学家专门研究作为生物有机体的"自然的"人，而文化人类学家则专注于研究具有人类的行为、价值和观念的"文化的"人（李法军，2007）。

（一）生物性与文化性

"谁要了解人类如何达到现在的生活状态和生活方式，就应当先明确知道：人是不久前才到达地球的外来者呢，还是地球上的固有居民；他们是一出现就分成各种不同的种族并具有现成的生活形式呢，还是在许多世纪的长时期中，才逐渐形成这些种族及其生活形式。为了解答这些问题，我们的首要任务是对人类各个不同的种族，他们的语言、文明和最古老的文化遗留进行一番大略的认识，并且看一看用这种方法所能得到的那些有利于说明人类自古就生存在地球上的证据。"（Tylor，1881）

人类本身所具有的生物性和文化性这两种属性决定了人类学家的特质。可以说，人类学是研究人类的生物性与文化性的科学。人类学家的研究方法并不具有任何独特性，具有独特性的是他们的研究视角，人类学强调的是一种整体观。他们关心人类的双重属性对人类演化的影响，是依据一种"整体"的历史发展观点来考察发生于人类自身的种种变化，并重视考察其生物性和文化性之间的内在联系和相互作用（李法军，2007）。

人类学家认为，他们的发现并不独立于生物学家、解剖学家、心理学家、社会学家或者经济学家的那些发现。人类学家一直强调，为了实现了解人类的多样性的目标，欢迎其他学科的支持和帮助，并乐于贡献人类学家自己的专门成果（Haviland，1993）。例如，人类学家们应用基础解剖学和生理学的知识来研究人类第三臼齿的形态演化过程，从较长尺度的时间和空间框架内分析第三臼齿对人类生物性和文化性演化的重要意义（刘武等，1996；刘武和杨茂有，1999）。在这里，人类学家关心的并不是人类第三臼齿在个体上的差异性，而是在关注人类这一物种的视野下，以群体为单位去发现隐藏在第三臼齿形态演化之后的人类的演化过程。

生物性与文化性，也可以被当作人类自身的"人性"与"技性"。人性的光芒因其技性的融合而变得熠熠生辉，没有技性的人性是平庸的，而没有人性的技性是无序的。正是由于人类生物性和文化性的协同发展，人类才拥有了感性和理性的思维与行为。人类学对人性与技性关系的深入解读，让我们更加全面地了解自我，努力回答"我们从哪里来？我们是谁？我们到哪里去？"的自我追问。

（二）人类学的学科传统与分类

人类学是伴随着欧洲殖民时代的到来而逐渐产生的。但是，欧洲各国对人类学含义的理解的不同，导致人类学在不同国家的研究旨趣也不同，即使是在同一国家内部也会出现差异。即便今日，这种差异依然存在。

英国的人类学传统是将这门学科划分为四个相关的领域：体质人类学、考古学、民族学和语言人类学。这种"四分支传统"的模式可被理解为广义人类学（Binford，1962）。目前，世界上的英语国家和地区一般采用这个划分标准，但是在名称上出现了差异。例如，美国的"体质人类学"有逐渐被称为"生物人类学"的趋势，但二者的实质是一致的（李法军，2007；李法军等，2013）。在下面的"生物人类学"部分会讲到二者的关系。

欧洲大陆国家（如德国、法国和俄罗斯）的人类学传统一直强调人类学的生物性研究定位，有关文化部分的研究则由社会文化人类学或民族学来承担（罗金斯基和列文，1993）。日本的某些研究机构也将人类学研究限制在灵长类的研究范围内。越南至今依然将体质人类学作为人类学的主体概念，盖因其延续了苏联的学术传统。在这些国家中，"人类学"具有明确的研究范畴，是一种狭义人类学。

中国的人类学在新中国成立前遵循广义人类学的传统，新中国成立后至改革开放初期转变为狭义人类学的传统，改革开放后大多数研究机构又逐渐将之转变为广义人类学的传统。目前，在中国（除中国香港、中国澳门、中国台湾），唯一保持了人类学"四分支传统"的地方是中山大学。其社会学与人类学学院人类学系的教学和科研体系中仍然涵盖着文化人类学、考古学、语言人类学和生物人类学四个领域。

1. 文化人类学

爱德华·泰勒（Edward B. Tylor）认为"文化"是"包括知识、信仰、艺术、道德、法律、习惯以及作为社会成员的人所获得的任何其他才能和习性的复合体"（Tylor，1871）。文化具有如下一些特征：它是共享的、习得的、整合的以及以符号为基础的，而文化能力根植于我们的生物本性（Haviland，1993）。正如本书中所展示的那样，在人类宏观进化的过程中，文化的发生和发展对古人类的自然进化产生了极其深刻的影响。

文化人类学专注于研究关于人类文化的一切过去、现在和未来，它对人类自身的文化性和生物性二重特征有着独到的理解和阐释（如图 I-1 所示）。如同生物人类学与其他自然科学有着紧密的联系一样，文化人类学同其他社会

图 I-2　捕猎海龟的安达曼岛人

学科也有着紧密的联系。

社会学被认为是与文化人类学最为相近的学科，因为它们的研究都是描述和解释社会背景中的人类行为，但是社会学更倾向于研究文化共同体内部的现象，而文化人类学则更倾向于跨文化研究。在这两种学科发端之时，社会学被认为是研究西方自身文化和社会的学科，而文化人类学是研究非西方社会和文化的，是研究西方社会之外的"他文化"的（如图 I-2 所示）。

2. 考古学

考古学与历史学具有许多相似之处。例如，它们都是研究人类过去的文化与社会。但有所不同的是，历史学家更依赖于文字记载，而考古学家则更重视文化遗存（如图 I-3 所示）。它们的研究工作是可以互补的。历史学家不能直接了解文字以前的历史，而考古学家可以为他们提供这方面的信息；考古学家不能不重视历史学家所记载的真实历史，并循此来理解历史时期的诸多有趣现象。

考古学家能为生物人类学家提供研究人类演化和变异所必需的实物资料（Binford，1962、

图 I-1　深入访谈是文化人类学田野调查的重要方法
（© 李法军）

图 I-3 河北新乐何家庄遗址考古发掘
（承蒙许永杰授权使用）

1972；Jurmain 等，1984；中国社会科学院历史研究所和中国社会科学院考古研究所，1985；吴汝康等，1999；Renfrew 和 Bahn，2012；刘

图 I-4 广西崇左冲塘遗址探方所示地层
（承蒙何安益授权修改使用）

武等，2014）。虽然生物人类学家也经常独立进行考古性质的发掘工作，但诸多的发现大多是由考古学家来完成的。考古学的记录方法和年代测定方法为生物人类学家提供了人类遗骸的相对年代或绝对年代，这对生物人类学家的研究工作极为重要。

考古学在不同的人类历史发展背景下，产生了各具特色的研究模式。例如，中国的考古学根植于中国文化历史传统（刘莉和陈星灿，2017）。中国的土木式建筑风格、南北方的耕作方式以及几千年来民族融合的文化特征，使中国的考古学必然产生自己的理论体系。具有中国特色的地层学和类型学方法、文化区系类型模式以及民族考古学方法都是适应于中国文化传统研究的产物（如图 I-4 所示）。旧石器考古的发现更为古人类学研究提供了必需的古人类化石和诸多文化信息。

3. 语言人类学

语言人类学被认为是语言学和人类学相结

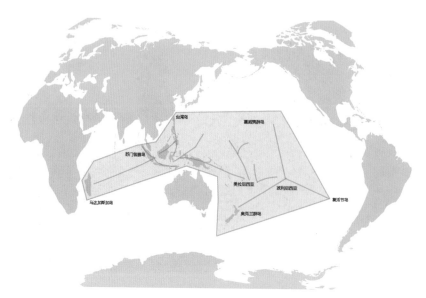

图 I-5　南岛语族扩散路径

合的产物。语言是人类所独有的文化符号交流系统，它使人类的文化得以代代相传。语言人类学的研究对象是人类的语言，语言是人类文化的表现形式，是族群的重要特征之一（何俊芳，2005）。语言人类学家通过对语言进行描述和记录，可以为其他人类学领域提供关于人类如何交流以及他们如何理解周围世界等的信息（如图 I-5 所示）。

生物人类学需要考虑语言人类学的研究成果以分析人类语言及相关器官的演化问题（Relethford，2010）。例如，当生物人类学家将人类和其他高等灵长类进行比较研究时，一个重要的问题就是要考虑语言是否是人类所具有的独特特征。如果是的话，那么究竟是什么样的生物学和行为学差异导致人类拥有语言而其他高等灵长类却没有？

4. 生物人类学

生物人类学关注人类生物性的进化与变异问题，"是研究人类的体质特征在时间上和空间上的变化及其规律的科学"（朱泓，1993；朱泓

等，2004）。生物人类学家的基本任务是解答下列一些问题：人类是什么？人类进化的化石证据充分且可信吗？现生人类为何如此相似或不同？人类的生物性和文化性是如何相互作用的？（Trevathan 和 Cartmill，2018）

要解答这些问题，生物人类学家必须就下列方面进行探讨：人类起源研究、人类微

图 I-6　吴汝康先生在进行古人类化石研究（承蒙刘武授权使用）

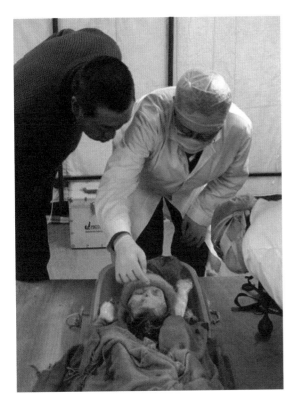

图 I-7 朱泓教授在新疆罗布泊地区距今 4000 ～ 3500 年的小河墓地进行木乃伊分析

（承蒙朱泓授权使用）

图 I-8 赵欣博士在中国社会科学院考古研究所科技考古中心进行古 DNA 实验工作

（承蒙赵欣授权使用）

图 I-9 珍妮·古多尔（Jane Goodall）与幼年黑猩猩福临（Flint）的第一次接触

（© the Jane Goodall Institute，2019）

观演化研究、灵长类研究、古病理学研究、营养健康研究和群体遗传学研究等（Clark，1972；Brothwell，1981； 吴汝康，1989；L. L. Cavalli-Sforza 和 F. Cavalli-Sforza，1995；Larsen，1997、1999、2010a、2010b；Hoppa 和 Fitzgerald，1999；Relethford，2000； 周慧，2010；Bass，2005；Stanford 等，2005；Buikstra，2006；吴秀杰等，2007；Brickley 和 Ives，2008；Katzenberg 和 Saunders，2008；Weiss，2009；Fuentes，2012）（如图 I-6 至图 I-9 所示）。

此外，作为一种实用性研究手段，法医人类学的方法也被广泛地应用到现代刑事案件侦破和司法审判当中（如图 I-10 所示）。而作为形态学研究的基本方法，人体测量学也被大量应用于人体工程学和生产实践领域。

在目前的国际学术界中，"生物人类学"和"体质人类学"这两个概念是通用的。实际上，"体质人类学"是最初的名称，"生物人类学"一词的出现是相对晚近的事情。从 20 世

图 I-10 法医人类学工作现场
（© 李法军）

纪 50 年代开始，体质人类学家逐渐熟知并开始引入遗传学方法，群体遗传学研究也在这时开始被重视起来。这样，传统的体质人类学研究内容便从灵长类研究、人类起源研究、人类微观进化研究等方面扩展到对人类群体生物性的考察，特别是对群体遗传学的考察上来（L. L. Cavalli-Sforza 和 F. Cavalli-Sforza，1995；周慧，2010）。因此，"生物人类学"一词开始逐渐出现在人们的视野当中（李法军，2007；李法军等，2013）。

1859 年，法国人类学家保罗·白洛嘉（Paul Broca）在巴黎创建人类学学会（Little 和 Kennedy，2010），这标志着体质人类学学科的真正确立。随后，欧美各国陆续成立了自己的人类学学术机构并进行了大量相关研究（Blumenbach，1865；Hrdlička，1919；Brace，

2010；Ortner，2010；Szathmáry，2010）。

在现代学科意义上的体质人类学于 19 世纪末 20 世纪初期传入中国之前，其作为学科基础的知识体系有着漫长的发展过程（朱泓，1993；朱泓等，2004）。民国时期，体质人类学者已经在诸多分支领域取得了令世人瞩目的成果。新中国成立后，体质人类学取得了长足的进展，逐渐确立了在国际学术界的崇高声誉。20 世纪 80 年代以来，中国各级高校和科研院所为体质人类学培养了大量杰出的人才，极大地促进了这门学科的发展（刘武，2020）（如图 I-11 所示）。

"二战"结束后，体质人类学研究不再重视人类作为生物和文化共同体的存在，而将其仅仅视为变异明显的类型存在，这实际上已经偏离了经典达尔文主义的研究框架。20世纪 50 年代初，美国学者舍伍德·华什伯恩

图 1-11 1983 年四川大学历史系体质人类学进修班合影（承蒙朱泓授权使用）

近 30 年来，生物人类学（体质人类学）已经逐渐脱离了 19 世纪纯粹的种族形态学的方法和概念的束缚。有关早期人群骨骼遗存的研究已经进入了一个令人鼓舞的新时期，在生物性和文化性视野下的人类变异研究业已成为人类进化研究的重要内容。这种研究旨趣的转变主要体现在由 19 世纪专注于描绘人群稳定的种族边界变为应用进化生态学方法去认识遗传多样性和体质可塑性之间的复杂联系。

（Sherwood Larned Washburn）提出了"新体质人类学"概念，其核心内容包括：①灵长类进化过程研究；②人类变异的研究；③回归基于遗传理论的达尔文主义；④人种须被视为人群而非类型；⑤继续迁移、遗传漂变和自然选择而非突变的研究；⑥形态适应性与功能研究。"新体质人类学"将先前一直重视人类种族研究的学术传统重新带回达尔文主义的方向上来，并逐渐引入群体遗传学理论和大量的统计学方法。这些转变大大增强了体质人类学的"科学"话语权（李法军，2007；Haraway，2017）。

但是，在战后很长时间里，整个体质人类学的研究还是基于形态学的，许多研究是由数据决定的而不是由问题引导的（Larsen，2010）。例如，美国的体质人类学在相当长的时间内（1930 年至 1980 年），其研究主要集中在骨骼生物学的形态描述层面上，缺乏足够的理论创新、科学的推理和解释以及深刻的问题意识（Lovejoy 等，1982）。

这种方法论的重新定位已经引发了全新的研究模式，即应用新的生物考古学方法分析早期人类骨骼遗存，特别是应用文化的、生物的和古环境的证据来解释人类适应性的过程（Larsen，1997；Katzenberg 和 Saunders，2008）。目前，有关生物人类学的研究已经从以往的描述性和分类性工作转变为现今的以假说的检验、推理的构建、问题的解决为主，而这些又是构成现代科学研究的基本要素，这说明现代生物人类学的研究具有了较强的"科学"色彩（Larsen，2010；李法军等，2013）。

（三）起源、适应、变异与进化

生物人类学特别关注人类起源及其生物性变异的研究，这是其关键性的论题和基本的研究旨趣。无论是个体变异还是群体变异，都受到人类学家的重视。生物人类学家运用测量技术、形态观察、统计分析以及分子生物学的方法来研究人类的生物性变异（朱泓等，2004）。

当我们越来越意识到人类的生物多样性现象时，我们就会经常思考："人类属于同一物种吗？""为什么黑人的肤色如此之深？""中国南北方族群的体质差异和趋同现象是怎样形成的？""近亲结婚导致的后代缺陷是什么原因造成的？"这些都是关于变异的问题。变异问题研究是生物人类学研究的永恒主题，生物人类学家在整体观的指导下，同时对人类的生物性和文化性进行考察以寻找答案（李法军，2007）。

按照现代生物学的基本理论，进化是指生物群体的变化过程，是某一生物群体的遗传结构发生了改变，并将这种改变遗传给其后裔的过程（朱泓等，2004）。生物人类学家在研究人类变异现象的同时还关注对变异发生的时间和原因的考察。例如，人类是在怎样的条件下开始直立行走的？第一个人类的皮肤是什么颜色的？皮肤是开始时就如此吗？这些问题都与人类的宏观进化和微观演化有关。

人类为何会变异和进化？这其实也关乎所有自然界物种的普适性问题。达尔文等进化论者先驱给我们提出了一种理论猜想，那就是物种为了适应自然选择机制，不得不朝着有利的方面改变，通过不断地遗传和变异，努力进化成为自然选择中的生存者。

人类通过最初的生物性进化，进而逐渐通过其生物性和文化性的双重适应机制来迎合自然选择的需要（李法军，2007）。文化性适应既包括诸如衣、食、住、行等基本生存适应，也包括社会系统等高级行为适应。例如，人类的生物性适应包括了个体体质适应和群体遗传适应，低纬度地区人类的阔鼻型、深肤色、波状发等特征都是为了适应低纬度地区炎热的气候而进化形成的。人类社会的不同文化要素（如

饮食文化、服饰文化、建筑文化等）相互协调，构成了独具特色的文化性适应系统。

人类学家之所以如此关注人类的变异和进化，其主要原因是他们想揭示人类生物性和文化性适应的本质。但是，并非所有的适应性都能解释得清楚，特定的环境决定特定的适应，理解适应性的首要关键之处是要明确进化与变异的特定环境。

诚然，并不是所有的生物性和文化性特征都具有适应性意义。比如，人类的耳垂形态，有些人的是紧贴于头部，而另一些人的却与头部呈游离关系，我们不能说明究竟哪种形态更具有适应性（Relethford，2010）；但本质上，特定的文化性适应是特定的自然生态系统适应的反映，是对自然生态系统适应的结果。

二、科学与进化论

生物人类学是一门研究人类进化的科学。在科学规范的理论和事实之下，生物人类学探讨整个人类宏观进化和微观演化过程的表型特征与遗传学变化。通过真实事件提出可被检验的理论设想是所有科学门类所必须具有的基本特征，科学为生物人类学确立了实现解释历史真实的方向，而生物人类学者正是在这样的信念指导下进行着人类进化过程的探索。

（一）科学的本质与特征

在科学的时代，我们已经习惯用"科学"的思维来解释身边的一切。许多学科被划分到自然科学或者人文社会科学当中，"科学"是这些学科赖以存在的依据。那么，什么是科学？生物人类学作为一门科学的学科门类，究竟是怎样体现科学的意义的呢？

图 I-12 英国统计学家卡尔·皮尔逊

整个科学的统一仅在于它的方法,不在于它的材料(Pearson,1892)(如图 I-12 所示)。科学的本质是对宇宙进行客观的解释,是一种试图理解世界运转的潜在逻辑和结构过程的方式(如图 I-13 所示)。科学主义是一种实证主义,不能带有任何主观臆断。科学至少具有如下几种特征,即真实性、可假设性、可检验性和理论性。

真实性反映在事实因素上。人类能够应用科学解释和说明许多自然现象,如白昼与黑夜的形成、苹果落地的原因;也能应用科学预测天气变化和自然灾害的发生,如台风和地震的发生。为什么科学研究能够做到这些?这是因为科学基于合理的事实发现和大胆推理的结果,这种推理就是假设。

可假设性是科学的重要特征之一。它是一种合理的推测,是对所发现的事实的客观性和逻辑性解释,而且这种解释是可以被不断检验的,证明是暂时正确的,并暂时无错误的可能,即不能被证明是错误的。这种解释即为假设体系或者称之为理论。

由此可知,生物人类学的核心理论——进化理论,是一种科学的理论。到目前为止,许多的化石证据和遗传学证据表明,进化是一个客观存在的不可反驳的事实,生物人类学家所从事的研究是具有科学性的研究。

(二)进化论及其发展过程

如同许多科学理论一样,进化论的产生有着漫长的过程(Vollmer,1994;周长发,2012)。虽然达尔文是第一个以科学的观点对这种理论进行解释的人,但在他之前,有关进化论的争论已经进行很久了。

1. 达尔文之前的西方进化学说

在距今 2000 多年的古希腊时期,很多思想家就已经开始以部分科学的观点来阐释宇宙、地球和人类的问题。例如,古希腊哲学家、数学家及天文学家,被誉为古希腊"七贤"之一的泰利斯(Thales)就认为生命源于水;古希腊哲学家赫拉克利特(Heraclitus)认为所有事物都是流动的;古希腊哲学家和科学家亚里士多德(Aristotle)相信植物源于微小生物,并相信自然界是连续发展的。

古罗马哲学家和诗人卢克莱修(Lucretius)可能是最早具有进化思想萌芽的学者。他的不

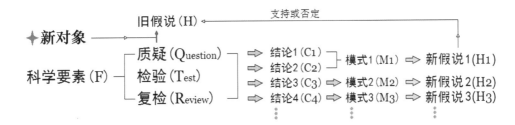

图 I-13 科学的要素及其检验逻辑

可能是最早具有进化思想萌芽的学者。他的不朽诗篇《物性论》（De Rerum Natura）试图用科学词汇解释宇宙，以使人们从迷信和对不可知的恐惧中解放出来。他首次提出植物先于动物出现、较低级生命先于较高级生命出现的观点，并认为较高级生命具有性别的二态性特征。

基督教在西方社会的统治地位确立以后，人们一直坚信上帝创世的信条，任何研究与宇宙和进化有关的人都被视为异端而遭到迫害、直到16世纪开始，一批不畏宗教迫害，敢于追求真理的学者的出现，推动了西方科学思想的发展。例如，波兰天文学家尼古拉·哥白尼（Nicolaus Copernicus）、意大利物理学家及天文学家伽利略·伽利雷（Galileo Galilei）、比利时佛兰德斯解剖学家安德烈·维萨里（Andreas Vesalius）、意大利哲学家乔尔丹诺·布鲁诺（Giordano Bruno）、英国物理学家和数学家艾萨克·牛顿（Isaac Newton）、德国天文学家和数学家约翰内斯·开普勒（Johannes Kepler）、荷兰唯物主义哲学家巴鲁赫·斯宾诺莎（Baruch Spinoza）等，他们都在不同程度上揭示了宇宙之谜（Jurmain 等，1984）。

没有这些人的先驱性研究，就不会激发出随后而来的科学大发展，就不会促进生物学、解剖学、心理学、植物学及动物学等生命科学的发生和发展，就不会有后来的科学的进化论学说的产生。

生物学此时获得了真正意义上的科学的发展。虽然很早就有人进行生物体的分类工作，但直到18世纪，生物学家们才开始真正注重对生物体进行分类和命名，并对其结构和功能进行仔细研究。有关进化方面的概念和思想也在这一时期充分发展起来。

比较一致的看法是，瑞典博物学家卡罗勒斯·林奈（Carolus Linnaeus）在18世纪创制了生物分类学的基本体系（Simpson，1953；Mayr，1969；Guttman 和 Hopkins Ⅲ，1983；Ereshefsky，2000；Miller 等，2010）。在其巨著《自然系统》（Systema Naturae）中（如图 I-14 所示），林奈为分类学解决了两个关键问题：第一是确立了阶元系统（binomial nomenclature）；第二是成功地创立了动物分类的双命名制（hierarchy of categories）。"灵长目"（Ordo Primates）的概念也是在这一版中首次提出的。

在阶元系统中，林奈把自然界分为植物、动物和矿物三界，在动植物界（kingdom）下，又设有纲（class）、目（order）、属（genus）、

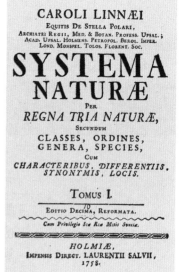

图 I-14　瑞典博物学家林奈和他的《自然系统》（1758 年第 10 版）

种（species）四个级别。现代生物学中的动物分类系统将整个动物界分为了不同的阶元，即域（domain）、界（kingdom）、门（phylum）、纲（class）、目（order）、科（family）、属（genus）、种（species）。双命名制即每一物种都给以一个学名，学名由两个斜体书写的拉丁化名词组成，第一个代表属名（genus），第二个代表种名（species）。例如，我们现代人类（智人）的生物学名称为 *Homo sapiens*。

林奈虽然也受到 17 世纪物质运动理论的影响，但是由于他站在神创论的立场上，因而长期坚持认为"种不会变"。在《自然系统》中，林奈认为各种生命形式都是上帝事先安排好了的，是非常适应环境要求的，因此不需要做任何的改变。也就是说，所谓的自然生态系统是上帝的旨意，分类的意义仅在于指明某种生命体的适当称谓而已。

图 I-15　法国博物学家布丰　图 I-16　法国博物学家拉马克

与林奈的"种不会变"的观点完全对立，法国博物学家路易斯·布丰（Louis X. V. Buuffon）（如图 I-15 所示）认为："任何事物都不是静止的，每件事物都在运动。即使是人的精子也是如此，否则它就永远不会实现它的

目标。我需要在显微镜下给你展示这一事实吗？"（Jurmain 等，1984）

布丰否认自然的完美性以及目的性。他始终强调存在于宇宙之中的变化的重要性，坚持认为应当看到生命作为一种动态系统的重要性，由此他认为种是可变的。布丰的观点已经具有了进化思想因素。

法国博物学家让 - 巴普提斯特·戴·拉马克（Jean-Baptiste de Lamarck）也为进化思想的产生和发展做出了卓越的贡献（如图 I-16 所示）。他曾经是布丰儿子的家庭教师。与前人不同的是，拉马克能将其进化思想因素系统化。拉马克始终强调器官形态与其生存环境之间的交互作用。他认为器官形态的稳定性是与其生存环境的稳定性相适应的，生存环境的改变会引起器官形态的改变，即"用进废退"。

这种形态改变是由机体努力使身体当中最适应给定环境条件的部分改变而产生的作用力引起的。渐渐地，随着时间的推移，改变会产生新的器官形态，并遗传给其后代。也就是说，拉马克相信某种性状可以通过遗传的方式传给下一代，即"获得性遗传"。1809 年，他在《动物哲学》（*Philosophie Zoologique*）一书中阐释了这些进化学说。

但是，拉马克没有真正指出进化的原因所在。我们现在知道，是查尔斯·达尔文（Charles Darwin）及后来的学者们发现了"自然选择"等造成物种进化的真正原因。我们会在后面的部分充分介绍这些事实存在的机制。

在科学飞速进步的 18 世纪末至 19 世纪初，教会在欧洲仍旧拥有很高的统治地位，进化思想还时时遭受禁锢和反对。最有影响的进化思想反对者是法国的乔治·居维叶（Georges Cuvier），他是法国著名的动物学家和古生物学家、比较解剖学的创始人，曾被誉为"骨骼学教皇""动物考古学之父"（如图 I-17 所示）。有意思的是，他并非教徒，而且他曾经在布丰和拉马克工作过的植物园协会任研究者，这是由拉马克为他提供的职位。

但是，居维叶却以十足的宗教热情反对进化思想。他虽然承认种的可变性，但是不相信物种由低级向高级进化的科学事实，并固执地提出"灾变论"理论。这种理论认为旧有的生命形式由于遭受一系列暴力或者突发灾难而遭受灭绝，灾变之后，新的生命体系形成。

图 I-17　法国古生物学家　图 I-18　英国地质学家莱尔
居维叶

与此同时，英国地质学家查尔斯·莱尔（Charles Lyell）在其重要著作《地质学原理》（*Principles of Geology*）中提出了"均变论"理论，用以反驳居维叶的"灾变论"理论（如图 I-18 所示）。通过广泛的地质调查研究，他认为地壳的形成是以一种渐进的缓慢方式进行的，地表的地貌形成也不是灾变的结果而是纯粹的自然力造成的。他认为物种的出现和消亡是不能被记述的。

我们知道，真正的科学认识是基于正确的认识方向的，我们需要的只是时间和汗水的累积。因此，如果关键性的认识基础是不正确的话，那么就没有真正认识事物本质的可能，科学和臆测的区别也在于此。莱尔的"均变论"理论深深地影响了达尔文。

图 I-19　英国政治经济学家
马尔萨斯

英国政治经济学家托马斯·马尔萨斯（Thomas Robert Malthus）的人口问题研究也为达尔文的进化理论带来了灵感（如图 I-19 所示）。马尔萨斯认为，如果人类人口不能以自然因素加以控制，那么人口就会以几何级方式每 26 年增加一倍（2，4，8，16，32……），而食物的供应能力只呈算术级增长（2，4，6，8，10……）（Malthus，1798）。

他还注意到，在自然界中，种群数量的增加依赖于生存竞争的检验，但人类除外，因为人类已经依靠人工制造改变了这一竞争原则。马尔萨斯强调两个事实，即人类无限的人口生育能力和有限的地球自然资源。正是马尔萨斯关于竞争的阐述引发了达尔文对选择作用的思考。

2. 达尔文与进化论

查尔斯·达尔文出身于一个显赫的家庭，是父母六个孩子当中最为普通的一个。作为一个普通的孩子，他做着许多非常普通的事情（如采集贝壳，搜集邮票和硬币，等等）。他的父亲发现小查尔斯对任何特殊的事物都毫无感觉，于是决定让他到苏格兰的爱丁堡学习医学（如图 I-20 所示）。但仅过了两年，达尔文就放

图 I-20 19世纪的爱丁堡大学

图 I-21 剑桥大学基督学院

（© 李法军）

图 I-22 剑桥大学植物园一瞥
（© 李法军）

图 I-23 英国植物学家亨斯洛

图 I-24 中年时期的达尔文

图 I-25 剑桥大学基督学院内的达尔文浮雕像
（© 李法军）

图 I-26 "H. M. S. Beagle" 号
（Owen Stanley 绘）

生物人类学
（第二版）

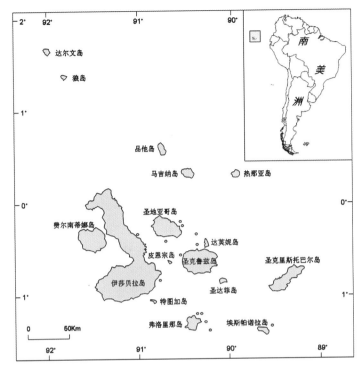

图 I-27 加拉帕哥斯群岛
（李法军，2007）

图 I-28 加拉帕哥斯群岛上的动物

弃了医学的学习。他的父亲为了不再让达尔文继续"游手好闲"，保证其将来的生活，便将他送进了教会（Desmind 和 Moore，1991）。

尽管达尔文对宗教毫无热情，但是为了达到家庭的期望，他还是选择做了一名牧师。在剑桥基督神学院的日子里，达尔文开始对自然科学产生兴趣，他经常参加植物学家约翰·亨斯洛（Reverend John Stevens Henslow）的课程和植物学野外考察活动（如图 I-21 至图 I-23 所示）。

1831 年，达尔文从神学院毕业了，成绩平平，但足以让父母感到满意，他也决定安心做一名牧师。但就在这一年，一封来自亨斯洛的邀请信改变了达尔文一生的命运。亨斯洛邀请他以一名博物学家的身份参加一次世界环球考察。家人勉强同意了达尔文的考察请求。于是，达尔文于 1831 年 12 月 27 日登上了早已等候多时的"贝格尔"（H. M. S. Beagle）

1. 信天翁（©Mark Putney）；2. 条纹方蟹（©Lieutenant Elizabeth Crapo, NOAA Corps）；3. 加拉帕哥斯幼年企鹅（©Aquaimages）；4. 海洋鬣蜥（©Marc Figueras）；5. 圣克鲁兹岛巨龟（©David Adam Kess）。

号，开始了一次最不平凡的航行（McCalman，2009）（如图 I-24 至图 I-26 所示）。

虽然以一名博物学家的身份登上了"贝格尔"号，但是最初的达尔文并不是一名进化论者，与其他许多年轻人一样，他相信物种是不变的。但随着考察活动的深入，他越来越发现许多物种形态的相似性和连续性。与古代的生物化石标本比较之后，达尔文开始相信，许多现生的物种可能是那些绝灭物种的后代。

在南美洲西面的加拉帕哥斯群岛（Galápagos Islands）（如图 I-27 所示）的短暂停留改变了达尔文关于物种不变的看法。他发现这里离南美洲大陆如此之近，但是其植物群和动物群与大陆上的迥然不同，即使岛屿和岛屿之间也不尽相同（如图 I-28 所示）。最为著名的例子是这些小岛上生存的 14 种雀类，虽然它们的生存环境几乎不存在任何差异，但是它们是互相独立的物种。这些雀类的喙、身体以及翅膀等形态都各不相同（如图 I-29 所示）。

达尔文陷入了深深的沉思：究竟是什么原因造成了这种差异？于是达尔文开始怀疑物种不变的真实性。他发现，虽然这些岛屿的地理环境和气候条件差异很小，但是就某个岛屿来说，其地理和气候的小环境会影响这些雀类的形态特征。例如，在那些虫类习惯身居地下（这显然也是自然选择的结果）的岛屿上，雀类的喙部较长，其他岛屿上的则较短；在那些气候相对寒冷的岛屿上，雀类的羽毛就丰满些。由此，达尔文相信，环境是影响物种形态的重要原因，特定的环境会导致物种朝着有利的方向进化。由此，他意识到了自然对物种进化的巨大作用，并将这种作用称为"自然选择"。

虽然自然选择作用早已存在了几十亿年，但是达尔文第一次指出了这一事实。5 年的航海旅程（如图 I-30 所示），加之马尔萨斯人口理论和阿尔弗雷德·华莱士（Alfred Russel Wallace）进化理论的启发，使达尔文深刻地认识到自然选择的无处不在和它在物种起源及进化中的强大作用。

在 1842 年，达尔文第一次提出了"自然选择"的观点，并于 1844 年对这一观点进行了修订。1859 年，他的不朽之作《物种起源》（*On the Origin of Species by Means of Natural Selection，or the Preservation of Favoured Races*

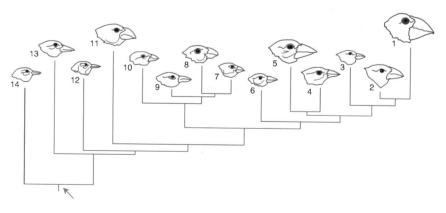

1. 大地雀；2. 中地雀；3. 小地雀；4. 爬地雀；5. 锥嘴掌地雀；6. 食掌雀；7. 小食虫树雀；8. 大食虫树雀；9. 中食虫树雀；10. 啄树雀；11. 食果树雀；12. 灰莺雀；13. 可可岛雀；14. 阿列布莺雀。

图 I-29　按照 DNA 序列进行的 14 种达尔文雀分类
（李法军，2007）

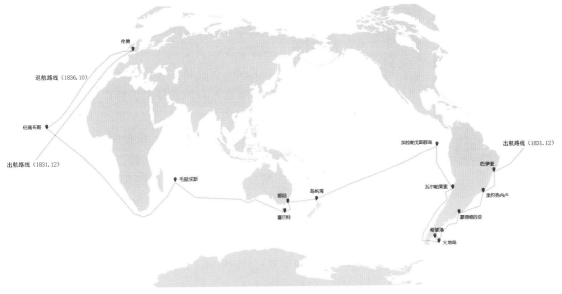

图 I-30 达尔文环球航行

（© 李法军）

in the Struggle for Life）出版（如图 I-31 所示），在这本书中，自然选择思想被展现得淋漓尽致（Darwin，1859）。但是，这一思想的提出，从根本上动摇了长久以来统治西方社会的神创思想，许多坚持神创论思想的人从各个方面抵制和攻击达尔文的这一思想（Desmind 和 Moore，1991；McCalman，2009）。（如图 I-32 所示）

1860 年 6 月 30 日，在英国牛津大学自然史博物馆内发生了一件科学史上的著名事件——牛津大论战。论战的双方是英国博物

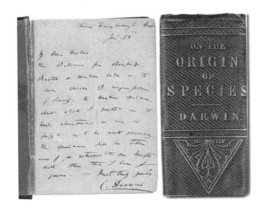

图 I-31 《物种起源》（1859 年第 1 版局部）

图 I-32 讥讽达尔文及其进化学说的漫画

图Ⅰ-33　英国博物学家
赫胥黎

图Ⅰ-34　牛津大主教威尔
伯福斯

学家托马斯·赫胥黎（Thomas Henry Huxley）
和牛津大主教萨缪尔·威尔伯福斯（Samuel
Wilberforce），他们分别了代表了捍卫达尔文进
化学说派和反对派（如图Ⅰ-33 至Ⅰ-35 所示）。

在许多进步人士的声援和支持下，论战最后以
赫胥黎的全胜而告终。在当时的社会背景下，
牛津大论战具有重大的社会意义，这是进化论
者的又一次胜利（朱泓，1993）。

　　那么，自然选择是怎样产生作用的呢？生
物学上的著名例子是几个世纪以来的英国桦尺
蛾（Biston betularia）在种群数量和颜色方面
的变化。比如在曼彻斯特，工业革命之前的蛾
类均生活在浅颜色的树干上，作为有效的伪
装，赤蛾的颜色也变得很浅；工业革命后，"工
业黑化"使树干变黑，比起先前的浅色外表，
深灰色的赤蛾更容易躲避天敌（The editors of
Encyclopaedia Britannica，2019）（如图Ⅰ-36
所示）。

　　在曼彻斯特地区，1884 年的深灰色赤蛾个

图Ⅰ-35　牛津大学自然史博物馆陈列大厅：牛津大论战的发生地
（© 李法军）

图 I-36　在不同背景下的英国桦尺蛾
（©John S. Haywood 及 ©Biston betularia）

体占整个群体的比例不到 1%，而到了 1898 年，深灰色型赤蛾在整个赤蛾群体中占 99%。这是因为，在自然界中存在因突变而产生的深灰色赤蛾的等位基因，深灰色个体在浅色的树上，很容易受到鸟类的捕食，鸟类作为自然选择因子消除了这种不利的突变等位基因；而在深色的树干上，浅色蛾的适合度降低，深灰色蛾的适合度提高。因此，自然选择使后来的深灰色蛾的种群比例增加了（Guttman 和 Hopkins Ⅲ，1983）。

3. 现代进化理论

我们知道，进化是指生物群体的变化过程，是某一生物群体的遗传结构发生了改变，并将这种改变遗传给其后裔的过程（朱泓等，2004）。生物进化包括个体和群体的遗传构成改变，群体的进化就是基因库中等位基因频率的改变。

在遗传平衡群体模型中，基因库中的等位基因频率是保持不变的，因而这样的群体不处在进化中。遗传改变的相对频率受到四种机制或者说是进化动力的控制，这四种机制是自然选择、突变、遗传漂变和基因流动。由于没有自然群体满足这四个条件，因而一切群体必然处于进化状态中。

由于历史的局限性，达尔文并没有回答关于进化的所有答案。质疑达尔文进化理论的学者提出了许多问题，例如：假定自然选择作用于已经存在的变异，那么这些变异来自何处？性状是怎样遗传给下一代的？

现代进化理论可以回答这些问题。20世纪 20 年代后期，进化论学者开始借鉴和吸收遗传学、动物学、胚胎学、生理学和数学等学科的理论、方法和成果，开创了关于进化的群体遗传学研究，从而弥补了以往达尔文主义在遗传学方面研究的不足（Morgan，1926；

图 I-37　美国遗传学家杜布赞斯基

Fisher，1930；Wright，1931；Haldane，1932；Dobzhansky，1953；Dobzhansky 等，1977；Arms 和 Camp，1979；Guttman 和 Hopkins Ⅲ，1983；Gouyon 等，2002；Strachan 和 Read，2007；程罗根，2015）。

20 世纪 30 年代是群体遗传学迅速发展的时期。1937 年，美国遗传学家狄奥多西·杜布赞斯基（Theodosius Dobzhansky）《遗传学与物种起源》（*Genetics and the Origin of Species*）的出版，标志着现代达尔文主义的出现与兴起（朱泓，1993）（如图 I-37 所示）。杜布赞斯基与美国古生物学家乔治·辛普森（George G. Simpson）和恩斯特·迈尔（Ernst Mayr）是进化论"现代综合"（The Modern Synthesis）运动的主要推动者。该运动解决了既有的达尔文进化论的遗留问题，整合了当时最新的研究成果，进而形成了"进化生物学"学科和"现代综合进化论"（Mayr，1982）。

日本理论遗传学家木村资生（Motoo Kimura）（如图 I-38 所示）在 1968 年正式提出

图 I-38　日本遗传学家木村资生

了著名的"分子进化中性理论"（the neutral theory of molecular evolution），或被称为"中性突变与随机漂移理论"（neutral mutation and random genetic drift theory）。他在 1983 年出版的《分子进化的中性学说》中系统地阐释了

这一理论，进一步促进了群体遗传学的发展（Kimura，1968、1983）。其核心观点为：大部分对种群的遗传结构与进化有贡献的分子突变在自然选择的意义上都是中性或近中性的，因而自然选择对这些突变并不起作用；中性突变的进化是随机漂移的过程，或被固定在种群中，或消失。

（三）寻找进化的证据

进化真的发生过吗？进化真的经历数十亿年了吗？我们怎样证实进化的发生呢？进化的

证据有很多，例如来自分子生物学和发育生物学领域的研究成果。然而，面对这些问题时，我们应当首先从地质学中寻找证据。

来自生物化石的证据表明，现生的任何形式的生命体都经历了一个漫长的演化过程。虽然我们无法知道物种在发生的那一刻的真实情境，但是它的确发生了，而且经过亿万年的演化，让这个蓝色星球充满了生机。但是特创论认为，生命体和物种是灾变后的新生而不是进化论所强调的经过自然选择的结果。

自然体系为了维持它自身的和谐统一，在创造了这些充满了"自我意识"的物种之后，还要无时无刻地规范它们的"言行"。自然选择是进化的原动力，遗传与变异是进化对自然选择的适应性结果。

当然，化石记录并非唯一的证据。现生生物的比较研究为进化的发生提供了更多的信息（Coyne，2009）。例如，我们可以通过比较解剖学来研究物种间的亲缘关系。比较解剖学中的同源结构显示了相似物种与远古祖先的变化；而相似结构则显示了不同物种是如何进化成更相似的，相似结构本身就是自然选择理论和适应时间积累的证据。

人类和其他现生高等灵长类的比较解剖学研究证明了人类与它们的紧密的进化关系。遗传学比较是另一项进化关系研究的好方法，人类和其他现生高等灵长类的遗传学关系是现生物种中最紧密的。我们为什么和它们有如此相似的体质特征和遗传学特征？进化为我们提供了答案：我们曾经拥有共同的祖先。

实验室和田野调查研究也是研究进化并提供进化证据的方式。达尔文正是通过田野观察和搜集标本才最终发现了"自然选择"这一事实；格雷戈尔·孟德尔（Gregor Johann

图 I-39　奥地利遗传学家孟德尔
（©Mendel Museum）

图 I-40　美国生物学家与遗传学家摩尔根
（©California Institute of Technology）

Mendel）通过田园杂交实验发现了孟德尔遗传定律（如图 I-39 所示）；珍妮·古多尔（Jane Goodall）在非洲原始丛林里对黑猩猩数十年的观察，揭示了这一物种的许多鲜为人知的行为。这些实践性的研究为发现和解释进化问题提供了非常有利的证据。

　　许多生物学家和人类学家在实验室中培养不同的物种，以便观察几代、几十代甚至几百代的遗传和变异问题。例如，美国生物学家与遗传学家托马斯·摩尔根（Thomas H. Morgan）（如图 I-40 所示）就是在实验室中，通过对大量果蝇的培养、观察、实验与分析，发现了基因的交换与连锁现象和染色体的遗传机制，并创立了染色体遗传理论，由此促进了现代遗传学的诞生。

重点、难点

1. 生物人类学的定义和研究范围
2. 体质人类学与生物人类学的概念
3. 人类的生物性本质
4. 进化的定义
5. 变异、进化与适应性
6. 现代进化理论

深入思考

1. 世界各国对人类学的理解有何差异？
2. 科学的本质是什么？
3. 生物人类学关注的问题是什么？
4. 简述达尔文之前的西方进化学说的发展过程。
5. 达尔文是如何提出"自然选择"理论的？
6. 何谓"现代达尔文主义"？
7. 怎样证实进化过程的发生？

延伸阅读

［1］埃力克. 人类的天性：基因、文化与人类前景［M］. 李向慈，洪佼宜，译. 北京：金城出版社，2014.

［2］程罗根. 人类遗传学导论［M］. 北京：科学出版社，2015.

［3］科塔克. 人性之窗：简明人类学概论［M］. 3 版. 范可，等译. 上海：上海人民出版社，2014.

［4］刘莉，陈星灿. 中国考古学：旧石器时代晚期到早期青铜时代［M］. 北京：生活·读书·新知三联书店，2017.

［5］吴汝康. 古人类学［M］. 北京：文物出版社，1989.

［6］中国社会科学院历史研究所，中国社会科学院考古研究所. 安阳殷墟头骨研究［M］. 北京：文物出版社，1985.

［7］周长发. 进化论的产生与发展［M］. 北京：科学出版社，2012.

［8］周慧. 中国北方古代人群线粒体 DNA 研究［M］. 北京：科学出版社，2010.

［9］朱泓. 体质人类学［M］. 北京：高等教育出版社，2004.

［10］庄孔韶. 人类学通论［M］. 太原：山西教育出版社，2002.

［11］BUIKSTRA J E, BECK L A. Bioarchaeology: the contextual analysis of human remains［M］. London: Elesevier Academix Press, 2006.

［12］CAVALLI-SFORZA L L, CAVALLI-SFORZA F. The great human diasporas［M］. New York: Addison Wesley Publishing Company, 1995.

［13］COYNE J A. Why evolution is true［M］. Oxford: Oxford University Press, 2009.

［14］DESMIND A, MOORE J. Darwin［M］. London: Penguin Books, 1991.

［15］JURMAIN R, NELSON H, TURNBAUGH W A. Understanding physical anthropology and archaeology［M］. St. Paul: West Publishing Company, 1984.

［16］LARSEN C S. A companion to biological anthropology［M］. Oxford: Blackwell Publishing Ltd., 2010.

［17］LITTLE M A, KENNEDY K A R. Introduction to the history of American physical anthropology［M］ // LITTLE M A, KENNEDY K A R. Histories of American physical anthropology in the twentieth century. New York: Lexington Books, 2010: 1–24.

［18］McCALMAN I. Darwin's armada［M］. London: Pocket Books, 2009.

［19］MILLER F P, VANDOME A F, MCBREWSTE J. Linnaean taxonomy［M］. Saarbrücken: Alphascript Publishing, 2010.

［20］TREVATHAN W, CARTWILL M. The international encyclopedia of bidogical anthropology［M］. New York: Wiley Blackwell, 2018.

生物人类学
（第二版）

第一编

我们是谁？

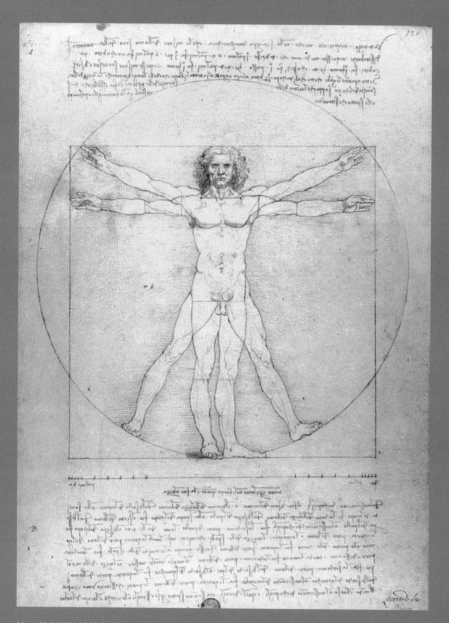

达·芬奇所绘维特鲁威人

人类生物性的自我解析

　　人类是什么？这是一个万古恒新的问题。自然学派偏重于人类的生物演化过程，人文学派则强调人类的社会化过程，而折中主义者则认为人类是由三部分组成的：对往事的追忆、对现时的把握和对未来的憧憬。无论怎样，人类就是人类，他们的独特性就是最好的证明（李法军，2007）。

　　人类是当今灵长类中适应能力最强的物种。从酷热干旱的非洲沙漠到冰雪严寒的南极、北极，世界陆地和海岛的每个角落都有人类在繁衍生息。生物学上的适应性使人类能够适应新的生活环境，而人类的文化适应性在很大程度上改变了人类适应自然的能力。我们有理由相信，未来的人类在先进技术和装备的支持下，必将会把太空生活变为现实。

如何客观地认识人类，特别是人类自身的起源、进化和演化过程，是生物人类学的核心论题。那么，该如何认识人类的独特性呢？从我们现代人的基本形态学和遗传学特征入手，自我解析和物种对比是最有效的而且是符合科学认知逻辑的方式。

就目前而言，人体形态学、人体解剖学、人体生理学和人类遗传学是我们认识自身生物特征的基本方法。人体形态学关注个体变异规律、年龄变化和性别二态性等（罗金斯基和列文，1993）；人体解剖学主要研究作为一般性的、正常态的人体形态结构（De Graaff，1998；于频等，2000；Scheuer 和 Black，2000；柏树令等，2013；Agur 和 Dalley，2014）；人体生理学的主要目的是阐明人体作为一个整体，其各部分的功能活动是如何相互协调、相互制约，并在复杂多变的环境中维持正常的生命活动过程的（Saladin，1998；孙红和彭聿平，2016）；人类遗传学则是探讨人类正常性状与病理性状的遗传现象及其物质基础的科学（程罗根，2015）。

认识我们自身构造的方式有很多，既可以从宏观的角度看人体的系统结构，又可从微观的角度看细胞、组织和器官的相互关联。系统解剖学、局部解剖学、胚胎学、组织学和细胞学是我们认知人体构造的主要方法。

人体解剖学是我们了解和认识一般性和正常态人体结构的最直接、最直观和最基本的方法。探索人体各系统内器官的正常形态结构、生长发育、功能意义以及器官间毗邻关系，有助于我们对人体自身的解剖学特征与功能的科学认知。在此基础上，通过比较解剖学和遗传学的分析，我们就能依据不同生物群体的普遍性解剖学、形态学特征以及遗传学信息，构建人类及其亲缘的起源和演化关系（Adamsh 和 Crabtree，2008；程罗根，2015）。

人体解剖学姿势和解剖学方位术语

　　观察和描述人体各系统及其组成部分的方式有很多（如整体性观察和局部观察），但为了科学地观察、描述和记录人体中复杂而细微的现象，须将所观察的对象（如器官）置于一个特定方位之下，以便所有的观察和描述都是规范的。这个特定方位即为"人体解剖学姿势"（如图1-1所示）。

　　解剖学姿势规定：人体直立，两眼平视正前方，两上肢下垂并靠于躯干的两侧，下肢伸直，两足并拢，手掌和足尖向前（朱泓等，2004）。在这一标准姿势下，人体中的每一个观察对象及其各项解剖学特征都有了明确的、唯一的方位。较为重要的方位术语包括：上和下、前（腹侧）和后（背侧）、内侧和外侧、内和外、浅和深、近侧和远侧等。

　　此外，在解剖学姿势中，与"方位"概念紧密相关的还有"轴"和"面"（如图1-2所示）。为了分析关节运动的特点，我们将解剖学姿势下的人体分成垂直轴、矢状轴和冠状轴三个轴向；而将人体分为任意两部分的媒介为"面"。

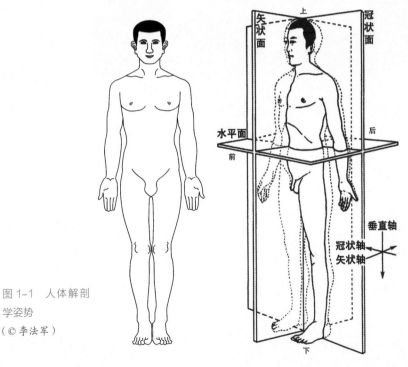

图1-1　人体解剖
学姿势
（© 李法军）

图1-2　人体解剖学
主要方位术语
（修改自柏树令等，
2013）

第一节　人体微观结构

　　细胞是所有生命体的基本组成单位（如图 1-3 所示）。从有无细胞结构的角度讲，生物界可划分为细胞结构生物和非细胞结构生物。人类和其他许多生命体一样，都属于细胞结构生物。根据细胞核的形态，细胞结构生物又可划分为原核细胞结构生物和真核细胞结构生物，人类属于真核细胞结构生物。

　　按照细胞的功能，可将细胞划分为体细胞和性细胞。体细胞和细胞间质结合构成了具有不同生理功能的组织，包括上皮组织、神经组织、平滑肌组织和致密结缔组织（如图 1-4 所示）。性细胞包括精子和卵子，它们分别来自男性的睾丸和女性的卵巢，不真正参与人体组织的构成，其唯一的功能就是将亲代的生命遗传信息传递给子代。

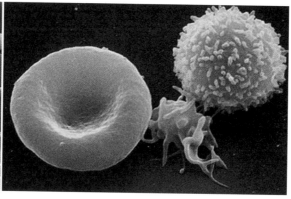

图 1-3　免疫细胞

在扫描电子显微镜下，从处于正常循环中的人类血液内的图像（左图）可以看到大量饼状的红血球，包括淋巴细胞、单核细胞、中性粒细胞在内的表面有突起的白血球，以及较小的盘状的血小板。右图从左至右分别为红细胞、血小板和白细胞。（©Bruce Wetzel、Harry Schaefer 和 Electron Microscopy Facility at the National Cancer Institute at Frederick）

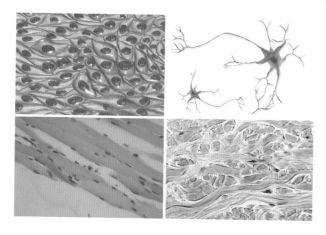

图 1-4　上皮组织（左上）；神经组织（右上）；平滑肌组织（左下）；致密结缔组织（右下）

（修改自 Blausen.com staff. Blausen gallery，2014）

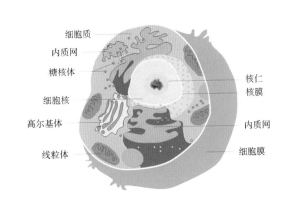

专题

生命体的物质组成

通过分析各种生物的原生质化学成分，我们获知它们的物质组成元素包括碳、氢、氧、氮、磷、硫、钙、钾、钠、镁等，其中以碳、氢、氧和氮这四种元素含量最多。这些元素通过化合作用以化合物的形态存在于生命体内。化合物包括两种，即无机化合物和有机化合物。无机化合物包括水和无机盐，有机化合物包括碳水化合物（糖类）、蛋白质（包括各种酶）、脂类、核酸以及维生素等。有机化合物构成了生命体的基本成分，其中某些化合物的分子量很大，被称作生物大分子（如蛋白质、核酸和酶等）。

蛋白质是最重要的生命组成成分，生命体内的肌肉、骨骼、血液以及激素等都是由蛋白质构成的。蛋白质本身是由氨基酸构成的，正常的氨基酸共有 20 种。在构成蛋白质的时候，各种氨基酸以肽键彼此链接成为多肽链。

酶是生命体各种代谢活动的催化剂，通过酶的分解，食物可以转化为生命体所需的能量。脂肪的合成、分解以及蛋白质的合成与分解都需要酶的参与才能完成。

核酸可分为核糖核酸（ribonucleic acid，RNA）和脱氧核糖核酸（deoxyribonucleic acid，DNA）。其中，DNA 分子是遗传信息的携带者和决定者，我们都知道它具有一种双链螺旋结构。RNA 分子在化学结构上与 DNA 非常相似，但是 RNA 只有一条链。我们会在后面的部分对这两种核酸进行详细的介绍。

一、细胞的结构与功能

细胞的化学成分包括糖类、蛋白质、核酸、脂类、水和无机盐。细胞的基本结构主要包括细胞核和细胞质（如图 1-5 所示）。动物细胞和植物细胞略有差别。例如，植物细胞最外侧有细胞壁，细胞质内含有叶绿体和液泡；而动物细胞内不含细胞壁，只有质膜，叶绿体和液泡也不明显。

细胞核主要由核被膜、染色质、核纤层、核仁及核体组成。它是细胞生命活动的控制中心，更是细胞中遗传信息储存、复制和 RNA 转

图 1-5 细胞的一般结构
（© 李法军）

录的重要场所。我们所知道的 DNA、RNA 及核糖体均存在于细胞核内。细胞核外有一层核膜，将其与细胞质分开。细胞质中只含有少量与遗传有关的结构。

在细胞分裂之前，细胞核主要由 DNA 和组蛋白组成的复合丝状物质构成，被称为染色质（如图 1-6 所示）；当细胞进行分裂时，由染色质构成的细胞核会变成棒状物，被称为染色体（如图 1-7 所示）。可以看出，染色质和染色体是真核生物遗传物质在细胞周期不同时期中的两类不同形态（程罗根，2015）。

核仁是细胞核内的重要结构，常处于核内偏中心的位置。其功能是制造与合成 RNA 及

图 1-7　成年男性纤维细胞上的 23 种人类染色体分布（上图）及其三维重建结果（下图）

（修改自 Bolzer 等，2005）

核糖体，因此也被称为"核糖体工厂"。核仁中包含着纤维中心（fibrillar center，FC）、致密纤维组分（dense fibrillar center，DFC）、颗粒组分（granular component，GC）3 个特征性区域。纤维中心的主要成分是 RNA，致密纤维组分是 RNA 重构的主要场所，颗粒组分中的成分是核糖和其他蛋白颗粒。

二、染色体

染色体形态在细胞周期的不同阶段是不同的。有丝分裂中期的染色体较为短粗，形态结构较为典型和稳定。中期染色体包括 2 条染色单体、1 个着丝粒、4 个染色体臂、4 个端粒、多个缢痕以及 2 个随体（如图 1-8 所示）。人类体内的一个细胞中含有 46 条染色体（见表 1-1）。

图 1-6　细胞分裂之前的染色质形态

（修改自 Tom Misteli，2011）

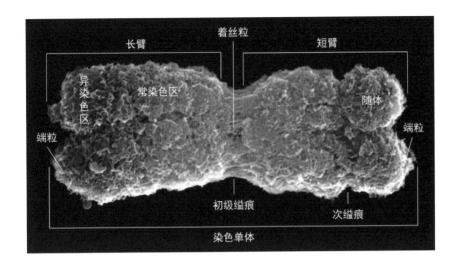

图 1-8　真核生物中期染色体的一般结构（底图来自 https://www.thoughtco.com/chromosome-373462）

表 1-1　不同物种单细胞内染色体数比较

物种	染色体数	物种	染色体数
现代人	46	家蝇	12
猩猩	48	火蜥蜴	24
黑白疣猴	44	苹果	34
环尾狐猴	56	土豆	48
骆驼	70	矮牵牛花	14
豚鼠	64	海藻	148

信息来源：李法军，2007；Larsen，2010。

体细胞中的 46 条染色体通常被认为由 2 套不同的染色体组组成；其中前 22 对被称为常染色体，第 23 对被称为性染色体，即 XX（女性）或 XY（男性）。一般来讲，从第 1 对染色体到第 22 对染色体，其尺寸是逐渐变小的。但是，X 染色体尺寸较大，而 Y 染色体是所有染色体中尺寸最小的（如图 1-9、图 1-10 所示）。

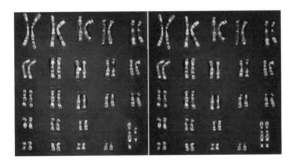

图 1-9　人类两性 23 对染色体显带图

左图：男性 23 对染色体；右图：女性 23 对染色体。

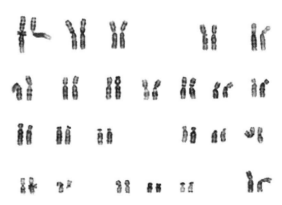

图 1-10　雌性黑猩猩的 24 对染色体（© http://tp-svt.pagesperso-orange.fr）

第二节 细胞的增殖

细胞通过有丝分裂和减数分裂两种方式增殖（如图 1-11 所示）。有丝分裂是指全部的体细胞分裂。通过有丝分裂，每条染色体精确复制成的两条染色单体被均等地分配到两个子细胞当中。这一过程保证了携带遗传信息的染色体被平均分配到两个子细胞中去，使子细胞含有同母细胞相同的遗传信息，因而维持了遗传的稳定性。

通过观察有丝分裂，我们可以看到一个母细胞产生两个染色体数目相同的姊妹细胞的过程。但是，这种分裂方式的结果只是使个体自己的细胞增殖，而不能产生新的个体。一个种群的繁衍还必须依赖减数分裂。

减数分裂，顾名思义，就是将含有 46 条染色体的细胞分成含有 23 条染色体的细胞，也就是使其染色体数目由二倍体（2n）变为单倍体（n）。这种分裂方式是性细胞所独有的分裂方式。

一、有丝分裂过程

细胞有丝分裂过程可以区分为前期、中期、后期和末期（如图 1-12 所示）。从染色质凝集成染色体到核膜破裂为前期。其间染色质逐渐凝集成染色体，每一染色体经过间期内的 S 期的复制后，变为由两条染色单体构成，其中间具有一个特殊 DNA 序列的着丝粒结构。从上一次细胞有丝分裂结束到下一次细胞有丝分裂开始之间的一段间隙时间，称为间期。

在染色质凝集过程中，核仁开始分解并逐渐消失，动物细胞中的两对中心粒分开并移到细胞核的两极。核膜突然破裂时即开始了前中期。核膜破裂后，其碎片沿着纺锤体排列，核外的纺锤体进入核区。在着丝粒的两侧形成的特殊的蛋白质复合物叫着丝点，着丝点向染色体两侧的相反方向延伸，最终将染色体排列在赤道面上。

从染色体排列在赤

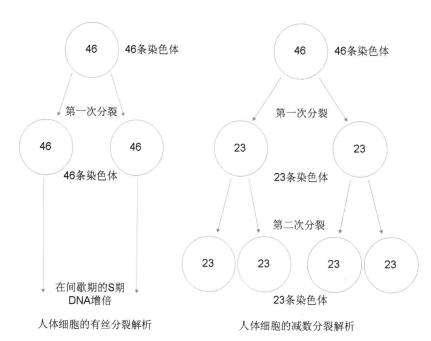

图 1-11 有丝分裂和减数分裂过程解析

（李法军，2007）

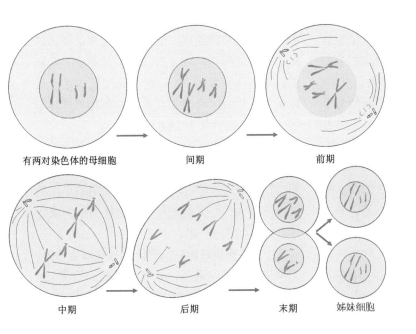

有两对染色体的母细胞　　　　　间期　　　　　前期

中期　　　　　后期　　　　　末期　　　　　姊妹细胞

图 1-12　有丝分裂过程
（李法军，2007）

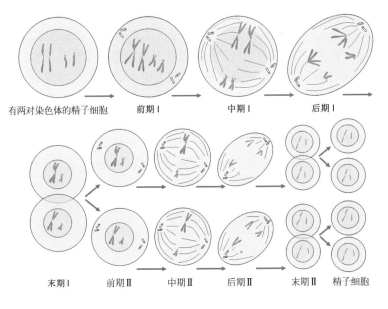

有两对染色体的精子细胞　　　前期Ⅰ　　　中期Ⅰ　　　后期Ⅰ

末期Ⅰ　　　前期Ⅱ　　　中期Ⅱ　　　后期Ⅱ　　　末期Ⅱ　　　精子细胞

图 1-13　减数分裂过程（精子细胞）
（李法军，2007）

道面上到子染色体开始向两极移动为中期。这时由于两极的作用力达到平衡，全部染色体排列在赤道面上。后期是姊妹染色单体分开并移向两极的时期，当子染色体到达两极时此期结束。从子染色体移至两极到形成两个子细胞为末期。在末期，互相分离的子染色体到达两极，着丝点丝消失，极间丝进一步伸长。染色体开始解凝集，核膜也在这时形成，新的核仁也出现了。

二、减数分裂过程

减数分裂发生在配子形成前的某一时期，所以雌雄配子的核都是单倍的，受精后形成的合子又成为二倍的。减数分裂使每个物种各代都能保持二倍体的染色体数目。在这个过程中，如果配子染色体数目意外增损，或即使其染色体保持23条的数目，在受精过程中也可能发生偏差，那么新个体就会成为可致命的畸形体。

减数分裂是由相继的两次分裂组成的，分别称为减数分裂Ⅰ和减数分裂Ⅱ。减数分裂Ⅰ包括前期Ⅰ、中期Ⅰ、后期Ⅰ和末期Ⅰ；减数分裂Ⅱ包括前期Ⅱ、中期Ⅱ、后期Ⅱ和末期Ⅱ（如图 1-13

所示）。在这两次分裂之间一般有一个很短的间期，不进行 DNA 合成，从而也不发生染色体复制。由于细胞核分裂两次，而染色体只复制一次，所以经过减数分裂后，染色体数目减半。

减数分裂 I 的前期 I 比较复杂，减数分裂的许多特殊过程都发生在这一时期。它又被细分为五个过程，即细线期、合线期、粗线期、双线期和终变期。

（1）细线期。染色质集缩成细长的线状结构，每条染色体通过附着板与核膜相连，核与核仁的体积增大。

（2）合线期（偶线期）。是同源染色体配对的时期，这种配对称为联会。联会一般是从靠近核膜的一端开始，有时在染色体全长的若干点上也同时进行。配对是靠两条同源染色体间沿长轴形成的联会复合体实现的，配对后的每对同源染色体称二价体。由于联会，细胞中的染色体由 2n 条单价体成为 n 条二价体，虽然 DNA 含量未变，但数目看起来减少了一半。

（3）粗线期。染色体明显缩短变粗。联会的两条同源染色体结合紧密，只在局部位置上有时可分辨出是两条染色体。在粗线期，每条染色体实际已由两条染色单体组成。粗线期核仁仍然很大，含有很多 RNA。

（4）双线期。联会的两条同源染色体开始分离，但在许多称作交叉的点上它们还连在一起。此期可以看清，联会的两条染色体都分别由两条染色单体组成。交叉发生在两条非姊妹染色单体之间。一般认为，交叉是发生了交换的结果。研究表明，X 染色体是交叉拼接之后传至下一代的，而 Y 染色体则是保持原样传至下一代的（王鸣阳，2006）。

（5）终变期（浓缩期）。二价体显著收缩变粗，并向核的周边移动，在核内较均匀地分散开。核仁消失，但有的植物在终变期的早期核仁仍然很大。终变期末有些二价体的同源染色体只在末端连在一起。

中期 I 核膜解体后二价体分散在细胞质中。二价体排列于赤道区，形成赤道板。后期 I 每个二价体的两条同源染色体分开，移向两极。n 个二价体成为 n 条单价染色体，此时 DNA 含量减半。末期 I 染色体各自到达两极后逐渐解螺旋化，变成细线状。核膜重建，核仁重新形成，同时进行细胞质分裂。

减数分裂 II 基本上与有丝分裂的过程相同。前期 II 时间较短。中期 II 染色体排列于赤道面，形成赤道板。后期 II 时两条染色单体分开，移向两极。到达两极的子染色体为 n 数，并且每条子染色体只由一条染色单体构成。末期 II 时两极的子染色体解螺旋化。形成核膜，出现核仁，经过细胞质分裂，完成减数分裂过程。新产生的每个细胞都变成了单倍体。

第三节　人体的解剖生理学特征

如前所述，细胞是所有生命体的基本组成单位。细胞和细胞间质构成了组织。某些组织有机结合，就构成了具有特定形态和功能的器官。器官相互结合，又构成了系统。在人体解剖学范畴内，按照人体器官功能的关系，正常人体可划分为九个大的系统（如图 1-14 所示）。这九大系统分别为运动系统、呼吸系统、消化系统、脉管系统、泌尿系统、神经系统、生殖系统、内分泌系统以及一个感觉器（视器、前庭蜗器、嗅器、味器和皮肤）（高士廉和于频，1989；于频等，

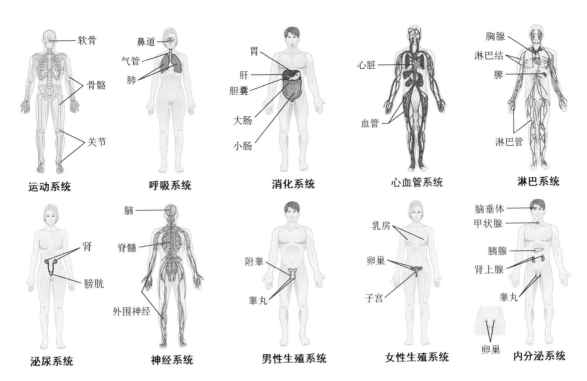

图 1-14　正常人体内的九大系统

（© 李法军，承蒙 Connexions 授权修改使用）

运动系统　**呼吸系统**　**消化系统**　**心血管系统**　**淋巴系统**

软骨　骨骼　关节

鼻道　气管　肺

胃　肝　胆囊　大肠　小肠

心脏　血管

胸腺　淋巴结　脾　淋巴管

泌尿系统　**神经系统**　**男性生殖系统**　**女性生殖系统**　**内分泌系统**

肾　膀胱

脑　脊髓　外围神经

附睾　睾丸

乳房　卵巢　子宫

脑垂体　甲状腺　胰腺　肾上腺　睾丸　卵巢

2000；李瑞祥，2001；朱泓等，2004；柏树令等，2013；陈守良和葛明德，2016）。

一、运动系统

作为脊椎动物的一种，人体骨骼以关节的方式组成支架，构成了躯体的基本形态（如图1-15所示）。骨骼肌附着于骨的表面，构成了人体的运动系统（于频等，2000）（如图1-16所示）。如仅以骨骼来审视现代人类的身体结构，我们可以将之分为头骨、躯干骨和四肢骨。

现代人类的上、下肢在形态和功能上发生了显著的分化，许多重要的关节在活动性上也有着明显的差别。例如，肩胛骨的关节盂浅而小，仅能容纳不到一半的肱骨头，因而使得肩关节的活动性较大；而髋骨上的髋臼深而大，几乎包裹了全部的股骨头，所以髋关节的活动性较小。

每一块骨都是由骨组织（包括骨细胞、胶原纤维和基质）构成的器官（如图1-17所示）。它的主要结构包括骨质（骨密质和骨松质）、骨膜和髓腔（Schwartz，1995）（如图1-18所示）。呈海绵状的骨松质相互交织便形成了骨小梁，其排列的形态和方向与个体所受的内力、外力以及作用力特征密切相关。在骨密质的外环骨板和内环骨板间有很多呈同心圆排列的骨板，被称为"哈弗氏系统"，其中心管即为"哈弗氏管"（如图1-18所示）。

成年人的全身骨骼源自胚胎时期的间充组织，经过膜内化骨或软骨内化骨过程形成骨化

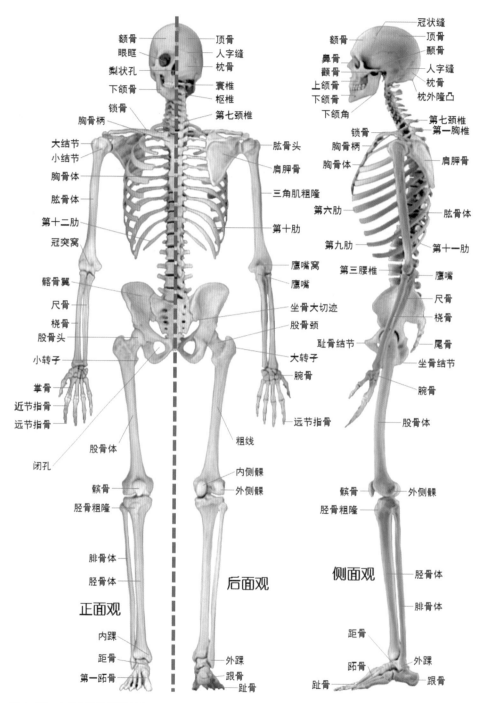

额骨　　　　　顶骨
眼眶　　　　　人字缝
梨状孔　　　　枕骨
下颌骨　　　　寰椎
　　　　　　　枢椎
锁骨　　　　　第七颈椎
胸骨柄
大结节　　　　肱骨头
小结节　　　　肩胛骨
胸骨体　　　　三角肌粗隆
肱骨体
第十二肋　　　第十肋
冠突窝
　　　　　　　鹰嘴窝
髂骨翼　　　　鹰嘴
尺骨　　　　　坐骨大切迹
桡骨　　　　　股骨颈
股骨头
小转子　　　　大转子
掌骨　　　　　腕骨
近节指骨
远节指骨　　　远节指骨
股骨体　　　　粗线
闭孔　　　　　内侧髁
髌骨　　　　　外侧髁
胫骨粗隆
腓骨体
胫骨体　　　　后面观
正面观
内踝
距骨
第一跖骨　　　外踝
　　　　　　　跟骨
　　　　　　　趾骨

冠状缝
额骨　　　　　顶骨
鼻骨　　　　　颞骨
颧骨　　　　　人字缝
上颌骨　　　　枕骨
下颌骨　　　　枕外隆凸
下颌角
　　　　　　　第七颈椎
锁骨　　　　　第一胸椎
胸骨柄
胸骨体　　　　肩胛骨
　　　　　　　肱骨体
第六肋
第九肋　　　　第十一肋
第三腰椎　　　鹰嘴
　　　　　　　尺骨
　　　　　　　桡骨
耻骨结节　　　尾骨
大转子　　　　坐骨结节
腕骨
　　　　　　　腕骨
　　　　　　　股骨体
侧面观
髌骨　　　　　外侧髁
胫骨粗隆
　　　　　　　胫骨体
　　　　　　　腓骨体
距骨
跖骨　　　　　外踝
趾骨　　　　　跟骨

图 1-15　人体骨骼的整体结构

（© 李法军）（底图来自 NOVA Skeletal System Pro Ⅲ 3.0）

生物人类学
（第二版）

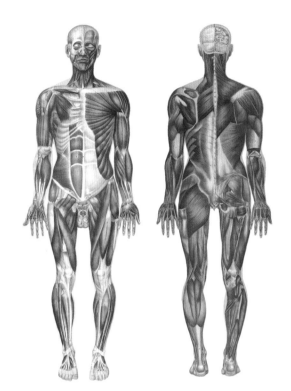

图 1-16　人体主要肌肉组织分布
（© 李法军，依 Julien Bougle 的绘图修改）

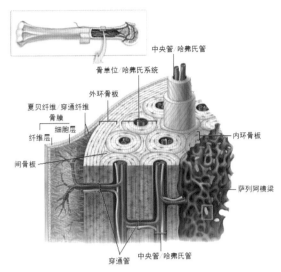

图 1-18　肱骨骨干近中端骨密质上的哈弗氏系统
（修改自 ©SEER）

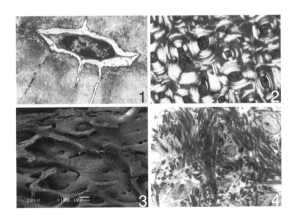

图 1-17　骨的微观结构

1. 骨细胞；2. 偏光显微镜下 100 倍所见骨单位形态（White，2005）；3. 扫描电镜放大 100 倍后骨小梁结构（承蒙 Bertazzo 授权修改使用）；4. 编织骨中的骨胶原（承蒙 Robert M. Hunt 授权修改使用）。

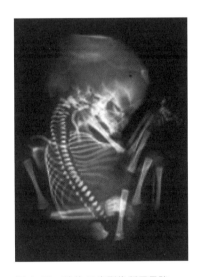

图 1-19　胎儿 X 光影像所示骨骼
（Forbidden Fruit，2011）

点，继而成骨（Moore，1989）。在胚胎时期，特别是在出生前 11 周左右，其体内约有 800 个骨化点（如图 1-19、图 1-20 所示）。待出生时

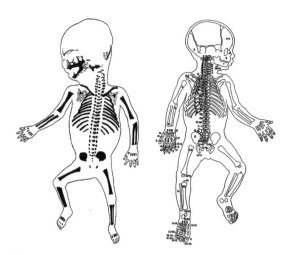

图 1-20　13～16 周胎儿
的骨发育及骨化中心分布
（修改自 Hess，2019）

图 1-21　40 周胎儿的骨
发育及骨化中心分布
（Hess，2019）

融合成 450 块左右骨骼，新生儿大约有 300 块
骨骼（如图 1-21、图 1-22 所示）。待到成年
阶段，正常个体的骨骼共有 206 块（Schwartz，
1995；Scheuer 和 Black，2000；朱泓等，2004；
Scheuer 等，2004；White 和 Folkens，2005；
Bronner 等，2014）。

二、呼吸系统

按照功能上的差异，呼吸系统可分为呼吸
道和肺两部分（如图 1-23 所示）。呼吸道自上
而下为鼻、咽、喉、气管和支气管；肺则由肺
实质（支气管和肺泡）和肺间质（结缔组织、
血管、淋巴管、淋巴结和神经）构成。

鼻部位于面部的正中位置。外鼻以鼻骨和
鼻软骨为支撑；鼻腔最前端的鼻孔朝向下方，
其后部通咽。鼻腔因鼻中隔而分为左右两部分，
每一侧又可分为三个鼻道，多与颅骨中的窦腔
相连通。喉不仅是呼吸的通道，还是发声的重
要器官。喉部由喉软骨（甲状软骨、环状软骨、

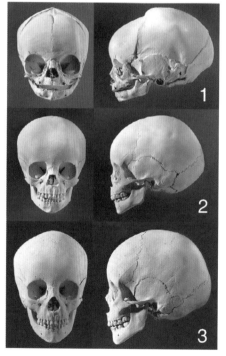

图 1-22　不同年龄婴幼儿头骨形态比较
（修改自 White 和 Folkens，2005）

1. 新生儿；2. 3 岁儿童；3. 6 岁儿童。

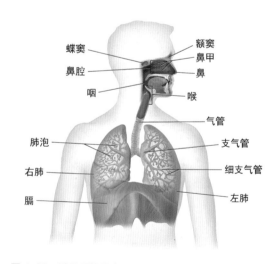

图 1-23　呼吸系统示意
（修改自 Blausen Medical Communications，Inc.，2019）

会厌软骨和构状软骨）借助韧带和肌肉，以关节形式相互连接而成。喉的下部与气管相通，气管又以逐级分支的形式深入肺中。

肺属于实质性脏器，其组织柔软且富有弹性，其外为脏胸膜所覆盖。肺分为左肺和右肺，左肺狭长，右肺短宽。肺内侧的纵隔面中部有肺门，是许多重要组织（如血管、神经和淋巴等）和气管进出的通道。

三、消化系统

消化系统是人体与外界进行物质交换以及营养摄入和吸收的主要场所，其由消化管和消化腺两部分组成（如图 1-24 所示）。消化管的上部起于口腔，下部止于肛门。许多重要的器官均属于消化系统，如口腔、咽、食管、胃、小肠（十二指肠、空肠和回肠）和大肠（盲肠、阑尾、结肠、直肠和肛管）。口腔和咽既属于呼吸系统的一部分，也属于消化系统的一部分。

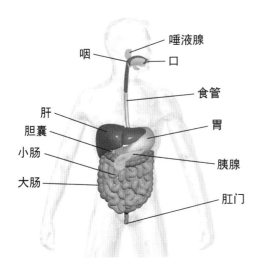

图 1-24　消化系统示意

（修改自 Blausen Medical Communications，Inc.，2019）

消化腺可分为大消化腺（如肝、胰和大唾液腺）和小消化腺（如胃腺和肠腺）。大消化腺位于消化管之外，是独立的消化器官；小消化腺则位于消化管内的黏膜层或黏膜下层。肝是人体中最大的腺体，是机体新陈代谢最活跃的脏器，也是胚胎时期重要的造血器官。

肝外胆道和胰腺也是人体消化系统的重要组成部分。肝外胆道包括肝右管、肝左管、肝总管、胆囊管、胆囊和胆总管。肝脏分泌的胆汁经由上述肝总管进入胆囊内贮存。胰是人体当中非常重要的消化腺，由外分泌和内分泌两部分组成。胆总管和胰管在十二指肠降部汇合成为肝胰壶腹，胆汁和胰液即由此进入十二指肠，参与食物的消化过程。

四、脉管系统

脉管系统也被称为循环系统，是心血管系统和淋巴系统的总称。脉管系统的主要功能是物质输送，保证个体新陈代谢的正常进行。心血管系统包括了心和封闭性的管道系统（动脉、毛细血管和静脉），心提供了血液循环所需的动力。心属于肌性纤维性器官，类似一个倒置的前后略扁的圆锥体，其基底朝向右上方。心的表面可分为一底、一尖、两面、三缘和四沟；心腔则包括右心房、右心室、左心房和左心室。动脉和静脉是血液循环的主要通道，毛细血管则是进行气体交换和物质交换的主要场所。

（一）体循环

当心室收缩时，动脉血由左心室搏出后进入主动脉及其动脉分支，继而进入全身的毛细血管中（如图 1-25 所示）。动脉血在毛细血管中缓慢流动，通过渗透与弥散作用与周围组织和细胞完成物质交换和气体交换。此时，原来富含氧气和营养物质的鲜红色的动脉血因含有较多的二氧化碳和代谢产物而变成了暗红色的静脉血。静脉血经各级静脉回流至右心房，最终完成了体循环（大循环）的过程。

（二）肺循环

右心房内的静脉血进入右心室后搏出，经肺动脉到达两肺的肺泡毛细血管并进行气体交换。静脉血中的二氧化碳因弥散作用经肺泡腔排出体外，氧气也经弥散作用进入毛细血管。此时，由于血红蛋白氧化，暗红色的静脉血又变成了鲜红色的动脉血。动脉血最后经肺静脉进入左心房，继而进入左心室。这一过程被称为肺循环（小循环）。

淋巴系统由各级淋巴管道、淋巴器官和淋巴组织构成，其主要功能是协助静脉运送组织液回归血循环，因而被视作静脉的辅助结构。淋巴器官（如淋巴结、扁桃体、脾和胸腺）和

淋巴组织（网状结缔组织）构成了人体最重要的防护屏障，不仅繁殖增生淋巴细胞、过滤淋巴液，还参与免疫过程。

五、泌尿系统

泌尿系统由肾、输尿管、膀胱和尿道组成（如图 1-26 所示）。体内因新陈代谢而产生的废物（如尿酸、尿素和多余水分等）在肾内形成尿液后经由此系统排出体外。肾是成对的形似蚕豆的实质性器官，位于浅层的呈红褐色的为肾皮质，位于深层的色淡者为肾髓质。肾的内部有一个较大的腔隙，即为肾盂。在肾的内侧缘中部有一肾门，是肾的血管、神经和肾盂的通道。

输尿管是细长的肌性管道，左右各一条，其主要功能是将肾中的尿液输入膀胱中。膀胱呈囊状，是尿液的贮存地，下通尿道，末端止于尿道外口。男性尿道狭窄且弯曲，兼有排尿

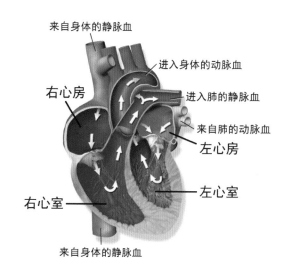

图 1-25　心腔内部血液循环示意

（修改自 Blausen Medical Communications，Inc.，2019）

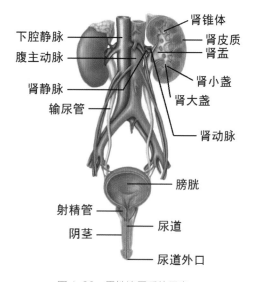

图 1-26　男性泌尿系统示意

和排精功能；女性尿道短宽且直，仅具排尿功能。

六、神经系统

神经系统是人体内起主导作用的系统，负责统一和协调全身不同细胞、组织、器官和各系统的活动。神经系统包括中枢神经系统（脑与脊髓）和周围神经系统。周围神经系统中与脑和脊髓相连的分别叫作脑神经和脊神经，与脏器、心血管、平滑肌和腺体有关的叫作内脏神经。

构成神经系统的神经组织中有两类细胞，即神经细胞（神经元）和胶质细胞。神经细胞是神经组织中具有传导神经冲动功能的基本单位，由胞体（包括细胞核与核周体）和突（树突与轴突）构成（如图1-27所示）。轴突的末端为突触前末梢，其与其他神经元或骨骼肌等相接之处叫作突触。大多数神经元之间的信息传递是依靠某一神经元向突触释放特定化学物质去影响其他神经元来实现的。

脑是中枢神经的主要部分，一般分为前脑（端脑和间脑）、中脑和菱脑（小脑、脑桥和延

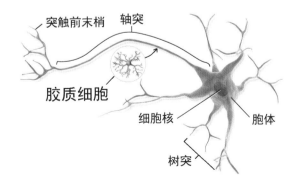

图1-27　神经元和胶质细胞的结构
（修改自 Blausen Medical Communications, Inc., 2019）

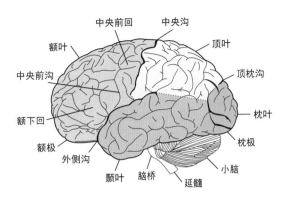

图1-28　脑的外侧面结构（左面观）
（修改自 Blausen Medical Communications, Inc., 2019）

髓）三部分。在习惯上，中脑、脑桥和延髓又被合称为脑干（如图1-28所示）。

端脑也叫大脑，是脑的最高级部分，由两侧大脑半球借胼胝体连接而成。端脑在结构上由大脑皮质、大脑白质、基底神经节和侧脑室构成；在外部形态上，其可分为额叶、顶叶、颞叶、枕叶和岛叶。脑叶之间以脑沟（如中央沟、外侧沟、顶枕沟等）和脑裂（如大脑纵裂、大脑横裂等）相区隔。

不同的大脑皮质区具有不同的功能，机体的各种机能在大脑皮层中都有特定的功能区域（中枢），这一现象被称为"大脑皮质的机能定位"。这些中枢只具管理特定功能的区域，其相邻皮质区也具有类似的能力，在一定程度上具有代偿性功能（如图1-29所示）。

脑干上连大脑，下接脊髓，脑神经核是脑干中最为重要的部分，可粗分为脑神经感觉核与脑神经运动核。因脑干与人类的生命活动息息相关，故被称为"生命中枢"。

脊髓位于椎管内，上接延髓，下止于终丝。它是中枢神经系统中的低级部分，许多简单的反射活动（如排便和排尿）与其有关。脊髓呈

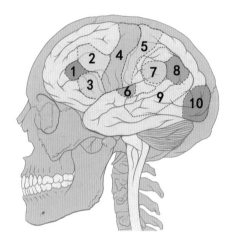

图 1-29　大脑皮质机能定位

（© 李法军，底图来源：Patrick J. Lynch）

1. 眼球协同运动中枢；2. 书写性语言中枢；3. 运动性语言中枢；4. 运动中枢；5. 感觉中枢；6. 听觉中枢；7. 听觉性语言中枢；8. 视觉性语言中枢；9. Wernicke 区；10. 视觉中枢。

前后稍扁的圆柱形，其内部中央为中央管，周围可见 H 形或蝶形灰质。灰质外部基本为白质（前索、外侧索和后索）所围绕，但在灰质后角基部外侧与外侧索白质之间为灰、白质的交织区域（即网状结构）。

七、生殖系统

同其他生物体一样，人类的生命周期也是有限的。因此，人类必须创造出一种生殖机制来保持物种的延续性。人类是有性生殖，因此人类的生殖过程也是从生殖细胞的混合开始的，这个开始的过程我们称之为受精过程或配子过程，即一个精子和一个卵细胞的结合过程（卢惠霖和卢光琇，2001）。在新的受精卵中，一个精子细胞和一个卵细胞各自提供一半的遗传信息，因此受精卵获得了来自父体和母体双方的信息。受精是精子和卵子（卵细胞）相互融合、形成受精卵的复杂过程。

（一）两性生殖器

男女两性生殖系统均有外生殖器和内生殖器。男性外生殖器包括阴囊和阴茎，内生殖器包括生殖腺（睾丸）、输送管道（附睾、输精管和射精管）以及附属腺体（精囊腺、前列腺和尿道球腺）。睾丸具有制造男性生殖细胞（精子）和分泌男性激素的功能；附睾和输精管是排泄精液的通道；精囊腺、前列腺和尿道球腺的分泌物都参与了精液的构成。外生殖器包括阴茎、阴囊和尿道等。阴茎为性交器官，阴囊内容纳睾丸和附睾，男性尿道兼有排尿和排精的双重生理功能。

女性外生殖器包括阴阜、大阴唇、小阴唇、阴道前庭、阴蒂、前庭球和前庭大腺，内生殖器包括生殖腺（卵巢）和输送管道（输卵管、子宫和阴道）。乳房和会阴不是生殖器，但属于生殖系统。卵巢是产生女性生殖细胞（卵细胞）和分泌女性激素的器官；输卵管是运送卵细胞进入子宫的导管；子宫是孕育胎儿的胚房；阴道为性交、排经和分娩的器官。

（二）受精

精子射入阴道后，沿女性生殖道向上移送到输卵管。卵子从卵巢排出后经 8 ～ 10 分钟就进入输卵管，经输卵管伞部到达输卵管和峡部的连接点处（输卵管壶腹部），并停留在壶腹部，如遇到精子即在此受精。人类卵细胞与精子的结合大多都是在输卵管壶腹部内进行的（如图 1-30 所示）。

在运行过程中经过子宫、输卵管肌肉的收缩运动，大批精子失去活力而衰亡，最后只有 20 ～ 200 个精子到达卵细胞的周围，最终只能有一个精子与一个卵子结合。当一个获能的精子进入一个次级卵母细胞的透明带时，受精过程即开始。精子穿过透明带后只有一个精子能进入卵细胞内，遂即抑制其他精子穿入。

精子进入卵细胞后再进入卵黄，释出第二极体。精子尾部消失，头部变圆、膨大，形成雄原核；卵黄收缩，透明带内出现缝隙。次级卵母细胞完成第二次有丝分裂，排出第二极体

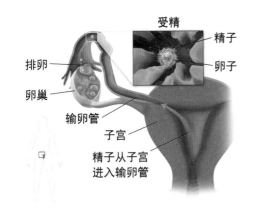

图 1-30　受精过程示意
（修改自 Blausen Medical Communications，Inc.，2019）

后，主细胞成为成熟的卵细胞，其细胞核形成雌原核。

当卵原核与精原核的染色体融合在一起时，受精过程完成（如图 1-31 所示）。也就是说，雌、雄原核的接触、融合形成一个新细胞，恢复为 46 条染色体（父系、母系各 23 条），这个过程就称为受精。受精的过程包括精子与卵子接触，精子穿过卵细胞的放射冠和透明带，次级卵母细胞进行第二次分裂及两性原核的融合。受精卵代表了一个新生命的开始。

（三）妊娠与分娩

受精卵即合子，在受精后还要经过 3～4 天的"蜜月"旅行才能从输卵管到达子宫并在其中进行胚胎发育。此时的子宫内膜在雌激素与孕激素的作用下，经过精心布置，像一个温暖舒适的宫殿。受精卵经过卵裂后形成人的胚泡，它能分泌一种蛋白分解酶，侵蚀子宫内膜，使受精卵植入其中，这在医学上叫作"着床"（如图 1-32 所示）。从此怀胎，至第 38 周时妊

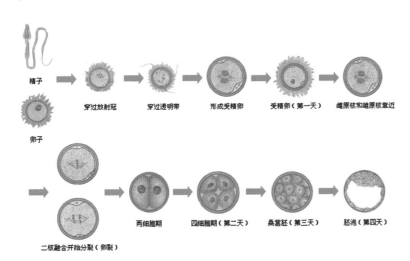

图 1-31　胚泡的形成示意
（李法军，2007）

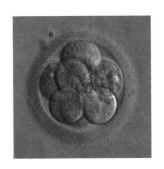

图 1-32　细胞的桑葚胚（第三天）
（©RWJMS IVF Program）

娠期结束，胎儿发育成熟自行离开母体，这个过程称为分娩。

八、内分泌系统

内分泌系统是由分泌激素的内分泌腺及相关内分泌组织构成的，其与神经系统关系密切（如图 1-33 所示）。中枢神经系统通过内分泌系统对人体新陈代谢、生长发育、生殖等活动进行神经体液调节。内分泌腺是由许多腺细胞构成的无导管腺体（无管腺），包括松果体、脑垂体、甲状腺、甲状旁腺、胸腺、肾上腺、胰腺和性腺。

松果体分泌褪黑激素，被认为与性发育和月经周期有关。脑垂体是最为复杂的内分泌腺：脑垂体前叶与生长发育、新陈代谢和性功能等密切相关；后叶则与血压升高、刺激子宫收缩和抗利尿等相关。甲状腺可分泌含碘的甲状腺素，对全身新陈代谢调节有着重要的作用。甲状旁腺则主要调节人体的钙磷代谢，维持血钙

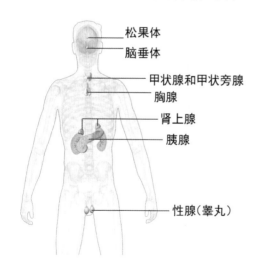

图 1-33　内分泌腺在人体中的分布

（修改自 Blausen Medical Communications, Inc., 2019）

平衡。胸腺功能也较为多元，其分泌的胸腺素能够促使骨髓干细胞分化出 T 淋巴细胞，参与人体的免疫反应。

肾上腺皮质可分泌多种激素（如盐皮质激素、糖皮质激素、性激素），这些激素与体内的水盐代谢、碳水化合物代谢和性行为等密切相关。肾上腺髓质分泌的肾上腺素和去甲肾上腺素可加快心跳，增强心收缩、小动脉收缩并维持血压。

胰腺的主要功能是分泌胰岛素，其功能是调节糖代谢、促进脂肪和蛋白质合成以及控制碳水化合物代谢。性腺（生殖腺）包括男性的睾丸和女性的卵巢，分别分泌男性和女性激素，其主要功能是刺激性器官和第二性征的发育以及维持正常的性功能。

九、感觉器

人体内有许多感受刺激的结构，被称为感受器。根据感受器的解剖学部位以及刺激类型，可将其分为外感受器、内感受器和本体感受器。外感受器分布于皮肤、黏膜、视器和听器等处；内感受器分布于内脏和血管等处；本体感受器则分布于肌、肌腱、关节和内耳位觉器等处。感受器及其附属结构被统称为感觉器。感觉器包括视器（眼球和眼副器）、位听器（外耳、中耳和内耳）、味器（味蕾）、嗅器和皮肤。

（一）视器

视器包括眼球和眼副器。眼球是视器的主要构成，由眼球壁（纤维膜、血管膜和视网膜）和眼球的内容物（房水、晶状体和玻璃体）构成（如图 1-34 所示）。眼副器对眼球起支持、保护、运动和营养作用，由眼睑、结膜、泪器、

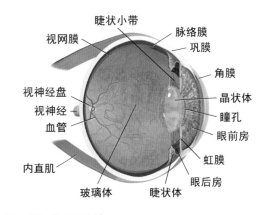

图 1-34　眼球的构造

（修改自 Blausen Medical Communications，Inc.，2019）

眼球外肌及眶内筋膜和脂肪等构成。

眼球壁的纤维膜也被称为外膜，由角膜和巩膜构成，是眼球的保护结构；血管膜也被称为中膜或色素膜，由虹膜、睫状体和脉络膜构成；视网膜也被称为内膜，由视部、睫状体部和虹膜部构成。

虹膜中央为瞳孔，在平滑肌纤维的作用下，瞳孔能够扩大或收缩，这使虹膜具有了调节入眼光线的功能。睫状体内有平滑肌，可以调节晶状体的曲度。脉络膜的主要功能是输送营养物质，也具有吸收部分光线的作用。视网膜的结构较为复杂，其功能是将来自感光细胞的神经冲动传导至最内层的神经节细胞，再经视神经传导至脑，从而产生视觉。

角膜、房水、晶状体和玻璃体共同构成了视器的屈光系统，其中角膜和晶状体的屈光作用最大。角膜透明无血管，内含丰富的感觉神经末梢，对刺激十分敏感。晶状体介于虹膜、睫状体和玻璃体之间，形似凸透镜，具有弹性，其表面的晶状体囊具有高度弹性。晶状体因病变或创伤等原因而变得浑浊，即会导致白内障的发生。

（二）位听器

位听器又被称为耳，包括外耳（耳郭、外耳道）、中耳（鼓室、咽鼓管、乳突窦、乳突小房）和内耳（骨迷路、膜迷路、内耳道）三部分（如图 1-35 所示）。外耳和中耳是接收和传导声波的感受器；内耳有听觉和位觉感受器，将声波刺激和位觉刺激传导入脑。

外耳耳郭边缘向前卷曲的部分为耳轮，以弹性软骨为支架，富含血管；下方柔软的、由结缔组织和脂肪构成的部分为耳垂。耳郭中央为外耳门，内接外耳道。外耳道内侧以椭圆形的鼓膜为界，其内为中耳。

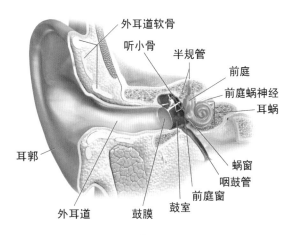

图 1-35　右侧位听器的构造

（修改自 Blausen Medical Communications，Inc.，2019）

中耳内的腔体为鼓室，其外壁为颞骨岩部，内含听小骨（锤骨、砧骨和镫骨）、韧带、肌、血管和神经。三块听小骨借助细小的肌与关节依次连接，锤骨柄末端附于鼓膜脐区，镫骨底则借助韧带贴附于前庭窗边缘。体外声波通过外耳传至鼓膜并引起其振动，带动听小骨做连续运动，继而将振动传至内耳迷路。

内耳的骨迷路包括前庭、半规管和耳蜗三部分；膜迷路居于骨迷路内，包括椭圆囊、球囊、膜半规管和蜗管；内耳道有前庭蜗神经、面神经和迷路动脉通过。其中的半规管是与维持身体平衡和感知位置有关的感受器，而其他感受器均与听觉有关。

（三）味器与嗅器

味器即味蕾，分布于舌、颚及会厌等处，但以舌的菌状乳头和轮廓乳头上最多。味蕾内含味细胞和支持细胞，其顶端为味孔，基部多分布味觉神经。溶于水或唾液中的化学物质作用于味细胞并将其产生的兴奋传入大脑皮层，从而引起味觉。人类的基本味觉刺激有酸、甜、苦、咸四种。

嗅器位于鼻腔的上部，即上鼻道、上鼻甲、中鼻甲以及与上鼻甲相对应部分的黏膜。黏膜略呈黄色，血管相对较少，内含嗅细胞。嗅器可将气味的刺激转变为嗅觉冲动，继而通过嗅神经传入端脑皮质中的嗅觉初级中枢（嗅球）上。

（四）皮肤

皮肤是人体最大的器官。一个成年人的皮肤如果摊平，面积有 1.8 ～ 2 平方米，平均厚度约 1.6 毫米。大部分皮肤的厚度为 0.5 ～ 4 毫米，其中表皮厚度约 0.1 毫米，真皮厚度是表皮厚度的 10 ～ 15 倍。眼睑、嘴唇和耳郭处皮肤最薄，只有 0.25 毫米；手掌、脚底、颈背等处皮肤最厚，可达 5 毫米。

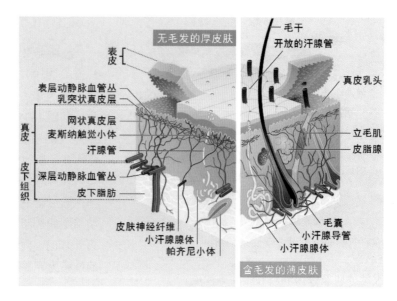

图 1-36　皮肤的构造

皮肤尽管很薄，但它有两层基本构造，即表层的表皮（上皮组织层）和深层的真皮（结缔组织层）（如图 1-36 所示）。表皮的表面由无生命的角质层形成，它是用来保护真皮的。表皮底部是一层可以分裂的细胞，可以产生新细胞并不断推向表层，以替补磨损或脱落的表皮。真皮较厚且富有弹性和张力，能抵抗外力的冲击。

真皮内的许多结构具有重要的保护作用。比如真皮内的血管，不仅可以把养分输送到皮肤各组织，而且在人体感觉到热的时候，这些血管会扩张，使皮肤发红。神经末梢分布在真皮内，非常灵敏，可以接收触觉、热觉、冷觉和痛觉等。汗腺可以通过皮肤上的毛孔分泌汗液，释放体内多余的热量。皮脂腺分泌的油脂使皮肤能够保持柔软和湿润，从而保持一定的弹性。皮下脂肪能够保暖并减轻外力撞击的伤害。

🔍 重点、难点

1. 人体解剖学姿势

2. 细胞的结构与功能

3. 染色质与染色体的关系

4. 细胞增殖的方式及其意义

5. 人体系统及其功能

6. 哈弗氏系统

🧠 深入思考

1. 人体解剖学姿势的意义是什么？

2. 体细胞与性细胞各具有怎样的功能？

3. 为什么 DNA 仅存在于细胞核中？

4. 人类男性第 23 对染色体仅仅是大小的差别吗？

5. 膜内化骨和软骨内化骨的主要差异是什么？

6. 大脑皮质的机能定位具有怎样的意义？

📖 延伸阅读

［1］柏树令，应大君. 系统解剖学［M］. 8 版. 北京：人民卫生出版社，2013.

［2］陈守良，葛明德. 人类生物学十五讲［M］. 2 版. 北京：北京大学出版社，2016.

［3］卢惠霖，卢光琇. 人类生殖与生殖工程［M］. 郑州：河南科学技术出版社，2001.

［4］于频. 系统解剖学［M］. 4 版. 北京：人民卫生出版社，2000.

［5］朱泓. 体质人类学［M］. 北京：高等教育出版社，2004.

［6］DE GRAAFF V. Human anatomy［M］. 5th ed. Boston: the McGeaw-Hill Companies, Inc. , 1998.

［7］MOORE K L. Before we a bone: basic embryology and birth defects［M］. 3rd ed. London: W.B. Saunders Company, 1989.

［8］SCHEUER L, BLACK S, LIVERSIDGE H, et al. The juvenile skeleton［M］. Oxford: Elsevier Academic Press, 2004.

［9］SCHWARTZ J H. Skeleton keys: an introduction to human skeletal morphology, development, and analysis［M］. Oxford: Oxford University Press, 1995.

［10］WHITE T D, FOLKENS P A. The human bone manual［M］. London: Elsevier Academic Press, 2005.

第二章 现代人类的遗传学特征

以人类学的观点来看，人类发展到今天，是其生物性和文化性共同作用的结果。文化人类学关注人类社会和文化的起源和发展过程，而生物人类学则更加关注人类的生物遗传学变异与进化问题。代与代之间等位基因频率的改变是导致物种进化的根本原因。这种改变是由自然选择、突变、遗传漂变和基因流等进化的动力实现的。

根据研究层次的不同，遗传学可以划分为几个不同的领域。其中，我们所熟悉的孟德尔遗传学主要关注亲代和子代之间的遗传过程；群体遗传学又可以分为两个研究领域，即微观演化研究和宏观进化研究。

物种是如何完成种系延续的？亲代的诸多特征是如何传递给子代的？所谓"种瓜得瓜，种豆得豆"的原因是什么？生物体内变异的产生和分布经历了怎样的生理学过程？要解开这些谜题，我们需要先了解细胞的本质，因为从某种意义上说，细胞就是进化过程开始的地方。

第一节　分子遗传学

所有与人类进化有关的秘密都隐藏在细胞核内那些微小的分子上，其中 DNA 是生物学家们关注的重点。DNA 分子上载有生物的遗传信息，并且具有将亲代特征遗传给子代的指令。没有 DNA 的存在，物种将无法延续下去，任何有机体的构建、运行以及维护过程都将停滞。可以说，新生命的产生以及物种的延续实际上是 DNA 的信息传递过程。

那么，DNA 究竟是什么样子的？DNA 如何携带使物种得以延续的信息？DNA 又是怎样将这种信息从亲代传递给子代的？DNA 的信息传递过程是稳定的吗？如果发生传递错误，会导致怎样的后果？既然 DNA 与物种的进化息息相关，那么认识 DNA 的基本特性将有助于我们理解物种进化的过程。

一、遗传密码 DNA

如前所述，一个染色体是由大量核酸和蛋白质构成的，而其中决定遗传的是核酸，更确切地说，是脱氧核糖核酸（DNA）。那么，DNA 是怎样成为遗传物质的呢？研究 DNA 的结构将有助于我们认识 DNA 作为遗传物质的真正原因。

（一）DNA 的结构

1953 年，美国科学家詹姆斯·沃森（James Dewey Watson）和英国科学家弗朗西斯·克里克（Francis Crick）共同创建了 DNA 分子的双螺旋结构模型（如图 2-1、图 2-2 所示）。从物理结构上看，DNA 分子的形状像一架梯子，不过这架梯子被扭曲成了螺旋的形状。目前，已

经发现有 A、B、C、D 及 Z 型等数种双螺旋结构，除 Z 型为左手双螺旋外，其余均为右手双螺旋（如图 2-3、图 2-4 所示）。

我们已经知道，DNA 是一种双螺旋分子，而每条螺旋的基本结构单位就是脱氧核苷酸。

图 2-1　1953 年的沃森（左）和克里克（右）以及他们共同创建的 DNA 双螺旋结构模型

（© Gonville & Caius College，Cambridge）

图 2-2　剑桥大学卡文迪什实验室正门

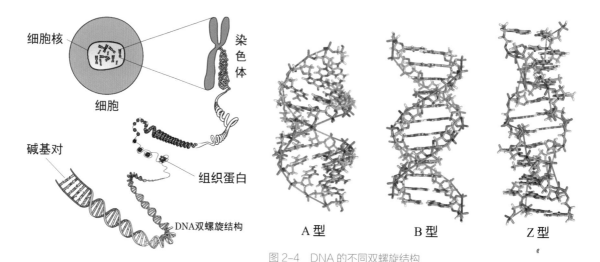

图 2-3 DNA 在细胞中的位置
（修改自 Ⅱrate 相关图片）

图 2-4 DNA 的不同双螺旋结构
（©Richard Wheeler 版权所有）

A 型　　　　B 型　　　　Z 型

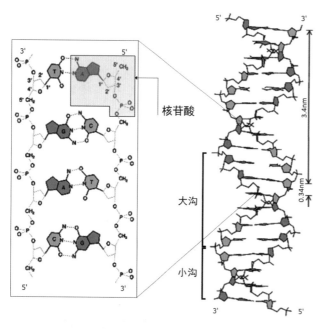

图 2-5 DNA 的结构模式
（李法军，2007）

脱氧核苷酸由碱基、磷酸和脱氧核糖（一种五碳糖）连接而成。脱氧核苷酸的种类是由碱基决定的，由于 DNA 包含有四种碱基类型，即腺

嘌呤（adenine，A）、鸟嘌呤（guanosine，G）、胸腺嘧啶（thymine，T）和胞嘧啶（cytosine，C），所以，DNA 分子的脱氧核苷酸也包括四种类型，即腺苷酸、胸苷酸、胞苷酸和鸟苷酸。

DNA 就是由多个脱氧核苷酸聚合而成的长链，简称多核苷酸链（如图 2-5 所示）。在这个长链中，磷酸分子起着连线的作用，它分别与相邻的核苷酸中的脱氧核糖在 3′ 和 5′ 的位置相连，3′ 和 5′ 是指脱氧核糖中碳原子的位置。

在一个完整的 DNA 分子里，两条链中的一条链上的 A、T、G 和 C 与另一条链上的 A、T、G 和 C 存在着比较严格的对应关系，即 A-T 和 G-C 的对应关系，从而使 DNA 形成了条距一定、螺距一定的双螺旋结构。

虽然 DNA 分子的碱基只有四种，但是碱基对的排列顺序却是变幻无穷的。例如，设如我们可以拟出单条链上

生物人类学
（第二版）

的排列为 AAA ATTTTGGGGCCCC 的话，我们也可以排列出 ATGCATGCATGCATGC 或者 AATTGGCCAAT TGGCC……那么其可能的排列方式就是 416 种。碱基对的排列顺序就是遗传信息。

（二）DNA 的功能

DNA 分子在存储了惊人的遗传信息的同时还具有另外一种功能，那就是自我复制。DNA 分子的自我复制过程就是以亲代 DNA 分子为模板复制出子代 DNA 的过程。我们已经知道 DNA 的两条链上的碱基对是严格对应的，即假如一条链上的碱基排列为 GGCTGC，那么相对应的另一条链上的碱基排列一定是 CCGACG。

DNA 的自我复制功能就是严格依照这种对应原则，将双螺旋结构进行解旋（如图 2-6 所示）。在蛋白酶的作用下，游离的脱氧核苷酸按照碱基互补配对原则合成与母链互补的子链，二者逐渐延伸并相互盘绕构成新的 DNA 双螺旋结构。但是，这一简单描述的真正过程是极为复杂的。

二、基因的表达

"基因"已经是一个大家非常熟悉的词汇，然而基因究竟是指什么呢？在 20 世纪初期的时候，人们已经认识到基因位于染色体上，但是直到沃森和克里克发现了 DNA 结构之后，科学家才开始真正认识到基因原来是具有遗传效应的 DNA 片段，每一条染色体只含有一个 DNA 分子，但这个 DNA 分子上含有很多个基因。

我们从 DNA 的结构中可以看出，DNA 分子单链的基本结构是脱氧核苷酸，基因实际上就是这些脱氧核苷酸的组合。也就是说，DNA 分子所具有的遗传功能是由其基因的存在而产生的。那么，为什么基因具有遗传功能呢？基因的遗传信息是怎样存储在 DNA 上的呢？

原来，虽然基因是由脱氧核苷酸组成的，但是由于组成基因的脱氧核苷酸的数量和顺序不同，即作为遗传信息的贮存形式的核苷酸的序列不同，所以不同的基因具有了不同的遗传信息。例如，我们可以将基本的碱基 ATGC 进行组合，则可能的基因形式包

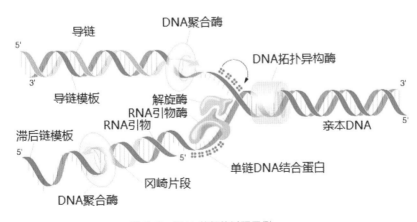

图 2-6　DNA 的解旋过程示例

（修改自 ©Glenda Stovall under Cell）

括 ATGC、AGTC、ACGT 或者 GTCA 等。由于碱基可以重复和任意排列，因此还可能出现 AAATTTGGGCCC 或者 ATGCATGCATGC 的碱基排列方式。这就使有限的碱基和脱氧核苷酸可以使不同的基因具有不同的遗传信息和遗传功能。基因所含有的遗传信息是通过 DNA 的复制功能传给下一代的，因此可以说，基因的复制是通过 DNA 的复制来实现的。

基因能够通过一定的方式使其自身的遗传信息反映到蛋白质分子的结构上，从而使亲代和子代具有相似的性状。基因的这种控制蛋白质合成的方式被称为"基因表达"。基因的表达也要通过 DNA 来实现。基因表达的完成必须遵循一种客观法则，即中心法则（如图 2-7 所示）。基因表达包括转录和翻译两个过程。

图 2-7 基因表达过程遵循的中心法则
（*李法军，2007*）

如前所述，DNA 主要存在于细胞核中，但是蛋白质的合成是在细胞质中进行的。DNA 是如何将自己携带的遗传信息传递到细胞质中并指导蛋白质的合成的呢？我们现在知道，DNA 的基因表达必须借助 RNA 来完成。

如前所述，RNA 是另一种核酸分子，其核苷酸中的糖是核糖而不是脱氧核糖，其基本碱基构成是 AUGC，即 U（尿嘧啶）代替了 DNA 碱基中的 T。RNA 有三种类型，在蛋白质的合成过程中起着极其重要的作用。第一种是传递遗传信息 RNA，被称为信使 RNA（messenger RNA，mRNA）；第二种是在翻译

过程中起到重要作用的 RNA，被称为核糖体 RNA（ribosome RNA，rRNA）；第三种是负责搬运氨基酸的 RNA，被称为转运 RNA（transfer RNA，tRNA）。

（一）转录

在细胞核内，DNA 通过转录的方式首先合成 RNA。具体过程是以 DNA 单链为模板，以 4 种三磷核苷酸（NTP）即 ATP、GTP、CTP 及 UTP 为原料，在 DNA 依赖的 RNA 聚合酶催化下合成 RNA 链（如图 2-8、图 2-9 所示）。

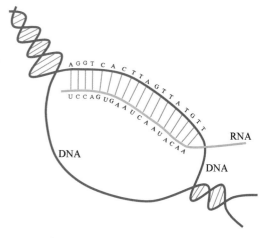

图 2-8 转录过程模式
（*李法军，2007*）

转录的具体过程是，RNA 聚合酶首先与 DNA 分子的特定部位发生黏着，这个特定的部位被称为启动子。启动子是 DNA 链上的一段特定的核苷酸序列，转录起点即位于其中。RNA 聚合酶本身是不能和启动子结合的，只有在另一种被称为转录因子的蛋白质与启动子结合后，RNA 聚合酶才能识别并结合到启动子上，使 DNA 分子的双链解开，转录就从此起点开始。

解旋的 DNA 双链中只有一条链可以充当

转录模板的任务，被称为编码链，而另一条不被转录而只能通过碱基互补合成新的 DNA 的单链被称为反义链。

RNA 聚合酶沿着编码链开始由 3′ 端向 5′ 端移行，一方面使 DNA 链解旋，同时将和模板 DNA 上的核苷酸互补的核苷酸序列连接起来形成由 5′ 至 3′ 的 RNA。RNA 聚合酶只能在 DNA 的 3′ 连接新的核苷酸。当 RNA 聚合酶沿编码链移行到 DNA 上的终端子后，RNA 聚合酶就会停止工作，新合成的 RNA 陆续脱离模板 DNA 游离于细胞核中。转录过程包括产生 mRNA、rRNA 和 tRNA。

（二）翻译

由于只有 mRNA 携带的遗传信息才能被用于指导蛋白质的生物合成，即决定蛋白质中氨基酸的排列顺序，所以，一般用 A、G、U、C

图 2-10　加莫夫（右一）与同事的合影

四种核苷酸的组合来表示遗传信息。也就是说，DNA 的编码链核苷酸序列决定了 mRNA 中的核苷酸序列，mRNA 的核苷酸序列又决定了蛋白质中的氨基酸序列。

我们知道，蛋白质是由 20 种氨基酸组成的，但 mRNA 上只含有 A、G、U、C 四种核苷酸，显然，如果由一个碱基或者两个碱基决定一个氨基酸的话，是不足以满足决定 20 种氨基酸的需要的。1954 年，美籍俄裔理论物理学家兼科普作家乔治·加莫夫（George Gamow）（如图 2-10 所示）研究了组成蛋白质的 20 种氨基酸和 mRNA 的四种核苷酸之间的关系。

他假定 3 种核苷酸为一个氨基酸编码，这样便得到 64（4^3）种氨基酸组合，可以完全满足 20 种氨基酸的编码需要，而这种 3 个核苷酸组合在一起的方式被称为密码子，也叫遗传密码或

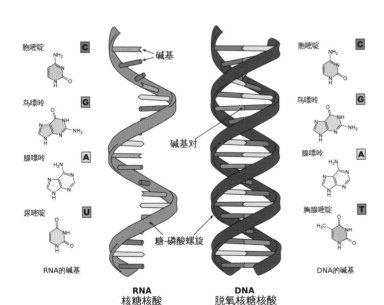

图 2-9　DNA 与 RNA 的结构差异图示

（修改自 ©Shakiestone 和 sponk）

表 2-1 遗传密码子

第一碱基	第二碱基 U	第二碱基 C	第二碱基 A	第二碱基 G	第三碱基
U	UUU UUC Phe	UCU UCC Ser	UAU UAC Tyr	UGU UGC Cys	U C
U	UUA UUG Leu	UCA UCG Ser	UAA UAG 中止	UGA 中止 / UGG Trp	A G
C	CUU CUC Leu	CCU CCC Pro	CAU CAC His	CGU CGC Arg	U C
C	CUA CUG Leu	CCA CCG Pro	CAA CAG Gln	CGA CGG Arg	A G
A	AUU AUC AUA Ile	ACU ACC Thr	AAU AAC Asn	AGU AGC Ser	U C
A	AUG Met	ACA ACG Thr	AAA AAG Lys	AGA AGG Arg	A G
G	GUU GUC Val	GCU GCC Ala	GAU GAC Asp	GGU GGC Gly	U C
G	GUA GUG Val	GCA GCG Ala	GAA GAG Glu	GGA GGG Gly	A G

氨基酸缩写：Phe，苯丙氨酸；Leu，亮氨酸；Ile，异亮氨酸；Met，甲硫氨酸；Val，缬氨酸；Ser，丝氨酸；Pro，脯氨酸；Thr，苏氨酸；Ala，丙氨酸；Tyr，酪氨酸；His，组氨酸；Gln，谷氨酰胺；Glu，谷氨酸；Asn，天冬酰胺；Lys，赖氨酸；Asp，天冬氨酸；Cys，胱氨酸；Trp，色氨酸；Arg，精氨酸；Gly，甘氨酸。

者三联体密码。到 1967 年为止，科学家破译了全部的遗传密码子。后来的研究发现，一个氨基酸可以拥有两个或多个密码子，此外还存在 3 个作为蛋白质合成终止信号的密码子，这样决定氨基酸的密码子共有 61 个而不是 64 个（见表 2-1）。

蛋白质的合成过程总体说来可分为起始、延伸和终止三个阶段（如图 2-11 所示）。转录过程结束以后，mRNA 通过核孔从细胞核中游离到细胞质中，并与核糖体结合起来。核糖体由 rRNA 作用于核糖体亚基而形成，是蛋白质的合成场所，每个核糖体的基本结构包括大亚基和小亚基。同时，tRNA 转录后也通过核孔游离到细胞质中，每一种 tRNA 只能转运特定的氨基酸。tRNA 拥有一种三叶草状的结构，上面的部分用于携带特定的氨基酸，下面的部分是反密码子，它能与 mRNA 上的相应密码子结合。

当 tRNA 携带着一个氨基酸进入核糖体后，按照碱基互补配对原则，以 mRNA

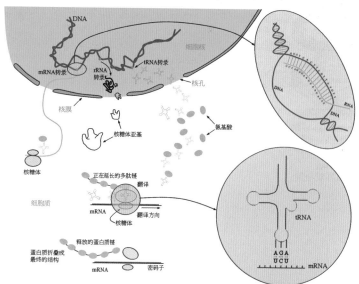

图 2-11 蛋白质的合成过程
（李法军，2007）

为模板，将氨基酸安放在特定的位置上。核糖体按照 mRNA 密码子的顺序依次将其小亚基与 mRNA 结合，逐渐形成一条不断加长的肽链。小亚基与 mRNA 结合后，再与大亚基结合成完整的核糖体。这时，真正的蛋白质合成才开始。当 mRNA 上出现了中止密码子时，肽链的延长过程就结束了，这时候肽链脱离 mRNA，经过一定的折曲后，最终形成了具有一定氨基酸序列的蛋白质。

三、孟德尔遗传学

我国的古语说"龙生龙，凤生凤""种瓜得瓜，种豆得豆"，它们反映了一个遗传学上的事实，即同种生物的亲代和子代之间具有一种明显的性状遗传。但是我们还看到，子代并不完全与亲代的性状相同，这就是我们所说的遗传学变异。

很久以来，人们坚信子代的性状是亲代性状融合的结果，但是没有人能够科学地解释这种现象产生的真正原因。19 世纪中叶，当时作为奥地利罗马教修道士的孟德尔应邀来到博尔诺修道院从事育种的数学和物理学模式研究。其间，他从生物的性状出发，最先揭示了生物遗传的两个基本规律，即基因的分离定律和基因的自由组合定律，从而奠定了遗传学的基础，因此，这门学科也被称为"孟德尔遗传学"。

（一）基因型与表型

在遗传学研究中，我们称一个基因在染色体上的特定位置为基因座。在一对同源染色体上，占有相同基因座的一对基因，它们控制一对相对性状，被称为等位基因。以人类 ABO 血型为例，其基因座是在 9 号染色体长臂的末端，

在这个座位上的等位基因有 A、B、O 三种。就某一个体来说，决定其血型的一对等位基因是 A、B、O 三个基因中的两个，其可能的血型为 AA、BB、OO、AO、BO 和 AB。

在一个群体内，同源染色体的某个相同基因座上的等位基因可能只有一个，也可能有两个或者更多。当超过两个时，就被称作复等位基因，人类的 ABO 血型就是由 3 个复等位基因决定的。

一个生物体的外在性状被称为表型，与表型相关的基因组成被称为基因型。我们知道，某一物种中的个体性状发育既受自身遗传基因的控制，同时也受外部环境的深刻影响。例如，人类不同纬度区域的类型差异就是内在的遗传因素和外部环境共同作用的结果，也就是说，表型是基因型与外部环境共同作用的结果。

（二）孟德尔遗传学定律

孟德尔是通过对豌豆的杂交实验发现了基因的分离定律和基因的自由组合定律的。孟德尔发现，豌豆的某一性状拥有不同的表型，我们称这些同一性状的不同表型为相对性状。他最终选择了豌豆的 7 对较为稳定的相对性状进行研究（如图 2-12 所示）。

1. 基因的分离定律

我们知道，在同一基因座上的两个等位基因控制着一对相对性状。这两个等位基因可能是相同的也可能是不同的，如果来自亲代的这两个等位基因是相同的，那么子代的基因型是纯合的，反之是杂合的；由相同基因的配子结合成的合子发育成的子代叫作纯合子，反之是杂合子。如果基因型是纯合的，那么其遗传性状是比较稳定的，不会发生遗传学的性状分离；

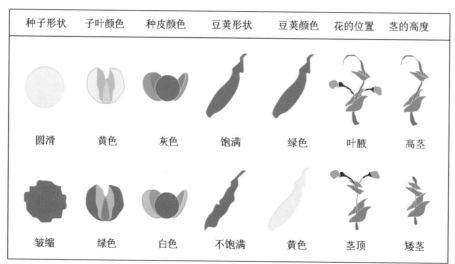

种子形状	子叶颜色	种皮颜色	豆荚形状	豆荚颜色	花的位置	茎的高度
圆滑	黄色	灰色	饱满	绿色	叶腋	高茎
皱缩	绿色	白色	不饱满	黄色	茎顶	矮茎

图 2-12　孟德尔豌豆试验所用的 7 对性状

（李法军，2007）

如果基因型是杂合的，那么子代的遗传学性状会发生分离。

孟德尔首先进行了单个性状的杂交实验。他选用纯种高茎豌豆和纯种矮茎豌豆作为亲代（P）进行杂交实验。结果显示，无论是正交还是反交，子一代（F1）总是高茎的。用子一代进行自交，子二代（F2）当中既有高茎又有矮茎，这便是性状分离现象。

对所有 7 对相对性状的杂交试验表明，子一代全部是显性性状，子二代发生了性状分离现象，显性性状和隐性性状的数量比接近 3∶1。为什么在子一代中没有发生性状分离现象，而在子二代中却发生了？如前所述，表型是基因型与外部环境共同作用的结果，我们现在忽略环境因素的影响，只考虑遗传因素的作用。

孟德尔把子一代中显现出来的那些性状（如高茎）称作显性性状，把未显现出来的那些性状（如矮茎）称作隐性性状（如图 2-13 所示）。决定这些性状的等位基因被称作显性等位基因，与之相对的是隐性等位基因。

我们暂时使用字母 A 来表示显性基因，用字母 a 来表示隐性基因。那么 AA 和 aa 是纯合子，Aa 是杂合子。以高、矮茎这两个相对性

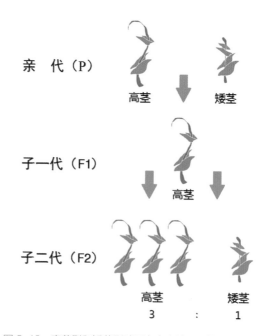

图 2-13　高茎型和矮茎型豌豆杂交实验所示基因分离定律

状为例，AA 为高茎纯合子，aa 为矮茎纯合子。以这两种合子为亲代进行杂交，F1 的基因型只有 Aa 一种，这是因为 F1 的两个等位基因分别来自亲代双方。以 F1 自交，那么 F1 当中的 A 和 a 会发生分离，其产生的雌雄配子各有两种，即分别含有 A 和 a。那么，F2 当中便会出现三种基因型，即 AA、Aa 和 aa。这三种基因型的数量比大致为 1:2:1，那么总体上看，高茎（AA 和 Aa）与矮茎(aa)的数量比大致为 3:1。

2. 基因的自由组合定律

孟德尔在进行了单个相对性状研究的基础上，对多个性状进行了杂交实验。例如，他选用纯种黄色圆粒豌豆和纯种绿色皱粒豌豆作为亲代进行杂交实验（如图 2-14 所示）。我们假设纯种黄色圆粒豌豆的基因型是 YYRR，纯种绿色皱粒豌豆的基因型是 yyrr，那么 F1 产生的均为黄色圆粒，基因型为 YyRr。

以 F1 自交，F1 中的配子组合包括：YR、yR、yR 和 yr，那么 F2 当中的配子结合方式为 4×4=16 种，即 16 个后代。其中出现了与亲代

双方均不相同的表型，即黄色皱粒和绿色圆粒。总体来看，黄圆、黄皱、绿圆和绿皱的数量比是 9:3:3:1。孟德尔依据以上结论，认为不同基因对中的基因分配是独立的，换句话说，就是在减数分裂形成配子的过程中，同源染色体上的等位基因遵循基因分离定律，同时非同源染色体上的非等位基因能够自由组合。

（三）基因的连锁和交换定律

摩尔根通过对果蝇的杂交实验，发现了遗传学的另一规律，即基因的连锁和交换定律。这一定律弥补了孟德尔遗传学定律的许多不足。

所谓基因的连锁是指位于亲代的同一条染色体上的不同等位基因在传给子代的过程中，互相连在一起传给子代，不发生分离的现象。摩尔根通过实验证明，位于同一条染色体上的两个基因的连锁关系是会发生改变的，即来自父方的染色单体和来自母方的染色单体会发生染色体交叉互换（如图 2-15 所示），从而发生基因重组现象。如前所述，交叉现象只会发生

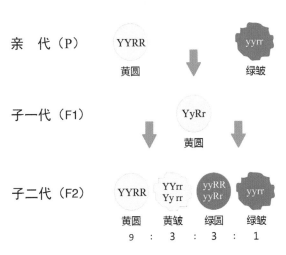

图 2-14 黄圆型和绿皱型豌豆杂交实验所示基因自由组合定律

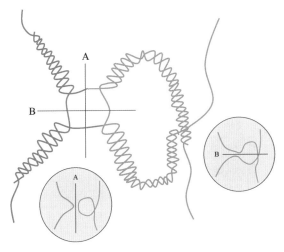

图 2-15 染色体的交叉模式

（李法军，2007）

在同源染色体之间，X 染色体是经过交叉拼接后传给后代的，而 Y 染色体几乎是原样不动地传给后代。

（四）性别决定和伴性遗传

人类有 23 对染色体，其中第 23 对染色体与性别有关，因为其含有决定个体性别的遗传信息，因此被称为性染色体。我们知道，性染色体有两种，即 X 和 Y，决定个体为女性的是 XX，决定是男性的是 XY。X 染色体上的碱基对约为 163,000,000 对，基因数为 1098 个；Y 染色体上的碱基对约为 51,000,000 对，基因数为 78 个。

遗传学的研究表明，有些遗传学疾病的发生常常与性别相关联，我们称之为伴性遗传。例如，红绿色盲就是一种较为常见的伴性遗传

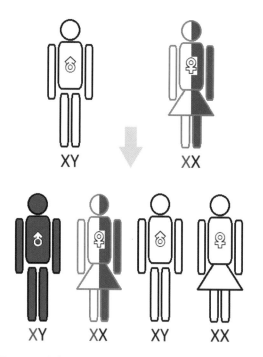

图 2-16　血友病在亲代和子代间的遗传模式

疾病。这种疾病的致病基因（b）位于 X 染色体上，因此该致病基因是随着 X 染色体传给后代的。男性的红绿色盲基因只能由母亲一方传递。人类的另一种常见遗传学疾病——血友病（hemophilia）也属于伴性遗传疾病（如图 2-16 所示）。

四、突变

在进行生物进化研究的时候，我们往往会为地球上曾经存在过的和现生的物种种类所惊叹。我们在试图揭示这种丰富性原因的时候，不能不对生物的变异现象进行研究，而生物变异的根本原因就是基因突变。

（一）突变的进化意义

突变是指染色体上某一位点上的基因或者染色体本身发生了改变。它是所有遗传变异的最终来源，为生物的进化提供了最初的原料。导致突变的因素有很多，大致包括物理因素、化学因素和生物因素三种。物理因素最为常见的是各种辐射和温度；化学因素则包括了各种能够改变 DNA 分子性质的化学物质；生物因素包括某些病毒和细菌等。

突变是一种生物界中普遍存在的现象。突变的发生是随机的，不受时间、部位和个体的限制。它可以发生在生命体发育的任何时期以及任何细胞内，但是就进化意义来讲，突变必须发生在性细胞内。也就是说，突变的最终结果是使生命体发生变异，并将这种变异传递给后代。

大多数基因突变是有害的，生命体在长期的进化过程中已经适应了外部环境，如果这时某个或者某几个基因发生突变，就会严重影响

到生命体的发育和生存，甚至会导致死亡。人类的许多先天性疾病都与这种基因的突变有关。但是也有少量的突变是有利的，这些突变的目的是使生命体更好地适应外部环境变化以求得生存。

（二）突变的类型

突变的发生需要一定的条件。由于自然条件而发生的突变被称为自然突变，由于人工诱导而发生的突变则被称为人工突变或者诱发突变。

如果某一基因上只有一个碱基发生突变，就叫作点突变或者基因突变；如果染色体上的某一区域增减而造成多个基因发生变异，并相应地使多个性状发生改变，就叫作染色体突变。染色体本身也可能被增减，即由正常的46条变成45条或者47条，从而导致突变的发生，这种突变的后果是非常严重的，甚至在胚胎期就引起自然流产。例如唐氏综合征（或称为21-三体综合征）就是由于增加了一条第21号染色体而发生的疾病（如图2-17所示）。

此外，如果按照突变细胞类别划分，可分为体细胞突变和性细胞突变。体细胞突变主要发生在个体发育过程当中，因此变异性状不会遗传给后代。性细胞突变的结果常常导致伴性遗传疾病的发生，例如我们前面提到的血友病。如果按照突变引起的性状或者功能变化划分，可分为形态突变、致死突变、生化突变和条件突变等。

（三）突变率

突变率是指突变发生的几率。由于大多数的突变对生命体来说是有害的，因此，在自然界当中，突变的速率是极低的。以人类单一碱基的突变率为例，每1,000,000个性细胞中有1～100个性细胞会发生突变，比率是0.000001～0.0001。

生物界的突变率是很难计算的。主要原因是不同的碱基序列都可能决定相同的氨基酸，例如，甘氨酸是由序列CCA决定的，如果这个序列发生了突变，A被G代替，碱基序列变成CCG，但这个序列仍旧可以决定甘氨酸，因而不会导致生命体生化结构的改变。这样的突变是难以察觉的。

如果突变体的基因当中包含有显性等位基因，那么突变事件将有可能被察觉；但如果突变体的基因当中只含有隐性等位基因，那么其子代必须同时接受亲代双方两个相同的突变体隐性等位基因，才能将这种变异反映出来，但这种情况是极其少见的。

另外一个导致突变率难以计算的原因是，大多数突变都能导致严重的甚至致死的疾病，许多发生突变的个体在胚胎时期就因自然流产而死亡，这些个体的突变事件往往被忽视了，因此也就不能对这些突变事件进行统计。

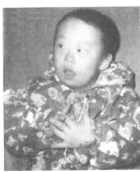

图2-17　21-三体综合征患儿面部形态及染色体信息

第二节　群体遗传学

生物人类学研究的是人类群体的外部体质特征和遗传学特征的变化规律，因此其研究的重点放在了对普遍性规律而不是个体变异的认识上。群体遗传学着重解释生物群体的基因型和表型以及自然环境之间的内在联系。

一、群体的定义

根据不同的情境，群体概念的所指有很大的不同。群体可以使用空间分布、政治、婚配方式等概念进行划分。

例如，以婚配方式的概念进行群体界定，那么生物学上的群体指的是繁殖种群，这些群体一般只选择种群内交配和繁殖的方式。但是究竟群内婚配的比例达到何种程度才算是群内繁殖（例如90%、80%还是50%？），是很难有一个统一的标准的。

繁殖种群与人群或者族群等概念是不同的。群体一般指人口普查等所得的人口统计学人群，忽略个体是否生育后代这一因素；繁殖种群是一个小于群体的单位，仅指群体内那些婚配的个体总数。族群概念具有明显的文化色彩，一般是以文化来界定群体的边界而不是以生物学概念来界定群体的边界。

笔者倾向于根据不同的研究需要，使用不同的标准来划分群体的边界。例如，如果我们想要研究某一群体的生物学变异的空间分布，那么以空间分布概念来界定边界是非常合适的；如果我们要研究某一族群的遗传变异规律，那么使用文化概念来界定边界是比较合适的。也就是说，因为人类所具有的双重属性，即自然性和文化性，那么在进行群体遗传学研究的

时候，群体的定义是随着研究的对象和内容有所改变的，既需要考虑生物因素又要考虑文化因素。

二、基因型频率和等位基因频率

确立了群体的内容之后，微观演化分析便可能研究同一群体内的基因型频率和等位基因频率。基因型频率是一种确立同一群体内部不同基因型相对出现比例的方法（Relethford，2000）。因此，基因型频率的计算方法是用每一种基因型的总数除以该群体当中总的个体数，即 $P=G/N$（P 为基因型频率，G 为基因型，N 为个体总数）。应当注意，不同的基因型频率的总和应当为1，等位基因频率的总和也应当为1。

等位基因频率是一种确立同一群体内部不同等位基因相对出现比例的方法（李璞等，1999）。它的计算方法与基因型频率的计算方法不同，它是单独计算每个等位基因在总的等位基因总量当中的比例。

例如，假定我们来研究某个群体的 MN 血型系统的基因型频率和等位基因频率。假设这个群体共有200个个体，有100个个体的基因型为 MM，70个为 MN，30个为 NN。那么，在这个群体当中：

MM 基因型的出现频率 $P_{MM}=100/200=0.5$；
MN 基因型的出现频率 $P_{MN}=70/200=0.35$；
NN 基因型的出现频率 $P_{NN}=30/200=0.15$。
则：$P_{MM} + P_{MN} + P_{NN} = 1$。

我们再来计算这个群体当中各个等位基因的出现频率。我们知道，等位基因都是成对出

现的，因此，这个群体的等位基因总数为 200×2=400。我们先来计算等位基因 M 的出现频率。在 MM 基因型当中，等位基因 M 的总数为 100×2=200；在 MN 基因型当中，等位基因 M 的总数为 70×1=70；在 NN 基因型当中，等位基因 M 的总数为 30×0=0。那么，在这个群体当中，等位基因 M 的总数为 270。由上述计算方法可知等位基因 N 的总数为 130。则：

等位基因 M 的出现频率为 P_M=270/400= 0.675；

等位基因 N 的出现频率为 P_N=130/400= 0.325。

由于基因频率和等位基因频率的相关关系，上述方法的使用仅仅限定在某个群体当中某个基因型的个体数能够确认的情况下。此外，当某个等位基因是显性等位基因的时候，这种方法也不适用。如果某一基因座上存在超过 2 个等位基因的时候，需要应用其他特殊的计算方法。

三、哈迪－温伯格遗传平衡

1903 年，美国遗传学家威廉姆·喀斯特（William E. Castle）曾提出，没有自然选择，基因型频率会一直保持稳定。1943 年，与英国数学家戈德弗雷·哈迪（Godfrey H. Hardy）（如图 2-18 所示）研究有关的"哈迪法则"的提法才首次在英语国家中出现（Stern，1943）。斯特恩（Stern）指出，德国物理学家维尔和·温伯格（Wilhelm Weinberg）（如图 2-19 所示）在 1908 年曾独立完成了与"哈迪法则"相似的公式。因此，学界将哈迪和温伯格分别提出的有

图 2-18　英国数学家戈德弗雷·哈迪　　图 2-19　德国物理学家维尔和·温伯格

关基因频率的变化法则统称为"哈迪－温伯格遗传平衡"（Hardy-Weinberg equilibrium）。

哈迪－温伯格遗传平衡是一种预测某个群体内亲代的不同基因型在子代当中的分布频率的数学理论模式（Relethford，2000）。我们还是应用一个假定的群体来介绍这种方法。假定某个群体的个体总数为 200，某一基因座上存在 2 个等位基因 A 和 a，其中有 100 个个体的基因型为 AA，70 个为 Aa，30 个为 aa。我们这次用 p 来代表 A 的出现频率，用 q 代表 a 的出现频率。

按照哈迪－温伯格遗传平衡理论，子代的期望基因型频率应当是：AA 的基因型频率 = p^2；Aa 的基因型频率 = $2pq$；aa 的基因型频率 = q^2（如图 2-20 所示）。通过计算，我们得到 p=0.675，q= 0.325。那么在子代中：

p^2（AA）= $(0.675)^2$ = 0.456；

$2pq$（Aa）= $2×0.675×0.325$ = 0.439；

q^2（aa）= $(0.325)^2$ = 0.106。

哈迪－温伯格遗传平衡理论认为，在一般情况下，群体内两性是随意交配的，每一个个体都有相同的与异性个体交配的机会。这种理

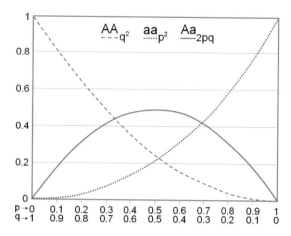

图 2-20 哈迪 - 温伯格遗传平衡模式
（© 李法军）

论还认为，在群体样本量足够大的情况下，该群体会保持如下几项特征：等位基因频率不会发生改变，即不会发生遗传漂变；不会发生基因流现象；不会发生突变；不会发生自然选择。凡是符合上述诸特征的群体即保持着哈迪 - 温伯格遗传平衡，如果发现有某项实际特征与理想特征不符，那么一定是发生了相应特征的实际改变。

现在看来，实际上至少有两个根本原因导致了某一群体的哈迪 - 温伯格遗传平衡的失衡，即进化动力和非随机交配。进化动力包括上述几个导致等位基因频率改变的机制，例如遗传漂变、基因流、突变和自然选择。

非随机交配是指一种影响基因型和表型出现频率的交配选择方式。非随机交配包括同种交配和选型交配。同种交配是一种在某个分离的或封闭的生物群体内部进行的近亲繁殖。选型交配则是指表型相似体和非相似体之间的繁殖方式。

四、进化的动力

交配的任何形式都不能改变群体的基因频率，只能影响等位基因频率改变的速度。但是进化动力诸多因素导致了等位基因频率的改变。代与代之间的等位基因频率的改变是导致物种进化的根本原因，这种改变可能是单一因素作用的结果，也可能是几个因素共同作用的结果。我们在前面已经介绍了突变的相关内容，在这里仅对自然选择、遗传漂变和基因流进行介绍。

（一）自然选择

自然选择机制是对生物适应性的一种筛选。自然选择通过所谓的过滤机制使那些适应了进化需要的生物学特征以及控制这些特征的等位基因能够传递至下一代。自然选择可以依据不同的基因型适应性产生不同的作用。这些作用的形式包括抗隐性纯合体选择、隐性纯合体选择以及杂合体选择。

我们以抗隐性纯合体选择为例，来了解这三种选择机制的原理。抗隐性纯合体选择考虑的是当一对等位基因中存在一个显性基因和一个隐性基因的情况。以 A 和 a 为例，以 A 作为显性基因，a 作为隐性基因，那么基因型 AA 和 Aa 具有相同的表型，它们具有同样的适应性。我们接着假设 AA 和 Aa 的适应性均为 100%，那么由这两种基因型决定的具有相同表型的个体的适应性是相同的。

我们再假设由 aa 决定的个体的适应性为 0，那么可以得知，由 aa 决定的表型不会生存下去。我们假设一个有 200 个个体的群体，在选择发生之前，该群体中 AA=50，Aa=100，aa=50。我们可以使用前面讲过的等位基因频率的计算方法，得出 A 和 a 的出现频率，即 A

生物人类学
（第二版）

和 a 的出现频率分别为 0.5。经过选择后，每种基因型的个体数分别是：AA=50，Aa=100，aa=0。也就是说，经过选择后，该群体个体总数为 150，即 A 和 a 的出现频率分别为 0.6667 和 0.3333。

可以看出，经过选择作用，a 的出现频率由亲代的 0.5 变成了子代的 0.3333。为什么 a 的出现频率没有变成期望中的 0 呢？这是因为抗隐性纯合体选择只能消除 aa 基因型的个体，而不能消除 AA 和 Aa 基因型的个体。所以，作为杂合体的 Aa 基因型个体能够保留 a 等位基因，并获得传递给后代的可能性。隐性纯合体选择以及杂合体选择的过程与抗隐性纯合体选择的过程相似，只是选择的基因型不同。

（二）遗传漂变

遗传漂变是指在某个种群内，由于个体数量较少，不能完全随机交配所造成的后代在基因库上的变化（朱泓等，2004）。进一步说，它是代与代之间等位基因频率的任意改变（Mielke 等，2006）（如图 2-21 所示）。遗传漂变也可以说是一种关于等位基因出现概率可能任意改变的现象，期望概率和事实概率可以解释遗传漂变的结果。

我们假定某一基因座上存在一对等位基因 A 和 a，假定某对夫妇的基因型都是 Aa。如果他们只生育了一个孩子，那么这个孩子的基因型中，AA 的出现频率为 0.25，Aa 的为 0.5，aa 的为 0.25；如果他们生育了 4 个孩子，那么具有 AA 基因型的孩子的期望概率为 0.25，具有 Aa 的为 0.5，具有 aa 的为 0.25。

但是事实上结果可能不是这样的，这对夫妇的 4 个孩子当中，可能会出现其中 2 个孩子的基因型为 AA，另外 2 个孩子的基因型为 Aa

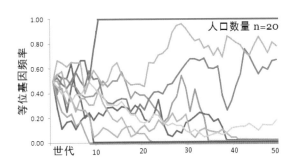

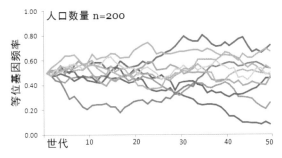

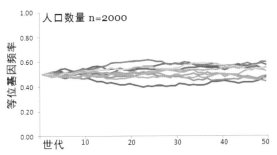

图 2-21　人口规模与遗传漂变的相关性示例
（修改自 Johnson，2007）

的情况。在这种情况下，等位基因 A 和 a 在亲代和子代当中的出现频率是不同的。在亲代中，等位基因 A 的出现频率为 0.5，a 的为 0.5；在子代中，A 的出现频率为 6/8=0.75，a 的出现频率为 2/8=0.25。这是遗传漂变的任意性造成的。

种群数量是影响遗传漂变机制的重要因素。种群数量越大，遗传漂变所造成的等位基因频率的改变越小。这比较符合统计学原理，即统计学上的样本量越大，与期望值的离散程度越小。

（三）基因流

能够改变一个群体等位基因频率的另一个进化的动力机制是基因流。表面上来看，基因流是指等位基因由一个群体向另一个群体的流动，但是这种流动的实质并非像其表面意义上那样简单。基因流和移居是不同的，个体或者群体的移居不一定意味着等位基因的流动，除非这些个体与移居目的地的新个体进行交配并生育后代（Relethford，2000）。

这也涉及另一个问题，那就是等位基因的流向问题。一般来说，能够构成基因流事实的前提是至少要有两个群体，并且两个群体在遗传学意义上混合的程度越高，二者的遗传学特征越相似。基因流发生的方式可以是单向的，也可以是双向的；两个群体的移居个体可以等量，也可以不等量。基因流的规模受到许多因素的影响。就人类而言，地理距离和文化差异是影响基因流规模的主要原因。

如果一个群体部分移居并与移居目的地群体发生遗传学意义上的混合，也就是发生了基因流事件，那么移居群体的源群体在遗传学特征上与发生了基因流事件的混合群体具有一定的相似性。基因流在导致等位基因流动的同时，也将源群体的某些变异带到混合群体当中，如果这些变异能适应新的环境或者说能被自然选择机制保留下来，那么这些变异就能被传至下一代当中。

（四）进化动力的相互作用

在真实的进化世界里，突变、自然选择、遗传漂变和基因流这四种已知的进化动力并不是单独发生作用的，它们之间存在许多制约关系，或者称为相互作用。正是这些相互作用才

使进化得以实现，才使生物特征达到相对的平衡。

突变和自然选择是两个具有明显制约关系的机制。突变使群体产生新的等位基因，从而使群体的基因频率发生改变，自然选择根据有利原则，保留那些有利于该群体繁殖的变异等位基因，剔除不利变异，从而使群体内的个体以及各代都能更好地适应自然环境。又如，抗隐性纯合体选择会逐渐增加显性基因的频率，从而减少了变异的发生。选择还能导致处于相同环境的不同群体逐渐趋同。

现在考虑遗传漂变、自然选择和基因流三种机制作用于等位基因频率变异的情况。我们知道，遗传漂变会导致群体间的变异程度加深，同时会提高有害隐性突变体等位基因的频率；而基因流则有利于消除群体间的这种差异，但基因流会使某个群体的基因频率发生改变，而这种改变受到自然选择的影响。

我们再来看看遗传漂变和突变之间的相互作用。一般情况下，遗传漂变会消除某个有害突变体等位基因，不论这个突变体等位基因是隐性的还是显性的。这是可能的，因为遗传漂变是任意性的。但是在很多情况下，遗传漂变也会保留这个有害的突变体等位基因，并且使其在各代中出现，这也是由遗传漂变的任意性造成的。

五、人类微观演化案例

人类的微观演化研究主要关注于人类各个群体内部的等位基因频率的变化规律。在人类的进化过程中，不同群体因为不同的外部环境因素以及自身的生物性和文化性特征，所以具有了多样性特征，这种多样性特征是人类微观

演化研究的关切之处，揭示这种多样性特征的有效手段之一便是弄清各个群体内的遗传学演化规律。

在这里，我们应用一些研究实例来介绍人类学家是怎样应用微观演化方法进行人类群体变异研究的，并通过这些实例来加深我们对人类微观演化过程的理解。

（一）基因流和遗传漂变的案例研究

我们应当时刻记住，人类是具有自然性和文化性的物种。在人类的演化过程当中，自然性和文化性相互作用，构成了人类独特的发展历史。人类的微观演化研究实质上是对人类的这两种属性共同作用于人类的考察。由于人类特殊文化的影响，人类的生物学特征在很大程度上反映了人类群体间的互动。因为人类所具有的行为特征，即隔离、入侵、融合以及分裂等，所以我们能够通过这些群体的基因流和遗传漂变的过程来窥探这些群体的历史。

历史上的群体会在多长时间内、多大程度上保持其群体遗传学特征的稳定性？群体间的那些行为特征究竟怎样改变了群体的遗传学特征？群体间的隔离或者融合在几代之间会发生明显的遗传学特征的改变？要解答这些疑问，必须考虑人类文化性的影响。我们知道，人类的入侵等行为会导致基因的流动，隔离会导致遗传漂变的发生，群体间的遗传学差异往往可以用基因流或者遗传漂变机制进行解释。

在南美洲的巴西北部和委内瑞拉南部的热带雨林中，有一个好战的印第安部落群体叫雅诺马牟人（Yanomamö）（如图2-22所示），这个群体由几个次一级的人群组成（Chagnon，1988）。雅诺马牟人通常实行村一级的内婚制，但已知一些迁移和基因流动发生在村与村之间

（Lane 和 Sublett，1972；Spence，1974）。

研究者发现，该人群不仅在线粒体DNA相关基因频率上远高于其他美洲印第安人，而且他们之间的实际遗传学差异要比期望的发生任意遗传漂变的遗传学差异水平要高一些（Easton 等，1996；Salas 等，2009）。有学者利用 F 统计和遗传距离对两个雅诺马牟村庄两性的核 DNA 与线粒体 DNA 数据进行分析，结果表明：同一村庄的两性核 DNA 是相似的，但村庄间具有不同的遗传特征；线粒体 DNA 分析的结果则表明两村同性别的遗传距离差异显著（Williams 等，2002）。

图 2-22　一个正在狩猎的 Majecodoteri 部落的雅诺马牟人
（Hume，2013）

这是什么原因呢？进一步的研究证实，该群体不同人群之间的融合和分离并非随意的，而是发生于具有亲缘关系的人群当中，这种人群分离的非任意性实际上增强了发生遗传漂变的可能性。因为新的分离群体的缩小，等位基因频率发生了缩小性的变化。加之这些群体不会与外族发生融合，在相对较长的时间内保持着文化和地域隔离，因此必然造成遗传漂变的发生。而这些人群所实行的一夫多妻的婚姻形

式，也使某些个体的基因能够获得更多的传递给后代的机会，而另一些个体却被迫丧失了这种机会。这也导致了遗传漂变的发生。

美国宾夕法尼亚州有一个特殊的宗教群体叫德美浸礼会教派（German Baptist Brethren）（如图 2-23 所示），这个教派源自 1719 年由德国移民至美国并建立了殖民地的 28 人群体。1881 年，教派分裂为 3 个小的部分，其中最小的群体一直保持着原有信仰，形成了所谓的旧德美浸礼会教派（Old German Baptist Brethren 或 Dunkers），其人口总数一直保持在数百人。

有人研究了他们的 ABO 血型、RH 血型以及 MN 血型系统（Glass，1953）。例如，研究者发现，这个群体的 M 和 N 等位基因频率存在明显差异，即 M 的出现频率为 0.655，N 的出现频率为 0.345，而在一般的美国和德国群体中，M 和 N 的出现频率一般分别为 0.55 和 0.45。研究者认为这是典型的遗传漂变的结果。

（二）自然选择的案例研究

这里选用著名的血红细胞的镰状细胞贫血这种疾病来说明自然选择的实际作用，同时也证明特殊的自然环境对自然选择过程的重要性。

在血红细胞当中，有一种非常重要的蛋白叫血红蛋白。它是一种含铁的血红色素，其主要功能是向机体组织传送氧气。血红蛋白由四个相对独立的多肽链构成，这四个多肽链属于两种类型，即 α 型和 β 型。

正常的血红蛋白当中的 β 链的结构是由一种被称为血红蛋白 A 的等位基因控制的（Royer Jr.，1994）。在很多人类群体当中，等位基因 A 是唯一出现的等位基因，因此正常的完整的血红蛋白的基因型为 AA。但是，由于突变机制的发生，等位基因 A 往往会变成另外一种形式，例如变为 S、C 或 E。其中 S 等位基因被称为镰状细胞等位基因，如果某个个体拥有两个 S 等位基因，那么这个个体的血红

图 2-23 德美浸礼会教派人群（Gail Miller Guenthner 摄）

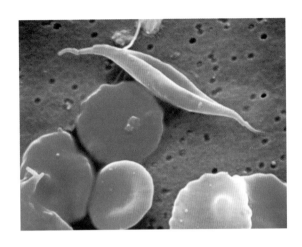

图 2-24　正常的血红细胞和镰状细胞

（©EM Unit，Royal Free Hospital School of Medicine）

蛋白的基因型就由 AA 变为了 SS，于是这个个体就会患上镰状细胞贫血（Kato 等，2018）（如图 2-24 所示）。

　　研究发现，在镰状细胞贫血疾病盛行的地区，由疟原虫属原生动物引起的感染性疾病（疟疾）也非常流行（如图 2-25 所示）。这种疟原虫属原生动物寄生在血红细胞中，而突变等位基因 S 的出现改变了原有正常血红细胞的结构，从而使这种原生寄生生物失去了宿主。

　　疟疾的产生与人类的文化有很大的相关性（Livingstone，1958）。在茂密的原始热带雨林环境下，由于阳光较少射到地面上，而且雨林环境不易使地面存积更多的水分，因此这种环境不利于蚊卵的生存。热带雨林的生存空间也限制了人口的分布规模。

　　然而，随着人类史前农业的发展和普及，热带雨林环境逐渐遭到破坏。由于土壤结构的改变和植被的减少，地面易于存水的低洼地带越来越多，蚊卵获得了有利的生存环境。农业使人口规模不断扩大，从而使疟疾这种传染疾病能够逐渐侵入人体并进行大规模传播（如图 2-26 至图 2-28 所示）。

　　在自然选择的作用下，在疟疾盛行的地区，作为一种适应性结果，杂合体个体（AS）具有

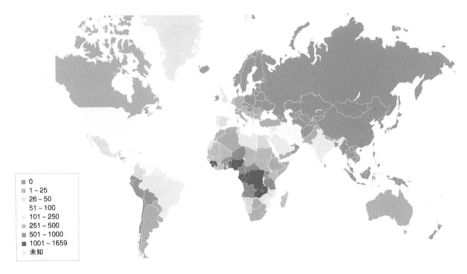

图 2-25　每 10 万新生儿中罹患镰状细胞贫血的人数（2015 年）

（修改自 Kato 等，2018）

图 2-26　一只正在吸食人类血液的蚊子

明显的生存优势。单个等位基因 S 不能引起个体患上镰状细胞贫血，但能够有效地阻止疟原虫属原生动物的寄生活动。

研究还发现，A 和 S 的等位基因频率并不相同，因为疟疾和镰状细胞贫血相比，后者更为严重。作为一种调和性结果，当等位基因 S 的出现

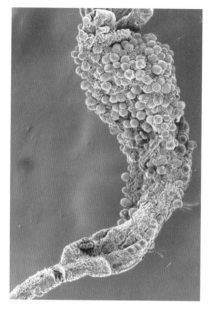

图 2-27　感染了蚊子胃部的疟原虫
（Larsen，2010）

频率为 0.1 ～ 0.2 的时候，对群体最为有利。

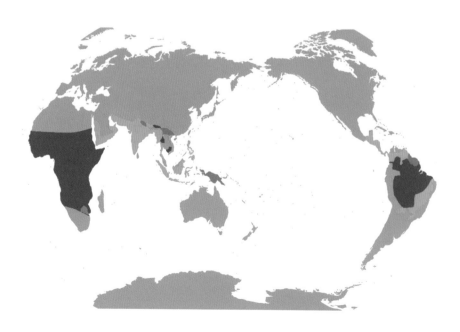

图 2-28　疟疾在全球的分布示意
（颜色越深，表明疟疾流行程度越高）
（© 李法军）

重点、难点

1. DNA 的位置及其结构

2. RNA 的结构与类型

3. 基因的表达

4. 蛋白质的合成过程

5. 孟德尔遗传学

6. 基因的连锁和交换定律

7. 性别决定和伴性遗传

8. 突变的进化意义

9. 基因型频率和等位基因频率

10. 哈迪 – 温伯格遗传平衡

深入思考

1. DNA 的主要功能是什么？

2. 基因是通过何种方式使其自身的遗传信息反映到蛋白质分子结构上的？

3. 孟德尔遗传学对后来的遗传学发展具有怎样的意义？

4. 某对夫妇的基因型都是 Aa，在理论上如果他们生育了 4 个孩子，那么具有 AA 基因型的孩子的期望概率为 0.25，具有 Aa 的为 0.5，具有 aa 的为 0.25。但是事实上结果可能不是这样的，这对夫妇的 4 个孩子当中，可能会出现其中 2 个孩子的基因型为 AA，另外 2 个孩子的基因型为 Aa 的情况。造成这种现象的原因是什么？

5. 为何要重视表型和基因型的相关性研究？

6. 基因流和移居的区别是什么？

7. 突变和自然选择之间具有怎样的制约关系？

8. 新种的产生需要怎样的条件？

9. 如何了解人类微观演化的细节？

10. "唐氏综合征"（或称为"21–三体综合征"）的遗传学解释是怎样的？

延伸阅读

［1］程罗根. 人类遗传学导论［M］. 北京：科学出版社，2015.

［2］李璞，王芸庆，陈汉彬，等. 医用生物学［M］. 北京：人民卫生出版社，1999.

［3］CHAGNON N A. Life histories, blood revenge, and warfare in a tribal population［J］. Science, 1988, 239（4843）：985–992.

［4］EASTON R D, MERRIWETHER D A, CREWS D E, et al. mtDNA variation in the Yanomami: evidence for additional New World founding lineages［J］. American journal of hum genetics, 1996, 59（1）: 213–225.

［5］GLASS H B. The genetics of the Dunkers［J］. Scientific American, 1953, 189（2）: 76–81.

［6］INTERNATIONAL HUMAN GENOME SEQUENCING CONSORTIUM. Initial sequencing and analysis of the human genome［J］. Nature, 2001, 409（6822）: 860–921.

［7］JOHNSON N A. Darwinian detectives: revealing the natural history of genes and genomes［M］. Oxford: Oxford University Press, 2007.

［8］KATO G J, PIEL F B, REID C D, et al. Sickle cell disease［J］. Nature reviews disease primers, 2018, 4（18010）: 1–22.

［9］LANE R A, SUBLETT A. The osteology of social organization［J］. American antiquity, 1972,（37）: 186–201.

［10］LIVINGSTONE F B. Anthropological implication of sickle cell gene distribution in West Africa［J］. American anthropologist, 1958, 60（3）: 533–562.

［11］MIELKE J H, KONIGSBERG L W, RELETHFORD J H. Human bioiligical variation［M］. Oxford: Oxford University Press, 2006.

［12］ROYER JR W E. High-resolution crystallographic analysis of a co-operative dimeric hemoglobin［J］// HUME D W. Anthropology: tribal warfare. Nature, 2013, 494（7437）: 310.

［13］SALAS A, LOVO-GÓMEZ J, ÁLVAREZ-IGLESIAS V, et al. Mitochondrial echoes of first settlement and genetic continuity in El Salvador［J］. Plos one, 2009, 4（9）: e6882.

［14］STERN C. The Hardy-Weinberg law［J］. Science, 1943, 97（2510）: 137–138.

毫无疑问，现代人类（*Homo sapiens*）是具有多样性的物种。经过数百万年的循序演化，人类自身无论在宏观体貌上还是在微观遗传特征上都发生了巨大的变化。与一般意义上的解剖学特征不同，现代人类的生物学特征存在着诸多的个体或群体间差异，这种差异即为变异（朱泓，1993；Lahr，1996；Keller 等，2002；朱泓 等，2004；Lewin，2005；Mielke 等，2006；Relethford，2010）。这种变异是人类适应生态环境、部分的性选择参与、隔离状态的产生、类群间的混合以及人类社会演进等因素共同作用的结果。

很多人都知道人类的某些生物学变异，如人的身高或肤色差异，或者是颅骨形态的差异，抑或是不同血型之间的差异，等等。这些特征当然也适合于确认那些在人类进化道路上曾经存在过的祖先类型。在研究人类变异问题的时候，"人种"研究无疑是一个重要的方面。

第一节 变异研究的方法

由于人类的许多生物学特征都受控于基因（组），因此在实际研究时，须同时考虑这些特征的表型和基因型的关系。表型研究和基因型研究相结合，是目前最能从根本上认识人类的生物与遗传特征的方法。人体测量学是表型研究的基本方法，也是我们了解、认识和总结现代人类生物学特征分布规律的基本依据（Fawcett 和 Lee, 1902；Martin, 1928；Brothwell, 1981；吴汝康等，1984；邵象清，1985；Eveleth 和 Tanner, 1990；Ulijaszek 和 Mascie-Taylor, 1994；朱泓等，2004；席焕久和陈昭，2010）。通过比较解剖学的方法，我们还可以更加清楚地认知现代人类诸多生物学特征的独特性和一般性。

人体测量学的研究对象包括活体和骨骼两部分（如图 3-1 所示）。虽然针对这两者的测量学方法有诸多不同，但获取生物学特征信息的方式是一致的，即建立在测量点标定基础上的线性和角度测量以及非测量形态观察（吴定良，1956、1960）。在获取有效的线性、角度以及非测量特征数据后，即可依据相关统计学方法进行综合分析。

但是，仅仅通过简单地检查人的

图 3-1　古埃及涅伽达（Naqada）文化颅骨的测量方法示例

（Fawcett 和 Lee, 1902）

图中可见定颅器、水平针和量角器等常规人体测量仪器。

外观来衡量人类的变异是不够的。首先，肉眼观察是一种主观的判断方式。认定一个人是高是矮，肤色是深是浅都带有个人的偏见或臆断。其次，我们头脑中关于变异的分类标准并不能认知某些特征（如肤色）是具有连续性分布特点的。因为在某些人看来，肤色只有几种而已。再次，许多遗传性变异是我们的肉眼所观察不到的，你不可能根据一个人的外表来判定他（她）的血型。许多科学的观察和测量方法已经问世，可以帮助我们来科学地判定真正意义上的人类变异。

首先，我们来了解一些比较"简单"的遗传学特征，这些特征受外界环境的影响是非常小的。血型是一种常用于人类变异研究的遗传学测度，包括 ABO 血型、MN 血型、Rhesus 血型、Diego 血型、Duffy 血型和 Kell 血型等。

其次，提取和测定人体组织中的 DNA 序列是另外一种检查方法（如图 3-2 所示），以

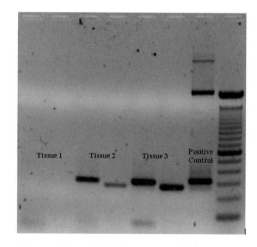

图 3-2　凝胶电泳后的溴化 PCR 产物

（©Roland Gel 版权所有）

往较为常用的方法是"限制片段长度多态性"（RFLPs）分析法。不同种类的细菌产生特定的酶，将其限定在特定的 DNA 区域，就可以截取指定的 DNA 片段。某人 DNA 序列的差异将会改变其截取的区间，从而改变其 DNA 片段的长度。

无码 DNA 序列分析法也较为常见。微卫星 DNA 已为大家所熟知，它由若干重复而又短小的 DNA 区域组成。无码 DNA 序列分析法就是数重复序列的个数，比如某个 DNA 序列为 CACACACACA（有 5 个重复的 CA 序列），另外一个 DNA 序列为 CACACA（有 3 个重复的 CA 序列），利用这种重复数字的高变异性就可以追踪不同人群间的关系。

Alu 染色体突增法是一种有趣的方法。Alu 序列是许多被复制和转移至不同染色体之上的短小的 DNA 序列，人类有 5%～10% 的 DNA 由这些重复的元素构成，以不同的密度分散于整个基因组中（罗迪贤等，2005）。多态性是指在一个指定的染色体上 Alu 序列的存在或者

缺失，许多关于人类族群 Y 染色体遗传多态性的研究证明这种方法是很有效的（许丽萍和徐玖瑾，1998；罗迪贤等，2005；Relethford，2010）。

线粒体 DNA（mitochondrial DNA，mDNA）分析在人类起源问题的争论中起着重要的作用，其有趣之处在于遗传模式。首先，线粒体 DNA 的基因排列紧凑，大部分基因组上基因之间没有间隔区，也没有内含子和转座因子。其次，线粒体 DNA 虽可以通过精子进行父系遗传，但主要还是母系遗传（崔银秋，2003）。再次，线粒体 DNA 的变异速度远远快于细胞核 DNA，而且有叠加效果，变异幅度可以逐渐加大。

近 20 年来，全基因组测序（wholegenome sequencing，WGS）和全外显子组测序（whole exomesequencing，WES）的广泛应用也为我们了解个体间变异和群体变异提供了更加精确的信息（*International Human Genome Sequencing Consortium*，2001；Wang 等，2008；Durbin 等，2010；Rasmussen 等，2010）（如图 3–3 所示）。

图 3-3　美国麻省理工白头（Whitehead）研究所基因样品制备自动化生产线
（International Human Genome Sequencing Consortium，2001）

第二节　简单性状的遗传变异

人类拥有变异巨大的复杂基因组。随着分子生物学技术的不断提高，我们会越来越了解那些由显性或隐性等位基因控制的简单遗传性状的表型特征。与那些由多基因控制的复杂形态特征不同，这些由单基因控制的形态特征不受外部环境的影响。比较常见的单基因控制性状包括血型（见表3-1）、非正常的血红蛋白和多血清蛋白质等，而目前研究较为深入的则是血型系统（Mielke等，2006）。

表 3-1　各种血型系统

血型	抗原	基因型	表型	发现时间
ABO	A_1, A_2, B	OO, AA, BB, AB, AO, BO	O, A1, A2, B, AB	1900
MNSs	N, N, S, s	MS/MS, MS/Ms, Ms/Ms, MS/NS, MS/Ns, Ms/Ns, Ms/Ns, NS/NS, NS/Ns, Ns/Ns	M, N, MN, S, s, Ss	1927
P	P_1, P_2	P_1P_1, P_1P_2, P_2, P_2, P_1p, P_2p, pp	P_1, P_2, p	1927
Lutheran	Lu^a, Lu^b	Lu^aLu^a, Lu^aLu^b, Lu^bLu^b	Lu（a+b-）, Lu（a-b+）	1945
Lewis	Le^a, Le^b	Le^aLe^a, Le^bLe^b, LeLe	Le（a+b-）, Le（a-b+）, Le（a-b-）	1946
Kell	K（Kell） k（Cellano）	KK, Kk, kk	K+k-, k+k+ K-k+, （K-k-）	1946
Duffy	Fy^a, Fy^b	Fy^aFy^a, Fy^aFy^b, Fy^bFy^b, FyFy	Fy（a+b-）, Fy（a+b+）, Fy（a-b+）, Fy（a-b-）	1950
Kidd	Jk^a, Jk^b	Jk^aJk^a, Jk^aJk^b, Jk^bJk^b	Jk（a+b-）, Jk（a+b+）, Jk（a-b+）, Jk（a-b-）	1951
Diego	Di^a	Di^aDi^a, Di^aDi, DiDi	Di（a+）, Di（a-）	1955
Sutter	Js^a	Js^aJs^a, Js^aJs, JsJs	Js（a+）, Js（a-）	
Auberger	Au^a	Au^aAu^a, Au^aAu, AuAu	Au（a+）, Au（a-）	1961
Xg	Xg^a	Xg^aY, XgY, Xg^aXg^a, Xg^aXg, XgXg	Xg（a+）, Xg（a-）	1962

1900 年，卡尔·兰德斯坦纳（Karl Landsteiner）发现并确定了人类第一个血型系统——ABO 血型系统（Relethford，2000）。我们知道，人体自身系统中具有许多抗体用以保护其自身免受外界侵害。比如，将一个人的血液与另一个人的血液混合时我们会发现这两个个体的血液中的抗原和抗体会发生某种反应。抗原附着在红细胞表面，抗体存在于血浆（或血清）中。同名的抗原和抗体相遇（如抗原 A 和抗体 A）会发生红细胞凝集现象（溶血反应）。所以在人体的血液中，根据所含的抗原和抗体的类型不同，可分为 A、B、AB、O 四种血型。

MNSs 血型也是重要的血红细胞血型系统。目前已检测出的该系统抗原达 50 余种，受控基因位于第 4 号染色体上的 MN 和 Ss 两个连续的基因座位。在这些抗原中，具有较大遗传学意义的是 M、N、S、s 等抗原。在现代各种族中，澳大利亚原住民的 S 基因频率几乎为零，亚洲蒙古类群一般在 0.1 以下，非洲的尼格罗类群在 0.2 左右，而欧罗巴类群则普遍在 0.3 以上。

Rh 血型是一种重要而复杂的血型系统。在刚发现该血型系统的时候，人们仅仅认识到 Rh 阳性和 Rh 阴性之分。CDE 命名最为简单明了，即 Rh 血型有 3 对等位基因，决定着 6 种抗原，分别以 C 和 c、D 和 d、E 和 e 表示相应的抗原

和基因。在欧罗巴类群中，Rh 阴性者的出现率最高，大约为 15%；蒙古类群阴性的比例最小，还不到 1%；在尼格罗类群中有 4% 为 Rh 阴性者。从基因型的分布上来看，尼格罗类群中 cDe 基因频率较高，欧洲人群中 cde 频率较高。而在我国人群中，尤其是在南方的一些少数民族中，则以 CDe 基因频率为最高。新疆维吾尔族的 cde 频率比汉族和其他少数民族都高，但低于欧罗巴类群的数值，从而反映出他们具有欧罗巴类群和蒙古类群混血融合的性质。

Duffy 血型是另一种在种族人类学研究中意义较大的血型系统，共包括 Fy^a、Fy^b、Fy 和 Fy^x 等 4 个基因。在 Fy 基因为纯合子时表型为 Fy（a-b-），其余 3 个为显性基因。根据目前已掌握的材料，Fy 基因在不同类群中的差异最大，非洲尼格罗类群中该基因高达 90% 以上，在某些非洲人群体中甚至几乎全部为 Fy 基因。亚洲蒙古类群几乎全部带有 Fy^a 基因，而在欧罗巴类群中 Fy^b 基因频率高于 Fy^a。

Diego 血型受控于一个座位上的两个等位基因 Di^a 和 Di^b，这两个抗原均呈显性遗传。其中，Di^a 抗原主要存在于蒙古类群中。Di^a 抗原频率在南美洲印第安人中为 36%，在亚洲蒙古类群中为 8% ～ 12%，而在欧罗巴类群和澳大利亚原住民中却极为罕见。

第三节　复杂性状的遗传变异

一、身高与体重

身高在人类不同类群之间和群体之内都有着显著的变异，即使是在更小的分类阶元内，这种差异还是比较明显。就地域来说，总的规律是越靠近赤道者身高越矮小。目前，平均身高值最高的人群分布在东非埃塞俄比亚的某些部落当中以及北欧地区，平均身高值最低的人群是分布在赤道非洲地区的俾格米人。

人类两性差异也明显地体现在身高上。在任何群体中，男性看来都比女性高大得多，这是遗传作用的结果，我们称之为"性别的二态

性"。虽然我们会经常举出女性高于男性的例子，但总体来说，相同类群内的人群当中，男性身高值要比女性身高值高出 5% ～ 10%。

二、体型

比较简单的体型比较方法之一是使用坐高指数（个体的坐高除以身高）。这个指数可以反映人体的下肢或躯干与身高的比例关系。澳大利亚原住民和许多非洲人大多具有相对较短的躯干和相对较长的下肢（如图 3-4 所示），他们的坐高指数值都不到 50。

对我国部分民族的平均坐高指数进行统计，结果为 53.54，这表明国人的体型是以中长躯干型为主的。美洲原住民和分布在亚洲和美洲的因纽特人的坐高指数都在 54 左右，表明他们是明显的长躯干型。

三、肤色

决定人体组织颜色的主要因素是各种色素。

肤色是由毛细管中的血液和一种色素——黑色素的分量和分布状态决定的。当黑色素以颗粒状集中于生发层时，皮肤颜色为褐色；如果黑色素分布延伸到颗粒层，则皮肤为深褐色（如图 3-5 所示）。

相反，如果生发层所含的黑色素少并且呈液体状分布，则皮肤为浅色；如果部分黑色素分布于真皮，则皮肤的局部呈现蓝色斑或青斑，这种青斑常见于婴儿臀部或其他部位。由于此斑在蒙古类群中有较高的出现率，因此又称之为蒙古斑。

据统计，不同肤色类群的色素细胞量是不同的，在每 1 平方毫米内，欧美人群的色素细胞约在 1000 个以下，东亚人群则在 1300 个左右，而非洲人群则超过了 1400 个（如图 3-6 所示）。

肤色是研究人类变异比较重要的性状之一，不同的研究者和观察者对肤色的认定有所不同，容易导致判断上的主观性。在过去，常使用标准色度来确定肤色，这种方法较为主观并且不是很准确。

图 3-4　东非马赛人
（Bjørn Christian Tørrissen 摄）

图 3-5　一名布基纳法索女孩
（Ferdinand Reus 摄）

　生物人类学
（第二版）

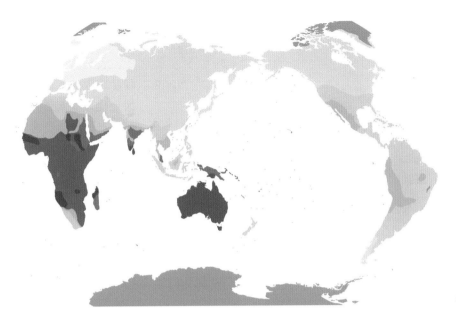

图 3-6 现代人类肤色
分布示意

（◎ 李法军）

目前仍然普遍使用反射比分光光度计，它根据反射物光源的波长差异来测量光的百分比。为了最大限度地减小深色皮肤带来的反射影响，一般的做法是在上臂的内侧测量肤色，因为上臂内侧最不容易暴露于日光之下。正常情况下，一个人从其皮肤表面反射回来的光线越多，该个体的肤色越浅。这样我们就能避免描述判断结果时的二分法，即"深"或"浅"。

人体肤色是可遗传的。假如我国北方某个居民到海南岛去旅游，被太阳晒黑了皮肤，但是当他回到北方后肤色还是会恢复到较浅的状态。由此可见，人体肤色是受遗传物质控制的，有稳定的遗传基础。

色素的形成可能与一种叫酪氨酶的蛋白类酶有关，在它的作用下，细胞内的酪氨酸转化为色素构成物。如果缺少了这种酶，色素细胞就会失去功能，不能产生色素物质。假如一个人从父母双方获得的遗传物质中缺乏这种酶类产生的遗传因素，就会患色素缺失症，即白化病。

四、头型与面型

许多生物人类学家都非常重视对头部的变异研究，因为通过考古发掘获得的大量保存完好的人类头骨化石为研究人类连续演化和变异提供了真实而丰富的资料。如前所述，最为常用的研究头型变异的方法是使用头指数，它为我们了解人类的头部形状提供了一个粗略但很便捷的途径。

人类的头指数分布范围为 70～90（Molnar，1992）。澳大利亚原住民、美拉尼西亚人群、非洲的大部分人群、南亚地区人群等均为明显的长头型，欧洲中部人群、巴尔干人群以及许多中亚地区人群等均为明显的短头型（如图 3-7所示）。

但必须承认的是，人类的面部无论在形状上还是在尺寸上都存在着巨大的变异，而且没有任何两个人的面部是完全一样的，人类个体面部的这种独特性使之成为人类个体识别的重要标志之一。许多人往往能根据自己的经验从

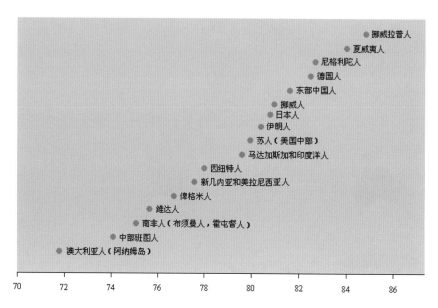

低而窄，扁平度较小，表明面部的凸出程度较大。就东亚地区现代人群面型的分型特点而言，蒙古类群的北亚类型是典型的高面型和阔面型，南亚类型是典型的低面型和窄面型，东亚类型则介于二者之间（如图3-8所示）。

图 3-7　不同人群头指数的分布

（李法军，2007）

一个人的面部判断出他来自何处，这种判断的准确性有时是很高的。

有许多学者试图将人类的面型划分成不同的类型，比如圆形、椭圆形、卵圆形、矩形和五角形等。但是，无论怎样划分，其分类结果都是粗略的，因为人类面型存在着巨大的变异，我们不可能将其一一对应于某种形状。

然而，我们不能否认人类面部形态是具有遗传性的。因此，我们能够根据形态相似性来划出人类面型分布的大致的类型区域。家族内部的个体之间在面型上的亲缘关系是显而易见的，推而广之，我们可以区分人群间、族群间和类群间的面型特征。

就面型的总体特征而言，面的高度和宽度以及扁平度在不同人群间存在着较大的差别。一般来说，蒙古类群的面型显得高而宽，扁平度很大，这表明面部的凸出程度较小；而欧罗巴类群和澳大利亚－尼格罗类群的面型则显得

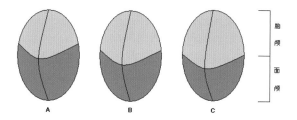

图 3-8　东亚地区现代人群脑颅与面颅比例关系示例

（李法军，2007）

五、眼色和眼部形态

眼色是指虹膜的颜色。眼色的深浅不仅取决于虹膜中所含棕褐色颗粒状黑色素的数量，还取决于色素在虹膜中所处的位置。正常个体的虹膜后缘层以及色素上皮层中总含有一定数量的色素，如果在前缘层以及血管层中没有或含有极少量的色素，则深层色素就会透过浅层组织而呈现蓝色或者天蓝色。眼色的分布与年龄相关，随着年龄的增长，浅眼色百分比逐渐

增加。

在人类学研究中，眼色的观察方法一般分为形容词分类法和眼色标准比较法。形容词分类法一般采用马丁眼色表，其颜色分布由深至浅包括黑褐色、不同程度的褐色、不同程度的浅绿色以及浅色。

眼部形态主要包括上眼睑皱褶、内眦皱襞、眼裂高度和眼裂倾斜度等。人类上眼睑的外面覆盖着一层极薄的皮肤，在眼睑和覆盖在眼眶

边缘的皮肤交界处形成眶上沟，其显著程度不等（如图 3-9 所示）。由于上眼睑的形态变化较大，下眼睑的形态变化很小，所以在很大程度上决定眼部外形的是上眼睑形态（如图 3-10、图 3-11 所示）。

六、鼻部形态

人类的鼻部在外形上存在着明显的区域性差异，主要反映在鼻的突出程度、鼻梁的侧面形态以及鼻孔形状等。鼻部也是个体独特性的表现特征之一，它的尺寸和大小的变异范围很大。如果只使用一般性描述，比如说某个个体的鼻子长或短、宽或窄等，都不能准确而客观地刻画鼻部真实的形态特征，所以我们使用一个描述形态特征的指数来克服这一问题，这个指数就是鼻指数（即鼻宽除以鼻长）（如图 3-12 所示）。

很多地区的人群在鼻部形态上具有明显的独特性，如非洲的很多人群和澳大利亚原住民的鼻指数一般在 104 左右，这表明他们的鼻部

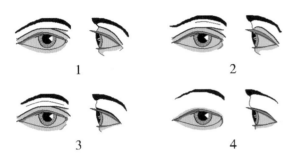

图 3-9　上眼睑皱褶的分布等级

（李法军，2007）

1. 无皱褶；2. 皱褶距睫毛在 2 毫米以上；3. 皱褶靠近睫毛，距离 1～2 毫米；4. 皱褶达睫毛处，甚至超过。

图 3-10　一名中国藏族女性

（©Antoine Taveneaux 摄）

图 3-11　微笑面对镜头的因纽特人

（©Vilhjalmur Stefansson）

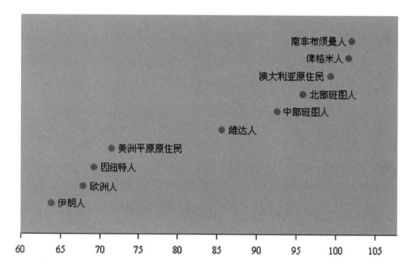

图 3-12 部分人群的鼻指
数分布
（李法军，2007）

南非布须曼人 ●
俾格米人 ●
澳大利亚原住民 ●
北部班图人 ●
中部班图人 ●
维达人 ●
美洲平原原住民 ●
因纽特人 ●
欧洲人 ●
伊朗人 ●

60 65 70 75 80 85 90 95 100 105

图 3-13　美国阿拉斯加 Noatak 地区的因纽特人家庭
（©Edward S. Curtis）

图 3-14　一名南
美洲奇楚亚少女
（©Thomas Quine）

图 3-15　一名非洲
桑人狩猎者
（©Ian Beatty）

图 3-16　一名
斯里兰卡维达人
男子

形态是明显的阔鼻型。我国的南亚类型居民和东南亚地区的很多人群大多属于阔鼻型，但程度要低于非洲人群和澳大利亚原住人群。包括我国东亚类型、北亚类型和东北亚类型的人群在内的世界上的很多人群大都属于中鼻型或狭鼻型，鼻指数的分布范围一般为 55 ～ 85（如图 3-13 至图 3-16 所示）。

一般认为鼻部形态的形成与自然环境特别是气候有很大的关系。由于适应机制的需要，温暖湿润的地区特别是靠近赤道的地区，人群一般具有低平而宽短的鼻梁和明显的阔鼻特征，这样可以加快湿热空气在鼻腔部内的流通速度。而居住在高原或其他寒冷地区的人群，他们一般具有长而直的鼻梁和明显的狭鼻特征。这一特征使寒冷空气在到达肺部之前已经得到了充分的温暖，从而减少冷空气对呼吸系统特别是肺部的刺激。

第四节　人类的适应性

人类作为地球上的一个物种，与这个星球上的其他生命形式和非生命形式共同构成了我们所说的生态系统。在这里我们重点探讨人类在这个生态系统中的适应性问题，压力、动态平衡和适应层次是理解人类适应性问题的重要概念。

一、适应的类型

适应性问题的产生是因为生物为了适应自然生态系统的压力而努力使其机体保持一种动态平衡的结果（李法军，2007）。压力是指任何一种干预机体保持正常运行的因素，动态平衡是指努力使机体保持这种正常运行的机制。

在自然生态系统中，气候和海拔高度是对人类适应性影响最大的因素。人类是怎样适应自然生态系统的这些因素的呢？人类又是怎样适应自身的生物和文化环境的呢？在一定的地域中，各种生物之间及其与环境之间存在着功能上的统一性。所谓生态系，即指在一定空间内，生物和非生物的成分通过物质循环和能量流动而相互作用、相互依存所形成的一个生态

学功能单位（李璞等，1999）。

人类是以大脑来适应环境，从而能够对两极之间的任何环境加以利用（Stavrianos，2017）。从大的角度讲，人类对生态系统的适应过程产生于三个层次，即生理、遗传和行为 / 文化，每一个层次都包括几个适应方面（Cronk等，2000；Relethford，2000、2010；哈迪斯蒂，2002）。

（一）生理适应

这种适应主要是生物体的本能适应过程。有机体对外界温度、阳光辐射、含氧量、物理压力以及食物选择等因素的刺激所产生的适应性变化均属于这种适应。例如，人类对紫外线辐射的适应就是一种生理适应。短时间接受紫外线照射会导致皮肤颜色变深，如果这种照射持续过久，那么皮肤就会持久性保持深色状态，这是避免皮肤被紫外线灼伤的有效保护适应。

（二）遗传适应

作为对某种环境的有利适应结果，一些性状会得以保留并遗传给其后代，这就是获得性

遗传。在生物群体内部，大多数的突变是中性的，即可能朝着有利或者有害的方向转变，这必须视实际的环境和生态变化而定。遗传适应与进化密切相关，以有利原则为基础，某些遗传适应可以改变整个生物群体的遗传特征。例如，人类的不同区域类型所表现出来的相同器官的形态差异就说明了遗传适应的存在。热带地区人群的阔鼻特征与高纬度人群的狭鼻特征形成了明显的差异，这些差异就是人类适应不同气候环境的遗传适应结果。

（三）文化适应

人类学家比较关心的是人类的文化行为适应问题而不是自然本能行为对自然环境和生态系统做出的反应（如图 3-17 至图 3-20 所示）。文化适应一般包括三个方面，即技术、制度和思想，这些文化因素通常是可以被模仿、分享或者继承的。文化适应的这三个方面或者说三种因素有助于人类至少以四种方式适应外部的生态系统，即提供对环境问题的基本处理方法，通过改进以增强有效性，提供对环境问题的了解和认识以及各种适应性（Hardesty，2002）。

图 3-17　建冰屋的因纽特人
（©Frank E. Kleinschmidt）

图 3-18　非洲布须曼人在钻木取火
（©Ian Sewell）

图 3-19　骑骆驼的贝都因青年
（©Dmitri Markine）

图 3-20　一对挪威萨米人父子
（©Nasjonalbiblioteket）

二、人类对气候和高海拔环境的适应性

人类对不同气候条件和海拔高度的适应也体现在生理适应、遗传适应和文化适应这三个方面。人类起源于低纬度地区，但随着文化适应能力的增强，逐渐迁徙到了地球上的各个角落。随之而来的气候环境变化和海拔高度变化，使人类逐渐发生了体质上的分化和变异，并产生了相应的生理适应和遗传适应。

（一）气候与人类的适应性

众所周知，人类是恒温动物，拥有保持自身体温的能力。但是，请记住，这种能力是有限度的。那么，当人类面对温度过高或者过低的气候环境时会出现怎样的适应性变化？

从逻辑上讲，是先有了生理适应和文化适应，然后才有遗传适应，在这里，人类的生物属性和文化属性共同起了作用。例如，当人类遇到过低温度的时候，血管会发生收缩现象。这样能够降低血液的流速，从而减少热量的流失。反之，当遇到过高温度的时候，血管会发生扩张现象，从而加快血液的流速，使热量尽快散失。这些属于一般的生理适应过程。

从文化适应方面看，人类为了适应不同的气候，因地制宜地制造出各具特色的建筑和服饰以及与生活密切相关的习俗。当人类的文化适应能够使他们在所在地区生存下去，那么遗传适应机制便开始发生作用。

19世纪的许多自然学家开始探索生物体征与环境适应的相关性。例如，威尔逊法则（Wilson's rule）关注动物体毛及皮下脂肪与气温之间的相关性。格罗杰法则（Gloger's rule）则探讨温度和湿度与色素的相关性。

英国动物学家卡尔·伯格曼（Carl Bergmann）（如图3-21所示）发现，在某些哺乳动物当中，其身体尺寸与其生存地域的温度存在着一定的联系。在体型相似的个体中，身体尺寸越大，体热散失得越慢；在

图3-21 英国动物学家卡尔·伯格曼

体型相似的个体中，体型呈线型者较非线型者而言，其体热散失较快（如图3-22所示）。这就是伯格曼法则（Bergmann's rule）。

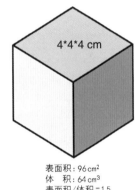

表面积：96 cm²
体　积：64 cm³
表面积/体积 = 1.5

表面积：24 cm²
体　积：8 cm³
表面积/体积 = 3

图3-22 伯格曼法则示例
（© 李法军）

美国动物学家乔·阿伦（Joel Asaph Allen）（如图3-23所示）则发现，在恒温动物当中，同种的或形态相似的异种之间，越处于寒冷气候下的，其肢体等附肢结构越有明显缩短和变粗的倾向，这个规

图3-23 美国动物学家乔·阿伦

图 3-24　阿伦法则示例
（© 李法军）

图 3-25　乘坐独木舟的因纽特人
（©Curtis Noatak 摄）

图 3-26　非洲人群对热带气候的适应
（©BBC，*Human Planet*）

律被称为阿伦法则（Allen's rule）（如图 3-24 所示）。

伯格曼法则和阿伦法则均表明，生物为了适应外界气候环境而做出了相应的适应性改变。对于人类而言，这些适应性改变是生理适应、遗传适应和文化适应三种适应方式共同作用的结果（如图 3-25 所示、图 3-26 所示）。

（二）海拔高度与人类的适应性

海拔高度的改变能够引起人类明显的体质差异和生理变化。高山缺氧是高纬度地区的生态特征之一，长期生活于高海拔地区的人群由于适应了这种缺氧状态（如图 3-27 所示），因此不会产生任何不良反应（Mascie-Taylor 和 Lasker，1991；Wiley，2004）。

但是，对于长期居住在低海拔地区的人群来说，突然前往高海拔地区便易患上高山疾病。患病者通常会产生剧烈的头痛、眩晕以及恶心等不良反应，甚者会危及生命。某些个体在渐进到达某一高度后会逐渐适应那个海拔高度的环境，但这种情况因人而异。因此，如果长期居住在低海拔地区的个体要到高海拔地区，最好的方式是采取缓进的适应策略，即逐渐提高适应高度，最后达到

图 3-27　西藏自治区的藏民日常生活
（承蒙尼卓嘎授权使用）

终极高度。

长期生活在高海拔地区的人群，其成员的胸围和肺活量均大于生活于低海拔地区的成员。高海拔地区人群的身高也低于低海拔地区的人群，这符合阿伦法则，但是原因可能并非适应性结果，更可能是由于营养缺乏（Leonard 等，1990）。

因此，高海拔地区的低气温和食物资源匮乏等问题也应当是引起当地人群的高海拔适应的原因。我们也由此看到，对人类适应性的研究不能只关注某种适应因素的作用。人类的适应性过程是一个非常复杂的过程，影响其发生的因素可能是多方面的。

🔍 重点、难点

1. 现代人类生物学特征的多样性
2. 变异研究的方法
3. 血型及其遗传学表达
4. 复杂性状的遗传学基础
5. 适应的类型
6. 伯格曼法则与阿伦法则

🔍 深入思考

1. 表型特征完全由基因型决定吗？
2. 血型与人群具有怎样的相关性？
3. 生物适应性产生的原因是什么？
4. 高海拔地区人群的身高低于低海拔地区的人群是适应性结果造成的吗？
5. 人类的文化如何改变自身的适应性？

📖 延伸阅读

［1］哈迪斯蒂. 生态人类学［M］. 郭凡，邹和，译. 北京：文物出版社，2002.

［2］李璞，王芸庆，陈汉彬，等. 医用生物学［M］. 北京：人民卫生出版社，1999.

［3］邵象清. 人体测量手册［M］. 上海：上海辞书出版社，1985.

［4］吴汝康，吴新智，张振标. 人体骨骼测量手册［M］. 北京：科学出版社，1984.

［5］席焕久，陈昭. 人体测量方法［M］. 2 版. 北京：科学出版社，2010.

［6］朱泓. 体质人类学［M］. 北京：高等教育出版社，2004.

［7］BROTHWELL D R. Digging up bones［M］. New York: Cornell University Press, 1981.

［8］EVELETH P B, TANNER J M. Worldwide variation in human growth［M］. 2nd ed. Cambridge:

Cambridge University Press, 1990.

[9] FAWCETT C D, LEE A. A second study of the variation and correlation of the human skull, with special reference to the Naqada crania [J]. Biometrika, 1902, 1 (4): 408-467.

[10] INTERNATIONAL HUMAN GENOME SEQUENCING CONSORTIUM. Initial sequencing and analysis of the human genome [J]. Nature, 2001, 409 (6822): 860-921.

[11] KELLER H, POORTINGA Y H, SCHÖLMERICH A. Between culture and biology: perspectives on ontogenetic development [M]. Cambridge: Cambridge University Press, 2002.

[12] LAHR M M. The evolution of modern human diversity: a study of cranial variation [M]. Cambridge: Cambridge University Press, 1996.

[13] LEONARD W H, LEATHERMAN T L, CAREY J W, et al. Contributations of nutrition versus hypoxia to growth in rural Andean populations [J]. American journal of human biology, 1990, 2 (6): 613-626.

[14] LEWIN R. Human evolution: an illustrated introduction [M]. Oxford: Blackwell Publishing Ltd., 2005.

[15] MARTIN R. Lehrbuch der Anthropologie in systematischer darsterllung: mit besonderer berucksichtigung der anthropologischen methoden fur Studierende artze und Forschungsreisende [M]. Jena: G. Fischer, 1928.

[16] MIELKE J H, KONIGSBERG L W, RELETHFORD J H. Human bioligical variation [M]. Oxford: Oxford University Press, 2006.

[17] ULIJASZEK S J, MASCIE-TAYLOR C G N. Anthropometry: the individual and the population [M]. Cambridge: Cambridge University Press, 1994.

[18] WANG J, WANG W, LI R, et al. The diploid genome sequence of an Asian individual [J]. Nature, 2008, 456 (7218): 60-65.

[19] WILEY A S. An ecology of high altitude infancy: a biocultural perspective [M]. Cambridge: Cambridge University Press, 2004.

第四章
现代人类的种族

我们经常看到或听到关于种族的讨论。对这个概念的认识，学者们都有着不同的看法。种族也称人种，是指那些具有区别于其他人群的某些共同遗传体质特征的人群（朱泓等，2004）。其特征的形成过程兼受自然环境和社会环境的双重影响。

由于学科发展的内在特点，生物人类学家们都从自身的角度对种族这一概念进行了长久的争论。争论的焦点在于种族这一概念的局限性和优越性是什么，由此产生的结果就是对种族概念是否还要保留的争论，这也影响着当今不同学科对人类变异问题的研究取向和最终认识。对于这一争论，理性的看法是首先要正确地认识种族这个概念的起源和演变，找出争论的根源，然后再判断种族概念是否还能够在人类变异研究中发挥作用。

种族与民族是两个容易混淆的概念。它们之间存在着明显的区别，但又存在着许多联系，因此必须予以澄清。民族是在历史上和一定的地域内形成的，具有共同的语言、经济生活和民族意识的群体。民族概念是社会性的，而种族概念是自然性的。同一种族可以包括许多不同的民族，而同一民族又可能包括许多不同的种族。在这一章，我们还将着重阐明类群这一概念与种族称谓的关系。

——人类生物性的自我解析

第一节　"种族"概念的流变与分类

现代人在生物学上同属于一个物种即智人种，人类的同一性是不可否认的科学事实。但是，鉴于人类所展现出来的生物学多样性特征，"种族"一词的分类学意义是需要肯定的。其来源可能与阿拉伯语的"ras"（意为开端、起源）或意大利语的"razza"（意为种族、部落）有关（朱泓等，2004）。

古代人类对自身的多样性已经有了一定的认知。例如，距今3000年左右的古埃及第十九王朝塞提一世（Seti I）墓中就出有明确以肤色和服饰标记人群的壁画。1684年，法国博物学家弗朗索瓦·伯尼埃（François Bernier）在 *Nouvelle division de la terre par les differentes especes ou races d'homme qui l'habitent* 一书中提出了"种族"的概念。1758年，林奈在其生物学分类系统中将人类划分为四个主要的人种。从那时起，不同学者曾建议使用种族划分的四分法、五分法甚至九分法。

林奈赋予每个群体以行为学的和生物学的特征。例如，他将欧洲人（Homo European）定义为易变、乐观、蓝色的眼睛的、文雅和有序的群体；将非洲人（Homo Afer）定义为易怒、顽固、安于现状和随意的群体；将亚洲人（Homo Asiatic）定义为严肃、贪婪和主观的群体。

林奈的分类虽然有诸多不当之处，甚至将种族与民族混为一谈，但是林奈的分类是具有先驱性的。他划分出了当时所见的基本类群，明确地将各类群与一定的地域相联系，并且坚定地认为不同种族同属于一个物种即智人之下，这无疑是具有进步意义的远见卓识。

继伯尼埃和林奈之后，布丰、布鲁门巴赫和居维叶等人也针对人类变异的多样性问题提出了各自的分类体系（Linneaus，1735；Buffon，1749；Blumenbach，1781；Cuvier，1790）。这些最早的分类都是依据人类几项较易观察的生物学性状而制定的，而这些分类就是种族分类的最早来源。

布丰划分出六大类群：欧罗巴人种、鞑靼人种、埃塞俄比亚人种、美洲人种、拉普人种（北极人种）和南亚人种。布丰相信人种是不同地域的气候影响散居各地的同一智人种后裔的结果，所以在其种族划分中额外关注了某些过渡类型（拉普人种和南亚人种）的存在。此外，布丰注意到人类与猩猩之间的相似性要大于人类与狒狒之间的相似性。但遗憾的是，布丰否认人类与其他高等灵长类之间的亲缘关系，并坚持认为只有人类才拥有心智。

被誉为"体质人类学之父"的德国学者约翰·布鲁门巴赫（Johann Friedrich Blumenbach）创造了许多至今仍在使用的种族人类学词汇。在《人类的自然变种》（De generic human varietate native liber Goettingae）一书中，布鲁门巴赫将人类划分为五个大的类群：高加索人种、蒙古人种、美洲人种、埃塞俄比亚人种和马来人种（如图4-1所示）。他在人类变异和分类研究领域中首次提出马来人种这个类型。

除了使用肤色作为分类依据外，他还增加了发型、面部特征以及颅骨形态等指标，并认为颅骨形态是非常明显的类群特征且受到自然环境的强烈影响。布鲁门巴赫极力寻找所谓的完美范例，因为他相信源自阿勒山（Mount Ararat）的高加索人种是同古代原始类型最为接近的类型，其他人种都是高加索人种的派生种。

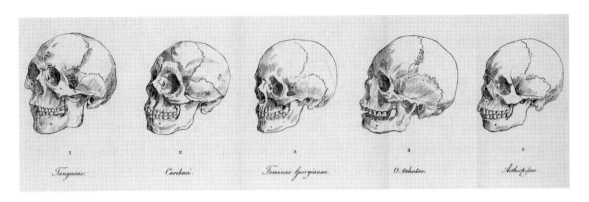

图 4-1 　《人类的自然变种》中的五类人种头骨

1. 蒙古人种的通古斯人；2. 美洲人种的加勒比人；3. 高加索人种的乔治亚人；4. 马来人种的 O-taheitae 人；5. 非洲人种的埃塞俄比亚人。

居维叶提出三大种族论：高加索人种、蒙古人种和尼格罗人种。但是居维叶也是林奈的支持者，他固执地坚持灾变论并以之解释生物的进化过程和生物多样性问题。普理查德起初认为人的文明进程深深地影响着种族的形成（Prichard，1813），但后来他又否认了这种观点并提出环境论，认为气候与体质类型之间存在着密切的关系（Prichard，1826）。

达尔文虽然没有直接参与种族划分的讨论，但曾经在其著作《人类的由来》中阐述了类群间的差别是否有意义的问题并探讨了类群间差别形成的原因（Darwin，1871）。达尔文承认人类类群间的差异，并强调区分种族的若干性状必须是普遍性的而非个别的。通过对各个种族的观察和测量数据的比对，达尔文举出了一些在类群间具有明显差别的性状，如毛发的结构、身体各部位的相对比例、肺活量、颅骨形态和脑容量等。

除了生物学性状外，他还列举了其他证据来说明类群间的差异性，如适应环境的能力、心理特征和外在表现等。达尔文较为客观地分析了类群分类依据的合理性和局限性，为我们探讨分类问题提供了一个很有价值的视角。

达尔文不赞成种族的划分。他曾提议以亚种（subspecies）来取代种族这一概念，因为他相信人类是同源的（他称之为"单一的原始的组系"）。即便如此，他还是认为即使是亚种，其划分意义也不是很大。也就是说，他承认人类类群的差异性，但认为这种差异性还不足以进行进一步的类型划分。他相信人类各类群之间的差异是个体变异通过世代的自然选择作用，得到保存、积累、加大而形成的（李法军，2007）。

人类类群间的外表差异的巨大变异性本身就已经说明了它们不可能有太大的意义，因为如果这些变异特征十分重要的话，它们就不会有太多的变异形态，结果必然是二分性的，即保存或淘汰。达尔文相信"多型"本身就说明了变异特征在性质上是无关紧要的。

到了 20 世纪，种族的概念和等级划分标准已经成熟，不同的种族被划分成次一级分类，次一级分类又被划分成更小的分类等级。种族通常是一个总体概念，在具体划分和描述时，学界多用人种指代具体某一种族类型。

有些人类学家将种族分为若干次级人种（Hooton，1946）。随后有学者建议将地理人种分为区域人种，然后将区域人种再细分为更小一级的分类（Garn，1965）。而对于像非裔美洲人（African Americans）这样的人群，学者们通常称之为混血人种。虽然有将种族细化的趋势，但对于不同学者来说，种族的分类数目和次级的划分类别都是不尽相同的。

随着学者对古人类遗骸特别是头骨的兴趣的增加，许多人类学观察方法和测量方法被发明并被应用到种族分类研究中。从18世纪开始，人类学家就开始严格依照体质测量来描述人类的种族特征，同时人类学家还关注人与其他非人灵长类亲缘关系的研究。

除了将身高、发型等作为分类依据，很多人类学家还创造了许多其他分类方法。例如，瑞士解剖学家安德斯·雷切斯（Anders Retzius）（如图4-2所示）在分类研究过程中发现，颅指数（即颅骨最大宽除以颅骨最大长）能够很好地反映各个种族颅骨形态的变异。

雷切斯依据该指数将欧洲人群划分为三个类型：长颅型（dolichocephalic）、中颅型（mesocephalic）和短颅型（brachycephalic）（如图4-3、图4-4所示）。此后至今，欧美生物人类学家们都将颅指数与另外几项特征（例如前面提到的面型等）作为种族分类的重要标准，而其中许多学者则从20世纪50年代后转向对人类微观变异的研究。

目前，国际上比较普遍的种族分类方法是三分法，即人类这个物种可进一步分为蒙古人种（黄种）、欧罗巴人种（白种）和澳大利亚－尼格罗人种（黑种）三类。每类之下又进一步

图4-2　瑞士解剖学家安德斯·雷切斯

图4-3　威廉姆·瑞普雷（William Z. Ripley）于1899年绘制的欧洲人颅指数分布

（颜色越深，表明颅骨越倾向于短颅和阔颅形态）（Ripley，1899）

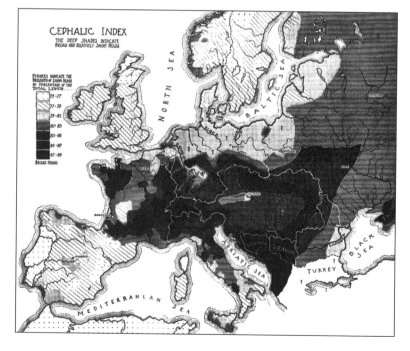

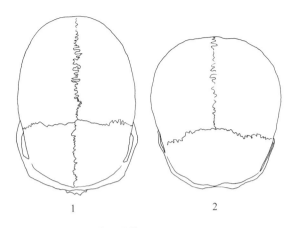

图 4-4　两种颅型的顶面观

1. 长颅型；2. 短颅型。

分为不同层次的类型（type）、人群（population）和组群（group）。

　　由于人类是一个单一物种，其变异是以连续的方式分布在全世界人群之中的，各种族之间存在着许多我们称之为过渡类型的群体。种族或人种概念容易割裂人的同一性。我们仍可以说人类这个种族，但具体到所谓的种族分类时，以类群（category）代替人种或许较为合适。这样，新的命名即为蒙古类群、欧罗巴类群和澳大利亚－尼格罗类群（如图 4-5 所示）。

　　诸多学者将种族概念和生物学上的种的概念混为一谈，并被殖民主义利用，从而导致了后来种族主义（Racialism）的萌芽与发展。关于种族主义的问题，我们会在"种族主义源流"部分加以讨论。而后在学术界，特别是在生物人类学领域，学者们对种族问题的关注发生了改变。生物人类学界中的一派学者逐渐深化了种族概念的含义并扩展了许多研究内容，因而将种族人类学研究作为一项重要的研究方法；而其他学者则将目光转向人类变异的微观演化研究，并弱化种族概念在其研究中的作用。

南西伯利亚类型、乌拉尔类型		
欧罗巴类群	大西洋-波罗的海类型 白海-波罗的海类型 中欧类型 巴尔干-高加索类型 印度-地中海类型	东北亚类型 北亚类型 东亚类型 南亚类型 美洲类型	蒙古类群
	埃塞俄比亚类型 南印度类型	波利尼西亚类型 千岛类型	
尼格罗类型　尼格利罗类型　布须曼类型 澳大利亚类型　尼格利陀类型　维达类型　美拉尼西亚类型 **澳大利亚-尼格罗类群**		

图 4-5　现代人类的体质特征分类模式

（◎李法军）

第二节 "类群"概念的局限性

一、连续性变异的本质

即便类群概念有利于消除将人类生物学差异等级化的倾向，但其本质上仍旧属于主观分类。类群划分标准的多样性和复杂性决定了关于类群划分的局限性，究其根源就是分类法具有的某些局限性（Darwin，1871；Relethford，2000）。我们所说的生物变异是客观而真实的，可是类群或种族却是人类思想的产物，是主观的而非客观的。可以说，任何具有主观分类性质的概念都无法准确地描述变异的客观性，其原因之一就是许多变异是具有连续性的，而类群仍旧是一个一个的非连续性单元。

身高是一个可以用来阐述类群这种分类上的非精确性和非连续性的最好例子。身高值是一定范围内连续分布的数值，除非使用测量仪器，大多数人都不能很准确地目测一个个体的身高值。对于一般人来说，知道该个体的大概高度或者相对高度就可以了。但是在分类时，由于每个人的自身身高都不尽相同，而一般人又往往喜欢以自己的身高来衡量他人的高矮，所以对于他人的身高情况会出现不同的判断标准。即便是将这种分类扩展到更多的类目，比如"高""矮""中等高"或"很矮"等，这些分类还是显得粗糙和有限。因此，这种判断身高的分类方法是相对的、主观的和不精确的。

由此可以联想到类群概念所面临的问题。例如，欧美人类学家都使用肤色作为类群分类的依据，他们根据不同的分色标准来划分不同的类群。然而，如同身高一样，肤色也是一个连续性特征，这就意味着任何将连续性分布特征割裂为非连续性单元的尝试都是武断的。图4-6所示的是来自亚、非、欧三大洲的3个群体男性皮肤平均反射率的分布情况。

图中的圆点代表3个群体反射率的平均值，黑色粗线代表各自反射率的分布范围。不难看出，3个群体的分布范围没有叠加现象，每个群体的肤色都与另外两个群体完全不同，所以我们可以很容易地依据某个个体的肤色将其归于其中一个群体。用这种方法来反映3个类群的变异情况是不是就很精确了？

显然不是，因为分类的基础就是具有主观性的，人类可不仅仅是由这3种群体构成的。当我们向图中加入更多的群体时，结果就会发生改变，这是显而易见的。我们会发现，不同

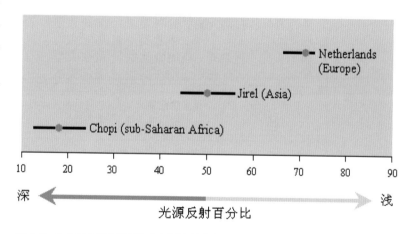

图 4-6　3个群体男性皮肤平均反射率的分布情况
（李法军，2007）

群体的反射率分布范围是相互叠加的。换句话说，我们不能依据肤色来判断哪里是一个人种的终止边界，哪里是另一个人种的起始点。我们可以确认肤色的总的范围，但不能清晰地划分出每个所谓类群的范围。

无论关于类群区分的效力如何，相信不少人都会认为个体的类群归属是很容易确认的。从表面上看来的确如此，就连一个小孩子都能轻易地判断出某个人是外国人或是中国人，或者某个人"黑"或"白"。在此种条件下，类群的确容易识别。但是这种情况只适合于一个较小的范围，如在某个较小的社区内。当我们放眼世界的时候，这种判定方法就不那么可靠了。在一般人的眼里，某个个体要么是"白的"，要么是"黑的"。但他们不知道，除了我们所居住的狭小的空间外，还有很多人的肤色既不是"白的"，也不是"黑的"，而是呈现出混合的状态。

当然，并不是所有的生物学性状都显示出连续性变异特征，如血型的表型就是非连续分布性状。在特定的区域内，某些遗传标记在区分人群时是很有效的，但用类群分类的方式来描述这些性状显示的变异模式就不是很准确。例如，用以描述某一 Diego 血型性状的等位基因频率在南美洲原住人群中是偏高的，出现频率是 0.32，然而该频率在非洲和欧洲人群中的出现频率是 0（Relethford，2000）。这个等位基因可以把南美洲原住人群与其他地区的人群区别开来，但是这个等位基因分辨不出哪些群体是来自非洲的，哪些群体是来自欧洲的，而对于我们来说，非洲人和欧洲人的差别的确是太大了。

又如眼部形态也是非连续分布的性状，其中有一个特征叫"眼裂倾斜度"，就是眼内、外角位置上的相对高低。很多亚洲人群的眼外角明显高于眼内角，而其他人群则表现出相对较低的程度。可能有些人会认为这是一个很理想的人种判定性状，但是我们看到，这一性状只能将一定的亚洲人群与其他人群区别开来，而在区分非洲人群和欧洲人群时会遇到困难。

二、类群划分的依据

如果要使类群成为一个有用的生物学概念，那么分类就要以大量的独立性状为基础，而且这些性状必须反映同一类群模式。如果不同的性状反映的是不同的独特的类群分类，那么其类群概念就不能很有效地描述全部的生物学相似性。事实上，根据不同生物学性状所进行的种族人类学分类的结果可能是完全不同的。

在非洲人群、部分欧洲人群和印度人群中都曾发现高频率的镰状细胞等位基因（sickle cell allele）。在某一个人群中，任何一个基于高或低的镰状细胞等位基因频率的类群分类都不可能产生与肤色相同的分布。我们也可以用乳糖酶缺乏症为例来说明性状一致性的重要性。非洲的某些人群依赖于奶制品业，因此在其群体中乳糖酶缺乏症的出现频率是很低的，欧洲人群该疾病的出现率也很低。

使用不同的性状对人群进行分类可能会导致不同的结果，我们希望镰状细胞等位基因和乳糖酶缺乏症的例子能够说明这一事实。某一性状的变异与自然选择有关，这种选择会在不同的环境中产生不同的变异结果。大家可能都曾有过这样的体会，在应用类群分类标准时，我们选择的性状越多则分类的结果就会变得越复杂。

如果我们选择了恰当的变量，那就会找到

考察全球范围内人群间关系的有效组合性状（李法军，2007）。通过检验与自然选择相关的假定为中性的性状，尝试建立一个平均模式用以反映基因流和遗传漂变影响所有基因座处于相同分布程度的趋势。

我们通常会发现人群的聚类在某种程度上与人群的地理分布相一致，也就是说，我们能够将次撒哈拉地区的非洲人群、欧洲人群和中东地区的人群分离开来。可以预想，次撒哈拉地区的非洲人群之间的关系要比他们与欧洲人群的关系近得多。我们可以找到一个大的地理分布区域使之与人种的一般定义大体一致。但是这些对描述变异有何用处呢？要回答这个问题，我们必须更进一步地观察人群内变异和人群间变异之间的差异。

三、人群内变异和人群间变异

类群分类代表的是一种类型学形式，是一组非连续的分类组合。类群分类不考察变异的连续性分布范围，而是将人群划分为不同的类群。类群概念在其应用过程当中以及其类型学所强调的主要观点是：存在于人类这个物种当中的大部分变异都是体现在类群间的，类群内变异是几乎不存在的。

在其典型的群体分类的应用当中，这种观点表现得尤为明显（比如说"这个群体的身高值较低""他们有较宽的头面部宽度"等）。这种陈述反映的只是某个群体的一般性特征而不是它的变异特征。我们来考虑下面一个陈述：中国人身高的总趋势是男性高于女性。没有人会说这个陈述是错的，但是这种陈述有什么用处呢？这种陈述并不能说明中国所有男性都比女性高。可以这样认为，变异存在于性别内部

并且有很大的重叠。

因此，可以看出类群概念还存在的另外一个问题，即它认为遗传特征是没有重叠的，换句话说，类群概念认为大多数变异存在于人群间而不是人群内部。但研究结果表明很多的变异是存在于不同的典型类群内部的。

1972 年，理查德·莱文汀（Richard C. Lewontin）（如图 4-7 所示）选取 7 个被认为是典型的人类群体（非洲人群、欧洲人群、亚洲人群、美洲原住人群、南亚人群、海岛人群和澳大利亚原住人群）并检验了这 7 个人群的遗传变异在组内和组间的真实变异水平。他观察了许多基因座

图 4-7　美国生物学家理查德·莱文汀

的变异情况，发现总共有 85.4% 的变异是发生在人群内部的，只有 6.3% 的变异发生在这些人群间（Lewontin，1972）。

其后不久的研究强化了这一结论，该研究认为各大洲典型人群体间的遗传学差异处在 8%～11.7% 的水平上（Nei 和 Roychoudhury，1974）。目前，学界普遍的观点是，人类类群间的变异大约有 10%，头面部特征的研究结果也支持这种观点（Relethford，1994、2010），也就是说，类群只能解释 10% 的人类遗传变异。

此外，仍然有很多个人或机构将种族作为一种较为普遍的生物学分类概念来使用。而在美国，由于种族问题的敏感性，种族在很多情况下具有社会意义而非生物学意义。在美国的

州政府和联邦政府的报告中，种族多指代地区来源和民族身份。例如，黑人是指非洲人或者非裔美国人；西班牙语者虽指代说西班牙语的人，但往往还包括了从墨西哥人到玻利维亚人的一个较大的人群。这种分类自有其用途，特别是用于确认某一人群的社会身份。但这种分类的局限性也很明显，就是将人类划分为独立的或者非连续性的多个群体的做法在某种程度上弱化了人类变异的细微的渐变性特征。

四、类群概念意义何在

类群概念在解释人类变异时所面对的诸多问题，使我们认识到其在人类变异研究中存在某种局限性。类群概念是一种具有描述性质的工具而非分析性质的工具。如果我们检验某一人群的诸多生物学性状并将该人群划分到某一类群当中，我们只是做了一项将观察对象进行分类的工作，我们既没有解释变异的原因，也没有解释为什么某些人群与另外一些人群相似或不同。这是类群概念的最为明显的局限性之一。

20世纪50年代以前，欧美的许多生物人类学家都致力于类群的描述和分类工作。从此以后，大部分的科学研究都进入了一个描述性时期，随后又进入了一个崭新的时期，即各种新的假说的提出和检验的解释性阶段。时至今日，学界已很少将种族作为一个概念来看待，因此类群概念的提出更显必要。

以类群概念替代种族概念，不仅避免了生物分类学上的歧义，也彰显了全人类的多样性特征。虽然类群在分类学上存在诸多局限性，但其所具有的分类学价值不能因其局限性而被否定。它的价值体现在哪里呢？

第三节 "类群"概念的优越性

一、人类变异研究的实质

我们都承认人类存在着巨大的个体差异和区域性群体差异，这是认识类群概念的基础。自人类诞生以来，其内部的差异性在自然选择的作用下，通过遗传和变异的累积而逐渐形成（Darwin，1871）。任何一个学科，由于研究的内容不同，会演变出诸多理论、方法和相关概念。

人类变异研究实际上主要包含了两方面的研究内容：一是变异的类型学研究，二是变异的微观演化研究。这两个方面研究的目的在实质上是一致的，即都关注人类自身的演化问题，二者间的研究又在时空框架内互有重叠。因此，如果割裂二者的一致性，就会导致对二者各自所关注的内容和研究方法的质疑和批判（李法军，2007）。

生物学家现在应该重新重视人类变异性的类型学研究，而不是忽略这种研究重要性的客观存在。其实生物学领域已经存在的很多研究内容都体现了人类变异研究的这两个方面的结合。例如，微观演化动力研究既可以较好地揭示人类变异的原因，又能够将个体或者是当地人群作为分析单元。在现代统计学和计算机的帮助下，这种方法能够更好地进行变异的描述，避免了诸多分类问题，并且为解释提供了一个新的视角。

二、类群研究的尺度效用

人类变异的类型学研究离不开对类群概念的讨论。目前，学界仍旧将有关人类各类群的起源、演变、分布规律和体质特征及其内部变异，并探讨人与生态环境之间关系的科学称为种族人类学（人种学）。作为一种惯称，本书仍保留这一概念。它是生物人类学研究的重要组成部分。种族人类学从来没有否认类群内部的个体差异，只是在研究内容上更关注类群间或类型间的体质差异，而这种差异性研究又不否认整个人类群体差异的连续性特征的存在。

无论何种研究方法都取决于其研究内容。种族人类学将更多的注意力放在提示人们关注人类自身演化的时空特征上，即重视人类演化的连续性（时间上）和差异性（空间上）。而就这种时空框架的尺度而言是越来越小了，这一方面说明了种族人类学研究的细致化过程，另一方面说明其追踪人类类群起源、演变和分布规律的能力加强了。

种族人类学为揭示世界各大类群的起源及演变规律而采用了很多研究方法。例如，对全人类现生各个类群体质特征的研究和分类。这种研究和分类依赖于大量的体质调查工作和对现代各个民族乃至更小的族群的形态的观察与测量，以及对其血型、DNA 等遗传基因所进行的分子生物学研究。借助古人类学和考古学的研究成果可以为阐述人种的起源及演变规律问题提供实物对比资料。种族人类学是研究生长、变异和交互关系规律的极为重要的资料，而这些资料对生物人类学家来说都十分重要。

我们不应忘记，人类自身具有明显的社会性。人类社会的稳定和繁荣，除了要遵循自然进化规律，还要恪守社会发展规律。阐明这种社会发展规律，找出影响人类演化过程的社会因素是种族人类学研究的必然使命，其中民族起源和演变研究是一项有着重要历史意义的内容。

例如，关于匈奴究竟属于何种类群和操何种语言的问题，古今中外许多学者都曾经进行过深入的探讨。随着人骨资料的丰富，不同的人类学学者、考古学者和历史学者开始对人骨资料进行系统的分析或引述（潘其风和韩康信，1984；阿列克谢耶夫等，1987；林干，1997；潘玲，2003；陈靓，2003；李法军，2007）。

语言属性的判定不能与类群完全对应，操同一语言的人群可能在类群构成上具有复杂性，同一类群的人群也可以操不同的语言。但是，就民族的起源和形成问题而言，这二者又是密不可分的，我们可以从内部语言的变化和人群体质构成方面窥探某个民族的形成过程，在研究过程中，二者可以互相补充和印证。

就匈奴的体质类型来看，其构成的确比较复杂，以外贝加尔地区为中心的区域，其体质特征表现出强烈的西伯利亚类型特点，与之对应的是文化上的单一性；蒙古西部和中亚地区的匈奴人群是以颅型偏长的中亚－两河类型为特征并混杂着部分蒙古类群的体质特征。中国境内不同区域的匈奴在体质类型上有明显的差别，并且表现出较明显的汉文化的影响（陈靓，2003）。

可以看出，这些在考古学文化上被确认为匈奴族属的人群，在体质特征上与中国先秦时期的其他居民存在着一定的差异性，但是某些族群，不论是匈奴族还是其他中国古代居民，在体质上有趋同的现象，这种现象表明他们之间的接触和交流必然是广泛、频繁而又深刻的。

古人类的骨骼材料是另一种文字，它记录

着人类演化以及迁徙的许多秘密，没有种族人类学的分类研究，我们就无从得知关于人类起源和发展的诸多细节。欧内斯特·胡顿（Earnest A. Hooton）在 1947 年曾说过："一个有经验的体质人类学家应当能够从骨骼的检验当中确定一个个体是'文明人'还是'野蛮人'，或者确定他是白种人、黑种人还是黄种人。还有一些特殊的已经绝灭的人种、次生或人群也可以从骨骼形态上得到确认。"

这种论述是比较客观的，凭借我们多年的研究经验，我们的确可以从骨骼上特别是头骨上找到许多出现频率极高的性状而将不同的人群进行分类（张振标，1981；韩康信和潘其风，1984；潘其风，1987、1989；朱泓，1989、1990、1991、1993、1994、1996、2002、2004；刘武，1995、1997；李法军，2001、2004、2009；刘武等，2005；李法军等，2008、2009、2011、2013）。

例如，虽然我们已经知道全人类在遗传结构上是一致的，全人类属于同一物种，但我们不能不对现代蒙古类群的北亚类型非常扁阔的面部和明显的低颅特征印象深刻，也不能对南亚类型的低眶阔鼻特征视而不见（如图 4-8

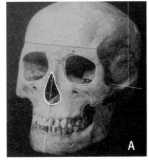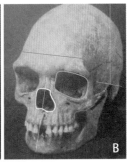

图 4-8　蒙古类群的北亚类型（A）与南亚类型（B）颅面部形态比较

所示）。

这就是人类的多样性，个体变异极大，区域性群体特征明显。我们通过骨骼的研究完全能够辨别出他们的差异所在。就某些分布较小而持续时间又短的古代文化来说，除了考古学和历史学外，借助种族人类学来研究人群间的互动和文化交流是最合适的，因为它的研究尺度比较小；而分子遗传学在这里无能为力，因为对于分子遗传学来说，时间相近而地域分布也相近或重叠的人群之间在变异上是没有差别的。

第四节　种族主义源流

正如在"'种族'概念的流变与分类"部分所叙述的那样，诸多学者将种族概念和种的概念混为一谈，并被殖民主义利用，从而导致了后来种族主义的萌芽与发展。这也是许多生物人类学家重新认识和批判种族概念的重要原因。而对种族概念和种的概念产生混淆是研究者对人类起源和演化所持的看法不同造成的。

人类属于一个物种，这是一个毋庸置疑的真理。所有人类的异性之间都可以通过性行为进行生育并且能够产生具有生殖能力的后代。在生物学上，只有同一物种才能够如此。早在19 世纪，达尔文就已经通过大量实证说明人类属于同一物种这一观点（Darwin，1871）。众所周知，那些人类各类群混杂较为频繁和深刻的地区（如东南亚、南非和南美洲等地）的高出生率是一个不争的事实。按照狭义的现代理论观点，种族主义是作为最初的种族分类的继承者出现的（Taguieff，1997）。

然而，种族主义者利用人类具有明显变异的特点，歪曲进化论原理，使种族概念政治化，为其寻求殖民扩张和推行种族主义进行辩护（达波洛尼亚，2015；Keevak，2016）。但是，这些种族主义者主观摒弃了人类的重要天性：自尊心和怜悯心（Rousseau，2015）。自尊心来自自我认定与否定，怜悯心是对他者的认定与否定。种族主义的重要表象特征之一即是自尊心与怜悯心的同时丧失。

比利时的兰伯特·魁特里特（Lambert A.J. Quetelet）为寻找所谓的人类完美的代表者，使用面部角度来判断人的智力水平，他还制定了若干指标用以分辨所谓的犯罪特征。此后，意大利的西萨勒·隆布罗索（Cesare Lombroso）发展了魁特里特的"犯罪特征"学说，他创造了"天生罪犯"学说。

隆布罗索认为人的犯罪倾向与人类的劣根性有关，他将这种劣根性归结到人类的原始祖先那里，还列举了一系列"非正常态"特征（如前突的额部，大的耳朵，方凸的下巴，宽大的颧骨，左撇子习惯，迟钝的嗅觉和味觉器官，等等）。只要一个人符合其中 5 项以上的特征，隆布罗索就认为此人属于犯罪类型。但是他也承认，只有大约 40% 的罪犯符合他所制定的犯罪特征。

英国的弗朗西斯·高尔顿（Francis Galton）也坚信魁特里特理论的合理性。他研究了双胞胎与其家庭其他成员的某些特定性状的遗传现象，并在此基础上建立了这些人群的个体样本的比较参数。其后，高尔顿和卡尔·皮尔逊共同创立了一门新的学科——优生学，他们通过研究婚姻与家庭规模的关系来促进种族的优越

性，但在某种程度上又宣扬了种族主义和殖民主义。

到 19 世纪末期，种族优越论在欧洲达到了一个新的高峰，殖民主义者和种族主义者宣称人类的进步与繁荣是优秀种族创造的结果。1853 年，法国的贡·戈比诺（Count A. de Gobineau）发表了四卷本的《人类种族不平等论》，试图证明被其称为"持握文明之灯者"的北欧日耳曼人是世界上最优秀的种族，包括大多数欧洲人在内的其他种族都是低级的。这种理论为欧洲殖民主义者进行世界性殖民扩张提供了"理论依据"，他们甚至认为在欧洲人当中，南欧人群要比北欧人群低劣，而东欧人群是所有欧洲人当中最为低等的。

美国的种族主义也由来已久，时至今日依然以各种方式存在（Gould，1981）。1912 年，比奈·哥达（Binet Goddard），比奈－西蒙智力测验法的发明者之一，在美国进行外国新移民的智力测验工作（Gould，1981）。他认为 83% 的犹太人、80% 的匈牙利人、79% 的意大利人以及 87% 的俄罗斯人都是低能者。依据这种测验的结果，许多美国人开始警告说必须采取行动保护"珍贵的胚芽"。1924 年，美国联邦政府制定限制移民法，根据移民来源国的情况制定移民名额。

第二次世界大战期间发生的法西斯大规模种族灭绝罪行，无论是在欧洲、非洲还是在亚洲，都是种族主义发展到极端的表现。直至 20 世纪 70 年代，第二次世界大战结束 20 多年后，还有极端的种族主义者公然叫嚣："不要忘记，某些人种不仅永远不会独立地发展到文明水平，甚至连中等水平都达不到。"（Baker，1974）

人类文明已经进入 21 世纪，这是一个人类正视自己、反思自己的世纪。但是我们看到，

在欧洲和亚洲的某些国家和地区，种族主义已经演变成"新法西斯主义"。在"民族自觉"和"民族危机"的遮蔽下，种族主义者使用暴力等手段迫害异族，排挤异族。种族主义已经和国家民族主义合而为一，更加具有隐蔽性和破坏力。

即便是在当今社会，全球范围内的种族主义依然根深蒂固，种族歧视与族群冲突依然广泛存在（达波洛尼亚，2015）。种族主义的外在形态也变得更加隐蔽，除了以种族优劣来区分人群，还强调种族多元及其差异化，主张以差别权来维护某群体所谓的生存权（Taguieff，1997）。因此，勿忘历史，坚决反对种族主义仍然是全世界所有爱好和平的人的共同义务和责任。

重点、难点

1. 种族与民族
2. 种族分类的依据
3. 人群内变异和人群间变异
4. 类群概念的局限性与优越性
5. 种族主义源流

深入思考

1. 镰状细胞等位基因和乳糖酶缺乏症的例子能否说明使用不同的性状对人群进行分类可能会导致不同的结果？
2. 种族是否是一个有效的现代人分类标准？
3. 如何选择有效性状进行人群的划分？
4. 怎样理解"古人类的骨骼材料是另一种文字"？
5. 如何界定种族主义？

延伸阅读

［1］达波洛尼亚. 种族主义的边界：身份认同、族群性与公民权［M］. 钟震宇，译. 北京：社会科学文献出版社，2015.

［2］李法军，王明辉，朱泓，等. 鲤鱼墩：一个华南新石器时代遗址的生物考古学研究［M］. 广州：中山大学出版社，2013.

［3］李璞，王芸庆，陈汉彬，等. 医用生物学［M］. 北京：人民卫生出版社，1999.

［4］奇迈可. 成为黄种人：亚洲种族思维简史［M］. 方笑天，译. 杭州：浙江人民出版社，2016.

［5］塔吉耶夫. 种族主义源流［M］. 高凌瀚，译. 北京：生活·读书·新知三联书店，2005.

［6］朱泓. 建立具有自身特点的中国古人种学研究体系［M］// 吉林大学社会科学研究处. 我的学术思想：吉林大学建校 50 周年纪念. 长春：吉林大学出版社，1996：471–478.

［7］GOULD S J. The mismeasure of man: a brilliant and controversial study of intelligence testing "superlative"［M］. New York: Punguin Books Ltd., 1981.

［8］LEWONTIN R C. The apportionment of human diversity［M］// DOBZHANSKY T, HECHT M K, STEERE W C. Evolutionary biology. New York: Springer, 1972: 381–398.

［9］NEI M, ROYCHOUDHURY A K. Genic variation within and between the three major races of man: Caucasoids, Negroids, and Mongoloids［J］. American journal of human genetics, 1974, 26（4）: 421–443.

［10］POWELL J F. The first Americans: race, evolution, and the origin of Native Americans［M］. Cambridge: Cambridge University Press, 2005.

［11］RELETHFORD J H. Craniometric variation among human populations［J］. American journal of physical anthropology, 1994, 95（1）: 53–62.

［12］RELETHFORD J H. The human species: an introduction to biological anthropology［M］. Mountain View: Mayfield Publishing Company, 2000.

［13］RIPLEY W Z. The races of Europe：a sociological study［M］. New York：D. Appleton and Co., 1899.

生物人类学
（第二版）

中国人生物学性状的变异研究已经取得了丰硕的成果：从开创性的资料搜集到单一族群的体质特征分析，再到族群间关系的研讨，直到为探索民族种系渊源而做的综合性研究。这种从微观到宏观、从远古到现代的时空研究方法，从华夏主体人群到边疆地区古代民族多角度、多层次以及多学科合作研究的种族人类学透析模式，正体现着当今中国种族人类学研究的鲜明特色。

第一节　先秦时期古代种族坐标体系

事实上，在进行古代种族特征研究时所面临的最大问题应当是方法论。许多学者都在自己的著文中通过具体研究来阐述自身对这一问题的理解。1989年，朱泓提出了新的研究思路：

在运用种族人类学的材料来探讨古代居民的族属问题时，最稳妥的方法应是从已知推未知，即从已确定族属或已基本上确定族属的某一考古学文化的资料出发，通过对该文化居民的种族人类学研究，建立起一个或若干个古代居民的种族人类学坐标，然后再结合考古遗存的文化面貌以及古代文献中有关族属源流方面的发展线索，进而对那些未确定族属的考古学文化居民进行种族成分分析，最后从种族人类学的角度提出对关于该文化居民族属的参考意见。（朱泓，1996）

怎样认识中国古代居民体质类型和现代亚洲蒙古类群各类型之间的关系是中国现代种族人类学研究中非常重要的理论问题。朱泓对此问题提出了自己的观点。他认为以往有些学者在进行种族人类学研究时存在着认识和方法上的问题，"实际上是运用现代种族的分类方法去套古代人。其结果往往会给人们造成许多误解，以为某某古代民族中含有现代若干区域性种族的多种因素，似乎在那个时期就已经存在着很明显的现代各种族成分的混杂现象。而事实上恰好相反，现代各种族的形成通常是他们自身体质特征的真实反映。"（朱泓，1996）

为解决这个问题，近年来我广泛调查、收集和鉴定了出土于我国十余个省、市、自治区

的历史上各个不同时期的数十份古种族人类学资料，其中包括大量尚未正式刊布的人类学标本。通过反复的观察、分析和思考，我认为目前已初步具备建立一套中国古代区域性种族鉴别标准的条件，并倾向于将其划分为古中原类型、古华北类型、古华南类型、古西北类型和古东北类型。（朱泓，1996、1998、2002）

一、古东北类型

古东北类型的主要体质特征是颅型较高，面型较宽阔而且颇为扁平，其与现代亚洲蒙古类群东亚类型之间的接近程度也比较高（朱泓，1998、2002）。所不同的主要是颧宽绝对值较大且面型较为扁平，这或许反映出现代东亚蒙古亚种的某个祖先类型的基本形态。该类型居民先秦时期在东北地区的分布相当广泛，应该是东北地区远古时期的类型，至少也是该地区最主要的古代类型之一。该类型的中心分布区就在我国的东北地区。大南沟小河沿文化居民、大甸子第二组和第三组居民、水泉墓地的一部分居民以及白庙墓地Ⅱ组居民均属此类。

二、古华北类型

古华北类型的主要体质特征是高颅窄面，面部扁平度较大，常常伴有中等偏长而狭窄的颅型（朱泓，1999、2002）。其与现代东亚蒙古类群接近的程度十分明显，但在面部扁平度上又存在着较大的差异。他们或许是现代东亚类型的一个重要源头。这种类型的居民在先秦时期的内蒙古长城地带广有分布，应是该地区最

主要的代表。其中心分布区可能是在内蒙古中南部到晋北、冀北一带的长城沿线。庙子沟新石器时代居民、姜家梁新石器时代居民、朱开沟早期青铜时代居民、毛庆沟和饮牛沟东周时期居民、白庙墓地I组居民以及地域稍远的辽西夏家店上层文化居民均属此类（朱泓，1991、1994；李法军，2008）。

三、古中原类型

古中原类型的主要体质特征是中颅型、高颅型，上面部较高，面宽中等，眶型和普遍的阔鼻倾向偏低（朱泓，1999、2002）。该类型中心分布区内的典型代表是仰韶文化和大汶口文化居民。江汉平原和长江下游一带系此类型分布区的外延部分（朱泓，1990；朱泓和魏东，2002）。

四、古西北类型

古西北类型的主要体质特征是颅型偏长，为高颅型和偏狭的颅型；中等偏狭的面宽，高而狭的面型，中等的面部扁平度；中眶型、狭鼻型和正颌型（朱泓，2006）。这种体质特征与现代东亚蒙古类群中的华北类型颇为相似。该类型的先秦时期居民主要分布在黄河流域上游

的甘青地区，向北可扩展到内蒙古额济纳旗的居延地区，向东在稍晚近的时期可渗透进陕西省的关中平原及其临近地区。

西北地区属于该类型的古代居民主要包括：菜园墓地的新石器时代居民，柳湾墓地的半山文化、马厂文化和齐家文化居民，杨洼湾墓地的齐家文化居民，阳山墓地的半山文化居民，火烧沟墓地、干骨崖墓地和东灰山墓地的早期青铜时代居民，核桃庄墓地的辛店文化居民，阿哈特拉山墓地的卡约文化居民等（朱泓，1998）。

五、古华南类型

古华南类型的主要体质特征是长颅型、低面、阔鼻、低眶、突颌、身材相对矮小（朱泓，2002）。他们在体质特征上与现代华南地区的绝大多数居民（包括南方汉族和少数民族）均有所不同。代表人群包括浙江余姚河姆渡居民、福建闽侯昙石山居民、广东佛山河宕居民、广东南海鱿鱼岗居民、广东遂溪鲤鱼墩居民、广西桂林甑皮岩居民、广西邕江流域顶蛳山文化居民等，或许还包括广东增城金兰寺居民（李法军等，2013）。这种类型的居民在先秦时期可能是以我国南方沿海地区即浙、闽、粤、桂一带为主要分布区。

第二节　古代人群主要的体质特征

一般认为，人类各类群产生的历史可以追溯到智人早期阶段。该阶段的颅骨上存在着突出的矢状嵴，具有扁平的面部、水平走向的额鼻缝、明显的颧颌角处转折以及高宽且朝向前方的颧骨等一系列蒙古类群的典型性状。这些

材料说明，至少在早期智人阶段，东亚大陆上已经存在着代表蒙古类群形成阶段初期形态的远古人类，他们可以被称为形成中的蒙古类群的早期代表。

旧石器时代晚期的人类在体质特征上向着

蒙古类群的演化方向更近了一步。该阶段的远古人类被称为晚期智人，化石材料主要包括木榄山智人洞人、田园洞人、山顶洞人和柳江人等（见第十五章）。这一阶段的远古人群之间已经开始出现形态发育上的地区性差异。现在较为普遍的观点认为，山顶洞人代表了蒙古类群的原始形态，分别与中国人、因纽特人和美洲印第安人接近。柳江人被认为是这一时期形成中的蒙古类群的另一个重要代表，虽然在种属地位上还存在分歧（吴汝康，1959；颜訚，1965），但都认为其处于蒙古类群的形成阶段。

种族分化的历史进程在中国新石器时代得到了充分的发展，气候的变迁、农业文明的诞生以及人群间相对隔离的状态都是促进人群间在体质上形成差异的重要因素。一般认为，新石器时代的类群演变包括了三个地理分布区，即黄河流域、北方及东北地区和华南地区（潘其风等，2001）。

黄河流域新石器时代居民的体质特征在总体上都与现代亚洲蒙古类群的东亚类型相近，但存在着细微的差别。黄河上游甘青地区以马家窑文化为代表的古人类在形态特征上具有中长颅型、高颅型结合窄面的特点，与东亚类型最接近。黄河中游仰韶文化居民虽然表现为与东亚类型较为接近，但在某些颅面部的形态特点上与南亚类型相似（如低矮的眶型和阔鼻倾向等）。黄河下游的大汶口文化居民与仰韶文化居民很相似，也存在低眶和阔鼻倾向。但大汶口文化居民较仰韶文化居民有着略高的身材、更为宽高的颅面部和更高的颅型，因此更为接近东亚类型，但不如马家窑文化居民与东亚类型的接近程度（潘其风等，1980、2001；韩康信等，1984；潘其风，1987；韩康信，1989；朱泓，1990）。

公元前3000年左右，黄河中下游的仰韶文化和大汶口文化逐渐被龙山文化取代，先前在仰韶时代居民身上的被认为是较为原始的性状逐渐消退。河南陕县庙底沟二期文化居民在种系特征上可能正处在仰韶文化居民和大汶口文化居民之间的中介位置上（朱泓，1990）。山东胶县三里河出土的典型龙山文化层人骨与大汶口文化层人骨在形态特征上基本相似。位于山西省襄汾县的陶寺遗址，被认为是中原龙山文化的一个地域性变体，其后期可能已经进入夏纪年。陶寺墓地出土人骨具有与东亚类型较多的相似性，但在低眶特征上与南亚类型相似（李法军，2001）。

相当于中原地区龙山时代晚期时，黄河上游甘青地区出现了齐家文化，其居民体质特征继续保持着先前马家窑文化居民的基本性状（潘其风等，1984）。这一时期北方及东北地区的人骨材料主要有黑龙江省东部兴凯湖畔的新开流文化居民人骨、内蒙古自治区赤峰市翁牛特旗大南沟墓地小河沿文化居民人骨、内蒙古自治区乌兰察布盟察右前旗庙子沟文化遗址居民人骨和泥河湾盆地的姜家梁人骨（李法军，2008）。新开流文化居民与东北亚类型比较接近。大南沟小河沿文化居民的体质特征表现出与东亚类型和北亚类型相关的种系特征。庙子沟文化居民的体质特征总体上表现为与东亚类型较为接近的性状，但其中某些特征如较大的面部扁平度与北亚类型较为接近。

姜家梁居民的体质特征可概括为：以中颅型为主，少量长颅型和圆颅型，伴以高颅型和狭颅型（如图5-1所示）；中等程度的上面高和面宽，中等偏狭的面型，中等偏阔的鼻型，低眶型和偏低的中眶型，相对较大的面部扁平度。总体而言，姜家梁居民属于"同种系多类

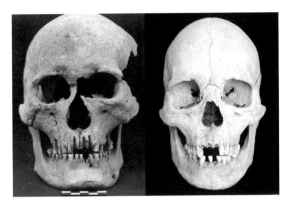

图 5-1 姜家梁居民头骨形态变异特征
（李法军，2007）

型的复合体"（李法军，2004、2008）。

在华南地区发现的新石器时代的人骨材料较以往其他时代丰富很多。主要地点包括浙江余姚河姆渡、上海崧泽、福建闽侯昙石山、广东佛山河宕、广东增城金兰寺、广东南海鱿鱼岗、广东遂溪鲤鱼墩、广西桂林甑皮岩、广西邕宁顶蛳山和广西南宁灰窑田等。这些南方地区新石器时代人群一般都具有较长而狭的颅型、低眶、阔鼻以及明显前突的面部，反映出其与南亚类型较为相似的特点。但也有某些性状接近赤道地区人群的趋势，其内部尚存在不少区域性的差异（李法军等，2013）。需要注意的是，增城金兰寺人骨在颅骨形态上有短颅化的趋势（吴新智，1978）。

公元前 2000 纪左右，历史的车轮缓缓地驶入中国的青铜时代。随着地区间社会生产力的进一步发展，以中原华夏族为中心的我国古代各民族间的文化交流和基因融合变得更为普遍和频繁。因此，这一时期的种族特征出现了纷繁复杂的景象：不仅表现在同一个体上具有两种以上不同类型的体质因素，还表现在同一群体中有可能出现两种差异性很大的属于不同类

群的个体。

在黄河流域发现的河南安阳殷墟遗址，出土了数以千计的人骨资料，国内外学者曾先后对其进行过研究。这批材料来自两个部分，其一出自西北岗祭祀坑，其二出自中小型墓葬。关于祭祀坑中种族属性的研究主要有两种观点：一种是异种系说，一种是同种系说。异种系说认为祭祀坑中的人骨种系成分以蒙古类群为主，但同时还包括有某些欧罗巴类群和尼格罗类群的因素（Coon，1965；李济，1985；杨希枚，1985）；同种系说认为祭祀坑中的人骨种系成分均属蒙古类群，个体间的差异只是类型上的差异（韩康信等，1985）。

对中小墓中人骨种系成分的研究结果表明，这些代表商代平民阶层的人骨可分为两种不同的体质类型：大多数颅骨具有中颅、高颅和狭颅的特点。面宽较窄，中等的上面部扁平度，与现代亚洲蒙古类群的东亚类型最相近。另一种为数不多，但形态特殊。一般具有偏低的颅高值、极宽的面部，垂直颅面指数较大，颧骨大而突出，鼻根偏高，呈现出具有类似现代北亚类型和东亚类型相混合的性状。

代表周人体质特征的人骨材料主要包括陕西省凤翔县西村遗址的先周和西周墓葬人骨和铜川市瓦窑沟遗址的先周墓葬人骨。这两批居民普遍具有中颅、高颅结合狭颅的特点。面型中等且偏低，属中鼻型或阔鼻型，具有偏低的眶型和明显的齿槽突颌。这些古代居民与现代东亚类型和南亚类型较为接近，与黄河上游甘青地区的火烧沟文化居民有较为密切的关系，或许反映出周人的种系渊源。

内蒙古长城地带的青铜时代至早期铁器时代古种族人类学资料相对比较丰富。总括起来，大体包括内蒙古自治区伊克昭盟（今为鄂尔多

斯）伊金霍洛旗朱开沟、伊克昭盟杭锦旗桃红巴拉、凉城毛庆沟、凉城饮牛沟、凉城崞县窑子、赤峰红山后、赤峰夏家店、赤峰宁城南山根、宁城小黑石沟、赤峰克什克腾旗龙头山、赤峰敖汉旗大甸子、敖汉旗水泉，河北省张家口宣化白庙、蔚县三关、蔚县前堡等。

朱开沟遗址居民的体质特征与东亚类型最为接近，但同时也含有某些近似于北亚类型的因素。这些居民一般具有偏短的中颅型和高颅型、偏低的眶型、较阔的鼻型、中等的颧宽、较大的鼻颧角。桃红巴拉仅一例残破的男性成年头骨，具有宽短的颅型、偏阔的中鼻型、低眶和颇大的面部扁平度。

毛庆沟墓葬和饮牛沟墓葬在葬式和葬俗上存在较多的共性，均由两类性质不同的墓葬组成，其一代表农业民族，其二代表北方草原文化系统。毛庆沟墓地人骨主要接近东亚类型，但在颅宽较宽、颅型偏短以及较大的面部扁平度特征上类似于北亚类型。饮牛沟墓地人骨中的一部分与毛庆沟墓葬中的一部分，尤其是出自北方草原文化系统的居民在上面部扁平度以及平颌等特征上更接近现代亚洲蒙古类群的北亚类型。

崞县窑子古代居民的主要体质特征主要表现在偏短、偏阔的正颅型，中等偏狭的面型，偏低的中眶型，较狭的鼻型以及较大的上面部扁平度。白庙墓地的人骨材料大体上分为两个类型。第一个类型的居民具有中颅型、高颅型伴狭颅型，较窄的面宽，中等的鼻型；第二个类型的居民具有圆颅、高颅伴中颅型，较大的面宽，偏阔的鼻型和较大的上面部扁平度。蔚县三关和前堡两处遗址出土的人骨基本上具有相同的体质特征，即短颅型、狭颅型伴有高颅型，中等颧宽，略宽的鼻型，偏低的中眶型，中等的上面高以及较小的上面部扁平度。

赤峰红山后、赤峰夏家店、赤峰宁城南山根、宁城小黑石沟、赤峰克什克腾旗龙头山均属于夏家店上层文化。这些人群的颅面部基本形态特征共性较强，如偏长的中颅型、高颅型、狭颅型，较窄的面宽和较大的面部扁平度。

大甸子夏家店下层文化居民共分为三组，第一组具有中长颅型伴以高颅型和狭颅型，中等的上面高和中等的面宽，中鼻型和中眶型，面部扁平度中等，与东亚类型接近。第二组和第三组主要的种族成分也与东亚类型接近，但其较大的颅宽值和颧宽值存在着与北亚类型相似的因素。

水泉遗址居民的体质特征总体上概括为中颅型、高颅型伴以狭颅型，低眶型，阔鼻型，平颌型。但是，这些居民似乎存在着较大的群体内部的体质差异（如在颧宽绝对值上，不同个体间的差别相当悬殊）。

以上所述内容是对目前中国先秦时期古代种族人类学研究进展的概括性的梳理。总的看来，先秦时期古代居民体质特征在地理分布上存在地域性的延续关系。黄河上游甘青地区的马家窑文化居民、齐家文化居民和火烧沟类型居民在体质特征上有着较为清晰的延续关系；黄河中下游地区的古代居民总体上比较接近，但略有差异；内蒙古长城地带古代居民的体质特征呈现出多元化的趋势。

第三节　现代人群的生物学性状变异

现代人类学者正面临着一个非常困难的问题，就是现代人群的生物学性状的变异实在是太大了。由于遗传变异的累积和不断加强的基因流动，我们很难在人群流动频繁的地区开展传统的种族人类学研究，微观动力演化研究会变得越来越重要。例如，我们走在广州的街道上，很多人如果不开口说话，我们很难判断出他的准确出生地。实际上，我们在很多情况下可能是通过语言来判断某人的地理来源的。

即便如此，就中国境内而言，由于经济、文化等因素的作用，实际上还存在着许多较为稳定或相对稳定的基因库。就区域类型而言，他们之间确实还存在着许多相对明显的形态学差异。了解这种差异的程度及其分布规律是很有必要的，比如在研究民族历史问题的时候就会起到很大的作用。

中国是一个统一的多民族国家。在现代各民族中，除居住在西北地区的某些少数民族中混有部分欧罗巴类群的体质特征，绝大多数居民在体质类型上都属于亚洲蒙古类群。其中，以东亚类型的成分占绝对优势，同时也含有不同程度的北亚类型和南亚类型的因素。总的来说，构成我们中华民族的种族人类学底子的还是蒙古类群，尤其是东亚类型的成分在这里发挥着核心的作用。（朱泓等，2004）

一、汉族的体质特征

从遗传学角度看，汉族的基因库必然是一种多元结构。现代汉族的形成是一个漫长的历史过程，先秦时期的华夏族陆续吸收了许多历史上的其他民族的血液，最后形成了今天的汉族（朱泓，2014）。

汉族是以东亚类型为主体特征的，其中华北汉族居民表现得最为明显（郑连斌等，2017）。他们一般具有中等偏高的身高，蒙古类群范围内中等程度的色素。直而硬的头发，再生毛不发达。中头型，面部比较狭长，鼻型较窄，中等的唇厚度和显著的蒙古类群眼部结构。

广东、广西、福建等区域的某些汉族居民，虽然在种族分类上也应该归入东亚类型，但他们在体质特征上与华北汉族之间存在着不容忽视的差别。相对而言，这些汉族居民色素更深一些，波发的百分率较大，再生毛较发达。眼部构造的蒙古类群特征较弱，鼻型较阔，唇较厚，突颌程度较大。面部较短，身材偏矮。

分子生物学的研究也证明我国南、北方汉族在群体遗传学上存在着某些差异。按照血型基因频率的不同，分布在全国各地的汉族居民大致以北纬30度线为界分为南、北两大类型。联系到在我国长江以南地区古代居民中曾经存在着大量南亚类型成分的事实，我们可以设想，南、北方汉族之间在体质特征和遗传基因上的差异，大概是南方汉族在长期的历史形成过程中吸收、融合了更多的古代南方少数民族的血缘成分所致。但是，南、北方汉族作为汉族群体遗传基因的主流是一致的，无论是北方汉族还是南方汉族，他们的主要种系都是东亚类型。

二、少数民族的体质类型

探讨中国不同地区少数民族体质的起源、发展、演化以及相互影响等问题是学者们一直以来所关注的内容。在以往单一群体体质研究的基础上，许多学者开始关注我国各族群体质特征的地区性分布特点（张振标，1988；刘武等，1991；吴汝康等，1993）并开始将研究的区域扩大到整个亚洲地区（刘武等，1994）。

许多学者支持将中国现代人划分为南、北两个类型（张振标，1988），也有学者认为这两种类型之间存在过渡类型（刘武等，1994；李法军等，2005），另外一些学者则强调第三种类型的存在（黎彦才等，1993；郑连斌等，1997；任甫等，2001）。

（一）北方少数民族的体质类型

在汉族形成的过程中，北方少数民族有很多人群与汉族发生了融合，而汉族也为许多少数民族提供了丰富的血液。例如，蒙古族的基本体质特征主要以北亚类型为主，但我们同时看到某些东亚类型的影响。如果你曾经到过内蒙古东部地区，那么这种印象就会更加深刻。他们一般具有高而宽阔的面部，较短而阔的颅型，尤其是低颅类型的出现率较高，鼻型狭窄，面部扁平度很大。

朝鲜族在主要种族特征上属于东亚类型，但在圆头型的特点上与华北汉族典型的中头型有区别，而且有部分居民的面部扁平度较大，这些特征似乎表明朝鲜族的基因成分可能与北亚类型有一定的联系。达斡尔族和赫哲族的体质大致与朝鲜族有某些相似之处。

鄂温克族和鄂伦春族的容貌特征与上述各族有较大的区别。他们一般具有中褐色的头发，直发的比例很高。肤色浅褐，眼色较浅，多为中褐色，另有部分人为浅蓝色。眼部有很发达的蒙古褶。头型属圆头类型，面部宽阔，低颅现象比较普遍。他们可能是古代通古斯人的后裔。

东乡族和保安族在体质类型上均表现出明显的东亚类型的性状。柯尔克孜族在主要体质特征上属于亚洲蒙古类群，但其鼻根较高，鼻翼发育较弱。哈萨克族虽然在某些个别体质特征上蒙古类群性状有些弱化，但在类型上比较接近于南西伯利亚类型。

塔吉克族的体貌特征比较特殊。他们通常具有黑色的波状发，男性胡须和眉毛浓密，体毛也很发达。眼裂水平方向，开度很上，缺少蒙古褶。鼻根很高，鼻尖下垂，鼻型狭窄，头的宽度较窄，多半为中头型，身材中等。在种系归属方面，他们与欧罗巴人类群主干下面的印度 – 地中海类型非常接近。

（二）南方少数民族的体质类型

青藏高原和云贵高原上的人群在体质特征上存在着较大的变异性。部分民族在体质上（如身高、面部形态和鼻部形态）反映出特殊的高原地理环境的适应性特征，但另外一些民族在体质上具有与这些民族明显不同的特点，反而与纬度较低的广西和广东地区的居民在体质上较为接近，这种现象就不能完全用环境适应的概念来加以解释了（李法军等，2005）。

众所周知，民族的迁徙与融合是历史上各民族形成和发展的重要方式，在广袤的中华大地上，多元一体的民族特点正是这种迁徙与融合的具体体现（费孝通等，1989）。

在云贵高原这个特殊的地理单元内，实际上存在着明显的民族融合的痕迹，水族就是一个典型的例子。水族在群体特征上为中、圆头型和高头型伴狭头型；面型以中、狭面为主；鼻型是中、狭鼻型；手型以窄型为主；身型为宽型、中等偏瘦长型、亚长型腿型和长腿型；总体身高特点是矮型。

目前的人类学、民族学和语言学大多支

持水族的单一性，认为其具有南方类型的特征并且其应该是从广西地区迁徙至黔南地区的（李培春等，1994；陈国安，1994；覃筱燕等，2004），但有研究结果表明，水族内部在体质特征上并不完全一致，也就是说，水族群体内部在体质特征上存在多元现象（李法军等，2005）。

水族虽然在总体特征上较为接近南方类型，但是在某些个体上存在与云贵高原、青藏高原地区某些其他人群一致的特征（如偏高的身高、明显的圆颅、偏薄的唇厚度、狭而直的鼻部形态等），这表明这些个体的祖先有从上述地区迁徙而来的可能性。总而言之，水族在民族体质的构成上似乎不很单纯，应该从两广地区和云贵高原、青藏高原甚至西北地区来探讨水族的起源问题（李法军等，2005）。有学者提出"藏彝走廊类型"（黎彦才等，1993），这在命名上或可商榷，但该地区存在一个南、北类型的过渡类型应当是一个较为客观的认识。

藏族居民在很多体质特征上与现代华北和西北地区的人群颇为接近。例如，他们发色较黑，头发较硬而直，蒙古褶的出现率较高；多为狭鼻型，中等唇厚，颧骨突出，面部宽而扁平，身高在中等以上；头型在长宽比例上多属中头型，在长高比例上多属高头型。

白族和彝族二者的体质特征比较相似。例如，他们身材偏矮，肤色都比较浅，多数居民为直发。其眼色均较深，绝大多数的眼裂开度中等，眼外角明显高于眼内角，有蒙古褶。鼻根高度中等，鼻梁平直，属中鼻型。头型多为中头型，属中、阔面型。他们的主要种系成分应当属于东亚类型。

壮族、傣族和黎族通常鼻根略凹，鼻型较宽。面部较低而偏宽，多属阔面型。明显的厚唇和凸唇。头型略短，属接近圆头型的中头型。身材较矮。这些特征表明这三个民族的体质特征除含有东亚类型的因素，还含有若干比较明显的南亚类型成分。

🔍 重点、难点

1. 中华民族多元一体构成的生物学基础
2. 先秦时期古代种族坐标体系
3. 现代中国人群的体质特点
4. 区域类型与环境相关性

🎵 深入思考

1. 中华民族多元一体格局形成过程的遗传基础是怎样的？
2. 古中原类型与古华南类型在体质特征上有何相似之处？
3. 内蒙古长城地带人群体质特征的复杂性体现在哪些方面？
4. 研究某一地区人群的生物学演化过程应当具有怎样的科学思维？
5. 能否举出一些古代民族互动与融合的生物人类学例证？

延伸阅读

[1]费孝通. 中华民族的多元一体格局［J］. 北京大学学报（哲学社会科学版），1989（4）：1–19.

[2]何燕，文波，单可人，等. 贵州三都水族Y染色体单倍型频率分析［J］. 遗传，2003，25（3）：249–252.

[3]李法军. 河北阳原姜家梁新石器时代人骨研究［M］. 北京：科学出版社，2008.

[4]李法军，李云霞，张振江. 贵州荔波现代水族体质研究［J］. 人类学学报，2010，29（1）：62–72.

[5]李法军，王明辉，冯孟钦，等. 鲤鱼墩新石器时代居民头骨的形态学分析［J］. 人类学学报. 2013，32（3）：302–318

[6]李法军，张敬雷，原海兵，等. 天津蓟县明清时期居民牙齿形态特征研究［C］// 董为. 第十一届中国古脊椎动物学学术年会论文集. 北京：海洋出版社，2008：145–166.

[7]李培春，梁明康，吴荣敏，等. 水族的体质特征研究［J］. 人类学学报，1994，13（1）：56–63.

[8]黎彦才，胡兴宇，汪澜. 中国33个少数民族（部族）体质特征的比较研究［J］. 人类学学报，1993，12（1）：49–54.

[9]刘武，铃木基治. 亚洲地区人类群体亲缘关系：活体测量数据统计分析［J］. 人类学学报，1994，13（3）：265–279.

[10]覃筱燕，张淑萍，杨林，等. 贵州三都地区水族人群ABO血型分布［J］. 人类学学报，2004，23（2）：169–171.

[11]任甫，崔洪雨. 我国少数民族体质特征的聚类分析［J］. 锦州医学院学报，2001，22（4）：17–20.

[12]余跃生，姚永刚，孔庆鹏，等. 贵州水族人群线粒体DNA序列多态分析［J］. 遗传学报，2001，28（8）：691–698.

[13]张振标. 现代中国人体质特征及其类型的分析［J］. 人类学学报，1988，7（4）：314–323.

[14]郑连斌，李咏兰，席焕久，等. 中国汉族体质人类学研究［M］. 北京：科学出版社，2017.

[15]朱泓. 中国东北地区的古代种族［J］. 文物季刊，1998（1）：54–64.

[16]朱泓. 中国古代居民种族人类学研究的回顾与前瞻［J］. 史学集刊，1999（4）：69–77.

[17]朱泓. 中国南方地区的古代种族［J］. 吉林大学社会科学学报. 2002（3）：5–12.

[18]朱泓. 中国西北地区的古代种族［J］. 考古与文物，2006（5）：60–65.

第二编

我们是独特的吗？

现代生物群像（© 李法军）

人类在自然界中的位置

　　生物学界对智人这一物种的系统定位是比较确定的。依照的原则就是绪论中提到的林奈之"阶元系统"，其生物学名称则遵循林奈的"双命名制"。但是，在这种原则确立之前，在漫长的宏观进化与微观演化过程中，人类必然逐渐积累了关于自身独特性的丰富知识。虽然人体解剖学发展至今已经取得了极大的进展，表型与基因型研究相得益彰，但人类作为生命体的一种形式，我们对其复杂性的认知依然是极为有限的。

第六章　脊椎动物和哺乳动物

古人在思考自身源自何物、何时、何地的时候，很自然地，是从身边的事物，特别是具有生命的事物开始的。人们会将自己与早已熟悉的家畜、居址周围的飞禽走兽以及陆生和水生的动植物进行比较。在远古时期，人们在遇见其他似人生物（如某些人类进化的旁支或者非人高等灵长类的祖先类型）时，也会很自然地意识到自身与这些生物的相似性和差异性。

第一节　分类的法则

现代古生物学和生物学强调，无论何种分类法，都必须符合自然的客观性。同一分类单位内的个体应满足三个条件：同源共祖、亲缘性和最小性状分异程度（何心一和徐桂荣，1993）。

亚里士多德的分类学是西方认知世界系统的重要基础，亚里士多德也是最早注意到同源性的人（张汉良，2018）。法国文艺复兴时期博物学家皮埃尔·贝隆（Pierre Belon）在其 1555 年出版的《奇特海洋鱼类的自然史》（*L'histoire naturelle des éstranges poissons marins*）一书中系统性地比较了人与鸟类的骨骼。尽管林奈在其《自然系统》中提出了详尽而系统的生物分类方法，但其"种不会变"的观念导致该分类法既无亲缘概念，也无进化逻辑。因此，林奈的分类系统一直未能促进物种起源与演化关系研究的发展。

法国动物学家埃提纳·圣－希莱（Étienne Geoffroy Saint-Hilaire）在其 1818 年出版的《解剖学的哲学》（*Philosophie anatomique*）中提出了鱼类、爬行类、鸟类和哺乳类动物之间的相似特征。法国博物学家居维叶、德国被誉为胚胎学之父的卡尔·贝尔（Karl Ernst von Baer）、德国动物学家海克尔也都曾阐述过与同源性相关的论点。

英国生物学家和比较解剖学家理查德·欧文（Richard Owen）（如图 6-1 所示）是第一个提出"同源"（homology）概念的人，他首次将"相似"（analogy）与"同源"两个概念进行区分。他以"相似"一词来描述具有相同功能的不同结构，而用"同源"一词来描述同一器官在不同动物中的形态和功能。他还提出了"位置""发育"和"构成"三个特征判定标准。

达尔文在其《物种起源》一书中详尽地阐述了物种的同源性问题（Darwin，1859；Panchen，1999）。他认为同源性物种的相似性可能来自共同的祖先。例如，所有脊椎动物四肢的排列和结构都是相似的，这些相似性来自脊椎动物的共同祖先。

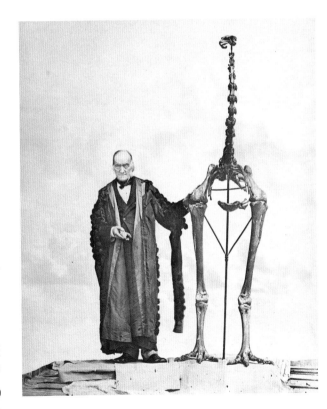

图 6-1　欧文与恐鸟骨架

（©John van Voorst）

解剖学的历史角色

从全球范围内的考古学发现和解剖学发展历史来看，各个进化阶段的古人类都积累了大量有关人类自身和其他动物外形和内部构造的知识。至少在全新世较早阶段，中国华南地区的史前人类就已经掌握了一定的人体解剖知识和技能。例如，在以广西南宁地区为中心分布的顶蛳山文化中，考古学者们发现并确认了东亚地区最早的肢解葬（中国社会科学院考古研究所广西工作队，1998；Fu，2002）。

目前的研究发现，当时人们对逝者躯体的肢解是精细而准确的，并非任意和粗略的（Li 等，2013）。当然，如同后来发现的不同地域各时期人群有意识分离人体部位或器官的现象一样，顶蛳山文化存在的这种人体解剖行为并非为了了解人体的构造和功能，而是出于恪守某种未知习俗而进行的。

东亚地区最早记载人体形态的论著是中国春秋战国时期的《黄帝内经》，其中描述了诸多有关人体脏器结构、位置、尺寸等信息。从该书中，我们可以看到当时的医者已经有了非常规范的解剖学基本方法和记录准则。例如，该书的《灵枢·骨度篇》提道："头之大骨围二尺六寸，胸围四尺五寸，腰围四尺二寸。"

汉晋时期，以名医华佗和皇甫谧为代表的医学家们进行了大量的人体解剖学研究，提高了当时的医学理论水平和治疗水平。两宋时期是中国人体解剖学大发展的时期，当时著名法医学家宋慈所著的《洗冤集录》就是集大成者（如图 6-2 所示）。该书详尽地记述了有关人体组织、器官与系统的构造与联系。直至晚清，该书都是官员审案的必备参考书目。

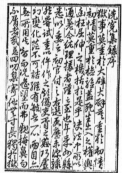

图 6-2 宋慈和他的《洗冤集录》

图 6-3　安德烈·维萨里

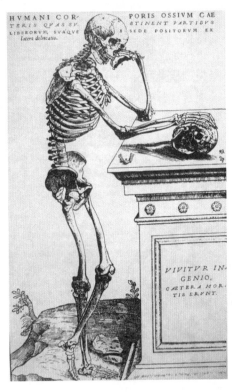

图 6-4　《人体构造》（ *De humani corporis fabrica libri septem* ）

西方有关人体解剖学的最早记载见于古希腊时期。希波克拉底（Hippocrates）被认为是西方医学的奠基人，诸多与他有关的描述人体骨骼和器官的文献被集成为《希波克拉底文集》（ *Hippocratic Corpus* ）。发生于 15～16 世纪的欧洲文艺复兴运动极大地促进了解剖学的发展，出生于布鲁塞尔的安德烈·维萨里（Andreas Vesalius）（如图 6-3 所示）是公认的现代解剖学奠基人，其鸿篇巨作《人体构造》（ *De humani corporis fabrica libri septem* ）（如图 6-4 所示）系统地论述了人体诸多器官和系统构造（Vesalius，1543）。

虽然比较解剖观念的渐进产生和发展，为人类逐步了解自己和探索自身奥秘提供了最根本的途径，但是，仅仅了解自身的构造是无法真正认识人类在自然界中的位置的。无论是东方还是西方的解剖学，长久以来都致力于提升对疾病的认知与治疗，并没有过多关注人类的起源问题。直至达尔文提出了有关物种起源的相关理论之后，人体解剖学和比较解剖学领域在进化论的指引下，才开始系统性地探索有关人类起源与进化的问题。

一、表型分类法

这是一种基于生物总体相似性进行分类的方法（何心一和徐桂荣，1993）。为什么我们将人类、原猴类、猴类和猿类分成一个我们称之为灵长目的类群呢？当比较这些生物体的神经系统（特别是大脑）、牙齿、肢骨和其他体质特征的时候，我们会立刻明白他们应该拥有过一个共同的祖先（如图6-5所示）。

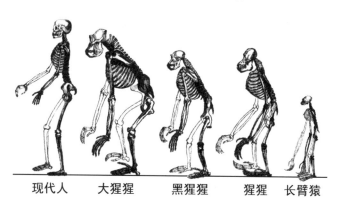

图6-5　现代人与其他类人猿直立姿态的比较

（修改自 Huxley，1863）

表型分类法的优点是能够很好地反映生物间性状分异的程度。但是，这种分类法存在着一个明显的缺点，即形态上相似的生物体不一定属于一个分类系统，没有考虑生物间的演化关系。例如，鳄鱼和蜥蜴都被划分到爬行纲，鸟类被划分到鸟纲。从传统观点看，这种划分是比较客观的，但实际上鸟类和鳄鱼的关系要比它们与蜥蜴的关系密切得多。为什么这些物种看起来非常相似，但的确不同源？其主要原因可能在于趋同进化。

上述基于全部或可观察到的相似性，而不是基于系统发生或进化联系，对有机物进行分类的体系被称为"表型分类法"。这种相似性即

为收敛性，它是与同源性相对的概念。

从图6-6中可以看到所示不同物种前肢（上肢）的诸多相似结构，这种相似性即为一种同源性。其中，翼龙、蝙蝠和鸟类以不同的方式从同一器官（前肢）中演化出三种功能相似的翅。每个翅中的骨骼虽然具有同源性，但它们翅中的骨骼在尺寸、形态和排列方式方面均有着不小的差异。

不同物种具有相似结构并不能说明它们拥有最近的共同祖先。即便是解剖学结构看起来相似，甚至可能具有相同的功能，但它们实际上也可能是趋同进化的产物。不同物种由于生活在环境相似的地区，在经历长期的演化后会变得较为相似。

例如，蝙蝠和鸟类均可飞行，都具有翅这一结构。但是，在飞行时，蝙蝠指骨上的皮肤被拉伸，而鸟类的指骨则融合在一起，借用羽毛产生升力。所以，即使蝙蝠的翅和鸟的翅具

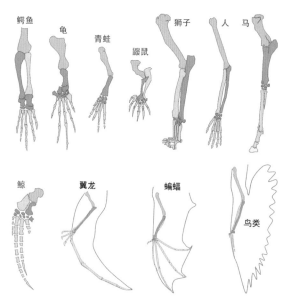

图6-6　不同物种前肢的骨骼形态与结构

（© 李法军）

有形态学上的相似特征，但可以确定翅的形状是不同源的，或者可以说，翅这一结构在每个物种中都是独立演化的。

鲨鱼和海豚的对比也可说明此问题。二者的共性在于其生存环境以及相似的外形；它们的显著差异在于鲨鱼属于鱼类，而海豚属于哺乳类。共同的生存环境使得这两类物种都拥有鳍这一器官，但它们的鳍仅仅是趋同进化的结果。鳄鱼和蜥蜴虽同属爬行类，但依据同源性和基因组的分析，鳄鱼被划分到与鸟类相同的类群当中，而蜥蜴则被划分到另一个类群当中（Green 等，2014）。

许多物种都具有视觉，然而这并不能代表这些物种具有最近的共同祖先。例如，章鱼的眼睛和人眼在结构上非常相似（尽管前者没有盲点而优于后者），但也不能就此论断章鱼和人类具有较紧密的进化关系，他们在系统进化树上的距离还是较为疏远的。

上述例子反映出这样一个论点，即相似结构不必有相同的进化路径，或者说，相似结构并不一定证明两个物种来自同一祖先。事实上，它们更可能来自系统发生树的两个独立分支，可能根本没有密切的联系。某一物种的一个相似结构可能很早就存在了，而另一个物种的结构可能是相对晚近的。二者在这

一结构完全相似之前可能经历了不同的发育和功能阶段。

二、生物分类学

目前，生物学按照生物体进化的亲缘关系来确定其相互之间的分类地位。这种分类方法以形态学和解剖学特征上的相似程度以及胚胎学上是否同源为基础。我们称那些具有共同来源并且结构相似的生物体为"同源体"；相反，形态相似但无遗传亲缘性的生物体为"相似体"。也就是说，生物分类学是基于种系发生的关系和有机体群体的进化历史进行分类的体系，同源性结构实际上是从最近的共同祖先进化而来的。

具有同源性的物种与最近的共同祖先密切相关，并且很可能经历了不同的进化和演化过

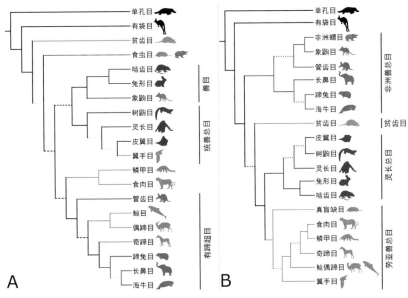

图6-7　胎盘类哺乳动物的系统树（A）和分子树（B）比较
（修改自 Springer 等，2004）

程。由于在自然选择过程中所获得的适应，在结构和功能上的差异进化使同源性物种出现了不同程度的差异。需要注意的是，生物分类学方法所构建的系统树往往与遗传学方法构建的分子树是不完全一致的（如图6-7所示）（Springer 等，2004）。

从种系发生的角度看，同源性有三个层次。第一个层次是独有特征，即某物种的专属特征（例如人类纤毛化的体毛和特异化的脑）。第二个层次是具有"共有衍征"（synapomorphy），也就是具有用以表示一个最近共同祖先的所有后代所共有的且不与其他群体共享的特征（Silvertown，2008）。例如，比较解剖学和古人类学化石标本都显示出人类与猿类的诸多相似特征（如无尾），这说明人类与猿类共同继承了远古祖先的特征，只是在进化的道路上各自发生了变异。第三个层次是相似特征，即前面所提到的收敛性。由于"同源性"一词的时代局限性，我们对其含义有许多不同的理解。因此，共有衍征被作为考察物种亲缘性的新标准。

鉴于上述存在的三个层次，我们可以知道并不是所有拥有共同来源的特征都可作为分类依据，"拥有共同来源"只是一个必要条件。例如，人类的大脑就不能用来判断人类与猴类或猿类的进化关系，因为人类的大脑具有相对的独特性和异化特征。在生物分类学中，只有那些同时具有共同来源且共同具有的同源性结构才可用来判断两个物种的遗传关系。例如，人类和猿类的肩关节具有很多相似结构，但人类和猴类的肩关节结构有许多明显的差异。我们可以说，肩关节的相似结构是人类与猿类的共有衍征。

生物分类学的指导原则规定，只有那些拥有共同来源的特征才能被用来构建分类体系，但是原始特征不应该包括在其中。比如，人类和猴类都拥有五指（趾），但事实上五指（趾）不能用作判断人类与猴类亲缘关系的特征，因为五指（趾）是一个原始特征。

第二节　生物分类系统

要了解人类在自然界中的位置，我们必须寻找一个客观的分类体系并将人类置于其中。问题的关键在于我们要找到一个合适的切入点，现在许多学者都认为这个切入点就是人类所属的类群——灵长类。但是，我们只知道一个切入点是不够的，我们的最终目的不是想通过这个切入点来了解人类在自然界中的位置吗？

所以，我们还要将眼光放大，来了解灵长类所属的更大的类群——哺乳动物，以及哺乳动物所属的类群——脊椎动物。只有真正地了解了这些不同层次的类群，我们才能由宏观到微观地探讨人类的真正位置和进化水平。而我们所说的这些不同的层次，在生物学上叫作"生物分类系统"。

在认识脊椎动物的特征之前，还要花一点时间来了解脊椎动物所属的类群，即脊索动物。按照当前的阶元系统，"域"是生物分类学的最高分类单位，其下分为原核生物域和真核生物域。原核生物是指那些由无细胞核的细胞组成的单细胞或多细胞低等生物（如细菌、支原体和蓝藻）；真核生物是指具有细胞核的单细胞或多细胞生物（如所有动植物、真菌和其他单细胞生物）。

真核生物又分四界，即原生生物界、真菌

图 6-8　海鞘（Pyura spinifera），尾索动物亚门

（©Jacinta Richardson 和 Paul Fenwick）

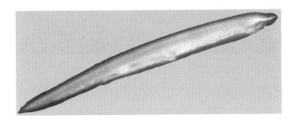

图 6-9　文昌鱼（Branchiostoma lanceolatum），头索
动物亚门

（©Hans Hillewaert）

图 6-10　杰克森变色龙（Chamaeleo jacksonii），脊椎
动物亚门

（©JoJan 和 Peter Halasz）

一、脊索动物门的特征

脊索动物门为动物界最高等的一个门，包括所有的脊椎动物和海产无椎骨具脊索的动物，这些动物生活方式多样，差异很大，但具有几个共同特征。

（一）具有脊索

脊索是位于脊索动物消化管背方的一条纵长的、不分节的棒状结构，起着支持身体纵轴的作用。脊索是在胚胎发育中，由原肠胚背侧的一部分细胞离开肠管而形成的。整条脊索既有弹性，又有一定的硬度，可以起着骨骼的基本作用和支持作用。

脊索之所以有这样的特性，与它的特殊结构有关。脊索由脊索细胞组成，脊索细胞内有许多液泡；在脊索细胞外围有厚的结缔组织鞘，称为脊索鞘。当液泡充满时，液泡的膨压就使脊索有一定的硬度。再加上外围脊索鞘的坚韧性和柔韧性，脊索就变得相当坚韧而富有弹性。

具有脊索是脊索动物的基本特征，此门动物

界、植物界和动物界。其中，动物界又分为脊索动物门和无脊椎动物门。目前，世界上已知的脊索动物有 7 万多种，现生种类分属于三个亚门。一是尾索动物亚门，其特点包括：脊索和背神经管只存在于幼体，脊索只位于幼体的尾部。二是头索动物亚门，其特点包括：脊索和神经管纵贯身体全长，终生保留，咽鳃明显。三是脊椎动物亚门，其特点包括：脊索只在胚胎发育中出现，随即为脊柱所代替（如图 6-8 至 6-10 所示）。

图6-11 法国国家自然历史博物馆内的脊椎动物骨骼陈列
（© 李法军）

的命名即据此而来。一切脊索动物都具有脊索，但并不是所有的脊索动物都终生保留脊索。例如，人类只在胚胎发育早期出现脊索，到了胚胎发育后期即被脊柱和脑颅基部取代，因此不终生保留。只有低等脊索动物才终生具有脊索。

（二）具有背神经管

高等无脊椎动物的神经系统中枢部分呈囊状，实心结构，位于消化管的腹面。脊索动物的神经系统中枢部分位于脊索的背面，呈管状，里面有管腔，称为背神经管。在高等脊索动物身上，神经管分化为脑和脊髓两部分，神经管的内腔仍被保留下来，在脑中成为脑室，在脊髓中成为中央管。

（三）具有咽鳃裂

低等脊索动物消化管前端咽部的两侧有左右成对的排列数目不等的裂孔，直接或间接和外界相通，这就是咽鳃裂。它是一种呼吸器官，低等种类（水生）终生存在。高等类群（陆生）仅在胚胎期和某些种类的幼体期（如蝌蚪）出现，在成体时消失或变为其他结构，鳃的呼吸功能由肺取而代之。

（四）其他特征

脊索动物还具有以下特征。例如，心脏总是位于消化管的腹面；尾部如存在，总是位于肛门的后方，构成脊索动物特有的肛后尾。无脊椎动物的肛孔常开口在躯干部末端。骨骼系统属于中胚层形成的内骨骼，它是由活的细胞构成的，能随着身体发育而增长；非脊索动物亦有坚硬的部分，但为死的外骨骼。与非脊索动物相似的结构有后口、三胚层、次级体腔、两侧对称、分节现象，这些共同点说明脊索动物是由非脊索动物进化而来的。

（五）起源

根据现存的低等脊索动物（尾索、头索类）的躯体结构研究结果，其祖先体内尚无坚硬的骨骼，所以不能在古代的地层中留下化石，因而只能科学地推测其起源过程。比较解剖学、胚胎学和分子生物学是推断研究的主要方法（本顿，2017）。关于脊索动物起源问题的假说大致有两种。

一是环节动物说。该假说认为脊索动物起源于环节动物。理由是：两类动物都两侧对称、分节，有发达的体腔和各节的排泄器官。将蚯蚓背腹倒转，即有背神经索，与脊索动物的背神经管位置相似，血流方向也同于脊索动物。

二是棘皮动物说。该假说认为脊索动物与棘皮动物具有共同的祖先。理由是：半索动物的成体有接近于脊索动物的特点，而胚胎发育和幼体形态都和棘皮动物极为相似。所以，半索动物和棘皮动物亲缘关系密切，而半索动物又是无脊椎动物与脊索动物间的过渡类型。肌肉生化分析表明，棘皮动物、半索动物肌肉中同时含有肌酸和精氨酸，是处于无脊椎动物（含精氨酸）和脊索动物（含肌酸）之间的过渡类型。因此，把脊索动物和棘皮动物的亲缘关系肯定下来，主张这两类出自共同的祖先，这共同的祖先分两支发展，一支进化为棘皮动物，另一支进化为脊索动物。

二、脊椎动物和哺乳动物

脊椎动物亚门比较复杂，共分为6纲（如图6-11所示）。其分类上的基本概念：一是无头类，脊索动物中脑和感官还未分化出来，因而没有明显头部的类群，如头索类和尾索类；二是有头类，有明显头部的脊索动物，即脊椎动物；三是无颌类，无颌的脊椎动物，现存的类群只有圆口类；四是颌口类，有颌的脊椎动物，包括鱼类、两栖类、爬行类、鸟类、哺育类；五是无羊膜类，胚胎发育中不具备羊膜的脊椎动物，包括圆口类、鱼类、两栖类；六是羊膜类，胚胎发育中有羊膜的脊椎动物，包括爬行类、鸟类、哺乳类。

哺乳类属于哺乳纲。最早的哺乳动物（如英国的摩尔根兽 *Morganucodon oehleri* 和中国的杨氏尖齿兽 *Sinoconodon youngi*）出现在距今2亿多年的中生代三叠纪晚期至侏罗纪早期（Kermack 等，1981；Crompton 和 Luo，1993；张法奎等，1994）。目前约有5676个不同的物种、1229个属、153个科和29个目，约占脊索动物门的10%、所有物种的0.4%。啮齿类（鼠类、豪猪、海狸等）、翼手目（蝙蝠等）和鼩形目（鼩鼱等）是哺乳动物中物种最多的目（Wilson 和 Reeder，2005）。

哺乳动物依靠恒温系统保持相对恒定的体温，有毛囊和汗腺，具有心脏，循环系统完善，红血球无核，多数呈圆盘状（胡杰和胡锦矗，2017；Vaughan 等，2017）。大脑半球较发达，具备新皮质，因而具有较高的感知能力。有横膈膜将胸腔和腹腔隔离。逐渐由卵生变为多数胎生，以母兽身体的腺体所产生的乳汁哺幼且有护幼的能力。哺乳动物的颅骨内有6块听小骨，下颌为单块骨。牙齿功能分化，多具杂食性。这些特点使其在不明原因的白垩纪灾难中得以幸免，至新生代初开始了全面和极大的发展。

现生哺乳动物具有较高的环境适应能力，分布在从高山到海洋、从极地到热带的广泛区域中。分为2个亚

图 6-12　澳大利亚考拉
（©Diliff）

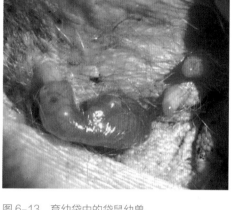

图 6-13　育幼袋中的袋鼠幼兽
（©Geoff Shaw）

纲，即原兽亚纲和兽亚纲。原兽亚纲只有单孔目这一类动物，包括澳大利亚的鸭嘴兽和针鼹鼠。这些动物均为卵生，雌性没有乳头，但能以乳汁哺育幼兽。它们没有恒定的体温。其体内无肛门、尿道和产道之分，而是由单一的泄殖腔代替。

兽亚纲包括后兽下纲和真兽下纲两大类（侯林和吴孝兵，2007；刘凌云和郑光美，2009；吕秋凤，2017；胡杰和胡锦矗，2017；王国秀等，2019）。后兽下纲属于有袋类，包括主要分布于东南亚地区的岛屿、澳大利亚和南美洲的袋鼠、考拉、袋狼和负鼠等（如图6-12所示）。这些有袋类的雌性体内无胎盘，代之以育幼袋哺育早产的幼兽（如图6-13所示）。相

对于其他胎盘类动物而言，这些有袋类动物具有许多独特的适应性特征。例如，许多有袋类的雌性个体具有"滞育"能力，即在食物资源匮乏的时期，这些个体能够停止胚胎的发育；在食物资源相对丰富的时期，它们又能继续使胚胎发育（Stanford等，2013）。

真兽下纲属于胎盘类，与后兽下纲动物相比，其幼兽在出生时发育已较完善。真兽类包括24个目，其中就有灵长目。灵长类和其他有胎盘哺乳动物通过内部受精繁殖，然后将受精卵植入子宫壁。发育中的胚胎通过连接母亲和后代循环系统的增厚组织进行滋养。新生儿的繁殖方式、妊娠期和发育程度在胎盘形式上有很大差异。

🔍重点、难点

1. 表型分类法
2. 生物分类学
3. 同源体和相似体
4. 共有衍征
5. 阶元系统
6. 脊索动物门的特征

深入思考

1. 比较解剖学如何为人类起源与进化研究提供支持？
2. 能否举出一些自然界中的趋同进化现象？
3. 生物分类学为何优于表型分类法？
4. 种系发生学中同源性的三个层次指什么？
5. 哺乳类在新生代获得迅速发展的原因是什么？

延伸阅读

［1］本顿. 古脊椎动物学［M］. 4 版. 董为，译. 北京：科学出版社，2017.

［2］何心一，徐桂荣，等. 古生物学教程［M］. 北京：地质出版社，1993.

［3］侯林，吴孝兵. 动物学［M］. 北京：科学出版社，2007.

［4］胡杰，胡锦矗. 哺乳动物学［M］. 北京：科学出版社，2017.

［5］刘凌云，郑光美. 普通动物学［M］. 4 版. 北京：高等教育出版社，2009.

［6］吕秋凤. 动物学［M］. 北京：化学工业出版社，2017.

［7］王国秀，闫云君，周善义. 动物学［M］. 武汉：华中科技大学出版社，2019.

［8］张法奎，杜湘珂，罗德馨，等. CT 观察杨氏中国尖齿兽（Sinoconodon youngi）头骨化石标本的鼻部［J］. 古脊椎动物学报，1994，32（3）：195–199.

［9］张汉良. 亚里士多德的分类学和近代生物学分类［J］. 符号与传媒，2018（2）：1–25.

［10］GREEN R E, BRAUN E L, ARMSTRONG J, et al. Three crocodilian genomes reveal ancestral patterns of evolution among archosaurs［J］. Science, 2014, 36（6215）: 1335, 1254449（1–9）.

［11］PANCHEN A L. Homology: history of a concept［J］. Novartis found symp, 1999（222）: 5–18.

［12］SILVERTOWN J. 99% Ape: how evolution adds up［M］. London: The National History Museun and The Open University, 2008.

［13］SPRINGER M S, STANHOPE M J, MADSEN O, et al. Molecules consolidate the placental mammal tree［J］. Trends in ecology and evolution, 2004, 19（8）: 430–438.

［14］STANFORD C, ALLEN J S, ANTÓN S. Biological anthropology: the natural history of humankind［M］. 3rd ed. Boston: Pearson Education., Inc., 2013.

灵长类是哺乳纲中最高等的一类动物，其中包括我们人类自身以及我们在动物中最近的亲属——非人灵长类。距今 4000 万年～ 3000 万年，在某种原始的低等灵长类动物中演化出了最早的高等灵长类。晚更新世以来，约有 300 种灵长类生活在热带地区（如图 7-1 所示）。目前，除人类以外，现生灵长类动物大多生活在趋向赤道的比较温暖的地区（Lehman 和 Fleagle，2006；Ankel-Simons，2007）。

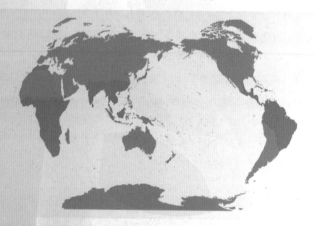

图 7-1　现生灵长类分布
（© 李法军）

人类一直在对自身和其他灵长类的关系及分类进行探讨（Groves，2008；Gulik，2015；　本顿，2017）。在以往的划分中，原猴亚目主要包括瘦猴类、眼镜猴类和狐猴类；猿猴亚目包括阔鼻猴类和狭鼻猴类（李法军，2007）。人们通常将原猴亚目的各种灵长类称作低等灵长类，而把猿猴亚目的称作高等灵长类。

新的灵长类分类与传统的灵长类分类不同，其分类标准不再以原猴和猿猴为基础，而是以鼻部的特征来划分。虽然分类形式仍有差别，但目前国际学术界将现生灵长类分为两个大的类群，包括原猴亚目（Strepsirrhini）和简鼻亚目（Haplorrhini）（如图 7-2、图 7-3 所示）。在新的标准下，原猴亚目之下分为狐猴次目和懒猴次目；眼镜猴类被划分到简鼻亚目之下，成为眼镜猴次目（Stanford 等，2013；Napier 和 Groves，2019）。

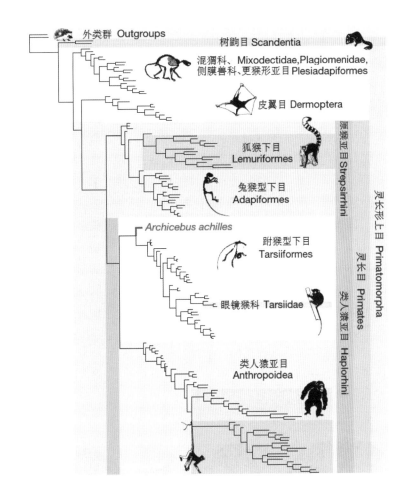

图 7-2　157 种哺乳动物系统发育树
（承蒙倪喜军授权修改使用）

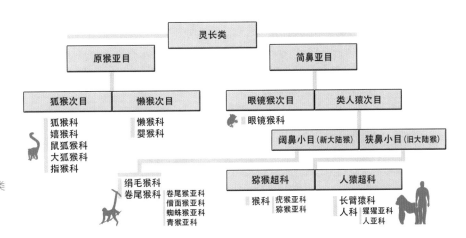

图 7-3　灵长类分类模式
（© 李法军）

第一节　原猴亚目

原猴的意思是猿类之前的灵长类。在生物学分类当中，大多数的灵长类动物都属于这一类。它们形态原始，在很多地方比较接近灵长类祖先的特征。原猴亚目的种类比较多，其内部差异也比较明显。例如，由于长期以来缺少高等灵长类的竞争，狐猴类动物在进化上发生了适应辐射，产生了许多不同的种类。

目前，世界上有七大类不同的原猴类群，即狐猴科（Lemuridae）、嬉猴科（Megaladapidae）、鼠狐猴科（Cheirogaleidae）、大狐猴科（Indri-idae）、指猴科（Daubentoniidae）、懒猴科（Lorisidae）和婴猴科（Galagidae）（如图7–4所示）。

原猴通常缺乏灵长类的一般性特征。虽然原猴均具有朝前的眼眶、立体交叉视觉，但有些没有彩色的感知能力。许多原猴只有爪而没有指甲。例如，狐猴类和懒猴类第二脚趾甲具有爪的特征，其余各趾为趾甲。它们的鼻外部都覆盖着表面湿润的黏膜，具有灵敏的嗅觉，简鼻亚目的生物缺乏这一特性（如图7–5所示）。

原猴大脑的尺寸相对于身体来说要小得多。虽然它们的体形具有较大的差异，但总体上一般都较小，头身长度在13～28厘米，尾长最大者可达头身长的1.5倍。鼠狐猴科中包括一些体形最小的灵长类。例如，西马达加斯加落叶林中的鼠狐猴（Mouse Lemur）头身长度仅为6.2厘米，尾部长度为13.6厘米，平均重量为30.6克（如图7–6所示）。赤色倭狐猴（*Microcebus rufus*）体长仅10厘米多，尾长13厘米，两性平均体重为52克左右（美国国家学院国家研究委员会，2011）。

目前所发现的原猴仅生活在非洲、马达加斯加岛和东南亚地区的热带丛林之中（Ankel-Simons，2007）。例如，狐猴类只生活在非洲东南部的马达加斯加岛上，懒猴类生活在非洲和东南亚的森林地带。它们营树栖生活，善于跳跃和攀缘，长尾可起平衡作用和支撑作用。多数喜欢夜间活动，但有些狐猴仅在白天活动。当它们在丛林中活动的时候，身体总是垂直地活动。也就是说，当其要移动的时候，首先要紧握树枝然后平行跳跃。多数原猴营独居生活，仅在繁殖时成对出现。

图 7–4　狐猴群像

（修改自 Deagostini Uig Science Photo Library）

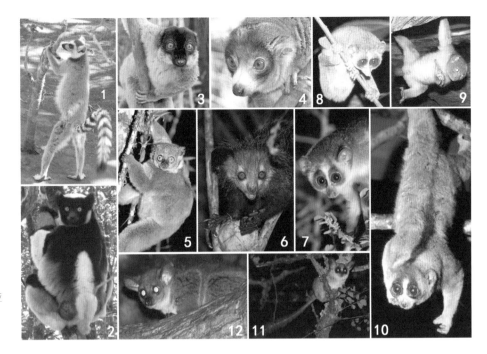

图 7-5 原猴亚目灵长类群像（©李法军）

1. 环尾狐猴 Lemur catta（©Alex Dunkel）；2. 大狐猴 Indri indri（©Erik Patel）；3. 褐美狐猴 Eulemur fulvus（©David Dennis）；4. 獴美狐猴 Eulemur mongoz（©Surrey John）；5. 小齿鼬狐猴 Lepilemur microdon（©Edward E. Louis Jr.）；6. 指猴 Daubentonia madagascariensis（©Nomis Simon）；7. 灰蜂猴 Loris lydekkerianus（©Kalyan Varma）；8. 红蜂猴 Loris tardigradus（©Dr. K.A.I. Nekaris）；9. 树熊猴 Perodicticus potto（©Ltshears）；10. 苏门答腊懒猴 Nycticebus coucang（©David Haring Duke Lemur Center）；11. 眼镜婴猴 Galago matschiei（©Wegmann）；12. 小耳大婴猴 Otolemur garnettii（©Ltshears）。

图 7-6 19 世纪所见的鼠狐猴（©Gustav Mützel）

原猴类一到两年内即可达到性成熟，一胎 2～3 只幼崽。它们常以果实、树叶和昆虫为食，但也发现偶尔食用小型脊椎动物。例如，鼠狐猴科成员为杂食性，其中多数更偏爱果实，有些更偏爱昆虫，还有些以树脂为主食。

第二节　简鼻亚目

简鼻亚目也叫类人猿亚目，是比较高级的灵长类动物，包括眼镜猴次目（Tarsiiformes）和类人猿次目（Simiiformes）（Napier 和 Groves，2019）。简鼻亚目的个体一般较大，有更为复杂的大脑、敏锐的视觉以及较为复杂的社会结构。除了个别的群体外，多数简鼻亚目的灵长类都在白天活动。这些群体既有营树栖生活的，也有营陆栖生活的。

一、眼镜猴次目

眼镜猴次目之下仅有眼镜猴科（Tarsiidae）一种，它们同瘦猴在很多地方比较相似。眼镜猴的体形也很小，平均体重仅为 150 克左右。喜欢独行和夜行，营树栖生活。眼眶朝前，吻短，其头、眼、耳在全身中所占的比例很大。眼镜猴的头部处于垂直位置上，并常常可以旋转 180 度。眼镜猴后肢的结构非常适应于跳跃，它们具有很长的跗骨，故又被称作跗猴（如图 7-7 所示）。

眼镜猴有一个特征与其他原猴明显不同，即眼镜猴的鼻外部比较干燥，而不像其他原猴的鼻外部是湿润的。如前所述，正是根据这一特征，许多学者建议重新对灵长类动物进行分类。它们目前只分布于印度尼西亚的苏门答腊、加里曼丹以及菲律宾等东南亚一带的岛屿之上。

二、类人猿次目

类人猿次目之下包括了阔鼻小目（Platyrrhini）和狭鼻小目（Catarrhini）两个部分。阔鼻小目又分为绢毛猴科（Callitrichidae）和卷尾猴科（Cebidae）。卷尾猴科之下再细分为四个亚科，即卷尾猴亚科（Cebidae）、青猴亚科（Aotidae）、僧面猴亚科（Pitheciidae）和蜘蛛猴亚科（Atelidae）。

狭鼻小目分为猕猴超科和人猿超科。猕猴超科之下有疣猴亚科（Colobinae）和猕猴亚科（Cercopithecinae）两种；人猿超科之下有长臂猿科（Hylobatidae）和人科（Hominidae）两种。人科之下又分两个亚科，即猩猩亚科（Ponginae）和人亚科（Homininae）。人亚科之下分为两族（Tribus），即人族（Hominini）和大猩猩族（Gorillini）。人族之下分两属，包括人属（Homo）和黑猩猩属（Pan）。现代人属之下仅有一种，即智人种（*Homo sapiens*），再分为一个智人亚种（*Homo sapiens sapiens*）。

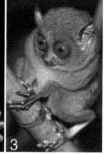

图 7-7　眼镜猴科灵长类群像

（© 李法军，修改自 ©Anaïs Libralesso 和 Jasper Greek Golangco）

1 和 2 为菲律宾眼镜猴（*Tarsius syrichta*），3 为印度尼西亚西里伯斯跗猴（*Tarsius spectrum*）。

生物人类学
（第二版）

除了上述提及的现代灵长类，已经发现的灭绝灵长类也被划分在相应的阶元系统当中。例如，我们在后面的章节中将要介绍的禄丰古猿（Lufengpithecus）、西瓦古猿（Sivapithecus）、巨猿（Gigantopithecus）、安卡拉古猿（Ankarapithecus）、欧兰古猿（Ouranopithecus）等被划分在猩猩亚科之下（Alpagut 等，1996；Brunet 等，2002；Koufos 和 Bonis，2005）。人亚科之下的灭绝灵长类也有许多，如山猿（Oreopithecus）、撒海尔人（Sahelanthropus）、原初人（Orrorin）、平面人（Kenyanthropus）、傍人（Paranthropus）、南方古猿（Australopithecus）、地猿（Ardipithecus）（Cela-Conde 和 Ayala，2003；Wood 和 Lonergan，2008；Su，2013；Spoor 等，2016）。

人在自然界中的系统分类

域（domain）：真核域（Eukarya）

界（kingdom）：动物界（Animalia）

门（division）：脊索动物门（Chordata）

亚门（subdivision）：脊椎动物亚门（Vertebrata）

纲（class）：哺乳纲（Mammalia）

亚纲（subclass）：兽亚纲（Theria）

下纲（infraclass）：真兽下纲（Eutheria）

目（order）：灵长目（Primates）

亚目（suborder）：简鼻亚目（Haplorrhini）

科（family）：人科（Hominidae）

亚科（subfamily）：人亚科（Homininae）

族（tribus）：人族（Hominini）

属（genus）：人属（Homo）

种（species）：智人（*Homo sapiens*）

亚种（subspecies）：智人亚种（*Homo sapiens sapiens*）

（一）阔鼻小目

阔鼻小目的灵长类也被称为新大陆猴，它们是美洲大陆仅有的猿猴类群，包括绢毛猴科和卷尾猴科，一般分布在中美洲和南美洲的森林和沼泽地带。这些灵长类的体形和体重相对原猴亚目类和眼镜猴类较大（如图 7-8 所示）。食物来源广泛，尤其喜食昆虫和水果，树胶、花蜜和嫩叶也占有一定的比重（美国国家学院国家研究委员会，2011）。

尽管它们有很多特征与旧大陆猴相似，但仍旧有很多证据表明新大陆猴与旧大陆猴在

图 7-8 绢毛猴科和部分卷尾猴科灵长类群像
（© 李法军）

1. 南美金丝面绢毛猴 *Leontopithecus rosalia*（© Adrian Pingstone）；2. 皇柽柳猴 *Saguinus imperator*（© Brocken Inaglory）；3. 普通绒猴 *Callithrix jacchus*（© Leszek Leszczynski）；4. 凤头僧帽猴 *Sapajus robustus*（© Hung Do）；5. 白喉卷尾猴 *Cebus capucinus*（© David M. Jensen）；6. 白额卷尾猴 *Cebus albifrons*（© whaldener endometriosis）；7. 松鼠猴 *Saimiri sciureus*（© Luc Viatour）。

图 7-9 僧面猴亚科和蜘蛛猴亚科灵长类群像
（© 李法军）

1. 白秃猴 *Cacajao calvus*（© Ipaat）；2. 伯恩哈德亲王伶猴 *Callicebus bernhardi*（© Miguelr Angel Jr.）；3. 棕蜘蛛猴 *Ateles hybridus*（© www. birdphotos.com）；4. 黑掌蜘蛛猴 *Ateles geoffroyi*（© Michael Schamis）；5. 北绒毛蛛猴 *Brachyteles hypoxanthus*（© Paulo B. Chaves）。

进化道路上已经分离了大约 3000 万年之久（Relethford，2000）。阔鼻小目与狭鼻小目灵长类在体质上的差异可以用来重建它们之间的进化关系。例如，阔鼻小目类比狭鼻小目类多出 4 颗前臼齿。阔鼻小目类的齿式多为 2-1-3-3，而狭鼻小目类的齿式都是 2-1-2-3。

许多阔鼻小目灵长类的尾巴都具有抓握功能，具有代表性的是卷尾猴（Schmitt 等，2005）。卷尾猴体形硕大，多在日间活动。现生类群很多，有的以果实为食物，有的则食用细弱的树叶和昆虫。卷尾猴具有很长并且弯曲的尾巴，它们常常仅凭尾巴就能把自己悬挂于树枝之上，因此，这种尾巴常常被称为"第五臂"，当它们悬于树梢的时候就用"第五臂"来稳固身体。它们尽管一生中的大部分时间是在

树上度过的，但由于"第五臂"的作用，并不经常用臂攀悬在树上，所以卷尾猴没有发展成长臂的特点（如图 7-9 所示）。

狭鼻小目类虽然也有尾巴，但都不具有抓握功能，因而阔鼻小目类在技巧和灵活性方面都更胜一筹。这其中的原因可能是所有的阔鼻小目灵长类都是营树栖生活的，而许多狭鼻小目灵长类都是营陆栖生活的。

总之，阔鼻小目类具有抓握功能的长尾巴显示出一种生物学上的特殊性，也就是说，狭鼻小目群体中没有进化出这样的特征来，而某些早期猴类的共同祖先也在其进化过程中丧失了这一特征。从这个意义上讲，我们并不确定尾巴的抓握功能到底是一种原始特征还是在进化道路中的演化特征。

（二）狭鼻小目

狭鼻小目中的猕猴超科灵长类也被称为旧大陆猴，它们无论在生物化学特征还是在体质特征上都更接近人猿超科灵长类（Whitehead 和 Jolly，2000）。例如，猕猴超科类的齿式与人猿超科类的相同。它们也适应了不同环境的生活。许多类群生活在热带雨林当中，而另一些则生活在热带草原上，有些甚至和人类一样生活在高寒地区。虽然很多猕猴超科类能够在树林中敏捷地活动，但它们大多数都已经习惯了陆地生活。它们当中有些是素食者，而有些则是杂食的类群（美国国家学院国家研究委员会，2011）。

图 7-10　猕猴超科灵长类群像
（© 李法军）

1. 狮尾猴 *Macaca silenus*（©N.A. Naseer）；2. 几内亚狒狒 *Papio papio*（©Bjørn Christian Tørrissen）；3. 草原狒狒 *Papio cynocephalus*（©Gary M. Stolz）；4. 东非狒狒 *Papio anubis*（©Yathin S. Krishnappa）；5. 藏酋猴 *Macaca thibetana*（©Plastic TV）；6. 山魈 *Mandrillus sphinx*（©Malene Thyssen）；7. 黑冠猕猴 *Macaca nigra*（©Lip Kee Yap）；8. 日本猕猴 *Macaca fuscata*（©Skamnelis）；9. 普通猴 *Macaca mulatta*（© 聂长明）；10. 豚尾猴 *Macaca nemestrina*（©Blaise Droz）；11. 冠毛猕猴 *Macaca radiata*（©Shantanu Kuveskar）；12. 秦岭川金丝猴 *Rhinopithecus roxellana*（©Giovanni Mari）；13. 安哥拉疣猴 *Colobus angolensis*（©F. Sajjad）；14. 阿拉伯狒狒 *Papio hamadryas*（©André Karwath Aka）。

猕猴超科类主要包括疣猴和猕猴两个亚科（Gumert 等，2011）。许多叶猴属于疣猴亚科，而像白眉猴、长尾猴、赤猴、猕猴、狒狒、狮尾猴和山魈则属于猕猴亚科。疣猴亚科类主要分布于东南亚地区的热带和亚热带的阔叶林中，但在非洲有一个疣猴的现生属（McGraw 等，2007）。疣猴没有颊囊，只有一个很大并且分为若干个叶的胃，以此可以使吞食的树叶彻底消化掉。疣猴尾部较长，但不具有抓握的功能。面部较短，行动敏捷。

猕猴超科类是除人类以外的现生灵长类中进化得最成功的类型。如前所述，它们种类繁多且分布地域各异，主要分布于非洲，在东南亚、中国、日本和直布罗陀也有分布。它们最具特色的一个性状是拥有颊囊，臀部皮肤裸露，表皮的角质层增厚形成胼胝。（如图 7-10 所示）

三、人猿超科

人猿超科包括猿和人两大类，分为体形较

小的长臂猿科和体形较大的人科。许多猿类（包括长臂猿、猩猩、黑猩猩和大猩猩）和人的诸多相似性实在让人不可思议。我们将自己放在与这些类人猿类等同的人猿超科当中，从许多方面来讲，我们和猿之间的确存在着密切的联系。我们需要关注这些猿类在体质特征、类群分布、栖息环境以及社会结构方面与人类的差异。

现代生物学除了应用传统的体质特征研究，还大量应用生物化学技术来考察类人猿的内在特征（Barnicot 等，1967）。通过蛋白质和遗传密码的比较，我们能够比较容易地得到物种间的相似性和差异性的原因。依靠生物化学和遗传学数据而建立起来的分类系统具有明显的优势。如果我们能够注意研究那些没有被自然选择影响的蛋白质和 DNA 片段的话，那么任何程度的相似性都应该反映相对的进化关系。

有一种生物化学方法是观察免疫反应（贾万钧，2004）。当外来的分子（抗原）混合到某个动物体的血液当中时，该个体的免疫系统就会通过产生抗体来阻止外来分子的进入。如果我们将某个物种的抗体与另外一个物种血清中的蛋白质相混合，就会发现免疫反应可能不会很强烈。

免疫反应的强度与被比较的两个物种之间的遗传学关系的亲远有关。反应越强烈即表明它们的分子形态非常相似，这是因为分子结构反映了遗传基因的作用，免疫反应越强烈，则被比较的两个物种越具有遗传学上的相似性。因此，我们能够使用这种免疫反应来推测进化关系并建立相应的分类体系。通过免疫反应研究发现，人类与非洲大猿的遗传学距离比较接近，而亚洲的猩猩却与他们相距甚远。

免疫反应还可以比较多个物种的蛋白质结构（Relethford，2000）。我们知道，蛋白质的生物化学结构实质上是由若干氨基酸序列构成的。将若干物种某段给定的蛋白质的氨基酸序列进行比较就能够得出某个物种与其他物种间的最小遗传学差异的数据（距离），差异性的数值越小，则物种间的关系就越近（Palmour 等，1980）。

应用多个蛋白质的遗传片段也可以得出相同的结果。黑猩猩、俾格米黑猩猩、大猩猩以及人类之间的遗传学关系比较接近，因此会形成一个明显的聚类类群，而亚洲猩猩明显远离这个大类群。长臂猿与非洲大猿和人类的遗传学关系更远。

自 2001 年起，现代人、黑猩猩、大猩猩、长臂猿和猩猩的基因组草图基本完成（Locke，2011；廖承红和宿兵，2012；Rogers 和 Gibbs，2014）。虽然总体上基因组所示遗传关系与先前的免疫反应等研究结果相同，但也发现了一些新的信息（Enard 和 Pääbo，2004）。例如，在对现代人、黑猩猩和猩猩 3 种基因组进行对比时发现，猩猩基因组中有 1% 的序列与现代人基因组更接近，而不是与黑猩猩的更近（Hobolth 等，2011）。

（一）长臂猿科

长臂猿是现生猿类中体形最小的，可分为长臂猿属、白眉长臂猿属、冠长臂猿属和合趾猿属等 4 个属 16 个现生种（如图 7-11 所示）。它们生活在我国西南和华南地区，以及越南、泰国、缅甸、印度尼西亚、苏门答腊及马来半岛的部分地区。

长臂猿完全适应了树栖生活方式，在树林中的行动非常自如和灵活。它们的行动方式属于悬挂攀缘——用双臂交互抓握以悬挂的方式运动。长臂猿体质结构方面有许多特别之处，

图 7-11　长臂猿科灵长类群像
（© 李法军）

1. 白颊长臂猿 *Nomascus leucogenys*（©Raul654）；2. 白须长臂猿 *Hylobates albibarbis*（©Thomas Fuhrmann）；3. 合趾猿 *Symphalangus syndactylus*（©suneko）；4. 黑冠长臂猿 *Nomascus concolor*（©Troy B. Thompson）；5. 黑掌长臂猿 *Hylobates agilis*（©Juliel Angford）；6. 白掌长臂猿 *Hylobates lar*（©Diego Lapertina）。

显示出对树栖生活方式的适应性。比如，它们的躯干尺寸很小（平均体长为 55 厘米），平均体重只有 5.5 千克（Richard，1985）。

此外，它们拥有很长的臂部，拇指相对短小，其他四指修长，因此能够在树木间自由攀缘。在地面活动中，它们也能够站起来，并用长臂保持体态的平衡。长臂猿两性毛色差异明显，以昆虫和果子为食。

（二）人科

1. 猩猩亚科

猩猩是生活在东南亚地区的大型猿类，分为婆罗洲猩猩（*Pongo pygmaeus*）和苏门答腊

图 7-12　婆罗洲猩猩

（© 李法军，修改自：©David Arvidsson；Andre Engels；Nehrams，2020；Malene Thyssen；Ltshears；Miraceti；Юкатан）

图7-13 苏门答腊猩猩

（©李法军，修改自：©David Arvidsson；Greg Hume；Ltshears；Michaël Catanzariti；Ruben Undheim）

现在看来，猩猩在繁殖方面存在严峻的问题。它们的繁殖周期要比其他大猿长得多，一般要持续7.7年左右（Galdikas和Wood，1990）。例如，生活在苏门答腊沼泽森林中的红毛猩猩的繁殖周期为8年，这是已知哺乳动物当中持续时间最长的。而大猩猩的繁殖周期只有3.8年，黑猩猩的繁殖周期是5.6年。雌性猩猩异常长的产卵间隔可能是其独居生活方式以及对唯一幼崽的依赖性闭经而产生的结果（van Noordwijk 和 van Schaik，2005）。

值得注意的是，猩猩和人类有很多牙齿和骨骼的形态特征非常相似，而人类和非洲猿类之间却不存在这些相似特征。猩猩和人类在繁殖方面具有相同的妊娠周期，都没有固定的两性交配周期，即没有固定的发情期。此外，除了现代人之外，其他灵长类都不存在隐秘交配的行为（Ehrlich，2014）。

2. 人亚科

（1）大猩猩。大猩猩是存生灵长类动物中体形最大的一种，生存在非洲的赤道附近。大猩猩属可分为西非大猩猩（Gorilla gorilla）和东非大猩猩（Gorilla beringei）两种（如图7-14所示）。西非大猩猩又可分为两个亚种，即西非低地大猩猩（Gorilla gorilla gorilla）和克罗斯河大猩猩（Gorilla gorilla diehli）；东非大猩猩也分为两个亚种，即东非低地大猩猩（Gorilla beringei graueri）和山地大猩猩（Gorilla beringei beringei）。

猩猩（Pongo abelii）两个种（如图7-12、图7-13所示）。其俗名"Orangutan"是根据马来语的原意翻译而来的，意为"森林中的人"。猩猩最明显的体质特征之一是它们微红的褐色体毛。两性差别极大，雄性个体身高通常可高达1.5米，这要比雌性的身高大一倍以上。婆罗洲和苏门答腊成年雄性猩猩的体重可达75～91千克，而雌性成年的体重在33～45千克（美国国家学院国家研究委员会，2011）。

猩猩的这种性别间的巨大形体差异容易让人怀疑它们到底是不是主要营树栖生活，因为传统观念认为它们对树栖生活方式的依赖性是很大的。但研究表明，它们在陆地上活动的时间比我们原来想象的要多得多（Relethford，2000）。它们的脚的形态和结构与手很相似，缺少明显的足跟，各趾长而弯曲。这种结构使它们很不适合直立行走，在行走时它们只能以"拳头行走"的方式活动。

1. 西非克罗斯河大猩猩 *Gorilla gorilla diehli*（©Elrond）；2. 西非低地大猩猩 *Gorilla gorilla gorilla*（©Brocken Inaglory）；3. 西非低地大猩猩 *Gorilla gorilla gorilla*（©Elrond）；4. 西非低地大猩猩 *Gorilla gorilla gorilla*（©PLoS Biology）；5. 东非山地大猩猩 *Gorilla beringei beringei*（©TKnoxB）；6. 东非山地大猩猩 *Gorilla beringei beringei*（©Fiver Löcker）；7. 东非山地大猩猩 *Gorilla beringei beringei*（©Fiver Löcker）；8. 东非山地大猩猩 *Gorilla beringei beringei*（©Fiver Löcker）；9. 东非山地大猩猩 *Gorilla beringei beringei*（©TKnoxB）；10. 东非低地大猩猩 *Gorilla beringei graueri*（©Joe McKenna）；11. 东非低地大猩猩幼年 *Gorilla beringei graueri*（©Joe McKenna）。

图 7-14　大猩猩群像

（© 李法军）

图 7-15　Mbeli Bai 地点的一只雌性大猩猩凭树枝涉水

（Breuer 等，2005）

图 7-16　Mbeli Bai 地点的另一只雌性大猩猩凭木棍攫取食物

（Breuer 等，2005）

大猩猩的两性差别很明显。一只成年的雄性大猩猩，其身高可达 2 米左右，而雌性个体的体形则明显小于雄性的。雄性山地大猩猩的体重为 159 ～ 278 千克，雌性的为 83 ～ 98 千克；雄性西非低地大猩猩的体重为 139 ～ 170 千克，雌性的约为 72 千克；雄性东非低地大猩猩的体重为 140 ～ 168 千克，雌性的为 71 ～ 75 千克（美国国家学院国家研究委员会，2011）。成年雄性的犬齿发育得很大并且非常粗壮。它们有黑色的浓密而光滑的体毛，年龄较大的雄性大猩猩背部的体毛呈银灰色，我们称之为"银背"（如图 7-14-2 所示）。

大猩猩的庞大体形使它们必然营陆栖生活。典型的大猩猩的行动方式被称为"指关节行走"，即前臂手指弯曲，以手背贴地行走的方式。这种行走方式与猩猩的"拳头行走"方式是不同的，因为大猩猩拥有发育良好的臂部肌肉和关节，上肢明显长于下肢，因此能够有效地控制身体对指关节造成的压力。此外，由于大猩猩的脊柱与地面形成了一定的角度，不像猴类的脊柱那样是与地面平行的，因此也减缓了身体对指关节的压力。

有研究发现，其实大猩猩与传言（例如认为大猩猩是一种非人非兽、心性残暴的凶猛怪物）描述的完全不符（Fossey，1983）。实际上，它们是温和、温驯而且安分守己的素食动物。在科研人员直接观察的 2000 小时里，大猩猩仅有不超过 5 分钟的主动挑衅、威吓的行为，这足以证明其胆小与善良的本性（Relethford，2000）。

成年大猩猩已经具有使用工具的能力。例如，在刚果穆贝利拜（Mbeli Bai）地点，研究者发现两只雌性西非大猩猩用树枝作为手杖来试探水深，而另一只成年雌性大猩猩则将木棍用作攫取食物的工具（Breuer 等，2005）。（如图 7-15、图 7-16 所示）

（2）黑猩猩。黑猩猩生活在非洲的热带雨林中，但是在雨林边缘的草原地带也发现了它的某些群体。

图 7-17　普通黑猩猩群像

（© 李法军，修改自：©Ikiwaner；Bernard Dupont；Aaron Logan；Steve；Chi King；Thomas Lersch）

图 7-18　倭黑猩猩群像

（© 李法军，修改自：©Böhringer Friedrich；Pierre Fidenci；Ltshears；Psych USD；Mike R.）

黑猩猩可划分为两个种，即普通黑猩猩（*Pan troglodytes*）和倭黑猩猩（*Pan paniscus*）（如图 7-17、图 7-18 所示），后者又被称为俾格米黑猩猩（Pygmy Chimpanzee）。

黑猩猩的两性差异很小，平均身高约为 1.5 米，上肢极为强壮。成年雄性黑猩猩的体重为 40 ～ 80 千克，成年雌性的为 32 ～ 68 千克；成年雄性倭黑猩猩的体重约为 39 千克，成年雌性的为 31 ～ 34 千克（美国国家学院国家研究委员会，2011）。它们也具有许多与人类极为相似的面部表情和体质特征。黑猩猩与大猩猩一样，也是以"指关节行走"的方式活动，但黑猩猩有一点与大猩猩不同，它们既可以在陆地上长久生活，也适应树栖生活方式。还有研究发现，坦桑尼亚马哈拉山地的黑猩猩在用前肢摄取水果时，雄性常用左手，而雌性更多用右手（Corp 和 Byrne，2004）。

（3）现代人。在第一编，我们已经详细地介绍了现代人的一般性生物学特征及其变异。我们已经了解了作为生物体的现代人所展现的一般性和多样性，而有关现代人类的生物学独特性的讨论将在第八章第二节"现代人的生物学独特性"中进行。

🔍 重点、难点

1. 灵长类的分类
2. 原猴亚目的主要特征
3. 简鼻亚目的主要特征
4. 人猿超科的共性与差异性
5. 人亚科的行为差异

🔍 深入思考

1. 灵长类分类系统更改的依据是什么?
2. 狐猴群体为何发生了适应辐射现象?
3. 阔鼻小目和狭鼻小目的主要生物学差异有哪些?
4. 非人高等灵长类目前处境堪忧,其原因是什么?
5. 非人高等灵长类的行走方式有何特点?

📖 延伸阅读

［1］贾万钧. 抗原抗体反应动力学: 在免疫血清学检测技术中的应用实例［M］. 北京: 军事医学科学出版社, 2004.

［2］廖承红, 宿兵. 灵长类比较基因组学的研究进展［J］. 动物学研究, 2012, 33 (1): 108–118.

［3］美国国家学院国家研究委员会. 非人灵长类动物营养手册［M］. 曾林, 等译. 北京: 化学工业出版社, 2011.

［4］ANKEL-SIMONS F. Primate anatomy: an introduction［M］. 3rd ed. London: Elsevier Inc., 2007.

［5］CORP N, BYRNE R W. Sex difference in Chimpanzee handedness［J］. American journal of physical anthropology, 2004, 123 (S38): 62–68.

［6］HOBOLTH A, DUTHEIL J Y, HAWKS J, et al. Incomplete lineage sorting patterns among human, chimpanzee, and orangutan suggest recent orangutan speciation and widespread selection［J］. Genome research, 2011, 21 (30): 349–356.

［7］KOUFOS G D, BONIS L. Les hominoïdes du Miocène supérieur Ouranopithecus et Graecopithecus. Implications de leurs relations et taxonomie［J］. Annales de paléontologie, 2005, 91 (3): 227–240.

［8］LEHMAN S M, FLEAGLE J G. Primate biogeography: progress and prospects［M］. New York: Springer Science+Business Media, LLC., 2006.

［9］McGRAW W S, ZUBERBÜHLER K, NOË R. Monkeys of the Taï forest: an african primate community [M]. Cambridge: Cambridge University Press, 2007.

[10] NAPIER J R, GROVES C P. Primate mammal [M]. Chicago: Encyclopædia Britannica, Inc. , 2019.

[11] ROGERS J, GIBBS R A. Comparative primate genomics: emerging patterns of genome content and dynamics [J]. Nature reviews genetics, 2014, 15 (5) : 347 – 359.

[12] SCHMITT D, ROSE M D, TURNQUIST J E, et al. Role of the prehensile tail during ateline locomotion: experimental and osteological evidence [J]. American journal of physical anthropology, 2005, 126 (4) : 435–446.

[13] VAN NOORDWIJK M A, VAN SCHAIK C P. Development of ecological competence in Sumatran orangutans [J]. American journal of physical anthropology, 2005, 127 (1) : 79–94.

[14] WHITEHEAD P F, JOLLY C J. Old world monkeys [M]. Cambridge: Cambridge University Press, 2000.

第八章

现生灵长类的生物学特征

我们现在已经很清楚人类属于哺乳动物的一类，叫作灵长类。这是一类特殊的生物，其进化之路迥异于他者（Ankel-Simons，2007；陈守良和葛明德，2016）。从前面的"灵长类的分类"部分可以看出，原猴亚目和简鼻亚目之间在身体大小和体重上存在着较大的差异。人与猿是生物界当中关系最密切的类群。人与猿没有颊囊，都是无尾巴的。其胸骨扁平，胸廓宽阔。除长臂猿外，其他现生猿类还不具有臀疣。

但作为一个统一的类群，我们和"他们"必然存在着诸多密切的联系，揭示这些相近性程度和原因也成为人类探索自身的必要工作（De Waal，2001）。例如，非人灵长类的组织病理学研究结果表明，现代人与这些近亲的许多疾病现象是一致的，从而为人类认识和治愈自身疾病提供了客观的参照（岑小波等，2011）。在"灵长类的分类"部分已经初步介绍了不同灵长类的生物学特征。在这里，我们将关注灵长类生物的那些较具代表性的特征。

第一节　灵长类的一般生物学特征

灵长类的许多特征都缺乏极端的进化表现，这说明灵长类不属于狭隘性的特化动物（罗金斯基和列文，1993）。例如，灵长类的五指（趾）形态并不像许多家畜一样出现异化现象，也没有像啮齿类一样的终生生长的牙齿。因此，我们不能简单地指出哪个单一的解剖学结构是属于灵长类特有的，这些结构更像是哺乳类动物一般形态的强化。

然而，既然我们将它们归为哺乳动物中的一个目，那么就必然意味着这些灵长类动物应该拥有某些其他哺乳动物不具备的共同特征。灵长类动物的这些基本性状是它们在漫长的进化过程中对自然环境选择作用适应的结果。

适应树栖生活的进化过程，使得灵长类的躯体演化出了一系列适应这种生活方式的结构和相应的形态特征（Schmidt 和 Krause，2011；Kirk，2013；Tuttle，2014）。这些基本特征在不同的灵长类当中表现是不同的，代表的仅仅是它们各自的进化轨迹。这些基本特征表现的是一种趋势而不是程度。

一、头骨及牙齿

尽管灵长类的头骨构成大致相同，但由于身体尺寸和单个骨骼形态的差异，它们之间的总体形态差异还是比较明显的（Vinyard 等，2008）。例如，许多原猴亚目的下颌骨是两块，靠着下颌联合松散地连接，彼此可以相对独立地活动；而高等灵长类的下颌骨则为一块（Fleagle，1998）。与原猴亚目灵长类相比，简鼻亚目灵长类的眼眶较大且更朝前，眶腔与颞区之间以较薄的骨壁相隔（如图 8-1、图 8-2 所示）。

由于灵长类是杂食性的动物，能够利用各种不同的食物，因而牙齿没有发生较大的特化现象，而食草类动物的牙齿特别是臼齿的特化程度很高。灵长类较具特色的牙齿特征是一次换牙系统，即所有乳齿均会被恒齿替换（罗金斯基和列文，1993）。有研究表明，不同灵长类齿弓形态差异较大，而且齿弓大小和形态之间没有明显的对应关系（Lavelle，1977）。

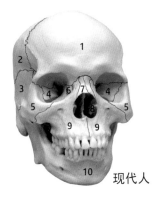
现代人

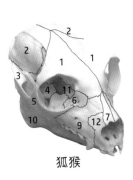
狐猴

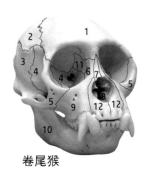
卷尾猴

图 8-1　现代人、狐猴和卷尾猴成年个体头骨形态的比较
（© 李法军）

1. 额骨；2. 顶骨；3. 颞骨；4. 蝶骨；5. 颧骨；6. 泪骨；7. 鼻骨；8. 下鼻甲；9. 上颌骨；10. 下颌骨；
11. 筛骨；12. 前上颌骨。

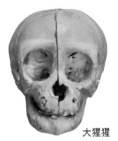  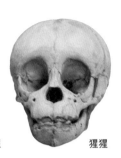

大猩猩　　　　　黑猩猩　　　　　猩猩

图 8-2　大猩猩、黑猩猩和猩猩幼儿头骨的比较

（© 李法军）

灵长类牙齿属于异形齿。上、下颌由前向后分为门齿（incisor，I）、犬齿（canine，C）、前臼齿（premolar，P）和臼齿（molar，M）四种（如图 8-3 所示）。典型的齿式为 2（I）-1（C）-2/3（P）-3/2（M）。大多数原猴亚目和简鼻亚目中的眼镜猴次目灵长类的齿式均为2-1-3-3，某些狐猴（如大狐猴）存在犬齿退化现象。类人猿次目下的阔鼻小目中，绢毛猴科齿式为 2-1-3-2，卷尾猴科的齿式为 2-1-3-3；狭鼻小目的齿式为 2-1-2-3（Swindler，2002）。

由于功能压力的作用，人类的某些牙齿已经比其祖先的牙齿弱化了许多或者发生了功能

性的形态改变。例如，现代人类第三臼齿尺寸的减小以及形态的高变异特征（刘武和曾祥龙，1996）。第三臼齿的低出现率导致现代人的齿式多表现为2-1-2-3/2。此外，人类的犬齿也比其他高等灵长类弱化了许多，而且已经明显地门齿化了。

除了现代人，其他现生灵长类的前牙多存在齿隙（dental diastema），主要表现为门齿与犬齿之间的齿槽不连续（Larsen，2010）。许多原猴亚目的灵长类上颌不仅存在上述的典型齿隙，其双侧上颌中门齿之间也存在明显的齿隙（如狐猴类），或者四个门齿间均存在齿隙（如懒猴类）（Swindler，2002）。

上颌牙齿有三个较为重要的齿尖，即原尖（protocone）、前尖（paracone）和后尖（metacone），由这三尖构成的结构被称为上颌三角座（trigon）。下颌牙齿上也有三个重要的齿尖，即下原尖（protoconid）、下后尖

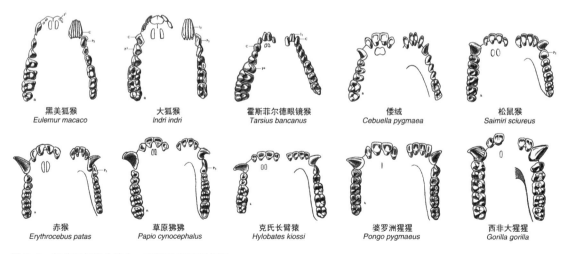

黑美狐猴　　　　　大狐猴　　　　　霍斯菲尔德眼镜猴　　　　倭绒　　　　　松鼠猴
Eulemur macaco　　*Indri indri*　　*Tarsius bancanus*　　*Cebuella pygmaea*　　*Saimiri sciureus*

赤猴　　　　　草原狒狒　　　　克氏长臂猿　　　　婆罗洲猩猩　　　　西非大猩猩
Erythrocebus patas　*Papio cynocephalus*　*Hylobates kiossi*　*Pongo pygmaeus*　*Gorilla gorilla*

图 8-3　部分灵长类个体上、下颌牙齿形态比较

（修改自 Swindler，2002）

生物人类学
（第二版）

（metaconid）和下内尖（paraconid）。下颌三尖也构成了下颌三角座（trigonid）。

灵长类臼齿的变化主要是齿尖增多，其他形态特征与原始哺乳动物的相似。由于功能压力的作用，原先的三尖型演化成在研磨食物中能发挥更大效用的四尖型甚至五尖型。许多灵长类进化出了上颌的第四尖（次尖hypocone）以及下颌的下次尖（hypoconid）和下次小尖（hypoconulid）（Fleagle，1998）。

虽然类人猿与猴类的齿式相同，但是在结构上存在较大的差异。最明显的区别是类人猿的下颌臼齿是五尖型的，即臼齿上长有五个尖；而猴类的同名牙齿上只有四个尖，未出现下次小尖。我们也可以通过上颌第一前臼齿颊舌径与后牙齿列长轴交角来考察灵长类的宏观进化和种间差异（如图8-4所示）。

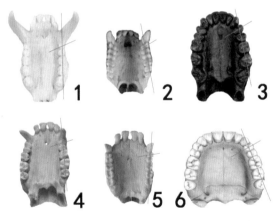

图8-4 不同灵长类上颌第一前臼齿颊舌径与后牙齿列长轴交角之比较

（© 李法军）

1. 山魈（©Mandrillus sphinx）；2. 黑带卷尾猴（©Miguelr Angel Jr.）；3. 露西（© 李法军）；4. 大猩猩（©Klaus Rassinger 和 Gerhard Cammerer）；5. 黑 猩 猩（© Klaus Rassinger 和 Gerhard Cammerer）；6. 现代北美印第安人（©Skeletal System Pro Ⅲ）。

二、感受器和脑

灵长类对树栖生活的适应使其感觉器官功能发生了改变。这种感觉器官方面的变化体现在听觉及嗅觉的减弱和视觉及触觉的高度发展。灵长类的双眼处于同一平面上，眼眶与颞窝之间已经有明显区隔，这些结构增强了眼的灵活性和稳定性（罗金斯基和列文，1993；Fleagle，1998）。

原猴亚目因其湿润的且二分的鼻外部特征而得名。这种二分结构自鼻尖延至上唇，和犬科和猫科动物的相似。简鼻亚目灵长类的外鼻黏膜完全消失了，外鼻的尺寸明显缩小（如图8-5所示）。灵长类的吻部也明显缩小了，头部嗅觉区的相对比例也减小了。嗅脑中的嗅结节弱化以及鼻甲数量减少也都促使它们的嗅觉减退（罗金斯基和列文，1993）。

由鼻部结构变化引起的吻部尺寸的减小为立体视觉的形成又做了重要的铺垫。树栖生活要求灵长类在树上跳跃和臂行时，需要准确地判断深度、方向、距离以及悬在空中的物体（诸如树枝和藤蔓之间的相互位置关系），从而使灵长类能感受到三维空间的立体概念（如图8-6所示）。但是，较长的吻部并不一定都意味着嗅觉的发达，某些灵长类（如狒狒）吻部的扩大只是一种次生性的变化，与犬齿和门齿的

图8-5 狗与猕猴鼻部和颌部比较

（© 李法军）

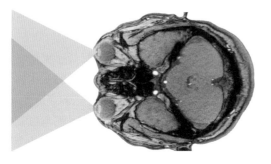

图 8-6　现代人立体交叉视觉示例
（© 李法军）

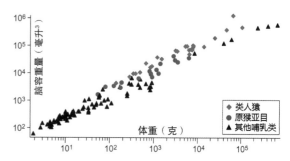

图 8-7　哺乳类动物大脑与体重的相关性
（修改自 Hofman 和 Falk，2012）

扩大有关。

灵长类的眼球结构较为相似，主要差异在于视网膜的构造（Fleagle，1998）。大多数灵长类的视网膜由两种细胞组成：对光非常敏感但不区分颜色的视杆细胞和对颜色敏感的视锥细胞。在许多夜间活动的灵长类动物中，视网膜主要由视杆细胞构成。

灵长类具有较强的色彩识别能力，这很可能与它起源于大眼睛的早期夜行性哺乳动物有关。早期夜行性哺乳动物的大眼睛是为了在夜间增强对光线的敏感性，但是当原初灵长类昼间活动渐渐频繁，视网膜对色彩的敏感性和接受能力也逐渐增强。对色彩的分辨能力的提高有助于灵长类更加准确地识别空间物体并分辨食物种类。

灵长类的舌形态差异明显。这些变化既反映出各种灵长类口腔的形态差异，又表明了舌的功能差异。例如，所有原猴亚目灵长类舌的下面明显突起的舌状体（lingula），它们的功能类似清洁器（Fleagle，1998）。褐美狐猴舌尖上的高敏感锥状突起和红腹美狐猴舌尖上的羽毛状突起被认为与摄食花蜜有关（Hofer，1981；Overdorff，1992）。人类的舌很不寻常，其在口腔中明显向后延伸，通过改变喉的形态促进完

善的发音（Fleagle，1998）。

灵长类动物在进化过程中最突出的特点就是脑的增大（Stephan 等，1981）。立体视觉的出现为脑量的增大和神经联系的复杂化提供了可能性。灵长类的大脑半球显著扩大，人猿超科的大脑半球完全遮盖住小脑。眼镜猴科的平均脑量为 3 毫升，狐猴科的为 24 毫升，黑猩猩的为 393 毫升，现代人类的为 1450 毫升（Fleagle，1998）（如图 8-7 所示）。

除了脑量增加，灵长类动物脑的不同部位的形态和结构也发生了变化（如图 8-8 所

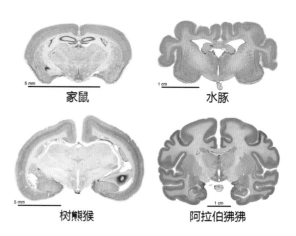

图 8-8　啮齿类与灵长类大脑皮质的比较
（修改自 Cheung 等，2007）

示）。例如，随着视觉重要性的增加，脑的视觉中心变得非常发达。大脑皮质中与视觉信号的接收和分析有关的部分扩大，而与听觉和嗅觉有关的部分则缩小。灵长类大脑细胞相互之间的联络能力也得到了加强（Hofman 和 Falk，2012）。

灵长类的复杂社会行为使得内部的竞争机制变得剧烈，加之协作行为的强化和个体沟通能力的加强，都促进了灵长类大脑的进化。相比之下，人猿超科类脑容量不仅比猴类大得多，而且脑的结构也非常复杂，因此，它们具有高超的智力和强大的学习能力。

对懒猴、猕猴、豚尾猴、熊猴、红面猴、黑长臂猿和白眉长臂猿 7 种非人灵长类动物的脑的形态学比较结果表明，它们中枢神经系统在演化上发展最显著的部位是大脑两半球的前半部。尤其额叶面积增长最多，颞叶次之，顶枕叶变化不大。小脑的半球向后上方逐渐发展，蚓部变化不显著。脑干的脑桥纤维增多，中脑和延髓的变化很小（周绮楼等，1988）。

此外，除了上述提到的因素，灵长类之间的脑量差异也可能与饮食差异有关。例如，对非洲的狮尾狒（*Theropithecus gelada*）和草原狒狒（*Papio cynocephalus*）脑量的对比分析表明，狮尾狒相对较小的脑量可能与极为特殊的饮食结构有关（Jablonski，1993）。

三、躯体结构

构成灵长类动物躯干部中轴的脊柱，其颈、胸、腰、骶、尾各段的生物功能不同，故椎骨的形态和数目也产生比较明显的分化。例如，灵长类的胸椎数量为 11 ～ 18 块，13 块胸椎被认为是原始灵长类的固有数量，原猴类的胸椎都在 14 块以上（Schultz，1961；Erikson，1963；Ankel-Simons，2007；Campbell，2008；肖莉等，2017）。

表 8-1　类灵长类（树鼩）与灵长类椎骨数量的比较

类别	颈椎	胸椎	腰椎	骶椎	尾椎
树鼩	7	12～13	6	3	25
美狐猴	7	12～13	6～7	3	25
懒猴	7	15～16	6～7	6～7	7～11
婴猴	7	13～14	6	3	25
眼镜猴	7	14	6	3	＜ 30
绢毛猴	7	13	6～7	3	27
卷尾猴	7	14	7	3	9
藏酋猴	7	12	7	3	9
猕猴	7	12	8	3	17
长臂猿	7	13	6	5	3
猩猩	7	12	4	6	3
黑猩猩	7	13	4	6	3
大猩猩	7	12	4	6	3
人	7	12	5	5	4

资料来源：藏酋猴数据引自肖莉等（2017），其余数据引自 Ankel-Simons（2007）。

由表 8-1 可以看出，采取臂行方式活动的灵长类动物的腰椎数目普遍减少，躯干变短并使身体的重心上移（如图 8-9、图 8-10 所示）（Tuttle，2014）。灵长类动物对树栖环境的适应，使其躯干部经常处于某种垂直的体态位置，这也使得许多灵长类枕骨大孔位置较其他动物

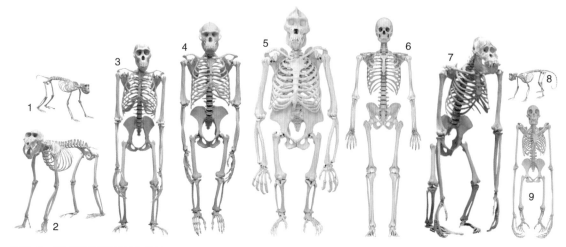

图 8-9　灵长类骨骼整体结构比较

［© 李法军依据 Skulls Unlimited International，Inc.，Bone Clones 和 NOVA Skeletal System Pro Ⅲ（3.0）重新创作］

1. 恒河猕猴；2. 山魈；3. 倭黑猩猩；4. 普通黑猩猩；5. 低地大猩猩；6. 现代人；7. 苏门答腊红猩猩；8. 黑带卷尾猴；9. 马来亚长臂猿。

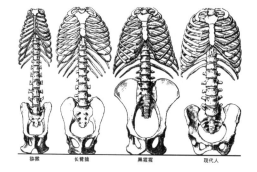

图 8-10　不同灵长类胸廓、脊柱与髋骨形态的比较

（修改自 Hogervorst 等，2009）

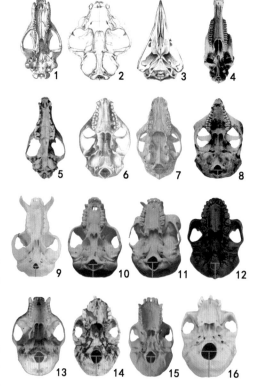

1. 北极熊（©N.N. Kondakov）；2. 沙丘猫（©Dale J. Osborn 和 Ibrahim Helmy）；3. 胡兀鹫（©Henrik Grönvold）；4. 马（©Internet Archive Book Images）；5. 桎柳猴（©www.bioportal.naturalis.nl）；6. 肥尾鼠狐猴（©William Purkiss）；7. 獴美狐猴（©H. Formant）；8. 蜂猴（©Daniel Girauld Elliot）；9. 山魈（©Mandrillus sphinx）；10. 猕猴（©Klaus Rassinger 和 Gerhard Cammerer）；11. 大猩猩（©Klaus Rassinger 和 Gerhard Cammerer）；12. 露西（© 李法军）；13. 黑带卷尾猴（©Miguelr Angel Jr.）；14. 海德堡人（© 李法军）；15. 黑猩猩（© Klaus Rassinger 和 Gerhard Cammerer）；16. 现代北美印第安人（© 李法军）。

图 8-11　不同物种枕骨大孔位置比较

（© 李法军）

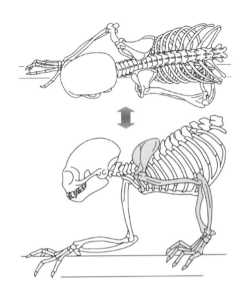

图 8-12 绒顶柽柳猴前肢触握（右前肢）和抬起（左前肢）姿态示意

（© 李法军，修改自 Schmidt 和 Krause，2011）

而言更偏向于颅底（如图 8-11 所示）（Ankel-Simons，2007）。

对于类人猿来说，最重要的特征可能是其躯干和肩关节的解剖学结构（Ankel-Simons，2007；Schmidt 和 Krause，2011）。对倭狐猴（*Microcebus murinus*）、褐美狐猴（*Eulemur fulvus*）、绒顶柽柳猴（*Saguinus oedipus*）和松鼠猴（*Saimiri sciureus*）这四种灵长类个体肩部运动方式的研究表明，灵长类肩部活动同时受到肩胛骨活动和肩关节活动的影响，但这两部分可能在某种程度上是独立演化而来的（如图 8-12 所示）（Schmidt 和 Krause，2011）。

灵长类动物都保留着锁骨，而其他许多哺乳类动物都失去了这一结构。锁骨的存在使灵长类的前肢具有颇大的活动度，能够自由地向各个方向环转运行，使之更能适应在树栖情况

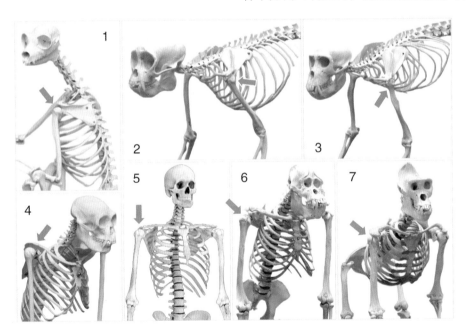

图 8-13 不同灵长类肩关节及肱骨远端扭转形态对比

（© 李法军）

1. 大狐猴；2. 黑带卷尾猴；3. 猕猴；4. 合趾猿；5. 现代人；6. 苏门答腊猩猩；7. 西非大猩猩。

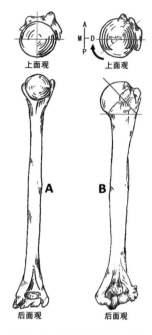

图 8-14 猕猴右侧肱骨（A）和现代人右侧肱骨（B）扭转情况的比较
（© 李法军。依邵象清，1985；Nordin 和 Frankel，2001；Ankel–Simons，2007）

下所面临的瞬息万变的体态要求，特别是臂行运动方式的需要。

类人猿能够很容易地将上肢举过头顶，而猴类是做不到的。将上肢举过头顶的行为看起来简单，但实际上是一个极其复杂的过程。首先必须具有大而强壮的锁骨，其次是肩关节必须兼顾灵活性和稳固性，再次是肩胛骨的位置必须尽量朝后（如图 8-13 所示）。

现代人肱骨的肱骨头朝向内上后方，而不是像猕猴的一样朝向后方。现代人的肱骨头轴与肱骨远端滑车轴呈 30 ~ 45 度倾角，内上倾角约为 45 度（如图 8-14 所示）（Nordin

和 Frankel，2001；Kapandji，2013）。肱骨骨干远端也存在扭转的现象，现代人肱骨骨干向躯干侧的扭转角约为 80 度，大猩猩的约为 75 度，黑猩猩的约为 63 度，长臂猿的约为 30 度，猕猴的约为 10 度（Larson，1988；Ankel–Simons，2007）。

猿猴的前肢都比后肢长，而人类恰恰相反，下肢明显长于上肢（如图 8-13 所示）。对于猿类来说，前臂越长越利于在树上活动，毕竟猿类还没有完全脱离树栖生活。猿类采用悬挂攀缘的活动方式，这有别于猴类的树间活动方式（如图 8-15 所示）。人类其实也具有像猿类一样的攀缘能力，只是我们很少用到这种方式而已。但不论何种灵长类，其前肢所特有的旋前和旋后能力确是共同的。

人猿超科类的髂骨的扩大、骶骨的延长以及骶结节韧带的明显发育，使臀肌在骨盆和身体上具有更强大的反射力矩。因此，在保持两足平衡方面，人猿超科类比猕猴超科类做得更好。

然而，两足动物的本质，不仅是直立和站立的能力，而且是行走的能力。猴类和猿类不能像人类那样完全直立行走，它们躯干的重心位于身体的上半部、髋关节的前方。它们骨盆

图 8-15 白掌长臂猿动态
（Rowell，1996）

的结构也不适合支撑躯体和上肢的重量。东非狒狒（*Papio anubis*）算是能够习惯经常两足行走的灵长类了，即便如此，它们行走时的步态仍旧相当刻板。

与这种半跖行（semiplantigrade）站姿相适应的体态是：躯干略微前倾，前肢不动且保持在前后向的位置上（Berillon等，2011）。正是由于猕猴超科、长臂猿和猩猩缺少相应的骨骼肌结构，这些灵长类动物的躯体不同程度地向前弯曲，并且只能更快地移动和奔跑（Snell和Donhuysen，1968）。

所有灵长类都保存了五指（趾）形态（如

图 8–16、图 8–17 所示）。尽管某些灵长类（如蜘蛛猴和叶猴）的拇指和（懒猴的）第二脚趾有些缩小了，但也绝不像其他动物（如马和牛）的四肢那样极端化。灵长类虽然都有五指（趾）特征，但不同灵长类之间仍旧存在着差异。

指甲代替了爪，至少现生的灵长类都具有这一特征。灵长类在爬越时并不像啮齿类动物或猫科动物那样依靠爪子来稳固身体，灵长类必须用手和脚握住枝干。在灵长类动物进化过程中，拇指（趾）对握（对掌）功能的出现具有特别重要的意义。当拇指（趾）的运动轴与其他各指（趾）的运动轴方向不一致时，对握

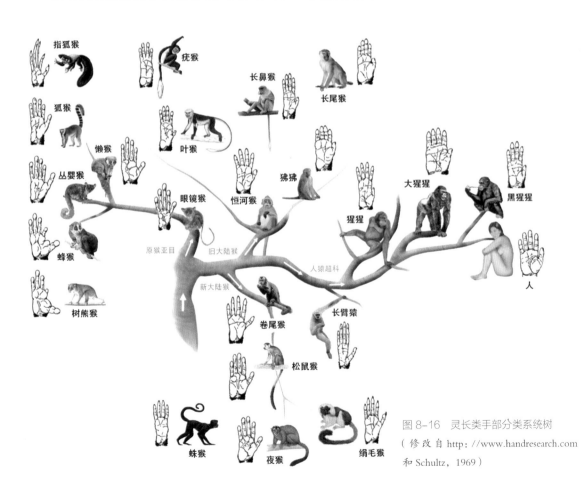

图 8–16　灵长类手部分类系统树

（修改自 http://www.handresearch.com 和 Schultz，1969）

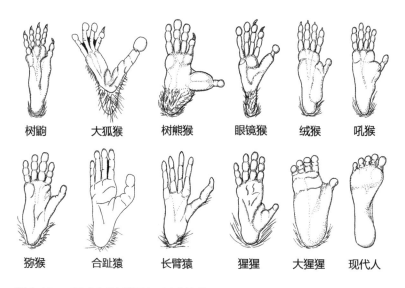

树鼩　　　大狐猴　　　树熊猴　　　眼镜猴　　　绒猴　　　吼猴

猕猴　　　合趾猿　　　长臂猿　　　猩猩　　　大猩猩　　　现代人

图 8-17　不同现生灵长类足部形态的比较
（修改自 Ankel-Simons，2007）

（对掌）才有可能发生。

　　只有当早期灵长类动物的四肢，尤其是前肢出现了较好的抓握功能，它们才更适合于树栖活动以及在灌木丛中捕捉昆虫和其他小动物的生存方式。由于足部趾底具有敏感得像海绵垫一样的软组织，所以灵长类的触觉得到了加强。

四、消化系统与生殖系统

　　通过体重与能量需求关系考察可以获知某物种的体重与其生活方式的相关性，这种相关性可由克雷伯定律（Kleiber's law）来阐释（Jones 等，1992）。该定律的主要观点是，体形越大的物种，其新陈代谢过程越慢。克雷伯定律的表达公式为 $BMR=kW_B^{0.75}$。BMR 是代谢率，k 为常量，W_B 是体重，0.75 为指数。总体上，体重与生物体代谢率呈正相关。但是，就较小体重物种而言，其单位体重的代谢率是较高的。灵长类动物的代谢率差异也符合这一定律。

　　消化系统的基本功能是从动物体内摄取能量和必要的营养来维持新陈代谢过程（美国国家学院国家研究委员会，2011）。肠道结构的基本特征与它在食物选择和加工方面的作用相关（Clemens 和 Philips，1980）。肉食性灵长类的消化系统要比那些植物性（果食性和叶食性）灵长类的明显简化和缩短（如图 8-18 所示）。植物性灵长类某些种属的胃肠结构有一些特化现象。例如，食果类地中海猕猴（Macaca sylvana）因食用大量植物而演化出更大的结肠。食叶类原猴白脚鼬狐猴（Lepilemur leucopus）的肠道是灵长类中最短的（Chivers 和 Hladik，1980）。

　　灵长类牙齿的形态与功能分化与其饮食结构密切相关，大多数灵长类都属于杂食性生物，仅少量种类（如大狐猴、吼猴和大猩猩等）属于纯植物性的。多数灵长类的胃属于单胃，但某些食叶性灵长类的胃虽属于单胃，但其明显分为两个部分。许多马达加斯加食叶性灵长类的胃已经演化出适应性特征，尤其是扩大的胃和结肠（Fleagle，1998）。亚洲疣猴胃底内表面均具有绒毛样的胃底乳突，可能与长期适应叶类食物有密切关系（杨贵波等，1996）。

　　灵长类的生殖系统具有哺乳类动物的一般特征。多数灵长类雄性每年均可持续性产生精子，雌性每月定期排卵。它们具有普遍性的低生殖率，多数一胎一仔，仅绢毛猴科雌性灵长类有一胎三仔的现象（罗金斯基和列文，1993）。乳腺和乳头数量较少，通常为一对乳头。前面提到的原猴亚目类所具有的鼻部形态被认为与犁鼻器有关，该感受器能让雄性感受到雌性尿液中的物质刺激，并以此确认雌性的生殖状态（Fleagle，1998；Watson，2000）。

在自然状态下，复杂的群体结构会潜在地强化高等级雌性个体的生殖成熟（Geary，2010）。例如，地中海猕猴（*Macaca sylvana*）和日本猴（*Macaca fuscata*）等群体即是如此（Paul 和 Kuester，1988；Soumah 和 Yokota，1991；Whitehead 和 Jolly，2000）。大多数灵长类虽然具有周期性的生殖行为，但已经没有一般哺乳动物的发情期。多数灵长类的生殖行为

通常出现在某一个或者两个季节。最为极端的例子是马达加斯加狐猴类，它们的生殖活动仅限在每年的某一天内（Fleagle，1998）。

雌性狐猴和眼镜猴类个体的子宫是双角的，而其他大多数简鼻亚目灵长类雌性个体的子宫是单子宫（罗金斯基和列文，1993）。不同灵长类雌性体内胎盘的形式以及与母体子宫内胎儿发育有关的其他结构存在不小的差异。例如，大多数狐猴和懒猴雌性的胎盘膜扩散到整个子宫腔，胎儿的循环系统通过几个组织层从母体循环中分离出来。眼镜猴和类人猿次目类的胎盘固定于一个或两个分开的盘状物中。人猿超科类的胎儿与母体之间的循环达到了最紧密的程度（Fleagle，1998）。

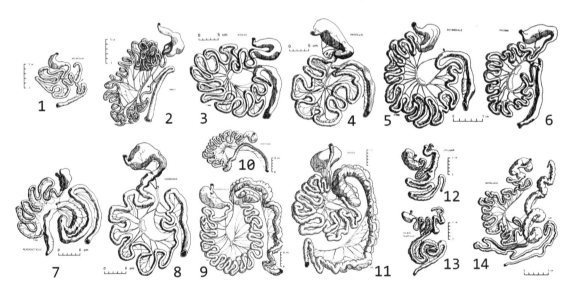

图 8-18　不同物种胃肠道形态比较

（© 李法军，修改自 Chivers 和 Hladik，1980）

1. 肉食性为主的懒猴科金熊猴 *Arctocebus calabarensis*；2. 穿山甲 *Manis gigantea*；3. 巨獭鼩 *Potamogale velox*；4. 非洲林狸 *Poiana richardsoni*；5. 沼泽獴 *Atilax paludinosus*；6. 非洲金猫 *Profelis aurata*；7. 果食性的树熊猴 *Perodicticus potto*；8. 双斑狸 *Nandinia binotata*；9. 果食性的髭长尾猴 *Cercopithecus cephus*；10. 果食性的灰颊白眉猴 *Cercocebus albigena*；11. 果食性的地中海猕猴 *Macaca sylvana*；12. 叶食性的白脚鼬狐猴 *Lepilemur leucopus*；13. 食用树胶的丛猴 *Galago elegantulus*；14. 弗氏松鼠 *Anomalurus fraseri*。

第二节　现代人的生物学独特性

现代人类具有许多区别于其他灵长类动物的生物学特征，如头骨和牙齿、脑的构造、直立行走、体被、发音系统及生长与发育。这些特征当然也适合于确认那些在人类进化道路上曾经存在过的祖先类型。

一、头骨和牙齿

如上所述，虽然现代人的头骨及牙齿保持了灵长类的诸多普遍性特征，但在漫长的宏观进化和微观演化过程中，其逐渐衍生出了具有独特性的结构与功能。从目前的研究进展来看，有些可以被视为环境适应的结果，但有些则被认为与人类的直立和长距离迁徙的能力有关。

（一）头骨

与其他高等非人灵长类动物的头骨相比，现代人类的头骨颅高绝对值与颅长绝对值的比值增加了，从而使人类的颅型偏向短颅化（如图8-19所示）。颅骨底部的枕骨大孔及枕髁的位置相当靠近前方，而猿类的枕骨大孔和枕髁则很靠后，早期人科成员枕骨大孔和枕髁的位置则恰好位于现代人和猿类之间（如图8-11所示）。

人类的面部与猿类的相比是相对较小的。特别是把面颅与脑颅做对比观察时，这种差别就更为显著（如图8-20所示）。随着咀嚼器官的逐渐退化，人类的面骨逐渐缩小并且弱化。现代人面颅约占脑颅的43%，而黑猩猩的这一比例为94%；现代人下颌骨与其颅骨重量之比

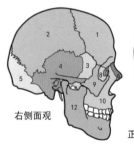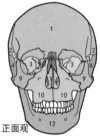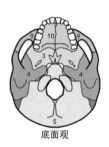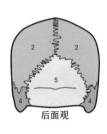

右侧面观　　　　　正面观　　　　　底面观　　　　　后面观

图8-19 现代人头骨各面观（© 李法军）

1. 额骨；2. 顶骨；3. 蝶骨；4. 颞骨；5. 枕骨；6. 鼻骨；7. 泪骨；8. 筛骨；9. 颧骨；10. 上颌骨；11. 下鼻甲；12. 下颌骨。

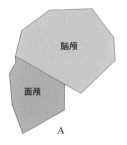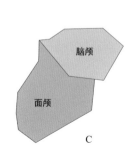

A　　　　　　　　B　　　　　　　　C

图8-20 现代人（A）、大猩猩（B）和猕猴（C）的脑颅与面颅比例关系示意（© 李法军）

仅为 15，而大猩猩的这一比例则达到 40 ～ 46
（罗金斯基和列文，1993）。

现代人的另外一个明显的独特性是其下颌颏部有较为发育的颏隆突，其他现生灵长类则没有这一特征（如图 8-21、图 8-22 所示）。颏隆突的出现可能是齿槽退化、门齿形变、恒乳齿替换期的下颌生长不均衡以及因横向张力产生的颏小骨共同作用的结果（罗金斯基和列文，1993）。

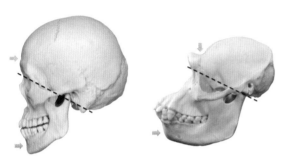

图 8-21　现代人（左）与黑猩猩（右）的头骨形态差异（左面观）

（©李法军）

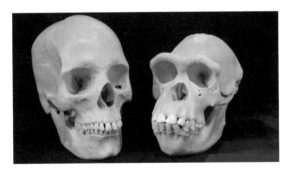

图 8-22　现代人（左）与黑猩猩（右）的头骨形态差异（前侧面观）

（©李法军）

还有一个特征被我们熟视，但又常常被忽视，那就是鼻骨的形态。自直立人阶段开始，人类逐渐演化出一个隆起的鼻骨以及明显的外鼻。最新的研究表明，原来普遍认为的鼻部形态因环境适应而改变这一观点可能需要重新被审视，更有可能的是外鼻的进化响应机制选择了嗅觉（Jacobs，2019）。

许多物种（如鸟类）的长途活动通常是靠定位环境气味来完成的。人属成员有许多适应长途运动的能力，这使直立人从非洲到亚洲的物种范围大大扩大。或许正是这样的长距离迁徙行为强化了立体嗅觉，人类进化出外鼻独立的嗅觉传感器来增强立体嗅觉，以便适应长距离的迁徙。这一能力随着新石器时代的到来而有所改变。由于对长距离运动需求的减少，立体嗅觉可能被其他新的嗅觉功能（如检测疾病等）选择取代，因为这对生存至关重要。

（二）牙齿

总体上，现代人的牙齿（特别是犬齿）与其他灵长类明显不同。现代人的齿式与其他狭鼻小目的齿式虽然一样，但第三臼齿的萌出率有明显降低的趋势。许多非人灵长类骨骼的骨化以及乳、恒齿萌出时间均早于现代人。例如，猕猴的恒齿萌出区间是 1 ～ 7 岁，黑猩猩的是 3 ～ 10 岁，而现代人的则是 5.8 ～ 20 岁（Schulta，1936；朱泓等，2004）。现代人的牙釉质也比其他灵长类厚得多（如图 8-23 所示）（Larsen，2010）。

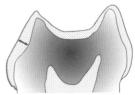

图 8-23　人类臼齿（左）与黑猩猩臼齿（右）牙釉质厚度比较示例

（依 Larsen，2010）

前面还提到，现代人的齿列上不存在齿隙（Fuller 和 Denehy，1999；皮昕，2000）。人类的犬齿变小并列于齿列之内，并且其功能正在向门齿功能转化，犬齿作为防御和攻击工具的功能丧失了（如图 8-24 所示）。齿学人类学的诸多研究还表明，现代各人群间在牙齿的诸多特征上存在着一定的差异（Hrdlička，1920；Dahlberg，1956；Berry 和 Berry，1967；Turner 等，1991；朱泓，1990；刘武和曾祥龙，1996；李法军和朱泓，2006）。

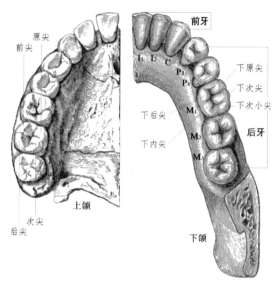

图 8-24　现代人上、下颌形态示意
（© 李法军，修改自 Henry Vandyke Carter 和 Dr. Johannes Sobotta）

较小的后牙（前臼齿和臼齿）是现代人显著的特征之一。传统观点普遍认为，人类牙齿尺寸的减小与脑的增大有关。原因可能是较大的脑使古人类能制造和使用工具，由此减轻了牙齿的负担。但最近的研究发现，我们的大脑和牙齿并没有发生同步进化，很可能是受到不同生态和行为因素的影响（Gómez-Robles 和 Sherwood，2017；Gómez-Robles 等，2017）。

二、脑的构造

较大的脑也是现代人显著的特征之一。脑演化是人类演化的一个重要组成部分，是探讨人类起源、演化、人群关系、语言及智力的关键因素之一（Tobias，1981；Marino，1998；吴秀杰，2003；埃克尔斯，2004；姜树华等，2015）。300 万年以来，人类大脑的容量在不断增大。现代人类的大脑已经处于高度演化的阶段，在颅容量以及结构复杂性方面不仅明显区别于其他灵长类动物，同时也明显区别于现代人类的祖先类型。

在现生高等灵长类中，黑猩猩的脑容量为 275 ～ 500 毫升、大猩猩的为 340 ～ 752 毫升、现代人的为 1000 ～ 2200 毫升。在化石人科成员中，南方古猿的脑容量为 450 ～ 700 毫升、直立人的为 850 ～ 1250 毫升，北京直立人的为 1088 毫升，尼安德特人的为 1100 ～ 1700 毫升（如图 8-25 所示）。从表 8-2 中可以看出，现代人的体重介于大猩猩的体重和黑猩猩的体重之间，略小于猩猩的体重，但人脑的容量是类人猿中脑量最大者大猩猩的 3 倍以上。

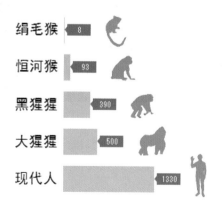

图 8-25　部分灵长类脑容量比较（毫升）
（修改自 Peter Aldhous）

表 8-2　人科成员与现代非人灵长类颅容量比较

	绝对颅容量/毫升	体重/千克	相对颅容量
晚期智人	1468.50	61.00	0.024
早期智人	1319.00	78.85	0.017
直立人	934.50	60.10	0.016
能人	652.00	39.10	0.017
南方古猿	499.50	46.85	0.011
黑猩猩	345.00	41.00	0.008
大猩猩	420.00	115.00	0.004
猩猩	400.00	62.00	0.006
长臂猿	130.00	5.50	0.024

资料来源：化石人类数据引自吴秀杰（2003），现代非人灵长类数据引自朱泓等（2004）。

有学者曾提出"大脑化系数"（encephaliza-tion quotient，EQ）的概念，即某物种实际脑容量与现生哺乳类动物平均脑容量之比。原猴亚目类的 EQ 值为 1.1，类人猿的为 1.9（其中黑猩猩的为 2.3），现代人的为 8.5（Jerison，1973、1985；埃克尔斯，2004）。可见，现代人的实际脑容量是现生物种中相对较大的。

除了使用颅容量绝对值和 EQ 值来比较不同物种的脑容量，我们也可以使用绝对颅容量与体重的比值（相对颅容量）来分析颅容量的大小，比值越大则表明颅容量相对较大（见表8-2）。但是我们发现，其实相对颅容量并不能作为判定颅容量大小的依据，很明显，长臂猿的绝对颅容量大约是人类的 1/10，但是他们的相对颅容量是相等的。

由此看来，颅容量与身体重量并不是呈线性分布的，即体重较大的物种并不代表其绝对颅容量也较大。例如，将现代人、大猩猩和猩猩三者进行比较可以发现，大猩猩均重 115 千克，我们与猩猩的体重相当，但是人类的颅容量是大猩猩和猩猩的 3 倍多。

实际上，由于异速生长的作用，身体各部分的发育速率是不相同的。身体与大脑的异速生长现象在很多灵长类当中是非常普遍的（Swartz，1990；Anapol 等，2004；Ravosa 和 Dagosto，2007）。总的规律是：如果一个物种的体重是另一个物种体重的 2 倍，那么通常体重较大的物种所拥有的颅容量一般是体重稍小者的 1.6 倍，而不是像我们想象中的 2 倍。

总体上看，现代人的大脑基本运动控制功能与类人猿及猕猴类的差异较小（埃克尔斯，2004）。但是，若论及现代人所具有的超凡智慧，就不得不关注到大脑皮质的复杂结构（如图 8-26 所示）。人脑具有较大的新皮质，联络区的结构也更加复杂（Hofman 和 Falk，2012）。尽管单纯从数量上来看，人类大脑皮质中的脑细胞仅比黑猩猩大约 25%，但人类的脑细胞比猿类的脑细胞更大，结构也更为复杂，神经元相互之间的联系也更为多样化。

人脑左半球由 Broca 区、Wernicke 区和弓

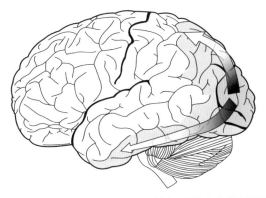

图 8-26　背侧皮质视觉路（上行箭头区域）与腹侧皮质视觉路（下行箭头区域）

（©Selket）

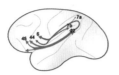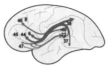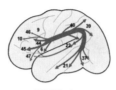

猕猴　　　　　　　黑猩猩　　　　　　　现代人

图 8-27　灵长类左侧大脑和语言相关的神经回路比较

在猕猴中，有两条连接听觉区（22 区）和额叶皮质（6、44 和 45 区）的主要通路。一条穿过颞叶（蓝色），另一条绕过侧裂（主要对应于弓状筋膜和下纵裂）（红色）。在黑猩猩和人脑中，背向路径变得最明显，连接的区域也更复杂（修改自 Hofman 和 Falk，2012）。

形束区等构成的"语言网络"在进化过程中显著扩张，但与之同源的猴类神经系统是以初级形式存在的（如图 8-27 所示）（Aboitiz 和 García，1997；Rilling 等，2008；Petrides 和 Pandya，2009）。

此外，人脑的顶叶和额叶有了较大的扩张，大脑外侧裂也十分发达，脑岛深埋于该裂的深处。大脑半球的扩大，使其他完全遮盖住小脑，大脑皮质中有很大一部分是与语言活动有关的功能区，这一特点也与猿脑明显不同（Aboitiz 和 García，2009；Hofman 和 Falk，2012）。人类的脑、脑膜和颅骨的血管模式也与其他灵长类有明显的不同。人类的脑膜中动脉几乎都来源于中脑窝，黑猩猩的脑膜中动脉来自中脑窝的频率高，而猩猩的脑膜中动脉来自眶上的比例高（吴秀杰，2003）。

在印度尼西亚弗洛勒斯岛上发现的弗洛勒斯人（*Homo floresiensis*）距今 19 万年～5 万年。这一人属成员的脑容量与黑猩猩的相当，其脑部具有许多高级的特征，表明他们能够完成一些认知水平较高的行为（Lyras 等，2009；Gómez-Robles，2016）。弗洛勒斯人的大脑特征使我们进一步思考脑的大小和脑的结构相

对关系。可以肯定的是，脑的结构才是代表物种智力水平的关键因素。

有观点认为，只有晚期智人才进化出了"适应性认知"，它是区别现代人和其他人科成员的重要标志（Tomasello，2011）。适应性认知是一种现代人独有的认知特征，现代人的个体因生物遗传获得了适应文化生活的能力，这种现象被称为"二元遗传模式"（Tomasello，2011）。这种能力很可能是建立在关系思维的适应之上的。可以说，关系思维是将灵长类认知和其他哺乳类认知相区别的典型标志。

三、直立行走

实际上，现代人头骨形态的短颅化，头骨发育的弱化，居于颅底的枕骨大孔、牙齿功能的改变，具有明显生理弯曲的脊柱形态以及其他诸多下肢形态特征都与人类的直立行走姿态有着直接的关系。需要知道的是，这种两足行走步态是人类独有的。

（一）整体姿态

在动物界中，人类是唯一的完全意义上两足直立行走的物种。某些猿类（如大猩猩和黑猩猩）虽然也可以使用两足行走，但我们很容易发现，其行走姿势并不完善而且并不持久。正常姿态下，它们的躯干长轴与地面形成了锐角形的交叉（如图 8-28、图 8-29 所示）。

有人举出家禽类动物或者鸵鸟的例子来说明人类并不是唯一直立行走的物种，但是这种

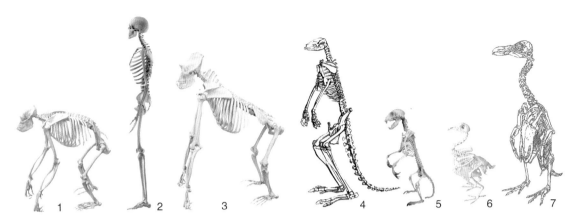

图 8-28 两足直立行走的物种

[© 李法军，1-4 修改自 Skulls Unlimited International，Inc. 和 NOVA Skeletal System Pro Ⅲ（3.0），5-7 修改自 http://www. sciencedaily.com/]

1. 黑猩猩；2. 现代人；3. 大猩猩；4. 袋鼠；5. 狐猴；6. 鸟类；7. 企鹅。

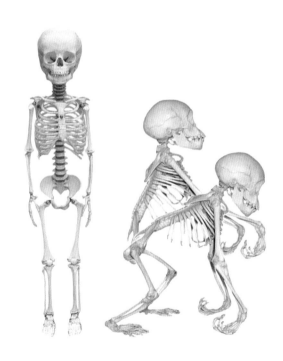

图 8-29　人类（左）和黑猩猩（右）幼儿个体姿势比较
（© 李法军）

理解是错误的。家禽类动物和鸵鸟虽然也是用双腿行走，但躯干的长轴并不是和地面垂直，而是有一定的交角。此外，髋部和膝关节等诸多结构也反映出这些物种并不是真正意义上的直立。

对于一个完整的行走过程来说，静止站立的步行者运用腿部的肌肉获得向前移动的初始动力，整个过程止于初始时的站立姿态（如图8-30 所示）（Napier，1967）。行进开始时，挥动腿首先弯曲向前伸出且离地，脚后跟击踏地面完成向前跨步，随之身体重心前移。随后，站立腿的拇长屈肌收缩推动大脚趾向后推，进而变为挥动腿。在行进时，两条腿交替前伸。在行进瞬间，向前伸出的挥动腿呈直线状，此

图 8-30　人类行走过程及重心变化示意
（© 李法军）

时重心落在另一条站立腿上。每条腿的站立期约为一个跨步周期的 60%，挥动期约占 40%，两条腿同时接触地面的时间约占 25%（埃克尔斯，2004）。

（二）平衡与稳定

从表面上看来，人类的行走方式是不可思议的。甚至在人类远祖开始直立行走的时候可能是危险的，因为双腿交替运动很有可能使其身体前倾甚至扑倒在地。但事实上，现代人的直立行走过程是高效而且相当稳定、优雅、富有节奏的。

通过分析成年黑猩猩和人类行走时的能量消耗和力学载荷，将之与类人猿的祖先相比，证实两足行走的确能减少行走时的能量消耗（如图 8-31 所示）（Taylor 和 Rowntree，1973；Rodman 和 McHenry，1980；李愉，2004）。对于成年黑猩猩来说，两足和四足行走的能量消耗没有显著差异。现代人与成年黑猩猩行走时的姿态与力学分析表明，黑猩猩在四肢或两足行走时，其臀部的摆幅相对于人类的而言非常

大，而踝部的扭矩则相对较小。总体上，人类直立行走要比黑猩猩的四足和两足行走成本低 75%（Sockol 等，2007）。

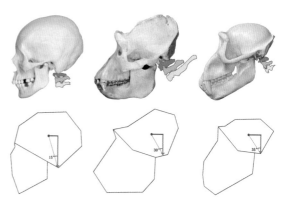

图 8-32　现代人、大猩猩与猕猴脑颅重心与颈椎支撑点的比较

（© 李法军）

直立并能够完美地前行是一个非常复杂的过程，实现这一行为的原因是多方面的。其中一个重要的原因在于现代人脑颅的重心与颈椎的支撑点间距很小，这种结构使得头部重心与躯干重心几乎重合（如图 8-32 所示）。如果看大猩猩和猕猴的相关结构，就不难看出，它们的两个重心间距过大。这样的结构导致非人灵长类在进行下肢行走时，其必须借助强有力的颈背部肌群向后牵引失衡的头部（埃克尔斯，2004）。

从图 8-32 可以看出，现代人椎骨支撑点位于头骨偏后部

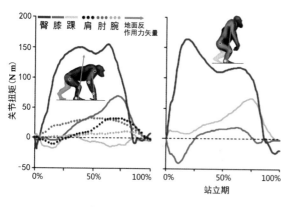

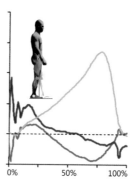

图 8-31　现代人和黑猩猩行走的地面反作用力和关节扭矩对比

图中显示了行走过程中 50% 站姿下的关节位置。正扭矩值表示弯曲，负扭矩值表示伸展。

（© 李法军，修改自 Sockol 等，2007）

的中下位置，脑颅重心位于头骨中部偏上的位置。支撑点对重心点的偏角约为 15 度，这表明二者的纵向偏离较小。而大猩猩和猕猴的椎骨支撑点位于头骨中后部偏上的位置，脑颅重心位于头骨后上部。大猩猩与猕猴的偏角较为接近，分别为 30 度和 35 度，这表明两点的偏离程度相对现代人来说较大。

上肢在直立行走姿态的进化过程中获得适应性改变。古人类在采摘野生植物和防御其他动物的侵袭和捕杀、狩猎活动中，上肢在许多新的功能需要的选择压力下产生了若干独自的特点。比如，人手与其臂长的比例远较猿猴的为小，人类拇指的长度是中指的 60% ～ 64%，而该百分比在猩猩中仅为 39%，黑猩猩为 40%，大猩猩为 43%；人类拇指掌指关节呈明显的鞍形，以保证它能够做多种方式的运动。

作为适应性结果，成年期现代人的臀部肌肉和小腿肌肉非常发达，很好地防止了身体前倾（如图 8-33 所示）。由于髂骨和坐骨的变化，骨盆逐渐产生了一种平衡关系。因此，体重增大不仅不会对直立站立产生阻力，甚至有助于直立站立。但是，婴儿期现代人骨盆明显倾斜，加之骨骼发育不完善，使其行走姿态与四足动物的两足行走姿态相似。

人类的髋关节在这个过程中也起到了非常重要的作用。骶骨增宽改变了髋臼的位置。髋关节的旋转程度决定了向前移动的距离，髋关节的肌肉组织还能帮助身体在运动过程中保持

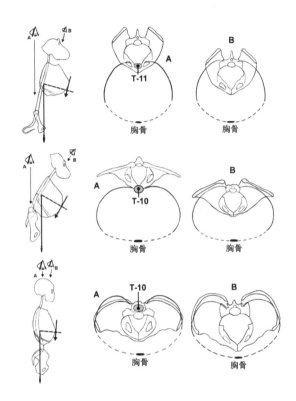

图 8-34　狒狒、大猩猩和现代人胸廓与骨盆相对位置关系的比较

（修改自 Lovejoy，2005）

左侧中的 A 和 B 分别表示俯视三个个体时的视角；右侧中的 A 和 B 表示俯视视角所见胸廓与骨盆的相对位置关系；T-11 和 T-10 分别代表第 11 和第 10 胸椎。

稳固与平衡（Snell 和 Donhuysen，1968）。有一点非常关键，那就是人类的双腿位于身体重心稍后的位置，这样就在保持直立姿势的同时为身体向前移动提供了可能性（如图 8-34 所示）。

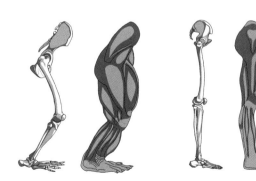

图 8-33　大猩猩与现代人类髋关节及腿部肌肉的比较

（© 李法军，2007）

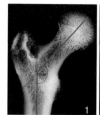 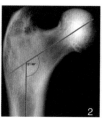 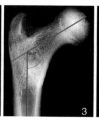 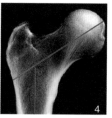

图 8-35　人科成员股骨近中端 X 光影像及颈干角示意

（© 李法军，修改自 Lovejoy，2005）

1. 猩猩 137.26 度；2. 大猩猩 121.99 度；3. 黑猩猩 120.77 度；4. 现代人 122.47 度。

人类在完善直立行走姿态的过程中，渐渐发展了平衡结构。颈干角的存在，使得现代人股骨颈的长轴与骨干长轴以一定的角度相交（如图 8-35 所示）。这就使人体重心主要落在股骨的外侧髁上，而猿类股骨干的长轴与垂直轴线是平行的，因而猿类体重的重心比较靠近其股骨的内侧髁。

不仅在总体形态上演化出一系列的重要特征，在骨骼的微观结构上也可窥其端倪。从图 8-35 中可见现代人股骨颈最为发育，并且显示出其能减小偏移和冲击力。密质骨厚度也明显大于其他猿类（Lovejoy，2005；Hogervorst 等，2009）。从图 8-36 中可以看出，现代人股骨颈中部上密质骨横截面积处于中间水平，下密质骨横截面积与黑猩猩的相当。从以上特点中不难发现，现代人类的股骨近中段的形态更有利于直立行走，既保证了最大的应力，又尽量减小了骨量。

与上述体重负载方式相适应，人类在站立和行走时的体态是两膝彼此靠拢，而猿类则是两腿向外侧分开。利用人的自身体重保持稳定、保持重心的具体表现是：当人类跨步向前时，小腿肌肉放松，身体摇摆向前（重力以这种方式来克服身体向前的惯性），在左右轻幅摇摆的过程中又使重心得以保持（如图 8-37 所示）。但是，黑猩猩等非人高等灵长类则必须克服左

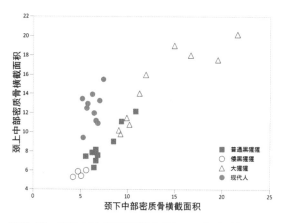

图 8-36　不同人科成员股骨颈中部上、下密质骨横截面积的差异

（修改自 Lovejoy，2005）

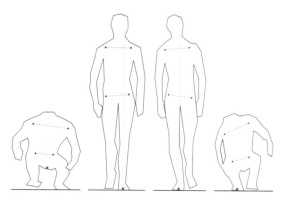

图 8-37　现代人与黑猩猩行走时的姿态重心比较

（© 李法军，依 Tuttle 2014 重新绘制）

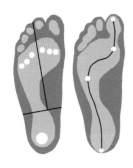

图 8-38 足底部人类重力的分布示意

（修改自 Laughlin 和 Osborne，1967）

右侧较大的摇摆才能保持身体重心的稳定。

另一方面，身体克服重力向前时，人类的足部需要与地面接触。那么，其足部必须接触相对较宽的接触区，而且必须使身体的重心能够落在接触区上（如图 8-38 所示）。现代人与其他灵长类的足面和足底结构也存在明显的差别。例如，现代人的足面内高外低且明显内旋，足弓较为发育，拇趾较为粗壮且缺乏灵活性；其他灵长类的足面则强烈外旋，足弓不发育，拇趾相对纤细和短小（罗金斯基和列文，1993）。

（三）骨盆的"困境"

对于陆生哺乳动物来讲，骨盆有两个主要功能。对于肢体而言，它为参与运动的肌肉提供一定程度的刚性支撑；对雌性来说，它是产道。虽然灵长类的骨盆具有诸多相似的特性（如骨盆的构造、模块化发育和持续进化等），但现代人的骨盆还是具有更高的进化水平以及诸多独特性（Steudel，1981；Lewton，2012）。在人类进化的早期阶段，直立、运动、分娩与热调节的机械需求经常发生冲突。

人类女性的骨盆形状主要是由直立行走和生育胎儿的脑容量大小决定的。虽然许多灵长类新生儿在出生时都要经过一个严格的挤压过程，但程度有所不同。对完全直立行走的现代人来说，骨盆构造导致出生过程更为复杂，因而现代人女性在分娩时需要额外的帮助。这一点与猴子和猿类的典型模式有着显著的不同（如图 8-39 所示）（Trevathan，2015）。

狭窄的身体有利于体温调节和提高运动性能，真正的二足动物的髋部都很细小（Gruss 和 Schmitt，2015）。有效的直立行走的生物学特征是，髋关节应该紧密连接，以便于身体的重量由一侧腿部移至另一侧腿部上，髋关节只需移动较小的距离。但是，脑容量大的胎儿又要求足够的髋部空间结构，即女性髋部要大，产道要宽。

为了适应这两种需要，人类的女性进化

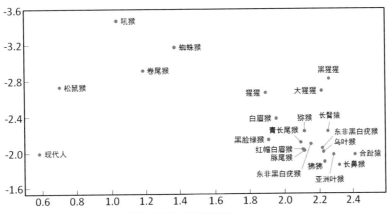

图 8-39 灵长类髋骨测量值的典型相关分析结果

（修改自 Snell 和 Donhuysen，1968）

出了一系列复杂的适应特征（Hogervorst 等，2009）。例如，人类是典型的养育型物种，体现在超长的妊娠期、胎儿旋转的出生方式等。人类进化早期的进一步变化在骨盆内产生了一个扁平状的产道，整个骨盆很宽，髂骨呈放射状。现代产道的出现，其形状和排列特征都需要胎儿在出生时旋转。

研究表明，南方古猿阶段分娩与直立行走之间的矛盾还未出现在女性身上，但到了直立人阶段，这种矛盾就已经形成了（希普曼，1987）。直到智人才出现了具有更为圆形产道的狭窄的现代骨盆，这一主要变化很可能与新生儿大脑尺寸进一步增大以及在温暖环境中与散热相关的窄体型的选择性压力有关（Gruss 和 Schmitt，2015）。

四、体被

人类在进化的过程中，作为适应性的产物，其皮肤的结构变得特化了。哺乳类动物皮肤柔软而有弹性，能够伸展拉长或弹缩还原。一般灵长类均具有发育的体毛，耻骨部和腋下的体毛不发达（罗金斯基和列文，1993）。狭鼻小目类面部可见胡须，而阔鼻小目类则少见。虽然人类也是多毛的动物，但除了头部、腋窝、阴部以及男性的面部和胸部生有较长的毛发之外，其他部位的体毛都非常短而细弱。

猿类的汗腺很少，而人类的汗腺则遍布全身皮肤，在腋窝、手掌等个别部位最为集中。有研究表明，皮肤温度因运动类型、强度、持续时间、肌肉质量和皮下脂肪层而显示出明显的差异性（Neves 等，2015）。现代人类在运动前后的体温变化非常大，跑步 60 分钟后体温可达 39.6℃（Qatar，2013；Fernandes 等，2014）。

如前所述，皮肤尽管很薄，但它有两层基本构造，表皮是用来保护真皮的。真皮较厚且富有弹性和张力，能抵抗外力冲击。皮肤作为保护性器官，能够抵御外界对人体物理性和化学性的侵害。例如，人类的皮肤可以有效地抵御紫外线对人体的辐射，抵挡细菌和各种微生物的侵入，防止水分过多地散失或是外部水分过多地浸入等。

五、发音系统

俗语说，"人有人言，兽有兽语"。但是，语言不仅仅有相互排列的语音的交流，它还包括语法规则、书写和理解力（Owren 和 Rendall，2001；Seyfarth 和 Cheney，2002；Fitch 和 Hauser，2004）。尽管语言能力的演变过程在很大程度上仍是一个谜，但有观点认为，语言能力的产生很可能是在 10 万年～7 万年前发生的（Bolhuis 等，2014；Fischer，2017）。

语言语法结构是因为信息交换而产生的（Dunbar，2016）。语言的一个巨大优势是，它改变了建立社会关系的方式，由原来单一的相互梳理模式转变为了多元交互的语音模式。从技术角度讲，这是一次全新的突破。多元交流模式不仅开启了复杂社会关系的构建过程，同时也促进了与之相关的身体构造的微观演化。

实验研究表明，现代人大脑的进化与喉的结构被认为是语言能力发生的最重要的物质基础（Nowak 和 Krakauer，1999；Gray 等，2011；Bolhuis 等，2014；Bichakjian，2017；Lieberman，2018）。在灵长类动物中，产生发声的神经系统的解剖部位及其表现形式的差异是很大的（Fitch，2003）。前面的"神经系统"和"脑的构造"部分已经简要介绍了现代人脑的解剖学特征和独特性，这里着重介绍和语言及发音系统有关的内容。

声音的产生从肺部的气流开始，伴随喉部、声带、舌骨、皮肤囊以及口腔、面颊的形状、牙齿及舌头的参与（如图8-40所示）（Ankel-Simons，2007）。喉部是一个复杂的结构，位于颈部前部，是气管系统的一部分（Harrison，1995；于频，2000；Saladin，2008；Remacle和Eckel，2010）。在形态上，喉的结构在现存灵长类动物中几乎一致（Lieberman，1991；Zuberbühler，2005）。

但是，现代人的喉部还是显示出了一些专有的特征（如图8-41所示）（罗金斯基和列文，1993）。例如，与其他类人猿相比，现代人的甲状软骨上角和下角都很大；左右两软骨板所成

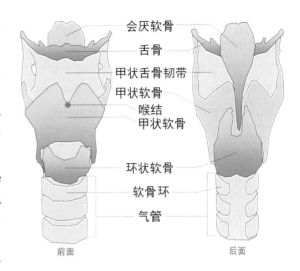

图 8-41　现代人喉部解剖学结构

（© 李法军）

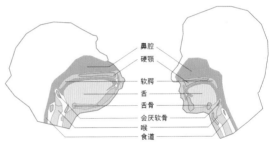

图 8-42　黑猩猩与现代人发音系统的形态学比较

（© 李法军）

交角比其他灵长类的小，形成喉结；甲状软骨大角和舌骨之间以韧带连接，而非其他类人猿的关节结构；杓状软骨内侧缘平滑，使声门裂紧密闭合，消除了嘶哑的杂音。此外，现代人会厌软骨的位置较低，喉部软骨从20岁左右开始骨化。

现代人喉部肌肉系统中的各条肌肉相互独立，而类人猿的则有许多是连接在一起的（如图8-42所示）（Aiellohe和Dean，1990）。现代人的声带比黑猩猩的更加结实和短粗，且深陷

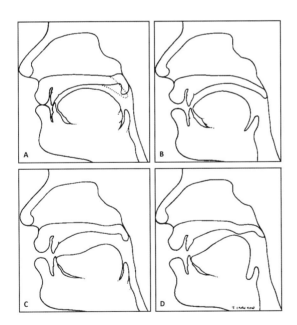

图 8-40　口咽部吞咽过程及发音时的解剖学结构

（修改自 Aiellohe 和 Dean，1990）

A. 现代人张肌、提上腭肌及部分上缩肌在吞咽过程中关闭鼻咽的情形；B. 发音 "i"；C. 发音 "ab"；D. 发音 "u"。

于喉腔之中。现代人的声带呈水平状，边缘圆钝，可有效地消除泛音。现代人喉的位置相对较低，当喉头处于静止时，会厌软骨上缘的位置较高，紧挨舌根。这样的结构使腭帆与喉口之间的距离增大，加之周围骨的窦腔辅助，从而提升了口腔共鸣的效果，因而能够产生丰富的音色（罗金斯基和列文，1993）。

有人认为，喉与舌骨之间的相对距离及其出生后在喉中的下降与人类的语言能力密切相关（如图8-43所示）。然而，这种位置的下降并不是人类独有的，雄性马鹿（*Cervus elaphus*）和休耕鹿（*Dama dama*）也存在此结构（Fitch和Reby，2001）。人猿超科的舌骨和喉部是分开的，可以独立移动；而猴类的舌骨与喉部是作为一个整体来发挥作用的（Nishimura，2003）。某些体形相对较大的灵长类（如长臂猿、吼猴和杂色狐猴等）都有副喉气囊，这有助于它们发出独特而深远的声音（Hewitt等，2002）。

一般来说，灵长类动物的叫声非常强烈。不仅人类能够发出多样性的声音，许多其他灵长类也能产生独特的叫声。这些叫声的声调调节以及变化是由声带的长度和张力引起的，不同的叫声应对着不同的捕食者或者警告（Struhsaker，1967；Zuberbühler等，1999；Zuberbühler，2006；Berthet等，2019）。

六、生长与发育

人类个体在出生后，从婴儿至成年大致经历了5个基本过程，即婴幼儿期、童年期、青少年期、青春期和成年期（Dacey和Travers，1996；朱泓等，2004）。婴幼儿期从出生开始至婴儿正常断奶为止（在非工业社会，一般需要3年时间），这一时期的婴儿生长速度非常快。

从全球人类的历史发展来看，不同地区古代人群的情况虽有不同，但总体上婴儿的断奶年龄为2～4岁（Richards等，2002；Choy等，

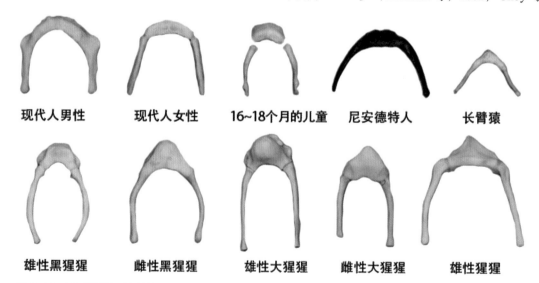

现代人男性　　现代人女性　　16~18个月的儿童　　尼安德特人　　长臂猿

雄性黑猩猩　　雌性黑猩猩　　雄性大猩猩　　雌性大猩猩　　雄性猩猩

图8-43　灵长类舌骨形态比较

（© 李法军，承蒙 Bone Clones, Inc. 授权修改使用）

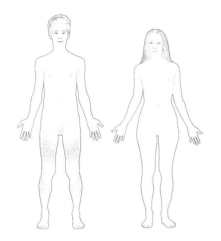

图 8-44 现代人成年两性身体外部形态

（© 李法军，修改自 Mikael Häggström 的作品）
左：男性；右：女性。

2010；Burt，2013；Tsutaya 和 Yoneda，2015；夏阳等，2018）。在现代人群中，印度尼西亚和肯尼亚的为 1.7 岁，巴基斯坦的为 1.6 岁，埃及的为 1.5 岁，土耳其的为 1.3 岁，菲律宾的为 1.2 岁。巴西、中国和墨西哥的不足 1 岁，平均为 0.8 岁。发达国家的也普遍较低，如新加坡婴儿的平均断奶年龄为 1.8 个月（李沛霖和刘鸿雁，2017）。

童年期从正常断奶开始到大脑重量增加为止，这一过程大约需要 7 年（Cabana 等，1993；Hochberg，2012）。童年期结束至青春期开始之前为青少年期，这一时期是性成熟和身体发育的大爆发时期（如图 8-44 所示）。男、女两性的青春期稍有不同：一般情况下女性稍早，从 10 岁开始；男性稍晚些，一般从 12 岁开始。第五期我们称之为成年期。

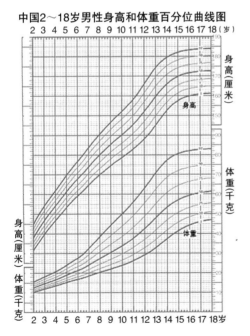

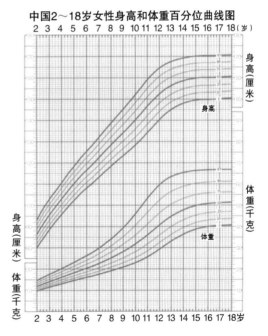

图 8-45　中国 2005 年 2～18 岁两性身高和体重百分位曲线

（修改自 © 首都儿科研究所生长发育研究室）

我们通常用生长曲线来考察人类的生长和发育情况（如图 8-45 所示）。典型的生长曲线（或称之为距离曲线）记录的是个体一生的生长情况，每一个点对应的是某个个体在某个给定的年龄段或发育期内的生长情况（Ulijaszek 和 Mascie-taylor，1994）。有的生长曲线记录的是年龄段与某项指标（如身高和体重）的关系，有的则是记录年龄段与特征的发育速率的关系（如图 8-46 所示）（Hochberg，2012）。个体的先天遗传因素和后天营养因素是决定其发育以及发育速率的关键因素（中华人民共和国卫生部妇幼保健与社区卫生司等，2008；李辉等，2009）。

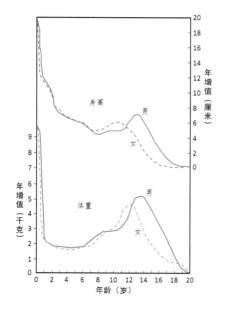

图 8-46　横断面调查的现代人两性身高、体重发育速度曲线

（© 李法军）

近年的研究表明，身高和大多数身体测量指标都符合一般曲线，但大脑及头部的发育比任何其他组织都要早（如图 8-47 所示）。例如，

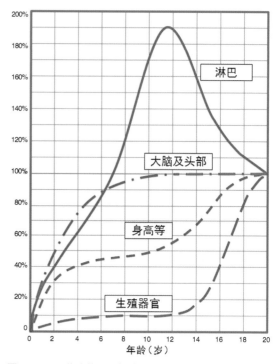

图 8-47　现代人体不同部位和组织的发育生长曲线

（修改自 Billig 等，2012）

婴儿刚出生时大脑重量约占成人脑量的 25%，5 岁时已经占 90%。淋巴组织在青春期前达到其最大值，然后随着生殖器官的迅速发育和成熟而降至成年个体水平（Billig 等，2012）。

作为对进化的适应性结果，人类在不同发育时期的差异性是非常有必要的。人类的生存不仅仅依靠自然的本能，人类更多地依赖于后天的学习并以之作为生存的工具。这就要求人类的智慧之源——大脑应该具有尽可能大的脑容量。但是，在怀孕期间，人类生育上的客观结构限制了大脑的发育速率。因此，人类大脑发育的最佳时期是在出生后。

在不同的发育时期，人类的脑的大小以及脑组织都有着明显的改变。人类刚出生时，大脑有 1000 亿个神经元，之后不再增加；出生时大脑共有 50 亿突触，脑重约为成人的 27%。脑神经细胞在出生后 6 个月为激增期，6 ～ 12 个月时的增殖依然很快。1 岁时的突触数目增加 20 倍，脑重约为成人的 72.3%。2 岁后脑细胞数量不再增加，3 岁的大脑大小即是成人的 80%。4 岁时，脑的代谢达到高峰（顾景苑等，2003）。

随着传导通道被髓鞘包裹，通道增长，脑逐渐成熟，对能量的利用率也更有效。由此而得出的结论是，出生之后的最初几年是脑发育的关键时期。对于人类来说，相对较晚的性成熟期也至关重要，这种延迟可以使人类获得充分发育和充分学习的时间。

青春期是现代人类身体发育的关键期。两性的体征和骨骼都在此期间发生显著的变化，性别二态性渐趋明显（Adams 和 Gullotta，1989；朱 泓 等，2004；Ashford 等，2005；Hochberg，2012）。青春期开始的体质变化是什么？一般说来，荷尔蒙平衡的改变、骨骼性别二态性以及月经初潮和遗精是青春期开始的主要现象

（Dacey 和 Travers，1996；席焕久，1997）。

两性的骨骼形态差异主要体现在髋骨和头骨上（如图 8-48 所示）（吴汝康等，1984；邵象清，1985；Ubelaker，1989；朱泓等，2004；Steckel 等，2006；席焕久和陈昭，2010）。通过统计学分析，可以发现其他骨骼的两性差异也是比较明显的（Katz 和 Suchey，1986；任光金，1987；刘武等，1988、1989；张继宗等，2002；White 和 Folkens，2005）。

有研究表明，青春期、骨龄和月经初潮年龄之间存在着密切的关联（Tannner，1975）。在现代人群中，青春期的开始时间因文化差异和社会发展水平的差异而有所不同（朱铭强等，2013）。例如，欧美人群中女性月经初潮的年龄在 13 岁左右（Ashford 等，2005）。对中国 9 ～ 18 岁汉族女生月经初潮年龄自 1995 年以来的变化趋势研究结果表明，2005 年我国女生的月经初潮年龄为 12.76 岁。其中，城市女生的为 12.60 岁，乡村女生的为 12.92 岁。各地区间的月经初潮年龄差异明显，华东、华北地区的最早，西南、中南、东北地区次之，西北地区最晚（宋逸等，2011；聂少萍等，2013；张瑞娥等，2016）。

总体上，与其他灵长类相比，人类的生长发育及速率有两个明显的特点：一是人类的童年期和青春期相对较长，二是存在一个较长的后生育年龄时期。为了更好地理解人类在发育方面的独特性，我们也需要关注一下身体其他部位的发育情况。部位不同，各自发育的速率也就不尽相同，这也是异速生长现象的主要特点所在。

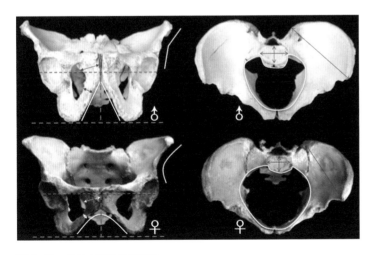

图 8-48　现代人两性骨盆差异

（© 李法军，底图来自 Christensen 等，2014）

1. 灵长类的一般生物学特征
2. 灵长类牙齿的变异
3. 灵长类脑的差异化
4. 灵长类骨骼形态学差异
5. 克雷伯定律
6. 现代人的生物学独特性

深入思考

1. 灵长类适应树栖生活的骨骼形态学特征有哪些?
2. 灵长类脑量差异为何没有导致树栖适应性的差异?
3. 灵长类枕骨大孔位置较其他动物而言更偏向于颅底,为何如此?
4. 猕猴超科与人猿超科的差异仅仅在于其身体尺寸与脑量吗?
5. 现生非人灵长类的行为能否被视为远古人类的行为?

延伸阅读

[1] 埃克尔斯. 脑的进化:自我意识的创生[M]. 潘泓,译. 上海:上海科技教育出版社,2004.

[2] 姜树华,沈永红,邓锦波. 生物进化过程中人类脑容量的演变[J]. 现代人类学,2015(3):32–42.

[3] 李法军,朱泓. 河北阳原姜家梁新石器时代人类牙齿形态特征的观察与研究[J]. 人类学学报,2006,25(2):87–101.

[4] 李愉. 二足直立行走的生物力学特征和南方古猿阿法种可能的行走方式[J]. 人类学学报,2004,23(4):255–263.

[5] 刘武,曾祥龙. 第三臼齿退化及其在人类演化上的意义[J]. 人类学学报,1996,15(3):185–199.

[6] 罗金斯基,列文. 人类学[M]. 王培英,汪连兴,史庆礼,等译. 北京:警官教育出版社,1993.

[7] 吴秀杰. 化石人类脑演化研究概况[J]. 人类学学报,2003,22(3):249–255.

[8] 周绮楼,袁传照,马原野. 中国七种非人灵长类动物脑形态的比较解剖学研究[J]. 人类学学报,1988,7(2):167–176.

[9] ANKEL-SIMONS F. Primate anatomy: an introduction[M]. 3rd ed. London: Elsevier Inc., 2007.

[10] BERILLON G, DAOÛT K, DAVER G, et al. In what manner do quadrupedal primates walk on two legs? Preliminary results on olive baboons (papio anubis)[M] // D'AOÛT K, VENEECKE EE. Primate

locomotion: linking field and laboratory research. London: Springer Science+Business Media, LLC. , 2011: 61–82.

［11］FLEAGLE J G. Primate adaptation and evolution［M］. 2nd ed. London: Academic Press, 1998.

［12］GEARY D C. Male, female: the evolution of human sex differences［M］. 2nd ed. Washington, DC: American Psychological Association, 2010.

［13］HOFMAN M A, FALK D. Evolution of the primate brain: from neuron to behavior［M］. Amsterdam: Elsevier B. V. , 2012.

［14］LARSEN C S. Description, hypothesis testing, and conceptual advances in physical anthropology: have we moved on?［M］// LITTLE M A, KENNEDY K A R. Histories of American physical anthropology in the twentieth century. New York: Lexington Books, 2010: 236.

［15］LEWTON K L. Evolvability of the primate pelvic girdle［J］. Evolutionary biology, 2012, 39（1）: 126–139.

［16］LOVEJOY C O. The natural history of human gait and posture. Part 2. Hip and thigh［J］. Gait posture, 2005, 21（1）: 113–124.

［17］RAVOSA M J, DAGOSTO M. Primate origins: adaptations and evolution［M］. New York: Springer Science+Business Media, LLC. , 2007.

［18］TUTTLE R H. Apes and human evolution［M］. Cambridge: Harvard University Press, 2014.

［19］VINYARD C, RAVOSA M J, WALL C. Primate craniofacial function and biology［M］. New York: Springer Science+Business Media, LLC. , 2008.

［20］WHITEHEAD P F, JOLLY C J. Old world monkeys［M］. Cambridge: Cambridge University Press, 2000.

第九章 非人现生灵长类的社会学特征

我们都知道，探讨人类在自然界中的位置问题离不开对其他灵长类的研究。长久以来，演化学家们借此方式希望间接地了解人类过去的演化之路。不过，在尝试借鉴其他非人灵长类阐释人类起源与进化过程的时候，还是无法给出令人满意的答案。他们逐渐意识到，依据现代非人灵长类行为的研究来重建远古人类祖先的进化历程或许是徒劳的。

主要原因在于，现生非人灵长类群体也是经历了数百万年甚至上千万年进化的产物，它们的体质与行为能否代表远古人类祖先当时的境况是无法确知的。因此，在经历了由社会生物学向社会生态学的逐渐转变后，当今的非人灵长类研究已经逐渐把注意力转向了现生非人灵长类物种的起源和行为探讨。特别是古灵长类学的不断发展，为我们展示了应用进化系统学观念来探讨人类起源与演化的可能性。

从本质上说，现生灵长类都是社会化的产物。母子之间的紧密联系、学习技能的重要性以及其他行为的巨大灵活性等无不体现了这个事实。除此以外，灵长类构建真实社会结构的能力也证明了这个类群的巨大创造力。灵长类动物的群体和家庭的关系维系着整个群体的发展，这体现在相同年龄或不同年龄、相同或不同性别的个体与个体之间、个体与家庭之间、个体与社会群体之间的多层次交流上。

第一节　社会结构模式

通俗地讲，社会群体的基本要素应该是个体间的频繁交流和成员的协作关系，社会结构包括社会群体及其组织形式，我们可以借此考察灵长类内部各类群社会结构的差异（Fleagle，1998；Fleagle 等，2004；McGrew，2004；Kappeler 和 van Schaik，2005）。大多数灵长类动物在生活和迁徙时通常都是成群结队而行，群体的领导核心常常由强壮有力的雄性个体来担任（Whitehead 和 Jolly，2000；Anapol 等，2004；Lee，2004；Brockman 和 van Schaik，2005；Relethford，2010）。

但是，由于食物来源的不同、环境的差异以及不同种类的灵长目动物在生活习性方面的区别，群体的形式也是多样化的。即便是同一群体，随着时间的变化，其规模和内部结构也会发生变化（如图9-1所示）。近30年来，许多灵长类学家对此进行了长期、深入、细致的考察（Schultz，1969；Paul 和 Kuester，1988；

Jablonski，1993；Lehman 和 Fleagle，2006；Ankel-Simons，2007；Hofman 和 Falk，2012；Fischer，2017；Napier 和 Groves，2019）。到目前为止，已确认的灵长类社会结构共有5种基本类型（Relethford，2010）。

一、独立群体

这种群体通常包括母亲及其未成年的后代，成年雄性和雌性的交往较少，一般在交配时才有短暂的接触。在一个相对较大的群体当中，成员之间虽然能够协调行动，但这种协作关系也并不持久。事实上，真正起到稳定组织结构甚至群体作用的关键因素是家庭单元。

虽然黑猩猩群体中雄性较多，但某种程度上，黑猩猩群体也属于独立群体（McGrew，1996）。从表面看来，黑猩猩群体的规模很大，一般在50个个体左右，但群体组织的结构比较分散甚至很不稳定，一个大的群体常常分裂成几个新的群体。因此，在黑猩猩的社会组织结构中，群体的分离和组合是很频繁的。

尽管群体的结构较为松散，但黑猩猩的个体之间特别是家庭内部的个体之间存在着许多密切的联系。在黑猩猩的群体中，由雌性黑猩猩和它的子女们所组成的"家庭"是黑猩猩群体社会的"细胞"，母亲与子女之间、兄弟姐妹之间的密切联系，常常可以维系终身。

黑猩猩的雄性个体具有群体的支配权，某些雌性个体，特别是拥有后代的雌性个体也可支配雄性后代的行为，但是雌性的支配能力也往往与它的生育成功率有极大的关系（Pusey 等，1997）。

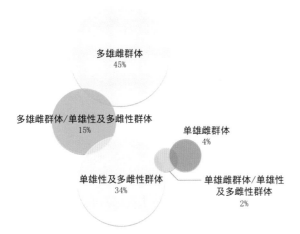

图9-1　旧大陆猴的社会结构模式
（© 李法军）

除了依靠体力的优势获得群体支配权，依靠智力也同样可以获得这种权力（McGrew 等，1996）。《情同手足黑猩猩》（Among the Wild Chimpanzees）这部非常著名的影片记录了这样一个事件：一只被珍妮·古多尔称为迈克（Mike）的地位很低的雄性黑猩猩运用智慧的手段获得了那个群体的较高支配权（李法军，2007）。迈克在古多尔的驻地附近捡到两个废弃的铁皮桶，画面中的迈克近乎疯狂，一边奔跑，一边迅速地摆弄两手中的铁皮桶。铁皮桶在它的手中随之翻滚并发出刺耳的声音，以至于连原来的老"首领"都惊惶不已，迈克因此一跃成为较高阶层的一分子。

黑猩猩群体到底有没有文化？经过数十年的观察和试验，人类学家找到了能够证明黑猩猩群体也具有文化特征的证据。黑猩猩的智力水平同样在非人灵长类中名列前茅，它们具有学习制造和使用工具的能力，生态环境（或理解为"环境塑造"）使不同地域的黑猩猩在使用工具的类型和方式上出现了差异。

例如，东非的一些黑猩猩群体的成年黑猩猩能够挑选适用的草秆或者树枝作为工具引钓蚂蚁，然后舔食这些美味的食品；而西非的某些黑猩猩群体却只会选择使用较大的木棍捣毁蚁穴并用手来捡拾蚂蚁。幼小的黑猩猩在成长过程中逐渐积累制造工具的本领，但这种学习被认为是无目标式的模仿行为，并没有像人类一样把目标和行为手段区分开来（托马塞洛，2011）。此外，成年黑猩猩还能使用经过挑选的石块敲砸坚果。

黑猩猩某些传达信息的方式与人类有着惊人的相似之处。例如，它们也通过像欠身、拉手、拥抱、亲吻或者用手触碰身体的某一个部位的行为向同伴表示善意。而当黑猩猩愤怒的时候，它们常常挥舞着手臂并发出独特的尖叫声。黑猩猩群体具有很强的领土观念，集体协作能力在此时等到了充分的发挥。成年雄性黑猩猩经常在自己的边境上巡逻，并能齐心协力抵御外来者的入侵（李法军，2007）。

二、单雄雌群体

包括一个成年雄性和一个成年雌性及其年幼的后代。雄雌个体构成长期稳定的家庭组织并且不与外者交配，但是这种组织形式在灵长类中并不普遍（Muller 和 Wrangham，2009）。埃塞俄比亚高原上的狮尾猴实行"一夫一妻制"。每个成年雄性个体在一定的时期内只同一个发情的雌性个体匹配为偶，一对雌雄成年个体和它们的子女共同组成一个小"家庭"。

长臂猿属于配偶家庭群体。群体通常由一对雌雄个体及其子女所组成，雌雄个体的"夫妻"关系可以维系终身。"夫妻"双方都没有支配欲望，关系比较平等和谐。但是，长臂猿群体有着强烈的领土意识，它们会在入侵者来犯时采取激烈的行动以保护自己的领地。如果两个群体的领地发生重合时，雄性个体就会挺身而出将对方赶走，而雌性个体也会勇敢助战。

三、单雌性及多雄性群体

这是一种较少灵长类群体所具有的形式，包括少量的成年雄性和一个或几个成年雌性个体及其后代。尽管群体中有时存在不止一个雌性个体，但通常只有一个年长的雌性个体比较积极地生育。

四、单雄性及多雌性群体

包括一个成年雄性和少数成年雌性以及它们的后代。生活在干旱地区的阿拉伯狒狒的群体属于这种群体。成年雄狒狒都拥有若干个雌狒狒作为自己的配偶，这样便在群体中形成了若干个以雄性为中心的比较稳定的"家庭"。这些"家庭"是一个大的狒狒群的基本生殖单位和生活单位，也就是构成相对独立的"单雄性群体"，但是雄性阿拉伯狒狒对它的"一夫多妻制家庭"的管理并不十分严格，雌狒狒甚至跑到别的群体中去交配。

大猩猩也是实行"一夫多妻制"的"单雄性群体"（Robbins 等，2005）。在每个大猩猩群体中，往往由一名强有力的雄性个体统治，由于年长，其背部的皮毛已变白了，故称之为"银背"（Taylor 和 Goldsmith，2003；朱泓等，2004）。银背大猩猩通常只允许少数几只年轻的成年雄性留在它的群体中，以便在它死后接管这个群体。

大猩猩属于单雄性群体，规模很小，群体成员一般在 12 个左右。通常也有几个较为年轻的成年雄性个体生活在群体中，但它们绝对不会与群体内的雌性个体交配。群体的绝对支配权属于银背，它决定着群体的一切日常活动，包括移动和觅食等行为。大猩猩具有很高的智力水平，这不会因为它们的行动迟缓而改变。

猕猴超科的社会结构已经产生了高度的分化（Paul 和 Kuester，1988；Whitehead 和 Jolly，2000）。大多数已知的类群或是多雌雄群体或是单雄性群体。但也发现有很多群体的社会结构较为复杂，包含不止一种的社会结构模式。

五、多雄雌群体

这种形式是现生非人灵长类社会当中最为普遍的社会结构并且规模通常相当大（Relethford，2010），包括许多成年雄性和成年雌性以及为数较多的后代，成年个体交配的对象是不固定的。在灵长类社会中，这种社会结构的规模、构成情况以及分布都具有较多的变异。

狒狒是旧大陆猴类群当中最有趣也是被研究最多的群体（Jablonski，1993）。我们现在仍以非洲草原狒狒为例来探讨猴类的行为。狒狒的群体规模大小并不一致，小的群体包括 20 个左右的个体，较大的群体则可能包括 200 个左右的个体。成年雄性狒狒构成领导集团，个体也比雌性大得多，支配所有的雌性成员。雄性当中体形最大者往往容易获得最高支配权。在发情期，雌性和雄性可以随意进行交配。很显然，狒狒群体是典型的多雄雌群体。

非洲草原广袤无垠，为狒狒提供了充足的食物，灌木丛和树木还为其提供了额外的食物、保护以及栖息地。因此，狒狒群体拥有很大的活动范围，并经常成群结队地在其"领地"内游荡觅食。狒狒的食性较杂，食物种类包括草类、树叶、水果以及某些小型哺乳动物和鸟类。

很多人喜欢研究狒狒的主要原因是它们生活在非洲草原上。人类的诞生可能与非洲草原有很大的关系，因此很多科学家都将狒狒作为一个可能的模式来探讨人类行为的起源。但是现在看来，这种所谓的"狒狒模式"存在着很多的问题。正因为如此，很多人将注意力转向对狒狒本身的研究。

有趣的是，对草原狒狒的社会和行为研究得越多，就会发现越多关于灵长类行为的多样性特征，比较重要的是对狒狒群体的社会组织的研究。

但是在狒狒的社会群体当中，身体的大小和强壮程度并不是获得最高支配权的唯一因素。等级较低的雄性如果相互之间结成联盟，也一样可以推翻"最高首领"的统治。在狒狒群体中，帮助他者是一种重要的能力，可以决定一个个体的支配等级。

此外，环境因素也可以影响狒狒群体的支配模式。例如，生活在丛林中的狒狒群体并没有像草原狒狒群体那样严格的支配等级（Rowell，1966）。此外，丛林狒狒的日常生活"恬淡自如"，因为丛林为它们提供了充足的食物，并且天敌也很少。因此可以看出，自然资源特别是食物的丰富程度能够强烈地影响同一类型群体的行为。

第二节　灵长类行为研究的理论

在哺乳类动物当中，无论是生物学特性还是社会行为学特征，灵长类都是最为独特的类群了。由于灵长类的社会化特征，其行为便成为一项重要的研究内容。在研究灵长类动物的行为本质之前，我们有必要了解两种有关探讨灵长类的进化模式的理论。一种是社会生态学（Socioecology），另一种是社会生物学（Sociobiology）。有一点必须注意，即这两种研究方法并不互相排斥而是在某种程度上略有重合。使用这两种方法的最终目的是从进化的角度来解释灵长类的行为，特别是考察自然与环境因素的复杂交互作用在行为中产生的影响。

在非人灵长类群体中，个体的地位是依靠其自身在群体中的地位来确定的，相应的支配等级就意味着拥有相应的支配权。支配等级是一种等级分配机制，个体依靠支配等级来确认自身的支配权限，这种支配等级在一段时间的社会生活中是比较稳定的。在这种机制的作用下，每个个体都有"自知之明"，不会轻易冒犯比自己地位高的个体，也知道自己的职责。

支配等级的运行依赖于群体中某个个体的控制能力，而这些个体通常是群体中占有较多食物或交配权的个体，当然还包括那些控制群体行为的个体。虽然大多数非人灵长类群体中都具有支配等级机制，但各自的表现方式不尽相同（莫利斯，2010）。

性别的二态性是性别差异的极端表现，雄性个体往往明显大于雌性个体，而雄性内部个体之间也存在着较大的差别，这是雄性为了争夺群体支配权或直接参与交配权的结果，是竞争机制作用的产物。体形较大并且较为强壮的个体更容易获得支配雌性的机会，因此更容易将它们的遗传基因传给后代。那么这种基因的存在无论在规模上还是在强度上都应该多于他者。

但是，雄性个体的支配等级不一定完全取决于个体自身的实力。在某些灵长类社会中，雌性的支配等级甚至比雄性的更稳定。虽然总体上雄性通常支配雌性，但有时候雌性依靠其支配等级来影响整个群体的社会行为和权力分配。生长于日本的短尾猴就是一个例子：雄性个体的支配等级是由其母亲的支配等级来确认而不是靠自身的行为来确认的（Eaton，1976）。由等级较高的母亲生育的雄性个体会获得更高的支配权以及更多平等的机会。

一、社会生物学

1975 年，爱德华·维尔森（Edward O. Wilson）出版了《社会生物学——新综合理论》（Sociobiology：The new synthesis）一书，标志着社会生物学的诞生。社会生物学即对一切动物的社会行为的生物学基础的系统研究（Wilson，1980）。

维尔森认为，社会生物学的目标是从生物进化的时间尺度和整个生物界的范围来把握动物行为独特的生物学基础。就人类而言，社会生物学的任务就是从进化意义上来科学地解释人类行为的起源与进化的生物学机制。社会生物学试图用生物学原理来说明人类的社会组织、人类之间的物质交换、劳动分工，人类的交流、游戏、仪式、宗教、伦理、美学和部落凝聚等文化现象，从生物学的角度更加全面地解释了文化人类学等社会人文学科所面对的问题，并且给出了全新的解释。

与文化人类学家的观点不同，社会生物学并不认为人类的文化处于高级阶段。社会生物学家认为动物行为在某种程度上与生物遗传基础有关，因此可以推测哪些行为是经过"选择"的结果。如果某个个体获得更多存活或者繁殖后代的机会，那么影响这些行为的等位基因就会被传至下一代。因此，起初看来没有适应性的行为也可以用社会生物学的假说来加以阐释。

但不得不承认，社会生物学在某些问题上还存在明显的不足。例如，有关叶猴杀婴行为的研究就是这样（Hrdy，1977）。叶猴是典型的单雄性群体，当某些个体觊觎统治地位的时候，雄性个体之间就会经常发生冲突。因此，在叶猴群体当中，雄性个体之间的竞争是非常激烈的。当一个新个体获得群体支配权以后，它会经常寻找机会杀死那些由前任"领袖"所繁殖的后代。

起初，这种行为被看成是不正常的并与群体的生存发展产生矛盾。但按照社会生物学的解释，这是新"领袖"为增强自己的适应力而产生的行为。首先，杀死其他雄性个体的后代可以增加自己后代的比例，雄性成年个体间的竞争由此消除。其次，新"领袖"不能使那些仍旧哺育后代的雌性个体怀孕，因为它必须等雌性个体的后代能够独立生存之后才能与雌性个体交配。所以，杀死雌性个体的后代，新"领袖"就可以保证雌性有充分的机会与之交配并产生后代。保守地看，如果杀婴行为有某种遗传学基础，那么这种行为就会被选择——因为这种行为能够最大限度地增强行为者的适应力。

但是，这种解释还存在着一些问题。首先，我们不知道这种行为的分布广度是多少以及在何种环境条件下才会发生。其次，我们不知道遗传因素在行为产生的过程中到底会产生多大的影响。再次，这种适应力的差异与杀婴需要相联系的假说还有待进一步检验。要解决上述疑问，我们必须理解更多的关于相对生存机会和繁殖的差别等问题，而这些都需要我们对大量的群体和不同世代做更为细致的观察和研究。

杀婴假说已经受到了质疑和挑战，批评观点认为这种假说本身以及观察数据存在问题。首先，公开报道的关于叶猴群体中被杀的婴儿的个体数字只有 21 例。其次，在这些极少的个案中，直接参与杀婴行为的个体例数则更少。大多数婴儿的死亡原因纯属意外，通常是雌性个体遭受攻击时的连带后果。对叶猴所谓杀婴行为的研究表明，他们认为并没有发现这种行为能够通过遗传关系传给后代的证据，也不能证明此种行为可以使行为者获得更高的适应力（Sussman，1995）。

由此看来，虽然社会生物学假说的确有其逻辑性和一致性的架构，但是缺乏可观数据是其明显的缺陷，因此，这种假说必须获得更多的关于灵长类社会行为的数据才能加以完善。

二、社会生态学

社会生态学的研究主要集中于社会结构和组织形态与自然环境因素（如生活习惯、饮食、食肉动物的出现等）之间的关系。社会生态学是一种辩证自然主义哲学，强调自然与社会是大自然内在统一的辩证发展过程。一个关键问题是，与自然环境因素和遗传血缘相联系的社会群体的类型和规模到底在何种程度上才算不同。

虽然某些灵长类类群的生物形态和遗传学特征较为相近，但类群间的社会差异有时会非常明显；与此相反，有些群体（特别是多雄雌群体）的生物形态和遗传学特征不同但社会结构非常相似。这就证明它们的行为模式应该是独立发展起来的，也就是说，生物形态和遗传学特征并不是主要的判断标准，那么我们只能用环境相似性来解释这些行为模式了。

最初的社会生态学研究主要集中在树栖生物和陆栖生物的比较研究上（De Vore，1963），这种比较研究的结论表明生物的生活习性与社会组织、领土范围、群体规模以及活动范围之间存在着基本的联系。但是后来的研究表明，仅仅依靠生活习性的比照不能充分地解释灵长类行为的变异问题。

有学者在这种研究的基础上，增加了饮食的研究内容，并依据生活习性和饮食将灵

长类群体划分为5种类型（Crook 和 Gartlan，1966），而后又有学者在此基础上将灵长类群体划分为6种类型（Jolly，1972）。这6种类型分别是：夜行并以昆虫为食类群、树栖并以活体为食类群、树栖且杂食类群、半陆地生活的草食类群、半陆地生活的杂食类群以及生活在半干旱地区的灵长类。

有学者提出了其他的研究模式，即认为灵长类群体获取食物的方式、抵御掠夺者的能力以及繁殖后代的方式和能力是研究灵长类行为的关键因素（Denham，1971）。研究内容集中于能源密度、能源分布以及地域掠食者策略等方面。

研究结果表明，有时整个区域都可以分布食物资源，但也可以是局部的小块区域。当食物资源相对集中于小块区域时，我们希望看到这样的结果，即灵长类群体也是呈区域分布的，因为群体的分布往往受其周围可利用食物资源的制约。如果食物资源是呈小块区域分布的，那么群体分布的范围过大是没有任何意义的，因为大多数群体只会集中在有食物的地方。

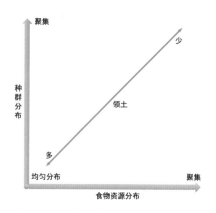

图 9-2　食物资源分布与种群分布关系
（修改自 Relethford，2000）

有学者认为那些居住在食物资源和社会群体分布都更加均匀的区域的灵长类群体也更可能积极地包围它们的领土（Denham，1971）。如果相反的情况也是合理的，那么食物资源和社会群体也会存在相反的分布状态，那么群体间的距离也会加大，因而也不需要对其领土进行积极的防御（如图9-2所示）。

其他相关研究还包括食物分布与觅食模式的研究（Oates，1987）、食肉动物压力与社会结构的关系的研究（Cheney 和 Wrangham，1987）以及雌性个体分布与环境资源关系的研究（Strier，1994）。

重点、难点

1. 非人灵长类的社会结构模式
2. 社会生态学
3. 社会生物学
4. 性别二态性
5. 社会生态学的灵长类类型
6. 灵长类生态资源与群体行为的相关性

深入思考

1. 黑猩猩是否已经拥有文化？
2. 哪些灵长类具有较为稳定的"家庭"？
3. 叶猴杀婴行为是否存在？
4. 如何评价社会生物学理论？
5. 社会生态学能否有效解释灵长类的行为？

延伸阅读

［1］岑小波，胡春燕. 非人类灵长类动物组织病理学图谱［M］. 北京：人民卫生出版社，2011.

［2］莫利斯. 人类动物园：来自一位动物学家的城市动物研究［M］. 何道宽，译. 上海：复旦大学出版社，2010.

［3］托马塞洛. 人类认知的文化起源［M］. 张敦敏，译. 北京：中国社会科学出版社，2011.

［4］BROCKMAN D K, VAN SCHAIK C P. Seasonality in primates: studies of living and extinct human and non-human primates［M］. Cambridge: Cambridge University Press, 2005.

［5］FLEAGLE J G. Primate adaptation and evolution［M］. 2nd ed. London: Academic Press, 1998.

［6］JABLONSKI N G. Theropithecus: the rise and fall of a primate genus［M］. Cambridge:

Cambridge University Press, 1993.

[7] McGREW W C, MARCHANT L F, NISHIDA T. Great ape societies [M]. Cambridge: Cambridge University Press, 1996.

[8] McGREW W C. The cultured chimpanzee: reflections on cultural primatology [M]. Cambridge: Cambridge University Press, 2004.

[9] MULLER M N, WRANGHAM R W. Sexual coercion in primates and humans: an evolutionary perspective on male aggression against females [M]. Cambridge: Harvard University Press, 2009.

[10] ROBBINS M M, SICOTTE P, STEWART K J. Mountain gorillas: three decades of research at Karisoke [M]. Cambridge: Cambridge University Press, 2005.

我们从哪里来？

人科成员骨骼化石模型

（© 李法军）

漫漫演化之路

物种起源问题是一个关于进化的问题。自然和驯养下的变异、生存竞争、自然选择、本能、杂交以及地质学变化等是与物种起源密切相关的因素。原教旨主义者和其他任何不相信进化事实的人们，在他们的观念中是不存在物种的变化的。换句话说，他们相信物种是恒定的。时至今日，达尔文关于"物种经历了无数变化并代代相承"的观点已经被普遍接受了。

对于整个地球上的物种的进化机制来说，人类仍旧在不断地探索之中。正如理查德·利基（Richard Leakey）所说："到目前为止，还没有人类学家能站出来宣布史前时代的每一个细节，然而关于人类史前时代的总的轮廓，研究者们的认识在很大程度上是一致的。"（利基，1995）

第十章 宏观进化

　　飞鱼借助鳍的扇动轻轻地旋转和上升，在空中做长距离滑翔，可以想象它们照此发展下去而逐渐地转变为完美的飞行动物的情景。如果这个想法成立，谁又能想象它们曾居住在大海中的那些早期祖先们所发生的转变状态，以及它们用怎样独特的、原始的飞行方式逃过其他鱼类的吞食呢？（达尔文，2003）

第一节 物种起源

经过长期的累积和研究，我们已经能够对自身的演化过程做出一些假说性质的结论。例如，海克尔曾提出"生物重演"（recapitulation）的概念，他认为个体发育史是生物系统发展史的简单而快速的重演。现代遗传学观点认为，磷酰化氨基酸是核酸与蛋白质的共同起源，是生命起源的种子（赵玉芬，1999）。

现代生物学的研究是以进化论为理论基础的，我们对自身乃至整个生物界演化的科学认识也正是来自现代进化论学说（童金南和殷鸿福，2007）。来自生物化石的证据表明，现生的任何形式的生命体都经历了一个漫长的演化过程。虽然我们无法知道物种在发生那一刻的真实情境，但是它的确发生了，而且经过亿万年的演化，让这个蓝色星球充满了生机。

一、进化的客观性

进化论产生之前，人们一直相信世上的一切生命都是由天神所赐，即神创论（Kitcher，1982；Montagu，1983）。神创论者认为生命体和物种是灾变后的新生而不是进化论所强调的经过自然选择的结果。西方世界有上帝七日创世，中国古老传说中则是女娲抟土造人。曾经纠缠不休的水成论和火成论，可算作灾变论的前身。

物种是极其古老的，而且在其进化的道路上曾经出现了无数的新种（Mayr，2001；本顿，2017）。例如，前寒武纪地层中的早期生物化石就为这种论断提供了坚实的证据（杜远生和童金南，1998）。灾变论者提出了符合自然神学的、理性的生命历史发展的解释。但是，他们的解释遗留了一个问题，那就是上帝究竟如何在地球历史的适当时期引入新的生命类型？灾变论者坚持特创论，不认同变异在物种进化中的作用。

对于灾变论者而言，最简单的答案就只有一个，即通过奇迹产生新种。通过生命的进步过程可以发现，"创世"是一个系统过程，甚至谈论"创世的法则"也是合情合理的。但是，由于这些法则中必定含有"上帝"的智慧，因而不适于科学地分析这些法则。这个过程的细节太模糊了，除非提出生物是从原先存在的类型逐渐转变过来的（Bowler，1989）。

生命的实质是进化的产物（Cairns-Smith，1985）。我们从现实的世界出发，结合我们对过去的仍旧片段式的认识，我们得出了这样一个结论——所有能够进化的物种都已经进化了。这看似毫无意义的结论却能够提示我们生命、物种与进化三者之间的深刻的内在联系。物种是生命的一种表现形式，是进化的理所当然的产物。

进化有广义和狭义两种解释。广义的进化包括生物的演变、天体的消长、社会的发展等；狭义的进化仅仅指生物的进化。所谓进化，"是指生物中群体的变化过程，是某一生物群体的遗传构成发生了改变，并将这种改变遗传给其后裔的过程"（朱泓等，2004）。

遗传、变异与自然选择是达尔文进化理论的核心概念。在时空范围内，自然选择既是进化的原因，也是进化的动力，遗传、变异是进化的直接表现。生物以物种作为繁殖单元，依靠遗传保持物种的稳定性。物种作为进化的基本单元，通过变异的累积和自然选择等进化动力的作用，使得旧种渐次灭绝，新种不断产生（何心一和徐桂荣，1993；Coppens，2016）。

达尔文对家养动物和植物的起源进行了这样的论述："生活条件的变化，在引起变异上具有高度的重要性，它既直接作用于体质，又间接影响生殖系统。要说变异性在一切条件下都是天赋的和必然的事，大概是不确实的。遗传和返祖的力量之大小决定着变异是否继续发生。变异性是由许多未知的法则所支配的，其中相关生长大概最为重要……选择的累积作用，无论是有计划地和迅速地进行的，或者是无意识地和缓慢地但更有效地进行的，都超出这些变化的原因之上，它似乎是最占优势的'力量'。"（达尔文，2003）

达尔文在对自然选择进行论述时明确说明自然选择并不能诱发变异，它只能保存已经发生的、对生物在其生活条件下有利的那些变异而已，这就好比说交通事故中，警察只对肇事者进行取证记录和开具罚单，但警察并没有引发这起交通事故。

达尔文进一步阐释道："家养生物的变异，不是由人力直接产生出来的；人类不能创造变种，也不能防止它们的发生；他只能把已经发生了的变种加以保存和累积罢了，人类在无意中把生物放在新的和变化中的生活条件下，于是变异发生了……那么较其他个体更为优越（即使程度是轻微的）的个体具有最好的机会以生存和繁育后代……任何有害的变异，即使程度极轻微，也会严重地遭到毁灭。我把这种有利的个体差异和变异的保存，以及那些有害变异的毁灭，叫作'自然选择'，或'最适者生存'。"（达尔文，2003）

达尔文深刻地认识到自然选择的无处不在和它在物种起源及进化中的强大作用，这在他的不朽之作《物种起源》一书中展现得淋漓尽致。原则上来讲，划分为同一物种的各个群体之间的个体是可以互相交配并产生具有繁殖能力的后代的，而与其他物种的种群的群体之间则处于生殖隔离状态（朱泓等，2004）。

二、新种产生的必要条件

物种的产生及其进化需要动力。自然体系为了维持它自身的和谐统一，在创造了这些充满了"自我意识"的物种之后，还要无时无刻地规范它们的"言行"。自然选择是进化的原动力，遗传与变异是进化对自然选择的适应性结果。遗传和变异在性选择的驱动下为了适应自然选择的压力而出现新的分化，由此进化就发生了。新种形成的过程是极其复杂的，但是通常包括以下几个必要的条件。

（一）生殖隔离

一个新种形成的基本条件是不能与原来的群体发生异种交配，即须与原来的群体发生基因流的分离和缩减。这样才能保证新种的独立，也就是说，新种必须与原来的群体保持生殖隔离。生殖隔离是一种有效的遗传机制，它的存在保证了物种的多样性。新种在遗传结构上必须与原来的群体发生分离，这样进化才能够发生，基因流的同一阻碍了这种遗传结构的异质化。

最为常见的隔离方式是地理隔离，天然的地理障碍会阻隔基因交流（杨正泽等，2009）。长久的地理隔离会造成遗传漂变，即某个种群内由于个体数量较少，不能完全随机交配所造成的后代在基因库上的改变（朱泓等，2004）。遗传漂变的直接结果就是形成新种。

（二）遗传的异质化过程

基因流的分离和缩减不能保证新种的最后形成，没有遗传的异质化过程，遗传漂变就不能够发生。这时基因突变就会发生作用。基因突变是由于基因内核苷酸顺序发生变化而造成的。我们知道，基因是遗传的基本单位。在基因的自我复制过程当中，任何核苷酸形式的改变都会造成遗传信息的改变，从而使基因发生改变，最终导致分离物种向着新物种的方向进化。

在外界环境的作用下，最终在自然选择或人工选择的作用下，新种往往会因为适应了这种环境改变而发生进化上的重要事件。具体表现在种群规模的膨胀和较强的应变能力上，并在内部产生新种分化的趋势，这一过程被称为"分歧"或"趋异"（何心一和徐桂荣，1993）。

（三）适应辐射与适应趋同

分歧的直接结果即为"适应辐射"。适应辐射常常在较短的时期内完成，尤其常常发生在某一优势物种绝灭之后，或者是原有物种占据了绝对的独立空间之后。中生代爬行类物种的特化与适应以及狐猴类在马达加斯加岛的进化即属于此类。

适应趋同则属于另一种情况。类别不同且不具有亲缘性的物种，由于适应了相似的环境，它们在表型特征上渐趋相似。如前面"分类的法则"部分提到的蝙蝠与鸟类以及鲨鱼和海豚的例子，均属于适应趋同的结果。

（四）性选择

性选择是自然选择的一个市场，进化在这里就像一场必须提交两份合格试卷的考试。第一份答卷的合格标准是保证足够的存活时间来获取繁殖后代的机会；第二份答卷的合格标准是保证生育足够数量的后代。马尔萨斯（Thomas R. Malthus）过高地估计了膨胀的性活动在不加限制的情况下所造成的人口过剩（Malthus，1798）。虽然初婚年龄的降低以及婴儿出生率和成活率的提高似乎违背了自然选择的规律，但事实上，在性能力方面的遗传性差异会造成一种出人意料的进化作用，任何不能同时交出两份合格答卷的个体都将在自然选择面前被淘汰出局。

性选择是同性之间的交锋以及两性之间个体的私利冲突。不成熟的性活动会造成后代的许多先天缺陷，从而使自然选择又重新找回它的尊严，人口的规模又会回到它应当保持的水平上。但是，各个物种增加的自然倾向都要受到抑制的细节原因是极其难以解释的。

三、进化的模式

在进化获得动力和物种内部分化之后，它的演进速度和模式又如何呢？总体上而言，物种产生后会经历两个过程，一是宏观进化，二是微观演化。宏观进化是指在自然选择和突变的作用下引起的大尺度基因型和表型的改变，是种间的大尺度变化；微观演化是指由线性分支或种系转换引发的种内或新种形成过程的变化（杜远生和童金南，1998；童金南和殷鸿福，2007）。目前，有如下几种关于进化过程的假说。

（一）灾变论

居维叶提出的"灾变论"否认了地球上生物是由低级向高级连续发展的，他认为古生物的大灭绝是周期性的自然大灾难的结果。灾难结束之后，旧种消失，新种出现（朱泓等，2004）。虽然灾变论否定物种的进化事实，坚持神创论，但其认为物种绝灭源自地质灾害，是具有客观性的论断。

（二）渐变论

达尔文则认为物种是以渐进的方式演化的（如图10-1所示）。在自然选择的作用下，宏观演化过程是缓慢的。诸多地质学和古生物学的证据都能够证明物种进化的过程与细节。达尔文的这种观点被称为"渐变论"。继达尔文之后，新达尔文主义学派学者奥古斯都·魏斯曼（August F.L. Weinsmann）、孟德尔和摩尔根等也一直强调物种进化的渐变性（Dobzhansky，1953；Mayr，2001）。

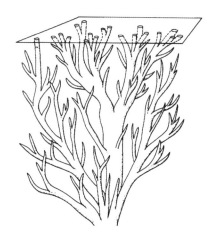

图 10-1　物种进化的渐变模式
（Weller，1969）

（三）间断平衡论

美国古生物学家尼尔斯·埃尔德雷奇（Niles Eldredge）和斯蒂芬·古尔德（Stephen Jay Gould）综合了渐变论和聚变论的观点，提出了间断平衡理论（Punctuated Equilibrium）（Eldredge 和 Gould，1972；Gould 和 Eldredge，1977）。

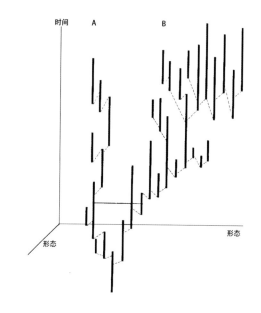

图 10-2　物种进化的间断平衡模式
（修改自 Eldredge 和 Gould，1972）

他们认为进化的过程并非直线或跳跃式的，而呈一种曲折上升之势，在保持长期的微观演化的过程中不定期地发生迅速的进化改变（如图10-2所示）。这一假说强调大多数物种的形成是在地质上可忽略不计的短时间内完成的，这个迅速的过程叫"种形成"；物种形成后，在自然选择作用下发生十分缓慢的变异，即"线系渐变"（Cairney，2011）。

（四）镶嵌进化模式

身体上的各种性状并不是同时以相同的速度变化的，不同性状的进化速度可以有很大的

生物人类学
（第二版）

不同。例如，北京直立人头骨展现的相对滞后性和肢骨所展现的进步特征就是典型的例子。因此，我们可以认为生物机体是不同进化速度结果的一种镶嵌物（吴汝康，1989），这便是宏观进化的镶嵌进化模式（Mosaic evolution）。

（五）物种绝灭

另外一种宏观进化模式是物种绝灭，各个地质时期都曾发生过物种的绝灭事件。绝灭与灾变论所提的物种绝灭不同。灾变论强调的是绝灭事件的彻底性，否认物种间的连续性。而绝灭现象仅包括部分物种的绝灭，其他物种仍旧幸存并进化。

据估计，在已经存在过的和现存的物种当中有99%已经灭绝了（Futuyma，1986）。绝灭可分为两种：一种是正常绝灭或背景绝灭，通常表现为低级别（种属）绝灭，其绝灭率较低；另一种是类群绝灭，其特点是绝灭等级更高（通常涵盖了纲和目一级）、绝灭率高、范围广和时间短（何心一和徐桂荣，1993；童金南和殷鸿福，2007）。

物种灭绝的原因有很多，自然选择作用是最持久的原因。但是，外界环境特别是地质学变化会造成物种的大规模灭绝，最有名的例子就是发生在一亿多年前的恐龙灭绝。物种灭绝是物种选择的一种形式，毕竟仍旧有1%的物种活到了现在。但对于物种选择是否为一种额外的进化机制，学术界还有争论。

四、种的可变性和复杂性

在自然状态下的变异过程当中，许多物种都朝着新的种类演化，也就是说，物种并不是一成不变的，物种的实质应当是具有显著特征

的永久性的稳定性变种，这种永久性靠的是通向基因改变的一段路程，变种间的界限是模糊的，甚至可以说没有界限，"变种"与"变种"之间是可以互动的。物种之间的区别常常是以不易察觉的连续状态混杂于此个体与彼个体之中，这种连续状态实际上也就是生物进化的过渡状态（Jones，1999）。

由于进化的不可逆性，新种是不可能回复到祖型的，灭绝种也不可能重新产生（Dobzhansky，1953）。例如，陆生脊椎动物由古老的鱼类演化而来，但即便是水生的鲸类也无法衍生出鳃和鳍。诸多古生物学的例证也表明，业已绝灭的物种没有重新出现的迹象（何心一等，1993）。

自然选择运用它的"智慧"对每个最为普通的蛋白分子进行设计和雕琢，创造出无数的肌红蛋白、蛋白质以及生命本身（李法军，2007）。以鲸鱼肌红蛋白为例，它只是鲸鱼体内约10万种蛋白分子之一，每个肌红蛋白分子包含153个氨基酸残基，参与组成它的氨基酸大约有20种。以此推算下去，氨基酸形成肌红蛋白分子组成和结构中的组合方式应该是 20^{153} 种。人类的创造力在自然选择面前也显得那么渺小。例如，早在人类之前，蜜蜂家族就已经"掌握"了建造六边形多功能堡垒的方法。

五、进化树的建构

我们已经知道现代物种共同拥有一个远古的祖先，我们通常用"进化树"来表示它们之间的关系（如图10-3所示）。事实上，我们很难在这棵树上找到物种间明显的分界，因为在相当长的一段时间内，物种间的演化是连续的。因此，我们不确定该在什么时间、位置上划分

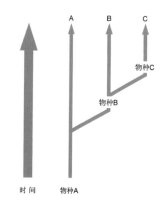

图 10-3 分支进化树示意
（李法军，2007）

两个相邻物种间的分界线。

最初的物种形成之后会进行直系演化，然后在某一阶段便不断地进行着分化，但在某一个时期内某一个分化的新种又会进行直系演化，即没有形成旁系后代，这两个过程周而复始。因此，在表述物种进化的形式时，应该采用两种模式，即新种形成之前的直系演化和新种形成之后的分支演化。这就好比一个家族的家谱一样，在一个共同的祖先之下，会划分出不同的支系家庭。家庭内也存在着不断地变化，香火延续或者中止。

第二节　生物的进化与地质年代

生物以地球为生活基地，地球本身也有它发生发展的历史，并且这种发展直接影响着生物的变化。古生物学（Paleontology）是研究地质时期的生物界及其发展的科学，是广义生物学的一个分支（何心一和徐桂荣，1993；肖传桃，2007；童金南和殷鸿福，2007）。古生物学又分为研究地史时期的古动物学（Paleozoology）和古植物学（Paleobotany），它既是地质学的基础，也是生物学的基础（Pojeta，2007）。

地层有新老之分，人们将其作为年代划分的依据。最初是根据该地层所含生物化石来确定，后来又根据岩石中放射性元素蜕变的比例而计算出来。例如，根据由铀衰变为铅计算，地球上某些岩石的时代已经有 50 亿年了。

根 据 国 际 地 层 委 员 会（International Commission on Stratigraphy，ICS）的 地 层 划分标准，地球历史的最大时间单位被称为"宙"或"系"（eon），其对应的地层为"宇"（eonothem）（Cohen 等，2018）。目前分为前寒武系（precambrian）和显生宙（phanerozoic）早晚两个阶段。宙之下分为若干"代"（era），其对应的地层为"界"（erathem）。代之下又分为若干个较小的单位，被称作"纪"（period），其对应的地层为"系"（system）。纪之下又分为若干"世"（epoch），其对应的地层为"统"（series）。世之下是最小的划分单位"期"（age），其对应的地层为"阶"（stage）。这些时代单位，主要是根据生物发展史的阶段来划分的，各单位之间的界限，标志着生物进化过程中的一些重大的转折点（朱泓等，2004）。

根据不同地质时期的地层内所发现的古生物化石，我们可以了解到各类生物的出现具有一定的时间顺序，这就大体上显示出生物进化的总体态势（见表 10-1）。各类生物进化的顺序可按照太古宙、元古宙和显生宙三个大的阶段来加以叙述（杜远生和童金南，1998）。

表 10-1　地质年代与生物进化历史对照

宙	代	纪	世	开始年代	地质现象和自然条件	生命的进化		
						开始出现	发展最盛	衰亡绝灭
显生宙	新生代	第四纪	全新世	1.2万年	经历了狮子山冰期、多瑙冰期、贡兹/鄱阳冰期、民德/大姑冰期、里斯/庐山冰期、玉木/早大理、晚大理冰期、晚冰期/仙女冰期和冰后期。冰川广布、黄土生成，气温逐渐下降	人类	人类	
			更新世	2.6百万年				
		第三纪	上新世	5.3百万年	喜马拉雅旋回。气候渐冷，有造山运动	节肢动物，现代哺乳动物	现代被子植物，哺乳动物	原始哺乳类
			中新世	2.3千万年				
			渐新世	3.4千万年				
			始新世	5.6千万年				
			古新世	6.6千万年				
	中生代	白垩纪	晚白垩世	1.01亿年	燕山期。晚期有造山运动，后期气候变冷	被子植物	被子植物和现代昆虫类	大爬行类及古代裸子植物
			早白垩世	1.45亿年				
		侏罗纪	晚侏罗世	1.64亿年	气候温暖，有气候带分布	原始鸟类（始祖鸟）	裸子植物与大爬行类（恐龙）	
			中侏罗世	1.74亿年				
			早侏罗世	2.01亿年				
		三叠纪	晚三叠世	2.37亿年	印支旋回。气候温和，地壳较平静	原始哺乳动物	爬行动物	种子蕨
			中三叠世	2.47亿年				
			早三叠世	2.52亿年				
	古生代	二叠纪	乐平世	2.59亿年	华力西旋回。海陆变迁，出现广大陆地，气候由湿润、温暖转向干燥、炎热。末期造山运动频繁			三叶虫
			瓜德鲁普世	2.73亿年				
			乌拉尔世	2.99亿年				
		石炭纪	宾夕法尼亚亚系	3.23亿年		原始爬行类、昆虫、原始裸子植物	种子蕨和两栖类	笔石
			密西西比亚系	3.59亿年				
		泥盆纪	晚泥盆世	3.83亿年		原始两栖动物，原始陆生植物（裸蕨）	裸蕨类，木本蕨，鱼类	无颌类
			中泥盆世	3.93亿年				
			早泥盆世	4.19亿年				

续表 10-1

宙	代	纪	世	开始年代	地质现象和自然条件	生命的进化		
						开始出现	发展最盛	衰亡绝灭
显生宙	古生代	志留纪	普里道利世	4.23亿年	加里东旋回。末期有造山运动，局部气候干燥，海面缩小，初期是平静海侵时期。浅海广布，气候温暖。地壳静止	原始鱼类	—	—
			罗德洛世	4.27亿年				
			温洛克世	4.33亿年				
			兰多维列世	4.44亿年				
		奥陶纪	晚奥陶世	4.58亿年		原始陆生动物（多毛类）	海藻，高等无脊椎动物	—
			中奥陶世	4.70亿年				
			早奥陶世	4.85亿年				
		寒武纪	芙蓉世	4.97亿年		软体动物（腕足类）	三叶虫	—
			苗岭世	5.09亿年				
			第二世	5.21亿年				
			纽芬兰世	5.41亿年				
元古宙	新元古代	震旦纪	晚震旦世	6.8亿年	澄江运动	原始无脊椎动物，高级藻类	原生动物真核生物	—
			早震旦世					
		南华纪	—	8亿年	晋宁运动。岩层古老，地壳变动剧烈			
		青白口纪	—	10亿年				
	中元古代	蓟县纪	—	14亿年	—			
		长城纪		18亿年	中条旋回	绿藻		
	古元古代	滹沱纪	—	23亿年	阜平运动	菌类蓝藻、裂殖菌	原核生物	—
		五台纪	—	25亿年	板块初始阶段			
太古宙	新太古代	阜平纪	—	28亿年	陆核形成阶段			
	中太古代	迁西纪		32亿年				
	古太古代	—	—	36亿年				
	始太古代	—	—	46亿年	天文阶段			

（依杜远生和童金南，1998；朱泓等，2004；Cohen 等，2018）

从表 10-1 中可以看出，对于整个地球的历史以及整个生物体系来说，人类及其近亲的进化历史是极其短暂的。如果将自宇宙大爆炸以来的时间划分为一年的 12 个月份的话，那么第一个灵长类动物可能是在最后一个月的倒数第二天出现的，而第一个人科成员则是在最后一个月的最后一天的上午 9 点钟才出现的。具体来看，可能的最早的人科成员出现于距今 700 万年～ 600 万年，人属成员则出现于距今 200 万年，而现代人出现于距今 10 万年左右（李法军，2007）。

一、太古宙

20 世纪 60 年代，随着"二战"后古生物学的复苏和发展，许多属于太古宙（Archean）的最久远的原核生物化石得以被发现。例如，在格陵兰岛距今约 38 亿年的始太古界和澳大利亚西部距今约 34.7 亿年的古太古界地层中发现了蓝藻菌（*Archaeospheroides barbertonens*）化石，但因其仅显示存有碳元素，因此还不能将其视为有生命迹象的微生物结构（Schopf 和 Packer，1987；Schopf，1993；杜远生和童金南，1998；Schopf 等，2002）。

目前，非洲南部中太古界末期发现的单独曙细菌（*Eobacterium isolatum*）仍是已知的最早的古生物化石，其距约 32 亿年（Tappan，1980；Brasier 等，2002）。除了单独曙细菌，迄今为止还没有找到其他可靠的化石材料，这可能是最早出现的生物结构简单、原始，其化石细小、脆弱，不易保存的缘故（朱泓等，2004）。

二、元古宙

元古宙（Proterozoic）分为三个大的阶段，即古元古代（Paleo-Proterozoic）、中元古代（Meso-Proterozoic）和新元古代（Neo-Proterozoic）（Cohen 等，2018）。这一时期的化石材料相对要多一些，多发现于距今 19 亿年之后的地层中（杜远生和童金南，1998）。例如，在距今 19 亿年左右的加拿大冈弗林特组（Gunflint Formation）的微古植物群体中，不仅存在着细菌和丝状蓝藻，而且存在着某些具有细胞核的生物，说明至少在距今 19 亿年前，地球上已经实现了由原核到真核的生物进化过程（朱泓等，2004）。

距今 16 亿年～ 10.5 亿年的中元古代开始出现了形态各异的藻类，如粗面球形藻（Trachysphaeridium）、方形藻（Quadratimorpha）和有核球形藻（Nicellosphaeridium）。10.5 亿年后，许多地方发现了更为丰富的丝状藻、球藻，也出现了褐藻和红藻等真核类高级藻类（杜远生和童金南，1998）。例如，在距今 10 亿年左右新元古代的澳大利亚苦泉组（Bitter Spring Formation）中发现了细藻一类的真核生物（朱泓等，2004）。

三、显生宙

显生宙（Phanerozonic）分为三个大的时代，即古生代（Paleozoic）、中生代（Mesozoic）和新生代（Cenozoic）。其中，第三纪（Meogene）的中新世（Miocene）是古猿类的繁盛期。中新世晚期至上新世（Pliocene）是人类与猿类祖先分化的关键期（李法军，2007）。第四纪（Quaternary）则是人科成员发展和分化的重要时期。

在距今约 5.4 亿年的古生代初期，水生无脊椎动物比较繁盛，几乎所有的海生无脊椎动物门类均已出现（杜远生和童金南，1998；朱泓等，2004）。三叶虫、笔石、头足类、腕足类、珊瑚和牙形石是这一时期的主要化石类型。但到了古生代晚期，笔石几乎全部灭绝，三叶虫显著减少，而珊瑚和腕足类占据了重要的位置。古生代中期的泥盆纪（Devonian）是鱼类最为繁盛的时期，尤其是淡水鱼类大量出现，因而被称为"鱼类时代"。

大约在距今 3.8 亿年的晚古生代泥盆纪晚期，水生脊椎动物开始登陆，逐渐发展为原始的两栖类。其中有一类被称为总鳍鱼类，可能是两栖类的祖先类型（杜远生和童金南，1998）。到了古生代晚期的石炭纪（Cambrian）阶段，两栖类动物达到了极盛。在石炭纪的晚期阶段，又出现了原始爬行类动物，这是脊椎动物演化史上的又一次重大事件。

在植物方面，古生代初期比较繁盛的是藻类，大约在古生代中期前后出现了以裸蕨和工蕨为代表的陆生植物。泥盆纪晚期裸蕨类逐渐灭绝，乔木状植物开始繁盛。到了古生代后期，原始裸子植物出现并得到迅速发展，表明这类植物适应陆地环境的能力增强了（杜远生和童金南，1998）。到了二叠纪（Permian）晚期，裸子植物已经占据了主导地位。

中生代生物界以爬行类动物、海洋无脊椎动物菊石类和裸子植物为代表，因此，中生代也被称为恐龙时代、菊石时代或裸子植物时代（如图 10-4 所示）。中生代白垩纪（Cretaceous）末期发生了生物集群绝灭事件，恐龙、海洋菊石和微体类是其典型的绝灭群体。该时期被子植物繁盛，开始具有新生代植物的面貌（杜远生和童金南，1998）。

大约在距今 2 亿年的早侏罗世，鸟类和原始哺乳类动物开始出现。中国发现的似哺乳类爬行动物卞氏兽（Bienotherium）、孔子鸟（Confuciusornis）以及德国发现的兼有现代鸟类和爬行动物特征的始祖鸟（Archaeopteryx）是这一时期的重要化石，说明侏罗纪是生物演化史上的重要过渡时期（如图 10-5 所示）（杜远生和童金南，1998）。

图 10-4 菊石亚纲（*Acanthoceras rhotomagensis*）化石
（© 李法军）

图 10-5 1887 年发现于英国伦敦的始祖鸟（*Archaeopteryx lithographica*）化石
（张玉光，2009）

到了中生代晚期，除了真蕨类繁盛，被子植物开始出现并逐渐占绝对统治位置。由于植物的迅速发展，地球上动物的食物数量增加了，从而也为鸟类和哺乳类的发展提供了必要的条件（朱泓等，2004）。

新生代是现代生物类型出现和发展的时期（朱泓等，2004；田明中和程捷，2009）。在该阶段，各种昆虫和哺乳动物的发展最为繁盛，取代了中生代的爬行类。无脊椎动物中的双壳类、腹足类和介形类占据主要的位置。菊石和箭石已完全绝灭。植物界中的被子植物获得全面发展，裸子植物则显著衰退。

在新生代第三纪的始新世（Eocene）早期阶段就已出现了灵长类（Jonathan 和 Boyer，2002；Ni 等，2013）。在距今约 200 万年的更新世阶段，已经在非洲奥杜维峡谷发现了人类打制的简单的砾石工具以及原始人类的化石。从此，地球的历史进入了其最为璀璨夺目的时期——人类的时代。新生代已经走完了大约 6600 万年的历程，目前仍在继续着。

专题

什么是化石

我们都知道，化石是保存人类演化过程的最好载体。但什么是化石？化石是怎样形成的呢？按照古生物学的定义，化石是指保存在岩层中地质历史时期的生物遗体和遗迹（何心一和徐桂荣，1993），或者可以理解为在沉积岩中保存的过去生物的遗骸或遗留下来的印迹（李法军，2007）。

化石可分为实体化石、模铸化石、遗迹化石和化学化石等四类（何心一和徐桂荣，1993；肖传桃，2007；童金南和殷鸿福，2007）。实体化石就是古生物遗体本身几乎全部或者部分保存下来的化石（如图 10-6 所示）；模铸化石是指生物遗骸在岩层中留下的印模或铸型物；遗迹化石是指保留在岩层中的生物活动或遗物；化学化石是指生物体遗骸不存，但在岩层中残留分解后的有机成分。其中，模铸化石又可根据其与围岩的关系分为印痕化石、印模化石、核模化石和铸型化石。

图 10-6　树化石
（承蒙 Moondigger 授权使用）

只有极少量的生物能成为化石而被保存下来（如图 10-7 所示）。一个生物死后，由于物理、化学和生物等因素的共同作用而迅速消失，只有当机体被埋藏在一种使这些因素不起作用的介质中时，才能被保存下来。这些遗骸通常是埋藏在河流或湖泊的淤泥

图 10-7　西蒙螈（Seymouria）化石
（承蒙 Sanjay Acharya 授权使用）

图 10-9　德马尼西人（*Homo erectus dmanisi*）颅骨化石
刚刚出土时的情形

（承蒙 Guy Bar-Oz 授权使用）

图 10-8　江西赣州发现的白垩纪晚期暴龙足印
（Xing 等，2019）

里、洞穴的沉积里、泥炭或沥青里，更为少见的情况是埋在火山爆发而落下的灰烬里。机体在被埋藏时可能已经部分改变或消失。

地史时期的生物遗骸或遗迹被沉积埋藏后，经历了漫长的地质年代，随着沉积物的成岩过程，通过化石化作用而形成化石（如图 10-8 所示）（何心一和徐桂荣，1993；肖传桃，2007）。总的来说，化石化作用的发生取决于如下几个条件，即生物体本身结构、生物死后的环境、埋藏条件、时间因素和成岩作用的条件。

大多数人类化石是由于河流或湖泊里水的作用而保存在沉积中或洞穴中，只有少数是由人们有意识埋葬而形成的（如图 10-9 所示）。生活在水边或靠近水边的机体被埋藏和保存下来的机会较多。人类需要喝大量的水，常居住在水边，死后有时能成为化石。最早期的古人类虽不居于洞穴中，但由于水流的作用，死在洞穴附近的动物或人可能被冲进洞穴内而成为化石。较晚时期，人类经常居住在洞穴里，因此常可在洞穴沉积中找到人类化石。古猿生活在森林中，一般离水流很远，热带森林的条件如酸性的土壤等使尸体迅速分解，因而化石很少（吴汝康，1989）。

"地质年代"是我们研究生物进化时所要依据的重要的划分阶段标准。地球已经存在大约 46 亿年了，物种是在地球形成之后的什么时候开始出现并且进化的？人类在其进化道路上经历了哪些阶段？这些阶段用什么标准来衡量？地质年代的确立就为我们提供了划分阶段的依据。

第三节　古人类学研究方法

古人类学也叫人类古生物学，是研究人类起源和发展的科学。古人类学研究承担着这样一种责任，它必须尝试去阐述人类的演化过程，虽然这个过程的相当长的一段历史我们无法去完整再现和亲身经历。

一直以来，进化论者都在进行这种尝试，从整个生物体系的演化到各个物种的起源和进化，无所不包。古人类学研究在进化理论的指导下，试图阐明以下这些问题：人类是在何种环境下，由何种机制使人类从古猿中分离出来的？人类的故园究竟在哪里？现代人的形成经历了怎样的过程？现代人类的多样性是如何产生的？回答了这些问题，也就能够对人的生物机体总的进化过程、发展趋势及其规律有一个初步的认识。

古人类学的研究旨趣在于探讨人类的起源与演化过程、生物学特征及其演化特点、行为模式与文化发展相关性以及生存环境重建等（吴汝康，1989）。目前，人类遗骸（化石和骨骼）仍旧是进行上述研究的基础和依据（吴汝康等，1999；徐庆华和陆庆五，2008；刘武等，2014）。因此，如何科学地获取这些研究对象是从事古人类学研究的最基本内容和专业要求。

一、如何获取古人类化石和骨骼

较为重要的是野外调查和考古发掘（如图10-10至图10-12所示）（本顿，2017）。较早期的灵长类可能生活在离水源较近的地方，但经过长久的地质变迁，有些骨骼石化后会深埋于地层中或者因河流或雨水的搬运作用而转至

图 10-10　木榄山智人洞及周边地貌
（承蒙刘武授权修改使用）

图 10-11　盘县大洞
（承蒙刘武授权修改
使用）

图 10-12　广东马坝狮尾山洞穴调查
（©李法军）

其他地方，而且需要确实的证据来说明某个地区确实曾经存在过那条河流，最简单的方法是看地层中有无河湖相沉积。

　　进行地表采集时要注意搜寻的尺度，即搜寻者之间的距离。例如，在东非地区进行野外调查时，应当首先确定一个适宜的区域。所有调查人员之间一般保持数米的间距，同向同速而行。当发现化石富集或者有化石残段的时候，调查人员应当缩小间距，开始细致地勘察地表。必要时，可进行小范围的试掘工作（如图10-13所示）。

　　洞穴后来成为许多生物理想的居所，许多重要的人类即其他灵长类化石就是在洞穴的沉积中发现的（如图10-14所示）。例如，北京猿

图 10-13　东非地区古人类田野调查

（承蒙刘武授权使用）

图 10-14　安徽东至华龙洞古人类遗址 2018 年发掘现场

（承蒙吴秀杰授权使用）

图 10-15　金牛山
遗址的发掘
（承蒙刘武授权使用）

图 10-16　白石崖溶洞 2018 年发掘现场（夏河丹尼索瓦人）

（© 张东菊）

人的发现地点就是在洞穴内。如果在洞穴中进行发掘，除了必要的安全保障，最重要的就是保证发掘本身的完整性和可靠性（如图 10-15 所示）。一般来说，洞穴遗址的沉积都很厚，土质胶结严重，因而需要特殊的设备和专业技术人员才能够进行（如图 10-16 所示）。

对于较为重要的化石地点，长期而持续的科学发掘工作是必不可少的。例如，著名的北京周口店古人类遗址，至今已经历了近百年的考古发掘、研究和保护工作。西班牙北部的阿塔普尔卡（Atapuerca）遗址群也经历了数十年的工作（如图 10-17 所示）。可以想见，对于这些重要的遗址而言，综合性的科学研究还将持续进行。

在古人类化石或骨骼清理完毕后，需要对所获取的对象进行详细的记录（如图 10-18 所示）。在记录古人类化石或骨骼的保存情况时，应当尽可能地应用多元手段对研究对象进行细致的记录。记录的内容主要包括样本来源、编

图 10-17　阿塔普尔卡（Atapuerca）多利纳帕诺（Dolina-Pano）遗址的发掘场景

（承蒙 Mario Modesto Mata 授权使用）

图 10-18　对已经出土的墓葬中人骨进行记录和初步判别工作

（© 李法军）

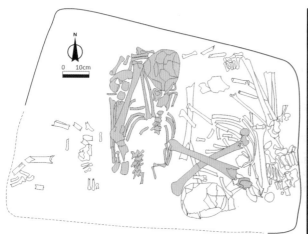
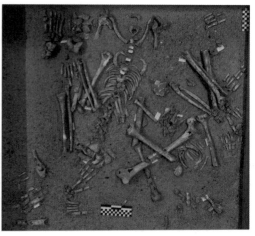

图 10-19　个体埋藏学重建示例

（© 李法军）

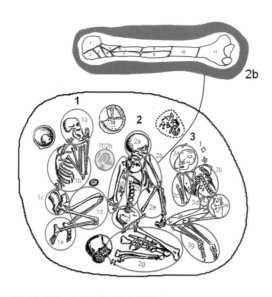

图 10-20　小区域编号人骨采

集法示例

（© 李法军）

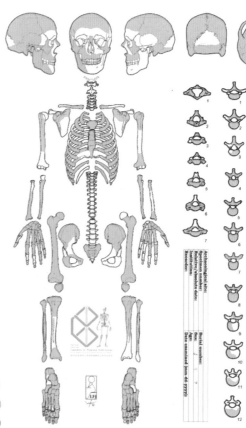

图 10-21　骨骼保存情况记录

（阴影部分为保存骨骼）

（© 李法军）

号、时代、保存情况等信息。电子计算机断层扫描（Computed Tomography, CT）、电子扫描、激光扫描、多图片三维重建、录像、照相或文字描述是较为理想的方式。

细致和周密的记录是进一步进行科学分析的重要前提。正是基于这种详细的信息支持，我们可以在后期的实验室埋藏学重建时有所发现。例如，中国社会科学院考古研究所傅宪国首次采用了小区域编号人骨采集法（如图10-19所示）。这种方法将在进行总体葬式判定的基础上，对单一个体骨骼进行分块编号和采集，这样的方法为后来的实验室人骨埋藏学重建工作提供了最大程度的保障。

笔者在此基础上，对极为破碎的单一骨骼也进行了编号采集（如图10-20所示）。有时候在考古遗址中没有足够的时间进行骨骼的细致描述，这时我们可以用描色的办法来表示骨骼保存的部分，这种方法的优点是可以快速地对研究对象进行记录（如图10-21所示）。

二、实验室内的工作

通过科学发掘的古人类遗骸（包括化石和骨骼）需要经过严格的采集程序进行提取和保存，如有必要须进行套箱整取。实验室中的化石或骨骼处理过程也非常重要，这当然需要严格的实验程序和丰富的实践经验（Green，2001；本顿，2017）。

实验室主要承担着化石或骨骼的清理、保藏和研究工作。一般而言，实验室应当包括工作区、清理区、保藏区、陈列区和临时贮藏区（如图10-22所示）。实验室内需要有完备的消

图10-22　中山大学生物人类学实验室一瞥
（© 李法军）

图 10-23　实验室内的化石清理工作

（承蒙 Prakashsubbarao 授权使用）

防、环保、通风、照明、控湿和控温设备，以尽量保证化石和骨骼的原初状态。

所有的实验室应当编写科学而规范的实验室安全规程和操作规程，所有研究对象的整个清理、保藏和研究过程都要严格遵守相关规程。在大多数情况下，需要将化石与其周围的围岩相分离。这时候，工作的重点有两个，即操作者安全防护和化石结构的提取（如图 10-23 所示）。操作者应具有完备的安全防护用具，在此前提下方可进行规范的提取工作。化石的提取需要一定的专业素养，提取过程中应当注意保证良好的实验室环境。有关骨骼的修复与研究内容，将在"窥探逝去的岁月：基于人类生物遗存的生物考古学重建过程"部分详细介绍。

随着 CT 技术的普及和研究手段的不断提升，原有的因破损严重或变形严重而被

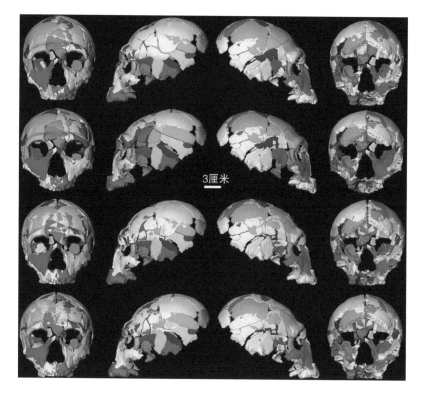

3厘米

图 10-24　阿皮迪马人 2 号个体（Apidima 2）颅骨的不同重建方式（Harvati 等，2019）

第一、第二行为由 Carolin Röding 分别使用镜像标准和平滑标准进行的重建，第三、第四行为由 Abel M. Bosman 分别使用镜像标准和平滑标准进行的重建。

搁置的古人类化石得以被重新审视和研究。例如，对中国郧县直立人（详见第十三章中的有关叙述）以及希腊阿皮迪马人 1 号（Apidima 1）智人和阿皮迪马人 2 号（Apidima 2）尼安德特人的颅骨重建和分析就是这样（如图 10-24 所示）（Vialet 等，2010；Harvati 等，2019）。

一般的古人类学研究是从形态学和测量学的角度分析灵长类动物的起源问题。因此，掌握扎实的灵长类解剖学知识是非常重要的。首先，如果没有这种特殊的学科训练，就不能将破碎的化石碎片或者骨骼碎片进行科学的拼对和复原，复原的科学与否将直接影响以后的各项研究。其次，对古人类学研究当中的人科进化进行研究时，必须对现代人的解剖学结构以及早期人科成员的解剖学结构有所了解。通过形态比较和数据分析，我们能对在人类进化道路上曾经存在过的不同成员进行科学的定位，了解他们的进化水平并推测他们与现代人的亲疏关系。

在"人类生物学性状的变异"部分我们介绍了有关形态观察和测量学的基本概况。通过测量学和形态学的比较，可以将已发现的化石材料与现代人进行亲缘关系比较，从而可以建构"进化树"。定量研究在古人类学研究中占有相当重要的地位（Schillaci 和 Gunz，2013）。

齿学人类学的应用能够帮助人类学家们从微观结构上发现进化的细微变化，如不同时期古人类牙齿尺寸的变化和牙齿齿尖的变化（李法军等，2006）。此外，还能够在显微镜下观察牙齿表面的磨耗情况以推测个体的食物结构，即应用微观结构分析的方法（李法军等，2013）。

血清学和遗传学分析能够帮助我们更为精确地构建，但它们目前的局限性在于无法对年代久远的化石材料进行有效分析。通过提取古代人类遗骸中的 DNA 片段，进行相关的遗传学分析的方法正在迅速普及和完善。这种遗传学分析，能够帮助人类学家们从全新的角度审视人类进化的真实过程（Ovchinnikov 等，2000；Olson，2002；崔银秋和周慧，2004；崔银秋等，2009；Raghavan 等，2014；Fu 等，2014、2015）。

但是，从古代化石中提取 DNA 并不总是可行的。因此，一种被称为古蛋白质组学的用以分析化石中保存的古蛋白质的方法开始被应用。与古 DNA 分析相比，古蛋白质组学需要较少的化石样本以防止污染（Delson，2019）。在中国新近发现的夏河人化石与丹尼索瓦人的遗传关系分析就应用了这种方法（Chen 等，2019）。

除了应用激光扫描技术获取遗骸外轮廓形态，应用计算机断层扫描技术来观察化石内部结构的工作已经变得越来越普遍（吴秀杰和Schepartz，2009；吴秀杰和潘雷，2011；吴秀杰等，2011）。例如，应用该种技术对南方古猿阿法种（*Australopithecus afarensis*）的内耳解剖学结构进行研究，从而以全新的论据支持了南方古猿能够直立行走的学说（LeaKey，1995）。几何形态测量学是另一种非常有效的形态学研究方法，目前已成为国际学术界较为普遍的研究手段（Harvati，2003；Martínez-Abadías 等，2006；Slice，2007；邢松等，2009；Xiao 等，2014；刘畅，2018；Xing 等，2019）。

三、如何获取化石的年代信息

对古人类化石进行年代测定是一项重要的工作。各阶段人类化石的形态，都有一定的重叠，仅仅根据不知其年代的骨骼的某些部分，如上下颌骨、牙齿、肢骨等，有时是难以确定其分类地位的。测定年代的方法，一般可分为两类，即绝对年代测定法和相对年代测定法（吴汝康，1989；田明中和程捷，2009；Scarre，2009）。

（一）绝对年代的测定

绝对年代的测定是根据沉积岩或火山岩形成后其化学元素自然放射性的衰变而计算的（Pojeta，2007）。沉积岩中的某些元素有不稳定的同位素，在发生自然的放射性衰变时，它们的原子有规则地分解，成为其他的元素。衰变的速度不受外界因素如压力、温度或时间推移的影响，经过一定的时间，原先的原子只留下一半，这个时间叫"半衰期"（Bushee 等，2000）。

这时放射的量也只有原来的一半。留下的这一半经过相当的时间又去掉了一半，只留下原先的 1/4；再经过相同的时间，再去掉一半，

留下原先的 1/8；而后以同样的速度一直衰变下去。如果知其半衰期的年代，便可计算出它的绝对年代。绝对年代可以直接测定，也可以间接测定。最常用的直接测定法是 ^{14}C 测定法、氩 – 钾法、裂变径迹法和铀系法（蔡莲珍和仇士华，1979；Jones 等，1992；Bard 等，1998；Beck 等，2001；Zhou 等，2006；田明中和程捷，2009；Grün 等，2014）。

但是，传统的年代测定法（如放射性碳素测定法 ^{14}C）存在许多难以克服的制约因素，从而影响其精确测年。例如，大量研究表明，即便是在同一年份，由于南北半球、纬度、海洋、自然环境及地质现象差异，不同地区的大气碳元素交换会呈现较大的差别（中国科学院考古研究所实验室，1974；Aitken，1990；Bowman，1995；Van der Plicht 和 Hogg，2006；Russell，2011；Queiroz-Alves 等，2018）。现代工业对大气中的碳含量影响则更大。此外，传统放射性计数方法还存在灵敏度低、取样量

图 10-25　中国西安加速器质谱中心的 3MV 多元素加速器质谱装置
（Zhou 等，2006）

生物人类学
（第二版）

大、易污染和可测年有限的缺点。例如，由于 ^{14}C 的含量极低，因此其可测年代是有限的，超过 4 万年的样本就很难精确测年。

为了解决上述问题，20 世纪 70 年代开始出现了用传统低能质谱计来计数 ^{14}C 的数目，以取代 ^{14}C 的放射性衰变计数法。然而，由于分子干扰和同量异位素的干扰等因素，无法实现所需的分析灵敏度。20 世纪 70 年代，回旋加速器和串列加速器的出现增加了可测的 ^{14}C 数量（张焕乔，2009）。

加速器质谱分析（accelerator-based mass spectroscopic analysis）是指加速器与质谱分析相结合的一种核分析技术（张焕乔，2009）。将待测样品在加速器的离子源中电离，随后将离子束引出并加速，再借助电荷态、荷质比、能量和原子序数的选择，鉴别被加速的离子并加以记录，实现同位素比值的测定（如图 10-25 所示）。

此外，分子钟（molecular clock）也是确定古生物绝对年代的方法，但与上述方法不同的是，它来自遗传学领域。详细内容请参看后面的专题"猴、猿与人的分离时间"部分。

（二）相对年代的确定

相对年代法包括层位法、文化序列法、氟含量测定法、动物进化序列法、冰川顺序法、海底沉积序列法、古地磁顺序法以及人科成员形态顺序法（Pojeta，2007）。其中，层位法是最为重要和常用的方法，它依据地层的早晚关系和层内动物群特征来确定某层位的相对年代（如图 10-26、图 10-27 所示）。

地层划分是所有上述工作的基础，其划分具有多重性，因为划分岩层的依据是有很多种的。现代地层学更强调地层的时间对比，甚至将时间对比作为地层对比的同义词（如图 10-28 所示）（杜远生和童金南，1998）。

图 10-26　许家窑人遗址剖面堆积
（承蒙刘武授权使用）

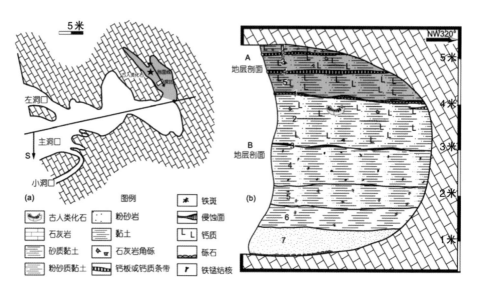

图 10-27　木榄山智人洞古人类遗址洞穴平面示意（a）和地质剖面（b）

（金昌柱等，2009）

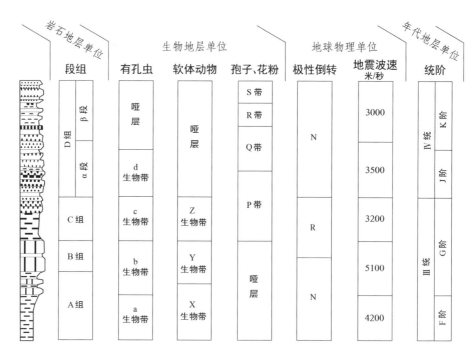

图 10-28　多重地层划分和多重地层单位示意

（修改自杜远生和童金南，1998）

重点、难点

1. 进化的客观性
2. 新种产生的必要条件
3. 间断平衡论
4. 镶嵌式进化特征
5. 地质年代
6. 古人类学的研究方法

深入思考

1. 如何理解"生命的实质是进化的产物"?
2. 进化动力与生殖隔离的相关性体现在哪些方面?
3. "分歧"或"趋异"现象在何种条件下发生?
4. 适应辐射和适应趋同有何区别?
5. 宏观进化和微观演化的关系是怎样的?
6. 间断平衡论是折中主义的体现吗?
7. 地质年代与考古学年代有怎样的对应关系?

延伸阅读

[1]本顿. 古脊椎动物学 [M]. 4版. 董为，译. 北京：科学出版社，2017.

[2]蔡莲珍，仇士华. 碳 –14 年代数据的统计分析 [J]. 考古，1979（6）：554–559，561.

[3]崔银秋. 新疆古代居民线粒体 DNA 研究：吐鲁番与罗布泊 [M]. 长春：吉林大学出版社，2003.

[4]杜远生，童金南. 古生物地史学概论 [M]. 武汉：中国地质大学出版社，1998.

[5]何心一，徐桂荣，等. 古生物学教程 [M]. 北京：地质出版社，1993.

[6]柯本斯. 我们的祖先：人类的起源 [M]. 许嵩玲，译. 北京：电子工业出版社，2016.

[7]利基. 人类的起源 [M]. 吴汝康，吴新智，林圣龙，译. 上海：上海科学技术出版社，1995.

[8]刘武，吴秀杰，邢松，等. 中国古人类化石 [M]. 北京：科学出版社，2014.

[9]田明中，程捷. 第四纪地质学与地貌学 [M]. 北京：地质出版社，2009.

[10]童金南，殷鸿福. 古生物学 [M]. 北京：高等教育出版社，2007.

[11]吴汝康. 古人类学 [M]. 北京：文物出版社，1989.

［12］吴汝康，吴新智. 中国古人类遗址［M］. 上海：上海科技教育出版社，1999.

［13］肖传桃. 古生物学与地史学概论［M］. 北京：石油工业出版社，2007.

［14］张焕乔. 加速器质谱分析［M］// 周光召. 中国大百科全书：物理学. 2 版. 北京：中国大百科全书出版社，2009：254.

［15］赵玉芬. 磷酰化氨基酸与生命系统：核酸与蛋白相互作用的基本规律研究［J］. 厦门大学学报（自然科学版），1999，38（S1）：207.

［16］中国科学院考古研究所实验室. 碳 –14 年代的误差问题［J］. 考古，1974（5）：328–332.

［17］COHEN K M, HARPER D A T, GIBBARD P L. ICS, international chronostratigraphic chart 2018/08［EB/OL］. International commission on stratigraphy, IUGS.［2019–07–14］. http: //www. stratigraphy. org.

［18］DOBZHANSKY T. Genetics and the origin of species［M］. 3rd ed. New York: Columbia University Press, 1953.

［19］ELDREDGE N, GOULD S J. Punctuated equilibria: an alternative to phyletic gradualism［M］// SCHOPF T J M. Models in paleobiology. San Francisco: Freeman, Cooper, 1972: 82–115.

［20］FU Q, HAJDINJAK M, MOLDOVAN O T, et al. An early modern human from Romania with a recent Neanderthal ancestor［J］. Nature, 2015, 524（7564）: 216–219.

［21］FU Q, LI H, MOORJANI P, et al. Genome sequence of a 45, 000-year-old modern human from western Siberia［J］. Nature, 2014, 514（7523）: 445–449.

［22］GOULD S J, ELDREDGE N. Punctuated equilibria: the tempo and mode of evolution reconsidered［J］. Paleobiology, 1977（3）: 115–151.

［23］HARVATI K, RÖDING C, BOSMAN A M, et al. Apidima Cave fossils provide earliest evidence of Homo sapiens in Eurasia［J］. Nature, 2019, 571（7766）: 500–504.

［24］JONES S. Darwin's ghost: the origin of species updated［M］. London: Doubleday, 1999.

［25］MAYR E. What evolution is［M］. New York: Basic Books, 2001.

［26］OVCHINNIKOV I V, GÖTHERSTRÖM A, ROMANOVA G P, et al. Molecular analysis of Neanderthal DNA from the northern Caucasus［J］. Nature, 2000, 404（6777）: 490–493.

［27］POJETA JR J. , SPRINGER D A. Evolution and the fossil record［J］. American geological institute and the paleontological society, 2007.

［28］SCHILLACI M A, GUNZ P. Multivariate quantitative methods in paleoanthropology［A］//BEGUN D R. A companion to paleoanthropology. London: Wiley-Blackwell, 2013: 75–96.

［29］VIALET A, GUIPERT G, HE J, et al. Homo erectus from the Yunxian and Nankin Chinese sites anthropological insights using 3D virtual imaging techniques［J］. Comptes rendus palevol, 2010, 9(6–7): 331–339.

［30］ZHOU W, ZHAO X, LU X, et al. The 3MV multi-element AMS in Xi'an, China: Unique features and preliminary tests［J］. Radiocarbon, 2006, 48（2）: 285–293.

生物人类学
（第二版）

第十一章

灵长类的起源与进化

在现代生物学分类当中，人类和其他近亲被划分为灵长类动物，即灵长目。我们在进化上属于相对较近的支系。为了探讨人类的起源问题，有必要先探讨一下灵长类的起源问题，这样我们可以在更为宏观的层面上来追踪人类进化的足迹。

第一节　早期灵长类的起源与进化

在思考灵长类的起源时，我们不可避免地要考虑这样一个问题，即如何区分早期灵长类和其他哺乳类动物？诚然，如前所述，现生灵长类具有许多区别于其他物种的一般性特征。但是，这些共有特征并不可能同时进化出来，应当是从一种更古老的不具有这些特征的祖先类型进化而来的（Slicox，2014）。这一点对理解灵长类从其他哺乳动物中分化出来的时间、地点和原因是至关重要的。

这样的工作的确不容易，首先是由于化石材料的破碎和不连续。虽然经过了长期的积累，我们已经获取了丰富的早期类灵长类和灵长类化石材料。近 20 年来，有关灵长类化石的发现取得了显著的进展，相关的深入研究也逐渐增多（Simons 等，1995；Tavaré 等，2002；Franzen 等，2009；Ni 等，2013；Harrington 等，2016；Atwater 和 Kirk，2018）。然而，要做到构建完整的进化序列，还有很长的路要走。

一、何时、何地

一般认为，最早的灵长类出现在中生代白垩纪末期和新生代第三纪古新世阶段（距今 6600 万年～5600 万年）。关于灵长类起源争论的焦点是更猴形亚目（Plesiadapiforms）化石群，它们是目前能够确认的最早的类灵长类哺乳动物（如图 11-1 所示）（傅静芳等，2002；Clemens，2004；Henke 等，2007；Boyer 等，2012）。化石记录表明其存在于距今 6600 万年～3700 万年的古新世早期至始新世晚期，至少包括 11 个科（Conroy，1990；Bloch 等，2007；Silcox 和 Gunnell，2008；Relethford，2010；Silcox，2014；本顿，2017）。

这些类灵长类体形之小如同现代的鼠类和树鼩，行动与狐猴类似，也许是最早拥有爪这类结构的哺乳类动物（如图 11-2 所示）（Beard，1990）。目前来看，它们还未具有与立体视觉密切相关的眶部结构（Bloch 和 Boyer，2002）。在漫长的演化过程中，更猴形亚目发生了适应辐射。它们演化出了适应抓握的纤长手指，并具有独特的多尖形门齿和特化的下颌前臼齿（Bloch 和 Boyer，2002；Silcox，2014）。最新的观点认为，

图 11-1　距今约 6600 万年的更猴形亚目珀加托里猴（Purgatorius）复原像

（承蒙 Nobu Tamura 授权使用）

图 11-2　更猴形亚目更猴（Plesiadapis）化石重建

（承蒙 Ghedoghedo 授权使用）

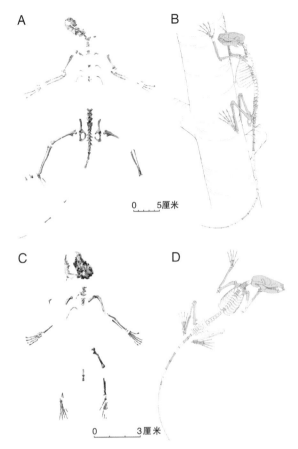

A

B

C

D

0   5厘米

0   3厘米

更猴形亚目与皮翼目（Dermoptera）类群在诸多特征上都有相似之处，二者的演化关系最为密切（Morse 等，2019）。

有关最早灵长类出现的地点之争就从未停止过。目前，已命名的灵长类化石多发现于北美、欧洲和亚洲（Hartwig，2002；Gingerich 和 gunnell，2005；Fleagle，2013）。美洲作为目前化石记录最为丰富的地区，被许多学者视为灵长类的原乡（如图 11-3、图 11-4 所示）（Bloch 等，2007）。也有学者认为亚洲发现了诸多更猴形亚目化石（如中国山东五图盆地发现的杨氏亚洲更猴 *Asioplesiadapis Youngi*），因而该地区的重要性也不可忽视（如图 11-5 所示）（傅静芳等，2002；Silcox，2014）。

但是，发现于摩洛哥距今 5700 万年的阿特拉斯猴（*Altiatlasius koulchii*）很可能是公

图 11-3　更猴形亚目平猴科（Paromomyidae）化石及其骨骼重建

（A 和 B 为 *Ignacius clarkforkensis*，C 和 D 为 *Dryomomys szalayi*）（Bloch 等，2007）

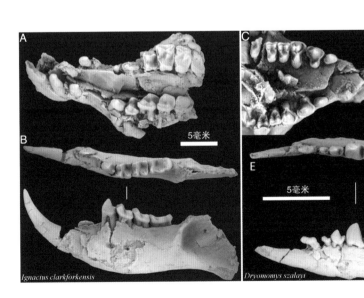

A

B

5毫米

C

D

E

5毫米

Ignacius clarkforkensis

Dryomomys szalayi

图 11-4　*Ignacius clarkforkensis*（A. 上颌；B. 下颌）和 *Dryomomys szalayi*（C. 上颌；D. 前颌；E. 下颌）颌骨对比

（修改自 Bloch 等，2007）

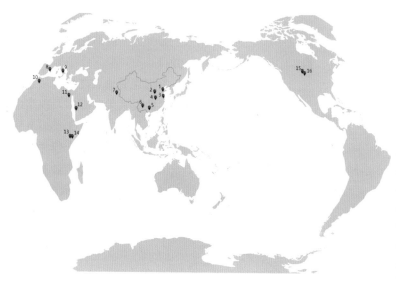

1. 杨氏亚洲更猴 *Asioplesiadapis youngi*；2. 世纪曙猿 *Eosimias centennicus*；3. 中华曙猿 *Eosimias sinensis*；4. 阿喀琉斯基猴 *Archicebus achilles*；5. 柳城巨猿 *Gigantopithecus* 6. 禄丰古猿 *Lufengpithecus*；7. 西瓦古猿 *Sivapithecus*；8. 皮耶罗拉古猿 *Pierolapithecus catalaunicus*；9. 山猿 *Oreopithecus bambolii*；10. 阿特拉斯猴 *Altiatlasius koulchii*；11. 埃及猿 *Aegyptopithecus zeuxis*；12. 萨达涅斯猴 *Saadanius hijazensis*；13. 维多利亚猴 *Victoriapithecus macinnesi*；14. 原康修尔猿 *Proconsulidae*；15. 北狐猴 *Nothartus tenebrosus*；16. 卡普莱斯茨 *Carpolestes simpsoni*。

图 11-5　早期主要灵长类化石分布
（© 李法军）

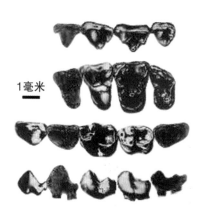

图 11-6　阿特拉斯猴 *Altiatlasius koulchii* 的牙齿化石及齿列重建
（修改自 Sigé 等，1990）

认的最早的灵长类动物，甚至可能是最早的类人猿类动物（Rose，1995；Williams 等，2010；Seiffert 等，2010；本顿，2017）。该个体保存了 10 颗单独的颊齿以及一块残破的下颌骨化石，具有与更猴形亚目相似的齿列（如图 11-6 所示）（Sigé 等，1990）。它体形纤细，大小如鼠狐猴，重 50 ～ 100 克（本顿，2017）。

二、为什么会进化出灵长类

大多数有关灵长类起源的研究都表明，灵长类的出现与饮食结构相关（Szalay，1968；Sussman 和 Raven，1978；Eriksson 等，2000；朱泓等，2004）。尽管我们对最早的灵长类动物所处生态特征的了解尚不全面，但向杂食性转变可能是它们进化动力的重要因素之一（Sussman，1991；Bloch 等，2007）。虽然目前关于灵长类起源的机制还不清楚，但有两种假说可供参考，一种是树栖模式，另一种是视觉掠夺模式。

（一）树栖模式

该假说认为第一个真正的灵长类适应了在树上生活，自然选择能够促使这些生活在树上的个体更好地适应树栖生活。现生原猴亚目的个体大部分都是营树栖生活，有些成员还具有了明显适应树栖生活的体质结构。化石证据表明，类灵长类已经拥有了适应树栖生活的骨骼形态，包括眼部位置的向前趋势和五指（趾）（Relethford，2010）。

树栖生活完全不同于陆地生活。首先，营树栖生活的个体必须具有三维立体定位能力，最重要的是要拥有立体视觉；其次，必须具有灵活的身体结构（如适合弯曲的脊柱形态和能够抓握的五指／趾）以便在树枝间跳跃，这就必须拥有敏感的触觉和抓握功能；最后，必须在大脑的指挥下使四肢与视觉协调运动。

（二）视觉掠夺模式

该假说认为最早期的灵长类动物是由食虫类发展而来的，这些食虫类最初在地面上和较矮的树枝上捕捉昆虫，随着捕食需求的增强，这些食虫类逐渐发展了抓握功能和立体视觉以适应在更高的树枝上捕捉昆虫的需求。早期的类灵长类化石（如 *Ignacius clarkforkensis*）的牙齿也显示有些个体的确是以昆虫为食（Cartmill，1974、1992；Bloch 等，2007）。

三、始新世阶段的灵长类进化

新生代第三纪的始新世（距今 5600 万年～3400 万年）是原始灵长类获得发展的一个重要时期。这一时期气候温暖而湿润，占主导地位的是热带和亚热带气候（Ni 等，2013）。

当时的欧洲和北美大陆仍然是连在一起的，因此，在欧洲和北美大陆所发现的始新世灵长类化石在形态上非常相似（朱泓等，2004；Rvosa 和 Dagosto，2007）。

这一时期的灵长类已经拥有立体视觉、敏感的触觉和抓握能力。这是一整套完全适应了树栖生活的结构。它们的吻部缩短了，牙齿的排列更加紧密；有明显的眶后部支撑结构，颅底出现岩部隆起（听泡）；脑容量增大，具有与现代灵长类相似的大脑血液供应结构；拇指上有扁平的指甲，跟骨具有前伸特征（Palmer，1999；Relethford，2000；朱泓等，2004；Covert，2002；Ni 等，2013；Harrington 等，2016；Seiffert 等，2018）。

北狐猴（Notharctinae）、始镜猴（Omomyidae）和兔猴（Adapoidea）是这一时期的代表（如图 11-7 所示）（Szalay，1974；童永生，1979；吴汝康和潘悦容，1985；潘悦容和吴汝康，1986；Beard 和 Godinot，1988；朱泓等，2004；Marigó 等，2010；Atwater 和 Kirk，2018）。始镜猴在很多特征上明显有别于北狐猴和兔猴，与现生眼镜猴科相近；北狐猴和兔猴与现生的狐猴和懒猴被认为具有密切的

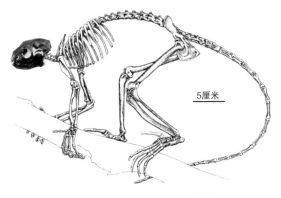

图 11-7　北狐猴科（*Smilodectes gracilis*）化石
（© 李法军）

图 11-8 兔猴科（Adapoidea）颅骨

（承蒙 Ghedoghedo 授权修改使用）

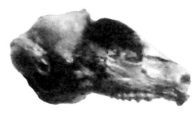

图 11-9 始镜猴科（Omomyoidae）尼古鲁猴（Necrolemur antiquus）颅骨

（承蒙 Esv 授权修改使用）

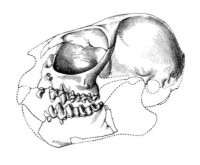

图 11-10 始镜猴科悬猴亚科恐猴（Tetonius homunculus）头骨

（承蒙 Reiserfs 授权修改使用）

演化关系（如图 11-8 至图 11-10 所示）（本顿，2017）。后四者共有一些不寻常的特征，如第二脚趾上都有梳妆爪，现生类用其清理毛皮和挠痒（Maliolino 等，2012）。

发现的距今约 5600 万年的卡普莱斯茨猴（Carpolestes simpsoni）重约 100 克，长约 35 厘米（如图 11-11 所示）（Bloch 等，2001）。化石记录表明它有一条粗长的尾巴和与后代灵长类非常相似的牙齿，眼睛位于头的两侧。大脚趾与其他四趾明显分离，无跳跃能力（Bloch

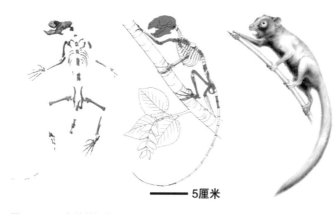

—— 5厘米

图 11-11 卡普莱斯茨猴的骨骼及复原像

（Bloch 和 Boyer，2002）

和 Boyer，2002）。它属于更猴形亚目腕猴科（Carpolestidae）动物，可能是一种由类灵长类向灵长类过渡的类型（Jonathan 和 Boyer，2002；Moffat，2002；Sargis，2002；朱泓等，2004；李法军，2007）。

在美国怀俄明州始新世中期布拉杰组中发现的原猴亚目北狐猴（Notharctus tenebrosus）距今 5400 万年～3800 万年，已完全适应树栖生活（如图 11-12 所示）（Maiolino 等，2012；Harrington 等，2016）。因其头骨化石保存相对较好，因而被用来重建颅内膜。与更早期的更猴头骨相比，北狐猴的眶部已经朝向前方。二者的脑容量虽然相当，但北狐猴的大脑更具复杂性。北狐猴大脑中负责嗅觉的区域相对更猴的小，这一点表明其更加依赖视觉而不是嗅觉（如图 11-13 所示）（Harrington 等，2016）。在德国发现的达尔文猴（Darwinius masillae）则可作为该时期兔猴形类的代表（如图 11-14 所示）。

始新世化石中较引人注意的是

图 11-12 原猴亚目北狐猴（*Notharctus tenebrosus*）骨骼

（承蒙 Ghedoghedo 授权使用）

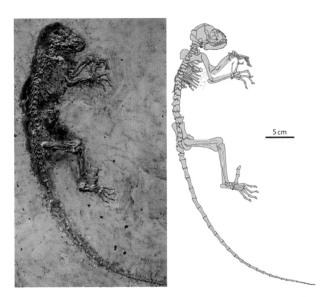

图 11-14 德国发现的距今约 4700 万年的兔猴形类达尔文猴（*Darwinius masillae*）

（Franzen 等，2009）

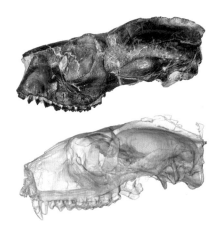

图 11-13 原猴亚目北狐猴（*Notharctus tenebrosus*）颅骨及其 CT 重建结果

（修改自 Harrington 等，2016）

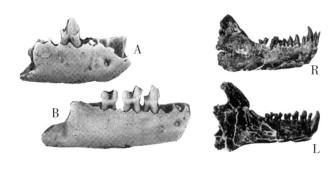

图 11-15 中华曙猿（A，B）和世纪曙猿（R，L）的下颌骨化石

（依郭建崴和齐陶，2000）

曙猿（Eosimias），该类群的化石多出自中国和缅甸，印度也有少量发现（本顿，2017）。在中国江苏溧阳发现的距今 4500 万年的中华曙猿（*Eosimias sinensis*）和在山西垣曲发现的距今 4000 万年的世纪曙猿（*Eosimias centennicus*）极具重要性（如图 11-15 所示）（郭建崴和齐陶，2000）。

中华曙猿的化石包括两块带有牙齿的右下

颌残段、一些零散的牙齿以及脚踝骨等（如图11-15所示）。它代表了迄今为止人类发现的最早的高等灵长类。世纪曙猿化石包括一块几乎完整的、带有所有牙齿的下颌骨以及脚踝骨等（如图11-15所示）。中华曙猿和世纪曙猿化石反映了猕猴类、猿猴以及人类的共同祖先演化的早期状态，支持猿猴亚目与眼镜猴之间紧密的演化关系（Beard和Wang，2004）。

目前可确认的最早的非洲类人猿化石是出自埃及的距今4000万年～3300万年的傍猴亚科（Parapithecinae）类，包括了7个属，以亚辟猴属的 *Apidium Phiomense* 最为常见（Beard，2004；Seiffert等，2010）。傍猴亚科类与其他始新世阶段的灵长类具有较多的共同特征（如图11-16所示）。

虽然始新世时期的灵长类存在着普遍的共性，但不同地区的化石个体仍表现出独立演化的特征。例如，在中国湖北荆州下始新统洋溪组中发现的距今约5500万年的阿喀琉斯基猴（*Archicebus achilles*）（如图11-17所示），代表着眼镜猴科可能具有独特的亚洲进化史（本顿，2017）。

阿喀琉斯基猴重20～30克，长约23厘米（Ni等，2013）。根据骨骼和牙齿特征判断，阿喀琉斯基猴适应了昼间生活，以食虫为主，不善跳跃。但其独特性来自足部，它的跗骨较短，距骨极长，二者比例与类人猿的相似。阿喀琉

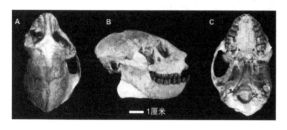

图11-16　傍猴亚科（*Parapithecus grangeri*）颅骨化石
（Seiffert等，2010）
A. 顶面观；B. 侧面观；C. 底面观

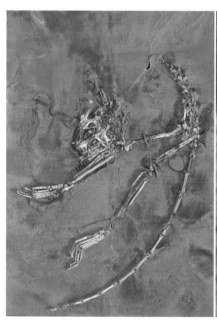

图 11-17　5500 万年前的阿喀琉斯基猴（*Archicebus Achilles*）及其复原像（承蒙倪喜军授权修改使用）

斯基猴的存在时间与类人猿和眼镜猴祖先的分离时间重合，并被认为是眼镜猴类已知最早的祖型（Ni 等，2013；本顿，2017）。从这一点上来说，阿喀琉斯基猴显示了古老类人猿的某些特征，这些特征在其后的中华曙猿和世纪曙猿那里获得了继承和进一步的演化。

四、渐新世阶段的灵长类进化

从渐新世开始（距今 3400 万年～2300 万年），气候变得寒冷而干燥，森林缩减，草原延伸。在旧大陆和新大陆都发现了类人猿在这一时期出现的化石证据。值得注意的是，这些化石的分布都在偏南部地区，这是当时的类人猿适应气候变化的结果。也正是在这个时期，始新世末期的类人猿逐渐分化出旧大陆猴和新大陆猴的祖型（本顿，2017）。

目前，最早的旧大陆类人猿化石是该阶段的森林古猿类（Dryopithecinae）。这一类群包括了渐新猿（Oligopithecus）、风神猿（Aeolopithecus）、原上猿（Propliopithecus）和埃及猿（Aegyptopithecus）（Simons，1962；Simons 和 Rasmussen，1991；Palmer，1999；Seiffert，2006；Stevens 等，2013）。

埃及法尤姆（Faiyum）地区发现的埃及猿（Aegyptopithecus zeuxis）距今 3540 万年～3330 万年（Simons 和 Rasmussen，1991；Seiffert，2006）（如图 11-18 所示）。埃及猿的体形与猫科动物相当。它属于狭鼻猴类，有显著的外鼻。眼眶较小而且朝前，这表明埃及猿已经开始适应日间活动。对于类人猿的后期演化来说，由夜间生活方式转为日间生活方式是极为重要的。这种转变为以后的哺育方式的改变和个体间的社会化协作提供了可能。

埃及猿的齿列由两颗门齿、一颗犬齿、两颗前臼齿和三颗臼齿组成。门齿极小，犬齿发育，上颌犬齿与下颌前臼齿构成切割复合体。前臼齿和臼齿很大，

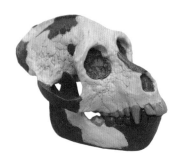

图 11-18　埃及猿头骨化石侧面观
（承蒙 Bone Clones，Inc. 授权修改使用）

颊侧面上保留着齿带。臼齿为低冠型，有五个齿尖。它可能是猿类和人类的祖先（Jurmain 等，1984；Ciochon 和 Gunnell，2002；朱泓 等，2004；Relethford，2010）。

发现于埃及、阿曼和安哥拉的原上猿也是已知较早的渐新世古猿，距今 3500 万年～3000 万年。发现于沙特阿拉伯阿尔西加兹（Al Hijaz）省哈拉特阿尔尤加法（Harrat Al Ujayfa）地区的萨达涅斯猴（Saadanius hijazensis）化石（SGS-UM 2009-002）距今 2900 万年～2800 万年，体重为 15～20 千克，有管状外耳道（如图 11-19 所示）。它很可能是人科与猴科最后的共同祖先（Zalmout 等，2010）。

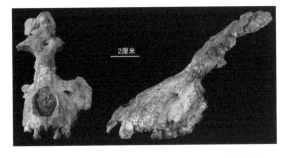

图 11-19　萨达涅斯猴（Saadanius hijazensis）颅骨化石
（Zalmout 等，2010）

与长臂猿有关的化石包括法国中新世上猿（Pliopithecus）、肯尼亚中新世的湖猿（Limnopithecus）、乌干达的细猿（Micropithecus）、印度晚中新世猿（Krishnapithecus）、中国江苏晚中新世醉猿（Dionysopithesus）、中国云南晚中新世池猿（Laccopithecus）（吴汝康，1984；朱泓等，2004）。

目前已知最早的猕猴科化石证据来自晚渐新世的下颌第三臼齿化石（Stevens等，2013），但出自肯尼亚的距今1500万年～1400万年的维多利亚猴（Victoriapithecus macinnesi）是最完整的（如图11-20所示）（本顿，2017）。它体重约为7千克，脑容量约为36毫升（Fleagle，1998）。该个体的齿式为2-1-2-3，臼齿已经具有双嵴型特征，犬齿显示出性别二态性（Miller等，2009）。

阔鼻猴类的化石发现较少，最早的化石记录显示在3000万年前在南美洲已经出现类人猿（李法军，2007）。目前已知最早的化石是晚渐新世的Branisella，但保存情况较差；距今约2000万年的早中新世的Dolichocebus、Tremacebus和Chilecebus则保存较为完好（本顿，2017）。

图11-20　维多利亚猴（*Victoriapithecus macinnesi*）颅骨化石（承蒙Ghedoghedo授权修改使用）

在新大陆发现的这些化石在体质特征方面显示出若干与旧大陆地区化石不尽一致的地方，如狭窄的颌部以及突出的门齿。一般认为，新、旧大陆类人猿是在始新世或渐新世分开的（本顿，2017）。"筏运假说"认为新大陆类人猿可能是以偶然的方式乘着海上漂浮物由非洲到达南美洲的（Fleagle，1995；Flynn等，1995；Relethford，2010；李法军，2007）。

第二节　中新世猿类

在中新世（距今2300万年～530万年）的时候，由于大陆板块的继续移动，非洲大陆与欧亚大陆发生碰撞而形成了一个大陆桥（Aiello，1982）（如图11-21所示）。中新世还是一个造山运动时期，板块间的碰撞产生了今天世界上的大部分高山。例如，欧洲西南部的比利牛斯山脉、中部的阿尔卑斯山脉、亚洲西部的扎格罗斯山脉和中南部的喜马拉雅山脉，东非大裂谷也在这一时期开始形成。

渐新世以来的气候变化，使这一阶段的生存环境变得比以往艰难得多。尽管这时的非洲大陆的森林在持续消退，许多欧亚大陆的动物还是通过大陆桥迁徙至非洲大陆（Aiello，1982）。

许多现生灵长类动物在中新世的时候就已经出现了。与现在不同的是，中新世猿类的种属要比猴类丰富得多，但从距今1700万年～1600万年，这一比例开始扭转并保持至今。由于许多现生猿类的祖先都已经灭绝了，有些中新世时期的古猿甚至可能没有成功地繁育后代而遭绝灭。就目前发现的化石材料而言，当时已经存在30多个属40多个种（Nengo等，2017）（如图11-22所示，见表11-1）。随着近年来新种属的不断发现，我们很难知道那个时期究竟存在过多少种属。

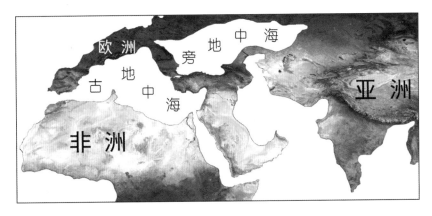

图 11-21 中新世的欧亚大陆

（© 李法军）

5厘米

图 11-22 肯尼亚距今约 1300 万 年 的 *Nyanzapithecus alesi sp. nov.* 儿童（KNM-NP 59050）颅骨化石

（修改自 Nengo 等，2017）

表 11-1　中新世的猿类化石材料

地点	时间		
	早中新世	中中新世	晚中新世
非　洲	Dendropithecus　Afropithecus　Otavapithecus　Kenyapithecus Limnopithecus　Nyanzapithecus Micropithecus Pangwapithecus Turkanapithecus		
亚　洲	Dionysopithecus	Sivapithecus	Gigantopithecus Laccopithecus Lufengpithecus
欧　洲		Dryppithecus Pliopithecus Sivapithecus	Ouranopithecus Oreopithecus Pierolapithecus-catalaunicus

注：西瓦古猿（Sivapithecus）在亚洲和欧洲均有发现，巨猿（Gigantopithecus）目前只发现于亚洲。

一、原康修尔猿

发现于东非肯尼亚的原康修尔猿（Proconsul）生活于距今 1900 万年～ 1300 万年（如图 11-23 所示）。原康修尔猿属于原康修尔猿科（Proconsulidae）的一种，这一科包括 Nyanzapithecus、Rangwaoithecus 和 Turkanapithecus 等类型（Palmer，2010；本顿，2017）。原康修尔猿属共有四个种，主要区别在于其体形的大小上（本顿，2017）。

图 11-23　原康修尔猿颅骨化石
（© 李法军）

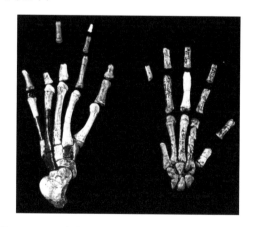

图 11-24　原康修尔猿的足骨（左）与手骨（右）
（Palmer，2010）

图 11-25　原康修尔猿上颌化石
（Palmer，2010）

原康修尔猿的头骨结构呈现出一种猿类与猴类的混合状态。与现代猿类一样，原康修尔猿没有尾巴。四肢比例更接近于猴类（现代猿类的前肢要比后肢长些），但肩部、肘部和足部关节形态非常接近于猿类的形态（如图 11-24 所示）。这样的躯体结构既能让原康修尔猿在地面四足行走，也可以在树间四足前行。

根据牙齿（犬齿长且外凸，臼齿较小）（如图 11-25 所示）和颌部形态的特征可以看出，原康修尔猿与现代非洲大猿存在着密切的联系，甚至有人认为它们就是现代黑猩猩和大猩猩的祖先。但是，环境重建实验表明情况远没有想象的那么简单，原康修尔猿是一种从某种特殊类人猿向现代类人猿的过渡类型（Relethford，2010）。

二、非洲古猿

肯尼亚发现的非洲古猿（Afropithecus）距今 1800 万年～ 1600 万年，是非洲猿科（Afropithecidae）的成员之一（Leakey 等，1988）。除了 Afropithecus（如图 11-26 所示），非洲猿科还

图 11-26　距今 1800 ～ 1700 万 年 的 非 洲 古 猿 *Afropithecus turkensis* （KNMWK 16999）颅 骨 化石
（Leakey 等，1988）

包括 Kenyaoithecus、Griphopithecus、Equatorius 和 Anoia-pithecus 四个属（Lea-key，1961；Moyà-Solà 等，2009）。这些古猿化石距今 2000 万年～ 1400 万年，多分布于东非地区，但也见于土耳其和西亚地区（本顿，2017）。

虽然非洲古猿的很多特征与同时期的猿类和现代猿类非常相似，如肯尼亚茅鲁罗特（Moruorot）遗址距今约 1750 万年的非洲古猿 KNM-MO 26 第一恒臼齿萌出时间与黑猩猩的相近（Kelley 和 Smith，2003），但仍有许多独有的特征（Bilsborough 和 Rae，2007）。

非洲猿科是目前所知最早扩散到旧大陆各地的人猿超科类，其强壮的颌部和粗壮的牙齿可以适应不同类型的食物。它们可能是现代亚洲和非洲大猿的祖先，但也可能是已经灭绝的古猿（如图 11-26 所示）。

三、西瓦古猿与禄丰古猿

西瓦古猿（Sivapithecus）最初被命名为两个属，即"腊玛古猿"属和"西瓦古猿"属，这二者的关系及命名一直存在着争议（Pilbeam，1979；Greenfield，1979；Jurmain 等，1984；吴汝康等，1986；Relethford，2000；徐庆华和陆庆五，2008）。20 世纪 80 年代以来，通

过对中国和巴基斯坦化石的详尽研究，多数学者认为这两种古猿在形态上的相似性是主要方面，相互之间的差别可视为同一种系内部的性别差异，应当把它们归为同种类型（陆庆五等，1981；Pilbeam 和 Smith，1981；Pilbeam，1982、1983；吴汝康等，1983、1984、1985、1986；王颋，2013）。

按照国际命名法的惯例，西瓦古猿的命名（Pilgrim，1910）早于腊玛古猿的命名（Lewis，1934），所以应当取消"腊玛古猿"的命名，而将这些个体统称为"西瓦古猿"。中国云南禄丰古猿（Lufengpithecus）当时的正式命名为西瓦古猿禄丰种（*Sivapithecus lufengensis*）（吴汝康等，1986）。

但是，云南禄丰古猿与巴基斯坦和土耳其发现的西瓦古猿之间存在着明显的差别。例如，巴基斯坦发现的西瓦古猿 GSP 15000（如图 11-27 所示）之眶间区是很窄的，而禄丰古猿 PA644（如图 11-28 所示）的特别宽（徐庆华和陆庆五，2008）。因此，禄丰古猿被另立新属，种名不变，即为禄丰古属猿禄丰种（*Lufengpithecus lufengensis*）（吴汝康，1987）。

目前，禄丰古猿属分为开远种（*Lufengpith-ecus keiyuanensis*）、禄丰种和蝴蝶种（*Lufengpi-*

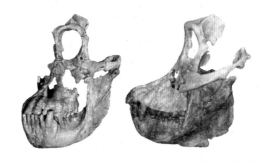

图 11-27　距今 950 万年～ 850 万年的西瓦古猿 GSP 15000 头骨化石
（© 李法军）

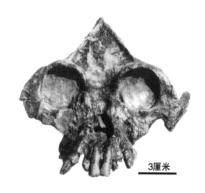

图 11-28　距今约 800 万年的禄丰古猿 PA 644 颅骨
（徐庆华和陆庆五，2008）

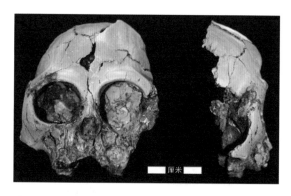

图 11-29　距今约 600 万年的云南昭通水塘坝禄丰古猿颅骨
（Ji 等，2013）

thecus hudienensis）三个类型（祁国琴等，2006）。开远种年代最早，蝴蝶种次之，禄丰种最晚（如图 11-29 所示）（吴汝康，1957、1958；祁国琴等 2006；徐庆华和陆庆五，2008；Ji 等，2013）。哺乳动物群组成、沉积特征和化石埋藏状况表明，蝴蝶古猿生活在亚热带以森林为主的生态环境中，当时的气候温暖、湿润，具有明显的季节性变化（祁国琴和董为，2006）。其釉质－齿质交界面几何形态接近某些大型猿类，但并没有表现出与某一特定类群的相似性。咬合面轮廓整体形态介于大猩猩和巨

猿、猩猩及黑猩猩之间（潘雪等，2020）。

　　一般认为，西瓦古猿应当是亚洲猩猩的祖先，而禄丰古猿可能是大猿类与人科成员的祖先类型。但在中南半岛发现的中新世化石系统地位争论仍旧较多（Suteethorn 等，1990；Kunimatsu 等，2000、2004）。争论的焦点在于其属于人科成员还是西瓦古猿（禄丰古猿）。例如，泰国帕尧府（Phayao）清曼（Chiang Muan）遗址发现的距今 120 万年～ 110 万年的一颗上颌臼齿化石就存在这样的问题（Chaimanee 等，2003、2004）。

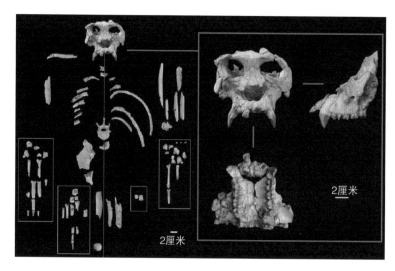

图 11-30　皮耶罗拉古猿化石
（依 Moyà-Solà 等，2004）

四、皮耶罗拉古猿

西班牙巴塞罗纳发现的皮耶罗拉古猿（*Pierolapithecus catalaunicus*）是非洲森林古猿在欧洲延续和独立演化的一个属，距今 1300 万年～1250 万年（Moyà-Solà 等，2004）。已发掘出的完整骨骼化石以及碎片共计 83 块，均属于一个成年雄性个体（如图 11-30、图 11-31 所示）。胸阔复原形态、腰椎形态以及腕部结构

图 11-31 皮耶罗拉古猿复原像
（承蒙 Institut Català de PaleontologiaMiquel Crusafont 授权使用）

揭示了现代类人猿直立行走的起源问题，其面部形态也代表了类人猿的早期结构。它可能是所有大猿和人类的共同祖先。

五、山猿

发现于意大利及东非的山猿（*Oreopithecus*

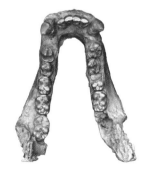

图 11-32 山猿下颌骨上面观
（Larsen，2010）

图 11-33 山猿骨骼化石
（© 李法军）

bambolii）距今 900 万年～700 万年（Agustí 和 Antón，2002）。山猿重 30～35 千克，眶面垂直，吻部较短，下颌联合较直（如图 11-32 所示）。有明显的齿隙，臼齿齿嵴形态表明其以树叶为食（Larsen，2010）。它的诸多特征与人类的相似，如前牙较小，下颌第二前臼齿臼齿化。

其四肢骨相较躯干而言较长，尺骨远端的鹰嘴长度较小（如图 11-33 所示）。骨骼较粗壮，但是否已经具有直立行走的能力还存在争议（Rook 等，1999；Russo 和 Shapiro，2013）。距骨和跟骨的特征显示出分化特点，某些与猕猴类相似，而有些则和猿类更为接近。有些学者认为山猿代表了由高等猴类到猿类的过渡类型（Köhler 和 Moyà-Solà，1997；Moyà-Solà 等，1999）。

六、中猿

发现于欧洲和中东的距今 700 万年～500 万年的中猿（Mesopithecus）是目前发现的最早的疣猴类化石（Pan 等，2004）。中猿面部短小，

下颌形态与现生疣猴类似，是一种对咀嚼大量植物性食物的适应（Palmer，1999）。它体形修长，体长约 40 厘米，已经完全适应了树栖生活（如图 11-34 所示）。

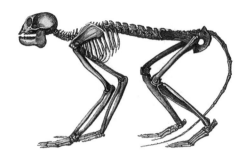

图 11-34　中猿的骨骼重建
（承蒙 Jesse Earl Hyde 授权使用）

七、巨猿

1935 年，荷兰古生物学家拉尔夫·孔尼华（Ralph von Koenigswald）将一枚在香港中药铺中发现的硕大的右下颌第三臼齿化石定名为"步氏巨猿"（*Gigantopithecus blacki*）（Zhang 和 Harrison，2017）。1945 年，美国德裔人类学家魏敦瑞（Franz Weidenreich）认为这枚牙齿比人类牙齿大得多，但两者有许多非常接近的特征。于是，魏敦瑞建议将其改名为"巨人"（Gigantanthropus），并在此基础上提出人类起源的"巨人说"（朱泓等，2004）。

巨猿是高等化石灵长类中比较重要的种类，主要发现于亚洲的中国、印度、越南和印度尼西亚（裴文中，1957；吴汝康，1962；Ciochon 等，1996；王頠等，2007；王頠，2013；Sofwan 等，2016）。例如，自 20 世纪 50 年代以来，在中国南方和越南陆续发现了大量的步氏巨猿化石，仅在广西柳城县的一个名为"巨猿洞"的山洞中就发现了 1000 余枚牙齿（朱泓等，2004）。

依据目前的化石证据，巨猿类应当包括三个种，即布氏巨猿、巨型巨猿（*Gigantopithecus giganteus*）和毕拉斯普巨猿（*Gigantopithecus bilaspurensis*）。巨型巨猿生活于中新世晚期到上新世早期；布氏巨猿生活于距今 200 万年 ～ 30 万年（Ciochon 等，1996；Zhang 等，2013；Zhang 和 Harrison，2017）。一般认为，巨型巨猿是布氏巨猿的直系祖先。

巨猿的形态特征介于猿类和人类之间（如图 11-35 所示）。其下颌骨和牙齿的大小有明显的性别差异，有很厚的下颌联合以及较大的下颌联合体高值（Zhang 和 Harrison，2017）。巨猿的门齿较小，前白齿和臼齿齿冠较高，齿尖呈块状。

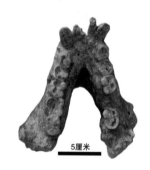

图 11-35　中国广西柳城布氏巨猿 PA 83 下颌化石（修改自 Zhang 和 Harrison，2017）

巨猿的下颌犬齿与下颌第一前臼齿之间有齿隙，这是猿类普遍具有的特征，但是巨猿的双尖型下颌第一前臼齿的形态特征具有与人类相同性状的趋势。有关步氏巨猿牙釉质厚度的研究表明，巨猿与人科牙齿都具有厚釉质特征（张立召和赵凌霞，2013）。因此，巨猿在人猿超科中的分类地位还没有定论：一些学者把巨猿归属为猿科，而且是猿类系统上一个灭绝的旁支（吴汝康，1989）；另一些学者则认为应当把巨猿归入人科（李天元，1990；张立召和赵凌霞，2013）。

巨猿是曾经存在的体形最大的灵长类，估计它们身高可达 3 米，体重达 200 ～ 300 千克

（Zhang 和 Harrison，2017）。依据现生生物的研究结论，巨型化在食草动物中是很普遍的一种趋势，加之现生大猩猩与之在体形上最为接近，因此，巨猿被认为可能是素食者。大体形可以给草食性动物带来两种优势，即减少天敌的威胁和提高食物摄取的能力。

关于巨猿灭绝的原因，最为可能的是食物短缺（Bocherens 等，2017）。在巨猿生活的末期，冰河期反复出现，整个北半球气候多次剧烈动荡。加之竹子必须经历几十年周期的集体开花期，因而造成了巨猿食物来源的中断。这些因素最终导致巨猿走向灭绝（Zhao 和 Zhang，2013）。

专题

猴、猿与人的分离时间

　　如上所述，现生灵长类有着漫长的进化史。在这样漫长的过程中，究竟是谁最终朝向了猿类而不是猴类的方向进化呢？自晚白垩世晚期即出现了类灵长类（如更猴形亚目）的迹象；新、旧大陆也都发现了诸多古老型灵长类化石。摩洛哥距今 5700 万年的阿特拉斯猴是目前已知可能最早的灵长类（如图 11-36 所示）。

　　在中国发现的古新世阿喀琉斯基猴和始新世曙猿具有直系演化的关系，并代表了旧大陆猴的早期形态。始新世也是旧大陆猴和新大陆猴的分化时期。始新世至渐新世的埃及猿使我们看到了现代猿类与人类共祖的线索，而渐新世的萨达涅斯猴则呈现出了旧大陆猴两大超科共有的祖型特征（如图 11-37 所示）。

　　中新世时期是猿类大爆发的时期，也许有关人猿分离时间的争论能够在中新世和上新世地层中找到答案，但目前这个地层提供给我们的还只是片段式的记录。在肯尼亚出现的一系列化石材料（如原康修尔猿、非洲古猿和维多利亚猿）需要受到格外的关注，因为它们很可能与早期人科的起源有关。此时期的西瓦古猿应当是亚洲猩猩的祖先，禄丰古猿和皮耶罗拉古猿都可能是大猿类与人科成员的祖先类型，而最早的与长臂猿和猕猴祖型有关的化石材料也出现在这一阶段。中新世晚期的中猿是目前发现的最早的疣猴类化石，该时期的巨猿则可能是猿类系统上绝灭的旁支。

　　通过传统的研究方法得出的人猿分离时间会因为化石材料的增加变得不确定，有人曾经提出人猿最后分离的时间应当在距今 1400 万年（Simons，1969）。但有学者认为人和黑猩猩的分离时间至少在距今 600 万年，与猩猩分离的时间至少在 1300 万年前，与长臂猿分离的时间至少在距今 1600 万年（Pilbeam 等，1990）。还有学者认为人猿分离的最后时间在距今 1300 万年～700 万年（Larsen，2010；Brahic，2012）。

　　早在 20 世纪 60 年代初期就有人注意到不同物种间血红蛋白中氨基酸数量差异随时间大致呈线性的变化（Zuckerkandl 和 Pauling，1962）。此后，这种应用任何特殊蛋白之间的差别

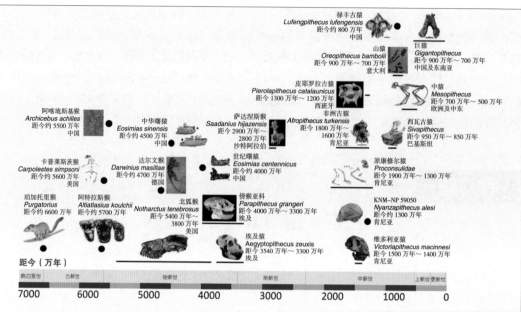

图 11-36 早期灵长类的时空分布

（© 李法军）

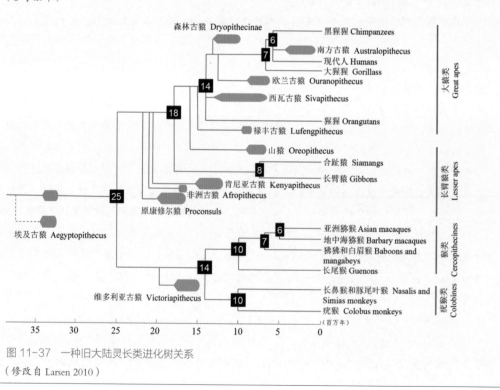

图 11-37 一种旧大陆灵长类进化树关系

（修改自 Larsen 2010）

来推算人猿分离的时间的方法被称为"分子钟理论"(molecular clock hypothesis)。美国加利福尼亚大学伯克利分校的文森特·萨里奇(Vincent M. Sarich)和阿兰·维尔森(Allan C. Wilson)是最早用此方法进行灵长类进化研究的,他们认为人猿最后的分离时间应当在距今600万年~400万年(Sarich 和 Wilson, 1967; Cronin, 1983)。

但是,这种方法存在一个明显的问题,即应用不同的差异指数和免疫距离来计算会得出不同的时间数据(Masami 等, 1985; 罗静和张亚平, 2000; 朱泓等, 2004)。例如,有结果认为人类与猩猩的分离时间在距今1000万年,与非洲大猿的分离时间在距今700万年~600万年(Andrews 和 Cronin, 1982)。但另外的结果认为人类与猩猩的分离时间应当在距今1600万年,与黑猩猩的分离时间应当在距今900万年(Gingerich, 1985)。

此外,分子钟只能确定某一时间段是另一时间段的两倍,不能确定具体的日期。因此,为了能够确定准确的分子钟年代,进化生物学强调必须依据地层和化石证据来校准分子钟年代。目前,节点校准(Node calibration)和尖端校准(Tip calibration)是最为常用的两种方法(O'Reilly 和 Mario, 2015; Donoghue 和 Yang, 2016)。

🔍 重点、难点

1. 更猴形亚目化石
2. 树栖模式
3. 视觉掠夺模式
4. 始新世阶段灵长类
5. 渐新世阶段灵长类
6. 中新世古猿

💡 深入思考

1. 如何区分早期灵长类和其他哺乳类动物?

2. 为什么会进化出灵长类?

3. 如何重建现生灵长类的进化过程?

4. 埃及猿属于早期的森林古猿,发现于渐新世,它的眼眶较小而且朝前,这种特征反映出怎样的行为转变?这种转变对于类人猿的后期演化来说具有怎样的意义?

5. 分子钟理论还是进行人猿分离时间推断的可靠方法吗?

📖 延伸阅读

[1] 本顿. 古脊椎动物学 [M]. 4 版. 董为, 译. 北京: 科学出版社, 2017.

［2］郭建崴，齐陶. 人类及其近亲的共同祖先中华曙猿的发现［M］// 中国科学院综合计划局. 创新者的报告：第 5 集. 北京：科学出版社，2000：73-83.

［3］王頠. 广西田东么会洞早更新世遗址［M］. 北京：科学出版社，2013.

［4］吴汝康. 云南开远发现的森林古猿牙齿化石［J］. 古脊椎动物学报，1957，1（1）：25-32.

［5］吴汝康. 中国古生物志（新丁种第 11 号）：巨猿下颌骨和牙齿化石［M］. 北京：科学出版社，1962.

［6］张立召，赵凌霞. 巨猿牙齿釉质厚度及对食性适应与系统演化的意义［J］. 人类学学报，2013，32（3）：365-376.

［7］BRAHIC C. Our true dawn［J］. New scientist, 2012（2892）：34-37.

［8］DONOGHUE P C J, YANG Z. The evolution of methods for establishing evolutionary timescales［J］. Philosophical transactions of the royal society B: biological sciences, 2016, 371（1699）：20160020.

［9］FLEAGLE J G. Primate adaptation and evolution［M］. 3rd ed. New York: Academic Press, 2013.

［10］FRANZEN J L, GINGERICH P D, HABERSETZER J, et al. Complete primate skeleton from the middle Eocene of Messel in Germany: morphology and paleobiology［J］. Plos one, 2009, 4（e5723）：1-27.

［11］HARRINGTON A R, SILCOX M T, YAPUNCICH G S, et al. First virtual endocasts of adapiform primates［J］. Journal of human evolution, 2016, 99（1）：52-78.

［12］MORSE P E, CHESTER S G B, BOYER D M, et al. New fossils, systematics, and biogeography of the oldest known crown primate Teilhardina from the earliest Eocene of Asia, Europe, and North America［J］. Journal of human evolution, 2019, 128（1）：103-131.

［13］MOYÀ-SOLÀ S, ALBA D M, ALMÉCIJA S, et al. A unique Middle Miocene European hominoid and the origins of the great ape and human clade［J］. PNAS, 2009, 106（2）：9601-9606.

［14］NENGO I, TAFFOREAU P, GILBERT C C, et al. New infant cranium from the African Miocene sheds light on ape evolution［J］. Nature, 2017, 548（7666）：169-174.

［15］O'REILLY J E, MARIO D R. Dating tips for divergence-time estimation［J］. Trends in genetics, 2015, 31（11）：637-650.

［16］SILCOX M T. Primate origins and the Plesiadapiforms［J］. Nature education knowledge, 2014, 5（3）：1.

［17］SILCOX M T, GUNNELL G F. Plesiadapiformes［M］//JANIS C M, GUNNE L G F, UHEN M D. Evolution of tertiary mammals of north America Volume 2: marine mammals and smaller terrestrial mammals. Cambridge: Cambridge University Press, 2008: 207-238.

［18］STEVENS N J, SEIFFERT E R, O'CONNOR P M, et al. Palaeontological evidence for an Oligocene divergence between Old World monkeys and apes［J］. Nature, 2013, 497（7451）：611-614.

［19］ZALMOUT I S, SANDERS W J, MACKATCHY L M, et al. New Oligocene primate from Saudi Arabia and the divergence of apes and Old World monkeys［J］. Nature, 2010, 466（7304）：360-364.

［20］ZHANG Y, HARRISON T. Gigantopithecus blacki: a giant ape from the Pleistocene of Asia revisited［J］. American journal of physical anthropology, 2017, 162（S63）：153-177.

我们需要寻找"最初的人"。达尔文曾经说过："在世界上的每一个大区域里,现今存在的各种哺乳动物和同区域之内已经灭绝了的一些物种有着密切的渊源关系。因此,有可能的是,在非洲从前还存在过几种和今天的大猩猩与黑猩猩有着近密关系而早就灭绝了的类人猿;而这两种猩猩现在既然是人的最近密的亲族,则比起别的大洲来,非洲似乎更有可能是我们早期祖先的原居地。"(达尔文,1871)人类确如达尔文所说来自远古的非洲吗?

生物进化规律告诉我们,现代人的形成过程是漫长的,随之而来的问题是:我们从何而来?人类这个物种到底存在了多久?人类演化到现在经历了怎样的变化?达尔文所在的时代还没有丰富的人类化石可供研究,他所知道的大概只有尼安德特人(Neanderthal)的存在,因此,他的结论完全是根据理论得出的。

关于早期的人科成员中南方古猿属(Australopithecus)的地位,学术界已经达到了共识。但是,对先后在埃塞俄比亚发现的地猿根源种(*Ardipithecus ramidus*)、在肯尼亚发现的原初人图根种(*Orrorin tugenensis*)、肯尼亚人平面种(*Kenyanthropus platyops*)以及在乍得发现的撒海尔人乍得种(*Sahelanthropus tchadensis*)的系统地位目前还存在争议(Haile-Selassie 等,2004;Begun,2004;Relethford,2010;Simpson,2013)。

到目前为止,有关早期人类的化石都是在非洲发现的,非洲以外的地区还没有确凿的证据表明有早期人科成员的存在(如图 12-1、图 12-2 所示)。如果我们忽略人类历史上曾经出现的所有属和种而只考虑人科成员的话,那么"最初的人"可能出现在中新世末期至上新世初期(距今 700 万年~500 万年)的非洲。

图 12-1　非洲早期人科成员的主要发现地点

（引自 Schrenk，2013）

粗体字为能人（*Homo habilis*）和鲁道夫人（*Homo rudolfensis*）的发现地点。

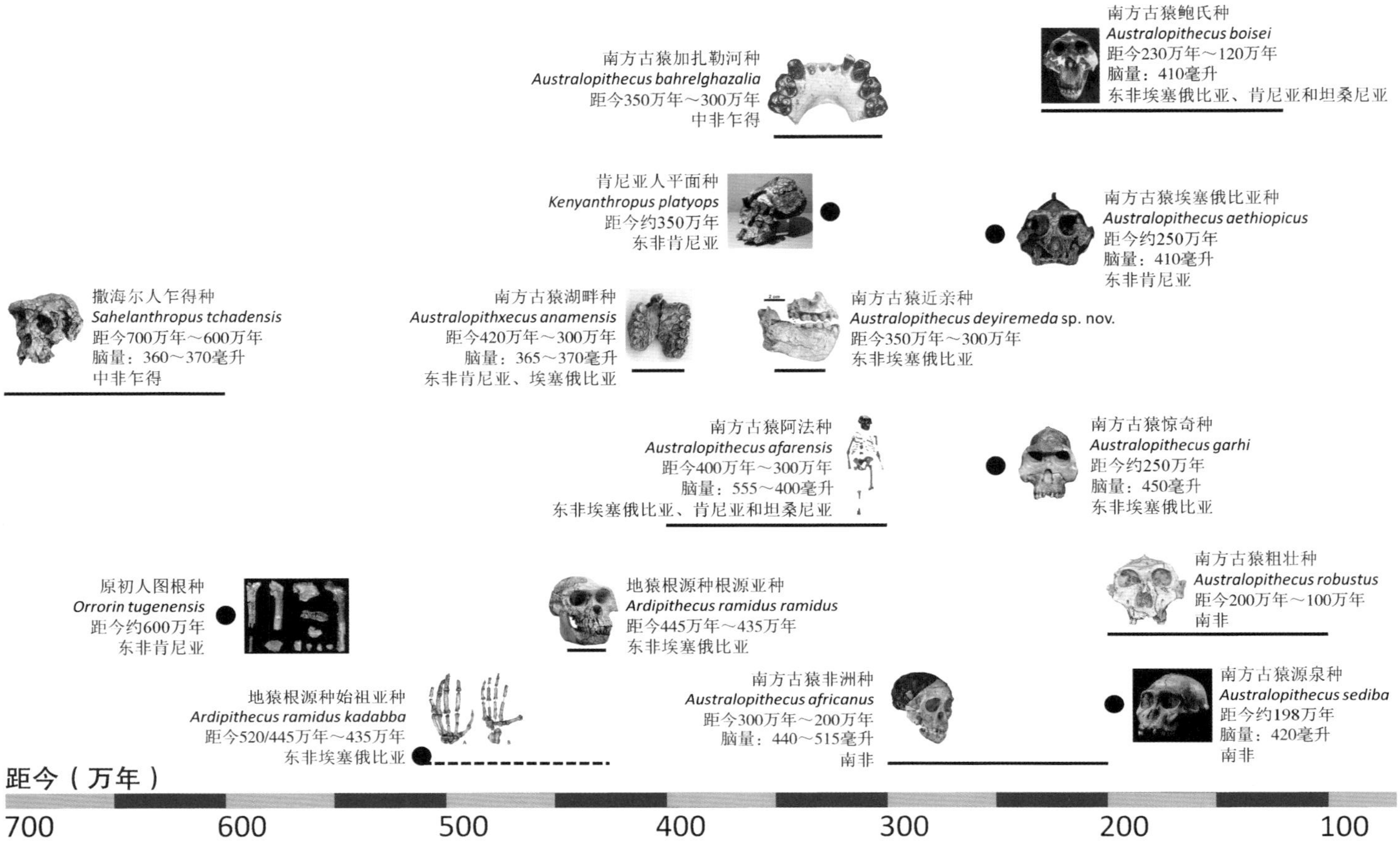

距今（万年）

南方古猿鲍氏种
Australopithecus boisei
距今230万年～120万年
脑量：410毫升
东非埃塞俄比亚、肯尼亚和坦桑尼亚

南方古猿埃塞俄比亚种
Australopithecus aethiopicus
距今约350万年
脑量：410毫升
东非肯尼亚

南方古猿近亲种
Australopithecus deyiremeda sp. nov.
距今350万年～300万年
东非埃塞俄比亚

南方古猿惊奇种
Australopithecus garhi
距今约250万年
脑量：450毫升
东非埃塞俄比亚

南方古猿粗壮种
Australopithecus robustus
距今200万年～100万年
南非

南方古猿源泉种
Australopithecus sediba
距今约198万年
脑量：420毫升
南非

南方古猿加扎勒河种
Australopithecus bahrelghazalia
距今350万年～300万年
中非乍得

肯尼亚人平面种
Kenyanthropus platyops
距今约350万年
东非肯尼亚

南方古猿湖畔种
Australopithxecus anamensis
距今420万年～300万年
脑量：365～370毫升
东非肯尼亚、埃塞俄比亚

南方古猿阿法种
Australopithecus afarensis
距今400万年～300万年
脑量：555～400毫升
东非肯尼亚、埃塞俄比亚和坦桑尼亚

地猿根源种根源亚种
Ardipithecus ramidus ramidus
距今445万年～435万年
东非埃塞俄比亚

南方古猿非洲种
Australopithecus africanus
距今300万年～200万年
脑量：440～515毫升
南非

撒海尔人乍得种
Sahelanthropus tchadensis
距今700万年～600万年
脑量：360～370毫升
中非乍得

原初人图根种
Orrorin tugenensis
距今约600万年
东非肯尼亚

地猿根源种始祖亚种
Ardipithecus ramidus kadabba
距今520/445万年～435万年
东非埃塞俄比亚

700　600　500　400　300　200　100

图12-2 早期人科成员化石的时空分布及相关信息
（©李法军）

第一节　可能的最早期的人科成员

近 20 年来的一系列发现似乎打破了现有的人类演化序列的格局。虽然这些新出现的化石材料还没有丰富到足以弥补人类演化缺环的程度，但是无论在分布地域上、生存年代上、形态特征上还是在当时的生态环境上，这些新材料都将深深地影响和改变人类学家对人类演化的真实之路的认识。

早在 1995 年，我国著名古人类学家吴汝康就曾预言："从现有的各方面的资料来看，南方古猿类还只是从猿到人过渡阶段较晚的类型，应当还有比现有的南方古猿更早一些的过渡阶段的早期类型。这些早期类型已能基本上两足直立行走，但很不完善，能使用天然工具，可能不很经常。这些类型的化石，还有待未来的发现。"（吴汝康，1995）

一、撒海尔人乍得种

2001 年，迈克·布鲁内（Michel Brunet）等人在中非地区的乍得南撒哈拉沙漠的特若斯 - 米那拉（Toros-Menalla）266 地点（TM266-01-060-1）发现了一个灵长类的颅骨化石（如图 12-3 所示），并将其命名为"撒海尔人乍得种"（*Sahelanthropus tchadensis*）（Brunet 等，2002；Simpson，2013）。它还有一个可爱的昵称，叫托迈（Toumaï），意为"生命的希望"，是乍得总统亲自命名的。

撒海尔人乍得种可能距今 700 万年～ 600 万年，但目前仍存在争议（Brunet 等，2005；Beauvilain，2008）。它额骨宽厚，眉脊呈屋檐状。面部扁平，面颊短平，牙齿上的珐琅质很厚（如图 12-4 所示）。枕骨大孔呈椭圆形，脑

图 12-3　2001 年 7 月 19 日上午 8：30 发现托迈时的场景

（Beauvilain，2008）

容量为 360 ～ 370 毫升（Zollikofer 等，2005）。

撒海尔人乍得种是目前为止发现的最早被认为可能是人科成员的化石，可能代表了人类与黑猩猩的共同祖先类型。但是，

图 12-4　复原后的托迈颅骨

（© 李法军）

对于这个结论来说，目前的争论还在持续着，因为它的生存年代与分子钟理论推测的人猿分离年代（700 万年～ 600 万年前）发生了重合。

至少目前的研究显示，乍得种与现生大猩猩和黑猩猩的亲缘关系较为疏远（Brunet 等，2005；Wood 和 Lonergan，2008）。如果化石最后证明它是早期人科成员的话，那么人猿之间的最后分化就应当早于 700 万年前，而且如何看待其后出现的那些已经被认定为人科成员的物种（如南方古猿）也将成为新的争论焦点。

撒海尔人乍得种的发现地点是另一个引起人们兴趣的话题，它距离传统的东非化石地点群约 2500 千米。以往"人类东非起源论"一直占据统治地位，但乍得种的出现似乎证明进化的原因与气候、地理环境的联系并非像原来想象的那样大（李法军，2007）。

二、原初人图根种

2000 年，一个由法国和肯尼亚科学家组成的研究小组在肯尼亚巴林戈（Baringo）盆地的图根（Tugen）山上发现了灵长类化石，包括一段完整的股骨、上肢骨和牙齿等（如图 12-5 所示）。而后，科学家们又在该地区发掘出了至少 5 具人体化石，包括男性和女性。次年，发现者将其命名为原初人图根种（*Orrorin tugenensis*）（BAR 100000），它们还有一个很有纪念意义的昵称，叫"千禧人"（Senut 等，2001）。图根种生活在距今约 600 万年（Pickford 和 Senut，2001；Sawada 等，2002）。

从完整的股骨形态看，它们已具备了强健的下肢。从其股骨头尺寸以及股骨颈形态来看，

图根种至少经常性两足直立行走（Galick 等，2004）。如果按照目前的人科划分标准，它们已具有了原始人类的主要特征。从上肢的发达程度看，图根种可能还具有爬树的技巧，但其强健程度已不足以悬挂在树枝上。

骨骼的长度表明它们身材矮小，牙齿和下颌的结构已经和现代人类非常接近。但相对其身材而言，牙齿尺寸偏小。发现者认为图根种是现代人的直系祖先，与南方古猿和地猿并行发展（Senut 等，2001）。

三、地猿根源种

1993 年 至 1994 年，提 姆 · 怀特（Tim White）和他的同事们在埃塞俄比亚的阿瓦什（Awash）河畔阿拉米斯（Aramis）遗址进行发掘。他们发现了至少 110 块灵长类化石，共代表了 17 个个体（White 等，1994）。大多数化石个体只存在牙齿（如图 12-6 所示）。它们生活于距今 445 万年～ 435 万年（WoldeGabriel 等，1994、1995）。

最初，怀特和他的同事们将这些化石材料

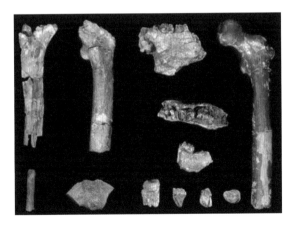

图 12-5　原初人图根种化石

图 12-6　地猿根源亚种（ARA-VP-1/1）残破的颌骨及牙齿化石

（依 White 等，1994）

图 12-7 地猿根源亚种 Ardi（ARA-VP-6/500）头骨化石（承蒙 Bone Clones，Inc. 授权修改使用）

命名为南方古猿的一个新种，即南方古猿根源种（*Australopithecus ramidus*）（White 等，1994）。但他们后来修正了原有的命名，将这些个体另立新属，种名不变，称为地猿根源种（*Ardipithecus ramidus*）（如图 12-7 所示）（White 等，1995）。

2001 年，尤哈内斯·海勒-塞勒希（Yohannes Haile-Selassie）等又在埃塞俄比亚首都亚第斯亚贝巴东北方 230 千米处的中阿瓦什（Middle Awash）发现了 6 颗地猿的牙齿、下颌、手指和脚趾碎片，至少分属 9 个个体（如图 12-8 所示）（Haile-Selassie 等，2001）。

从趾骨的形状来看，这些原始人类已经能

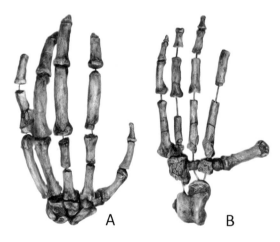

图 12-8 地猿始祖亚种左侧手（A）、足（B）骨化石（承蒙 Bone Clones，Inc. 授权修改使用）

用双脚直立行走。与 1994 年发现的地猿根源种进行比较后，发现者将其命名为一个新亚种，即地猿根源种始祖亚种（*Ardipithecus ramidus kadabba*）（ALA-VP-2/10），而且建议将地猿根源种改为地猿根源种根源亚种（*Ardipithecus ramidus ramidus*）（Haile-Selassie 等，2004）。其年代目前仍有争议，有学者认为其距今约 520 万年（Haile-Selassie 等，2001），而有学者认为其与根源种的年代相近（White 等，2009）。

这些新发现的牙齿化石具有一些原始特征，被认为是人和猿最后的共同祖先所具有的。例如，其犬齿和下小臼齿构成一种结构使犬齿不断地变尖锐，这一特征只有猿具备而在其他原始人类化石中没有。始祖亚种的下犬齿和上部的前臼齿有后来的原始人类牙齿才具备的特征。同时，这些牙齿的形状又不同于已经发现的化石和现代猿的牙齿，而且牙齿磨损的方式也有所不同。

其后牙比非洲黑猩猩的大一些，而前齿更狭窄。从这一点可以看出，它的饮食中包括各种纤维食物，而不是非洲黑猩猩更偏爱的水果和柔软的树叶。这一发现表明，在区分人类祖先时，与使用更广泛也更复杂的特征比如直立行走等相比，考察有关牙齿特征的细节可能是更好的方法（Haile-Selassie 等，2004；Suwa 等，2009b）。

虽然表现出和猿类相似的特征，但地猿更接近人科的特征，如犬齿的门齿化。地猿的犬齿相较于之前古猿的更小，加之较小的性别二态性特征，使我们想象当时或许已经产生了两性间紧密的社会关系（White 等，2009）。

其脑容量为 300 ～ 350 毫升（Suwa 等，2009a）。枕骨大孔的位置表明它们已经能够两足直立行走，但也很适应树间生活（White 等，2009）。地猿骨骼及牙齿的综合特征提示我们，朝向人科的基本生育方式和社会行为的改变或许在脑量增大以及使用工具之前即已发生（White 等，2009）。

南方古猿属还是新属？肯尼亚人平面种

1998 年，米芙·利基（Meave Leakey）和她的研究小组在肯尼亚特卡纳湖西岸洛米克维（Lomekwi）地区发现了一个距今约 350 万年的原始人类化石（Fuentes，2011）（如图 12-9 所示）。2001 年，他们正式将这个原始人类化石命名为一个新种，叫肯尼亚人平面种（*Kenyanthropus platyops*）（Leakey 等，2001）。

肯尼亚人平面种有着扁平的面孔和很小的白齿，这比南方古猿进步得多，较小的耳道和脑容量又使其显得较为原始（Leakey 等，2001）。目前它的系统地位还不能确定，但越来越多的学者倾向于认为其很可能是南方古猿在发生适应辐射时产生的新种（Fuentes，2011；Hammond 和 Ward，2013），有的甚至直接将其视为南方古猿平面种（*Australopithecus platyops*）（Larsen，2010）。

图 12-9　肯尼亚平面种颅骨化石

（承蒙 ing. Pavel Švejnar 授权使用）

第二节　南方古猿

南方古猿（Australopithecines）是目前被确认的最早的人科成员。从第一件南方古猿化石的发现到现在已经过去近 100 年了，人们一直没有停止对这一物种的关注。近 20 年来，在东非地区又有了许多新的发现。就目前所见，大多数南方古猿生存于上新世至更新世早期，即距今 450 万年～ 200 万年。

一般来说，"Australopithecines" 代指所有的南方古猿属（Australopithecus）。目前比较确定的南方古猿属共 10 个种，通常分为两个大的类型，即纤细型南方古猿（Gracile Australopithecines）和粗壮型南方古猿（Robust Australopithicines）（Tobias，1973）。

南方古猿湖畔种（*Australopithecus anamensis*）、南方古猿阿法种（*Australopithecus afarensis*）、南方古猿非洲种（*Australopithecus africanus*）、南方古猿惊奇种（*Australopithecus garhi*）、南方古猿加扎勒河种（羚羊河种）

（*Australopithecus bahrelghazalia*）、南方古猿源泉种（*Australopithecus sediba*）和南方古猿近亲种（*Australopithecus deyiremeda*）属于纤细型。

南方古猿埃塞俄比亚种（*Australopithecus aethiopicus*）、南方古猿粗壮种（*Australopithecus robustus*）和南方古猿鲍氏种（*Australopithecus boisei*）属于粗壮型。

虽然南方古猿在名称上仍叫作古猿（Dart，1925），但实际上已经是人科（Hominidae）的成员了。按照国际古生物学的命名规则，种属命名后不可随意更改，因此"古猿"之称仍沿用至今。

一、南非

（一）南方古猿非洲种

1923 年，30 岁的雷蒙·达特（Raymond Dart）在英国完成了医学专业的学习，来到了南非约翰内斯堡的威特沃特斯兰德（Witwatersrand）大学担任解剖学的教学工作。凭着对人类进化研究的热忱，他开始进行人类化石的搜寻工作（Johanson 和 Edey，1990）。

一次，他的一位学生到当地一家名叫"北方石灰公司"的商业采石企业的董事家里参加晚宴，突然看到壁炉上摆放着一件非常有趣的狒狒的头骨。后来，他得知这个狒狒的头骨来自约翰内斯堡以南约 200 千米的名叫汤恩（Taung）的地方。当达特看到这件头骨的时候，他立即认出这是一个已经灭绝了的形态，于是他要求那里的公司如果遇到类似的有趣的化石一定要送给他以供研究。

很快，达特如愿以偿地获得了来自采石场的两箱化石标本，他发现有一件较高级的灵长

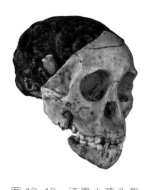

图 12-10　汤恩小孩头骨化石

（承蒙 Didier Descouens 授权修改使用）

类化石的颅内膜的形态很不寻常，那肯定不是狒狒的头骨。但是坚硬的角砾岩将这件标本的前半部分颅骨、面部和下颌骨掩埋其中。达特用了数周时间才看清这件化石标本的庐山真面目，他就是著名的"汤恩小孩"（Taung 1）（如图 12-10 所示）（Johanson 和 Edey，1990）。

汤恩小孩颅骨上保存有全套的乳齿以及正在萌出的第一恒臼齿。因此，达特参照现代人牙齿的萌出规律以及恒乳齿的交替时间，对这个化石的年龄进行了估计。他认为汤恩标本的年龄应当为 5 ～ 6 岁。

汤恩小孩的头骨有很多与猿类似的特征。例如，较小的脑容量（405 毫升，估计成年后为 440 毫升）（Tobias，1971）和前突的颌骨。另一方面，其颌部突出程度不如猿类，硬腭的形态明显接近人类而不是猿类。牙齿虽然很大，但犬齿不超出齿列，说明了犬齿的弱化，而且颊齿的咬合面较平。其枕骨大孔的位置在颅底中央，表明它已经能够直立行走了。

1925 年 2 月，达特在《自然》杂志上发表了他的研究成果。根据以上的各项特征，达特认为汤恩小孩既具有猿的特征也具有人类的某些特征，是一种与人的进化系统最为相近的灭绝了的猿类。因此，达特将其命名为南方古猿非洲种（*Australopithecus africanus*）（Dart，1925）。其生存年代大约为距今 200 万年（利基，1995）。

但是，达特的结论遭到了包括他的老师阿

瑟·基思（Arthur Keith）和格莱弗顿·史密斯（Grafton Elliot Smith）在内的许多人类学家的反对，他们质疑汤恩小孩的脑容量是否能使其成为人科的成员。达特意识到，他的结论需要更多的化石材料特别是完整的成年化石材料的支持。

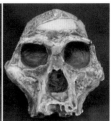

图 12-11　非洲种 STS 5 颅骨化石
（© 李法军）

11 年之后，达特找到了他的同盟者。罗伯特·布鲁姆（Robert Broom）博士，一位英格兰内科医生兼业余古生物学家，在南非有了新的发现。虽然布鲁姆热衷于寻找远古人类化石，但是直到 1936 年，他才获得真正的专业资格。令所有人都感到不可思议的是，就在他刚刚获得资质后不久，他便有了重大的发现。

他从达特的两个学生那里得知，在离约翰内斯堡不远的斯特克方丹（Sterkfontein）有一处商业用石灰厂，那里堆积着无数的石灰岩碎片，里面可能会有类似于汤恩石灰厂里所出的那种生物化石，于是布鲁姆请求矿主紧盯着那里，他会付钱收购矿主送来的可能有用的东西。

1936 年 8 月的一天，这个矿主拿着一件化石来到他的驻地问道："这是你要找的东西吗？"实际上，它确实是！布鲁姆已经认出矿主手里拿着的正是一块南方古猿的化石，紧接着他又在剩下的矿石碎片中找到了同一个体的大部分颅骨残片。布鲁姆将其命名为迩人（Plesianthropus transvaalensis），但现在认为迩人实际上是非洲种。

此后，布鲁姆和约翰·罗宾森（John T. Robinson）又于 1947—1948 年在斯特克方丹和斯瓦特克朗（Swartkrans）发现了南方古猿的化石。例如，著名的"迩人女士"（Mrs. Ples）

STS 5 就是在此期间发现的（如图 12-11 所示）（Grin 等，2012）。该个体颅骨保存较为完整，脑量约为 485 毫升（Lockwood，1999）。该个体距今约 205 万年（Herries 和 Shaw，2011）。

达特也于 1947 年在距斯特克方丹东北约360 千米的马卡斯潘盖（Makaspansgat）有了新的发现。他将其命名为南方古猿普罗米修斯种（Australopithecus Prometheus），但实际上仍是非洲种。

南非特殊的地质条件以及复杂的洞穴堆积状况，导致非洲种的确切地质年代很难确定（Hammond 和 Ward，2013）。相对比较确定的是斯特克方丹的年代，大致在距今 230 万年（Berger 等，2002；Pickering 等，2010）。总体上，南非地区发现的非洲种年代为 300 万年～ 200万年（Hammond 和 Ward，2013）。

同阿法种一样，非洲种颌部的咀嚼力也很强（Strait 等，2009）。前臼齿臼齿化趋向增强，齿间大小也比较均等，齿尖磨耗程度较重（White 等，1981）。较为独有的特征是非洲种梨状孔侧缘向上颌部延伸的柱状结构，该结构使其上颌部显得较为扁平（Rak，1985；Kimbel 等，2004）。颅骨侧面观显示其中面部内凹（Kimbel和 Delezene，2009）。脑容量为 440 ～ 515 毫升（Falk 等，2000；White，2002）。

斯特克方丹发现的非洲种 STS 14 和 STW 431 保留了 5 ～ 6 块腰椎，比现代猿类的 3 ～ 4 块和现代人的 5 块都要多（Robinson，1972；Haeusler 等，2002；Rosenman 和 Ward，2011）。

（二）南方古猿源泉种

2008 年 8 月 15 日，南非威特沃斯兰德大学古生物学家李·贝格（Lee Rogers Berger）9 岁的儿子马修（Matthew）首先发现了一块残破的锁骨化石。之后的两年，父子俩又陆续发掘出 220 块化石（Berger 等，2010）。

最初发现的两例化石位于"人类摇篮"世界遗产地点马拉帕（Malapa）洞穴底部，可能是坠落而死的。古地磁法和铀系法测定的地层年代为距今 200 万年以上，动物群显示其年代可能在 150 万年左右。结合化石出土地层的年代，最终确定其距今约 198 万年（Dirks 等，2010；Lewis 等，2013）。

其中的 MH 1 属于一个八九岁的叫凯瑞博（Karabo）的男孩（如图 12-12 所示），是该类型的正型标本，将之定名为南方古猿源泉种（Australopithecus sediba）。"sediba"出自当地 Sesotho 语，意为"源泉"（Fuentes，2011）。MH 2 则属于一个二三十岁的成年女性个体，可能是男孩的母亲。其他还包括一例成年男性和另外三个儿童的化石（Gibbons，2011）。

MH 1 保存了全身 34% 的完整

图 12-12 源泉种 MH 1 颅骨化石

（承蒙 Brett Eloff 授权使用）

骨骼，MH 2 保存了 45.6% 的完整骨骼。如果算上零散的化石，二者的化石都几乎达到了 60%，这已经超过了南方古猿露西的总量。MH 1 体重约 27 千克，其脑容量约为 399 毫升，属于南方古猿中的较高者。其下颌与牙齿尺寸均接近直立人的特征。MH 2 体重约 32 千克，其脑容量约为 420 毫升（Berger 等，2010；Carlson 等，2011）。

形态学的分析显示源泉种可能是南方古猿非洲种的直系后代。与南方古猿惊奇种相比，其更可能是向能人过渡的类型（Berger 等，2010）。但也有学者不同意此看法，认为源泉种是南方古猿非洲种的一个灭绝的旁支（Balter，2010）。

MH 1 和 MH 2 的骨骼化石同时体现出猿类和人类的特征。例如，其长臂特征与古猿趋同，可能还保存着树栖的习惯（如图 12-13 所示）。虽然手骨如猿类一样弯曲，但指骨排列紧密，接近现代人的指骨特征（Zipfel 等，2011；Kivell 等，2011）。

MH 1 头骨显示出猿类与人类的混合特征（如图 12-12 所示）（Hammond 和 Ward，2013）。例如，它的脑容量虽然较小，但其面部特征（如突出的鼻子、相对较小的臼齿、回缩的颧骨等）与智人更相似。MH 2 的骨盆重建分析告诉我们，它已经具备了直立行走的能力，甚至可能已经会

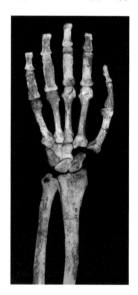

图 12-13 源泉种 MH 2 右侧手骨及尺骨和桡骨远端

（承蒙 Lee R. Berger 授权使用）

跑（如图 12-14 所示）。但是，源泉种与猿类相似的跟骨以及粗壮的内踝都表明其拥有的是一种较为特殊的直立行走方式（Kivell 等，2011）。

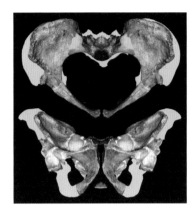

图 12-14　源泉种 MH 2 骨盆重建

（承蒙 Lee R. Berger 授权使用）

（三）南方古猿粗壮种

1938 年，一个叫哥特·特布朗施（Gert Terblanche）的学生在离斯特克方丹不远的科隆寨（Kromdraai）地点发现了新的化石材料，包括头骨碎片、牙齿、上肢骨和足骨等（如图 12-15 所示）。他将附着在颌骨上的 4 枚牙齿取下，把其中一枚送给了当地矿厂主乔治·巴娄（George Barlow）。巴娄又将其出示给布鲁姆（Wood 和 Schroer，2013）。

这些标本较之以往所发现的更为粗

图 12-15　傍人粗壮种 SK 48 颅骨化石

（© 李法军）

壮。布鲁姆将其命名为傍人（*Paranthropus crassidens*），但很多人称其为南方古猿粗壮种（*Australopithecus robustus*）（Broom，1949）。其生存年代为距今 200 万年～ 100 万年（Sutton 等，2009）。这些新的发现使得达特在 1925 年所下的结论重新得到确认，甚至当年对此结论持反对意见的基思也公开表态承认自己的错误。

虽然布鲁姆是一个很好的化石搜集者，但他可能不是一个很好的分类学家。他与其他发现者将 5 个地点发现的 70 余件南方古猿化石界定了 4 个属名和 6 个种名（见表 12-1）。目前，学术界将这些个体归为一个属两个种，即南方古猿非洲种（*Australopithecus africanus*）和南方古猿粗壮种（*Australopithecus robustus*）。但也有学者仍然坚持保留 Paranthropus 的分类（Wood 和 Schroer，2013；Haile-Selassie 等，2019）。

表 12-1　曾经对出土于南非的南方古猿化石进行的分类

种属	地点	发现及命名者
南方古猿非洲种（*Australo-pithecus africanus*）	Taung	达特
迩人（*Plesianthropus transvaalensis*）	Sterkfontein	布鲁姆
傍人粗壮种（*Paranthropus robustus*）	Kromdraai	布鲁姆
傍人粗壮种（*Paranthropus crassidens*）	Swartkrans	布鲁姆
南方古猿普罗米修斯种（*Australopithecus Prometheus*）	Makapansgat	达特
泰尔人（*Telanthropus capensis*）	Swartkrans	布鲁姆

（依 Jurmain 等，1984）

不同遗址出土的个体在形态上存在着许多明显的差异性。例如,德姆林(Drimolen)洞穴中发现的 DNH 7 和 DNH 8 分别保存了相当完好的颅骨和带有几乎全部牙齿的下颌,这两例个体的牙齿尺寸明显小于那些来自斯特克方丹和科隆寨的(Wood 和 Schroer,2013)。

二、东非

(一)南方古猿湖畔种

1995 年,米芙·利基(Meave Leakey)等将肯尼亚特卡纳湖西南岸卡那坡(Kanapoi)遗址和东北岸阿利雅湾(Allia Bay)遗址发现的早期人科成员化石命名为南方古猿湖畔种(*Australopithxecus anamensis*)(Leakey 等,1995)。其实,早在 30 年之前的 1965 年,哈佛大学调查队在卡那坡遗址附近就已经发现了这一物种的化石,可惜当时没有识别出来。

在这两个遗址共发现 52 件化石标本,主要为牙齿,也包括破碎的颌骨和部分肢骨(如图 12-16 所示)。从股骨的形态看,湖畔种已经能够直立行走,与南方古猿的水平相当(White 等,2006)。胫骨远端的形态特征显示其比地猿根源种的行走姿态更加完善(Lovejoy 等,2009a、2009b、2009c)。

许多化石都显示出与南方古猿和现代猿类相似的特征。例如,上肢形态、较大的犬齿和较小的耳孔(Hammond 和 Ward,2013)。犬齿齿冠形态缺乏明显的性别二态性,下颌前臼齿与现代猿类的更相似(Wardrd 等,2010)。

根据骨骼和身体尺寸的相互关系,估计其体重为 47 ~ 58 千克。湖畔种反映了一种原始性(与猿相似的那些特征)与进步性(直立行走)的混合特征。其生存年代距今 420 万年 ~ 390 万年(Leakey 等,1995),但也有人认为其距今 450 万年 ~ 390 万年或 419.5 万年 ~ 372 万年(McDougall 和 Brown,2008;Haile-Selassie 等,2010;Fuentes,2011)。湖畔种是目前发现最早的南方古猿。

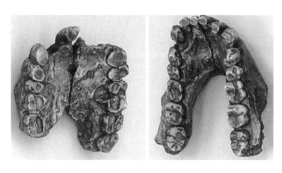

图 12-16　湖畔种正型标本 KNM-KP 29281 的上颌骨和下颌骨化石

(承蒙 Bone Clones, Inc. 授权修改使用)

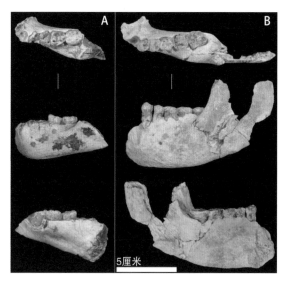

图 12-17　2004—2010 年在沃兰索 – 迈奥地区发现的距今 380 万年 ~ 360 万年的古猿类下颌骨化石

(修改自 Haile-Selassie 等,2010 a)

A. MSD–VP–5/16;B. MSD–VP–5/50。

2004—2010 年，海勒 – 塞勒希等在埃塞俄比亚首都亚的斯亚贝巴东北约 520 千米的沃兰索 – 迈奥（Woranso-Mille）地区陆续发现了距今 380 万年～ 360 万年的南方古猿类下颌及牙齿化石（Haile-Selassie 等，2010a、2010b；Deino 等，2010；Saylor 等，2019）。这些化石显示出了镶嵌式进化特征，介于湖畔种和阿法种之间（如图 12-17 所示）（Haile-Selassie 等，2010a）。

2009 年，海勒 – 塞勒希等在沃兰索 – 迈奥地区发现了一例新的距今约 380 万年的南方古猿颅骨化石，并认为其属于湖畔种的一员（Haile-Selassie 等，2019）。这是一个几乎完整的中年男性颅骨（MRD–VP–1/1），虽然变形严重，但经过科学复原，它展示出了更多的信息（如图 12-18 所示）。

该个体门齿较大，齿列呈 U 形。其颅骨窄长，形似乍得种；向前突出的颧骨却与埃塞俄比亚种相近。研究结果表明，湖畔种与阿法种在眶下和眶后区域以及咬肌的位置都存在显著差异，二者并非像之前认为的具有直接进化的关系（Haile-Selassie 等，2019）。其耳孔较小，脑容量为 365 ～ 370 毫升。这与地猿（300 ～ 350 毫升）和乍得种（320 ～ 380 毫升）接近，明显低于阿法种的 485 毫升（Haile-Selassie 等，2019）。

（二）南方古猿阿法种

发现于东非地区的埃塞俄比亚、肯尼亚和坦桑尼亚的阿法种距今 400 万年～ 300 万年（White 等，1993；Ward 等，2012）。大部分的化石材料是由唐纳德·约翰森（Donald C. Johanson）于 20 世纪 70 年代初在埃塞俄比亚中部阿法（Afar）地区哈达（Hadar）地点发现的，他将所发现化石的年代定在 350 万年～ 290 万年。

此后，玛丽·利基（Marry Leakey）在坦桑尼亚的莱托里（Laetoli）发现了与阿法地区相似的化石，年代大约为 375 万年。这些化石与其他地区发现的化石材料有明显的不同。因此，约翰森及其同事们于 1978 年宣布这些化石应另立新种，即南方古猿阿法种（*Australopithecus*

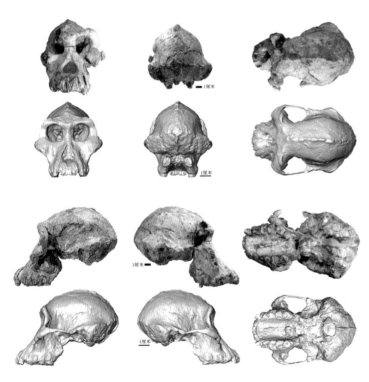

图 12-18　MRD-VP-1/1 颅骨化石及 3D 重建结果
（修改自 Haile-Selassie 等，2019）

afarensis）（Johanson 等，1978）。他们认为阿法种是一种人与猿之间朝着人的方向转变的过渡形态，是南方古猿中其他种的祖先类型。

目前已知的阿法种可分为两个年代序列，即早期阿法种和晚期阿法种。早期阿法种主要为莱托里化石、贝勒德里（Belohdelie）化石以及西比洛山（Sibilot Hill）化石；晚期阿法种主要为哈达化石和马卡（Maka）化石。其他重要的阿法种化石包括 AL 333、AL 444-2、AL 129-1A+1B、LH 4、DIK-1-1（如图 12-19、图 12-20 所示）、KSD-VP-1/1 和莱托里足印（the Laetoli footprints）（Alemseged 等，2006；Haile-Selassie 等，2010）。

总体上，阿法种的脑容量为 550 ～ 400 毫升，体重为 28 ～ 50 千克（McHenry，1992；Holloway 和 Yuan，2004）。有研究表明，阿法种的牙齿磨耗较严重。前牙虽然有着较厚的釉质，但大多都已经暴露齿质，被认为是研磨植物性食物所致（Johanson 等，1978；Ryan

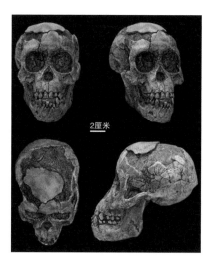

图 12-19　埃塞俄比亚迪卡地点距今约 330 万年的 3 岁幼年南方古猿阿法种头骨（DIK-1-1）化石
（承蒙 Bone Clones, Inc. 授权修改使用）

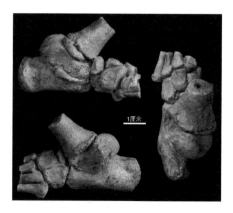

图 12-20　埃塞俄比亚迪卡地点距今约 330 万年的 3 岁幼年南方古猿阿法种足骨化石（DIK-1-1）
（修改自 DeSilva 等，2018）

和 Johanson，1989；Teaford 和 Ungar，2000；Kimbel 等，2004；Kimbel 和 Delezene，2009）。

在所有可被分析的化石样本中，相关骨骼都显示了令人信服的两足行走和直立姿势的事实（Stern，2000；Ward，2002；Ward 等，2011；Richmond 和 Hatala，2013）。但是，总体上阿法种与现代人的差异仍旧非常明显。例如，埃塞俄比亚迪卡（Dikika）化石显示了与大猩猩较为相似的肩胛骨。阿法种还具有相对于下肢而言过长的上肢，更长、更弯曲的指骨，朝向头向的肩关节，以及较小的下肢关节和椎体（Stern，2000；Ward，2002；Alemseged 等，2006；Kimbel 和 Delezene，2009；Richmond 和 Hatala，2013）。

1. 露西

在众多阿法种中，哈达地点出土的化石最为有名。到目前为止，已在这个地点发现了数百件化石标本（Kimbel 和 Delezene，2009；Ward 等，2012）。1973 年 10 月，美国俄亥俄州克利夫兰博物馆的约翰森在哈达地点进行考察，发现了距今 350 万年的人科成员的化石

（Johanson 和 Edey，1990）。第二年，约翰森和法国地质学家莫黑斯·泰伊伯（Maurice Taieb）组成国际联合考察队再次来到哈达地点，以期获得新的发现。

经过 3 个多星期的认真清理，在一段小冲沟内发现了 100 多件人科化石，而且均属于一个 20 岁左右的女性个体（AL 288-1）（Johanson 和 Edey，1990）。

尽管在发现之初，当地的居民称她为"Denkenesh"，意为"你是妙物"，但她以"露西"（Lucy）之名闻名于世，因为在庆贺这一重大发现的当晚，约翰森正用他的录音机播放着甲壳虫乐队的《宝石星空中的露西》（朱泓等，2004）。

露西骨骼有 40% 保存了下来。虽然她的头盖骨已经破碎，但是碎片还在，而且下颌骨几乎都保存了下来。队员们还找到了许多肋骨以及残破的肩胛骨，保存下来了几乎完好的骶骨和左侧髋骨，因而骨盆可以毫不费力地复原出来。

此外，肢骨的主要部分都保存下来了。科学家们应用填充法和镜像对称分析法将露西的骨骼进行了成功的复原（Shipman，1987）。可以看出，露西是个小个子，身高大约为 1 米，体重约为 27 千克，盆骨及股骨形态表明她已经能够直立行走（如图 12-21 所示）。

图 12-21　AL 288-1（露西）化石
（© 李法军）

2. 莱托里足印

坦桑尼亚奥杜维峡谷（Olduvai Gorge）以南约 50 千米的莱托里是另一个重要的阿法

图 12-23　1995 年莱托里足印保护工作情况（在遗址南面看）
（图片来源：Tom Moon. Co-pyright 1995 The J. Paul Getty Trust and Tanzanian Antiquities Authority，承蒙 The J. Paul Getty Trust 授权使用）

图 12-22　奥杜维峡谷自然景观
（承蒙 מודנר 授权使用）

种化石发现地（如图 12-22 所示）。1974 年到
1979 年，利基（Marry Leakey）领导的研究小
组在这里进行了富有成果的发掘。大部分化石
的年代距今为 376 万年～ 356 万年，个别化石
（如 LH 15）约为 346 万年。出土地化石材料主
要是颌骨和牙齿，也包括了一个儿童个体的躯
干骨。

1976 年，玛丽·利基（Marry Leakey）等
人在这里的火山灰沉积中揭露出一片古生物足
印（如图 12-23 所示），其中包括被认为是人
科成员的足印。这些足印是许多生物在还未硬
化的火山灰上走过时留下的。这就是著名的莱
托里足印（the Laetoli footprints）。这些足印产
生的时间大约距今 356 万年，也有人认为距今
400 万年（Leakey，1995；Raichlen 等，2010）。

从人科成员的足印中可以分辨出成年人和

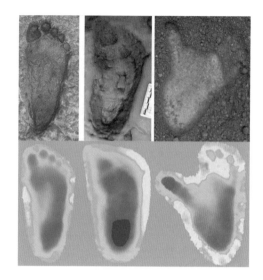

图 12-25　现代人、莱托里与黑猩猩足印对比示例
（Hatala 等，2016）
左：现代人足印；中：莱托里足印；右：黑猩猩足印。

图 12-24　莱托里足印（左图）以及 G1-19 号莱托里足
印细节（右图）

（左图来源：Tom Moon. Copyright 1995 The J. Paul Getty
Trust and Tanzanian Antiquities Authority. You are welcome to
visit and work with us. ©J. Paul Getty Trust，承蒙 The J. Paul
Getty Trust 授权使用；右图来源：John C. Lewis. Copyright
1996 The J. Paul Getty Trust and Tanzanian Antiquities
Authority，承蒙 The J. Paul Getty Trust 授权使用）

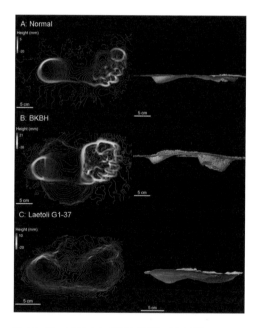

图 12-26　现代人与莱托里足印对比示例
（Raichlen 等，2010）
上：现代人普通行走姿态下的足印；中：现代人半屈蹲
姿态下行走的足印；下：莱托里足印。

生物人类学
（第二版）

儿童的个体，他们的大脚趾已经发育并与其他脚趾并列分布，深深的大脚趾印显示其受力很大。足印的足尖向内倾斜，反映出它们前后脚交替踩在中轴线上的行走方式。可以想象，他们走得并不轻松。目前，许多古人类学家都赞成这些足印是由三个人科成员留下的，并认为较大的足印是由其中一个个体留下，并被后面的个体故意踩上去造成的（Agnew 和 Demas，1998）（如图 12-24 所示）。

有关不同物种足印的研究结果表明，莱托里足印在形态上与黑猩猩和习惯赤脚行走的现代人类都不同。与现代人两足行走时相比，莱托里人在足部触地时可能使用更为弯曲的身体姿势（如图 12-25 所示）（Hatala 等，2016）。但是进一步的分析表明，虽然总体上存在显著差异，但是莱托里足印与现代人足印中的脚趾窝深度没有显著差别（如图 12-26 所示）（Raichlen 等，2010、2017）。

（三）南方古猿加扎勒河种

布鲁内于 1993 年在乍得巴赫尔哈扎（Bahr el Ghazal）地区发现的下颌骨化石被确认属于一种南方古猿，并被命名为南方古猿加扎勒河种（羚羊河种）（*Australopithecus bahrelghazalia*），距今 350 万年～300 万年

（Brunet 等，1996；Guy 等，2008；Fuentes，2011；Wood 和 Boyle，2016）。留有 7 颗牙齿的颌骨化石的 KT 12/H1（Abel）为正型标本（如图 12-27 所示）。这是一种完全的草食性人科成员，也可能食用块茎类食物（Thomson-Smith，2012）。南方古猿（如加扎勒河种）可能已经能够吃以前在稀树草原和森林环境中都存在的食物。

总体形态上，加扎勒河种与阿法种最相近，只是其低矮前突的面部特征与同地区的早期人科乍得种相似。但是，加扎勒河种下颌骨横向扁平的下颌联合特征与东部南方古猿的不同（Guy 等，2008）。

（四）南方古猿近亲种

2015 年，海勒－塞勒希等在埃塞俄比亚阿法中部沃兰索－迈奥研究区发现了古人类化石。他们将其定名为南方古猿近亲种（*Australopithecus deyiremeda*），编号为 BRT-VP-3/1，距今 350 万年～330 万年（如图 12-28 所示）（Haile-Selassie 等，2015）。在伯特利（Burtele）发现的足印（Burtele foot）BRT-VP-2/73 可能是来自近亲种的，但发现者更倾向于将之视为新的物种遗留下的（Haile-Selassie 等，2015）。

以往人们普遍认为，在距今 400 万年～300 万年，只有南方古猿阿法种生活在阿法地区。但是随着近亲种的出现，这一认识正逐渐被改变。近亲种的发现表明，在 350 万年～330 万年前埃塞俄比亚的阿法地区至少生活着两种人科成员，这进一步证实了上新世

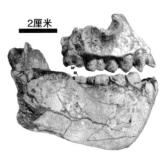

2厘米

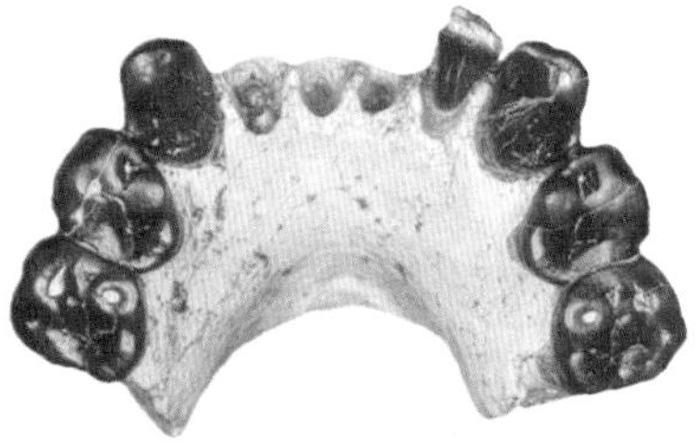

图 12-27　南方古猿加扎勒河种 KT 12/H1（Abel）下颌及牙齿化石

图 12-28　南方古猿近亲种 BRT-VP-3/1 化石

中期东非早期人类的多样性。阿法种也可能并不是唯一的人类祖先，近亲种也应当被考虑在内（Haile-Selassie等，2015）。近亲种的颌部形态表明其比阿法种的更加强健有力。同时，近亲种的前牙相对较小，暗示其食物结构的复杂性。

近亲种的牙釉质较厚，第二前臼齿齿根形态复杂，下颌也要比始祖种更加粗壮。上颌第一臼齿齿冠形态与阿法种相近。与湖畔种相比，其面部更加陡直，但仍然前突明显。这一点使之更加接近粗壮种而不是早期人类。

与平面人相比，近亲种拥有更大的犬齿。但这样的犬齿与惊奇种相较而言还是比较小的，也没有惊奇种那样大的后牙齿冠（Wood和Boyle，2016）。对近亲种、肯尼亚平面人和阿法种上颌几何形态测量学的分析表明，前两者与阿法种的形态学差异非常明显，但是他们与阿法种差异化的特征不同，肯尼亚平面人与阿法种的差异化程度更高（如图12-29所示）（Spoor等，2016）。

（五）南方古猿惊奇种

1997年11月20日，海勒－塞勒希在埃塞俄比亚伯力（Bouri）地区哈塔耶（Hatayae）地点发现了距今约250万年的早期人科成员化石（如图12-30所示），并将其正式命名为南方古猿惊奇种（*Australopithecus garhi*）（BOU-VP12/130）（Asfaw等，1999）。

惊奇种最显著的特征之一是后牙齿系的结构，齿系结构与南方古猿粗壮种非常相似。前牙尺寸很大，超过了其他任何南方古猿的同名牙齿（Asfaw等，1999）。透过惊奇种，我们似乎看到了阿法种和非洲种作为人类直系祖先的可能，因为这两个物种的犬齿－前白齿与

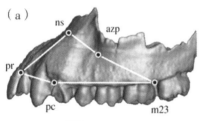

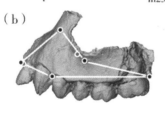

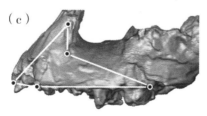

图12-29 南方古猿阿法种（a. A.L. 200-1）、近亲种（b. BRT-VP-3/1）和肯尼亚平面人（c. KNM-WT 40000）颌面部GMM比较
（Spoor等，2016）

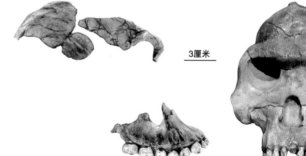

图12-30 惊奇种BOU-VP-12/130颅骨化石
（©李法军）

臼齿的比率较惊奇种而言与人类更加接近。但是，惊奇种较大的犬齿齿冠、后牙尺寸以及第三臼齿微弱的转嵴使其与阿法种区分开来（Hammond 和 Ward，2013）。

惊奇种的上颌前突，但门齿的突出程度较小。犬齿在梨状孔侧缘稍后处。上颌前部横断面呈弧形，腭骨较薄，颧弓根起于第二前臼齿和第一臼齿间（P4/M1），眶后缩窄明显。脑容量约为 450 毫升。这批化石也缺乏南方古猿埃塞俄比亚种、粗壮种及鲍氏种所共有的一些牙齿、面部和颅骨衍生特征。同时也因其较原始的额部、面部、鼻下部及硬腭部特征而与南方古猿非洲种及早期人属成员具有较大的差别（Asfaw 等，1999）。

（六）南方古猿埃塞俄比亚种

1967 年，由卡缪·阿拉姆鲍奇（Camille Arambourg）和伊夫·柯本斯（Yves Coppens）带领的法国研究小组在埃塞俄比亚南部的奥莫（Omo）地点发现了一块没有牙齿的"V"字型的下颌骨（KNM-WT 16005），发现者将其命名为 Paraustralopithecus aethiopicus，距今约 250 万年（Coppens，1980；Suwa 等，1994）。但是这一发现在当时并没有引起人们的重视。

1985 年，理查德·利基（Richard Leakey）和他的工作小组在肯尼亚特卡纳湖西岸发现了一具非常完整的早期人科成员的颅骨化石。利基认为这与 1967 年在奥莫发现的那块 V 字型下颌骨属于同一种。又由于奥莫的发现在前，因此在命名上采用了原来的种名，但属名改为南方古猿属，即南方古猿埃塞俄比亚种（Australopithecus aethiopicus），编号为 KNM-WT 17000（Walker 等，1986；White 和 Falk，1999）。因为化石填充物是深蓝色的，所以他

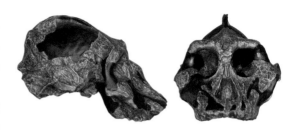

图 12-31　埃塞俄比亚种 KNM-WT 17000 颅骨化石（© 李法军）

又被称为"黑头骨"（Black Skull）（如图 12-31 所示）。其生存年代也是距今约 250 万年。

黑头骨在形态特征上与阿法种很相似，但脑容量较小，仅为 410 毫升（Wood 和 Schroer，2013）。面部宽大，颅骨上的肌嵴明显，上腭壁较厚。虽然没有牙齿，但从上颌齿槽看出，第二前臼齿和臼齿的齿根粗壮，颧骨前突使得面部较为扁平，这些都表明他的颌部具有十分发育的咀嚼功能。

其他的化石材料显示他们的牙齿具有很厚的珐琅质，咬合面呈研磨型；齿槽突前突明显，颅底扁平等。综合以上特征，可以看出埃塞俄比亚种是一种"原始"与"进步"的结合，即面颅的诸多特征显得较为进步，而脑颅部分却显得较为原始。

（七）南方古猿鲍氏种

从 1931 年开始，利基夫妇（Louis Leakey 和 Meave Leakey）开始在坦桑尼亚的奥杜维峡谷进行化石的调查工作。直至 28 年后的 1959 年，他们才有了重大的发现。同年 7 月 17 日，路易斯·利基（Louis Leakey）因病在营地休息，于是米芙·利基夫人（Meave Leakey）便一人到化石地点进行调查。

她在一条冲沟边上的早更新世地层中发现

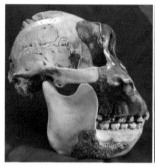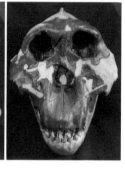

图 12-32　南方古猿鲍氏种 OH 5 头骨化石
（© 李法军）

图 12-33　路易斯·利基在测量南方古猿鲍氏种 OH 5 头骨化石

早的化石（L 74a-21）发现于埃塞俄比亚的奥莫，距今约 230 万年；年代最晚的化石（OH 3 和 OH 38）发现于坦桑尼亚的奥杜维峡谷，距今约 120 万年。许多人类学家认为鲍氏种和其他粗壮型南方古猿一样，是人科进化道路上特化了的类型，这种特化导致了他们在环境变化后不能适应而灭绝的命运（如图 12-34、图 12-35 所示）（李法军，2007）。

图 12-34　南方古猿鲍氏种 KNM ER 406 颅骨化石
（© 李法军）

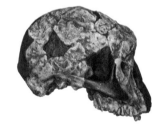

图 12-35　南方古猿鲍氏种 KNM ER 732 颅骨化石
（© 李法军）

了一具几乎完整的颅骨化石和一根胫骨。其头骨特别粗壮，上颌极为粗壮，就像咬碎核桃时用的钳子（如图 12-32 所示）。牙齿硕大，颅顶有明显的矢状嵴。脑量很小，仅为 530 毫升。

路易斯·利基（Louis Leakey）（如图 12-33 所示）将其命名为鲍氏东非人（*Zinjianthropus boisei*），以之纪念这个研究项目的资助者理查德·鲍伊斯（Richard Boisei）。最后，又将其归入南方古猿属，改名为南方古猿鲍氏种（*Australopithecus boisei*）。鲍氏东非人的编号是 OH 5，俗称"核桃钳人"（nut-cracker man）。他也有个昵称，叫"金吉"（Zinj）。其生存年代距今约 180 万年。

目前，在东非的埃塞俄比亚、肯尼亚和坦桑尼亚都发现了鲍氏种的化石材料，有人认为埃塞俄比亚种就是鲍氏种的祖先类型。年代最

三、其他地区

如前所述，非洲之外目前并无确切证据表明有南方古猿化石的存在，但在亚洲发现的一些化石标本被认为与南方古猿有着非常密切的关系，有些甚至被认为可能就是南方古猿。包括南方古猿在内的早期人科成员是否仅仅存在于非洲，还需要今后在这一地区发现更多的化

石证据来加以解答。

1941年，孔尼华在印度尼西亚爪哇岛的桑吉兰（Sangiran）地点发现了一件下颌骨化石（Sangiran 6），附带有两颗前白齿、第一白齿和相对较小的犬齿。这件标本被命名为古爪哇魁人（*Meganthropus palaeojavanicus*）（Tyler，2001；Kaifu等，2005）。1964年，菲利普·托拜厄斯（Phillip V. Tobias）和孔尼华将以往（1936年、1939年和1941年）在爪哇岛搜集到的化石标本归入南方古猿属。但由于化石材料缺乏典型标本，因而仍然没有被正式确认（朱泓等，2004）。

专题

南方古猿已经能够制造石制工具？

2001年，由索尼亚·哈曼德（Sonia Harmand）和杰森·勒维斯（Jason Lewis）带领的考古队在肯尼亚特卡那湖洛美奎（Lomekwi）遗址发现了距今约330万年的石器（如图12-36所示）（Harmand等，2015），这是目前已知的最早的人工石制品。约有20件完整的石制品（包括石砧、石核及石片）出自洛美奎3号（Lomekwi 3）地点，130件石制品采自该地点的地表。

图12-36　洛美奎遗址所出石核与石片

（修改自 Harmand 等，2015）

A为拼合后的石核；B和C为单面石核；D为石片。

这些人工制品不属于奥杜维文化的传统，其用途也尚不清楚。鉴于这些石器的年代明显早于能人时期，因而被认为与南方古猿或者肯尼亚平面种有关（Harmand等，2015）。惊奇种

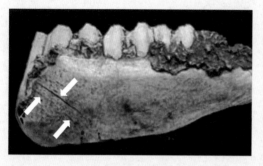

图 12-37 洛美奎遗址牛科动物颌骨上的人工划痕
（修改自 Larsen，2010）

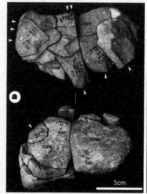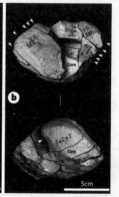

图 12-38 洛卡拉蕾 2C 石器工业的拼合石制品
（修改自 Roche 等，1999）

a. R35 号拼合结果；b. R9 号拼合结果。这两个拼合
序列都具有从修正台面而非自然台面进行单向或复向
打片的特点。

也被视为可能开始制造和使用石片工具，来自伴出动物化石表面的划痕非常可能是惊奇种剔肉留下的（如图 12-37 所示）（Larsen，2010；McPherron 等，2010；Schick 和 Toth，2013）。

　　洛美奎石器工业的发现，使我们意识到原来所知的东非距今 250 万年的戈纳（Gona）遗址石器工业并非最早的。而 1997 年在特卡那湖西岸发现的距今约 234 万年的洛卡拉蕾（Lokalalei 2C）石器工业（如图 12-38 所示）以及埃塞俄比亚迪卡遗址发现的距今 339 万年的牛骨上的石器切痕更让我们有理由推测，南方古猿阶段必然存在着更早期的石器工业类型。

第三节　人科的起源与进化

　　达尔文很早就认识到了人类与猿类的相似性。在此基础上，他认为人猿的本质区别在于两足直立行走、高超的智慧、减小了的犬齿以及工具的使用等特征。许多学者循此思路，对人类的起源问题提出了种种假设。我们在前面探讨过现代人类直立行走的原理和机制。在这里，我们进一步探讨两足直立行走的起源及其适应性问题。

一、人科起源的理论模式

　　20 世纪 40 年代，英国伦敦自然博物馆的肯尼斯·奥克利（Kenneth Oakley）创立了"工具说"，他提出了"人——工具制造者"的理论。他认为制造和使用工具而不是武器才是人类进化的动力，同时强调从猿到人的较为阴暗的分化，即人类的残忍和暴力倾向。

　　雷蒙·达特最初提出了"人——凶杀者的猿"的观点。他依据在汤恩小孩颅骨上观察到的特征推断南方古猿是人类的祖先。他又依据与南方古猿伴生的大量动物碎骨化石，认定南方古猿是以食肉为主的动物。他的这种观点被称为"肉食说"。

理查德·利基（Richard Leakey）认为，这些假说的提出在某种程度上反映了当时的社会气候（利基，1995）。在利基看来，工具说和肉食说的产生是因为研究者受到了"二战"的深刻影响，可能是对战争中恐怖事件提出的解释或者借口。

但我们不能简单地认为这些假说存在局限性，真正的原因在于人类认识自身存在局限性，它似乎永远脱离不了那个时代的影响。但不管这些理论存在怎样的局限，它们都是人类自身的宝贵财富，反映的是人类认识世界的过程。工具说和肉食说的理论值得我们思考。

20世纪60年代，人类学家们把狩猎—采集者的生活方式视为人类起源的关键。1966年，以"人——狩猎者"为主题的人类学会议在美国芝加哥大学举行，会议的基调变成了"狩猎造就了人类"。而到了20世纪70年代，随着妇女运动的发展，关于人类起源又变成了"妇女——采集者"的模式，这种理论试图阐释人类复杂社会的起源问题。

乔利提出的"草食说"理论也是阐述与采集有关的问题，但他更关注食性适应对人类起源的影响。他观察到主要以草籽为食的狮尾猴与其同类狒狒的显著区别，他认为这是早期人科成员与猿类之间的差别。

塔特尔（Tuttle）提出了另一种有关人科起源的理论，即"小猿模式"。他认为人类的祖先起源于某种与长臂猿类似的杂食性的非洲小猿。环境的剧烈变化使它们不得不以直立行走的方式来适应稀树草原这种新的生存环境。这种理论也可以概括为"环境说"。

华士·伯恩等人认为人与猿的共同祖先在体质上与现生的黑猩猩最为接近，人科早期成员所处的环境则与现生狒狒所处的环境类似。因此，在外部环境的驱使下，原始灵长类会朝着人的方向进化。这种理论被称为"草原黑猩猩模式"，这与"小猿模式"很接近，都强调在自然选择作用下的适应过程（朱泓等，2004）。

托迈（撒海尔人乍得种）等化石的发现，使科学家们原本趋于确信的观念发生了动摇。如前所述，托迈那椭圆形的枕骨大孔有可能意味着它已经能够直立行走，但这只是暂时的猜测。虽然托迈的系统地位还存在争议，还无法依据有限的化石材料判断其具有直立行走的能力，可习惯性直立行走作为一种运动方式，很可能出现在人猿演化分歧之前，为双方所共有。那么，是否继续使用直立行走作为区分人与猿类的基本标准，直立行走是否是一种利于古人类行动的生理适应性，都将成为学术界需要重新考虑的问题。

二、两足直立行走的起源

虽然托迈不失顽皮地出现在了世人面前，而且引发了许多尖锐的问题，但就像前面说过的一样，认知过程是动态的，对某种假说来说，它还存在一个被检验的缓冲期。直立行走是否还适合作为划分人与猿的重要标准，目前还无法确定，新的化石材料将说明许多细节的问题。但就目前的认识程度来说，直立行走作为人类的重要特征之一，是不能立刻被排除在人猿划分标准之外的。

达尔文可能是最早完整阐述人类直立行走起源问题的人。在他的认识当中，自然选择和遗传变异对人类的这一行为的发生起了决定性的作用。他认为两足直立行走，技能和扩大的脑是协调产生的。达尔文在其著作《人类的由来》一书中对这些问题进行了较为详细的讨论（Darwin，1871）。例如：

> 但若双手和双臂始终习惯于行走，习惯于支撑全身的重量，或者，犹如上面所说，更专门地习惯于攀枝爬树，而不能摆脱这些习惯，它们就无法变得足够完善来制造武器，来扔石子、投梭镖，而完全命中。光是用来支持体重与行走攀缘，也就不免把手的妙用所凭借的触觉连磨带压地越来越迟钝，此种妙用当然不全由于触觉锐敏，但这毕竟是主要的。只是根据这些原因来说，人变得能用两足行走，对他来说，已经是一个便利，而为了许多动作，两根胳膊和整个上半身的解放也成为必不可少，而为此目的他必须在两只脚上站得很稳。为了取得这个巨大的便利，双脚变得平扁了，大拇趾也起了一番奇特的变化。

又如：

> 如果就人来说，能够在脚上站稳，而两手两臂能从此自由活动，是一个便利，而他在生命与生活的斗争中的卓越的成就已经证明其为便利，那么，就他的远祖来说，我就看不出有任何理由叫我们怀疑，站得越来越直，走起来越来越专凭双脚，为什么不是一种便利。直立而用双脚行走之后，他们就能更好地用石子、棍棒之类进行自卫，来进攻所要捕食的鸟兽，或从别的方面觅取食物。

通过以上的分析，达尔文认为我们的行为方式与制造武器有着密切的联系。他还提出：

> 臂与手的自由运用，就人的直立姿势而言，它一半是因，一半也是果，而就其他结构的变化而言，看来它也发挥了间接的影响，人的早期的男祖先，上文说过，也许备有巨大的犬齿，后来由于慢慢取得了利用石子、木棒或其他武器来和敌人或对手斗争的习性，牙床和牙的使用就愈来愈少了。在这样一个情况下，牙床和牙齿就趋向于缩减而变小，我们虽没有看到它们变，但根据其他无数的可以类比的例子，我们认为这一点是几乎可以肯定的。

文中提到的"因"与"果"是指一种相互反馈的反映，即武器的使用、两足直立行走可以扩大人类祖先的社会交往，这就对才智提出了更高的要求。而我们祖先的智慧越高，就会创造出更高超的技术和更复杂的社会，这反过来又引起了体质的适应性变化。

据理查德·利基（Richard Leakey）的说明，若不是传统人类学与新近的分子生物学之间发生了关于腊玛古猿系统地位的大争论，达尔文的上述观点可能至今还被奉为至宝。"腊玛古猿大争论"在两个方面改变了人类学，一是用实例显示根据共同的解剖性状来推断共同的进化关系是极其危险的；二是暴露了盲目信奉达尔文的"一揽子"论点是愚蠢的（Leakey，1995）。

近20年来的早期人科成员化石的不断发现，使人类学家们意识到脑的扩大和制造石器与人类起源时间是不同的。这促使很多人开始重新思考两足直立行走的起源这一问题（Harcourt-Smith 和 Aiello，2004；Haile-Selassie

等，2012）。

人类起源的通俗形象是一种似猿的动物离开树林到空旷的稀树草原上跨步行走。但这是戏剧性的，完全不正确（Leakey，1995）。科学家们证明非洲的稀树草原有动物群做大量迁徙，只是相对较晚的时候才出现的情景，远在最早人类物种出现之后。

1500 万年之前，即中新世晚段的时候，非洲是森林的海洋。之后的几百万年，地球的造

图 12-39　东非大裂谷的东西支

（© 李法军）

山运动开始，非洲大陆东部的地壳开裂了，随后形成了埃塞俄比亚 – 肯尼亚高原。到 1200 万年前，即上新世之初，东非大裂谷（the Great Rift Valley）完全形成了（如图 12-39 所示）。

这些地质上的大变化直接导致非洲大陆气候的改变，从西向东的气流被破坏了，大裂谷的东部由此形成了成片的树林、稀疏的树林以及灌木丛镶嵌的状态（如图 12-40 所示）。大裂谷的完全形成还导致了两种生物学效应：一是形成妨碍动物群在裂谷东西两面交往的无法超越的障碍；二是更进一步促进了一种富于镶嵌性的生态环境的发展。

有研究表明，现生黑猩猩在采集地面灌木上的水果时会两足直立行走，而在树间则会站立起来摘取更高处的食物（Hunt，1996；Stanford，2006）。古猿阶段的两足直立行走发生动因虽不能与黑猩猩的直立行为直接对应，但为我们提供了一个参考的视角。也有学者认为，古猿在树间已经具备了直立行走的能力（Thorpe 等，2007）。

在环境发生巨大改变之后，两足直立行走被赋予了重要的生存优势。发现了这些优势，也就发现了直立行走的根本动机，也就回答了人为什么要直立行走的问题。目前存在以下几种假说可以阐明这些问题。

第一种假说是美国加州大学的彼得·罗德曼（Peter Rodman）和亨利·麦克亨利（Henry McHenry）于 1981 年提出的。他们认为，最早的两足直立行走的猿只是在其行动方式上是人，但其他特征诸如手、颌部以及牙齿的形态仍然像猿，因为他们的食物没有改变，只是获得食物的方式改变了。他们强调直立行走是对环境变化做出的适应性改变（Rodman 和 McHenry，1980）。这种假说被称为"食物获取说"（李法

图 12-40　南方古猿生活场景重建

（© 李法军）

军，2007）。

　　第二种假说是欧文·洛夫乔伊（Oven Lovejoy）于 1981 年首先提出的。他认为两足直立行走是一种效率不高的行动方式，因而必然是为着提高转移后代的效率以及便于携带东西（Lovejoy，1981；Allen 等，1982；Cann 和 Wilson，1982）。这种假说被称为"成功繁衍说"（李法军，2007）。

　　第三种假说是戴（M.H. Day）于 1986 年提出的。他认为早期人科成员兼有双足直立行走和攀爬树木的能力可以有效地避免其他肉食动物的袭击（Day，1986）。这种假说被称为"趋利避害说"（李法军，2007）。

　　第四种假说是惠勒（P.E. Wheeler）于 1991 年提出的。他通过实验发现直立状态可以有效地减少阳光的直接辐射量，直立行走因为离地面较远，因而更容易耗散过多的体热。因而惠勒认为早期人科成员的直立行为可能与体温的调节功能有关，这有利于早期的人科成员冒险去热带大草原寻找食物（Wheeler，1991）。这种假说被称为"体温调节说"（李法军，2007）。

　　这些假说为早期人科成员两足直立行走的起源问题提出了各自的解释。但是，所有这些假说都面临着一个问题：如果发现的只有头骨化石或者牙齿化石而没有其他部分，而这些化石个体看起来又有许多与猿相似的特征，我们依靠什么来辨别他（她）到底是两足直立行走的猿还是传统意义上的猿呢？

三、两足直立行走之后的适应性改变

　　露西的发现在当时解决了一个长久争论的问题，即"南方古猿能否直立行走"。达尔文认为人类的远祖在向着直立行为转变的同时，有许多身体的结构发生了必要的变化。例如，骨盆有必要放宽，脊柱有必要取得一种特殊的弯曲方式，颅骨的位置要有所变化，等等

（Darwin，1871）。

露西的骨盆结构、髋骨部位以及髋骨与股骨的角度都能说明南方古猿已经能直立行走。美国肯塔基州的两位研究人员罗伯特·塔格（Robert Tag）和洛夫乔伊就露西是否能够直立行走进行了一项富有创意的研究。他们研究露西的生育是否困难。胎头与骨盆的比率，即新生儿的头颅大小与骨盆地骨性产道之比，是一个有关灵长类动物能否正常分娩及产程长短的重要标准。为了计算露西的这个比率，塔格和洛夫乔伊依据黑猩猩新生儿的大小估计了南方古猿胎儿头颅的大小。

实验结果表明，露西的骨盆能够允许他们所估算的一个南方古猿的胎儿头颅通过，但有两点需要说明。其一，分娩过程会比现在的大猩猩慢些，在某种程度上困难些。但是只要胎儿头颅的长轴在分娩过程中与产道的最大直径保持一线，分娩就可以顺利进行，这对许多哺乳动物来说都属于正常情况。其二，露西腹中假设的婴儿必定面朝同一方向进入并离开产道，

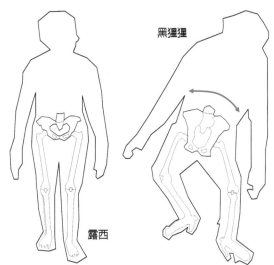

图 12-42　露西与黑猩猩的行走方式比较

（© 李法军，依 ©Washington State University 绘制）

即如果长轴与骨盆的最大直径保持一线，那么胎儿分娩时不会在产道中转动。这一点与猿类相同而不同于人类。但猿类的产道长轴是腹背向的，所以婴儿要么面朝其母的腹部，要么面朝其母的背部。（如图 12-41 所示）

比较而言，露西的骨盆非常宽，即横径很大，所以婴儿的头颅必定面朝骨盆左侧，或者面朝骨盆右侧。此外，露西的骨盆上部明显外张，下部内向收敛，这更像现代典型的男性盆骨而不像女性盆骨（希普曼，1987）。

很多人都认为露西从解剖学上看是一个原始的人科成员，所以她的生育方式像猿类，但是这种认识实际上是错误的。

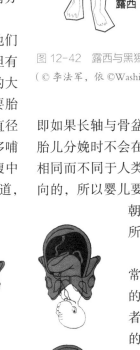

图 12-41　现代妇女（上）与露西（下）的分娩方式比较

（修改自希普曼，1987）

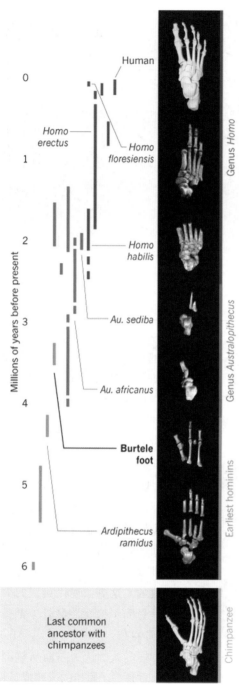

图 12-43　600 万年来人科成员足部的进化
（Liberman，2012）

要理解露西的分娩方式，就必须首先了解隐藏在不寻常的女性骨盆背后的进化原因。女性骨盆的形状是由直立行走和生育脑容量大的胎儿这两项因素共同作用决定的。

有效直立行走的生物力学要求髋关节应紧密连接，以便身体重量从一条腿移到另一条腿上去时，它只移动较短的距离（如图 12-42 所示）。真正的二足动物的髋部都很细小。而要生育脑容量大的婴儿，却要求骨盆宽大，产道宽阔。一个理想的母亲的骨盆应是梨状的。这两种因素使得女性两足行走不如男子那样矫健（希普曼，1987）。

如在"现代人的生物学独特性"中提及的那样，为了顾全上述两种需要，人类进化出了一系列复杂的适应性。现代的胎儿虽然脑容量大，但属于养育型，在青少年期才出现补偿性的突然加速生长现象。在露西身上并未发现分娩与直立行走矛盾的出现。没有扩张和新生儿头颅于产道直径间的紧密配合这两个事实都意味着胎儿在分娩时没有旋转现象发生。尽管我们已经认识到了早期人科成员在两足直立行走之后的这些变化，但是我们对早于从南方古猿到现代人之间的直立行为的演化过程的认识还是很不清楚的。

自 600 万年前人类与黑猩猩的祖先渐行渐远，人类的足部就开始了独立演化，并产生了许多不同的形式（如图 12-43 所示）。如前所述，早期的人科成员地猿根源种既能行走，也可爬树。然而，它们有一个像黑猩猩那样高度分叉的大脚趾。较晚期的人类成员（如南方古猿源泉种和能人）比源泉种的足弓发育更完整，脚趾也无分叉。

但是，它们仍然保留了一些适应树间生活的能力。很可能的是，直到直立人阶段才进化出类似现代人的足部来。近亲种伯特利足印（BRT-VP-2/73）与源泉种的足部复原形态相似，这表明在人类进化过程中，适应两足行走和爬树的足部形态曾长期存在着（Haile-Selassie 等，2012；Liberman，2012）。

四、早期人科的进化关系

人类对宇宙的认识总是处于不断地推理和验证的过程当中。旧有的认知体系在新的证据发现之后经过一段时间的争论就会最终划分出两种结果：或者得以暂时被承认，或者渐渐被摈弃。从这个角度来说，从来就没有绝对的真理，真理在一定条件下才能够经得起检验。

人类对自身的起源问题的探索由来已久。依靠不断发现的化石材料，我们对自身的由来渐渐地有了一些感性的认识，但远未达到最终的认知程度。主要原因在于，认识本身总是处于动态之中。近 20 年是化石发现迅速增长的 20 年，新化石给人类学家们更多机会去比较不同的个体（如图 12-44 所示）。依化石来为早期人类的先祖们分类，人类学家一般分成两个阵营：一派把许多不同的化石归为不同种甚至不同属，另一派则尽量把它们归到同一属甚至同一种。

在这些化石当中，与人类起源有关系的最重要的是托迈、千禧人和地猿根源种。单是他们的年代就已经叫人"浮想联翩"了：最早的托迈距今约 700 万年，最年轻的始祖种也在 500 万年左右。这三种化石标本的特征让争论的科学家们出现了暂时的一致意见，那就是在人类演化的较晚期，差不多是 300 万年～150 万年前，人类各支系就在地球上百花齐放。我们现在很难再以单线进化模式来阐释人类的起源问题了。

海勒 - 塞勒希等人指出，其实今天的人类，其犬齿的自然变异就和上述这些化石的犬齿差不多了，所以他们理应归到同一属（Haile-Selassie 等，2004）。美国加利福尼亚大学伯克利分校的人类学家克拉克·豪威尔（Clark Howell）表示，这些差异甚至小到应该把他们归属到同一种。不过加拿大多伦多大学的人类学家戴维德·贝甘（David R. Begun）指出，虽然犬齿的形状和珐琅质厚度是分类的标准特征，可是在这三个不同的物种中，却可能会"维持现状"。他认为托迈、千禧人和地猿根源种这三者在许多方面都有显著差异，需要发现更多的化石才能说明问题（Begun，2004）。

有学者建议将原始人图根种、撒海尔人乍得种和地猿都归属于地猿属，他们很可能是南方古猿的祖先类型，但并未获得广泛的认可（White 等，2009）。南方古猿湖畔种曾一度被认为是阿法种的直系祖先类型（Haile-Selassie 等，2010；Fuentes，2011）。但目前来看，二者之间并行演化超过 10 万年的时间，很难肯定湖畔种与阿法种之间存在直接的进化关系（如图 12-45 至图 12-47 所示）（Haile-Selassie 等，2019）。

南方古猿粗壮种是否应该独立出来成为傍人属（genus Paranthropus）也一直存在较大的争议。如前所述，至今仍有学者将傍人属单列出来，坚持保留 Paranthropus 的分类（Wood 和 Schroer，2013；Haile-Selassie 等，2019）。但作为目前古人类学界的普遍分类，仍将南方古猿属和傍人属统称为南方古猿（Australopithecines）（Fuentes，2011）。

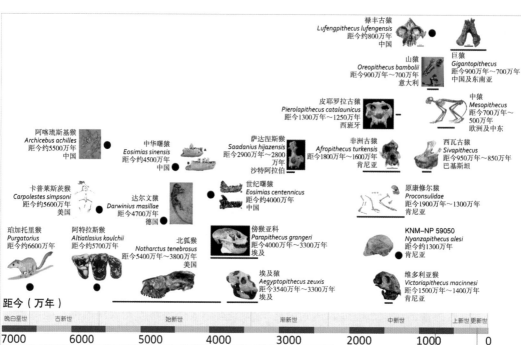

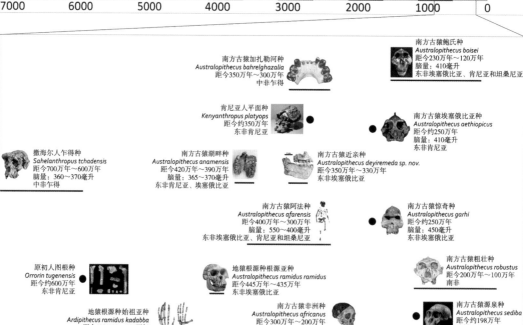

图 12-44　早期灵长类与早期人科成员的时空关系

（© 李法军）

生物人类学
（第二版）

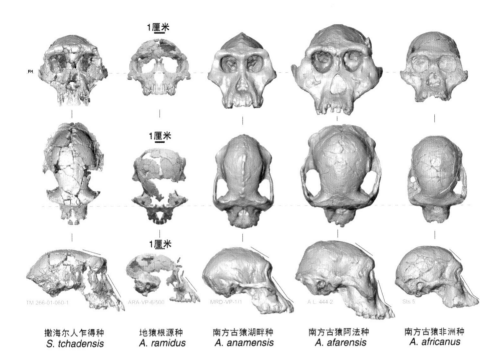

撒海尔人乍得种　　地猿根源种　　南方古猿湖畔种　　南方古猿阿法种　　南方古猿非洲种
S. tchadensis　　*A. ramidus*　　*A. anamensis*　　*A. afarensis*　　*A. africanus*

图 12-45　基于 3D 重建的早期人科成员颅骨形态比较
（修改自 Haile-Selassie 等，2019）

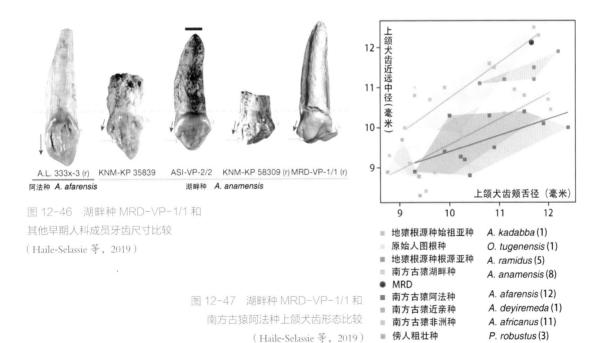

A.L. 333x-3 (r)　KNM-KP 35839　ASI-VP-2/2　KNM-KP 58309 (r) MRD-VP-1/1 (r)

阿法种　*A. afarensis*　　　　　湖畔种　*A. anamensis*

图 12-46　湖畔种 MRD-VP-1/1 和
其他早期人科成员牙齿尺寸比较
（Haile-Selassie 等，2019）

图 12-47　湖畔种 MRD-VP-1/1 和
南方古猿阿法种上颌犬齿形态比较
（Haile-Selassie 等，2019）

■ 地猿根源种始祖亚种　　*A. kadabba* (1)
■ 原始人图根种　　　　　*O. tugenensis* (1)
■ 地猿根源种根源亚种　　*A. ramidus* (5)
■ 南方古猿湖畔种　　　　*A. anamensis* (8)
● MRD
■ 南方古猿阿法种　　　　*A. afarensis* (12)
■ 南方古猿近亲种　　　　*A. deyiremeda* (1)
■ 南方古猿非洲种　　　　*A. africanus* (11)
■ 傍人粗壮种　　　　　　*P. robustus* (3)

重点、难点

1. 可能的最早期的人科成员
2. 南方古猿的分类
3. 南方古猿阿法种
4. 人科起源的理论模式
5. 两足直立行走的起源
6. 早期人科的进化关系

深入思考

1. 撒海尔人乍得种的发现意义是什么？
2. 为何难以确认肯尼亚人平面种的系统地位？
3. 如何评价罗伯特·布鲁姆有关人类进化的工作？
4. 肯尼亚特卡那湖洛美奎（Lomekwi）遗址的考古发现能否证实南方古猿已经拥有文化？
5. 直立行走在人科的进化过程中起到了怎样的作用？
6. 早期人科产生的动因是什么？

延伸阅读

［1］BALTER M. Candidate human ancestor from South Africa sparks praise and debate［J］. Science, 2010, 328（5975）: 154−155.

［2］BROOM R. Another new type of fossil ape-man（Paranthropus crassidens）［J］. Nature, 1949, 162（4132）: 57.

［3］COPPENS Y. The differences between Australopithecus and Homo: preliminary conclusions from the Omo research expedition's studies［A］// KONIGSSON L K. Current argument on early man. Oxford: Pergamon, 1980: 207−225.

［4］DAY M H. Bipedalism: pressures, origins and modes［M］// WOOD B A, MARTIN L B, ANDREWS P. Major topics in primate and human evolution. Cambridge: Cambridge University Press, 1986: 188−201.

［5］GIBBONS A. A new ancestor for Homo?［J］. Science, 2011, 332（6029）: 534.

［6］HAILE-SELASSIE Y, SAYLOR B Z, DEINO A, et al. A new hominin foot from Ethiopia shows multiple Pliocene bipedal adaptations［J］. Nature, 2012, 483（7391）: 565−569.

［7］HARMAND S, LEWIS J E, FEIBEL C S, et al. 3. 3-million-year-old stone tools from Lomekwi 3, West Turkana, Kenya［J］. Nature, 2015, 521（7552）: 310−315.

［8］HUNT K D. The postural feeding hypothesis: an ecological model for the evolution of bipedalism ［J］. South African journal of science, 1996, 92（2）: 77–90.

［9］JOHANSON D C, EDEY M A . Lucy: the beginnings of humankind ［M］. London: Penguin Books, 1990.

［10］LOCKWOOD C A. Endocranial capacity of early Hominids ［J］. Science, 1999, 283（5398）: 9b–9.

［11］LOVEJOY C O. The origin of man ［J］. Science, 1981, 211（4480）: 341–350.

［12］McHENRY H M. Body size and proportions in early Hominids ［J］. American journal of physical anthropology, 1992, 87（4）: 407–431.

［13］ROBINSON J T. Early Hominid posture and locomotion ［M］. Chicago: University of Chicago Press, 1972.

［14］ROSENMAN B A, Ward C V. Costovertebral morphology, thoracic vertebral number and last rib length in Australopithecus africanus ［J］. American journal of physical anthropology, 2011（144）: S257.

［15］SCHICK K, TOTH N. The origins and evolution of technology ［A］// BEGUN D R. A companion to paleoanthropology. London: Wiley–Blackwell, 2013: 265–289.

［16］SPOOR F, LEAKEY M G, O'HIGGINS P. Middle Pliocene hominin diversity: Australopithecus deyiremeda and Kenyanthropus platyops ［J/OL］. Philosophical transactions of the royal society of London. Series B, Biological Sciences, 2016, 371（1698）: 20150231. http: //dx. doi. org/10. 1098/rstb. 2015. 0231.

［17］STANFORD C B. Arboreal bipedalism in wild chimpanzees: implications for the evolution of hominid posture and locomotion ［J］. American journal of physical anthropology, 2006, 129（2）: 225–231.

［18］THORPE S K S, HOLDER R L, CROMPTON R H . Origin of human bipedalism as an adaptation for locomotion on flexible branches ［J］. Science, 2007, 316（5829）: 1328–1331.

［19］WHEELER P E. The influence of bipedalism on the energy and water budgets of early hominids ［J］. Journal of human evolution, 1991, 21（2）: 117–136.

［20］WOOD B A, BOYLE E K . Hominin taxic diversity: fact or fantasy? ［J］. American journal of physical anthropology, 2016, 159（S61）: 37–78.

虽然目前出现了关于两足直立行走是否继续作为区分人猿标准以及早期人科成员最早在何时出现的争论，但"直立行走"这一特征在人类演化道路上所起的作用是应该受到肯定的。我们的祖先——人科的早期成员，毕竟在人类之初迈出了第一步。

到了距今约 200 万年，南方古猿的某些群体开始出现了我们具有的许多其他的特征，如脑容量的显著增加和日益娴熟的石器工具制造技术。如果仍旧以直立行走作为人科成员的重要特征的话，那么到了人属阶段，增大了的脑容量、缩小了的面部和牙齿尺寸以及对文化适应的依赖就成了重要的标志特征。

第一节 能人与鲁道夫人

一、能人

前面在介绍南方古猿鲍氏种的时候曾经提起过，在 1959 年的 7 月，玛丽·利基（Mary Leakey）在奥杜维峡谷发现鲍氏种金吉的地点附近还发现了粗大的打制石器，距今约 180 万年。利基将之命名为"奥杜维工业"（Oldowan industrial complex），并认为是能人（*Homo habilis*）制造的（Leakey，1959；Clark，1994）。但是当时未能找到能人的化石标本。

（一）OH 7

1960 年，利基家族继续在这一地区寻找人类化石标本。乔纳森·利基（Jonathan Leakey）发现一个个体颅骨的左半部保存得较完整，而且保存了许多右半部颅骨的碎片。大部分下颌体得以保留，其上还存有三颗牙齿（如图 13-1 所示）。此外，还保存了部分上颌白齿、腕骨、掌骨、手骨以及完整的足骨（Leakey，1961）。该个体是一个年龄为十二三岁的男孩，脑容量约为 680 毫升（Schrenk，2013）。其编号为 OH 7，

距今约 175 万年（Leakey 等，1964）。

（二）OH 13

另外一些化石标本属于一个十五六岁的女性，她的名字叫"灰姑娘"（Cinderella），编号为 OH 13。保存了部分上颌骨和下颌骨、少量牙齿、部分顶骨残片以及尺骨近端的部分。脑容量约为 500 毫升，距今约 166 万年。

（三）OH 16

OH 16 的化石标本是一个十五六岁的个体（如图 13-2 所示），仅保存了脑颅骨的部分碎片以及少量牙齿。主要特征是较大的牙齿尺寸（与南方古猿属的牙齿尺寸接近），具有明显的眶上圆枕和枕外圆枕，颅骨骨壁较薄。脑容量大约为 638 毫升（Relethford，2000）。

1964 年，路易斯·利基（Louis Leakey）等人依据这些发现，接受了达特的建议。以 OH 7 为正型标本，将其命名为"能人"（*Homo habilis*），意为"能够制造工具的人"（Leakey 等，1964）。

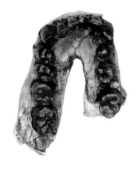

图 13-1 能人 OH 7 下颌骨化石（承蒙 Bone Clones, Inc. 授权使用，略有修改）

图 13-2 能人 OH 16 颅骨化石（承蒙 Ryan Somma 授权使用）

图 13-3 1968 年发现的距今 180 万年的能人 OH 24（Twiggy）颅骨化石（承蒙 Bone Clones, Inc. 授权使用，略有修改）

（四）能人的体质特征

托拜厄斯和孔尼华依据三项特征，将能人置于南方古猿非洲种和直立人的中间位置上。与其之前的非洲种相比，这三项特征也是能人最显著的特征，即增大的脑容量、较小的后牙尺寸以及精确的抓握能力（这是制造工具所必须具备的）（如图13-3所示）（Tobias 和 Koenigswald，1964）。

在这三项特征中，能人与南方古猿在体质上的最大区别在于他们的脑容量差异很大。能人的平均脑容量为610毫升（Wood，1996），南方古猿非洲种的平均脑容量为469毫升。能人的牙齿尺寸也介于大多数南方古猿和现代人之间（Relethford，2010），体重约为31.7千克（McHenry，1994）。

从OH 7的足骨特征可以看出，能人已经具有了更加完善的直立行走姿态。但根据1986年发现的仅3岁的能人化石材料"露西的孩子"（OH 62）（如图13-4所示），他们具有相对较长的上肢骨。因而有理由认为能人仍然具有攀爬树木的能力，说明他们可能生活在稀树草原和茂密丛林的边缘地区（Johanson 等，1987）。

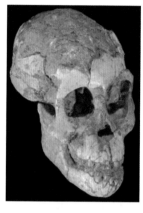

图 13-4　露西的孩子（OH 62）头骨化石
（Larsen，2010）

专题

龙骨坡化石

龙骨坡洞穴位于重庆市巫山县庙宇镇龙坪村龙骨坡，占地面积约700平方米，是国家重点文物保护单位。1985年10月13日，曾在此出土一段古灵长类下颌骨化石，被命名为"巫山人"（如图13-5所示），年代距今约200万年（Huang 等，1995）。其年代已经超出了北京人和印度尼西亚桑吉兰标本下限，接近东非上新世——更新世人的下限，同东非早更新世能人处在同一进化水平上。

该化石为左侧下颌骨残段，但其上还保留着第二前臼齿和第一臼齿。有学者通过形态比较发现，龙骨坡化石的下颌第一臼齿明显小于在东南

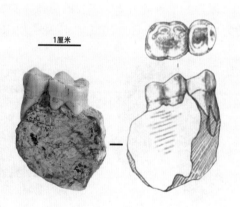

图 13-5　巫山灵长类下颌骨及牙齿化石
（© 李法军）

1厘米

亚发现的类似牙齿化石（Schwartz 和 Tattersall，1996）。根据已有特征所示证据，目前普遍认为巫山人属于猿类而不是人类（Schwartz 和 Tattersall，1996；吴新智，2000；Etler 等，2001；Dennell 和 Roebroeks，2005；Cieohon，2009；Elter，2009）。

　　1997 年，在第二次发掘中又发现了距今 200 万年的 "有清楚的人工打击痕迹" 的石器（Huang 等，1995）。1994 年的测年结果显示，龙骨坡第 4、第 5 水平层年代为距今 102 万年，巫山人位于第 8 水平层，其年代必定更早。

二、鲁道夫人

　　1972 年，由理查德·利基（Richard Leakey）领导的研究小组在肯尼亚特卡纳湖东岸的库比福勒（Koobi Fora）发现了许多人属化石。除了能人化石，还有两个个体因为在形态上有别于能人，又由于不能确定他们的生存年代，因此，利基只好将他们暂时归为人属成员，没有确定他们的种名。

　　KNM-ER 1470 属于一个男性个体，保存了相对完整的颅骨，但遗憾的是没有发现牙齿（如图 13-6 所示）。目前，学术界普遍认为其生存年代距今约 180 万年（Leakey，1973a）。KNM-ER 1813 可能属于一个女性个体，保存了更加完好的颅骨（如图 13-7 所示）（Leakey，1973b）。

　　在这一地区发现的其他个体如 KNM-ER 1590、KNM-ER 3732、KNM-ER 1801 和 KNM-ER 1802 以及在埃塞俄比亚发现的 OMO 75-14 的个体也被认为是与 KNM-ER 1470 相同的人属成员。

　　由于这些个体的年代与能人的年代相近，因而长期以来有很多人把他们当成能人的一员。但与能人相比，他们通常具有更大的脑容量（如 KNM-ER 1470 的脑容量为 752 毫升）（Bromage 等，2008）。眶上圆枕不那么明显，没有眶后缩窄现象，面部较长，上面宽较中面宽小。上颌呈方形，上颚短小而且很薄，后牙硕大。

　　对颅内膜的研究表明，其大脑前叶的结构与现代人的相似，但不同于早期人科成员的结构，说明其已经具有了语言（Falk，1983，1987）。左侧大脑的颅内膜重建研究以及鲁

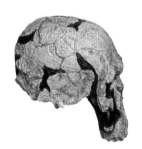
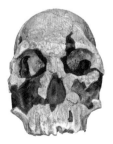

图 13-6　鲁道夫人颅骨化石（KNM-ER 1470）
（©李法军）

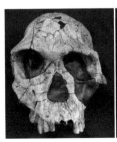
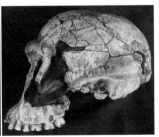

图 13-7　鲁道夫人颅骨化石（KNM-ER 1813）
（©李法军）

道夫人石制品制作技术分析都表明其为右利手（Toth，1985）。因此，许多学者建议将这些个体另立新种，命名为鲁道夫人（*Homo rudolfensis*）（Wood，1991、1996；Kramer 等，1995）。

三、能人和鲁道夫人的演化关系

很久以来，人类学家们都倾向于把所有距今 200 万年的人类化石材料归属于能人这一大的分类之下。随着新的化石材料不断被发现，有些人类学家渐渐感到，很难将那些具有更大脑容量以及出现了新的不同于能人的面部和牙齿特征的化石再命名为能人，而建议另立新种，即从能人中划分出鲁道夫人（Kramer 等，1995；Wood，1996）。

不难看出，他们之间是很相似的，但也存在许多明显的差异。二者应该分开还是应该合并？如果分开，那究竟谁是后世人类的祖先？二者与后世的人类特别是直立人（*Homo erectus*）有着很多的相似特征，但又存在着事实上的差异。能人具有更为原始的头后骨骼形态，而鲁道夫人也存在很多较原始的颅骨和牙齿特征，虽然他们已经有了较为发达的大脑前叶（Wood，1996）。

目前，对这些问题的争论还在继续着，而几乎在同时期出现的直立人又使这些问题更加扑朔迷离。

专题

能人的文化

在发现能人化石的地层中出土了许多原始的石器，最多的是由火山岩或石英岩构成的砾石或石核加工成的砍砸器（如图 13-8 所示）。如前所述，这种石器制造被称为"奥杜维工业"。这种砍砸器的制法十分简单，仅仅是把砾石或石核的边缘修出锐棱而已。但是，现代模拟试验表明，即使看似简单的打制方法也是需要一定技巧的（Schick 和 Toth，1993）。除了砍砸器，还发现了其他石器器型，如刮削器、圆形手斧、石球等（Leakey，1976）。

图 13-8　埃塞俄比亚梅卡昆图雷（Melka Kunturé）地区出土的距今约 170 万年的石器

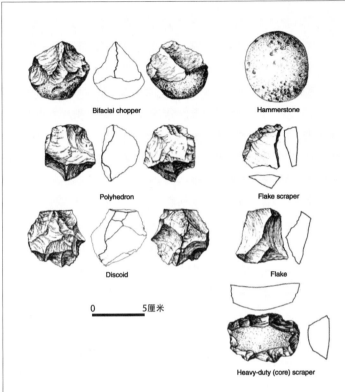

图 13-9 来自库比福勒的奥杜维工业石器
（Schick 和 Toth，2013）

1. 两面砍砸器（Bifacial chopper）；2. 多面体形器（Polyhedron）；
3. 盘状石核（Discoid）；4. 石锤（Hammerstone）；5. 石片刮削器（Flake
scraper）；6. 石片（Flake）；7. 重型石核刮削器［Heavy-duty（core）
scraper］。

大量石片的存在引起了考古学家们的注意。这些大小不一的小型石器的边缘异常锋利，没有明显的人为加工的痕迹，看来是由石块相互撞击后产生的，但通过显微镜观察，发现很多石片的锐缘有使用痕迹（如图 13-9 所示）（Semaw，2006；Klein，2009；Schick 和 Toth，2009；Toth 和 Schick，2006、2009a；Whiten 等，2009）。

许多伴出的动物骨骼化石上还发现有动物啃咬和人工割痕共存的现象，因而产生了一个问题：能人是否是狩猎者？有人认为他们是狩猎的受益者，但不是狩猎者，能人占用了肉食动物的战利品（Wolpoff，1980；Potts，1984）；而有人支持他们是真正的狩猎者（利基，1995）。此外，这些石制品上的使用痕迹也可能是对植物进行加工的结果（Diez-Martin 等，2010）。

第二节　直立人

一般认为，目前发现的年代最早的直立人（Homo erectus）距今约 200 万年（非洲特卡纳湖东岸），最晚的距今约 20 万年（北非摩洛哥 Salé 遗址），但后来的新年代数据显示距今约 5.3 万年的印度尼西亚昂栋（Ngandong）遗址可能是年代最晚的直立人地点（如图 13-10 所示）（Brown，1992；Swisher 等，1996；Kaifu 等，2008）。

这立刻会引发很多的问题。例如，直立人所生存的年代持续到那么晚吗？按照目前的普

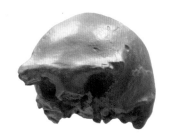

图 13-10 昂栋人（*Ngandong man*）

（承蒙 Ryan Somma 授权修改使用）

有进化为现代人？

为什么把距今 200 万年出现的"新新人类"叫"直立人"？比其更早的人科成员不也能够直立行走了吗？难道是因为那些早期人科成员的直立行走姿态没有直立人完善？这些问题很有趣。事实上，"直立人"的命名是历史原因造成的。1889 年，德国动物学家恩斯特·海克尔（Ernst Heinrich Philipp August Haeckel）依据其对尼安德特人（*Homo neanderthalensis*）的研究成果，提出了一条关于人类演化的途径。他认为在猿和人之间存在着一种过渡形态，他称之为"猿人"（Pithecanthropus）。

图 13-11 荷兰军医尤金·杜布瓦

1890 年，荷兰军医尤金·杜布瓦（Eugène Dubois）（如图 13-11 所示）在印度尼西亚爪哇岛的科登布鲁伯斯（Kedung Brubus）发现了一块下颌骨残片和一枚单独的右上颌第三臼齿化石。这是世界上第一

遍观点，距今 5.3 万年已经是现代智人生存的年代了，难道直立人与现代人曾经同时生活在一个空间里？如果是这样，那么直立人和现代人类是否发生了分支演化？直立人有没次发现的直立人化石。

第二年，杜布瓦又在特里尼尔（Trinil）发现了一件颅骨化石和一件股骨化石（显示出直立行走的特征）。他认为股骨化石就是海克尔提出的人猿之间的缺环——猿人。于是在 1894 年，杜布瓦将这件化石标本命名为"直立猿人"（*Pithecanthropus erectus*），意为"直立行走的猿人"。因而，在早期研究阶段，直立人一直被称为猿人。

图 13-12 列出了已发现的主要的直立人化石地点。我们可以发现一个明显的现象，那就是在直立人阶段，就化石地点的分布来说，比更早期阶段的扩大了，人类"走出"了非洲。在欧洲和亚洲都找到了确切的直立人化石标本（Rightmire，1990）。

就整个直立人的系统地位来说，目前存在着不小的争论。有学者认为应该取消"直立人"的系统分类，将其并入智人（Wolpoff，1999）；另外有人认为，原来的直立人化石材料应当被重新划分种类。亚洲和非洲晚期的仍旧为直立人（但仅作为人类进化道路上已灭绝的旁支）；欧洲的直立人应当被命名为"海德堡人"（*Homo heidelbergensis*）；在非洲发现的较早阶段的直立人化石（如 KNM–ER 992、KNM–ER 3733、SK 847 和 KNM–ER 3883）应该被分离出来，命名为"匠人"（*Homo ergaster*）（Groves 和 Mazak，1975）。

另有学者认为匠人与现代智人具有更近的亲缘关系，而认为直立人是人类进化系统上进化的旁支（Wood，1993）。但大多数人类学家仍坚持将他们作为早期的直立人来看待。还有人认为除欧洲的直立人应当被命名为海德堡人，其他的材料仍作为直立人来看待。在这里，我们依据目前普遍认同的观点，将上述材料统归

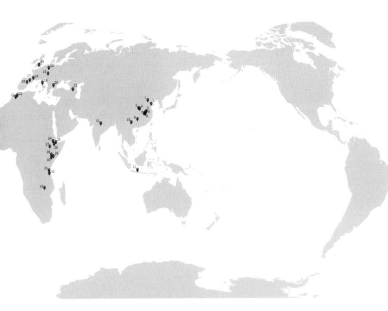

图 13-12　世界主要的直立人化石分布地点
（© 李法军）

于"直立人"这一分类之下，并在这一原则下探讨直立人与现代人的演化关系。

一、非洲和欧洲

目前所发现的直立人化石材料主要集中在东非地区，此外西北非也有发现（Rightmire，1980）。但目前发现的最早的直立人化石来自东欧格鲁吉亚的德马尼西遗址。

非洲主要的化石地点包括肯尼亚的特卡纳湖西岸、纳里奥科托姆（Narioktome）、库比福勒（Coobi Fora）和奥莫（Omo）；埃塞俄比亚的布里（Bouri）和哈达（Hadar）地点；坦桑尼亚的奥杜维峡谷和恩杜图（Ndutu）湖区；阿尔及利亚的突尼芬（Ternifine）；摩洛哥的萨莱（Salé）和托马斯矿场（Thomas Quarry）。在这些化石材料当中，发现于肯尼亚的纳里奥科托姆（Narioktome）地点的一具男孩骨架最为完整，这也是当今世界上所发现的直立人化石当中最为完整的。

欧洲主要的化石地点包括德国的莫尔（Mauer），西班牙的阿塔普尔卡（Atapuerca）、格兰 - 多利纳（Gran Dolina）、奥斯 - 哈维那（Orce Ravine），英国的博克斯格鲁（Boxgrove），意大利的塞普拉诺（Ceprano）以及格鲁吉亚的德马尼西（Dmanisi）。

（一）德马尼西人

1991 年，考古学家在格鲁吉亚首都第比利斯西南约 100 千米的德马尼西（Dmanisi）镇发现了一具完好的直立人下颌骨化石（*Homo erectus dmanisi*）（Gibbones，1994，1996）。1999—2002 年，由戴维德·洛德基帕尼泽（David Lordkipanidze）领导的研究小组在这一地区又陆续发现了距今约 177 万年的直立人，他们是在清理一座颓废的中世纪城堡时发现这些人类化石的（如图 13-13 所示）（Gabunia 等，2001；Lordkipanidze 等，2005）。在这个遗址中出土了许多哺乳动物的化石，如大型猫科动物、雄、狼、鸵鸟、马、鹿和长颈鹿等（Fischman，2005）。

德马尼西直立人身材矮小，平均身高在 140 厘米左右。平均脑容量仅为 650 毫升，接近能人的水平。眉嵴粗壮，但并未形成屋檐状，颅顶部的矢状嵴明显，枕部圆隆，与能人相似。发掘者认为他们介于能人和直立人之间。

最引人注目的是其中的一个 40 岁左右的成年个体。他的颌骨和齿槽已经发生吸收闭合（如图 13-14 所示），说明他在无法正常咀嚼食物的情况下又生存了若干年，但他是怎样生存下来的呢？发掘者认为是他的亲人和同伴帮助了他（Lordkipanidze 等，2005）。

如果是这样，那么我们可以认为，在人类的进化道路上，类似于同情心的情感是早在尼安德特人（Neanderthals）之前就已经存在了的。德马尼西直立人是直立人家族的早期成员，可能是第一批离开非洲的人属成员。

图 13-14　德马尼西直立人 4 号个体头骨化石

（承蒙 Bone Clones, Inc. 授权使用，略有修改）

（二）纳里奥科托姆男孩

1984 年，一个由理查德·利基（Richard Leakey）和阿伦·沃克（Allen Walker）领导的调查小组在东非肯尼亚西北部的特卡纳湖西岸纳里奥科托姆（Narioktome）地点发现了人类化石。这些化石同属于一个十一二岁的男孩个体，编号为 KNM-WT 15000（如图 13-15 所示）。大部分研究者认为他应属于直立人而非匠

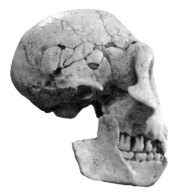
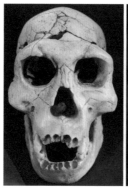
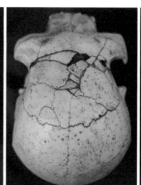
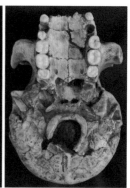

图 13-13　德马尼西直立人 3 号个体头骨化石

（© 李法军）

图 13-15 纳里
奥科托姆男孩全身
骨骼
（© 李法军）

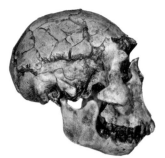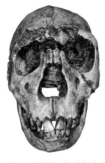

图 13-16 纳里奥科托姆
男孩头骨化石
（承蒙 Bone Clones, Inc. 授
权使用，略有修改）

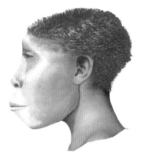

图 13-17 纳里奥科托姆
男孩复原像
（承蒙 Bubblecar 授权使用）

人系统（Walker 和 Leakey，1993）。

　　这个个体保存了身体的绝大部分骨骼，因而使人类学家对直立人进行全面而细致的研究变成可能。他的牙齿还没有磨耗，门齿呈铲型。乳犬齿尚在，但齿根已经被部分吸收或者溶解掉了，而且有明显要脱落的趋势（如图 13-16 所示）。鼻骨凸起明显。脑容量为 700 ～ 800 毫升，估计成年后可达到 880 毫升。从颈部形态判断，他十分酷似一个粗壮型的现代人（如图 13-17 所示）。根据其完整的股骨和现代人股骨与身体高度的比例关系，推测他的身高已达 168 厘米，估计成年后可达 183 厘米。

　　至为珍贵的是，这个个体保留下了相对完整的脊柱，这在化石中往往很难见到。沃克注意到纳里奥科托姆男孩的脊髓腔要比现代人的细得多。从横截面来看，他的髓腔横截面还不到一个现代 12 岁男孩的一半。从这个非洲远古男孩身上推测，有可能是直立人身体上的诸多骨骼形态限制了他们的技术突破。其生存年代距今约 160 万年（希普曼，1987；Walker 和 Leakey，1993；朱泓等，2004）。

（三）KNM-ER 3833

　　在肯尼亚库比福勒地区曾发现一具被认为是男性的重要的直立人化石标本，编号为 KNM-ER 3833（如图 13-18 所示）。该个体的眉嵴发育明显，鼻骨明显突出，上外侧部较为膨隆，有明显的鼻前棘。颅骨壁较厚，前额较

图 13-18 KNM-ER 3833 颅骨

（承蒙 Gerbil 授权使用）

图 13-19 利基直立人 OH 9

（修改自 Larsen, 2010）

KNM-ER 3733 更加低平，脑容量与 KNM-ER 3733 相当。其生存年代距今约 157 万年（李法军，2007）。

（四）利基人

1960 年，路易斯·利基（Loius Leakey）在坦桑尼亚奥杜维峡谷的支谷的 LLK 地点的第二层上部发现了人类头盖骨及颅底化石，并于 1963 年将其定名为利基直立人（*Homo erectus leakeyi*）（Heberer, 1963; Groves, 1999），编号为 OH 9（如图 13-19 所示）（Tobias, 1968）。综合这个峡谷的钾氩法及古地磁资料，这个标本的年代可能为距今 120 万年。由于有几件石英石片及其他工具，故又曾被称为舍利人。

该颅骨非常粗壮，颅顶的骨壁较薄。颅底宽阔，眉嵴宽而且厚，显得相当突出。眉嵴后沟宽而浅，具有明显的眶后缩窄。额部较扁塌，眉脊增厚、较宽。枕骨圆枕只在中部有中等程度的发育。下颌关节窝大而且深。鼓板位置垂直，岩部长轴与正中线交角较大。颅长值在北京直立人的变异范围内，颅宽值接近其最大值；比肯尼亚发现的直立人头骨更大。脑容量估计为 1067 毫升（Holloway, 1975）。

（五）伯利人

1997 年 12 月，美国加利福尼亚大学的亨利·格利博（Henry Gliber）等人在埃塞俄比亚的中阿瓦什的伯利（Bouri）地点又发现了距今约 100 万年的直立人化石（*Bouri Homo erectus*）（Asfaw 等，2002）。

该化石保存了较为完整的脑颅部分（如图 13-20 所示）。该个体眉嵴发育粗壮，但左右部分不像北京直立人那样相连，而是分开，有明显的眶后缩窄。额部较为低平，有明显的矢状嵴，乳突发育较小，枕外圆枕较为发育，颅骨最大宽处接近颅基部。

图 13-20 伯利直立人颅骨化石

（李法军，2007）

（六）塞浦拉诺人

1994 年，古人类学家在意大利罗马东南约 80 千米的塞浦拉诺（Ceprano）遗址发现了距今约 80 万年的人类头盖骨化石（如图 13-21 所示）。该个体眉嵴粗壮，额部低平，矢状嵴不明显，乳突较小，有明显的枕外圆枕。脑容量为 740～900 毫升。

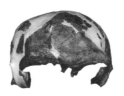

图 13-21 塞浦拉诺直立人颅骨化石

（李法军，2007）

先驱人与匠人

1994 年，西班牙塔拉戈纳（Tarragona）大学的尤达德·卡博耐尔（Eudald Carbonell）和他的同事们到西班牙北部城市比格斯（Burgos）附近的阿塔普尔卡（Atapuerca）山进行科学调查。在格兰－多利纳（Gran Dolina）洞穴遗址里，他们发现了大量制作简单的石器以及许多人类化石的碎片。大约有 80 件标本，至少代表了 6 个个体。

图 13-22　先驱人 ATD 6-69 化石

（承蒙 Bone Clones, Inc. 授权使用，略有修改）

其中，一个未成年个体保存了相对完好的右上面部以及额骨（如图 13-22 所示），编号为 ATD 6-69。发掘者认为该个体是晚期海德堡人和尼安德特人的共同祖先，因而将其命名为先驱人（*Homo antecessor*），其生存年代距今 90 万年～78 万年（Arsuaga 等，1997；Bermúdez de Castro 等，1997、2017）。他们认为海德堡人是欧洲本土人类的最早代表者，并发展成为尼安德特人，但是有人对此表示异议（Bermúdez de Castro 等，1997；Tattersall，1997）。

目前，多数学者将其归入匠人。有学者专门研究了先驱人的头面部定性特征，发现与其他地区直立人的特征相比，其缺乏特异性特征，因而认为其仅是直立人的欧洲变异群体（Francesc 等，2018）。

塞浦拉诺人（*Homo Cepraensis*）最引人注目的地方是他引发了人类学家们对非洲直立人以何种方式进入欧洲的思考，有人认为是经过沙特阿拉伯半岛进入欧洲，但另外的观点是他们直接渡过了地中海（李法军，2007）。

（七）海德堡人

海德堡直立人的分布范围很广，在欧洲和非洲均有发现（Stringer，2003；Rightmire，2008）。目前，有些以往被认为是早期智人阶段的化石人类（如赞比亚布罗肯山人、埃塞俄比亚博多人、希腊佩特拉洛纳人、德国斯坦海姆人（如图 13-23 所示）、英国斯旺斯库姆人等）现已经被列入海德堡人的演化序列当中。目前所知其化石分布距今 70 万年～10 万年（如图 13-24 所示）。

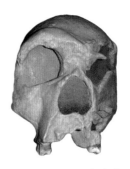

图 13-23　1933 年在德国斯图加特地点发现的斯坦海姆人

（© 李法军）

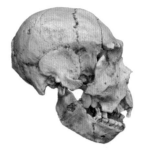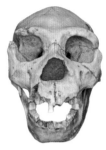

图 13-24　阿塔普尔卡 5 号头骨化石

（承蒙 Bone Clones，Inc. 授权使用，略有修改）

1. 海德堡人

最早的海德堡人化石是在德国海德堡市莫尔（Mauer）采石场的砂土层中发现的。1907年，工人在那里发现了一具完整的人类颌骨化石，并且带有16枚牙齿。1909年，海德堡大学的邵顿扎克（Otto Schoetensack）教授（如图 13-25 所示）将其命名为海德堡人（*Homo heidlbergensis*），并认为其应属于猿人类（Schoetensack，1908；Mounier，2009）。

海德堡人的下颌骨相当粗大，下颌支短而宽，在舌肌附丽处有一个凹陷，与猿类相似，这说明海德堡人的舌头还远不如现代人灵活自如，可能会影响其发音的流畅，齿弓形状略呈抛物线形。牙齿，特别是后部的牙齿尺寸较小，犬齿也没有高出齿列平面，无齿隙。

从整体上看，其形态特征与爪哇猿人比较接近（朱泓等，2004）。但是，到目前为止，关于

图 13-25　德国古生物学家奥拓·邵顿扎克

海德堡人的系统地位还存在争议，有人认为海德堡人应当被置于直立人和早期智人的过渡位置上（Tattersall，1997）。其距今 70 万年 ～ 40 万年。

2. 佩特拉洛纳人

1960 年在希腊 Khalkidiki 省的佩特拉洛纳（Petralona）发现的化石材料（如图 13-26 所示）距今 40 万年 ～ 20 万年（Fuentes，2011）。该颅骨具有明显的低颅特征，面部尺寸较大，脑容量约为 1230 毫升。该颅骨所代表的个体最初被定名为欧洲佩特拉洛纳古人（*Archanthropus europaeus Petraloniensis*），后定名为佩特拉洛纳人（*Petralona Man*）（朱泓等，2004；Relethford，2010）。

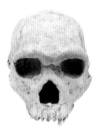

图 13-26　佩特拉洛纳人颅骨化石

（承蒙 Bone Clones，Inc. 授权使用，略有修改）

3. 恩杜图人

1973 年 9 月至 10 月，正在坦桑尼亚瑟伦吉提（Serengeti）地区恩杜图（Ndutu）湖畔进行发掘的阿米米·姆图里（Amimi Mturi）发现了一具人类颅骨化石（*Ndutu Man*）（Mturi，1976）。其年代可能在距今 40 万年 ～ 20 万年。化石材料包括有脑颅和面颅的碎块，可以复原为一具颅骨（如图 13-27 所示）。1974 年，该颅骨交由罗纳德·克拉克（Ronald J. Clarke）进行修复和研究，1978 年完成了最后的修复工作（Clarke，1990）。

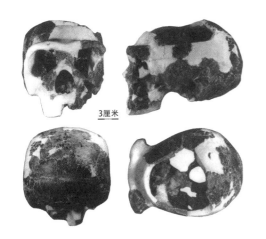

图 13-27 恩杜图人

（修改自 Clarke，1990）

了一具古人类头骨化石（Bodo Man）（如图 13-28 所示）。该标本面部粗大而且宽阔，梨状孔较宽，眉崤发育，额部低矮而且明显后倾（Nelson 和 Jurmain，1988）。其生存年代距今 30 万年～ 20 万年。

美国加利福尼亚大学伯克利分校的提

图 13-28 博多人颅骨化石

（承蒙 Ryan Somma 授权使用，略有修改）

姆·怀特（Tim White）通过扫描电镜观察到博多人的颅骨上存在 17 处刻痕，这些刻痕多位于眉间、眉崤以及顶骨后段等区域，怀特推测这可能是其他人科成员所为（White，1986）。

5. 罗得西亚人

1921 年，人们在非洲赞比亚布罗肯山（Broken Hill）喀布维（Kabwe）地点发现了颅骨化石材料，距今 30 万年～ 12.5 万年（Woodward，1921）。该颅骨整体较为粗壮，面部尺寸也很大。额部低平而后倾，眉崤发育，枕区发达（如图 13-29 所示）。脑容量约为 1100 毫升（Rightmire，1993）。

该颅骨所代表的个体曾被定名为布罗肯山

该颅骨的骨壁较厚，眉崤比较发达。额部略显陡直，两侧颅壁也比较垂直，顶结节显著，有枕外圆枕。乳突不大，乳突上崤向前方的延展没有超过外耳门的上方（朱泓等，2004）。其脑容量为 1100 毫升（Rightmire，1983）。除了极狭长的脑颅，恩杜图人颅骨化石的主要特征与直立人的较为一致（Clarke，1990）。但是，其颅侧部和后部特征与北京直立人的差异明显，更接近智人的形态。总体上，恩杜图人应该代表了一种远离直立人，向着智人进化道路上发展的物种（Clarke，1990）。

与人类化石伴出的石制品共百余件，绝大多数为石核，石片较少（Mturi，1976；Clarke，1990）。经过加工的石器标本不足 10 件，发掘者认为其属于阿舍利上层文化，年代为 50 万年～ 30 万年（Mturi，1976）。恩杜图的哺乳动物化石共有 40 多个种属，其中只有 2 种是绝灭种（朱泓等，2004）。

4. 博多人

1976 年，美国地质学家卡博（J. Kalb）在埃塞俄比亚阿法地区的博多（Bodo）地点发现

图 13-29 罗得西亚人颅骨化石

（© 李法军）

图 13-30 第一个下颌骨
化石发现地点（白箭头所
指处）

（修改自 Arambourg，1955）

人（*Broken Hill Man*）和罗德西亚人（*Rhodesian Man*）（Murrill 和 Thomas，1981；朱泓等，2004；Relethford，2000、2010）。目前，其分类学名称为罗得西亚人（*Homo rhodesiensis*）。有学者认为罗德西亚人可能是长者智人的祖先类型（White 等，2003）。

（八）毛里坦人

1953 年，考古学家在阿尔及利亚突尼芬（Ternifine）发现了古人类化石，最初被定名为阿特拉猿人（*Atlanthropus mauritanicus*），最终被定名为毛里坦直立人（*Homo erectus mauritanicus*）（Arambourg，1955）。1954—1955 年，又先后发现了 3 块下颌骨和 1 块顶骨（如图 13-30 所示）。3 块下颌骨所代表的均为成年个体，其中 2 个很可能为男性，另外 1 个为女性（Hublin，2001；Schwartz 和 Tattersall，2003；Schwartz，2010）。

这些下颌骨没有颏隆突。I 号个体的下颌上有下颌圆枕，I 号和 III 号下颌体上存在多个颏

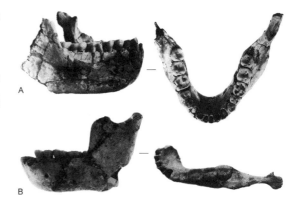

图 13-31 突尼芬地点出土的毛里坦直立人下颌骨
（修改自 Arambourg，1955）
A. 第一个发现的下颌骨化石；B. 第二个发现的下颌骨化石。

孔。这些个体的牙齿都较大，前臼齿、臼齿颊侧有齿带，在磨损较轻的牙齿咬合面上可见褶皱（如图 13-31 所示）。由顶骨的曲度看，颅骨较为低矮。从顶骨、下颌及牙齿来看，毛里坦直立人的总体形态与北京直立人相近（Hublin，2001）。科奇特科娃（V.I. Kochetkova）测定其脑量约为 1300 毫升。

从伴生动物群的种属判断，其年代约为中更新世，距今约 70 万年。与毛里坦直立人化石伴出的还有一些人工石制品。其中，手斧的数量最多，属于阿舍利工业（朱泓等，2004）。

（九）贡波里足印

埃塞俄比亚中阿瓦什梅卡昆图雷（Melka Kunture）的贡波里第二地点（Gombore Ⅱ-2）发现了距今 70 万年的足印化石，被认为是非洲海德堡人所遗留的（如图 13-32、图 13-33 所示）（Altamura 等，2018）。如同在莱托里发现的南方古猿足印一样，这里的足印既有成年人的，也有儿童的。此外，还发现了水牛、河马、野猪、马类、鸟类等动物的足印化石。

结合考古埋藏学和动物骨骼的分析，研究认为这处遗址提供了当时古人类石器制作和动物屠宰的证据。从地层和动物骨骼集中堆积的情况看，这处遗址持续的时间补偿，表明屠宰工作是在相对较短的时间内完成的。贡波里第二地点的场景使我们对海德堡人的行为有了进一步的认识，与动物屠宰有关的工具制造行为很可能在距今 70 万年前就已经成熟了（Altamura 等，2018）。

（十）托塔维人

1964—2014 年，法国考古学家陆续在法国西南部比利牛斯山脉东部托塔维（Tautavel）地区的拉哈沟洞穴（La Caune de l'Arago）内发现了 148 例古人类遗骸（De Lumley，2015）。这些遗骸分布在 15 个古地层学单元组中，其年代

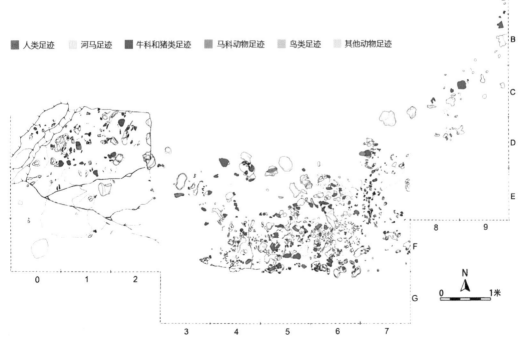

■ 人类足迹　□ 河马足迹　■ 牛科和猪类足迹　■ 马科动物足迹　■ 鸟类足迹　□ 其他动物足迹

图 13-32　Gombore Ⅱ-2 地点足印
（修改自 Altamura 等，2018）

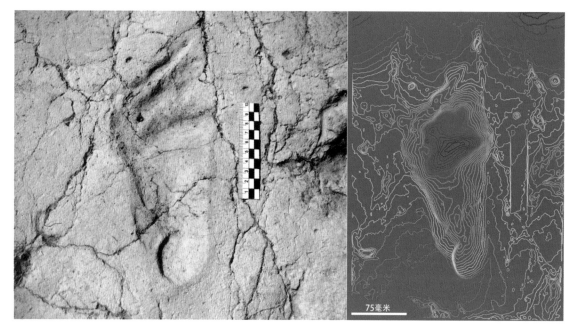

图 13-33 Gombore Ⅱ-2 地点 P-01 号成年个体左侧足印
（修改自 Altamura 等，2018）

为距今 55 万年～40 万年。

特别是在 1971 年 7 月 22 日发现的人类遗骸 Arago XXI，首次揭示了第一批古欧洲人的体质特征。该地层中共发现 5 个下颌骨、123 颗牙齿、9 块上肢骨残片和 19 块下肢骨残片。共代表 30 例个体，包括 18 例成年人和 12 例未成年人。

这些个体在形态上与亚洲和非洲的直立人非常相近。但与德国海德堡人相比，托塔维直立人呈现出诸多原始特征（如图 13-34 至图 13-37 所示）。例如，特别前突的颌部，前白齿和第二白齿的尺寸相对大，下颌体的粗壮指数较大等。脑颅没有弱化的表现，表明其还未进化出更大的脑组织。即便如此，托塔维直立人的许多特征仍与德国海德堡人相近。例如，脑颅较低矮，前额明显向后延伸；面部前突非常明显，颌部发育。

但是，研究者仍认为应当将其从欧洲海德堡人的进化序列中分离出来，另立新种，并定名为托塔维人（*Homo erectus tautavelensis*）（De Lumley，2015）。这一支系的形态功能和文化特征代表了欧洲悠久的进化史，可能最终进化成为尼安德特人。

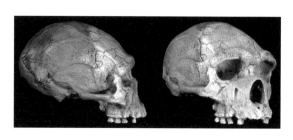

图 13-34 托塔维人 Arago 21-47 颅骨重建示例
（修改自 De Lumley，2015）

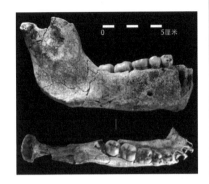

图 13-35 托塔维人 Arago 13 下颌骨
（修改自 De Lumley，2015）

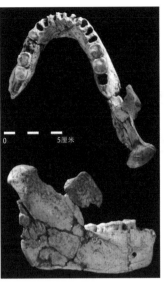

图 13-36 托塔维人 Arago 2
下颌骨
（修改自 De Lumley，2015）

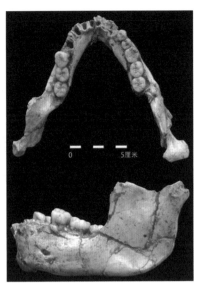

图 13-37 托塔维人 Arago 89 下颌骨
（修改自 De Lumley，2015）

专 题

系统未定的纳勒迪人

　　2013—2015 年，考古学者在南非新星（Rising Star）洞穴群迪纳勒迪（Dinaledi）等支洞内陆续发现了人类化石，将其命名为 *Homo naledi*（Berger 等，2015）。"naledi" 在当地梭托－茨瓦纳语中是 "星星" 之意。这些化石包括了几乎所有部位的骨骼，连同颅骨在内共 1500 件化石，代表至少 15 个个体（Kivell 等，2015；Harcourt-Smith 等，2015；Hawks 等，2017）。通过光释光和放射性衰变法测定其年代距今 33.5 万年～22.6 万年（Dirks 等，2017）。

　　头骨形态学的重建分析表明这些个体属于同类型的人属成员（Laird 等，2017）（如图 13-38 所示）。脑容量约为 610 毫升，与大猩猩的相当（如图 13-39 所示）（Hawks 等，2017）。其身高约为 140 厘米，体重约为 40 千克。尽管纳勒迪人的大脑体积很小，但他的颅面部特征与能人、鲁道夫人、直立人和智人的都有不同程度的相似性（Berger 等，2017；Laird 等，2017）。然而，在总体特征上，无论在定性还是定量评估中，纳勒迪头骨很容易与现代智人区分开来，其系统地位尚未确定（Holloway 等，2017）。

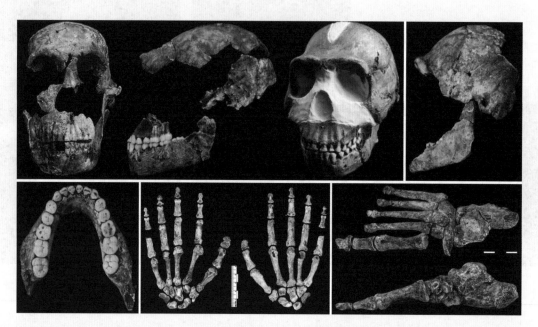

图 13-38　纳勒迪人化石

（© 李法军，修改自：Kivell 等，2015；Harcourt-Smith 等，2015；Laird 等，2017；Hawks 等，2017）

纳勒迪人较长的指骨、强壮的拇指和手腕形态与尼安德特人和现代人的相似，具有较好的制造和使用工具的能力。但其更长、更弯曲的指骨显示他们手部具有较强的抓握和攀爬能力（Kivell 等，2015）。

他们的身体结构与现代人有诸多相似之处。例如，纳勒迪人细长的跖骨、内收的拇趾及衍生的踝关节都表明他们能够很好地直立行走。然而，纳勒迪人脚的趾骨更加弯曲，内侧纵向足弓形态没有现代人的发育（Harcourt-Smith 等，2015）。

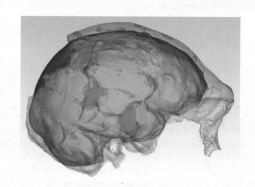

图 13-39　纳勒迪人颅内膜重建

（Hawks 等，2017）

二、亚洲

亚洲目前发现的直立人化石主要集中于中国和印度尼西亚。例如，中国的元谋直立人（*Homo erectus Yuanmou*）、蓝田直立人（*Homo erectus Lantian*）、北京直立人（*Homo erectus Beijing*）、和县直立人（*Homo erectus Hexian*）、汤山直立人（*Homo erectus Tangshan*）、郧县直立人（*Homo erectus Yunxian*）、沂源直立人（*Homo erectus Yiyuan*）、南召直立人（*Homo erectus Nanzhao*）、郧西直立人（*Homo erectus Yunxi*）、建始直立人（*Homo erectus Jianshi*）、洛南直立人（*Homo erectus Luonan*）、淅川直立人（*Homo erectus Xichuan*），印度尼西亚的爪哇直立人（*Homo erectus Java*）和印度的纳马达人（*Homo erectus Narmada*）。

（一）爪哇人

自19世纪末杜布瓦在爪哇发现世界上第一例直立人化石以来，在印度尼西亚共发现了30余例直立人化石标本，大致分布在爪哇岛的梭罗（Solo）河沿岸（如图13-40所示）。主要的化石地点是桑吉兰（Sangiran）、特里尼尔（Trinil）、桑邦甘马切（Sambungmachan）和莫佐克托（Modjokerto）等地。

需要指出的是，在印度尼西亚爪哇岛发现的这些直立人化石材料大多缺乏准确的层位记录。例如，莫佐克托儿童化石是在1936年被一名雇佣工发现的，而保存最完整的桑吉兰17号化石则是在1969年由一名当地农民发现的（如图13-41所示）。

因此，这样的发现给化石的纪年工作造成很大的困扰，带来了很多的争议。在这些化石地点当中，莫佐克托的化石在年代上可能是最

图13-40　杜布瓦在印度尼西亚爪哇岛科登布鲁伯斯发现的爪哇直立人颅骨化石

（© 李法军）

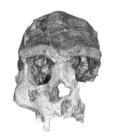

图13-41　爪哇直立人颅骨化石（Sangiran，17）

（© 李法军）

为古老的，同位素年代测定距今约190万年，桑吉兰地点的化石标本在年代上距今180万年～80万年，特里尼尔地点的化石距今90万年～40万年，桑邦甘马切地点的化石距今40万年。

支持亚洲直立人独立演化的学者们注意到了在爪哇岛发现的化石之间的许多相似性状。他们认为，这些性状一直延续了下来，在现代爪哇人身上依然存在。这些性状包括：长而相对较平缓的额部；颧骨粗壮，颧骨结节位于颧骨底部；眶下缘圆钝；梨状孔下缘呈钝型；面部突出。

但是，还应当注意到，保存最为完整的桑吉兰17号化石还存在着许多不同于其他化石的性状，如相对较大的脑容量。爪哇化石的平

均脑容量为 911.5 毫升（李法军，2007），除
了桑吉兰 17 号化石，其他个体的脑容量为
775～925 毫升，而桑吉兰 17 号化石的脑容量
却达到了 1029 毫升（Sartono，1971）。桑吉兰
17 号的颅骨壁较厚，颈项肌群较为发育。虽然
它的脑容量是目前世界上发现的直立人化石中
最大的，但是其大脑的额叶和顶叶结构朝着简
单的方向演化。这些都使桑吉兰 17 号化石变得
非常独特。

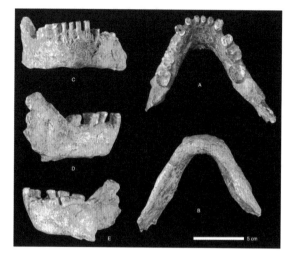

图 13-42　蓝田直立人陈家窝子 PA102
（承蒙刘武授权修改使用）

（二）蓝田人

目前发现的蓝田直立人化石地点有两处。
一处是陕西省蓝田县城西北 10 千米的陈家窝子
村附近；另一处是蓝田县城东南 17 千米的公王
村南公王岭北坡西端。

1963 年，中国科学院古脊椎动物与古人类
研究所黄万波等人在陈家窝子村附近发现了一
块较为完整的人类下颌骨，其上还保留着 13 颗
牙齿，而且牙齿磨耗很严重（如图 13-42 所示）。
这块下颌骨没有明显的颏部，左侧有 4 个颏孔，
右侧有 2 个颏孔，这些都是较为原始的特征。
下颌粗壮指数为 58.1，表明这是一个女性个体。
这个个体的第三臼齿没有萌出，这是较为进步
的特征（吴汝康等，1999）。古地磁测年结果为

距今 70 万年～ 60 万年。

1964 年，由中国科学院古脊椎动物与古人
类研究所吴茂森、黄慰文等组成的发掘小组在
公王岭地点发现了一枚人牙化石以及石器。由
于这个地点的哺乳动物化石太密集了，而且已
经与堆积物胶结在一起，所以发掘小组没有足
够的时间进行全面发掘。因此，他们采用"套
箱"技术把包含物运回北京，在实验室内进行
化石剥离工作。就是在这些运回的胶结物中，
研究人员发现了人类化石。化石包括额骨、顶

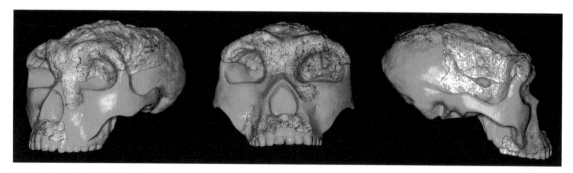

图 13-43　公王岭地点蓝田直立人化石
（承蒙刘武授权修改使用）

骨前部、右侧颞骨、鼻骨、上颌骨的碎片以及
少量牙齿。

这些化石属于一个 40 岁左右的成年女性
（吴汝康等，1999）。其眉嵴粗壮，有明显的眶
后缩窄现象。头骨骨壁很厚，额骨中部可达 15
毫米，顶骨前上角处厚达 16 毫米，而现代人的
这一部位的厚度一般为 7.61 毫米左右（李法军，
2005）。额鼻缝为水平状，鼻骨低平，犬齿齿根
粗大（如图 13-43 所示）。脑容量约为 780 毫升。
古地磁测年结果为距今 163 万年～162 万年（Wu
等，2015）。

（三）汤山人

汤山直立人化石发现于江苏省南京市江宁
区汤山镇西南公路南侧的葫芦洞内。1992 年，
中国科学院南京地质古生物研究所的穆西南和
中国科学院古脊椎动物与古人类研究所的徐钦
琦前往该地进行调查，获得了一些哺乳动物化
石。1993 年 3 月，当地工作人员在清理洞穴时
发现了两块头骨碎片和一颗牙齿，这三块化石
标本分别被编为 1 号、2 号和 3 号标本（Mu 等，
1993）。

1 号标本相对较为完整，较为完整的部分
包括额骨、顶骨左侧前部、左侧蝶骨、鼻骨、
左侧上颌骨和左侧颧骨。此外还包括部分枕骨
和部分右侧顶骨（如图 13-44、图 13-45 所示）。
1 号头盖骨化石可能代表了一个女性成年个体
（Liu 等，2005）。

该个体犬齿窝与齿槽轭发育显著，齿槽残
缺严重，已无齿槽缘。有明显的颧切迹，圆枕
上沟不明显，眶后缩狭程度不但大大深于和县
直立人标本，也比北京直立人的程度大。两侧
眉嵴相连，前面观呈一字形，顶面观在一字与
八字形之间。额鼻额颌缝呈稍向上的弧形，鼻

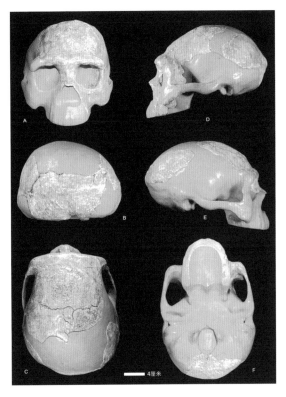

图 13-44　南京汤山直立人 1 号颅骨
（承蒙刘武授权修改使用）

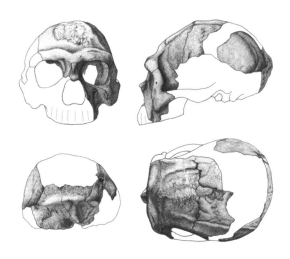

图 13-45　南京汤山直立人 1 号颅骨复原
（李法军，2007）

骨高耸，没有鼻根点凹陷，有眶上切迹而无眶上孔，枕骨圆枕较弱。依据其高耸的鼻骨形态不能证明其与西方人群进行过基因交流（张银运等，2004），1号标本的脑容量为876毫升（张银运和刘武，2002、2003；刘武等，2014）。

汤山直立人顶骨颞线区域可见病灶，表现为骨吸收和新骨沉积，相应的头颅内表面和头骨其余部分正常。可以肯定的是，营养不良、感染和肿瘤等疾病不会产生此类病灶。这种病理现象应该是由外伤（如压迫性创伤、头皮拉伸性创伤或部分头皮切除）或灼伤（头皮和浅表神经受损）引起的（Shang 和 Trinkaus，2007）。

与汤山直立人一起出土的哺乳动物化石种类丰富，共计16个种属，大多数属于北方类型（吴汝康等，1999），这表明当时的气候比较寒冷，其动物群的组合与北京直立人第一地点的十分相似。最新的铀系法测定和县直立人的生存年代距今62万年～50万年（Chen 等，1998；Zhou 等，1999；Zhao 等，2001）。

（四）元谋人

1965年年初，由于成昆铁路的建设需要，由中国地质科学院钱方、赵国光、浦庆余和王德山等4名地质工作者组成的地质调查小组来到了云南省元谋县。元谋盆地第四纪地层发育较好，非常适合地质构造的研究（袁振新等，1984）。他们从当地老乡那里得知在县东南约5千米的上那蚌村有个叫"十龙口"的地方，曾经出土了很多的"龙骨"。根据这个线索，调查小组来到上那蚌村，开始进行寻找化石和研究地质构造的工作。

1965年5月1日，队员们陆续在上那蚌的一条龙川江支沟里发现了许多化石，它们是被

图13-46　元谋直立人牙齿化石
（修改自周国兴等，1984）

雨水冲刷到地表的。在这些地表散布的化石附近，队员们对元谋组黏土层和亚黏土层进行了细致的发掘，结果出土了更多的云南马牙、鹿牙、鹿角以及牛牙等化石。下午5时左右，钱方在一个高4米的元谋组褐土包下部，意外地发现了两颗石化程度很深的人类牙齿（钱方等，1984）（如图13-46所示）。

元谋直立人的这两颗牙齿化石分别是左右侧上颌中门齿，属于同一个成年个体。牙齿表面呈浅灰白色，有裂纹且已被褐色黏土所填充。牙齿硕大，齿冠呈铲型，切缘由于生前的磨耗，齿冠高度减小。切缘的扩展指数超过了目前已知的早期人类的同位牙（吴汝康等，1999）。

近齿冠基部肿厚，唇面比较平坦。舌面齿冠基部的底结节明显，自凸起部分向齿冠末端方向延伸，在末端开始分离为三个独立的指状突，成不规则的直行排列。其中一支在舌面正中，较长而大；其他两支较短，接靠近于外侧部。齿根破碎，仅有部分被保留下来。其中左上颌中门齿的近端齿根保存较好，其形态表明齿根是相当粗壮的，颈部横切面近圆形（胡承志，1984；吴汝康等，1999；朱泓等，2004；

李法军，2007）。

元谋直立人是我国南方迄今发现的早期直立人类型的代表，但其年代仍存在争议（姚海涛等，2005）。古地磁法测定的年代差距较大，有结果显示其距今约 170 万年（李普等，1976；浦庆余和钱方，1977；周国兴和胡承志，1984），但有结果显示其不早于距今 70 万年（Hyodo 等，2002）。黄培华使用电子自旋共振法测定其上限为距今约 160 万年，下限为 110 万年（吴汝康等，1999）。尤玉柱等（1978）认为其属于中更新世化石。目前，普遍认为元谋直立人的年代为距今 60 万年～50 万年（刘东生和丁梦林，1983；Urabe 和 Hyodo，2001； 朱泓等，2004）。

（五）郧县人

目前发现的郧县直立人化石地点有两处。一处是湖北省郧县城（今为郧阳区）东北约 50 千米的梅铺公社的杜家沟东侧寨梁子山的龙骨洞；另一处是湖北省郧县城西约 40 千米弥陀寺村附近的曲远河口的学堂梁子。

1973 年，中国科学院古脊椎动物与古人类研究所的邱占祥、吴汝康等在河南省南阳地区的药材部门收集到了一些古脊椎动物和人牙化石，了解到这些化石可能出自临近的湖北省郧县梅铺。1975，邱占祥等人根据这些线索来到梅铺的龙骨洞附近进行调查。他们在一名农民家中发现了一枚人类的左上中门齿，得知这是从龙骨洞中挖出来的。于是，他们立即对该洞进行了发掘。结果又发现了三颗人牙化石，分别为左下侧门齿、左上第二前臼齿和左上第一臼齿（吴汝康等，1999）。

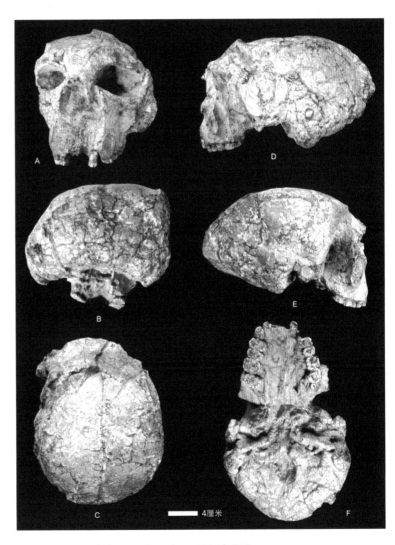

图 13-47　郧县直立人 1 号颅骨（EV 9001）化石
（承蒙刘武授权修改使用）

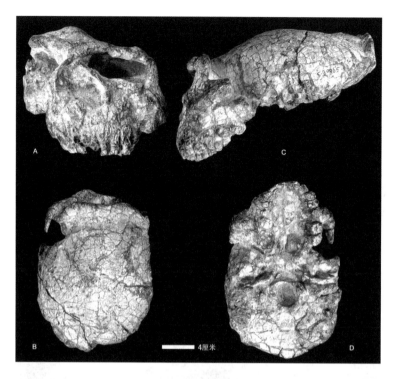

图 13-48 郧县直立人 2
号颅骨（EV 9002）化石
（承蒙刘武授权修改使用）

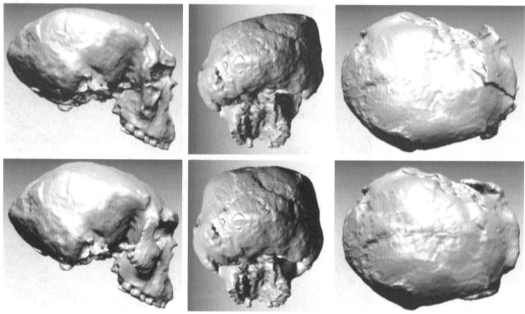

图 13-49 郧县直立人 2 号颅骨重建
（Vialet 等，2010）

左上中门齿（PA 634）呈铲型，底结节发达，有指状突，齿冠长度与北京直立人的接近，齿冠比北京直立人的宽；左下侧门齿（PA 635）舌面中央稍凹，底结节较弱，尺寸要比北京直立人的大得多；左上第二前臼齿（PA 636）的形状与北京直立人的基本相同；左上第一臼齿（PA 637）的咬合面比现代人的复杂，但与北京人的相似。

龙骨洞是一个发育在震旦系石灰岩中的较大的水平溶洞。洞内发现的哺乳动物化石多为牙齿，动物种类约有20种，动物群属于华南大熊猫－剑齿象动物群，时代与其后发现的学堂梁子地点相近。这个遗址尚未进行测年，但根据地层及动物群的特点，推测其年代要比周口店早（朱泓等，2004；刘武等，2014）。

1989年，郧县博物馆王正华等人在学堂梁子的一个阶地堆积物中发现了一具人类颅骨化石，编号为EV 9001（如图13-47所示）。1990年6月，湖北省文物考古研究所的李天元等在这个地点又发现了一具颅骨化石，编号为EV 9002（如图13-48所示）。这两颗颅骨虽然保存了许多骨骼，但可惜都发生了严重变形。

相对而言，1号颅骨变形较小，2号颅骨变形较为明显。为了能够充分分析这例珍贵的古人类化石，中法古人类学家共同对2号变形颅骨进行了科学的复原工作，获得了该颅骨最原初的可能形态（如图13-49所示）（Vialet等，2010）。通过形态观察可以发现，这两具颅骨都具有粗壮的眉嵴，眶后缩窄明显，没有明显的矢状嵴，乳突粗大，有明显的枕外圆枕（吴汝康等，1999）。

（六）北京人

北京直立人的发现地位于北京西南约50千米的房山区西山，即周口店第一地点（也称猿人洞），是我国最早发现直立人化石的遗址（如图13-50所示）（吴汝康等，1999）。

1918年，瑞典地质学家安特生（Johan Gunnar Andersson）首次到周口店地区调查。1921年，美国古生物学家格兰阶（Walter Granger）也来到周口店，他找到了一些古生物化石。同年，中国政府矿政顾问的安特生与奥地利古生物学家师丹斯基（Otto Zdansky）一同到周口店地区考察（Boaz和Ciochon，2004）。

因为那里的石灰石非常丰富，在开采过程

图 13-50　周口店遗址全貌

第三编　我们从哪里来？
——漫漫演化之路
291

中有人不断地发现哺乳动物化石，所以他们认为在这里可能会有所收获。后来，在当地人的指引下，他们来到了龙骨山的一个洞穴前，这就是后来闻名世界的周口店第一地点（如图13-51所示）。

师丹斯基预感到将有重要的发现，果然他们找到了2枚人类牙齿化石。1926年，安特生在为瑞典皇太子侃俪来华访问而举行的欢迎会和学术报告会上宣布了这一消息。在当时化石材料极为珍贵的情况下，东亚地区的这一发现立刻轰动了整个世界。从1927年至抗日战争爆发，在美国洛克菲勒基金会的资助下，国内外学者联合对这个地区进行了大规模的发掘。

1927年，正在主持发掘的瑞典学者布林（Anders Birgir Bohlin）发现了牙齿化石，他将牙齿化石送交时任北京协和医学院教授的加拿大解剖学家步达生（Davidson Black）进行研究，步达生经过仔细研究后，将其定名为

"中国猿人北京种"（Sinanthropus pekinensis）（Jurmain 等，1984），现在已经修订为"北京直立人"（Beijing Homo erectus），俗称"北京猿人"或"北京人"（Peking Man）（朱泓等，2004）。

从1929年开始，我国学者开始主持发掘工作。就在这一年，在裴文中的主持下，中国第一个完整的北京直立人化石被发现了！北京直立人的光辉远远胜过了早在其之前被发现的爪哇直立人，因为北京直立人的发现，最终结束了有关"爪哇人"是人还是猿的争论，而且它把人类的历史向前推进了50万年（吴汝康等，1999）。

此后的几年里，研究人员又相继发现了新的人类化石、石器文化以及用火遗迹，从而加深了人们对当时生态环境以及远古人类行为的认识。1936年，在这一地区又发现了3个相当完整的直立人头骨化石。周口店北京直立人遗址成为当之无愧的古人类学圣地！

但是，历史的记忆永远也抹杀不掉日本军国主义对中国造成的巨大伤害。1937年，日本发动全面侵华战争，这致使这些刚刚展现在世人面前的国之瑰宝在战乱中消逝无踪。抗日战争胜利后至今，虽然仍不断有新的化石被发现，但都比不上最初发现的那些完整。

我们还应当记住那些曾经为中国的古人类学事业做出过卓越贡献的人。除了我们前面提到的安特生和师丹斯基，还有中国的杨钟健、裴文中、贾兰坡，法国的德日进（Pierre

图 13-51　北京周口店第一地点早期发掘布方网格
（承蒙吴秀杰授权使用）

Teilhard de Chardin）和步日耶（Henri-Edouard-Prosper Breuil），德国的魏敦瑞，美国的巴博尔（G. B. Babol）以及荷兰的孔尼华。

目前已经发现的北京直立人包括 6 件完整的或几乎完整的颅骨、12 件颅骨碎片、15 件下颌骨残片、157 颗牙齿、3 块肱骨残段、7 块股骨残段、1 件锁骨、1 件胫骨残段以及 1 块腕骨（Wu 和 Lin，1983；吴汝康等，1999）。

从体质特征上来看，北京直立人的头骨上还带有很多的原始性状，但肢骨与现代人比较接近（吴汝康等，1999；朱泓等，2004）。但是，其骨髓腔很小、管壁较厚，股骨干上部扁平，这些都反映出了较为原始的特征。

他们的头骨最大宽位于颅骨基部，颅高值较小，颅骨壁很厚。脑容量有两种结论，一是认为北京直立人的平均脑容量为 1088 毫升，另一种认为是 1078 毫升（李法军，2007）。额骨

低平，明显向后倾斜。眉嵴粗壮，形成眶上圆枕，呈屋檐型。眶后缩窄比较明显。颅顶部的矢状嵴非常明显。颅后部的枕外圆枕相当发育，印加骨的出现率较高。颞骨部的乳突比现代人小得多，但鼓部比现代人厚。

鼻梁扁平，梨状孔宽阔，无鼻前棘。颧骨宽大，颧面朝向前方。明显突颌，下颌无颏突，多颏孔，下颌圆枕较为发育。两性的下颌骨差异较为明显，男性下颌骨比女性的高得多。牙齿硕大，颊齿的咬合面皱纹较为复杂，齿冠基部有发达的齿带。与元谋直立人一样，他们的门齿也呈铲型，并具有发达的底结节和指状突（如图 13-52 至图 13-59 所示）。

第一地点的堆积厚度超过 40 米，分为 17 层。多年来，国内外一直致力于对北京直立人的生活环境进行研究。他们主要根据洞穴堆积各层中所含动物的种类、所处环境、森林与草

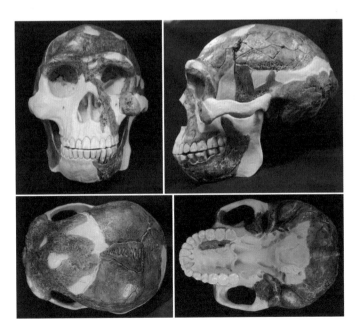

图 13-52　北京直立人头骨化石
（© 李法军）

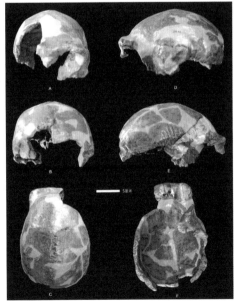

图 13-53　北京直立人 2 号
（承蒙刘武授权修改使用）

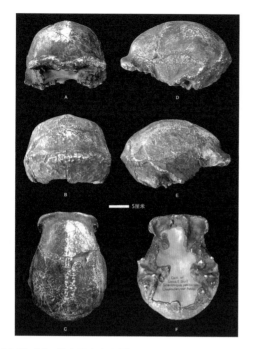

图 13-54　北京直立人 3 号

（承蒙刘武授权修改使用）

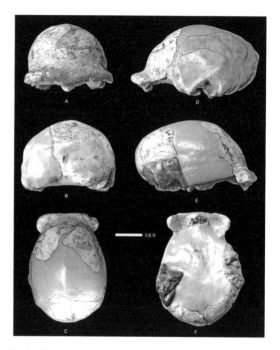

图 13-55　北京直立人 5 号

（承蒙刘武授权修改使用）

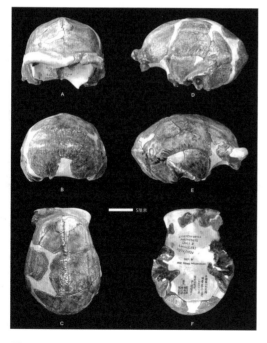

图 13-56　北京直立人 11 号

（承蒙刘武授权修改使用）

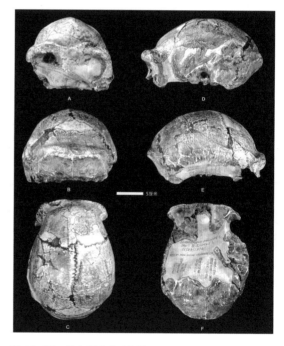

图 13-57　北京直立人 12 号

（承蒙刘武授权修改使用）

生物人类学
（第二版）

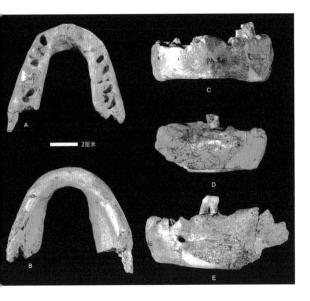

图 13-58　北京直立人 PA 89
（承蒙刘武授权修改使用）

表 13-1　各个堆积层所反映的生态类型

堆积层	哺乳动物种类	生态类型的种类和比例变化
1—3	20	食肉类较多，啮齿类减少
4	20	食肉类减少，啮齿类比例最高，草原动物与森林动物之比为9∶4
5	29	林栖者比例高，食肉者占一半以上，喜水的种类与7层相似，森林动物多于草原动物
6	18	
7	17	林栖者7种，栖息草原者5种，生活在无林山地或山麓地区者1种
8—9	37	森林动物占优势，食肉类和啮齿类少
10	27	草原动物与森林动物的比例接近

续表 13-1

堆积层	哺乳动物种类	生态类型的种类和比例变化
11	28	草原动物与森林动物的比例接近，林栖者有硕猕猴、李氏野猪、葛氏斑鹿等，草原栖息者有三门马等，喜水者有布氏水䶄等，山地生活者有柯氏鼠兔等
12—17	很少	只有三门马、周口店犀、大角鹿、上丁氏杨氏鼢鼠

（引自吴汝康等，1999）

原动物的比例等，对近 40 万年来周口店地区的自然环境进行了分析（见表 13-1）。

从第 11 层往上可划分为三段：第 11 层至第 10 层可能是以草原为主的温带气候；第 9 层至第 5 层可能是以森林为主的温暖湿润的暖温带气候；第 4 层至第 1 层，森林减少，草原增加，反映的是半干旱温带气候。

根据铀系法和电子自旋共振法测定，第 1 层至第 3 层的年代距今 28 万年～23 万年；根据热释光法、裂变径迹法和电子自旋共振法测定，第 4 层的年代距今 32 万年～29 万年；根据铀系法和电子自旋共振法测定，第 6 层的年

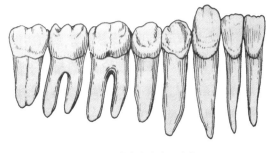

图 13-59　北京直立人牙齿化石
（依吴汝康等，1999）

代距今 36 万年～35 万年；根据古地磁法和电子自旋共振法测定，第 7 层的年代距今 40 万年～37 万年；根据电子自旋共振法测定，第 8 层至第 9 层的年代距今约 42 万年；根据裂变径迹法测定，第 10 层的年代距今约 46 万年；根据电子自旋共振法测定，第 11 层至第 12 层的年代距今 66 万年～57 万年；根据古地磁法测定，第 15 层至第 17 层的年代距今约 69 万年。根据最新的铀系法测定，第 3 层的年代早于距今 40 万年。总体上，北京直立人的年代在距今 60 万年～20 万年（Shen 等，2001；刘武等，2014）。

（七）和县人

和县直立人发现地点位于我国安徽省和县陶店镇龙潭洞。龙潭洞是在 20 世纪 60 年代初一次偶然机会发现的，虽然当时在洞中发现了很多"龙骨"，但没有引起重视。直到 1979 年 10 月，中国科学院古脊椎动物与古人类研究所的黄万波等人才开始对该洞进行调查。第二年，他们有了重要的发现，在洞中的堆积物中，发现了人牙化石，并在年底陆续发现了下颌骨和完整的头盖骨（如图 13-60 所示）。到 1981 年为止，他们在这个遗址总共发现了 1 个完整的头盖骨、带有 2 颗牙齿的下颌骨残片、另外的 9 颗散牙、1 块额骨残片以及 1 块顶骨残片（李法军，2007）。

和县直立人的头盖骨与周口店发现的北京直立人头盖骨有许多基本相似的特征，例如，明显的低颅、低平的前额、眉嵴发育，有明显的眶后缩窄和粗壮的枕外圆枕，头骨最宽处都在颅底位置，乳突小，鼓板厚，等等。

但也有另外一些不同的性状。例如，和县直立人的前额更加低平，眉嵴上沟较北京直立

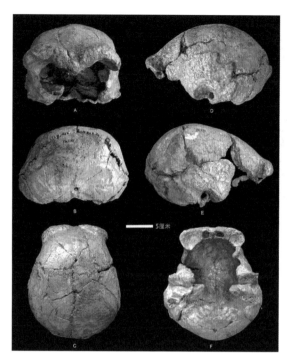

图 13-60　和县直立人颅骨化石
（承蒙刘武授权修改使用）

人为浅，矢状嵴没有像北京直立人那样延伸到顶骨，这些都表明和县直立人较北京直立人更为进步一些。脑容量约为 1025 毫升，稍小于北京直立人的平均脑容量。

与和县直立人共生的哺乳动物有近 50 种，既包括华北地区的种属又包括华南地区的种属，说明当时和县正处于南北动物的过渡地带。其地质年代为中更新世，其生存年代距今 28 万年～24 万年（朱泓等，2004），但也有学者认为是距今约 19.5 万年或 19 万年～15 万年（吴汝康等，1999）。

（八）纳马达人

1982 年，阿兰·索纳基亚（Arun Sonakia）在印度的哈斯诺拉（Hathnora）村附近对纳马

图 13-61　纳马达直立人颅骨化石
（Kennedy，1999）

达河谷冲击层进行地质学调查的时候意外发现了人类化石，并将其命名为纳马达人（*Narmada Homo erectus*）（Sonakia，1984、1985、1992）

（如图 13-61 所示）。化石材料包括顶骨和额骨等骨骼残片。与骨骼共同出土的有具有阿舍利文化（Acheulian Culture）传统的砍斫器、手斧等石器。

纳马达直立人的颅骨最大宽的位置较低，额部较窄，额骨后倾，矢状嵴明显，脑容量约为 1200 毫升（朱泓等，2004）。纳马达直立人是南亚地区首次发现的直立人化石（Kennedy，1999），其地质年代为中更新世（Sonakia 和 Biswas，1998）。但也有学者认为其应当归入早期智人（Early *Homo sapiens*）（Relethford，2000）。

专题

KNM-ER 3733

另一个在非洲发现的较为重要的且存有争议的直立人化石材料是 KNM-ER 3733，它是理查德·利基（Richard Leakey）于 20 世纪 70 年代中期在肯尼亚库比福勒（Coobi Fora）地区发现的。该颅骨代表一个成年个体，其生存年代距今约 170 万年（Simpson，2015）。也有学者认为其既不属于直立人，也不属于匠人，应当被归入利基人的序列（Clarke，1990）。

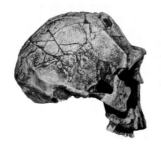

图 13-62　KNM-ER 3733
（承蒙 Bone Clones，Inc. 授权使用，略有修改）

其眉嵴较为发育，明显向前凸起，眶后缩窄明显（如图 13-62 所示）。颅顶较低，最高处在前囟点附近，颅骨最大宽位于角圆枕处。枕外圆枕发育较为粗大，呈圆环状。颞窝较小，颧骨较宽。梨状孔宽阔，梨状孔下缘明显，鼻骨较为突出。前牙尺寸较大，后牙尺寸适中。脑容量为 848 毫升。

三、直立人的体质特征

直立人最重要的体质特征之一是增大的脑容量。他们的平均脑容量为 900 毫升,其早期成员的脑量约为 800 毫升,而发展到晚期直立人时则常常扩大到 1200 毫升左右。而较早期的人属成员,例如能人的平均脑容量为 610 毫升(Wood,1996)。

直立人的大脑得到了充分的进化。大脑额叶充分发展,额骨也扩大了,并且在晚期直立人中已出现了额隆突。脑的顶联合区的扩展,引起了颅骨的增加和枕骨外圆枕以上的枕平面的扩大,脑结构也变得更为复杂化。可以推测,正是在这种进化了的脑的物质基础上才可能产生了诸如语言那样复杂的文化行为(朱泓等,2004)。

直立人阶段的婴儿诞生时的脑容量是成年直立人脑容量的 1/3,与现代人的婴儿与成年人的脑容量比例一致,因而直立人阶段的婴儿在出生后也必然是无自主能力的,因而有人推测,作为现代人社会环境一部分的母婴关系,实际上在直立人阶段就已经发生了(Leakey,1995)。

从颅骨特征上观察,各大洲直立人的共性较强。直立人眉嵴粗壮,眶上圆枕发育明显,额骨低平。有相对于颅骨最大宽度较为宽阔的额部和枕部,这种较宽阔的额部和枕部颅骨特征从直立人最初出现就在非洲和亚洲的大多数直立人中存在,这样的结果似可理解为在直立人生存的 100 多万年期间里,这种代表颅骨横向尺寸比例关系的测量性特征在大多数直立人标本中基本保持稳定(刘武和张银运,2005)。

直立人颅骨的骨壁很厚,颅后部形成枕外圆枕,枕外圆枕的两侧沿颅骨后部的表面水平向前延伸,经顶骨乳突角圆枕与乳突上嵴在两侧外耳门上方相连,继而向前移行于粗壮的颧弓,从而形成了一条环状的保护性结构。这种保护性结构是其原始性质的突出体现,与其肢体上的进步性质形成鲜明的对比,这正是镶嵌式进化理论的一个绝好的例证(朱泓等,2004)。

直立人牙齿颊齿尺寸的减少是直立人区别于早期人属成员的最显著特征之一,这种变化贯彻了直立人进化过程的始终。在后牙中,萌出的时间越晚的牙齿,其尺寸减小的幅度越大。由于颊齿的减小及其齿根的缩短,颌骨部分也同样减小了,因此下面部明显变小。颞肌和咬肌的弱化,使得它们借以附丽的颞凹和颧骨的尺寸也发生了减缩。

直立人的前部牙齿却经历了与颊齿相反方向的变化过程:在晚期直立人中,所有的前牙都明显扩大,尤以上颌侧门齿为甚,其宽度简直与上颌中门齿相差无几。直立人前部牙齿的增大说明其负担的功能加强了(朱泓等,2004)。

直立人是第一个进化出外鼻的灵长类物

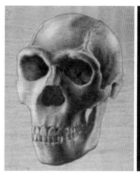 

图 13-63 非洲直立人阶段开始出现的外鼻(KNM-ER 3733 头骨及其复原像)
(修改自 Jacobs,2019)

种（如图 13-63 所示）（Franciscus 和 Trinkaus，1988；Lieberman，2011）。直立人逐渐演化出许多适应远距离的能力，使其得以走出非洲。嗅觉导航与立体嗅觉之间存在着相互增强的机制，这种机制通过分离嗅觉传感器来实现（Jacobs，2019）。通过这种机制，人类的外鼻可以通过分离嗅觉输入，以增强立体嗅觉。这也可以解释为什么鼻子形状后来变得如此多变：不同生活方式的人群，对远距离的需求的程度变得不同，鼻部形态也因之而改变。

有研究表明，早期直立人的身体尺寸总体上比南方古猿的大 30% 左右，比同时期非直立人的大 15% ~ 25%，但它们的分布范围是有重叠的。这些直立人与现代人之间的形态学差异是明显的，而且其区域类型的多样性比之前认为的还要大（Antón，2002）。

虽然仍不清楚为什么直立人阶段的脑容量和身体尺寸出现了明显的增加，但无论何种原因，这种体质上的改变要求摄入更多的能量。有研究表明，直立人对卡路里的需求要比更早期的人属成员高出 35% 左右（Aiello 和 Wells，2002）。有学者认为这种对能量的更多需求与食物结构的改变相适应（Fuentes，2011）。非洲匠人时期的动物化石和石器工具的大量发现或许为上述观点提供了直接的支持（O'Connell 等，2002）。

专题

直立人的文化特征

在直立人之前的人属成员已经能够制造和使用石器等工具，到了直立人阶段，这种制造和使用工具的能力得到了进一步的增强。多年来的类型学研究表明，中国绝大部分地区的旧石器类型与欧洲、非洲、近东、西伯利亚和蒙古等地区的似乎难以对接，但又存在某些相似性（李英华，2017）。

近 20 年来，在中国发现了一些支持早期人属成员存在的可能证据，包括四川巫山龙骨坡、安徽繁昌、湖北建始等地点，但争议较大。中国旧石器时代早期文化至少可以分出两个文化传统。其一是以大型石器为特征的系统，可以蓝田、匼河等遗址为代表；其二是以小型石器为特征的系统，可以周口店遗址第一地点为代表。其器型普遍较小，主要有刮削器、尖状器、砍砸器等（朱泓等，2004）。

亚洲的旧石器时代早期文化遗址中出土石器标本最为丰富的当首推北京猿人遗址。除了周口店，在中国的其他地区，如河北的泥河湾盆地遗址群，山西的西侯度、匼河，陕西的蓝田，贵州的观音洞等遗址也都发现了许多石制品。

到目前为止，在周口店第一地点已经出土了大约 10 万件石器（Wu 和 Lin，1983；吴汝康等，1999）。北京直立人制作石器时多采用石英岩、砂岩和燧石作为原料，其中石英岩的比重达到

了 90％。依据不同的石料，加工石器的方法
也不相同，因而产生了砸击法、锤击法和碰
砧法等技术。石器种类非常丰富，包括边刮
器、端刮器、尖状器、雕刻器以及大量的砸
击石核和石片（如图 13-64 所示），而且石片
工具所占的比重已经达到了 71.5%。

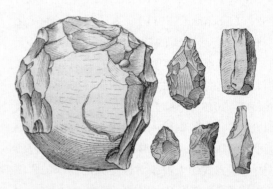

图 13-64 北京直立人石器
（依吴汝康等，1999）

　　1973 年，在出土元谋人化石的层位中出
土了 6 件石器，另外在地表还采集到了 10 件
（吴汝康等，1999）。到现在为止，在这一地区
发现的石制品总量已达 22 件。这些石器以石
英岩和石英岩砾石为原料，打片和加工均采
用硬锤直接打击技术。器型包括刮削器、尖状器，此外还包括石片和石核，没有资料显示这些
石片是否有使用痕迹。这些石器尺寸偏小，属于"轻型工具类型"（吴汝康等，1999）。

　　1993 年，考古学者在广西百色盆地高岭坡遗址发现了丰富的百色旧石器，其中以高比例
的石片为主，表明这是一处石器制造场（侯亚梅等，2011）。工具类型则包括砍砸器、手斧、
手镐、薄刃斧、刮削器（如图 13-65 至图 13-67 所示）（黄慰文等，2001；黄启善，2003；高
立红等，2014）。其年代距今 80.3 万年～73.2 万年（郭士伦等，1996；Hou 等，2000）。与之

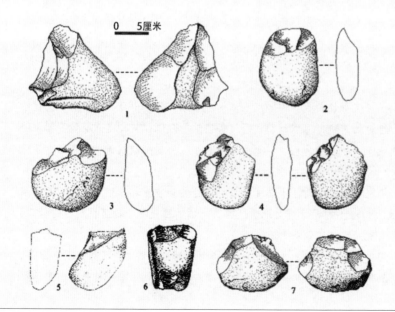

图 13-65 高岭坡旧石
器遗址的部分石核和砍
砸器

（高立红等，2014）

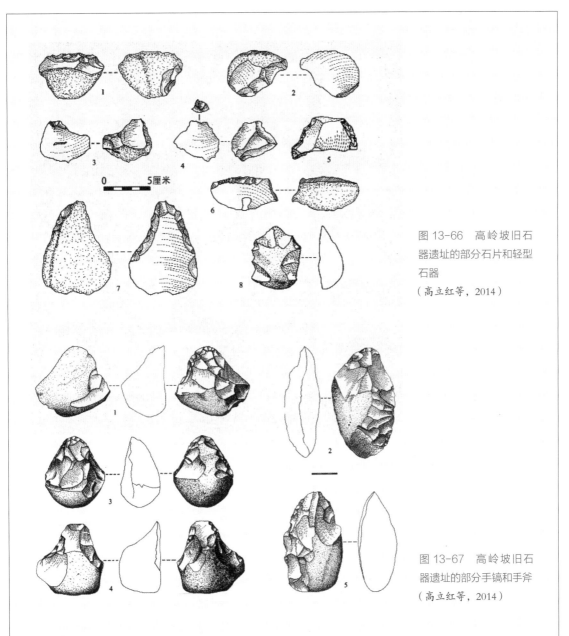

图 13-66　高岭坡旧石器遗址的部分石片和轻型石器

（高立红等，2014）

图 13-67　高岭坡旧石器遗址的部分手镐和手斧

（高立红等，2014）

地点和年代均相近的六怀山遗址也出土了丰富的石制品，石器以大型为主，手镐和砍砸器是主要类型（如图 13-68 所示）（裴树文等，2007；徐欣等，2012）。

　　在陕西蓝田公王岭地点还发现了石器，共计 26 件。它们的埋藏层位比人骨化石的地层稍

图 13-68 百色六怀山
遗址周边新发现的石制品
（徐欣等，2012）

高。石器原料为石英岩和石英岩砾石，使用锤击技术。
器型包括石斧（如图 13-69 所示）、刮削器等。

　　湖北郧阳区学梁堂子地点的地层中出土了郧县直立
人制造的 207 件石器。其中，扰乱层中清理了 14 件石
器，地表采集了 70 件，共计 291 件。原料多为石英岩，
其次为砂岩，还有少量的石灰岩和火成岩。石器的制法
多为锤击法，器型主要为砍砸器、刮削器和双面器。学
堂梁子地点出土的哺乳动物化石共计 20 余种，包括了
从第三纪的残余种到第四纪早期的典型种，这表明这个
地点的时代较早。根据古地磁法测定，动物群的时代距
今 87 万年～83 万年；根据电子自旋共振法测定其年代
距今约 56.5 万年（朱泓等，2004）。

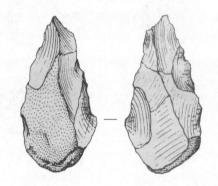

图 13-69　蓝田直立人石器（公王岭
地点）
（依吴汝康等，1999）

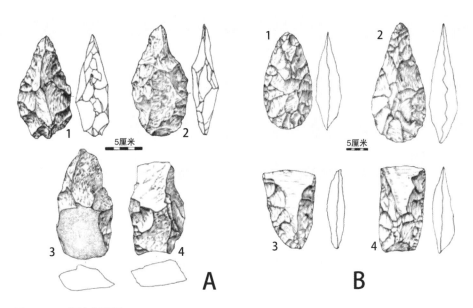

图 13-70　阿舍利石器

（Schick 和 Toth，2013）

A. 来自奥杜维峡谷第二层距今 150 万年的早期阿舍利手斧（1～3）和薄刃斧（4）；B. 来自赞比亚 Kalambo Falls 距今 40 万年的晚期阿舍利手斧（1～2）和薄刃斧（3～4）。

非洲的旧石器时代早期存在着先后两个文化系统。早期的奥杜维文化被认为是能人的文化，典型工具是制作粗糙的砍砸器。时代略晚出现的是阿舍利文化，与欧洲的同类文化在面貌上具有较大的共性，被认为是由直立人创造的。

欧洲旧石器时代早期的文化也可分为两大系统：一是以阿舍利文化（Acheulian）为代表的手斧文化系统（如图 13-70、图 13-71 所示）；另一个是以克拉克当文化（Clactonian）为代表石片石器文化系统（Ashton 等，1994；Chandler，2013）。阿舍利文化的分布主要集中在西北欧、非洲、近东和印度等地。克拉克当文化缺少手斧，石器多很粗厚，打制时常采用碰砧技术，以石片

图 13-71　突尼芬地点毛里坦直立人所制的阿舍利手斧

（修改自 Arambourg，1955）

石器为主。该文化在东欧和中欧的旧石器时代早期文化中占据主要地位（朱泓等，2004）。

似人等级的原始狩猎－采集活动在直立人阶段可能已经开始了（Leakey，1995）。采集经

济是直立人谋生的重要手段，除了采集植物类食物，直立人还通过狩猎活动获取动物性食物，这可以从各地区直立人遗址中出土的大量动物骨骼化石，尤其是很多破碎得很严重的动物骨骼化石中得到证明。

在直立人阶段的社会生产力的发展水平上，狩猎经济所能提供的肉食来源不可能非常充足，也不可能是经常性的。目前，许多人类学家都赞同这样一种观点，即直立人在寻找肉食的行为过程当中包括捡食食肉动物遗留下的哺乳动物尸体。

周口店第一地点发现了大量人工碎骨和丰富的人工用火遗迹，厚达数米的灰烬层充分说明北京直立人已经具备较高的保存火种和控制火的技能。韦纳（Weiner）等人否定北京直立人用火的观点是没有确凿依据的（童迅，1999）。目前，除了中国，世界其他地区的直立人化石地点还没有发现明确的用火遗迹。

四、直立人的进化关系

随着托迈、千禧人、地猿等可能的早期人科成员的发现，我们对自身的演化过程似乎越来越清晰了。然而，事实并非如此，近年发现的新化石材料除了为我们提供了对过去的新认识，也更加引起了人类对自身进化过程的争论。

迄今为止，人类学家已经发现了从 700 万年前至今的各个时期的人类化石材料。但是在非洲以外的旧大陆至今尚未发现较早期的人科成员化石。因而，目前学术界普遍的看法是，非洲是由猿向人的过渡以及早期人类起源的发生地，除非洲以外的旧大陆所发现的直立人化石是来自非洲的早期人科成员向欧亚大陆扩散的结果，也就是人类的"第一次走出非洲"。

然而，德马尼西直立人的发现以及对爪哇直立人的重新测年打破了保持已久的科学信条。来自这些地点的测年数据使我们认识到，人类第一次走出非洲的时间要远远早于我们原有的推测。目前，学术界普遍认为人类第一次走出非洲的时间约在距今 200 万年，环境变化、人口压力和石器工业的进步被认为是走出非洲的动因所在（如图 13-72 所示）（Fuentes，2011）。

中国河北省泥河湾盆地的小长梁和马圈沟旧石器地点的测年结果分别是距今 166 万年～ 163 万年，这是东亚发现的最早人类活动的证据（刘武，2006）。2006 年发现的安徽池州东至华龙洞颅骨和牙齿化石可能代表了该地区更新世中期的直立人向早期智人过渡的类型（陈胜前和罗虎，2013；宫希成等，2014；刘武等，2014；Wu 等，2019）。

直立人在非洲出现之后很快就开始向欧亚扩散，并逐渐占据西亚、东南亚及北亚大陆的广大区域。这种迅速地迁移和扩散提示这些来到亚洲的直立人经历了生存环境的明显转变，进而可能导致体质特征及行为模式方面的明显转变。对世界范围内直立人头骨测量数据的统计分析发现亚洲大陆的周口店和汤山直立人与生活在东南亚的印度尼西亚直立人具有不同的颅骨测量特征（刘武和张银运，2005）。

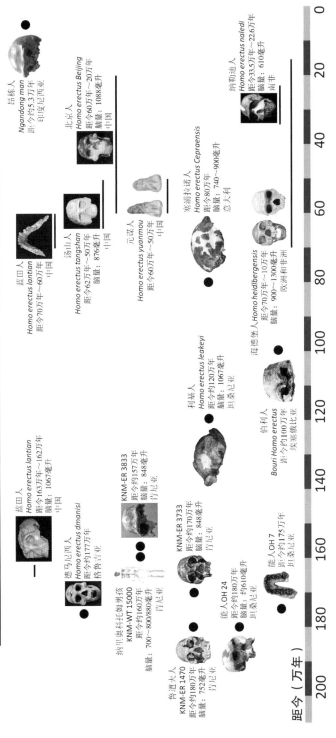

图13-72 人属的时空分布及脑量

（© 李法军）

距今（万年）

呂铼人
Ngandong man
距今约5.3万年
印度尼西亚

北京人
Homo erectus Beijing
距今60万年～20万年
脑量：1108毫升
中国

爪哇人 *Homo erectus Java*
距今190万年～40万年
脑量：平均为911.5毫升
印度尼西亚

蓝田人
Homo erectus lantian
距今70万年～60万年
中国

汤山人
Homo erectus tangshan
距今62万年～50万年
脑量：876毫升
中国

元谋人
Homo erectus yuanmou
距今60万年～50万年
中国

塞浦拉诺人
Homo erectus Cepraensis
距今80万年
脑量：740～900毫升
意大利

纳勒迪人
Homo erectus naledi
距今33.5万年～22.6万年
脑量：610毫升
南非

蓝田人
Homo erectus lantian
距今163万年～162万年
脑量：1067毫升
中国

德马尼西人
Homo erectus dmanisi
距今约177万年
格鲁吉亚

KNM-ER 3833
距今约157万年
脑量：848毫升
肯尼亚

利基人
Homo erectus leakeyi
距今约120万年
脑量：1067毫升
坦桑尼亚

海德堡人 *Homo heidlbergensis*
距今70万年～10万年
脑量：900～1300毫升
欧洲和非洲

伯利人
Bauri Homo erectus
距今约100万年
埃塞俄比亚

纳里奥科托姆男孩
KNM-WT 15000
距今约160万年
脑量：700～800/880毫升
肯尼亚

KNM-ER 3733
距今约170万年
脑量：848毫升
肯尼亚

能人 OH 24
距今约180万年
脑量：约610毫升
坦桑尼亚

能人 OH 7
距今约175万年
坦桑尼亚

鲁道夫人
KNM-ER 1470
距今约180万年
脑量：752毫升
肯尼亚

在对非洲和亚洲直立人的化石特征进行对比研究后，目前的学术界已经形成了两种不同的观点。第一种观点认为，分布在不同地区的直立人代表着一个单一种，他们之间的形态差别是亚种间的差别；第二种观点认为，直立人存在多种现象（刘武等，2002）。正是第二种观点引发了非洲直立人和亚洲直立人关系的大讨论。

传统的观点认为，亚洲直立人化石特征具有连续一致的表现方式。化石上存在的形态变异主要是时代变化及脑量增加造成的。因此，生存时代位于早期和晚期印度尼西亚直立人之间的北京直立人在形态特征和演化关系上与这些印度尼西亚标本相比，应呈现出居于其中间位置的表现。然而，近年来这样的观点受到了质疑（Antón，2002、2003；Kidder 和 Durband，2004）。

对亚洲直立人变异情况进行的一系列研究发现，尽管印度尼西亚直立人的生存年代范围跨越了 100 多万年，但在早期和晚期印度尼西亚地点发现的直立人化石彼此之间在颅骨形态上的相似程度分别大于各自与时代位于其间的周口店标本的相似程度。而北京直立人无论在颅骨非测量性，还是在颅骨测量性特征方面均呈现出不同于印度尼西亚直立人的特点（Antón，2002）。

呈现在非洲和印度尼西亚直立人颅骨上的测量特征在直立人出现以来的 100 多万年里似乎一直保持稳定。但是，周口店和汤山直立人具有不同于非洲和印度尼西亚直立人的颅骨测量特征（Antón，2002；Kidder 和 Durband，2004；刘武和张银运，2005），而非测量特征的研究却认为以周口店为代表的亚洲直立人不存在独有或衍生性的形态特征（Brauer 和 Mbua，1992；Rightmire，1998；刘武等，2002）。研究显示，在全球范围内直立人的头骨测量特征表现并不完全遵循自然地理区域分布（刘武和张银运，2005）。

和县直立人与北京直立人在化石特征上的差别一直是研究的重点，而对这些差别在中国直立人地区变异上的意义也一直存在不同的看法。以往对和县直立人化石的研究结果表明，和县直立人与北京直立人虽然在形态上有许多相似特征，但和县直立人仍具有若干较北京直立人进步的性状（吴汝康和董兴仁，1982）。

有关中国直立人变异情况的研究显示，和县直立人与北京直立人在颅骨特征上的确存在着明显的差异（吴新智和尚虹，2002）。但该研究同时指出，北京直立人与和县标本不同的一些特征却往往与汤山直立人接近，而与汤山直立人不同的特征却又与和县的相近。

曾有学者认为颅骨形态与气候相关，在寒冷地区人类头骨趋向圆头型，在直立人阶段也具有这样的趋势（Beals，1972；Beals 等，1983）。最近的研究指出，自人属出现以来，选择作用也许不是造成近 250 万年以来人类形态特征差异的主要因素，而遗传漂变极可能是导致人类多样性的主要原因（Ackermann 和 Cheverud，2004；刘武和张银运，2005）。

如前所述，直立人的系统地位目前还存在着不小的争论。甚至有学者认为应该取消直立人的系统分类，将其并入智人（Wolpoff，1999）。目前，国际学术界有将直立人作为人类进化道路上的旁支的趋势，然而在中国境内发现的直立人和早期智人化石材料在形态特征上明显存在着诸多同质特征。

此外，随着新的化石材料的出现，新的命名以及与原有命名体系之间的对应与论证都使得现有的分类结果出现不确定性。例如，距今约 200 万年的南非 Swartkrans 发现的豪登人（*Homo gautengensis*）的系统地位问题就是如此（Curnoe，2010）。有学者认为其与能人具有相似之处，但很多学者认为其属于一个新种（Grine，2005；Curnoe 和 Tobias，2006；Curnoe，2008；Smith 和 Grine，2008；Grine 等，2009；Peter，

2010）。因而，就目前的化石材料而言，对直立人系统地位的讨论仍旧会持续下去。

目前，我们只能依据现有的材料提出不同的人类演化模式，下面是部分依据新近化石材料提出的具有代表性的三种可能的人类演化关系（如图 13-73 至图 13-75 所示）。

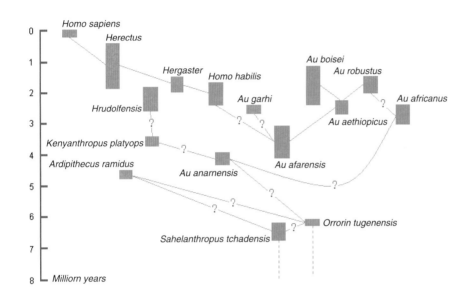

图 13-73　人类演化模式（一）

（李法军，2007）

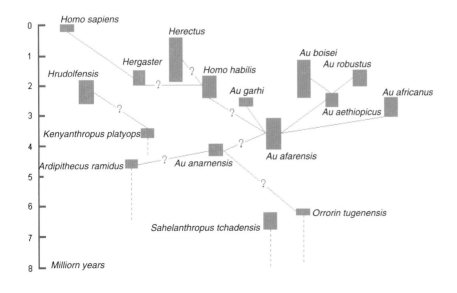

图 13-74　人类演化模式（二）

（李法军，2007）

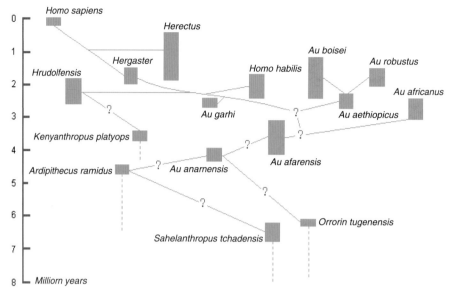

图 13-75 人类演化模式（三）

（李法军，2007）

科学史上一场最大的骗局——皮尔唐人化石

　　1912—1924 年，英国古生物学家阿瑟·伍德沃德（Arthur Smith Woodward）和律师兼业余古董商查尔斯·道森（Charles Dawson）声称自己在英格兰苏塞克斯郡（Sussex）皮尔唐（Piltdown）地区的巴科姆－马诺庄园（Barkham Manor）发现了有 50 万年历史的猿人头盖骨和下颌骨残片（如图 13-76 所示）。这是一个震动考古学界的发现。当时的人们认为由此找到了人类和猿类祖先之间的一个缺失链环，并将这种生物命名为"道森曙人"（*Eoanthropus dawsoni*），也叫"皮尔唐人"（*Piltdown Man*）。

　　但是，魏敦瑞认为皮尔唐人是"现代人大脑和类似猩猩下颌与牙齿的人工合成"。1953 年，科学家们最终发现这一切都是道森等人的捏造：^{14}C 测定结果显示颅骨只有 600 年的历史，而下颌骨则属于猩猩的（Walsh，1996）。

　　皮尔唐事件从 1908 年到 1955 年，持续的时间几近半个世纪（Johanson 和 Edey，1990）。直至今日，科学界仍然没有放弃寻找真相，追问原委（De Groote 等，2016）。这是人类进化史上最使人迷惑的一个插曲，也是科学史上最惊人的骗局之一（如图13-77所示）（Pavid，2016）。这个骗局千丝万缕缠绕成一团，引起了一系列问题（吴汝康，1997）：

为什么要设置这个骗局？

埋藏的骨骼是从哪里弄来的？

这些骨骼是怎样处理的？

它们是在什么时候和怎样放置在皮尔唐的砾石层里的？

这些假造的化石标本最初究竟是谁在什么时候发现的？

这个骗局对不承认在南非发现的汤恩幼年头骨在人类进化系统上的位置究竟起了多大的作用？

这个骗局是否阻碍了人类进化的研究达1/4世纪之久？

谁首先指出皮尔唐骨骼是伪造的？

这个骗局最早是如何揭开的？是谁揭开的？

接近半个世纪的历史对古人类学实际上有什么影响？

是谁制造了这个骗局？这个人或这些人的动机是什么？

最近的遗传学和形态学研究表明，皮尔唐事件是一场彻头彻尾的骗局，道森应当是此次骗局的始作俑者（如图13-78所示）（De Groote等，2016）。但是，科学骗

图13-76 1913年左右的皮尔唐遗址发掘现场

左二端坐者为道森，最远处居中站立者为伍德沃德

图13-77 库肯（John Cookein）1915年所绘画作

该画作展示了与皮尔唐人化石相关的人物，墙上为达尔文肖像。（由左至右）后排：巴娄（F. O. Barlow）、史密斯（G. Elliot Smith）、道森（Charles Dawson）、伍德沃德（Arthur Smith Woodward）。前排：安德伍德（A. S. Underwood）、凯斯（Arthur Keith）、派克拉夫特（W. P. Pycraft）以及兰卡斯特爵士（Sir Ray Lankester）。

局所带来的科学反思不应当就此停止，对知识的敬畏和对科学信仰的考验还将是我们必须面对的现实（如图 13-79 所示）。

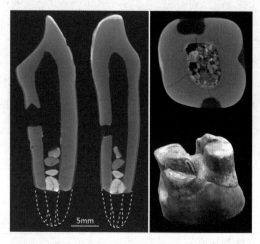

图 13-78　Micro-CT 扫描所示皮尔唐人犬齿和臼齿髓腔内的填充物
（De Groote 等，2016）

图 13-79　道森与皮尔唐人：幻境的破灭
（© 李法军，引自 pbs，NOVA：The boldest hoax © BBC 2005）

🔍 重点、难点

1. 能人的体质特征

2. 能人和鲁道夫人的演化关系

3. 欧洲和非洲直立人化石

4. 海德堡人

5. 匠人

6. 直立人的进化关系

🎵 深入思考

1. 东亚地区是否发现了与能人同时期的人属化石？

2. 各地区直立人具有怎样的共性和个性？

3. 相较于非洲和欧洲，中国境内直立人阶段的石器工业有何特点？

4. 直立人与能人和鲁道夫人相比，其进化特征体现在哪些方面？

5. 直立人的直立行走姿态是否已经和现代人的一致？

6. 为何会不断出现科学骗局？

延伸阅读

［1］宫希成，郑龙亭，刑松，等. 安徽东至华龙洞出土的人类化石［J］. 人类学学报，2014，33（4）：427-436.

［2］侯亚梅，高立红，黄慰文，等. 百色高岭坡旧石器遗址 1993 年发掘简报［J］. 人类学学报，2011，30（1）：1-12.

［3］李英华. 旧石器技术：理论与实践［M］. 北京：社会科学文献出版社，2017.

［4］刘武，吴秀杰，邢松，等. 中国古人类化石［M］. 北京：科学出版社，2014.

［5］特拉菲，巴图尔，王谦. 人属先驱种的系统位置：头面骨关键性状的比较研究［J］. 人类学学报，2018, 37（3）：352-370.

［6］吴汝康. 科学史上一场最大的骗局：皮尔唐人化石［J］. 人类学学报，1997，16（1）：43-54.

［7］吴新智. 巫山龙骨坡似人下颌属于猿类［J］. 人类学学报，2000，19（1）：1-10.

［8］姚海涛，邓成龙，朱日祥. 元谋人时代研究评述：兼论我国早更新世古人类时代问题［J］. 地球科学进展，2005，20（11）：1191-1198.

［9］AIELLO L C, WELLS J C K . Energetics and the evolution of the genus Homo［J］. Annual review of anthropology, 2002, 31: 323-338.

［10］ANTÓN S C. Early Homo: who, when, and where［J］. Current anthropology, 2012, 53（S6）：S278-S298.

［11］BERMÚDEZ DE CASTRO J M, MARTINÓN-TORRES M, MARTIN-FRANCÉSI, et al. Homo antecessor: the state of the eighteen years later［J］. Quaternary international, 2017, 433（Part A）：22-31.

［12］BOAZ N T, CIOCHON R L . Dragon Bone Hill: an Ice-age saga of Homo erectus［M］. Oxford: Oxford University Press, 2004.

［13］DE GROOTE I, FLINK L G, ABBAS R, et al. New genetic and morphological evidence suggests a single hoaxer created "Piltdown man"［J/OL］. Royal society open science, 2016, 3（8）：160328. https://doi. org/10. 1098/rsos. 160328.

［14］DE LUMLEY M. L'HOMME DE TAUTAVEL. Un Homo erectus européen évolué. Homo erectus tautavelensis［J］. L'Anthropologie, 2015, 119（3）：303-348.

［15］DENNELL R, ROEBROEKS W . An Asian perspective on early human dispersal from Africa［J］. Nature, 2005, 438（7071）：1099-1104.

［16］FRANCISCUS R G, TRINKAUS E. Nasal morphology and the emergence of Homo erectus［J］.

American journal of physical anthropology, 1988, 75（4）:517-527.

［17］HOU Y M, POTTS R, YUAN B Y, et al. Mid-Pleistocene Acheulean-like stone technology of the Bose basin, South China［J］. Science, 2000, 287（5458）:1622-1626.

［18］HUANG W B, CIEOHON R L, GU Y M. Early Homo and associated artifacts from Asia［J］. Nature, 1995, 378（6554）:275-278.

［19］JACOBS L F. The navigational nose: a new hypothesis for the function of the human external pyramid［J］. Journal of experimental biology, 2019, 222（Suppl 1）:jeb186924.

［20］LIU W, ZHANG Y, WU X . Middle Pleistocene human cranium from Tangshan（Nanjing）, Southeast China: a new reconstruction and comparisons with Homo erectus from Eurasia and Africa［J］. American journal of physical anthropology, 2005, 127（3）:253-262.

［21］WU X J, PEI S W, CAI Y J, et al. Archaic human remains from Hualongdong, China, and Middle Pleistocene human continuity and variation［J］. Proceedings of the national academy of science, 2019.

　　由于化石记录稀少，加之许多重要标本的年代仍不确定，因此，智人出现的确切地点和时间仍不清楚。但是，所谓的现代形态在距今 30 万年左右的早期智人中出现是可以确定的了。与之密切相关的考古学证据是，在肯尼亚奥罗基塞利（Olorgesailie）遗址发现的智人制造的石器可追溯到距今 32 万年。

　　目前的化石证据显示，智人（*Homo sapiens*）最早出现于距今 31.5 万年的摩洛哥杰贝尔 – 伊胡塔（Jebel Irhoud）遗址中，距今 26 万年的南非弗洛里斯巴（Florisbad）人紧随其后。但也有人因为支持将直立人并入智人的观点，认为智人可以早到距今 200 万年（Wolpoff，1999）。

　　直立人和智人究竟是何种关系？传统观点认为智人是由直立人直接演化而来的，而现在有许多人类学家支持一种新的观点，即直立人与智人之间缺乏直接演化的证据，而且在年代上还存在着明显的重合。

　　也就是说，直立人和智人曾经并行演化着，这些人类学家大多赞成智人是由匠人直接进化而来的（Rightmire，1992、1996）。当然也有许多人类学家支持直立人与智人的直接演化关系（吴新智，1998）。有关直立人是否直接演化成为智人的争论是由另外一个争论更为激烈的问题引起的，即现代人是怎样出现的，我们将在后面的章节详细讨论这个问题。

　　另外一个有趣的问题是，早期的智人（Early *Homo sapiens*）与我们现代人究竟达到何种相似的程度，或者说 30 万年～ 20 万年前的智人与我们在体质上是否已经完全一样。我们的答案是，"不完全是"。我们会在下面的内容里解答这个问题。

　　还有一个问题：为什么把这些在年代上与直立人有重合的人类称作"智人"？这也是一个很好的问题。之所以称为智人，我们依据的当然是其体质特征的变化而不是依据其生存年代。在智人刚刚出现的时候，与直立人最大的不同就是他们惊人的脑容量，一般都在 1000 毫升以上，有学者认为其平均脑容量已经达到 1359 毫升（Ruff 等,1997），这与现代人的脑容量（1450 毫升）相当。

但是，他们还不是完全的现代人，因为在他们的骨骼上还保留着许多原始的性状，而且较早期的个体的脑容量仍旧比较小。面对这种情况，人类学家们建议将已经发现的类似的化石标本集中起来，称之为"早期智人"（Early *Homo Sapiens*），也叫"古人"（Archaic humans）。

他们的踪迹在旧大陆的各洲均有发现（如图 14-1 所示），而且很明显地看出，欧洲和亚洲的中国是这些早期智人化石的主要发现地区，这与人类学家的关注重点和研究投入是密切相关的。

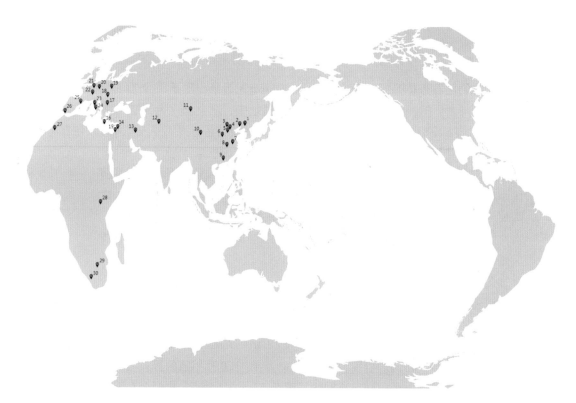

图 14-1　世界主要的早期智人化石分布地点
（李法军，2007）

1. 庙后山；2. 金牛山；3. 许家窑；4. 周口店新洞；5. 丁村；6. 大荔；7. 巢县；8. 长阳；9. 马坝；10. 夏河；11. 丹尼索瓦（Denisova）；12. 切舍 - 克塔施（Teshik Tash）；13. 沙尼达尔（Shanidar）；14. 阿穆德（Amud）；15. 塔蓬和科巴拉（Tabun and Kebara）；16. 阿皮迪马（Apidima）；17. 克拉皮纳（Krapina）；18. 维茨佐罗斯（Vértesszöllös）；19. 埃林斯多夫（Ehringsdorf）；20. 尼安德特（Neandertal）；21. 斯拜（Spy）；22. 多尔多涅地点群（Combe Grenal, La Ferrassie, La Chapelle-aux-Saints, Fontéchevade, Le Moustier, La Quina）；23. 萨科帕斯托（Saccopastore）；24. 蒙特 - 西西奥（Monte Circeo）；25. 阿拉沟（Arago）；26. 直布罗陀（Gibraltar）；27. 杰贝尔 - 伊胡塔（Jebel Irhoud）；28. 莱托里（Laetoli）；29. 弗洛里斯巴（Florisbad）；30. 萨尔达尼亚（Saldanha）。

第一节 早期类型

智人的早期类型很容易与同时期的直立人相混淆，若不是他们那明显大过直立人的脑容量，很少会有人怀疑他们的直立人身份。目前发现的早期类型生活于距今 50 万年～ 10 万年。早期智人在东亚大陆广有分布，但东南亚地区至今未见早期智人的踪迹（Fuentes，2011）。

一般来说，这些早期类型和现代人的颅型具有明显的差异。早期类型通常具有明显的低颅特征，前额仍旧低平，没有发育的下颌颏部，牙齿很明显要大于现代人的牙齿。但是，如果单就脑容量、躯干骨和四肢骨的形态而言，他们的差别就非常小了。

一、伊胡塔人

1960 年，有人在摩洛哥萨菲（Safi）西南 55 千米处的杰贝尔 - 伊胡塔山一处更新世遗址中意外发现了一例几乎完整的人类颅骨化石（如图 14-2 所示）（Irhoud 1）。1961 年，在该遗址又陆续出土了其他人类的化石（如 Irhoud 2 脑颅残片以及 Irhoud 3 未成年人下颌骨和右侧肱骨）（Ennouchi，1968；Hublin 和 Tillier，1981；Hublin 等，1987；Amani 和 Geraads，1993；Tixier 等，2001）。

形态学分析结果显示，这些个体是目前世

图 14-2 杰贝尔 - 伊胡塔遗址全貌及化石发现位置（白箭头处）
（Mohammed Kamal 和 Mpi Eva leipzig 版权所有）

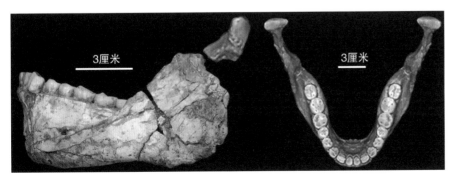

图 14-3 伊胡塔人 11 号下颌骨
（修改自 Richter 等，2017）

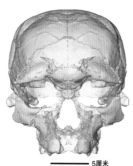

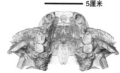

图 14-4 伊胡塔人 10 号头骨 3D 复原结果

（Richter 等，2017）

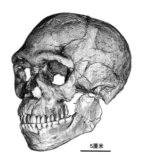

图 14-5 依据 10 号和 11 号化石材料所得 3D 复原结果

（修改自 Mohammed Kamal 和 Mpi Eva leipzig 的作品）

伊胡塔人 10 号和 11 号均在同一层位，被认为属于一个个体。

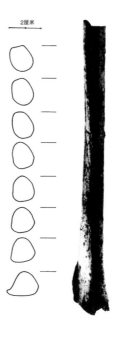

图 14-6 伊胡塔人 4 号儿童右侧肱骨骨干横截面形态

（修改自 Hublin 等，1987）

该形态显示其与尼安德特人儿童的差异较大，与智人相近。

界已知最早的智人，距今 31.5 万年～ 28.6 万年（Richter 等，2017）。其颅型、面型以及下颌骨和牙齿形态都显示出明显的镶嵌式特征，既与各时期的解剖学上的现代人相似，又具有更原始的颅内形态（如图 14-3 至图 14-5 所示）（Hublin 等，1987）。

与解剖学上的现代人相比，他们拥有更狭长的颅型，这也可能意味着其脑部结构与现代人的有别。但两者的牙齿和颅面部形态与现代人的非常相似。因此，总体上可以说，其现代形态的主要特征已经具备（Jean-Jacques 等，2017）。

伊胡塔人发现的地点和年代也具有重要的意义，至少表明解剖学上的现代人的进化过程可能出现得更早，地域更广泛。伊胡塔人与南非的纳勒迪人（*Homo naledi*）年代相近，虽然后者的系统地位尚未确定，但至少意味着当时的非洲大陆存在着多种不同类型的古人类群体

（如图 14-6 所示）。

二、阿皮迪马人

20 世纪 70 年代末，人们在希腊南伯罗奔尼撒岛的阿皮迪马（Apidima）洞穴发现了两例人类颅骨化石（阿皮迪马 1 号和阿皮迪马 2 号）（如图 14-7、图 14-8 所示）。但是，在相当长的一段时间里，因其较差的保存状况、埋藏学信息的不完整以及考古学背景和年代的缺失，我们无法对这些化石的体质特征和考古学性质有清晰的认识（Delson，2019）。

最近，古人类学家重建了这两例颅骨，并使用铀系法对其进行了测年。利用铀系法测定的阿皮迪马 1 号距今 21 万年，呈现出晚期智人与早期智人的混合特征，比非洲以外其他被广泛接受的晚期智人化石要古老得多。阿皮迪马 2 号距今约 17 万年，与欧洲发现的其他尼安德

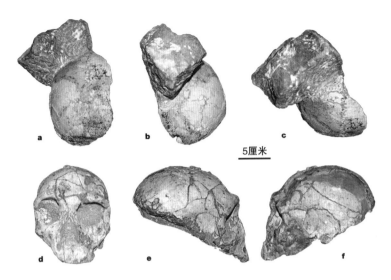

图 14-7 阿皮迪马 1 号（a-c）和 2 号（d-f）颅骨化石

（修改自 Harvati 等，2019）

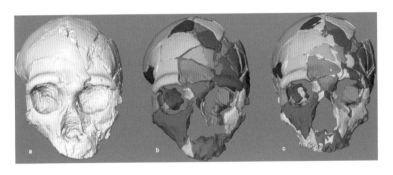

图 14-8 阿皮迪马 2 号颅骨 3D 重建模型

（Harvati 等，2019）

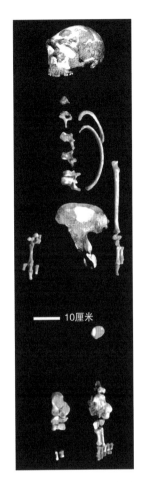

图 14-9 金牛山人骨架

（承蒙刘武授权修改使用）

特人化石的年代范围相当（Harvati 等，2019）。这是目前已知欧洲最早的智人群体。

　　基于 CT 的面部及脑颅虚拟重建和多元分析结果显示，阿皮迪马 2 号与尼安德特人密切相关（Bräuer 等，2019）。这些结果表明，该地区曾经存在两个中更新世晚期人类群体，即智人早期类型和尼安德特人（Harvati 等，2019）。

三、金牛山人

　　1984 年，北京大学考古学系教授吕遵谔带领学生在辽宁省营口县（今为营口市）永安乡西田屯进行发掘，发现了包括一个较完整的颅骨在内的丰富化石标本。这些化石标本均属于一个成年男性个体，被命名为金牛山人（*Jinniushan Man*）（如图 14-9、图 14-10 所示），距今约 23 万年。

图 14-10　金牛山人颅骨化石
（© 李法军）

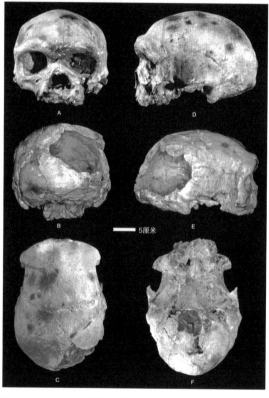

图 14-11　大荔人颅骨化石
（承蒙刘武授权修改使用）

该标本眉嵴粗壮，但弱于大荔人的眉嵴发育程度，其上面观呈八字形，有眉嵴上沟，但浅于大荔人的眉嵴上沟发育程度，有明显的眶后缩窄现象，乳突较小，门齿呈铲型，脑容量约为1390毫升（吴汝康等，1999；朱泓等，2004）。

四、大荔人

1978年3月，一次偶然的机会，到陕西省大荔县段家公社解放村进行地质调查的本地地质队员刘顺堂发现了一个完整的人类颅骨化石（如图14-11所示），距今23万年～18万年，脑容量为1120～1300毫升。该标本所代表的个体被命名为大荔人（*Dali Man*）（吴汝康等，1999）。

大荔人整体较为粗壮，眉嵴发育，有眶后缩窄现象。颅顶部低矮，前额扁平。梨状孔上外侧稍有膨隆，吻部不甚突出，颧弓细弱且位置较高（朱泓等，2004）。其大多数特征与中国其他古人类一致，但也有个别特征与欧洲古人类相似，可作为中国与欧、非地区古人类之间基因交流的形态证据（Conroy，1997；吴新智，2009）。

五、许家窑人

1976年，中国科学院古脊椎动物与古人类研究所的贾兰坡及其同事在山西阳高县古城乡许家窑村梨益沟地点发现了人类化石，该化石代表的个体被命名为许家窑人（*Xujiayao Man*），其生存年代距今22.4万年～16.1万年或12.5万年～10.4万年（Xing等，2019）。此后，古脊椎动物与古人类研究所又进行了两次发掘，这三次发掘共获得人类化石标本20件。

化石标本包括顶骨、枕骨、颞骨、上颌骨、下颌骨以及散牙。许家窑人的颅骨骨壁很厚，超过了尼安德特人的最大值。顶骨曲率较北京直立人为大。脑膜动脉沟结构比北京直立人的复杂。上颌骨粗壮，有明显的鼻前棘。牙齿粗大，齿冠的咬合面结构较为复杂。（吴汝康等，1999；朱泓等，2004）

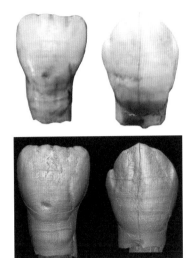

图 14-12　6.5 岁左右的许家窑人儿童个体右上颌骨化石及 micro-CT 重建影像
（Xing 等，2019）

A. 上颌底面观；B. 上颌 micro-CT 重建影像（底面观）；C. 上颌顶面观；D. 上颌 micro-CT 重建影像（顶面观）。

可以看出，右上颌恒第一臼齿、乳第二臼齿部分齿根以及恒第二臼齿齿冠清晰可见。乳中央门齿和乳犬齿虽然脱离，但可复原回固有齿槽内。恒第一、第二前臼齿和恒第二臼齿仍未萌出，包埋于齿槽内。

图 14-13　6.5 岁左右许家窑人儿童乳中央门齿和乳犬齿上所见釉质发育不全现象

（承蒙邢松授权修改使用）

上图为牙齿化石，下图为 micro-CT 重建影像。

通过对 6.5 岁左右的许家窑人儿童个体上颌骨化石进行 micro-CT 扫描重建分析发现，尽管许家窑人仍具有古老形态，但其牙齿发育几乎与现代人类的相同（如图 14-12 所示）。例如，齿冠形成时间延长和第一臼齿萌出出现延迟（Xing 等，2019）。

就估计的死亡年龄而言，其牙齿发育状况与同龄现代儿童的相当。这些发现表明，东亚地区现代人类牙齿生长和发育的上述特点在完全现代人形态产生之前即已出现（Xing 等，2019）。从其保存的右上乳中央门齿和乳犬齿釉质发育来看，该个体生前曾罹患釉质发育不全，说明其曾经遭受过营养不良或者某种疾病的困扰（如图 14-13 所示）。

六、马坝人

1958 年 5 月，广东曲江县（现为韶关市曲江区）马坝镇农民在当地狮子山的一个石灰岩洞穴中挖出了许多化石。当地干部将这些化石标本送交了上级部门，当时正值广东省委书记陶铸同志到马坝视察，即指示当地区党委书记对这批化石材料进行保护。同年 8 月 26 日，中山大学历史系梁钊韬教授辨别出马坝所发现的古人类头骨化石碎片，认为其属于猿人（Protoanthropic）或古人（Paldeoanthropic）阶段的化石（李法军等，2013）。在其后的调查中，梁钊韬又发现了两块人类头骨化石（其一为右颧骨，另一为顶骨）。

梁钊韬在现场将这次调查结果写成总结，广东省博物馆的杨岳章整理写成简报，由广东省博物馆连同人类头骨化石寄至北京中国科学院古脊椎动物与古人类研究所。9月14日至18日，中国科学院古脊椎动物研究所裴文中、吴汝康和周明镇三位先生从北京专程抵达马坝遗址进行复查，中山大学再次派梁钊韬和李见贤参加复查工作。

人类化石被发现时较为破碎，经修复后得到了一个残破的头盖骨（如图14-14所示）。该个体为一中年男性，其顶骨大部分得以保留，枕骨仅存残破的后部，保留了部分左侧颞骨和大部分蝶骨。额骨大部分保留，右侧眶部缺失，仅存有左侧颧骨的额突部分。左侧上颌骨的额突部分和左右侧大部分鼻骨保留（李法军等，2013）。该化石被命名为马坝人（*Maba Man*），其生存年代距今约14万年（梁钊韬和李见贤，1959；朱泓，2004）。

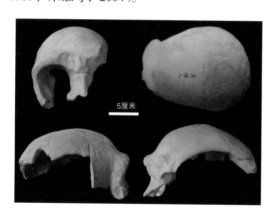

图14-14 马坝人颅骨化石
（© 李法军）

马坝人眉嵴粗壮，有眉嵴上沟，矢状嵴较弱。眶型近圆形，眶下缘较锐利，与欧洲的尼安德特人接近，可能是与尼安德特人祖先有过基因交流的结果（吴新智，1988；吴汝康等，

1999；Fuentes，2011），但他们之间的差异性是主要的（梁钊韬和李见贤，1959；吴汝康，1988）。鼻骨较宽，额鼻缝呈水平走向，两块鼻骨接触的部分有一条细长的呈上下走向的脊（吴汝康等，1999；朱泓等，2004）。

七、斯虎尔人

1931—1932年，麦克卡温（T.D. McCown）在以色列卡梅尔（Carmel）山的斯虎尔（Skhūl）洞穴发现了大量古人类化石，共代表了10个体，其中的 V 号个体还保存了相对完整的头骨化石（如图14-15所示）。该个体距今11.9万年，脑容量为1450～1518毫升（Schwartz 和 Tattersall，2010）。颅高值较高，颅部圆隆；鼻根处凹陷明显，鼻部破损；面部突度中等，无眶上圆枕，有微弱的额部形态（Nelson 和 Jurmain，1988；Relethford，2000；朱泓等，2004）。

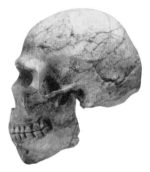

图14-15 斯虎尔人 V 号个体
（李法军，2007）

八、丁村人

1954年，由当时的中国科学院古脊椎动物研究室和山西省文物管理委员会组成的发掘

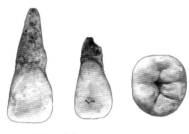

图 14-16　丁村人牙齿化石

（吴汝康等，1999）

小组在山西襄汾丁村 54100 地点发现了 3 颗人类牙齿化石（如图 14-16 所示）。1976 年，在 54100 地点上部又发现了一块人类儿童的顶骨残片化石。这 3 颗牙齿包括右上中央门齿、右上侧门齿和右下第二臼齿，均属于一个十二三岁的少年。

门齿均呈铲型，中央门齿有明显的底结节和指状突，侧门齿的底结节发育微弱，没有指状突。臼齿咬合面的形态比现代人复杂，但比北京直立人简单。在丁村发现的人类化石标本被定名为丁村人（Dingcun Man），生存年代距今约 10 万年（吴汝康等，1999；朱泓等，2004）。

专题

早期类型的文化特征

一般认为，早期智人过着与直立人一样的狩猎和采集的生活。在早期智人的发现地点通常会伴出其他动物的骨骼。从这些骨骼的种类来看，早期智人对动物的种类没有什么可挑剔的。他们既捕食小型哺乳动物，也捕食较大型的兽类，比如熊、猛犸象和犀牛。有证据表明，各地区的早期智人的狩猎时间是不尽相同的，有些地方的人是固守于本地进行终年狩猎的，而另一些地区则不然，他们追逐野兽群（Relethford，2000）。

从已发现的石器来看，早期智人使用的具有阿舍利文化传统的制造技术，他们制造的石斧已经较直立人有所改进。在距今 30 万年～20 万年，旧大陆的石器制造技术发生了显著变化。在欧洲和亚洲西部地区，阿舍利技术开始让位于石叶工具，石器逐渐小型化；非洲地区的阿舍利技术则一直延续到早期智人阶段（Schick 和 Toth，2013）。

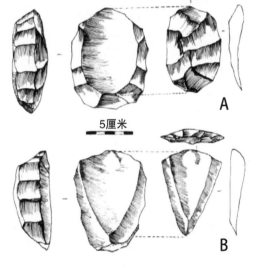

图 14-17　勒瓦娄哇石器

（Schick 和 Toth，2013）

A. 龟背石核及石叶；B. 点状石核及石叶。

图 14-18　距今约 30 万年的摩洛哥伊胡塔人制作的勒瓦娄哇石器

（©Mohammed Kamal 和 Mpi Eva leipzig）

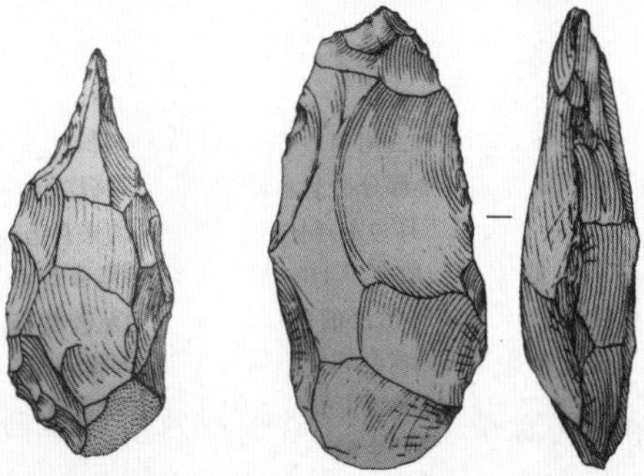

图 14-19　丁村人的石器（左为手镐，右为手斧）

（吴汝康等，1999）

早期智人独创的这种新型石器加工技术被称为勒瓦娄哇（Levallois）技术，也叫"预制石核技术"（如图 14-17、图 14-18 所示）。按照预制石核技术的加工方法，在从燧石石核上剥离石片之前，必须先将石核进行修正，使之成为一种类似于倒置的龟甲的形状，然后从石核上剥离石片。产生的石片具有独特的性质，即一边平整，一边凸起，边缘非常锋利。

中国发现的丁村人所使用的工具一般为重型石器，多为大石片打成。石器类型包括手镐（图 14-19 左）、手斧（图 14-19 右）、薄刃斧、球状器、砍砸器、锯齿刃器、尖状器以及刮削器等。有人认为手镐、手斧、薄刃斧和球状器是西方阿舍利工业的主要特色，其他工具也具有莫斯特传统（吴汝康等，1999）。

第二节　尼安德特人

世界上最著名的、最早被发现的早期智人是尼安德特人（*Homo neanderthalensis*）。1856 年 8 月，在德国杜塞尔多夫（Düsseldorf）附近的尼安德特（Neander）河谷，一群采石工人在菲尔德荷芬（Feldhofer）洞进行工作，那里是一个石灰石采石场。他们在矿石中发现了一些看似哺乳动物的化石，当时发现的化

图 14-20　德国菲尔德荷芬洞尼安德特人颅骨化石

石包括一部分头盖骨、两块股骨、三块右侧上肢骨、两块左侧上肢骨以及肩胛骨和肋骨残片（如图14-20所示）（Delson和Harvati，2006；Hublin，2017）。

　　所有者将这些化石送交当地的一名大学教师兼业余博物学者约翰·弗洛特（Johann Karl Fuhlrott）那里。弗洛特怀疑这些是一种独特的远古人类化石，于是将自己的观察报告交给解剖学家赫尔曼·沙夫豪森（Hermann Schaaffhausen）做进一步确认。1857年，沙夫豪森宣布了这个重要的发现。

　　1863年，威廉姆·金（William King）在英国皇家学会举办的会议上将这些古人类标本正式命名为尼安德特人（Homo neanderthalensis），并于次年将其研究成果发表在《自然评论季刊》杂志上（King，1864）。此后，人们便将与其体质相同或相近的更新世人类化石标本笼统地称为"尼安德特人"，用来代指在欧洲以及临近地区发现的早期智人。

　　其实，菲尔德荷芬洞所出的并非最早被发现的尼安德特人化石，但他是第一个被确认为这一物种的化石标本。早在1829年就曾经有人在比利时发现了该物种的化石标本，名为英吉斯小孩（Engis child）。第二例尼安德特人化石标本发现于1848年，地点在西班牙南端直布罗陀弗比斯（Forbes）采石场（如图14-21所示）。这些标本开始并没有

图 14-21　直布罗陀尼安德特人头骨

（承蒙 Anagoria 授权使用，略有修改）

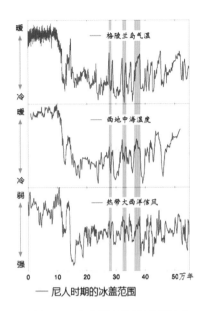

图 14-22　距今 5.5 万年的玉木冰期古环境变化

粉色条带部分表示最晚期尼安德特人化石的出现时间。

引起人们的注意，直到尼安德特人被正式确认之后，他们才得以"重见天日"。

　　一般认为，尼安德特人生活于距今23万年～2.8万年（Caramelli等，2006；Delson和Harvati，2006），但他们的大多数生活在距今13.5万年～3.4万年（Leakey，1995；Johanson，2017）。这一时期的地球北半球大多为冰层覆盖，而且气候变动频繁（如图14-22所示）。在更新世时期，气候变更可能多达17次。当时西欧地区的寒冷气候暗示着尼安德特人已经具备了完全的环境适应能力。目前发现的尼安德特人化石标本已遍及从西欧到中亚的广大地区。

　　在西欧曾发现了许多著名的尼安德特人化石。例如，1908年发现于法国科雷泽（Correze）地区的圣沙拜尔村（La Chapelle-aux-Saints）洞穴的圣沙拜尔人、1908年发现于法国多尔多涅（Dordogne）省的莫斯特（La Moustier）地点的莫斯特人（如图14-23所示）、1909—

1912年在多尔多涅省布盖（Bugue）附近的费拉西（La Ferrassie）洞穴发现的费拉西人以及1914—1925年在德国魏玛（Weimar）埃林斯多夫（Ehringsdorf）附近的费舍和康菲（Fischer/Kämpfe）采石场发现的埃林斯多夫人。

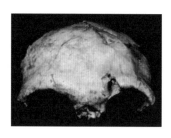

图 14-23 莫斯特人颅骨化石
（修改自 Schwartz 和 Tattersall，2010）

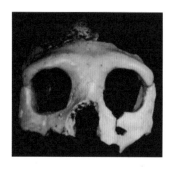

图 14-24 克拉皮纳人颅骨化石
（修改自 Schwartz 和 Tattersall，2010）

东欧及西亚地区的化石也较为丰富。例如，1899—1905年在克罗地亚扎格瑞（Zagreb）附近的克拉皮纳（Krapina）地点发现的克拉皮纳人（如图14-24所示）、1929年在巴勒斯坦卡梅尔（Carmel）山塔蓬（Tabun）洞发现的塔蓬人、1938年在乌兹别克斯坦南部的切舍克塔施（Teshik-Tash）发现的切舍克塔施人、1953—1960年在伊拉克扎格罗斯山（Mount Zagros）的沙尼达尔洞穴（Cave Shanidar）发现的沙尼达尔人以及1983年在以色列科巴拉洞穴（Cave Kebara）发现的科巴拉人典型化石等（Arensberg等，1985）。

一、尼安德特人的一般体质特征

尼安德特人作为一个独特的物种，除了具

有早期智人的普遍特征之外，还具有很多自身的特点。他们一般都具有低平的前额，颅高值较低，有明显的枕外圆枕、发育的眶上沟、粗壮的眉嵴。颌部不甚突出，没有明显的下颏。这些都是早期智人具有的共同特征。

作为欧洲以及临近地区的早期智人的代表，尼安德特人的某些特征的出现率远远高于其他地区的早期智人。尼安德特人具有相对较大的脑容量，平均值接近1500毫升（Relethford，2000），脑组织结构也与现代人相似。尽管具有较大的脑容量和复杂的脑组织结构，但相对于他们粗壮的身材来说，似乎这种水平的脑容量又略显不足了（如图14-25、图14-26所示）（Ruff等，1997）。

尼安德特人还具有其他地区早期智人不具备的明显特征。以圣沙拜尔人和费拉西人为例（如图14-27至图14-29所示），他们的生存年

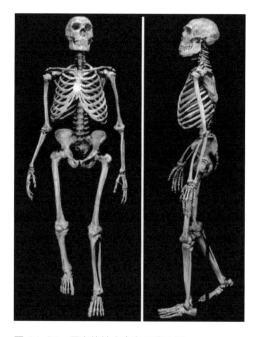

图 14-25 尼安德特人全身骨骼示例

图 14-26 意大利塔纳德拉 (Tana della) 盆地发现的尼安德特人足印

（承蒙 Claire 授权修改使用）

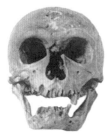
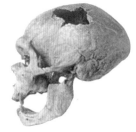

图 14-27 圣沙拜尔人颅骨化石

（修改自 Boule，1909）

图 14-28 马德内斯复原的圣沙拜尔人面部容貌

（朱泓等，2004）

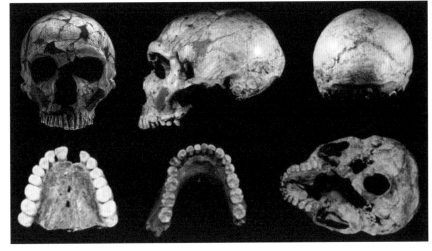

图 14-29 费拉西人 1 号头骨化石

（© 李法军，部分引自 Schwartz，2010）

代距今 7.5 万年～5 万年。可以看出，尼安德特人面部较长，中面部较大，侧面观较为突出。鼻区很大，鼻骨强烈凸起，鼻根凹陷明显，有学者认为这是适应寒冷气候的结果（Relethford，2000），但另有学者认为较大的面部是由颅骨的生物学机制造成的（Rak，1986；Spencer 和 Demes，1993）。

研究表明，尼安德特人与人类新生儿的大脑形态及脑容量非常相似，但尼安德特人新生儿的面部明显大于人类新生儿的（如图 14-30 至图 14-32 所示）（Gunz 等，2010）。瑞士苏黎世大学的研究者对梅兹迈斯卡娅洞发现的尼安德特人新生儿与塔蓬人女性骨盆的拟合情况进行了分析，发现其分娩方式与智人较为接近

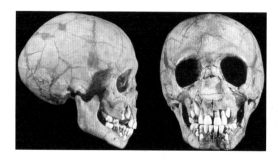

图 14-30　切舍克塔施人
儿童头骨化石

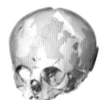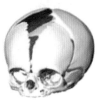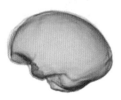

图 14-31　北高加索
梅兹迈斯卡娅（Mez-
maiskaya）洞发现的尼安
德特人（左）和人类（右）
新生儿头骨及大脑对比
（Gunz 等，2010）

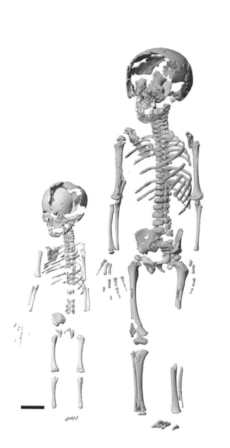

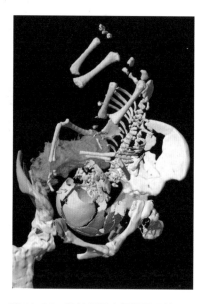

图 14-33　梅兹迈斯卡娅洞发现的 1 周
新生儿与塔蓬（Tabūn）人成年女性骨
盆分娩虚拟
（©University of Zurich）

图 14-32　梅兹迈斯卡娅洞发现的尼安德
特人 1 周新生儿（左）和人类 19 个月新
生儿（右）骨骼比较
（©University of Zurich）

（如图 14-33 所示）。

尼安德特人拥有明显较大的前牙，可能被用来作为工具使用，因而形成了较大的面部，这就是"前牙负载理论"（anterior dental loading hypothesis，ADLH），或者叫"牙齿即工具假说"（Teeth-as-tools hypothesis）（Rak，1986；Spencer 和 Demes，1993）。

但其他学者应用"ADLH"理论研究了圣沙拜尔人、费拉西人和现代人颌部咬合的生物学机制，认为尼安德特人面部的独特结构并不是进化机制的适应结果（O'Connor 2005）。此外，有研究认为尼安德特人粗壮而且短小的身材也是适应寒冷气候的结果（Stoner 和 Trinkaus，1981）。还有学者尝试从第二前白齿的咬合面轮廓来区分尼安德特人和现代人，发现二者的牙齿形态存在着明显的差异（Bailey 和 Lynch，2005）。

在以色列科巴拉（Kebara）洞穴发现的科巴拉人 2 号个体的下颌骨化石内侧发现了一块舌骨化石，它的形态与现代人的舌骨形态差别很小（如图 14-34 所示）。舌骨的发现意义重大，它表明尼安德特人的确拥有了语言（Arensberg 等，1990）。舌下神经管的研究结果也支持尼安德特人拥有语言能力的观点，研究者认为早在 40 万年之前的早期智人就已经能够使用语言进行交流了（Kay 等，1998）。

二、典型尼安德特人和进步尼安德特人

尼安德特人之间在形态特征上也存在着差异（如图 14-35、图 14-36 所示）。以中东地区发现的塔蓬人和沙尼达尔人为例，尽管他们都具有尼安德特人的一般特征，但也具有一些与西欧地区的许多尼安德特人不同的特征（如具有更明显的圆颅）（如图 14-37 所示）。遗传学的研究也表明，他们的色素水平差异化明显，群体内部存在着比以往认知的更多的遗传多样

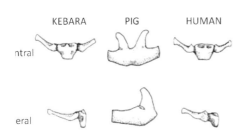

图 14-34　科巴拉人 2 号个体（左）、家猪（中）和现代人（右）的舌骨比较
（引自 Arensberg 等，1990）

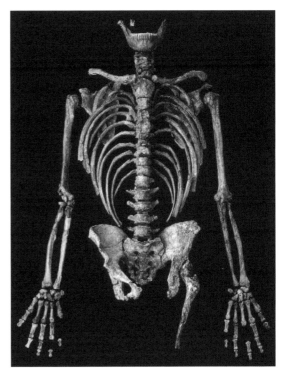

图 14-35　科巴拉人 2 号个体化石
可注意到其缺乏了大部分颅骨和下肢骨。

图 14-36 以色列阿穆德
（Amud）尼安德特人头骨
化石

（Larsen，2010）

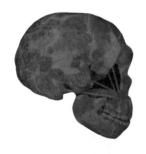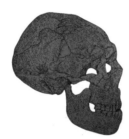

图 14-37 塔蓬人（左）和沙尼达尔人 I 号标本（右）颅骨化石

（修改自 Relethford，2000）

性 和 复 杂 性（Krings 等，2000；Caramelli 等，2006；Lalueza-Fox 等，2006；Lalueza-Fox 等，2007）。

在学术界中一般将尼安德特人划分为两个类型，即典型尼安德特人（Classical Neanderthals）和进步尼安德特人（Progressive Neanderthals）（朱泓等，2004）。典型尼安德特人的体质特征相对原始，出现年代相对较晚。他们一般眉嵴粗壮，前额低平而后倾，颅高值较低，颅骨最大宽处较现代人为低，枕外圆枕发育，无明显的颏部。代表者包括圣沙拜尔人、费拉西人、尼安德特人、直布罗陀人和莫斯特人等。

进步尼安德特人在体质上更接近于现代人，出现年代相对偏早。他们的颅型多为圆颅，大多具有明显的颏部。代表者包括塔蓬人、沙尼达尔人、埃林斯多夫人、克拉皮纳人和切舍克塔施人等。

三、欧亚人群互动的证据

尼安德特人与东亚地区同时期古人类是否存在过基因交流？随着对尼安德特人、丹尼索瓦人和夏河人研究的深入，我们逐渐意识到早期智人阶段不同地区古人类之间的人群交流远比我们想象的要深刻。以往研究发现，马坝人和大荔人等东亚地区早期智人都显示出与欧洲尼安德特人的特征相近性，这被认为是基因交流的结果（吴新智，1988；吴汝康等，1999；Fuentes，2011）。近年来对许家窑人的深入研究在某种程度上强化了我们对上述观点的认同。有理由推测，东亚地区的早期智人中可能存在丹尼索瓦人或其后代的可能性（如图 14-38 所示）。

2014 年 7 月 8 日，由中国科学院古脊椎动物与古人类研究所、法国波尔多大学、美国华盛顿大学研究人员组成的国际研究小组在《美国国家科学院院刊》（PNAS）发表了最新的合作研究成果——东亚地区更新世古人类内耳迷路（Wu 等，2014）。该项研究为古人类学界对更新世时期东亚与欧洲人类之间是否存在基因交流的研究与争论提供了新的化石证据。

他们利用高分辨率工业 CT 技术，复原出中国早更新世公王岭蓝田直立人、中更新世和县直立人、晚更新世许家窑早期智人和柳江人的三维内耳迷路，初步揭示了东亚地区更新世古人类内耳迷路的形态。

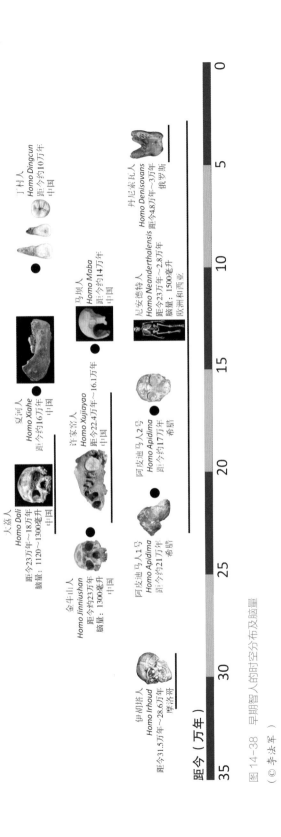

图 14-38　早期智人的时空分布及脑量

（©李法军）

距今（万年）

伊胡德人
Homo Irhoud
距今31.5万年~28.6万年
摩洛哥

阿皮迪马人1号
Homo Apidima
距今约21万年
希腊

金牛山人
Homo Jinniushan
距今约23万年
脑量：1300毫升
中国

大荔人
Homo Dali
距今23万年~18万年
脑量：1120~1300毫升
中国

阿皮迪马人2号
Homo Apidima
距今约17万年
希腊

许家窑人
Homo Xujiayao
距今22.4万年~16.1万年
中国

夏河人
Homo Xiahe
距今约16万年
中国

马坝人
Homo Maba
距今约14万年
中国

尼安德特人
Homo Neanderthalensis
距今23万年~2.8万年
脑量：1500毫升
欧洲和西亚

丁村人
Homo Dingcun
距今约10万年
中国

丹尼索瓦人
Homo Denisovans
距今48万年~3万年
俄罗斯

该项研究发现，东亚古人类在演化过程中存在两种模式的内耳迷路形态，即一般的现代人类型的"祖先内耳迷路模式"和尼安德特人衍生性状类型的"尼安德特人内耳迷路模式"（Wu 等，2014）。其中最为重要的是，发现许家窑人具有尼安德特人内耳迷路的表现特点。但是，研究者也强调，尽管许家窑人表现为尼安德特人的内耳迷路模式，但是其颞骨的外表上并没有表现出尼安德特人特有的衍生性状（如图 14-39 所示）。

尽管还不能完全确认许家窑人与尼安德特人之间是否存在真正的基因交流，但该项研究足以说明"尼安德特人内耳迷路模式"并不是欧亚大陆西方尼安德特人特有的特征。许家窑人内耳迷路的似尼安德特人特征的发现，促使学术界重新思考在缺乏相对完整的古生物遗存的前提下，用孤立的形态特征（或者分子遗传片段）作为判断欧亚大陆西部（东经45度以西）尼安德特人出现或作为与东亚古人类基因交流的证据是否可靠的问题（Wu 等，2014）。

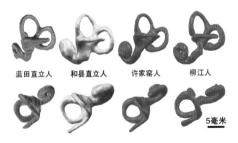

蓝田直立人　　和县直立人　　许家窑人　　柳江人

5毫米

图 14-39　东亚古人类颞骨内耳迷路

（承蒙吴秀杰授权修改使用）

尼安德特人的文化特征

大部分尼安德特人使用的石器制造技术被称为莫斯特（Mousterian）工业。我们在"直立人的文化特征"部分曾经提到的中欧和东欧直立人创造的克拉克当文化传统被认为是莫斯特传统的前身，但阿舍利文化和勒瓦娄哇文化也在莫斯特技术中有相当的影响。如同勒瓦娄哇文化一样，莫斯特传统同样使用预制石核技术，典型的石器是边缘整齐而锐利的手斧（如图14-40所示）。莫斯特技术并不是尼安德特人所独有的，其他某些早期智人也使用这种技术。

图14-40　来自英国戈汉姆（Gorham）洞穴的莫斯特技术石器（Shipman，2008）

以往认为尼安德特人拥有的强劲双手只适合一般性抓握，无法进行精细的手部运动。但最新研究表明，尼安德特人的肌肉重建模拟结果显示其能够从事精确的抓取动作（如图14-41所示）（Karakostis等，2018）。因此，生物考古学的分析支持了尼安德特人是出色制造者的观点。

来自英国范加德与高汉姆（Vanguard and Gorham's）洞穴的尼安德特人遗存证据显示，这一类群曾拥有较为高级和复杂的生存策略（Shipman，2008）。他们已经能够制造专门的狩猎工具（Schmitt和Churchill，2003）。其狩猎对象不仅是陆生动物，还包括了海洋哺乳类动物（Stringer等，2008）。也有人研究尼安德特人化石上所见创伤是否与被人类或其他动物食用有关（Berger和Trinkaus，2003）。

图14-41　法国海纳（Renne）洞穴出土的尼安德特人制作的装饰品

尼安德特人是最早埋葬同类死者的人科成员，这表明他们已经具有了某种超自然信仰（Trinkhaus，1985）。在欧洲和中东的许多遗址中，考古学家发现人骨通常被放置在墓穴中，并在骨骼周围发现了工具、食物以及花粉等残骸（Relethford，2000）。例如，在法国费拉西洞穴内，有一具男性个体、一具女性个体以及两个儿童被分别放置在单独的墓穴内（如图14-42所示）。最深的墓穴深达30厘米。两个儿童的墓穴前还有一个深35厘米的土坑，里面出土了沙砾和大块的牛骨。在伊拉克的沙尼达尔洞穴中还发现了用鲜花随葬的例证（朱泓等，2004）。

但这些传统正受到不断的质疑。许多学者认为蜷曲的身体姿势并不是有意的埋葬姿势，而是由狭小的墓穴造成的。也有学者认为沙尼达尔洞穴的墓穴内的花粉是在埋葬仪式结束之后，由啮齿类动物带入的（Relethford，2010）。

图 14-42　法国费拉西洞穴内的墓葬

从圣沙拜尔人和费拉西人墓葬内死者的年龄和健康情况判断，许多个体在死去之前曾经得到了同伴的悉心照料（如图 14-43 所示）（Tappen，1985）。许多个体都是相对年老的成员，有一些甚至失去了全部牙齿。在这些个体当中还发现了许多骨、关节疾病的例证（Tilley，2015）。

尼安德特人能够演奏乐曲吗？在斯洛文尼亚的一处洞穴遗址内，考古学家们发现了许多莫斯特传统的石器，在石器附近还发现了一个带有若干孔洞的熊腿骨化石。这个遗址的年代距今 6.7 万年～ 4.3 万年。根据熊骨上孔洞的排列位置，一些考古学家认为这是一件尼安德特人的骨笛（Relethford，2000）。但是，最近的一项研究认

图 14-43　法国圣沙拜尔人墓葬中所见的屈肢葬

为所谓骨笛只是冰河时期斑鬣狗啃食洞熊幼崽骨骼时留下的穿孔（如图 14-44 所示）（Diedrich，2015）。尼安德特人还可能使用猛犸象骨骼搭建过房屋（如图 14-45 所示）（Dalmes，2010）。

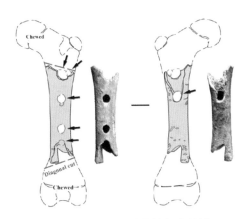

图 14-44　备受争议的尼安德特人"骨笛"
（Diedrich，2015）

图 14-45　距今 1.5 万年的乌克兰地区古人类使用猛犸象等动物骨骼来搭建房屋
（修改自 Palmer，2010）

四、尼安德特人的系统地位

自第一个尼安德特人发现以来的100百多年时间里，人们逐渐"建立"了尼安德特人与现代人的紧密关系。很多人对尼安德特人作为欧洲人直系祖先的地位深信不疑（Trinkaus和Shipman，1985）。的确，在尼安德特人身上所看到的种种迹象表明，他们确确实实是一个进化到与现代人很相近的物种。他们一定拥有了某种独特的语言，已经能够制造精美实用的工具，处于原始意识萌发的初级阶段，也许，他们还使用骨笛演奏乐曲来告慰亡灵。

长久以来，尼安德特人一直被视为现代人的直系祖先，只是在几万年的进化中，我们在遗传结构上发生了变异（Relethford，1998）。但是，1997年的一个科学事件让许多人产生了相同的疑问：尼安德特人还是现代人类的直系祖先吗？德国分子人类学家从距今5万年的德国菲尔德荷芬洞穴尼安德特人化石中提取了DNA（Krings等，1997）。

这是人类首次从距今年代如此久远的物种身上成功提取DNA。他们共提取了378个线粒体DNA碱基。与现代人的比对结果表明，尼安德特人与现代人类存在明显的遗传学差异。2000年，世界上第二例尼安德特人线粒体DNA被成功提取。这次研究的样本来自上面提到的距今2.9万年的北高加索地区梅兹迈斯卡娅洞穴，其测序结果与第一例相似（Ovchinnikov等，2000）。

随着全基因组测序技术的发展，有关尼安德特人遗传学的分析不断涌现（Green等，2008）。随后的遗传学研究表明，现代欧亚大陆人类与尼安德特人非常可能在小范围内发生过杂交，时间可能是当现代人离开非洲之后

在中东遇到尼安德特人的时候（Burbano等，2010）。目前，许多遗传学分析都支持尼安德特人与现代人之间存在着遗传学上的联系（Briggs等，2009；Endicott等，2010；Krause等，2010；Rogers等，2017）。

丹尼索瓦人线粒体DNA和蛋白基因组分析结果显示，其虽与尼安德特人和现代人有不同程度的遗传学联系，但他们的祖先不同，是一种未知的类型（Krause等，2010；Reich等，2010）。这一物种可能在晚更新世时期广泛分布在亚洲。在该洞穴中发现的一颗牙齿含有与指骨高度相似的线粒体基因组。这颗牙齿与尼安德特人或现代人没有衍生的形态特征，进一步表明丹尼索瓦人有着不同于尼安德特人和现代人的进化历史（Reich等，2010）。

随后，对出土于丹尼索瓦洞穴的距今约5万年的女性尼安德特人第一趾骨的全基因组测序结果显示，更新世晚期的人类、尼安德特人和丹尼索瓦人之间的确存在过基因交流（Prüfer等，2014；Slon等，2017）。

对来自克罗地亚范迪加（Vindija）洞穴的距今5万年的尼安德特人的遗传学分析显示，尼安德特人与现代人相比人口数量较少。这一个体的遗传学信息与丹尼索瓦人相比更加接近欧亚人群，其与现代欧亚人群共享了1.8%～2.6%的DNA信息（Prüfer等，2017）。而新几内亚和美拉尼西亚的华莱士线东部人群有3%以上的丹尼索瓦人基因信息（Reich，2011）。

最近，对出自德国霍伦士登－施塔德尔（Hohlenstein-Stadel）洞穴和比利时思科拉迪纳（Scladina）洞穴的距今约12万年的两个尼安德特人核基因组进行序列的结果显示，尽管二者的线粒体谱系差异明显，但他们在遗传上更接

近欧洲的晚期尼安德特人，而不是西伯利亚同时期的个体。该项研究表明，所有后来的尼安德特人至少有一部分祖先可以追溯到距今 12 万年左右的欧洲尼安德特人，暗示距今 12 万年可能是尼安德特人发生分化的重要时期（Peyrégne 等，2019）。

丹尼索瓦人与夏河人

2008 年，俄罗斯考古学家在西伯利亚南部阿尔泰山脉的丹尼索瓦（Denisova）洞穴中发现了一颗距今 4.8 万年～3 万年的臼齿化石和一块豌豆大小的第五中节指骨远端化石（如图 14-46、图 14-47 所示）（Krause 等，2010）。牙齿和指骨分属于不同个体，指骨属于一个 5～7 岁的女孩。

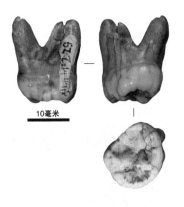

图 14-46　2008 年发现的上颌第一臼齿化石

图 14-47　第五中节指骨远端化石

（© 李法军）

研究者认为这是一个已经灭绝的类群，将其命名为丹尼索瓦人（Denisovans）。最新研究表明，丹尼索瓦人在丹尼索瓦洞穴中居住了相当长的时间，其内部的遗传学具体较现代人的而言非常小（Sawyer 等，2015；Clon 等，2017）。虽然牙齿的形态学特征与直立人相近，但遗传学的结果表明这些化石所代表的个体既不属于尼安德特人，也不是现代人。相对而言，丹尼索瓦人与尼安德特人的关系比其与现代人的更近，但最接近海德堡人（如图 14-48 所示）（Krause 等，2010）。丹尼索瓦人的发现，意味着晚更新世阶段至少曾经存在过智人、尼安德特人和丹

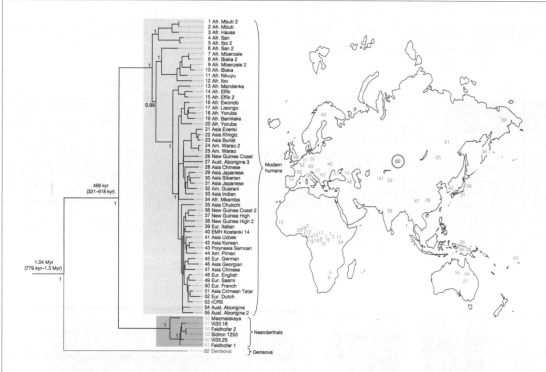

图 14-48　丹尼索瓦人的全基因组系统发育树
（Krause 等，2010）

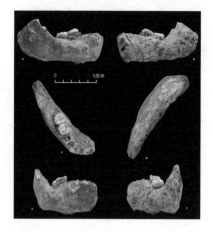

图 14-49　未清理的夏河人下颌骨化石
（Chen 等，2019）

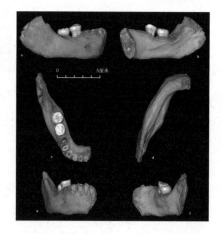

图 14-50　基于 micro-CT 扫描数据重建的夏河人下颌骨模型
（Chen 等，2019）

尼索瓦人三个生物学类群。

　　1980 年，中国甘肃夏河县的僧人在该县白石崖喀斯特溶洞中发现了一块仅存右半部分的下颌骨化石，胆酸盐覆盖其上，胶结非常严重（如图 14-49、图 14-50 所示）（Chen 等，2019）。僧人随后将其献给当地活佛，活佛又将其交给原中科院寒区旱区环境与工程研究所研究员董光荣。2010 年前后，董光荣与陈发虎开始了对化石的合作研究。

　　2018 年，中德学者对该洞进行了再次发掘。在人类化石所出地层中发现了非常丰富的人工制品和动物化石。其中，石制品就多达 1400 多件，动物骨骼化石也有 600 余件。石制品可

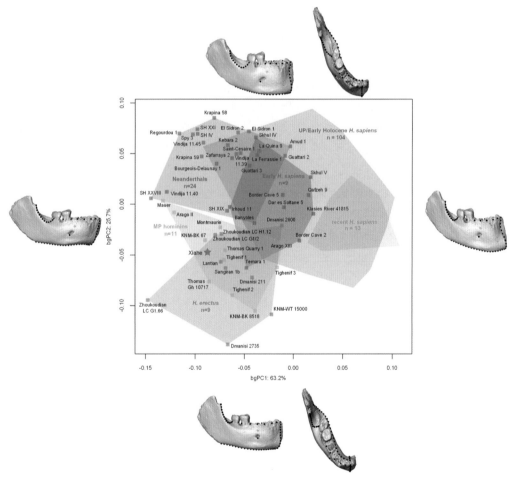

图 14-51　夏河人下颌骨与其他古人类下颌骨几何形态测量学主成分分析二维散点
（Chen 等，2019）

分为石核、石片和工具等，动物骨骼化石以较为破碎的四肢骨为主。目前已鉴定出的动物种属有犀牛、野牛、野马／驴、鬣狗和野羊／羚羊等。综合测年结果表明，人类化石的年代不少于距今 16 万年（Chen 等，2019）。

夏河人下颌骨形态与其他中更新世人群存在某些相似性，但也存在明显差异。下颌的几何形态测量学分析结果表明，夏河人在中更新世古人类群体和直立人群体范围内的边缘地带，远离智人和尼安德特人群体（如图 14-51 所示）（Chen 等，2019）。夏河人的白齿尺寸较大并且为三根型，这是现代人亚洲人群的重要特征。内源性古蛋白质组和氨基酸多态性分析结果显示，夏河人与丹尼索瓦人的关系最为密切，其次为尼安德特人（Chen 等，2019）。

夏河人是目前所知最早的丹尼索瓦人，其与尼安德特人在距今 47.3 万年～44.5 万年开始了独立演化之路（Prüfer 等，2014）。夏河人的发现，证明了早在距今 16 万年，东亚地区即已存在丹尼索瓦人群。夏河人也是目前已知的生活于青藏高原最早的智人群体（Chen 等，2019）。丹尼索瓦人携带有适应高寒缺氧环境的基因 EPAS1，而 87% 的现代高海拔藏族人群也携带着该基因。因此，藏族人与夏河人的遗传学关系备受关注。最近的研究表明，在白石崖溶洞的晚更新世沉积中发现了丹尼索瓦人曾长期生活在青藏高原地区（16 万年～6 万年前）（Zhang 等，2020）。不仅如此，研究者还认为丹尼索瓦人曾经广泛且长期分布于东亚地区。

研究者在动物骨骼化石上发现了石器的切割痕迹，证明人类取食行为是洞穴内动物骨骼堆积的主要因素。研究者之一的张东菊认为，在第四纪最为寒冷的倒数第二次冰期期间，夏河人生活于青藏高原上，且以捕猎大型冰期动物为主。这些丰富的动物遗存为理解青藏高原旧石器时代人群的生业方式和对高原环境的适应机制提供了重要信息。

🔍 重点、难点

1. 智人的早期类型
2. 尼安德特人
3. 丹尼索瓦人
4. 欧亚人群互动的证据
5. 夏河人
6. 尼安德特人的系统地位

💭 深入思考

1. 直立人与智人早期类型的进化关系是怎样的？

2. 智人的早期类型具有哪些镶嵌式进化特征？

3. 典型尼安德特人和进步尼安德特人的差异性体现在哪些方面？

4. 尼安德特人与现代人是否具有遗传学上的联系？

5. 中国发现的智人早期类型与丹尼索瓦人之间是怎样的进化关系？

6. 欧亚地区早期智人阶段的石器工业具有怎样的差异性与同质性？

延伸阅读

［1］梁钊韬，李见贤. 马坝人发现地点的调查及人类头骨化石的初步观察［J］. 中山大学学报（社会科学版），1959（1-2）：136-146.

［2］吴汝康. 马坝人化石在我国人类发展史上的重要意义［C］// 广东省博物馆，曲江县博物馆. 纪念马坝人化石发现三十周年文集. 北京：文物出版社，1988：1-2.

［3］吴新智. 大荔颅骨的测量研究［J］. 人类学学报，2009，28（3）：217-236.

［4］BRIGGS A W, GOOD J M, GREEN R E, et al. Targeted retrieval and analysis of five Neandertal mtDNA genomes［J］. Science, 2009, 325（5938）：318-321.

［5］CHEN F, WELKER F, SHEN C, et al. A late Middle Pleistocene Denisovan mandible from the Tibetan Plateau［J］. Nature, 2019, 569（7756）：409-412.

［6］DELSON E. An early dispersal of modern humans from Africa to Greece［J］. Nature, 2019, 571（7766）：487-488.

［7］GUNZ P, NEUBAUER S, MAUREILLE B, et al. Brain development after birth differs between Neanderthals and modern humans［J］. Current biology, 2010, 20（2）：R921-922.

［8］HUBLIN J J. The last Neandertha［J］. PNAS, 2017, 114（40）：10520-10522.

［9］KARAKOSTIS F A, HOTZ G, TOURLOUKIS V, et al. Evidence for precision grasping in Neandertal daily activities［J］. Science advances, 2018, 4（9）：eaat2369.

［10］KRAUSE J, FU Q, GOOD J M, et al. The complete mitochondrial DNA genome of an unknown hominin from southern Siberia［J］. Nature, 2010, 464（7290）：894-897.

［11］OVCHINNIKOV I, GOTHERSTROM A, ROMANOVA G, et al. Molecular analysis of Neanderthal DNA from the northern Caucasus［J］. Nature, 2000, 404（6777）：490-493.

［12］PEYRÉGNE S, SLON V, MAFESSONI F, et al. Nuclear DNA from two early Neandertals reveals 80, 000 years of genetic continuity in Europe［J］. Science advance, 2019, 5（6）：eaaw5873.

［13］PRÜFER K, DE FILIPPO C, GROTE S, et al. A high-coverage Neandertal genome from Vindija Cave in Croatia［J］. Science, 2017, 358（6363）：655-658.

［14］REICH D, GREEN R E, KIRCHER M, et al. Genetic history of an archaic hominin group from Denisova Cave in Siberia［J］. Nature, 2010, 468（7327）：1053-1060.

［15］RICHTER H, BEN-NCEA R, BAILEY S E, et al. New fossils from Jebel Irhoud, Morocco and the pan-African origin of Homo sapiens［J］. Nature, 2017, 546（7657）: 289–292.

［16］SAWYER S, RENAUD G, VIOLA B, et al. Nuclear and mitochondrial DNA sequences from two Denisovan individuals［J］. PNAS, 2015, 112（51）: 15696–15700.

［17］SCHWARTZ J H, TATTERSALL I. Fossil evidence for the origin of Homo sapiens［J］. American journal of physical anthropology, 2010, 143（S51）: 94–121.

［18］SHIPMAN P. Separating "us" from "them": Neanderthal and modern human behavior［J］. PNAS, 2008, 105（38）: 14241–14242.

［19］WU X J, CREVECOEUR I, LIU W, et al. Temporal labyrinths of eastern Eurasian Pleistocene humans［J］. PNAS, 2014, 111（29）: 10509–10513.

［20］XING S, TAFFOREAU P, O'HARA M, et al. First systematic assessment of dental growth and development in an archaic hominin（genus, Homo）from East Asia［J］. Science adavance, 2019（5）: eaau0930.

［21］ZHANG D, XIA H, CHEN F, et al. Denisovan DNA in late pleistocene sediments from Baishiya Karst Cave on the Tibetan Plateall［J］. Science, 2020, 370（6516）: 584–587.

第一个晚期智人（Modern *Homo sapiens*）究竟是何时出现的？这实在是一个既有趣但又很难解答的问题。发现于贵州六盘水盘县（今盘州市）的盘县大洞人类化石距今 30 万年～13 万年。其牙齿形态特征具有镶嵌式的演化特征，古老性与现代性兼具。总体上，盘县大洞古老型智人牙齿化石的古老性与其衍生特征提示我们，中更新世阶段东亚大陆的智人已经出现了向晚期智人演化的趋势（刘武和斯信强，1997；Liu 等，2013；刘武等，2014）。

从目前的化石材料来看，在埃塞俄比亚发现的长者智人（*Homo sapiens idaltu*）是最早的，距今 16 万年～15.4 万年。在南非发现的边界洞人（*Border Cave Man*）距今也有 11.5 万年～9 万年（Relethford，2010），在中国广西发现的木兰山智人洞人距今约 11 万年（Liu 等，2010）。其他一些地点（如南非 Klasies River Mouth）的年代也可能会早于距今 9 万年（Grün 等，1990）。

那么，若仅考虑完全具有现代人特征这一情况，则可以肯定的是在距今 16 万年左右，某些早期智人进化成为晚期智人，即解剖学上的现代人（Anatomically modern *Homo sapiens*），包括我们的早期直系祖先和我们自己。这一物种的进化是非常成功的，他们逐渐适应了不同纬度的巨大气候差异，足迹遍及除了南极洲以外的所有陆地和岛屿（如图 15–1 所示）。

解剖学上的现代人这个阶段的化石材料在体质特征上已经与现代人比较一致了，他们的文化也呈现出无限的创造力和艺术的美感。虽然我们现代人也属于晚期智人，但在古人类学研究中，一般将距今约 1 万年以前的现代人类视为晚期智人。

在晚期智人阶段，不同地区的人类已经出现了明显的区域性差别，即人种的差异。在旧大陆，各地区的晚期智人在体质上的分布与现代人基本吻合。新大陆的情况有所不同，在西方殖民者到来之前，那里的原住民都

第
十
五
章

晚
期
智
人

具有明显的黄色人种的特征。

随着近年来东亚地区诸多更新世晚期智人材料的发现与研究，我们对中国及邻近地区晚期智人的微观演化规律将会有更进一步的认识（如图15-2所示）。从目前的化石材料看，东亚地区晚更新世阶段的智人群体在总体特征上已经趋同，但仍旧显示出许多区域性的特征。东西方古老型智人自更新世中期以来互动程度与频率、东亚地区（特别是中国北方地区、长江中下游地区和华南地区）古人类之间的流动性和频率虽不可知，但其交流与互动的能力不可低估。

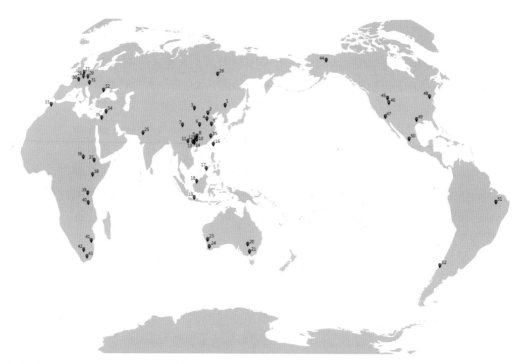

图 15-1　世界主要的晚期智人化石分布地点

（© 李法军）

1. 安图；2. 前阳；3. 周口店；4. 萨拉乌苏；5. 许昌；6. 资阳；7. 丽江；8. 蒙自；9. 盘县；10. 隆安；11. 木榄山；12. 道县；13. 柳州；14. 东至；15. 奇和洞；16. 左镇；17. 落笔洞；18. 梅武（Mai U'Oi）；19. 塔邦洞群（Tabon Cave Complex）；20. 尼阿大洞（Niah Cave）；21. 瓦贾克（Wadjak）；22. 芒戈湖（Lake Mungo）；23. 科斯旺普（Kow Swamp）；24. 斯湾河（Swan River）；25. 德维斯－莱尔（Devil's Lair）；26. 达拉依库尔（Darra-i-Kur）；27. 斯特顿（Stetten）；28. 哈诺福森（Hahnöfersand）；29. 姆拉德克地点群（Mladeč, Podbaba, Prědmost）；30. 克罗马农（Cro-Magnon, Abri Pataud）；31. 凡迪亚（Vindija）；32. 斯塔罗斯勒（Starosel'e）；33. 杰贝尔－伊胡塔（Jebel Irhoud）；34. 斯虎尔（Skhūl）；35. 卡夫扎（Qafzeh）；36. 辛加（Singa）；37. 赫托（Herto）；38. 奥莫（Omo）；39. 肯杰拉（Kenjera）；40. 门巴（Mumba）；41. 边界洞（Border Cave）；42. 弗洛里斯巴（Florisbad）；43. 克拉西斯河口（Klasies River Mouth）；44. 奥克罗（Old Crow）；45. 奥森楚巴克（Olsen-Chubbuck）；46. 卡斯珀（Casper）；47. 阿灵顿斯宾斯（Arlington Springs）；48. 米多克罗夫（Meadowcroft）；49. 堪萨斯河（Kansas River）；50. 特佩斯潘（Tepexpan）；51. 拉哥斯桑塔（Lagos Santa）；52. 塞罗索塔（Cerro Sota）。

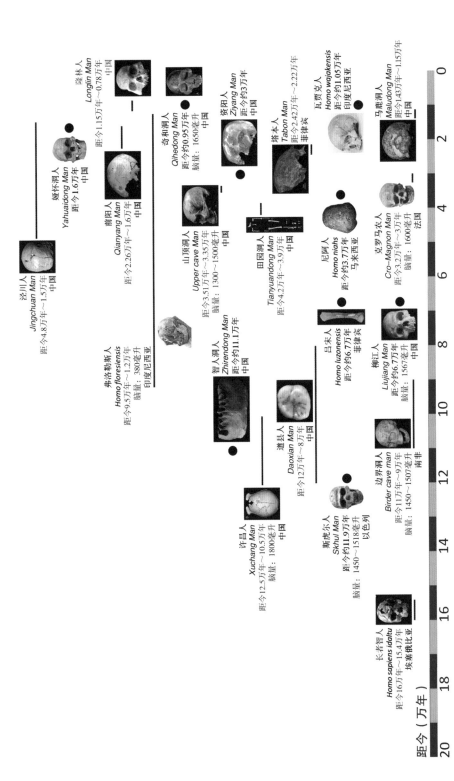

泾川人
Jingchuan Man
距今4.8万年~1.5万年
中国

娅怀洞人
Yahuaidong Man
距今1.6万年
中国

隆林人
Longlin Man
距今1.15万年~0.78万年
中国

前阳人
Qianyang Man
距今2.26万年~1.6万年
中国

奇和洞人
Qihedong Man
距今约0.95万年
脑量：1650毫升
中国

资阳人
Ziyang Man
距今约3万年
中国

塔本人
Tabon Man
距今2.42万年~2.22万年
菲律宾

瓦贾克人
Homo wajakensis
距今约1.05万年
印度尼西亚

马鹿洞人
Maludong Man
距今1.43万年~1.15万年
中国

弗洛勒斯人
Homo floresiensis
距今9.5万年~1.2万年
脑量：380毫升
印度尼西亚

山顶洞人
Upper cave Man
距今3.51万年~3.35万年
脑量：1300~1500毫升
中国

田园洞人
Tianyuandong Man
距今4.2万年~3.9万年
中国

尼阿人
Homo niahs
距今约3.7万年
马来西亚

克罗马农人
Cro-Magnon Man
距今3.27万年~3万年
脑量：1600毫升
法国

智人洞人
Zhirendong Man
距今约11.1万年
中国

吕宋人
Homo luzonensis
距今约6.7万年
菲律宾

柳江人
Liujiang Man
距今约6.7万年
脑量：1567毫升
中国

许昌人
Xuchang Man
距今12.5万年~10.5万年
脑量：1800毫升
中国

道县人
Daoxian Man
距今12万年~8万年
中国

边界洞人
Birder cave man
距今11万年~9万年
脑量：1450~1507毫升
南非

斯虎尔人
Skhul Man
距今约11.9万年
脑量：1450~1518毫升
以色列

长者智人
Homo sapiens idaltu
距今16万年~15.4万年
埃塞俄比亚

距今（万年）

图15-2 晚期智人的时空分布及脑量

（© 李法军）

第一节　非洲与欧洲的晚期智人

一、长者智人

1997 年，由提姆·怀特（Tim White）率领的研究小组在埃塞俄比亚东北部阿法地区中阿瓦什的赫托（Herto）地点发现了三件古人类颅骨化石，并将其所代表的类型命名为长者智人（*Homo sapiens idaltu*）（如图 15-3、图 15-4 所示）（White 等，2003）。其生存年代距今 16 万年~15.4 万年。

这三件头骨化石的形态特征与现代人非常相似，其平均脑容量为 1450 毫升。除此之外，在幼年头骨化石上呈现有用尖锐的石器切割的痕迹，其头骨边缘呈磨光状态表明当时的人类可能已经具有某些特殊的丧葬习俗。与化石同时发现有 600 多件石器，其类型包括手斧和石片工具，制作技术介于阿舍利与较进步的中石器之间。

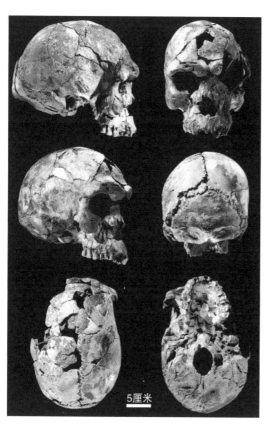

图 15-3　长者智人 BOU-VP-16/1 成年个体颅骨化石（修改自 White 等，2003）

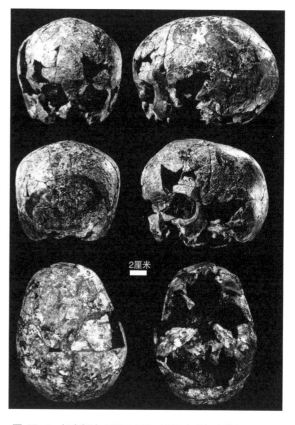

图 15-4　长者智人 BOU-VP-16/5 未成年个体颅骨化石（修改自 White 等，2003）

二、边界洞人

1940—1941 年，霍顿（W. E. Horton）等人在南非东北地区的北夸祖拉（North KwaZula）和斯威士兰（Swaziland）边界的一个洞穴中发现了晚期智人化石（Cooke 等，1945），并将其命名为边界洞人（*Border Cave Man*）。化石材料包括部分破碎的男性颅骨和面骨、两个成年个体的下颌骨以及在一个较浅的墓穴里发现的部分婴儿的骨骼（如图 15-5 所示）。成年个体的脑容量为 1450 ~ 1507 毫升。

该颅骨特征已经与现代人十分接近。例如，其额部较为陡直，无眶上圆枕，眉弓较为发育（Nelson 和 Jurmain，1988）。由于地层记录的混乱，边界洞人的生存年代目前还无法完全确认（朱泓 等，2004）。但有学者认为在距今 11 万年 ~ 9 万年（Relethford，2010）或 20 万年左右（Butzer 等，1978；Grün 等，1990；Grün 和 Beaumon，2011）。

三、克罗马农人

欧洲最著名的，也是世界上发现最早的晚期智人化石是克罗马农人（*Cro-Magnon Man*）。1868 年，拉泰（L. Lartet）在法国南部多尔多涅省（Dordogne）雷 – 亦兹（Les Eyzies）的克罗马农洞（Abri Cro-Magnon）发现了这些著名的化石。其生存年代距今 3.2 万年~ 3 万年，共发现了 5 个个体——3 名成年男性、1 名成年女性以及 1 名儿童（李法军，2007）。

保存最为完整的是 1 号个体，这是一个克罗马农人的老年成员（如图 15-6 所示）。1 号个体的脑容量为 1600 毫升。颅顶高而圆隆，额部丰满，眉嵴发育弱。明显的低眶型，鼻根部凹陷显著，鼻骨狭长，鼻尖强烈凸起，梨状孔狭长。面部低宽，下颌骨颏隆突明显。其特征已经与现代欧洲地区的居民非常接近（李法军，2007）。

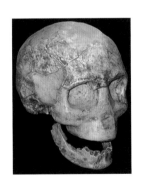

图 15-5　边界洞人

（承蒙 Wapondaponda 授权使用）

图 15-6　克罗马农人 1 号颅骨化石

（李法军，2007）

第二节 中国的晚期智人

一、道县人

2011年9—10月，湖南省文物考古研究所与中国科学院古脊椎动物与古人类研究所联合对道县乐福堂福岩洞古人类遗址进行了试掘工作，获得了5枚古人类牙齿化石和大量其他哺乳类动物化石（如图15-7所示）（李意愿等，2013）。2012年至2013年，刘武和吴秀杰等古人类学家陆续在该洞穴中发现了大量的人类牙齿化石，共计47枚（Liu等，2015）。牙齿所代表的个体的年代为距今12万年～8万年，是东亚地区目前所知最早的现代人化石（Liu等，2015）。

这些人类牙齿化石和动物群化石在洞内的分布区域较大，层位明确，延伸范围达40余米，未受过扰动。道县人的齿冠和齿根呈现典型现代智人特征。例如，简单的咬合面、齿冠侧面形态以及短而纤细的齿根等。道县人类牙齿尺寸较小，在现代人的变异范围内。上述这些现象说明，中国华南地区至少在距今8万年左右已经出现了完全意义上的现代人（Liu等，2015）。这一发现为我们认识东亚地区现代人的起源与基因交流过程提供了最直接的视角。

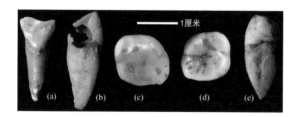

图15-7　2011年首次在福岩洞发现的5枚人类牙齿化石
（李意愿等，2013）
（a）上颌左侧犬齿；（b）罹患龋齿的上颌右侧犬齿；
（c）上颌右侧第一或第二臼齿；（d）上颌左侧第二或第三臼齿；（e）下颌右侧第一前臼齿。

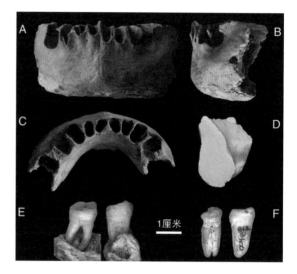

图15-8　智人洞人下颌骨及牙齿化石
（承蒙刘武授权修改使用）

二、智人洞人

2004年，中国科学院古脊椎动物与古人类研究所邱占祥院士与北京大学潘文石教授组织人员在广西崇左地区进行联合地质古生物调查及化石挖掘工作。2007年，他们在江州区木榄山智人洞中采集到了1块具有现代智人解剖特征初始状态的下颌骨残段、2颗臼齿和丰富的哺乳动物化石（如图15-8所示）（Liu等，2010）。其年代距今约11.1万年（金昌柱等，2009）。

中国科学院古脊椎动物与古人类研究所吴新智院士经初步观察认为，该人类下颌骨具有处于形成过程中的解剖学上现代智人的形态特征。该下颌骨较为纤细，颏隆突略为发育，表现程度较现生人类颏隆突为弱。此外，门齿齿槽与颏隆突之间的下颌体外表面略显凹陷，但

系统未定的许昌人

2005—2016 年，河南省文物考古研究院的李占扬等对位于河南省许昌市的灵井遗址进行了连续性考古发掘，共发现了 45 块人类头骨化石、各种石器以及 20 余种哺乳动物化石（吴秀杰和李占扬，2018）。人类化石年代为距今 12.5 万年～10.5 万年（Li 等，2017）。

2014 年开始，吴秀杰等对许昌人头骨化石开

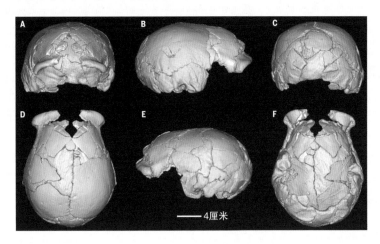

图 15-9　河南许昌人 1 号颅骨三维重建模型

（承蒙吴秀杰授权使用）

展了复原和研究工作（吴秀杰和李占扬，2018）。这些头骨碎片代表 5 个个体，其中 1 号个体保存相对完好，复原后的头骨保留有脑颅的大部分及部分底部，代表一个年轻的男性个体（如图 15-9 所示）。许昌 2 号头骨则代表了一个较为年轻的成年个体（Li 等，2017）。

许昌人超大的脑量（1800 毫升）和纤细化的脑颅结构，体现了中更新世人类生物学特征演化的一般趋势。目前还无法将其归入任何已知的古人类成员之中，许昌人可能代表一种新型的古老型人类（吴秀杰和李占扬，2018）。

研究显示，许昌人颅骨既具有东亚古人类的古老特征（如低矮的脑穹隆、扁平的颅中矢状面、最大颅宽的位置靠下），同时又兼具似尼安德特人的枕骨和内耳迷路（半规管）形态，呈现出演化上的区域连续性和区域间种群交流的动态变化。这反映的是一种镶嵌式进化的形态特征（Li 等，2017）。

许昌人的发现表明晚更新世早期中国境内可能并存有多种古人类成员，不同群体之间有杂交或者基因交流。许昌人化石为中国古人类演化的地区连续性以及与欧洲古人类之间的交流提供了一定程度的支持（Li 等，2017）。

有关东亚地区晚更新世人类外耳骨疣的比较研究表明，相较于许家窑 15 号而言，许昌人的该项特征较为发育。许昌 2 号较大的外耳骨疣会导致耳垢的积塞，并导致传导性听力损失（Trinkaus 和 Wu，2017）。

凹陷程度较现代人类为弱（李法军等，2013）。该个体生前曾罹患口腔疾病，例如龋齿和齿槽骨发育异常等（吴秀杰等，2013）。

明显发育的颏隆突和下颌体外表面凹陷是现代人类的典型特征，在直立人和古老型化石智人身上这两项特征一般缺如。这两项特征在崇左江州区木榄山古人类下颌骨的表现较弱，说明现代人的解剖结构在木榄山智人洞下颌骨已出现，但尚处于初始发育状态。

研究结果表明，崇左古人类属于正在形成中的早期现代人，处于古老型智人与现代人演化的过渡阶段。其存在的"镶嵌式进化"现象为"多地区连续进化"学说提供了新的证据（Liu 等，2010）。

三、柳江人

1958年冬，广西壮族自治区柳江县（今为柳江区）新兴农场职工在一个叫通天岩的山洞附近的一个小洞穴里挖出了一个完整的颅骨，农场场长李殿将其上交给有关部门（吴汝康，1959）。中国科学院古脊椎动物与古人类研究所的李有恒等又在此发现了其他的人类化石标本。其生存年代目前尚无确切数据，据铀系法测定的结果，最小值为距今6.7万年，最大值距今22.7万年～10.1万年。目前，大多数学者倾向于采用6.7万年作为其所处年代。

柳江人的化石标本包括1个完整的颅骨、2段股骨、4段肋骨、第9至第12腰椎、5块腰椎、完整的骶骨以及髋骨（如图15-10至图15-12所示）。这些化石可能属于不同的个体。有学者认为柳江人颅骨所代表的个体应当是一个男性（吴汝康等，1999）。

柳江人的额结节和顶结节发育较弱，眉弓发育。额骨明显后倾，前囟点的位置比现代人的靠后，额骨下部有微弱的矢状嵴。面部短宽，

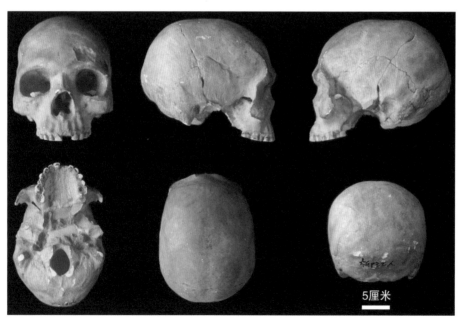

图 15-10 柳江人
头骨化石
（© 李法军）

5厘米

图 15-11 柳江人椎骨化石
（© 李法军）

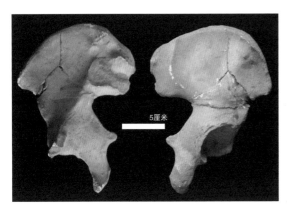

图 15-12 柳江人右侧髋骨化石
（© 李法军）

上面部比较扁平。明显的低眶，鼻骨宽大而且扁平，梨状孔短阔，鼻根部略有凹陷（吴汝康等，1999；朱泓等，2004）。股骨比较纤细，可能代表一名女性。其身高约为 157 厘米（朱泓等，2004）。

柳江人脑的发育程度与晚更新世晚期人类最接近。例如，长而宽的脑型，额叶宽阔饱满，脑较高，顶叶加长。但其也有少数特征与现代人不同而似早期人类，如枕叶后突程度较现代人显著，小脑半球较现代人收缩（李法军等，2013）。脑容量为 1567 毫升（吴秀杰等，2008）。

柳江人头骨的绝大多数特征在现代中国人的变异范围内，只有极个别特征与现代人不同。柳江人头骨具有的低眶等特征也可见于其他中国更新世晚期人类化石，这说明柳江人化石上保留有少量常见于更新世晚期人类的原始特征。

但与其他中国更新世晚期人类，尤其是山顶洞人头骨相比，柳江人要显得现代些。柳江人与山顶洞人之间头骨形态特征的差异以体现头骨原始性及粗硕强壮程度上的差别居多，但个别特征差异或许与气候环境适应有关（刘武等，2006）。

通过对柳江人头骨及复原骨盆的测量，可计算出柳江人的身高、体重、身体比例、相对脑量等（刘武等，2007）。研究发现，柳江人具有适应温暖气候环境的纤细型身体比例。代表相对脑量的 EQ 指数（5.602）大于金牛山人、山顶洞人等中国更新世中、晚期化石人类的 EQ 指数，而与包括港川人在内的更新世末期及现代人类的接近（刘武等，2007；李法军等，2013）。

柳江人体重 52 千克，小于金牛山人、山顶洞人、尼安德特人等生活在高纬度地区的化石人类的体重，而与港川人、非洲的 KNM-ER 3883、KNM-ER 3733 等生活在温暖环境的古人类的接近。有分析认为，这些发现除说明柳江人生活的气候环境外，还提示柳江人身体大小、比例及相对脑量与更新世末期及现代人类接近（刘武等，2006）。据股骨估计其身高约为 157 厘米，但也有学者认为 161.1 厘米较为合适（朱泓等，2004；刘武等，2007）。

系统未定的马鹿洞人

　　1989 年，考古学者对云南红河自治州蒙自市马鹿洞进行考古发掘，并发现了 3 块人类化石（张兴永等, 1991）。MLDG 1704 保存了大部分额骨和顶骨，但是其他部分均已缺失（如图 15-13 所示）。MLDG 1679 和 MLDG 1706 都保存了其右侧下颌骨大部分及部分牙齿（如图 15-14 所示）。

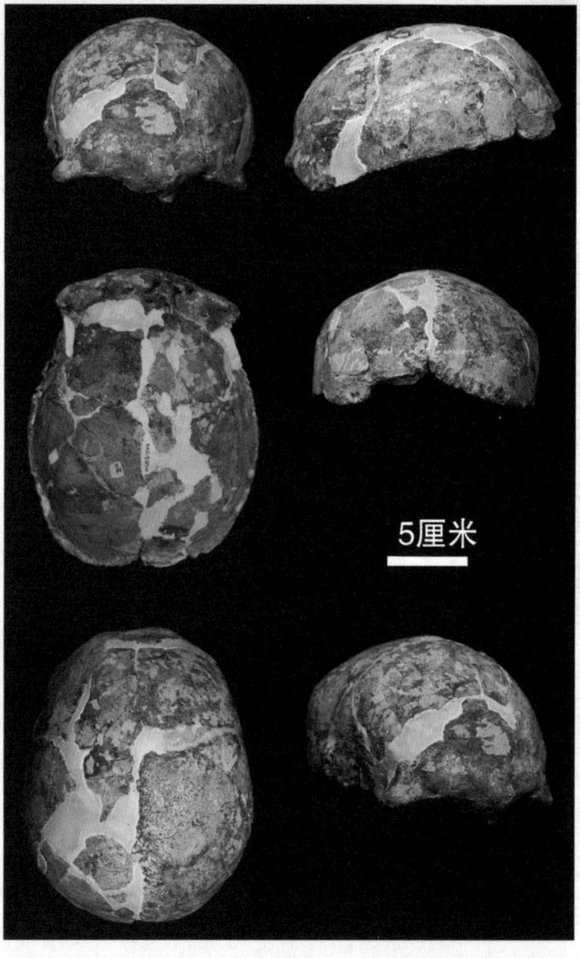

5厘米

图 15-13　马鹿洞人 MLDG 1704 颅骨化石
（承蒙吉学平授权修改使用）

　　2008 年，由中国和澳大利亚组成的团队再次对该洞进行了小规模的发掘（50*50*370 厘米），以便对地层结构和测年进行考察和取样（Curnoe 等，2012）。此次发掘又发现了部分古人类的化石。例如，MLDG 1747 保存了右上颌第三白齿（如图 15-15 所示）。MLDG 1678 保存了右侧股骨近中段，但股骨头已缺失（如图 15-16 所示）。应用 C^{14} 测年技术对化石样本进行测年，结果显示 MLDG 1704 距今 1.43 万年～1.15 万年（Curnoe 等，2012，2019），铀系法测定的地层年代为距今 63 万年～4.5 万年（Ji 等，2013）。

　　总体来看，马鹿洞人 MLDG 1704 的眉间和眶上圆枕较为发育，眉嵴粗壮，额沟显著（Curnoe 等，2012；刘武等，2014）。其颅骨壁较厚（最厚处可达 7 毫米），与现代中国人颅骨壁的平均厚度（7.13 毫米）相当（李法军，2005；李法军和陈博宇，2011）。其脑容量约为 1327 毫升（刘武 等，2014）。MLDG 1679 和 MLDG

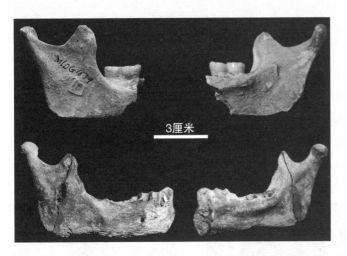

图 15-14 马鹿洞人 MLDG 1679 下颌骨（上部）与 MLDG 1706（下部）下颌骨化石

（承蒙吉学平授权修改使用）

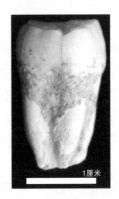

图 15-15 马鹿洞人 MLDG 1747 右上颌第三臼齿化石的牛型齿（taurodontis）特征

（承蒙吉学平授权修改使用）

1706 的下颌骨都显粗壮，牙齿尺寸也较大。MLDG 1679 的下颌支非常宽，MLDG 1706 的下颌骨显示出明显的颏部形态。MLDG 1747 上颌第三臼齿还显示了牛型齿的特征。

从综合形态学分析结果来看，马鹿洞人和隆林人与东亚地区直立人及晚更新世现代人均保持了相当的形态学距离。他们与柳江人、山顶洞人和现代东亚人的差异都比较明显，显示出其独特的形态特征（Curnoe 等，2012）。马鹿洞人虽然具有某种直立人和智人的镶嵌特征，但总体上与晚期智人的形态特征最为接近。

马鹿洞人的发现至少让我们认识到，现代人在东亚地区的起源和演化要比先前所知的复杂得多（吉学平等，2014）。马鹿洞人或许代表了东亚地区一种未知的已灭绝的古代人群。这一发现对解决现代人起源的"多地区起源论"和"非洲起源论"之争提供了新的视角。

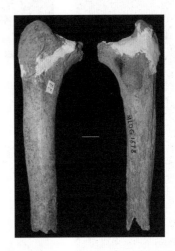

图 15-16 MLDG 1678 右侧股骨近中段化石

（承蒙吉学平授权修改使用）

四、田园洞人

2003 年，考古学者在北京周口店的田园洞内发现了 34 块人类化石，均属于同一个体。距今 4.2 万年～ 3.9 万年（如图 15-17、图 15-20 所示）（Shang 等，2007）。遗传学的研究结果表明，田园洞人源自现代亚洲和美洲原住民共同的祖先群体类型（Fu 等，2013）。

田园洞人下颌表现出典型的现代人特征（如非常发育的颏隆突）（如图 15-18 所示）。但是，其齿冠测量值介于晚期尼安德特人和早期现代人之间，上肢骨上具有原始性特征，股骨头直径与股骨长度比值与尼安德特人和金牛山人接近（如图 15-19、图 15-21 所示）。这些都显示出田园洞人的独特性和原始性。此外，田园洞人前后牙比例、圆而大的远端指骨结节等特征意味着现代人类不太可能从非洲简单传播而来（刘武等，2014）。

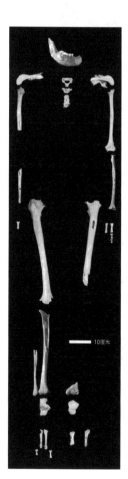

图 15-17　田园洞人骨架
（承蒙刘武授权修改使用）

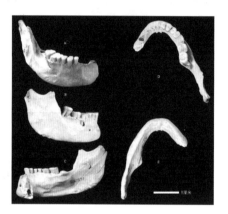

图 15-18　田园洞人下颌骨化石
（承蒙刘武授权修改使用）

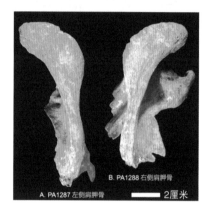

图 15-19　田园洞人肩胛骨化石
（承蒙刘武授权修改使用）

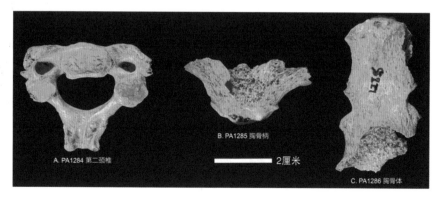

图 15-20　田园洞人躯干骨化石
（承蒙刘武授权修改使用）

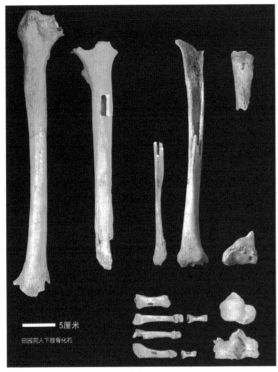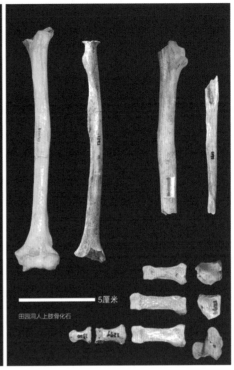

图 15-21 田园洞人自由上肢骨和下肢骨化石
（承蒙刘武授权修改使用）

五、山顶洞人

1930 年，中国地质调查所新生代研究室的裴文中等人在龙骨山进行北京直立人洞穴遗址的边界调查时，在山顶发现了一个被浮土掩埋的小洞穴。1933—1934 年，裴文中主持了对该洞的系统发掘工作并取得了丰硕的成果。在这个山洞中共发现了至少 8 个个体，包括 3 个完整的头骨以及破碎的颅骨、牙齿和下颌骨化石（如图 15-22 所示）。3 个完整的头骨包括 101 号老年男性（如图 15-23 所示）、102 号青年女性（如图 15-24 所示）和 103 号中年妇女（如图 15-25 所示）。

山顶洞人的脑容量为 1300 ～ 1500 毫升。

颅骨最大宽处位于顶结节附近。女性眉弓发育，男性的眶上部有发育的眉嵴，男女两性均有微弱的眶上沟。牙齿较小，齿冠较高，有明显的颏隆突（吴汝康等，1999；朱泓等，2004）。其生存年代距今 3.51 万年 ～ 3.35 万年（Li 等，2018）。

魏敦瑞曾断言山顶洞人群体是异种系的，他认为 101 号属于欧洲类型或是原始蒙古人种，102 号个体接近美拉尼西亚人，103 号属于因纽特人类型。但是我国学者在 20 世纪 60 年代初发表的研究成果表明，山顶洞人的总体特征无疑属于蒙古人种的特点，至于如低眶等特征是世界各地晚期智人所具有的共同特征。我国的晚期智人至现代人阶段，眼眶的形态呈现出由

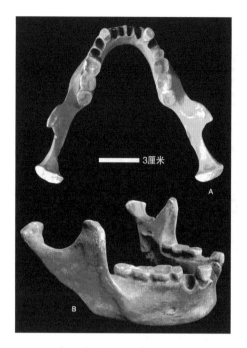

图 15-22　山顶洞人 104 号下颌骨化石
（承蒙刘武授权修改和使用）

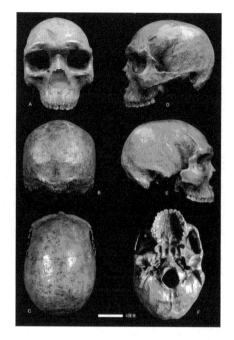

图 15-23　山顶洞人 101 号颅骨化石
（承蒙刘武授权修改和使用）

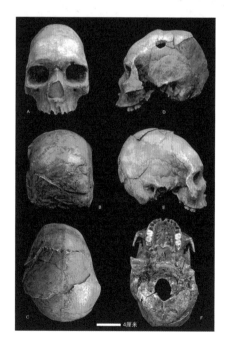

图 15-24　山顶洞人 102 号颅骨化石
（承蒙刘武授权修改和使用）

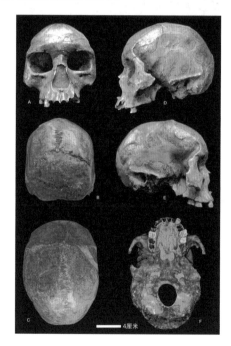

图 15-25　山顶洞人 103 号颅骨化石
（承蒙刘武授权修改和使用）

　生物人类学
（第二版）

低到高的发展趋势。

六、资阳人

1951 年，为修建成渝铁路，在四川省资阳

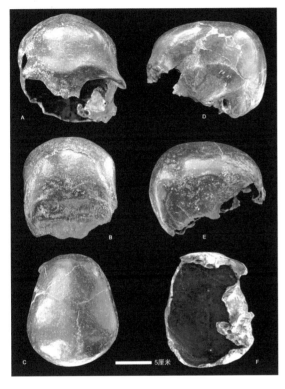

图 15-26　资阳人颅骨（PA 57）化石
（承蒙刘武授权修改和使用）

县（现为资阳市）黄鳝溪挖制桥基时发现了许多古生物化石，其中包括一个人类脑颅骨化石（如图 15-26 所示）和一件骨性硬腭标本（如图 15-27 所示），可能属于一个老年个体（吴汝康等，1999）。此后，当时的中国地质工作计划指导委员会派裴文中等前往化石地点做进一步的调查和发掘，获得了一些动植物化石和一根骨锥。

这个个体的脑颅比较小，其外表很光滑，骨缝大多比较清晰，其中额鼻缝向上凸成拱形，类似于尼安德特人，而有别于中国发现的其他化石人类，有学者认为这是基因交流的结果（吴汝康等，1999）。眉嵴发育，有微弱的眶上沟。额结节和顶结节较显著，顶结节在乳突部上方（吴汝康等，1999）。资阳人头骨内部解剖结构保留有少量原始特征，更类似于晚更新世早期现代人（吴秀杰，严毅，2020），其生存年代距今约 3 万年（吴汝康等，1999）。

七、穿洞人

贵州安顺普定县后寨村的穿洞人代表了该地区的更新世晚期智人（如图 15-28、图 15-29 所示），其特征与四川资阳人最为接近（刘武等，2014）。

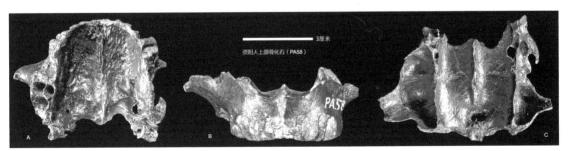

图 15-27　资阳人硬腭（PA 58）化石
（承蒙刘武授权修改和使用）

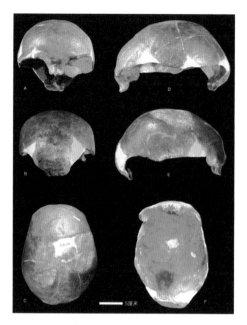

图 15-28　穿洞人 1 号颅骨化石
（承蒙刘武授权修改使用）

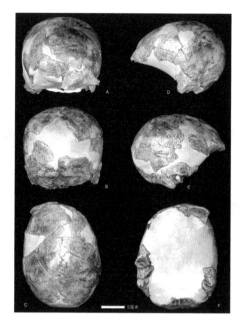

图 15-29　穿洞人 2 号颅骨化石
（承蒙刘武授权修改使用）

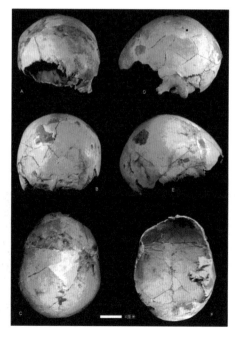

图 15-30　前阳人颅骨化石
（承蒙刘武授权修改使用）

八、前阳人

辽宁丹东东港前阳镇发现的前阳人可能属于一个青年个体，距今 2.26 万年～1.6 万年，其形态特征与现代人的较为相似（如图 15-30 所示）（Fu 等，2008；刘武等，2014）。

九、左镇人

1971 年初冬，郭德铃在台湾台南县（现为台南市）左镇乡菜寮溪的臭屈河床上发现了一块棕色有黑斑点的化石（如图 15-31A 所示）。1972 年，台湾大学考古人类学系的宋文薰教授偕同省立台湾博物馆（今台湾博物馆）观察了郭德铃所发现的化石，认为其可能属于人类头骨的化石。鹿间时夫（Shikama Tokio）认为这是一块距今 3 万年～1 万年的人类右顶骨残片

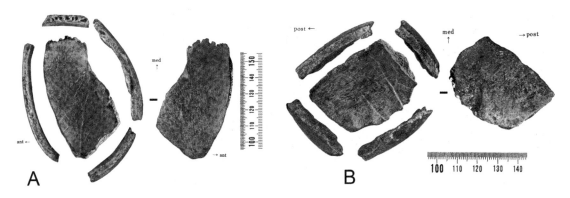

图 15-31 左镇人顶骨化石

（李法军等，2013）

A. 右侧顶骨残片的内面观和外面观；B. 左侧顶骨残片的内面观和外面观。

化石，并将这些发现的现代型智人化石定名为"左镇人"（Shikama 等，1976；连照美，1981；李法军等，2013）。

1974 年，鹿间时夫在潘常武的收藏品中找到另一片采自菜寮溪的人类右顶骨化石。在 20 世纪 70 年代初期，陈春木在该地区的冈仔林发现了 4 件头骨化石，即右侧顶骨残片 2 块、额骨残片 1 块以及枕骨残片 1 块。随后，潘常武又陆续在臭屈河床中发现 2 颗臼齿，在菜寮溪河谷地层发现另一片左侧顶骨残片（如图 15-31 B 所示）。

在菜寮溪采集的左镇人化石总共有 9 件，每件化石都代表单一的个体。其中有 7 件是头骨残片，有 2 件是臼齿（一个为右上颌第一或第二臼齿，另一个为右下颌第一臼齿）（吴汝康等，1999）。

十、奇和洞人

2008 年，范雪春等考古工作者在对福建漳平象湖镇灶头村奇和洞进行文物普查时，发现了丰富的哺乳类动物化石。2008—2011 年，由福建博物院主导的联合发掘队在该洞进行了多次科学发掘，发现了大量的动物化石、打制和磨制石器、骨器、艺术饰品、陶器和人类遗骸（福建省博物院和龙岩市文化与出版局，2013；范雪春，2014；张秋芳等，2014）。AMS 14C 年代测定结果显示，奇和洞文化层年代距今 1.7 万年～ 0.7 万年，人类遗骸年代距今约 0.95 万年（吴秀杰等，2014）。

人类遗骸分属 3 个个体，分别命名为奇和洞 I 号、II 号和 III 号。I 号个体为一个幼儿头骨残片，II 号个体为一成年女性破碎的头骨碎片及部分头后骨，III 号个体为较完整的 35 岁男性头骨（如图 15-32、图 15-33 所示）。

通过与更新世晚期柳江、山顶洞 101 号及 14 组新石器时代人类头骨的比较发现，奇和洞 III 号头骨已经具有现代人的充分特征，但也兼有更新世晚期人类及新石器南北方居民的混合体质特征。奇和洞 III 号头骨长而脑量大，更接近更新世晚期人类。其高而狭窄的面部、宽阔而低矮的鼻部，呈现出不同于南北方人群的特

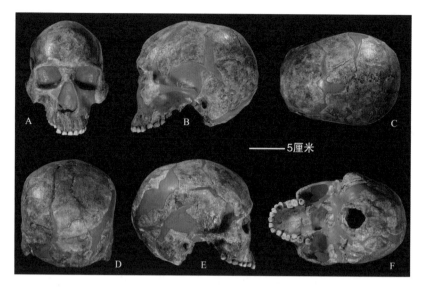

图 15-32 奇和洞Ⅲ号颅骨
化石
（承蒙吴秀杰授权修改使用）

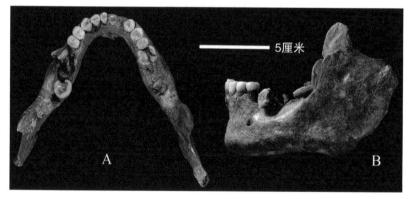

图 15-33 奇和洞Ⅲ号下颌
骨化石
（承蒙吴秀杰授权修改使用）

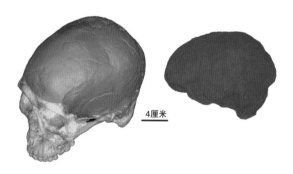

图 15-34 奇和洞Ⅲ号颅骨和颅内模三维虚拟重建
（承蒙吴秀杰授权修改使用）

殊体质特征（吴秀杰等，2014）。

奇和洞Ⅲ号个体曾罹患严重的龋病，研究者认为当时人类的经济模式主要以农耕为主。但近来研究表明，华南史前时期的渔猎－采集型人群具有高龋齿率的特点，远高于东亚其他地区的史前时期人群。这表明华南地区史前时期人群的高患龋率与农业并没有必然联系，应与食用块茎类以及含蔗糖类食物有关（张佩琪等，2018）。

Ⅱ号成年女性个体的身高为 160.30 厘米，体重约为 59.9 千克（方园等，2015）。脑容量约为 1650 毫升（如图 15-34 所示）（吴秀杰等，2014）。奇和洞人的体质特征说明更新世晚期华南地区古人类身体大小、形状特征已经形成；中国南北方地区人群身高、体重差异已经出现（吴秀杰等，2014；方园等，2015）。

十一、娅怀洞人

娅怀洞遗址位于广西隆安乔建镇，是一处跨越旧石器时代和新石器时代的考古遗址。2015—2017 年，考古人员对该洞进行了 2 个年度的连续发掘，除发现了 2 处更新世晚期用火遗迹、1 万多件文化遗物外，还发现了距今约 1.6 万年的墓葬及包括完整头骨在内的人类化石（谢光茂，2018a、2018b）。

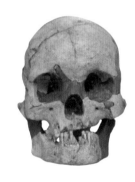

图 15-35　娅怀洞人类头骨化石
（修改自谢光茂，2018a）

娅怀洞人头骨展现的是与现代人较为一致的形态学特征。其眶型与鼻型在广西的甑皮岩遗址和顶蛳山遗址中均有出现，但也有不同于上述两地的特征，表明了华南史前时期人群的多样性特征（如图 15-35 所示）。

中国新发现的晚更新世人类化石和墓葬仍比较有限，而且多缺乏确切年代。娅怀洞遗址发现的墓葬内化石属于一个体，这是岭南地区迄今为止所发现的唯一具有确切地层层位和可靠测年的完整人类头骨及体骨化石。该发现对研究晚更新世现代人群的多样性、人群的迁徙与交流以及旧石器时代晚期人类埋葬习俗具有重大的学术价值（谢光茂，2018b）。

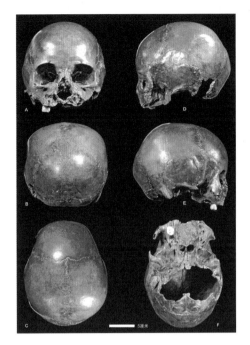

图 15-36　丽江人颅骨化石
（承蒙刘武授权修改使用）

十二、丽江人

发现于云南丽江金山白族自治乡晚更新世阶段的丽江人可能属于一个少年女性个体（如图 15-36 所示）（刘武等，2014）。总体上，其与诸多东亚地区晚更新世智人形态特征一致，但相对较低的颅骨最大宽垂直位置显示了一定的原始性（云南省博物馆，1977）。其枕部的发髻状隆起、较高的额鼻缝位置以及卡氏尖的存在在中国化石人类中并不常见，可能反映了东亚晚期智人与西方同期人群较为频繁的交流过程（吴新智，2006）

十三、河套人

发现于内蒙古鄂尔多斯乌审旗的河套人属

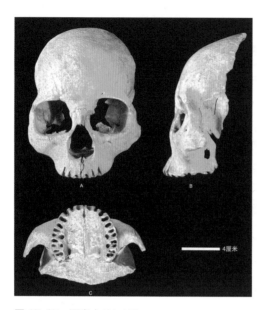

图 15-37 河套人 PA 115
（承蒙刘武授权修改使用）

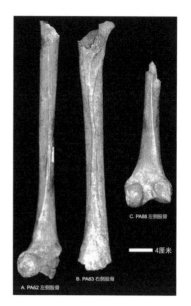

图 15-38 河套人肢骨化石
（承蒙刘武授权修改使用）

图 15-39 河套
人 PA 61 左侧肱
骨化石
（承蒙刘武授权修
改使用）

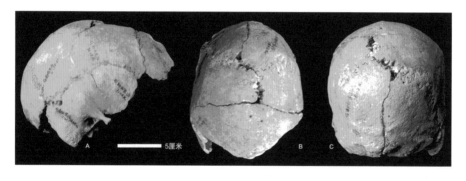

图 15-40 泾川人
颅骨化石
（承蒙刘武授权修改
使用）

于晚更新世早期的智人化石（如图 15-37 至图 15-39 所示）（刘武等，2014）。总体上，其颅骨和牙齿均表现出与现代人相似的特征，但其上颌侧门齿较为发育的舌结节、顶骨曲度和脑膜中动脉前后支差异以及股骨形态显示出一定的原始性（吴汝康，1958）。综合研究表明，河套人更可能代表了尼安德特人的晚期类型，可作为更新世晚期东西方古人类交流的一个例证（吴汝康，1958；尚虹等，2006）。

十四、泾川人

甘肃泾川泾白镇牛角沟发现的泾川人距今 4.8 万年～ 1.5 万年，可能代表了一个青年男性个体（如图 15-40 所示）（李海军和吴秀杰，2007）。虽然颅骨非测量性状、颅内膜形态以及颅容量（1504 毫升）等均在现代人的变异范围内，但颅骨测量值显示其偏离现代人的主要分布区（李海军等，2009；Li 等，2010）。

系统未定的隆林人

1979 年，滇黔桂石油勘探局地质工作者李长青正在广西壮族自治区百色地区工作。他在百色市隆林县德峨乡一个叫老么槽洞的洞穴中发现了人类化石，包括 1 件不完整的头骨、1 件下颌骨及 10 多件椎骨和肋骨等（如图 15-41、图 15-42 所示）（吉学平等，2014）。

隆林人处于更新世晚期向全新世早期的过渡阶段，距今 1.15 万年～ 0.78 万年（Curnoe 等，2012；吉学平等，2014）。其骨壁较厚，眶上部具有发育明显的眉间区。眶型为明显的低眶，眶后缩窄明显（吉学平等，2014）。这些特征均显示出其古老性。

但是，隆林人所具有的阔面型、阔额型以及较大的眶间宽和颧宽又显示出现代性。应用 micro-CT 重建隆林人颞骨骨性内耳迷路，发现其内耳迷路的形态与现代人的最为接近，其次是中国的早期智人，与尼安德特人的差异较大（吉学平等，2014）。其独特性主要表现在显著的齿槽突颌以及较深的下颌窝（Curnoe 等，2012）。

与马鹿洞人一样，隆林人颅骨呈现出一种混合型形态特征。隆林人呈现出更新世古人类和现代人镶嵌型体质特征，或许是当时残存的古老型人类或者未知的新种。隆林人和马鹿洞人很可能是更新世古老人群的分支，甚至与崇左木榄山智人洞古人类共存过（Curnoe 等，2012）。隆林人和马鹿洞人的特殊形态说明在早期现代人出现之前，东亚地区的古老人类可能与非洲的古人群存在过基因交流（吉学平等，2014）。

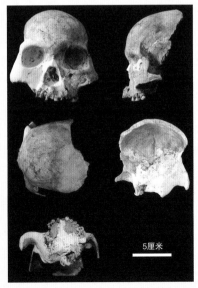

图 15-41　隆林人 1 号个体颅骨化石
（承蒙吉学平授权修改使用）

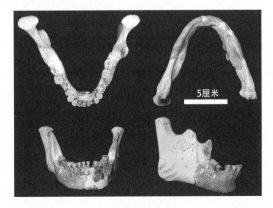

图 15-42　隆林人 1 号个体下颌骨化石
（承蒙吉学平授权修改使用）

第三节　东南亚地区的晚期智人

自 19 世纪末杜布瓦在爪哇岛发现了世界上第一例直立人化石以来，东南亚地区陆续发现了许多重要的古人类化石（Kaifua 等，2008）。其中较为重要的材料包括印度尼西亚爪哇岛瓦贾克（Wadjak）遗址的化石（Dubois，1920，1922；Boule，1923；Storm，1995）、菲律宾马尼拉的"马尼拉人"（*Homo Manillensis*）化石（Sánchez，1921）、马来西亚加里曼丹岛西北部沙捞越的尼阿大洞（Niah Cave）的尼阿人化石 Deep Skull（Brothwell，1960；Kennedy，1977；Barker 等，2000；Rushworth 等，2007）、越南北部桥戛（Cầu Giát）旧石器时代末期至新石器时代早期遗址的人类颅骨化石（Demeter 等，2000）以及越南北部魔猩（Ma Ươi）洞穴的人类化石（MU₁8 和 MU 57 等）（Demeter 等，2004）。

在该洞中发掘出右上颌骨的 5 颗牙齿、2 颗孤立的牙齿、2 根指骨、2 根趾骨和 1 根折断的股骨，至少代表了 3 个个体（如图 15-44 所示）（Détroit 等，2019）。发掘者将其确定为一个新种，定名为吕宋人（*Homo luzonensis*）（Détroit

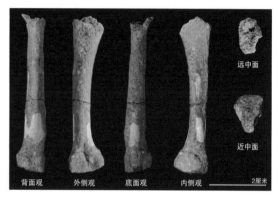

图 15-43　吕宋人第三跖骨（Ⅱ-77-J3-7691）化石
（修改自 Mijares 等，2010）

一、吕宋人

2007 年，菲律宾大学古人类学家阿曼德·米查瑞斯（Armand Mijares）等在菲律宾吕宋岛北部的卡劳洞穴（Callao Cave）发现了一块人类第三跖骨。这是人类在菲律宾存在的最早直接证据（如图 15-43 所示）（Mijares 等，2010）。形态学分析表明，这根足骨属于人属成员，但具体属于哪一种尚不清楚。

2011—2015 年，他们又

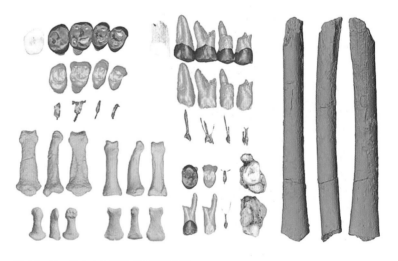

图 15-44　吕宋人化石的 3D 重建结果
（引自 Détroit 等，2019）

等，2019）。铀系法测定的年代为距今 6.7 万年（Grün 等，2014）。

这些化石具有明显的镶嵌式特征，既显示了原始形态特征，又具有独特的衍生形态特征。例如，其前臼齿尺寸与现代人的相差不大。但这些前臼齿不似现代人的单根，而是双根或三根，这是相对古老的特征（如图 15-44 所示）（Détroit 等，2019）。

吕宋人虽然也具有较小的身材，但很明显不同于弗洛勒斯人，也区别于包括智人在内的已知诸多人群（Détroit 等，2013）。弯曲的指骨与趾骨形态表明吕宋人仍具有一定的攀爬能力。在更新世晚期，华莱士线以东出现了另一种不为人知的人属，这突出了东南亚岛屿在人类进化中的重要性。

二、瓦贾克人

1920—1922 年，杜布瓦发表了对两例于 1888—1890 年出自印度尼西亚爪哇岛瓦贾克（Wadjak）遗址的人类化石（*Homo wajakensis*）的研究成果（如图 15-45 所示）（李法军 等，2013）。他认为瓦贾克遗址的年代可早至更新世（Dubois，1920，1922）。其后学者多认为其属于全新世，有研究认为其同期动物群年代为 10560±75 年（Storm，1995）。有学者认为瓦贾克人是原澳大利亚人（Proto-

Australien），并认为其起源地就在东亚地区（Boule，1923）。其年代距今约 4 万年（Fuentes，2011）。

三、尼阿人

1958 年 2 月，哈里森（Harrisson）等在马来西亚加里曼丹岛西北部沙捞越的尼阿（Niah）大洞发现了著名的尼阿人化石（Deep Skull）（Brothwell，1960；Kennedy，1977），该化石代表的个性很可能为女性（Curnoe 等，2016）。

图 15-45 爪哇岛瓦贾克人颅骨化石

（Fuentes，2011）

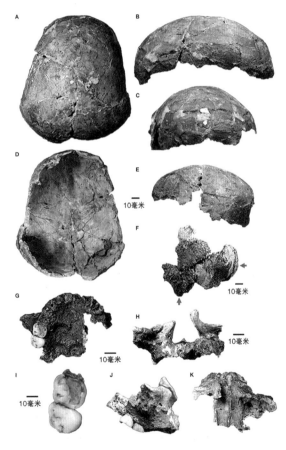

图 15-46 尼阿大洞颅骨 Deep Skull

（Curnoe 等，2016）

有学者根据未萌出的上颌第三臼齿这一现象，并结合其他骨性特征，最初将其年龄判定为15～17岁（Brothwell，1960）。新近有学者将其年龄定为17～20岁（Bassed等，2010；Ekizoglu等，2016），但有学者认为将其定位为成年个体更为合适（Curnoe等，2016）。

该个体颅骨仅存相对完整的颅顶部，其他部分较为破碎，无下颌骨残片（如图15-46所示）。由于有不少学者对最初的发掘工作提出了质疑，特别是发掘者没有提供足够的发掘细节，因而影响了后来的深入研究（Bellwood，1997；Wolpoff，1999）。以往认为其距今2.5万年或至少距今4.5万年（Higham等，2009），但最新的铀系法数据认为该颅骨的年代约为3.7万年（Barker等，2013；Hunt和Barker，2014）。

鉴于此，马来西亚沙捞越博物馆（Sarawak Museum）的工作人员与英国学者合作，于2000年重启了尼阿洞穴遗址的发掘计划，试图重建有关尼阿人的生活史（Barker等，2000），而有关尼阿人化石的研究也得到了进一步加强（Rushworth等，2007；Barker等，2007、2009；Barton等，2009；李法军等，2013；Graeme和Lucy，2016；Curnoe等，2016）。

四、塔邦人

菲律宾巴拉望省（Palawan）利普恩保护区（Lipuun point reservation）的塔邦洞群（Tabon Cave Complex）由200余个大小洞穴构成。1962—1966年，由罗伯特·福克斯（Robert B. Fox）领导的考古团队对其中的塔邦洞进行了发掘，其内所发现的塔邦人（*Tabon Man*）颅骨距今2.4万年～2.2万年（如图15-47所示），另一块现代人胫骨的年代则为距今4.7万年左右（Dizon等，2002；福克斯，2014）。2000—2001年度的发掘工作又获得了包括头骨、牙齿和肢骨化石在内的样本，共代表了11例个体（如图15-48、图15-49所示）（Détroit等，2004；Corny等，2016）。

塔邦人身材矮小，个体间存在显著差异。比较分析的结果表明，塔邦人的两颗上颌臼齿具有不寻常的大尺寸，超出了目前已知的东南亚人群臼齿的变异范围。另外有4颗上颌臼齿的尺寸接近东南亚地区的某些原著居民。不仅如此，塔邦人的上颌臼齿形态差异也高于其他已知东南亚地区的古今人群（Corny等，2016）。

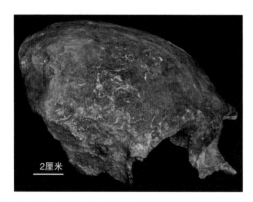

图 15-47 塔邦人 P-XIII-T-288 颅骨化石（Détroit 等，2019）

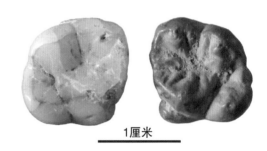

图 15-48 塔邦人 P-XIII-1962-T-A079 右上颌第一臼齿（左）以及 P-XIII-T-6055 左上颌第一臼齿（右）（Corny 等，2016）

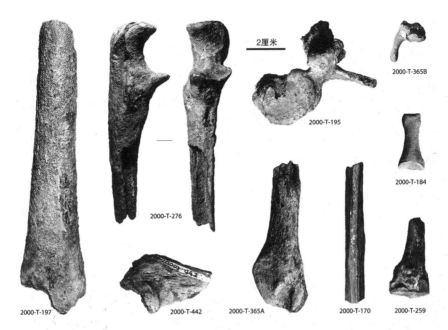

图 15-49　塔邦人肢骨化石

（Détroit 等，2004）

2厘米

2000-T-365B

2000-T-195

2000-T-184

2000-T-276

2000-T-197

2000-T-442

2000-T-365A

2000-T-170

2000-T-259

系统未定的弗洛勒斯人

　　我们曾在第八章第二节谈到了弗洛勒斯人。2003 年，印度尼西亚的考古学家和澳大利亚新英格兰大学古人类学家彼得·布朗（Peter Brown）在印度尼西亚弗洛勒斯岛凉步布哇（Liang Bua）洞穴（如图 15-50 所示）发现了一例几乎完整的成年女性人类化石（如图 15-51 所示）（Moorwood 和 Oosterzee，2007）。他们认为这是一个人属的新成员，与以往发现的任何人属成员都不相同，是人属的一个新种（Brown 等，2004；Argue 等，2009；Jungers 等，2009）。

　　研究者将其定名为弗洛勒斯人（*Homo floresiensis*）。其生存年代存在着较大的争议，以往研究认为其距今 9.5 万年～1.2 万年（Morwood 等，2004、2005；Roberts 等，2009；Aiello 等，2013），但最新的研究认为其年代距今 19 万年～5 万年（Sutikna 等，2019）。

　　发现的化石材料包括头骨、盆骨、椎骨以及肢骨等，代表了 9～14 个个体（Morwood 等，2005、2009）。弗洛勒斯人的身高只有 1 米左右，脑容量仅为 380 毫升左右。但是，古人类学家认为他很可能已经具有了比较高级的进化特征，甚至能够打猎、取火和使用石头工具（Brown

图 15-50 凉布哇洞穴：弗洛勒斯人的发现地

（承蒙 Rosino 授权使用）

等，2004）。也有学者对弗洛勒斯人的头盖骨进行了研究，发现
其脑部具有许多高级的特征，这表明弗洛勒斯人能够完成一些
认知水平较高的行为（Balter，2005）。

图 15-51 弗洛勒斯人

（李法军，2007）

弗洛勒斯人的系统地位目前仍不确定。有观点认为他们是
当地爪哇直立人的后代，在相对隔离的环境中发生了遗传漂变
（Brown 等，2004；Aiello，2010；Meijer 等，2010），或是前直
立人（Brown 和 Maeda，2009；Brown，2012）。另外的观点认为，
弗洛勒斯人只不过是患有多种综合征的现代个体（Martin 等，
2006；Oxnard 等，2012）。

一直以来，传统观点认为人属成员只包括两种，即直立人
和智人。与早期人科成员相比，他们具有较大的脑容量、增加
的体重以及变小了的牙齿等进步特征。但是在印度尼西亚发现的这种矮小人类是一个例外，其
脑容量与南方古猿相近，成年个体的身高仅 1 米左右。弗洛勒斯人的发现暗示着他们可能仅仅
是过去已经绝灭了的数种人属成员的一支，也暗示着人类的适应性可能要比我们原来想象的更
加强大。

东南亚地区古人类的起源与演化

　　矮小型智人在世界广有分布，无论是化石人类还是现生人群中都可找到。塔邦人不仅身材矮小，而且内部的体质差异较为明显。有些个体显示出粗壮的骨骼，而另一些则显得纤细（Détroit 等，2019）。联系到吕宋人的矮小型身材和其古老型特征（如弯曲的指骨和趾骨），以及弗洛勒斯人的诸多特征，我们有理由相信智人的演化过程应当是多元而复杂的。

　　虽然东南亚地区古人类化石普遍缺乏详细的发掘记录，特别是明确的层位记录，导致长久以来相关研究的停滞（Brown，1992），但近年来，有关东南亚地区人类的迁徙和扩散路径问题取得了不小的进展。

　　有分析显示，在末次大冰期期间，人类通过巽他陆架（Sunda Shelf）自日本步行至东南亚地区。大约 6.7 万年的东亚地区至少存在两个人类起源中心：即 C1（东北亚地区）和 C2（中南半岛地区）。C1 地区人类具有长而高的颅型，颅顶部较宽，面部较阔，颅骨壁较厚；C2 地区人类具有相当短而高的颅型，颅顶部较宽，额部较窄，面宽和眶间宽均较大。在 3 万年左右，C1 地区的人群因为气候变化而南迁，可能到达了 C2 地区并与当地人群混合（Demeter 等，2003；Demeter，2006；李法军等，2013）。

　　还有学者认为，东南亚地区正好处在非洲至澳大利亚的人类扩散弧（the great arc of human dispersal）上（Marwick，2009）。目前，中南半岛上来自中更新世时期遗址的古人类

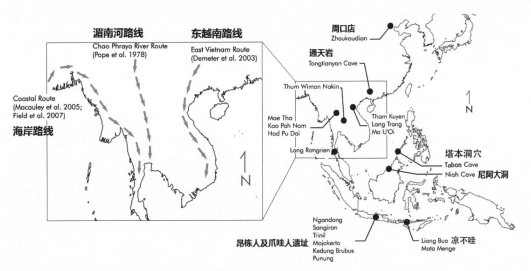

图 15-52　中更新世大陆东南亚人类迁徙的三种模式
（李法军等，2013）

化石证据可以被用来评价三种可能的人群迁徙模式：①"湄南河路线"（Chao Phraya River Route），即北方人群经由湄南河河谷进入中南半岛；②"东越南路线"（East Vietnam Route），即中国人群经由越南进入中南半岛；③"海岸路线"（Coastal Route），即外来人群经由缅甸进入中南半岛（如图15-52所示）。

目前，除了较为著名的用以阐释世界范围内现代人起源的"单一地区起源说"（Darwin，1871）和"多地区起源说"（Wolpoff 等，1984）外，体质人类学家还提出了如下假说来阐释东亚地区人类的起源和演化过程。

（一）"双层模式"（Two Layer Model）

以往学者以"双层模式"来阐释东南亚史前时期人类的起源问题（Jacob，1967）。该假说认为东南亚人口史的主要特征是该地区首先被"澳大利亚－美拉尼西亚"人群占据，而后于新石器时代开始和来自东北亚地区的农业移民发生混合。有学者应用牙齿测量学和非测量特征数据检验了这一假说（Matsumura 和 Hudson，2005）。研究结果表明，近代的"澳大利亚－美拉尼西亚"人群与属于全新世早、中期的来自越南、马来西亚和弗洛勒斯岛的古代人群之间具有较为密切的亲缘关系；现代东南亚人群具有东北亚人群和"澳大利亚－美拉尼西亚"人群混合的牙齿特征。现代东南亚人群的此种牙齿特征表明他们可能含有来自东北亚人群的基因成分。他们的研究支持了"双层模式"假说。

但是，最新的形态测量学分析表明，双层模式不足以解释东南亚地区复杂的人类起源问题（Curnoe 等，2016）。尼阿人与东南亚史前时期古人类的颅面部形态差异较小，加里曼丹岛更新世晚期智人与全新世早期人类之间存在生物学和时间上的连续性，该地区古人类可能与东南亚甚至波利尼西亚人存在密切关系（Larnach 和 Macintosh，1966、1970；Krigbaum 和 Manser，2005；Curnoe 等，2016）。

（二）"二重起源－混血"说（Dual Origin Hypothesis）

克里斯蒂·特纳（Christy G. Turner）于1975年第一次对日本人、绳文人、阿伊努人和史前中国人群的牙齿形态特征进行比较后提出了关于日本岛屿人群的"二重起源－混血"说。

他认为在日本列岛居民中同时存在"巽他型牙"（Sundadonty）和"中国型牙"（Sinodonty）两种牙齿形态类型的人群，绳文人和阿伊努人属于巽他型，弥生人及现代日本人属于中国型（Turner，1987）。他进一步指出，现代日本人血统存在一个二重起源，大多数是大陆中国型人群的基因，少量来自巽他型的阿伊努人的基因。但是，通过对环太平洋地区人群的头骨非测量性状的研究发现并不能证明绳文人与环太平洋人群具有直接的亲缘关系（Ishida，1993）。

（三）"二元群型"理论（Dualistic Groups）

2000年，克里斯蒂·特纳又依据牙齿的非测量特征提出了东亚人类演化关系的新学说，即"二元群型"理论（李法军等，2013）。他依据东南亚人群所具有的巽他型牙特征，认为该地区人群具有本地区连续演化的特征，并没有受到来自东北亚人群遗传结构的影响（Turner，2000、2006）。特纳（2006）认为"巽他型"牙齿特征是由"原巽他型"牙齿特征演化而来的，不是由"澳大利亚－美拉尼西亚"人群和东北亚人群混合的结果。可以看出，"二元群型"是特纳对"二重起源－混血"说的修正，即由原来的认为巽他型牙和中国型牙是两个不同起源的类型变为认为中国型牙是巽他型牙的分化。

但有学者批判了特纳的理论，也批判了埴原（Hanihara）关于东南亚地区古今人群未受华南之影响而独立演化的观点（Matsumura 和 Hudson，2005、2006）。他们认为特纳的有关牙齿的"二元群型"理论存在许多缺陷，其中最主要的质疑是，对于现代人群而言，应用"二元群型"理论中的"两群型之间仅存有微弱混合"的假设是否能够有效地区分出东北亚人群和东南亚人群。上述争论的主要分歧在于：①在对东南亚之复杂牙齿特征的形成过程的解释上，是本地演化的结果抑或有东北亚人群的影响？②"巽他型"是否能够作为一种独立的分类依据？质疑者认为东亚地区存在南北过渡类型，而"巽他型"只是东北亚和东南亚群体混合后的形态（Matsumura 和 Hudson，2005）。

另有学者通过对东南亚岛屿的现代人群的考察，认为亚太人群和澳大利亚－美拉尼西亚人群首先分离；摩鹿加群岛（Moluccas）人群与中南半岛人群接近而远离岛屿东南亚人群；东北亚人群与东南亚人群分离，表明这两个人群内部保持了长期的连续演化，二者之间的交融是较晚时期才发生的；岛屿东南亚似乎是波利尼西亚人和大洋洲祖先的故乡（Pietrusewsky，2008）。

（四）"二重构造模式"（Dual Structure Model）

有学者根据包括日本、亚洲和太平洋地区贯穿旧石器时代到现代的人类学的研究资料总结出日本人起源的"二重构造模式"（Hanihara，1996）。该模式认为，在日本主要存在两个人群分支演化，一是从绳文时代人到现代阿伊努人；二是从弥生人到现代日本人。同时他指出，绳文人的祖先来自更新世晚期的东南亚古人类，弥生人的祖先则来自亚洲大陆东北部，包括西伯利亚东部、中国东北部和蒙古地区，他们到达日本后，与原住民发生混血而形成了现代日本人的主要成分（张雅军，2008）。

从上述这些假说可以看出，在探讨东南亚地区古人类的起源、演化与亲缘关系时，各种学说都属于"二元论"假说，即都认为自更新世晚期以来的东亚地区人群在起源上是二元的，他们逐渐相互融合而演化成现在的情形。值得注意的是，不同学说在研究的对象上有较大差别，既包括了化石材料，也包括了骨骼和牙齿材料；研究样本在数量上差异较大；更重要的是，不同学者所采用的测量标准并不统一。这些因素都明显地制约着研究者对该地区人类真实演化之路的探索。

第四节　澳大利亚与美洲的晚期智人

1968 年，建筑工人偶然发现了位于美国蒙大拿州国家公园内的安兹克（Anzick）遗址（24PA506）。但是，直到 1974 年随着石器的陆续发现，考古学者才认识到这是一处克洛维斯文化的遗迹（Owsley 和 Hunt，2001；Powell，2005）。历次发掘共获得 2 例人类未成年个体（Anzick-1 和 Anzick-2）的颅骨化石及部分其他骨骼化石，二者之间相差 2000 年（如图 15-53 所示）。Anzick-1 是一个 1.5 岁的男孩，Anzick-2 是一个 7 岁的个体（Owsley 和 Hunt，2001）。

1999 年，拉里·拉赫仁（Larry Lahren）对发现于 1968 年的 Anzick-1 进行了系统研究。Anzick-1 距今约 1.3 万年（Morrow 和 Fiedel，2006）。其骨骼包括 28 块颅骨碎片、左锁骨和几根肋骨。其左侧锁骨疑似因火化而造成的颜色现已被证实为地下水染色而成（Owsley 和 Hunt，2001）。多项遗传学分析表明，Anzick-1 与当代美洲印第安人群的遗传学关系最密切（Raff 和 Bolnick，2014；Rasmussen 等，2014）。与该男孩伴出的还有多达 115 件由石头和鹿角制成的各种工具，或许表明其较高的社会地位，但他也可能是被殉葬的。

在澳大利亚发现的古人类化石包括两种明显不同的类型。一类骨骼粗壮，身材魁梧，以 1952 年在澳大利亚维多利亚科休纳（Cohuna）地区墨瑞（Murray）河谷芒戈湖（Lake Mungo）的芒戈人 3 号（Lake Mungo 3）为代表（Peacock 等，2001）。

1969 年被发现的芒戈人 3 号为一年轻女性个体，昵称为芒戈女士（Mungo Woman）（如图 15-54 所示）（Bowler 等，1970；Bowler 和 Thorne，1976）。但有研究认为，这其实是一个纤细型的男性（Brown，2000；Durband 等，2009）。其头骨颅顶不高，高额低平而且明显后倾。眉嵴十分粗壮，鼻根凹陷明显，显著的突颌，腭型为"U"型。面部扁平度较小，颧宽值超过了现代澳大利亚原住民的变异范围（朱泓等，2004）。

遗传学分析结果也显示，芒戈人与现代澳

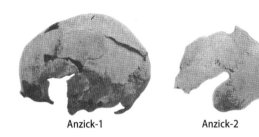

图 15-53　Anzick-1 和 Anzick-2 颅骨
（Owsley 和 Hunt，2001）。

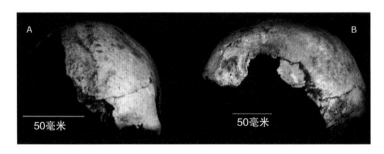

图 15-54　芒戈人 3 号颅骨化石
（修改自 Brown，2000）

图 15-55　在澳大利亚芒戈湖岸发现的 457 个更新世时期的人类足印

（©Helen Healy Organisation）

图 15-56　凯洛人颅骨化石

（©李法军）

大利亚原住民之间的遗传学特征差异明显。这些现象支持现代人类多地区学说（如图 15-55 所示）（Adcock 等，2001）。该个体年代距今 4.3 万年～ 2.4 万年（Bowler 等，1972；Oyston，1996）。

另一类骨骼细弱，身材苗条，以 1940 年在澳大利亚墨尔本以北的凯洛（Keilor）地区发现的一具化石人类头骨凯洛人（*Keilor Man*）为代表（如图 15-56 所示）（Adam，1943）。该头骨可能代表一例成年男性个体，骨骼比较细弱，颅顶较高，脑容量估计约为 1593 毫升。腭部较短，臼齿较小。面部高度适中，鼻部扁平，眼眶低矮。这些特点被认为与我国柳江人有些类似，而不同于科休纳人和现代澳大利亚原住民（朱泓等，2004）。其年代距今 1.47 万年～ 1.2 万年，可能是来自东亚大陆更新世晚期人类的后裔（Pietrusewsky，1984；Brown，1997）。

第五节　现代人的起源

如前所述，有关直立人是否直接演化成为智人以及尼安德特人是否演化成为晚期智人的争论一直没有停止，这些问题也直接与另一个热点问题联系在一起，即现代人的起源问题。解剖学上的现代人在何时出现？在哪里出现？是怎样出现的？现在看来，我们还很难对这些疑问给予完美的解答。化石证据很清晰地表明，有些早期智人直接演变成为我们现生人类的直系祖先，但这并不意味着所有的早期智人都演变成为我们现生人类的直系祖先。我们不得不借助更多的学科手段来探讨这些问题（Schwartz 和 Tattersall，2010）。

通过上述各个进化阶段古人类形态学特征和遗传学关系的介绍和分析，我们至少可以发现这样两个重要的现象：一是宏观多分支并行进化和演化，二是单一物种的镶嵌式特征。这两个重要的现象贯穿于自人科成员出现以来的所有进化阶段。

对于现代人的起源问题而言，简单地讲，其本质就是关于现生人类直接祖先的起源问题。目前世界上主要存在两个互相对立的学说，即多地区起源论（The multiregional evolution model）和非洲起源论（The recent African origin model）（如图 15-57 所示）。

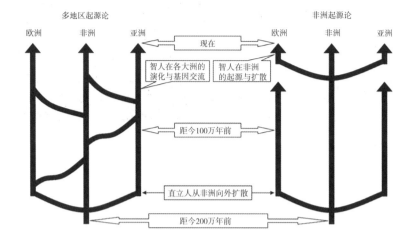

多地区起源论   非洲起源论

欧洲   非洲   亚洲   欧洲   非洲   亚洲

现在

智人在各大洲的演化与基因交流   智人在非洲的起源与扩散

距今100万年前

直立人从非洲向外扩散

距今200万年前

图 15-57 现代人起源的两种观点

（李法军，2007）

一、多地区起源论

多地区起源论也被称为直接演化论或系统论。持这种观点的人类学家认为现生的各大人种的性状在很久远以前便存在着差异，即各类群是由各自当地的直立人演化而来的，各色人种的祖先并行发展并不可避免地发生基因交流，最后演变成为现代的各类群。

持此观点的人类学家认为，现生人种在距今 200 万年的非洲直立人阶段便已经产生，其中的部分成员先后进入亚洲和欧洲，此后在各自的大陆上持续演化为现生人类。

二、非洲起源论

非洲起源论又被称为入侵论、迁徙论或代替论。持这种观点的人类学家认为现生的各大类群共同拥有一个近期（距今 10 万年～ 5 万年）的直接祖先，最可能的是来自非洲，也就是说，在早期人属成员当中只有一支成功地演化成为解剖学上的现代人。

三、化石证据

对现代人起源问题而言，上述两种学说之间存在着完全对立的解释。传统的古人类学研究方法主要依靠化石材料，因而我们可以根据目前已经发现的大量化石标本来检验这两种学说。也就是说，以形态学和测量学的方法来比较不同地区的直立人、早期智人和晚期智人之间的亲缘关系。

到目前为止，大多数化石证据在很大程度上实际上是"无用的"，因为这些化石标本既有利于非洲起源论也可以在很大程度上支持多地区起源论。其中的重要问题是古人类学家们怎样"看待"这些化石标本。对于保存完好的标本来说，研究者可以很好地进行形态比较，但是对于那些保存欠佳的标本来说，做最后的结论往往很困难。

现有的化石标本中，年代最早、数量最丰富的解剖学上的现代人均来自非洲（如图 15-58 所示），例如，在南非和以色列发现的化石标本都在距今 10 万年左右（刘武，2006）。

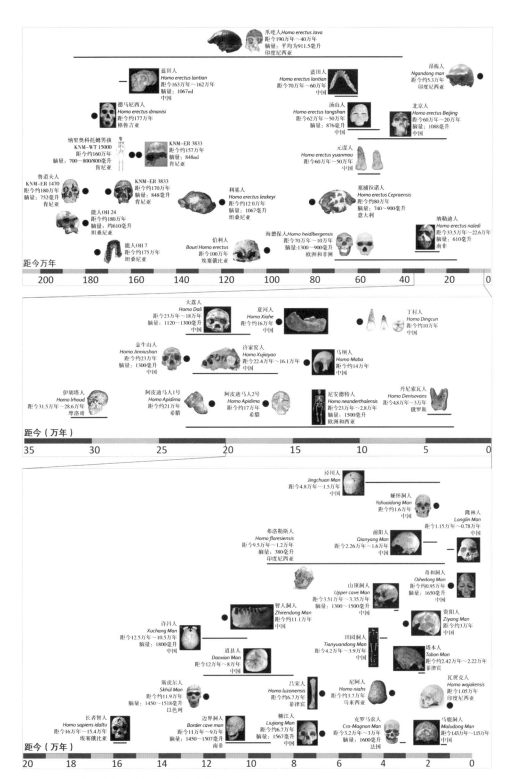

图 15-58　人属以来化石人类进化时空分布

（© 李法军）

许多研究者进一步指出，在这一地区先后发现了距今520万年的地猿根源种、250万年前的南方古猿惊奇种、100万年前的直立人、60万年前的古老型智人化石以及16万年前的赫托头骨化石，由此构成了一个连续的人类演化链。非洲起源论解释了当今世界各人种属于一个物种的问题。

来自我国的化石标本表明，非洲起源论尚存在很多不能解释的现象。我国境内出土的包括从直立人至晚期智人的化石标本，具有诸多共同的且出现率很高的特征，例如矢状嵴、印加骨、铲型门齿、第三臼齿的退化规律、朝向前方的颧骨、扁塌的鼻骨、颧上颌骨下缘明显的转折等（吴新智，1990、1994；刘武和曾祥龙，1996）。虽然有研究认为东亚地区古人类印加骨的出现频率并不高（杜抱朴，2018），而且总体来看，这些特征在其他地区的古人类中的出现率也很低。

依据上述诸多事实，有学者提出了"连续进化，附带杂交"的假说以支持多地区起源论（吴新智，1998）。由此看来，不能轻易否认多地区起源论所坚持的各大人种的连续演化事实，它也在很大程度上弥补了非洲起源论在解释有关地区连续演化方面的不足。

至少目前看来，仅仅依据化石材料还不能对现代人起源问题做出令人完全信服的答案，但有一点是肯定的，那就是人类的演化模式并不单一。有部分学者根据当前的争论，进而提出了新的进化模式。他们认为现代人在世界各地有不同的起源方式，在东亚地区是以连续进化为主，而在欧洲，则有来自非洲的移民取代了当地的古老人类，成为现代欧洲人的直接祖先。

四、分子生物学证据

分子生物学已经在人类进化研究中发挥越来越重要的角色了。前面我们提到了20世纪60年代后期出现的应用清蛋白之间的差别来推算人猿分离的时间的分子钟理论，其实分子生物学最关注的还是有关现代人起源的问题。

1987年，美国遗传学家瑞贝卡·坎恩（Rebecca L. Cann）等在《自然》杂志上发表了他们有关对现生人类线粒体DNA研究的成果（Cann等，1987）。他们选择了来自世界各大洲的147名成年女性志愿者，分析了她们生育婴儿时的胎盘细胞内的线粒体DNA。研究者认为，现代人的祖先应当起源于距今20万年的非洲，并在距今约13万年前开始向亚洲和欧洲扩散并取代了当地的古老人类，进而演化成为世界各色人种的祖先，这就是所谓的"夏娃理论"。

我们在前面还提到了有关尼安德特人的遗传学分析。对尼安德特人的认识经历了从肯定到否定，再到肯定的过程（Krings等，1997；Ovchinnikov等，2000；Briggs等，2009；Endicott等，2010；Prüfer等，2014；Prüfer等，2017；Peyrégne等，2019）。从开始形态学分析肯定其作为欧洲现代人祖先的地位，到认为他们是人类进化过程中已经绝灭的成员，再到作为与现代人类有基因交流的事实。

研究结果表明，非洲人群比其他地区人群更具有群体内的遗传学多样性，这使得非洲人群被认为具有更古老的遗传学特征以及更丰富的遗传学变异累积（Jorde等，1998；Relethford，1998）。而欧亚地区现代人与古老智人之间的基因交流是在完全脱离欧洲大陆的背景下进行的（Briggs等，2009；Endicott等，

2010；Krause 等，2010；Reich，2011；Prüfer 等，2014；Prüfer 等，2017；Peyrégne 等，2019）。

有学者通过研究线粒体 DNA 的变异来推算史前人口规模，研究结果认为在距今 20 万年前，世界上的智人为 1 万人左右，这么少的人口规模可能会限制人类从非洲向其他各大洲迁徙（Harpending 等，1993、1998）。还有研究结果显示，到了距今 6 万年～4 万年的时候，世界人口出现了一次突增，这被认为与现代人类的迁徙有关。但是这些研究推测成分仍然很大，因而还不能作为支持非洲起源论的直接证据。

到目前为止，有关遗传学的研究结果表明，人类不同种族之间的遗传学差异是很小的。这一方面是由于人类活跃的、频繁的流动，另一方面说明人类可能有一个共同的起源，这些

研究成果都支持非洲起源论（Cavalli-Sforza，1995；Freeman 和 Herron，2001；Willes，2002；Relethford，2010）。因而，目前有关人类起源的分子生物学研究结果均支持非洲起源论。

虽然分子生物学的研究并没有使现代人类的起源问题得到最后的解决，但是遗传学研究已经显示出现代人类与其他古人类之间的基因交流事件，而且这一过程持续了相当长的时间（Peyrégne 等，2019）。正如化石证据所面临的问题一样，对于分子生物学来说，现代人类的起源也可能是非常复杂的事件，在某些地方可能是存在连续演化的，而在另一些地方，新的基因可能替代了原有的基因类型（Relethford，2010）。

专 题

晚期智人的文化特征

一般认为，能人和直立人处于旧石器时代的早期阶段，早期智人处于旧石器时代的中期阶段，而晚期智人处于旧石器时代的晚期阶段（Barnouw，1978；Nelson 和 Jurmain，1988；Relethford，2000；朱泓等，2004）。当人类发展到晚期智人阶段的时候，其在文化方面的发展较以往的人类取得了长足的进步。例如，出现了最原始的农业、更加精致的石制品、各种精巧的狩猎工具、洞穴壁画等艺术品等。

在距今 4.5 万年～4 万年，晚期智人在工具制作技术方面又有了显著的变化。他们的创造力和想象力远远超过了其他较早阶段的人类，其更多地使用石叶来制造工具，并已经具有区域文化特征（如图 15-59、图 15-60 所示）（Schick 和 Toth，2013）。常见的器型包括尖状器、雕刻器、刮削器、钻头和石刀等（Mellars 等，2007；Coolidge 和 Wynn，2009）。

该阶段的北非地区仍旧以勒瓦娄哇文化和莫斯特文化为主导，而东非、中非和西非地区则出现了一种以双面加工的细长小型尖状器为特色的新文化，即卢彭巴文化（l'Upemba）。西亚地

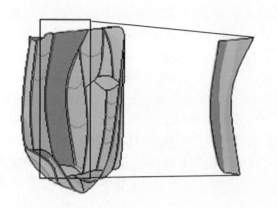

图 15-59　获取石叶的模拟
（李法军，2007）

图 15-60　石叶石核以及被剥离下来的石叶
（Schick 和 Toth，1993）

区出现了由莫斯特文化向奥瑞纳文化（Aurignacian）过渡的文化类型。

在欧洲先后出现了奥瑞纳、佩里戈尔 / 格拉维特（Perigordian/Gravettian）、梭鲁特（Solutrean）和马格德林（Magdalenean）三种石器文化，很多学者认为欧洲的晚更新世石器传统是在西亚起源的（Pradel 等，1966；Schick 和 Toth，2013）。奥瑞纳文化的代表性石器是用石叶制成的端刮器、吻状刮削器和雕刻器。梭鲁特文化是另一种文化系统，其石器的主要特点是用压制技术进行修整，代表性的器型包括桂叶型尖状器和舌状带肩尖状器（Schick 和 Toth，2013）（如图 15-61 所示）。马格德林文化与奥瑞纳文化有一定的联系，有学者认为后者是前者的继承文化（Nelson 和 Jurmain，1988；朱泓等，2004）。

图 15-61　出自法国可豪杜沙涅（Crôt du Charnier）距今 2.2 万年～ 1.7 万年的梭鲁特文化石器
（Schick 和 Toth，2013）

东亚地区晚期智人阶段的石器制造主要以小型石片石器为主，但应注意到中国南方地区发现的石器器型多较为粗大。在我国鄂尔多斯地区发现的萨拉乌苏文化，距今 5 万年～ 3.7 万年（吴汝康等，1999）。该文化的石器器型非常细小，大多数石器仅长 2～3 厘米，宽 1 厘米左右，这与原料是小卵石有关。

1923 年，法国学者桑志华（Paul Emile Licent）和德日进（Pierre Teilhard de Chardin）在宁夏灵武县发现并发掘了一处晚期智人阶段的文化遗址，距今约 3.6 万年。2000 年，中国科学院古脊椎动物与古人类研究所的科研人员又在该遗址发现了人类顶骨化石。这里发现的石器与中国北方大多数文化遗址的石器不同，器类多以中型为主，主要器型包括尖状器（如图15-62A所示）、新月形边刮器（如图15-62B所示）、端刮器（如图15-62C所示）、凹缺器、双直刃边刮器、雕刻器和钻具等。石叶和石叶石器是这种文化的突出特点，具有欧洲勒瓦娄哇技术和莫斯特技术的成分（吴汝康等，1999）。

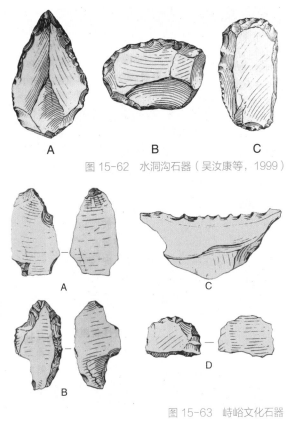

图 15-62　水洞沟石器（吴汝康等，1999）

图 15-63　峙峪文化石器
（吴汝康等，1999）

1963年，中国科学院古脊椎动物与古人类研究所的王择义等在山西省朔县峙峪村发现了晚期智人文化遗址，距今约2.9万年（吴汝康等，1999）。他们在这个遗址内发掘出了15000多件石制品。石制品以石英、石英岩、硅质灰岩等为原料。打片方法为锤击法和砸击法，制品多用长石片为主，也存在少量石叶石器。石器的尺寸很小，包括箭头（如图15-63A所示）、斧型小石刀（如图15-63B所示）、锯齿刃器（如图15-63C所示）、端刮器（如图15-63D所示）、边刮器、凹缺器、尖状器和钻具等。

2013年，西藏自治区文物考古研究所和中国科学院古脊椎动物与古人类研究所联合调查队在西藏中部海拔4600米的羌塘高原申扎县发现了距今4万年～3万年的尼阿底（Nwya Devu）遗址。2018年11月30日，中国科学院古脊椎动物与古人类研究所的高星和张晓玲等在该遗址发掘出丰富的人工遗迹和遗物（如图15-64所示）（Zhang等，2018）。以往学界认为，青藏高原在全新世阶段才开始有人类出现，尼阿底遗址的发现改变了既有的认知。

该遗址是一处规模宏大、石制品分布密集、地层堆积连续的旧石器时代旷野遗址，表明早期现代人类对"世界屋脊"特殊环境的适应能力。研究结果还表明，西藏和西伯利亚的古人类可能在此期间有过接触和互动。

目前，美洲最著名的史前文化是克洛维斯（Clovis Culture）文化，距今1.35万年～1万

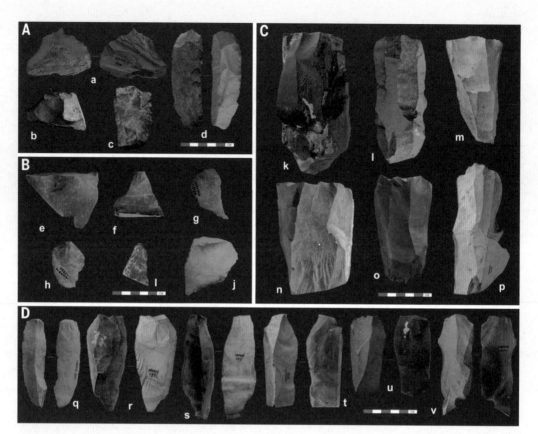

图 15-64　尼阿底遗址出土的人工石制品

（承蒙高星授权使用）

A. 尖状器和边刮器；B. 石片；C. 石叶石核；D. 石叶。

年（如图 15-65 所示）。最著名的遗址是位于美国新墨西哥州的克洛维斯遗址，其年代测定结果为距今 1.15 万年～1.1 万年（Waters 和 Stafford，2007）。以该遗址命名的克洛维斯文化以精致的石矛制品而闻名。2011 年，考古学者在德克萨斯州中部的酪乳溪遗址（Buttermilk Creek Complex）中出土了大约 10 万件石制文物，其中包括 12 件石矛，属于前克洛维斯文化（Morrow 等，2012）。其年代为 1.55 万年～1.35 万年。

　　但是，克洛维斯遗址并非美洲最早的旧石器文化遗址。最新的考古学发现表明，在美国爱达荷州西部三文河岸的库珀费里（Cooper's Ferry）遗址中出土了距今 1.65 万年～1.53 万年的人工石器制品（Davis 等，2019）。这些制品与克洛维斯文化的石矛制品迥然不同，以尖状器为主（如图 15-66 所示）。这一遗址的发现表明人类很可能是沿着海岸线而不是无冰走廊进入内

图 15-65　北美克洛维斯文化石矛

（承蒙 Bill Whittaker 授权修改使用）

图 15-66　库珀费里 LU 3 层所出石质工具

（修改自 Davis 等，2019）

A 和 B 为投射器柄部碎片；C 为投射器刃部碎片；

D、E、F 和 H 为预制两面器碎片；G 和 I 为大石叶。

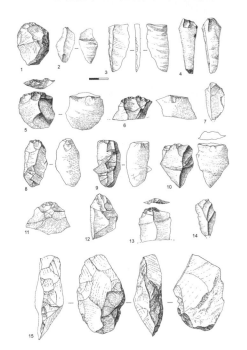

图 15-67　澳大利亚北部马杰德比比遗址出土的距今
6.5 万年的大型石片石器

（Clarkson 等，2013）

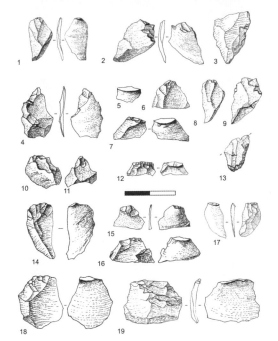

图 15-68　澳大利亚北部马杰德比比遗址出土的距今
6.5 万年的小型石叶石器

（Clarkson 等，2013）

图 15-69 欧洲发现的骨
制品

(© 李法军，2007；依 Barn-
ouw，1978 绘制)

陆的（Davis 等，2019）。

澳大利亚北部的马杰德比比（Madjedbebe）岩厦遗址距今 7 万
年～6 万年，是目前已知澳大利亚最早的人类遗址（如图 15-67、
图 15-68 所示）（Allen 和 O'Connell，2003）。对遗址结构进行的综
合研究（包括对石质工具进行拼合以及对燃烧遗迹和相关的炉灶遗
迹的研究）表明，该遗址没有受到严重的扰动，活动遗迹也没有受
到后沉积过程的重大影响（Clarkson 等，2015）。

这些目前所知最早进入澳大利亚的现代人使用了相当复杂的石
器制作技术。该遗址有许多重要的发现，例如世界上已知最古老的
石斧、澳大利亚最早的磨石以及该地区进行颜料加工和添加反射云
母以制造反射涂料的最古老例证。这些发现表明，现代人类到达澳
大利亚的时间、早期人类跨越海洋的能力以及在澳大利亚独特环境
中的生存能力也都超越了我们以往的认知（Clarkson 等，2017）。

骨制品的使用也相当常见，他们用兽骨制作渔猎用的鱼钩、鱼
叉，并制作狩猎用的投矛器，在很多遗址中还发现了精细雕琢过的
骨针。在某些欧洲遗址中还发现了穿孔的骨制品（如图 15-69 所示），通常附有华丽的装饰，
这些骨制品被认为是一种指挥棒，与某种权力有关（Barnouw，1978）。

在中国辽宁省海城市小孤山洞穴遗址中发现了用骨角制成的鱼叉、标枪头和三件骨针（如
图 15-70 所示），它们向我们展现了当时人们的日常生活片段。在遗址中还发现了穿孔兽牙和
小骨盘，小骨盘在欧洲的晚期智人文化遗址中较为常见，但在东亚地区可能是首次发现这种人
工制品，被认为可能与自然崇拜有关（吴汝康等，1999）。

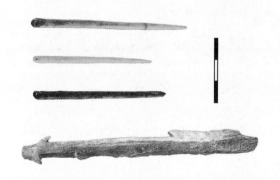

图 15-70 小孤山骨器

（吴汝康等，1999）

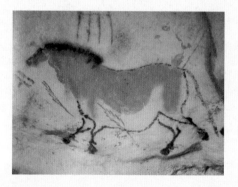

图 15-71 拉斯科岩洞壁画

（引自 Relethford，2000）

晚期智人阶段的艺术创作不仅包括了小型的实用工具，他们还将这种艺术的创造力用图画的方式记录在了洞穴的墙壁上。这种洞穴壁画多发现于欧洲，主要集中在西班牙和法国的南部，在非洲和澳大利亚也有发现（Barnouw，1978；Relethford，2000）。发现于在法国多尔多涅省（Dordogne）贝里戈（Perigord）附近的拉斯科（Lascaux）岩洞是这种艺术最负盛名发现地之一（如图 15-71 所示）。壁画的内容多为狩猎场景，栩栩如生的线条和色彩表现给人留下了深刻的印象。

图 15-72 维纳斯小雕像

（承蒙 Matthias Kabel 授权使用）

除了这些绚丽逼真的壁画之外，在欧洲还发现了大量的被称为"维纳斯"（Venus）的小雕像（如图 15-72 所示）。这些小雕像通常表现的是丰乳肥臀的成年女性，被认为与生殖崇拜或宗教祭祀有关（Nelson 和 Jurmain，1988；Relethford，2000）。

🔍 重点、难点

1. 非洲与欧洲的晚期智人
2. 中国的晚期智人
3. 东南亚地区的晚期智人
4. 澳大利亚与美洲的晚期智人
5. 解剖学上现代人的起源
6. 人类进化过程的复杂性

💭 深入思考

1. 种族分化现象是在何时出现的？
2. 东亚地区古人类连续演化的证据是什么？
3. 中国各地区晚期智人具有哪些区域性差异？
4. 为何说田园洞人的诸多特征意味着现代人类不太可能从非洲简单传播而来？
5. 单一地区起源论与多地区起源论的争论焦点和各自的论据是什么？
6. 东亚地区旧石器文化能否支持东亚地区古人类"连续进化，附带杂交"的假说？

延伸阅读

[1] 吉学平，吴秀杰，吴沄，等. 广西隆林古人类颞骨内耳迷路的 3D 复原及形态特征 [J]. 科学通报，2014，59（35）：3517-3525.

[2] 连照美. 台南县菜寮溪的人类化石 [J]. 台湾大学考古人类学刊，1981（42）：53-74.

[3] 刘武，吴秀杰，汪良. 柳江人头骨形态特征及柳江人演化的一些问题 [J]. 人类学学报，2006，25（3）：177-194.

[4] 吴汝康. 广西柳江发现的人类化石 [J]. 古脊椎动物与古人类，1959，1（3）：97-104.

[5] 吴新智. 现代人起源的多地区进化学说在中国的实证 [J]. 第四纪研究，2006，26（5）：702-709.

[6] 吴秀杰，范雪春，李史明，等. 福建漳平奇和洞发现的新石器时代早期人类头骨 [J]. 人类学学报，2014，33（4）：448-459.

[7] 吴秀杰，李占扬. 中国发现新型古人类化石：许昌人 [J]. 前沿科学，2018，12（1）：51-54.

[8] BROWN P. LB1 and LB6 Homo floresiensis are not modern human（Homo sapiens）cretins [J]. Journal of human evolution, 2012, 62（2）: 201-224.

[9] CLARKSON C, JACOBS Z, MARWICK B, et al. Human occupation of northern Australia by 65,000 years ago [J]. Nature, 2017, 547（7663）: 306-310.

[10] CORNY J, GARONG A M, S É MAH F. Paleoanthropological significance and morphological variability of the human bones and teeth from Tabon Cave [J]. Quaternary international, 2016, 416（1）: 210-218.

[11] DAVIS L G, MADSEN D B, BECERRA-VALDIVIAL, et al. Late Upper Paleolithic occupation at Cooper's Ferry, Idaho, USA, ~ 16, 000 years ago [J]. Science, 2019, 365（6456）: 891.

[12] DEMETER F. New perspectives on the human peopling of southeast and east Asia duing the late upper Pleistocene [M] //OXENHAM M, TAYLES N. Cambridge studies in biological and evolutionary anthropology. Cambridge: Cambridge University Press, 2006: 112-133.

[13] DURBAND A C, RAYNER D R T, WESTAWAY M A. New test of the sex of the Lake Mungo 3 Skeleton [J]. Archaeology in Oceania, 2009, 44（2）: 77-83.

[14] FU Q, MEYERB M, GAO X, et al. DNA analysis of an early modern human from Tianyuan Cave, Chin [J]. PNAS, 2013, 110（6）: 2223-2227.

[15] GRAEME B, LUCY F. Archaeological investigations in the Niah Caves, Sarawak [M]. Cambridge: McDonald Institute of Archaeological Research, 2016.

[16] LI Z Y, WU X J, ZHOU L P, et al. Late Pleistocene archaic human crania from Xuchang, China [J]. Science, 2017, 355（6328）: 969-972.

[17] LIU W, JIN C Z, ZHANG Y Q, et al. Human remains from Zhirendong, South China, and modern

human emergence in East Asia [J]. PNAS, 2010, 107（45）: 19201–19206.

[18] MORROW J E, FIEDE L S J . New rdiocarbon dates for the Anzick Clovis Burial [M] // MORROW J E, GNECCO C G. Paleoindian Archaeology: a hemispheric perspective. Gainesville: University Press of Florida, 2006: 123–138.

[19] MORWOOD M J, SOEJONO R P, ROBERTS R G, et al. Archaeology and age of a new hominin from Flores in eastern Indonesia [J]. Nature, 2004, 431（7012）: 1087–1091.

[20] ZHANG X L, HA B B, WANG S J, et al. The earliest human occupation of the high-altitude Tibetan Plateau 40 thousand to 30 thousand years ago [J]. Science, 2018, 362（6418）: 1049–1051.

第四编

窥探逝去的岁月

中山大学师生在河南焦作东金城遗址的考古发掘场景
（承蒙郑君雷授权使用）

基于人类生物遗存的生物考古学重建过程

构建人类命运共同体是每一个人应负有的责任和应尽的义务。要想把握人类未来的共同命运，当下的我们该尽可能地认识人类的过去，特别是古代人类的生命过程和生命质量。只有充分了解他们的文化特质、行为模式或者曾经罹患的疾病等，并且分析为何而得，才能更好地保持人类的健康状态，提升人类的生命质量。

例如，目前全世界有许多组织和研究者正在致力于重建人类健康史和疾病史的工作（Steckel 和 Rose，2002；Steckel 等，2006；WHO，2009；利伯曼，2017）。其目的就在于了解人类自产生以来所遭遇的疾病种类，从中看出人类在不同进化阶段的健康状态，找出疾病发生和分布的规律，从而指导人类自身提升生命质量，构建人类与自然和谐共生的新世界。

该如何了解远古人类的生命过程和生命质量呢？考古学的综合研究已经提供了非常丰富的信息，让我们能够从物质的层面对过往的诸多生活图景有广泛的了解，但是细节方面还不够充分。考古学所发现和揭示的物质遗存向我们展示了古人适应自然、认识自然、改造自然、努力创造美好生活的意愿和能力（如从穴居到人工建筑、从狩猎－采集到定居农业的转变），这种意愿和能力至今仍然指引着我们前进的方向。

第十六章

如何知道古人的死因

即使今日，人类仍然要面对各种死亡的威胁，如各种自然灾害、战争、病毒、污染或者慢性疾病。我们可以想象，古人类也会面对如我们这般的窘境，其所面对的死亡威胁自然不小。我们能从现代流行病学的研究中发现诸多导致人类死亡的因素。正如第二十章第三节"社会进程与疾病谱"部分所提及的那样，疾病本身也在经历着不断的演化。

第一节　了解死因的途径

现代医学和民族学的研究成果为我们推断远古人类的死亡原因提供了有益的参考。研究表明，大约有 20% 的胎儿因严重的发育障碍而未能出生（Saxen 和 Rapola，1969）。很多研究都发现狩猎 - 采集型群体中女性的平均死亡年龄可能与其生育的频繁程度相关（Sattenspiel 和 Harpending，1983；Cashdan，1985；Eshed 和 Galili，2011）。

妇女因频繁生育而导致死亡的风险增加，年长的女性更倾向于此。有研究发现，太平洋中部岛群上的托克劳（Tokelau）人群全部人口中超过 50% 的人因感染性疾病死亡，25% 的人会因为意外和暴力因素死亡，但因癌症和心血管疾病而死亡的个体较少。这个人群中 20% 的婴儿在出生时死亡，79% 的儿童因感染性疾病死亡（Hill 等，2007）。

许多古代文献都记录了当时人们对死亡的认知，因此，我们可以了解当时人们可能的死因。例如，宋代法医学家宋慈撰写的《洗冤集录》一书中除了系统性描述了人体脏器与系统结构，还详细列举了多样性的死亡原因并对许多死亡现象进行了描述和区分。

但是，现代法医人类学方法仍是分析古代个体死亡原因的最主要方法。法医人类学是一门实践性极强的学科，需要不断地进行实践积累（Mozayani 和 Noziglia，2011）。许多现代法医人类学家的实践经验和知识累积有助于我们了解过去曾经发生的死亡事件（陈世贤，1998；郭景元，2002；Dupras 等，2006；汪家文等，2008；Maples 和 Browning，2010；Black 和 Ferguson，2011；童大跃，2014；李鹏等，2015；成建定等，2015；刘超等，2018a、2018b）。值得提及的是美国田纳西州大学的威廉姆·巴斯（William Bass）博士在 1971 年首创的"尸体农场"。这一场所用以进行尸体腐烂实验，目前已成为国际知名的法医人类学研究中心。

依据法医人类学的基础判定结果，通过对相关遗迹和遗物的综合分析，就可以对古代人类的死亡原因进行一定的解释。法医人类学上的许多"奇思妙想"为我们提供了新的判定依据。例如，对脏器中藻类组成与溺亡关系的研究已经非常深入。硅藻细胞壁由不易被破坏的含水硅酸盐构成，是鉴别生前或死后入水的重要指标，也可用于推断入水地点（王磊等，1998；赖小平等，2012；张书田等，2012）。但目前的相关研究主要集中在软组织内藻类的研究，如若能够检测骨骼中藻类的构成，则会有助于我们推断某个古代个体的死因是否与溺亡有关。

而对于群体性死亡事件来说，多学科的综合分析显得更为必要（陈世贤，1998；郭景元，2002；Thompson 和 Black，2007；Pickering 和 Bachman，2009；翟建安，2010；Dirkmaat，2012）。这些多学科的综合分析，为我们推测和解释不同地域、不同时期的个体和群体的死亡原因提供了科学的依据，拓展了我们对死亡的认知。

生物考古学

"生物考古学"（Bioarchaeology）一词首次出现在英国考古学家格雷汉姆·克拉克（Grahame Clark）于1972年发表的一篇长文里。自那以后，"生物考古学"一词逐渐被许多学者所使用（Buikstra，1977）。在有些国家，生物考古学也被命名为"骨骼考古学"（Osteoarchaeology）或者"古人骨学"（Palaeo-osteology）。

在20世纪五六十年代，以美国考古学家路易斯·宾福德（Lewis R. Binford）为代表的新考古学派开始倡导新考古实践，其着力主张考古学应当重视科学化的考古遗物解释以及重建史前人类生活史（李法军等，2013）。生物考古学的出现可以被看作是对这一革新的回应。

生物考古学有狭义和广义之分。从目前全世界范围内的情况来看，美国的生物考古学属于狭义的范畴，大多数学者坚持其目的"旨在研究考古遗址出土的人类遗骸"（Larsen，1997；Buikstra和Beck，2006；Schepartz等，2009；Weiss，2009；Martin等，2013）；而包括中国在内的许多国家，"生物考古学"一词有着更为宽泛的含义，即所有出自考古发掘的有机质的研究均属于此范畴（Buikstra，2006；李法军等，2013）。

在生物人类学范畴内，其中有关非化石人类的研究都被划归到所谓的"生物考古学"分支当中。但是对于"谁是生物考古学者"这一话题来说就不那么明确了。严格意义上来说，若一位研究者的主要工作都是围绕着经考古发掘而来的非化石生物体的研究，他就可以被称为一名生物考古学者。

研究相关动物骨骼和植物残骸的学者也可被称为生物考古学者，研究寄生虫和微生物残骸的学者当然也是。甚至间接分析相关数据的研究者（如从事古人口学重建工作或手印文研究的学者）也当视为其中的一员。在笔者看来，研究者的身份并非主要的关注点，其所研究的问题才是决定其归属的关键所在。

当考古学者发现了某一人群所曾拥有的物质遗存的时候，基于人类的共有意识和求知欲望会让我们提出许许多多有趣的问题。例如：是谁遗留下了这些遗存？他们在此地生活的原因是什么？他们是经常流动的人群还是定居者？那段时光是如何度过的？为何他们离开了？他们的日常生活过得怎样？他们健康吗？他们吃什么？他们有多少人？他们成员的构成是怎样的？

对于这些疑问，作为生物人类学的重要组成部分，生物考古学能够给予一定的解答。生物考古学者在揭示和解释古人社会生活史方面已经做出了不小的贡献，让我们对古人的物质文化和精神世界有了更深入和细致的了解（Brothwell，1981；朱泓等，2004、2009；王建华，2011；李法军，2013）。那么，生物考古学是如何来完成这样的解答工作的呢？

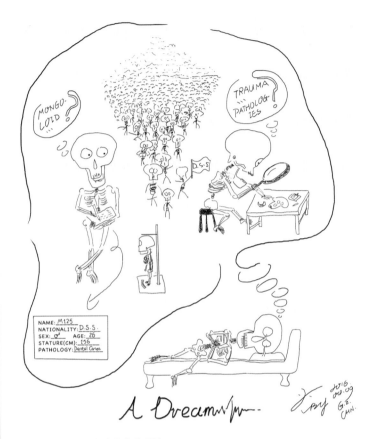

图16-1　生物考古学者的梦境
（陈博宇绘制）

人的生物遗存包括很多种形式。除了化石和骨骼，木乃伊、冻尸、尸蜡、泥炭鞣尸或者人体组织残留物（如脑和胎盘）等遗存形式都是我们了解人类过去历史的重要媒介。在生物人类学范畴内，古人类学者比较专注于化石人类的研究，而生物考古学者和法医人类学者多关心其他类型的生物遗存研究（如图16-1所示）。近年来，这些学者中均有人朝向一种综合考察相关因素的全景式分析，更重视所关注的论题而非材料本身。但总体上，二者在研究对象及其相应的研究方法上都有一定的差异性。

对非化石人类生物遗存的研究，特别是对人骨的研究传统由来已久。世界各地的不同时代都曾出现过杰出的人骨研究人物。但是这些基于人骨的研究还很难与生物考古学研究联系起来，它更加接近人体解剖学特别是骨骼解剖学的范畴。要知道，医学界对骨骼及其相关现象的认识与生物人类学和考古学界有着诸多明显的差别。

为了能够尽可能地重建人类的过往，需要在许多方面进行深入分析。生物考古学应用许多耳熟能详的研究手段，实质性地参与到重建人类历史的工作当中。那么，生物考古学者都关心哪些问题呢？同其他考古学研究者一样，生物考古学者非常重视对考古学现象的发现、记录和解释。只不过生物考古学者主要依据非化石人类生物遗存来进行相关研究。基于此，像古代人口规模与人口质量分析、饮食结构分析、疾病与健康分析、个体活动与行为分析、有关习俗与文化的分析等，都是生物考古学所感兴趣的论题。

尸体类型

根据尸体征象特点的不同，通常把自然状态下保存的尸体分为新鲜尸体、干尸、冻尸、尸蜡、泥炭鞣尸和马王堆尸等。木乃伊在特征上虽然与干尸相近，但属于人工的产物。

干尸多见于干热沙漠地带或者密闭性较好的棺内。中国古人因见其"周身灰暗，皮肉干枯贴骨，肚腹低陷"，故称之为"黑僵"。冻尸多见于终年严寒的冰川和雪山地带，尸体因长期处在低温环境下，许多软组织得以保存下来。例如，在阿留申群岛发现的因纽特冰婴以及在阿尔卑斯山脉中发现的冰人奥茨（Ötzi）都属于此类型（肯尼迪，2003）。

尸蜡多出于浸水环境，在尸体的表面或体内脂肪组织中产生了白色或者黄白色的坚实的脂蜡样物质。脂肪酸皂化作用产生了脂蜡样物质，氢化作用使不饱和脂肪酸还原为饱和脂肪酸，因而尸体得以长久保存。

泥炭鞣尸则多发现于低温环境的泥炭沼泽或者酸性泥沼中。因沼泽中富含大量的腐殖物，因而会使尸体皮肤变得色深且富有弹性，骨骼也变得较为柔软（例如，在"欧洲泥炭鞣尸的死因"中关于丹麦托兰德人的介绍里可以进一步了解他的尸检结果和死因分析）。

马王堆尸的类型主要见于中国历史时期的墓葬当中，该类型中较为典型的是1972年出土的湖南长沙马王堆一号汉墓古尸。这类尸体的征象较为复杂，其在密闭性较好的古墓中逐渐形成，皮肤发生过轻度尸蜡化变化，骨骼有脱钙现象，但外形和内脏完整。

第二节 死因的考古学证据

在很多史前墓葬中都发现有大量的未成年人。理论上他们应当活到成年，那么其死因是什么呢？那些过早死亡的儿童，其死亡原因除了文化因素，更多可能是自然原因（如发热、中毒、溺亡、饥荒、雷击等）所致。在仰韶时期的墓地中，成人墓葬区与未成年人的多是分开的；但是在华南史前时期的墓地中，成年人与未成年人墓葬是在一起的，甚至多是合葬的。在不同地区的各时期墓葬中，有时候在女性骨架的腹腔位置还能发现未分娩的胎儿骨骼，可以推测这些女性的死因或许与难产有关。

古代墓葬、居址、战场遗迹或旷野之中发现的古代个体骨骼致命伤，通过创口与某类型器具的拟合实验，往往可以推测凶器的种类和打击方式。例如，广西桂林甑皮岩遗址个体中发现的头骨穿孔现象很可能是外力击打所致的创痕（陈星灿和傅宪国，1996）。

对欧洲冰人奥茨、古埃及法老、西汉马王堆辛追、欧洲泥炭鞣尸或者南美高山木乃伊的死因分析，都为我们提供了了解过去的信息。而且，正如我们在意大利的庞培遗址、中国青海的喇家遗址、内蒙古的庙子沟遗址以及哈民

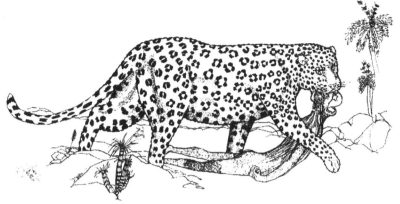

图 16-2　SK 54 颅骨上的创痕和被猎豹袭击后的想象复原

（Lewin，1988；Brain，1970）

忙哈遗址看到的那样，考古学遗迹现象的揭露和古环境重建工作也为我们揭示了远古时期人们所遭受的灾难性事件。

一、个体死因的例证

最久远时期的古人类曾经遭遇过怎样的死亡境遇呢？距今约 600 万年的原初人图根种股骨上发现了疑似被猎豹啃咬过的痕迹（Gommery 等，2007）。但目前所确知的最久远的一宗"血案"发生在距今 180 万年 ～ 150 万年前。南非古人类学家布雷恩（Brain）报道了在南非斯瓦克兰（Swartkrans）洞穴中发现的令人震惊的场景（如图 16-2 所示）。

一块南方古猿粗壮种年轻个体（SK 54）的颅骨顶部有两个圆形的穿孔，伴出的还有一块类似猫科动物的下颌骨化石。这块下颌骨上完好地保留了左右侧犬齿，刚好与南方古猿颅顶部的两个穿孔相匹配（Brain，1970、1981；Lewin，1988；Jones 等，1992）。

图 16-3　露西坠亡过程的复原

（Kappelman 等，2016）

最新的一项研究认为，南方古猿露西很可能是因从高树上坠落受重伤而死的（如图16-3所示）（Kappelman等，2016）。研究表明，露西全身多处骨骼均有骨折现象。如此方式的坠落以及严重的骨折必然会导致内脏的严重损伤。这项研究也从侧面支持了南方古猿营树栖生活的假说。

有研究人员对包括古埃及新王国时期的著名埃及法老图坦卡蒙（Tutankhamun）在内的数具木乃伊进行了综合性的研究（如图16-4所示）。图坦卡蒙的死因一直以来备受关注而且争议不断。借助CT扫描技术和古DNA技术，研究小组发现图坦卡蒙的腿部曾经骨折，足骨严重变形（Hawass等，2009、2010）。例如，其左侧足骨的第二中节趾骨缺失，第二和第三跖骨罹患"幼年无菌性骨坏死"（Juvenile aseptic bone necroses，也叫Freiberg-Köhler综合征）（如图16-5所示）。DNA检测结果显示，图坦卡蒙曾患有疟疾和多种遗传性疾病（如腭裂和足部畸形）。研究小组认为图坦卡蒙很可能死于疟疾和腿部骨折引起的并发症。

1991年，两名德国登山爱好者在意大利和奥地利边界处的阿尔卑斯山中发现了冰人奥茨（Ötzi），最初他们还以为这是一具现代登山者的遗体。奥茨生活于距今5200年，是一名45岁左右，身高约165厘米，体重61千克左右的男子。因其死后躯体被冰雪迅速掩盖，因此整个躯体几乎很好地存留了下来（Bonani等，1994）。

奥茨身体多处出现瘀伤和切痕，表明其生前曾多次受到暴力袭击（Nerlich等，2003）。古DNA的分析结果也表明，奥茨生前曾与多人搏斗过。CT扫描结果显示，奥茨的左肩内有一个深深嵌入的箭头，也可能是其受到攻击时留下的（如图16-6所示）（Nerlich等，2009）。箭矢可能伤及了他的一条动脉，最终因为严重的失血而死（Janko等，2012）。但也有研究者认为奥茨是在低海拔地区被杀后被运至发现处安葬的（Vanzetti等，2010）。

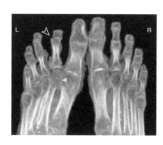

图16-5 图坦卡蒙足部的CT影像

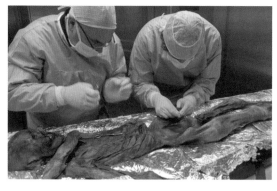

图16-4 爱德华·易加特维格（Eduard Egarter-Vigl）博士（左）和阿尔伯特·辛克（Albert Zink）博士（右）正在提取冰人奥茨的身体样本
（©Samadelli Marco/EURAC，2010）

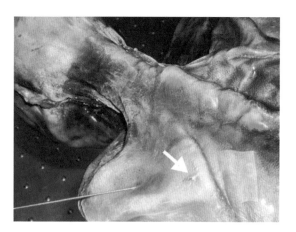

图16-6 奥茨左肩上的箭伤
（Nerlich等，2009）

在欧洲，许多泥炭鞣尸的发现让我们有机会了解过去人类所受遭遇及死因。从18世纪以来，人们在北欧各地的泥炭沼泽中发现了数百具泥炭鞣尸（Malene Thyssen，2004；Gregersen等，2007；Hart等，2014；NMI，2018）。这些泥炭鞣尸的皮肤、肠子、内脏、指甲、头发甚至胃部残留物都还保存得很完好，有些甚至连衣服都还留了下来。而且这群人的构成也很丰富，有男有女，有成人也有儿童，有国王也有布衣。

关于泥炭鞣尸的产生原因有很多种猜测。公元1世纪的罗马历史学家普布里乌斯·塔西图（Publius Cornelius Tacitus）认为这些人是通奸者或品行不端者；也有人认为这些尸体曾作为祭祀生育女神或者祈求避灾的祭品；还有说法认为，铁器时代的人们将沼泽视为通往另一个世界的入口；考古研究者认为这些是有意打造的墓地。生物考古学的研究则表明，这些个体生前都曾遭到残忍的迫害，因受尽折磨而死。

欧洲泥炭鞣尸的死因

2003年，人们在爱尔兰都柏林附近老克洛根山（Oldcroghan）旁的沼泽中，发现了一个死于距今2000多年的欧洲铁器时代的年轻男子的遗骸，他被称为老克洛根人（Oldcroghan Man）（NMI 2018）（如图16-7所示）。其身高近2米，最后一餐曾食用小麦和脱脂奶，死前4个月食用了充足的肉类。其指甲干净且被仔细修整过，左臂上还佩戴了一个皮革的编织物件。这些现象表明他可能曾享有较高的社会地位，更可能是一位国王（Hart等，2014）。他被发现时身体裸露，双侧乳头缺失，胸腔有致命伤并且被斩断。推测他可能是被当作了祈雨或避灾仪式的祭祀品。

2011年，人们在爱尔兰的卡舍尔城附近的古代沼泽地中又发现了一具属于20～25岁男子的泥炭鞣尸，距今4000年左右，被命名为卡舍尔人（Cashel Man）。这具泥炭鞣尸向人们展示了欧洲青铜时代早期人牲祭祀活动的情景。其手臂和背部在生前曾被利刃砍伤，应该是抵御袭击时造成的。躯体被绑缚于一块木桩上，可能是一次祭祀活动的牺牲者。有人推测他生前可能也是一位国王，被祭祀的原因是对庄稼歉收负责（Hart等，

图 16-7　老克洛根人
（©NMI 2018）

图 16-8 托兰德人

（引自 Nationalmuseet, http://samlinger.natmus.dk）

2014）。同老克洛根人一样，他死后被葬于小山附近。

1950 年春天，在丹麦的一个沼泽里发现了一例 40 岁左右，身高约 160 厘米的男性尸体，他被称为托兰德人（Tollund Man）（如图 16-8 所示）。托兰德人曾生活在公元前 3 世纪前的罗马铁器时代（Glob, 2004；Silkeborg Museum, 2004a）。他脖子上尚未解下的皮绳和肿胀的舌头表明他可能是被吊死的，原因可能是作为向神祈求丰收的祭品或是遭谋杀后被弃（Silkeborg Museum, 2004b）。对其肠胃的检查表明，托兰德人在死前 24 小时内食用了由谷物和种子制成的粥（Silkeborg Museum, 2004c）。这些谷物包括大麦、亚麻、亚麻荠和扁蓄。

1952 年，在丹麦发现的格劳巴勒人（Grauballe Man）（如图 16-9、图 16-10 所示）死时约 30 岁，与托兰德人同时代，其生前也遭到了残忍的对待。他的

图 16-9　格劳巴勒人的手部特写

（Sven Rosborn 摄制）

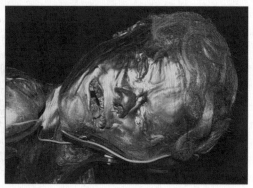

图 16-10　格劳巴勒人的面部特写

（Malene Thyssen, 2004）

图 16-11 伊德女孩面部重建
（Richard Neave 作品）

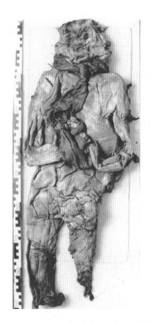

图 16-12 凯豪森男孩的遗体

双腿曾遭受过较重的打击，头部被猛烈拉扯，喉咙被割裂至两只耳朵上。格劳巴勒人的手指光滑细弱，不似重体力劳动者，但口腔和骨骼发育状况表明其曾在儿童期遭受过营养不良的痛苦（Gregersen 等，2007；Ahrenholt-Bindslev 和 Ahrenholt-Bindslev，2007）。

1897 年，在荷兰的一个叫伊德（Yde）的村庄附近发现了一具泥炭鞣尸，她被称为伊德女孩（Yde girl）（如图 16-11 所示）。她生活于距今 2000 年，死时只有 16 岁左右，有着长长的红色头发。CT 扫描发现她罹患脊柱侧曲（Deem，2014）。她是被一根毛纺织带勒死的，左锁骨上还有刺伤痕。其死因是由于身体畸形或者对婚姻不忠。

1922 年，在德国发现了一具仅七八岁的被称为凯豪森男孩（Kayhausen Boy）的遗体（如图 16-12 所示）。他生活于公元前 400—公元前 300 年，身体被毛纺织物和小牛皮斗篷包裹着。其喉咙被反复锥刺，左手臂有明显的砍伤，应该是自卫时产生的（Madea 等，2010）。X 光结果显示凯豪森男孩的股骨顶端有感染，这使得他无法像正常人一样行走。和伊德女孩一样，他被杀也可能是因为身体畸形。

人牲是用活人做牺牲，杀之以祭神灵或祖先，是古代社会普遍存在的一种社会现象（黄展岳，2004）。例如，古希腊人和古罗马人用孕妇祭祀谷神和地祇女神，腓尼基人、迦太基人和古印度的康达人用未成年人祭祀农神。美洲墨西哥的阿兹特克人则用未成年人祭祀雨神

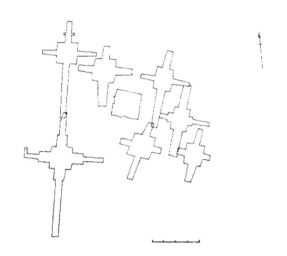
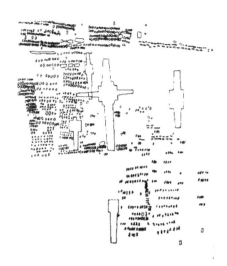

图 16-13　殷墟侯家庄西北岗东区西部大墓和祭祀坑

（中国社会科学院考古研究所，1984）

（世界上古史纲编写组，1979）。

中国在史前时期就可能出现了以人牲祭祀地母的行为，新石器时代晚期的"灰坑葬"或许与此有关（黄展岳，2004）。商周时期是能够确认存在人牲祭祀行为的时代。安阳殷墟遗址曾经发现大量的祭祀坑和人牲遗迹（如图16-13所示），被认为是与殷王朝作战的异族俘虏（韩康信和潘其风，1985；杨希枚，1985）。在1928—1937年的历次发掘中，考古学者在殷代王陵周围的祭祀坑中发现了大量的人头骨，被斩杀的创痕尚清晰可见（杨希枚，1985）。多数祭祀坑中含有10个，少数的含有6～8个，也有个别祭祀坑中保存有10余个，而最多的一个当中多达33个。

在小屯村附近的王宫宗庙基址中发现了人牲例证。城门处的人牲皆跪仆相向，手执铜戈等武器（黄展岳，2004）。基址附近也存在着大量的祭祀坑，其中的人类遗骸全部是身首分离的状态，躯体大多相互叠压，头骨多在躯体之

上。研究者认为这批人牲是在被杀后先置躯体，后抛头颅（黄展岳，2004）。

在殷代王陵周围的祭祀坑中，发现了大量的人头骨和无头人类遗骸（如图16-14所示）。多数祭祀坑中含有10个，少数的含有6～8个，也有个别祭祀坑中保存有10余个，而最多的一

图 16-14　殷墟侯家庄西北岗祭祀坑中的人头骨

（中国社会科学院考古研究所，1994）

个当中多达 33 个（如图 16-15 所示）。祭祀坑分为南北向和东西向两种。南北向祭祀坑中的人牲绝大多数是男性青壮年，大多被砍去头颅，许多头骨上被斩杀时的创痕尚清晰可见（如图 16-16 所示）（杨希枚，1985）。东西向祭祀坑中的人牲多数为成年女性或儿童，躯体多健全，极少有被砍头者。未成年者有的作捆绑状，多为被活埋的（黄展岳，2004）。

长沙马王堆一号汉墓古尸辛追的各类脂肪较为丰满，表明其生前的营养状况良好。加之其全身未见肿瘤等慢性消耗性疾病变，研究者推断其可能经历了一个急性骤发的病死过程。全身无机械性损伤的现象表明其并非因暴力致死。虽然全身多处动脉有粥样硬化现象，但脑部中动脉较为正常，因而也排除其脑出血致死的可能。辛追的尸体中汞和铅含量较高，其生前可能有中毒症状。研究者综合所有的病理检查结果，推断辛追由于冠心病病变严重，加之胆道疾患的急性发作，引起冠状动脉痉挛，发生急性心肌缺血，进而造成其猝死（《长沙马王堆一号汉墓古尸研究》编辑委员会，1980）。

1954 年，在智利境内属于安第斯山脉的海拔 4000 余米的埃尔布洛山中，人们发现了一具被称为埃尔布洛王子（The Prince of El Plomo）的 8 岁男孩的冰冻躯体（如图 16-17 所示）。他的枕后部有明显的且致命的钝器伤。他的身份未知，可能是一位王子，衣着和陪葬品显示出特意的安葬仪式。这是南美洲古印第安文化中惯以用孩童作为牺牲用以祭祀的例证之一（Horne，1996）。电镜扫描结果表明他生前罹患血管角质瘤（angiokeratoma），其体内还发现了猪鞭虫和虱子卵（Horne 和 Kawasaki，1984）。

在秘鲁首都利马东南 40 千米处的帕察卡玛（Pachacamac）遗址中，考古学家们发现了印加帝国时期的人牲和殉人例证（Eeckhout 和 Owens，2008）。这些人牲均来自公元 1000—1533 年的祭祀性建筑址当中，或是儿童，或是成年男性。很多成年男性的颅骨上均存在致命创痕，而未成年人则可能是被活埋的。例如，PSI 8 个体是一个不到一岁的婴儿木乃伊，从被发掘出来的姿势判断，其应当是一次祭祀仪式的殉人（如图 16-18 所示）。

2014—2015 年，考古学者对台湾省台中市距今 4800 ～ 4000 年的属于大坌坑文化的安和遗址进行了发掘。其中一座墓葬尤显特别，因为出土了"母与子"二人的遗骸。成年女性 20 ～ 25 岁，

图 16-15　87 号祭祀坑中的 10 具无头人牲遗骸
（黄展岳，2004）

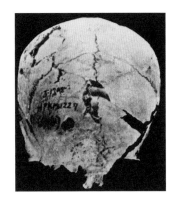

图 16-16　殷墟西北岗祭祀坑 1702 号颅骨上的创痕
（中国社会科学院历史研究所和中国社会科学院考古研究所，1985）

图 16-17 智利圣地亚哥国家自然历史
博物馆藏埃尔布洛王子
（修改自 Jason Quinn，2009）

图 16-18 秘鲁帕察卡玛遗址的 PSI 8 个体
（Eeckhout 和 Owens，2008）

图 16-19 台湾安和遗址出土的母子合葬墓
（吉翔，2015）

其左手拥托着婴儿并低头俯视；婴儿约半岁，依偎在"母亲"身旁（如图 16-19 所示）。这两个个体很可能是同时过世而被共葬于此的。此种葬仪，对我们了解闽台地区史前时期古人类的死亡观念和丧葬习俗有着重要的意义。

有研究表明，胎儿盆腔不平衡和盆腔不对称是古代人群中孕产妇高死亡率的一个潜在原因（Stansfield，2011）。在俄罗斯西伯利亚什干洛克莫迪沃（Lokomotiv）地区的一处新石器时代早期墓葬中，生物考古学者们发现了一个因难产而死亡的女性及其腹中的双胞胎（如图 16-20 所示）（Lieverse 等，2015）。在越南南部的距今 4000 ～ 3000 年的考古遗址中也发现了因难产而死亡的例证（如图 16-21 所示）（Willis 和 Oxenham，2013）。在英国中世纪的墓葬中也发现了此类现象（如图 16-22 所示）（Roberts 和 Manchester，2005）

虽然大多数良性肿瘤不足以致死，但某些部位的多发性良性肿瘤也会造成死亡。例如，在丹麦的一个中世纪墓地中就发现了这样的例证。生物考古学者发现一名年轻的妊娠期女性骨盆内出现了多个发育较大的骨疣，这可能是造成该女性因难产而死亡的主因（Sjøvold 等，1974）。

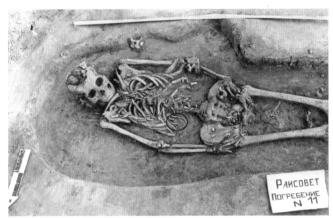 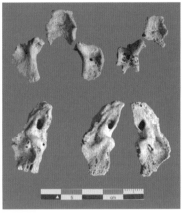

图 16-20　西伯利亚洛克莫迪沃地区发现的新石器时代早期难产女性（左）及其双胞胎（右）遗骸（Lieverse 等，2015）

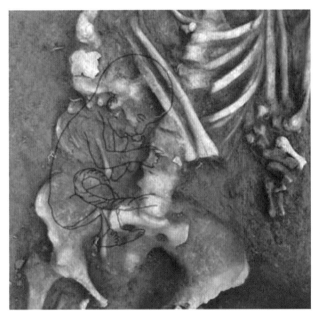 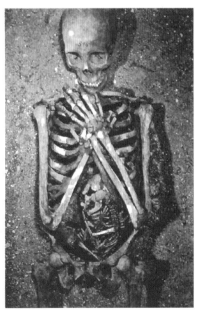

图 16-21　越南史前时期发现的难产死亡例证
（Willis 和 Oxenham，2013）
出土时胎儿在母亲盆腔中的大致位置复原。

图 16-22　英国中世纪墓葬中的难产女性及其胎儿
（Roberts 和 Manchester，2005）

二、灾难现场的复原

中国青海民和喇家遗址为我们展现了史前时期先民所遭受的灾难。这处遗址距今约 4000 年，地处官亭盆地之中，位于黄河北岸的二级台地上。遗址内发现的两处房址（F3 和 F4）反映了前所未见的灾难场景（如图 16-23 所示）。两个房址内发现了数量不等的人类遗骸，一组组呈不同姿态分布在居住面上。

图 16-23　青海喇家遗址 F4 房子
（中国社会科学院考古研究所甘青工作队和青海省文物考古研究所，2002）

例如，F4 内的 14 例个体的遗骸，或相互拥抱，或呈倒卧状，或呈匍匐状，反映出这些个体均属于意外而亡（如图 16-24、图 16-25 所示）。房址内均明显的水蚀痕迹，发掘者推测房址内曾经遭受了洪水的袭击（中国社会科学院考古研究所甘青工作队和青海省文物考古研究所，2002）。对喇家遗址及周边地区的地质学研究表明，这一地区在当时发生了以黄河异常洪水和地震为主，并伴有山洪暴发的群发性自然灾害（夏正楷等，2013）。

图 16-24　青海喇家遗址 F4 房子（局部）

（胡锁钢，2009）

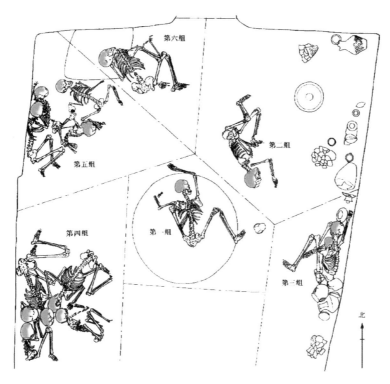

图 16-25　青海喇家遗址 F4 房址
（中国社会科学院考古研究所甘青工作队和青海省文物考古研究所，2002）

哈民忙哈遗址

　　哈民忙哈遗址位于内蒙古自治区通辽市科左中旗舍伯吐镇，距今 6000～5000 年。遗址中清理出了因失火坍塌的房址、保存相当完整的房屋木构架痕迹和令人震撼的大批非正常死亡人骨遗骸（朱永刚和吉平，2012）。在已发掘的 43 座呈"凸"字形半地穴房址中，有 7 座房址内部保留了屋顶塌落的木质构架痕迹，有 8 座房址居住面上发现有人骨（如图 16-26 所示）。这些房址内出土人骨共 181 例；在 46 例性别明确者中，男性有 19 例，女性有 27 例；年龄明确者共 96 例。

　　F3 房址是目前已知最大的一座，出土有 13 例个体。它因火灾而坍塌，房内堆积保留着大量纵横叠压的炭灰条痕迹。F40 房址是出土个体最多的一座，在 18 平方米面积内共发现 97 例层层叠压的遗骸。F40 房址内人骨的平均死亡年龄为 26.8 岁，男性平均死亡年龄为 34.3 岁，女性平均死亡年龄为 30.6 岁。

图 16-26　哈民忙哈遗址全貌
（承蒙朱永刚授权使用）

F40 房址内的人骨分布状态有仰身、俯身、侧身，头向面向各异，无明显规律，其中东北壁至少有 9 个颅骨聚拢叠压在一起，在房址中部偏北和门道附近也有类似现象（如图 16-27 所示）。这些人骨出土于房址里而非埋葬在墓葬内，可以判定为非正常死亡。由于未发现遗骸上有砍砸、穿孔或被肢解的痕迹，所以当排除杀戮行为。考虑到遗址周围的地理环境和遗址堆积状况，也不能解释为发生大规模自然灾难导致的群体死亡。朱泓等（2014）倾向于认为哈民忙哈居民的死因与突发性传染疾病有关。

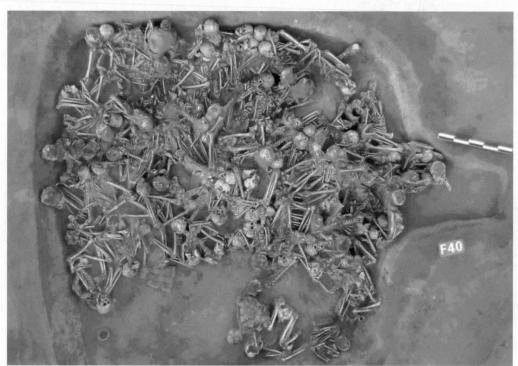

图 16-27　哈民忙哈遗址 F40 房址
（承蒙朱永刚授权使用）

庙子沟遗址是一处新石器时代晚期（距今 5500～5000 年）的遗址（如图 16-28 所示），位于内蒙古乌兰察布察右前旗，北临黄旗海。这处遗址也为我们展现了远古时期群体性死亡的例证。该遗址中的遗迹分布有致，无叠压打破关系，主要为房址和窖穴，未发现公共墓地（魏坚，2003）。许多生活用具仍旧保留在原初的位置并保存完整。多数人骨处于房址居住面和窖穴内，骨骼基本完整，未见创伤迹象。大部分个体的埋葬是属于非正常的，很多埋葬的情形显得草率而杂乱（如 QM M10 和 QM M29）（如图 16-29、图 16-30 所示）。这处遗址的废弃可能与饥荒和瘟疫有关，排除了水灾和火灾或地震等自然灾害的作用（魏坚，1991）。

巴基斯坦属于哈拉帕文化的莫罕佐达鲁（Mohenjo-daro）遗址中显示了可能的大屠杀后的场景（Dales，1964）。1922—1931 年，以约翰·马绍尔（John Marshall）为首的考古学家们连续进行了 9 年的密集发掘。其所发现的 37 例个体均呈现出非正常埋葬的姿势，而且分布在城市的房间内或街道上（如图 16-31 所示）。许多研究认为他们的死亡与雅利安人的入侵有关。

庞培古城遗址向我们展示了大自然对人类文明的破坏能力，逃亡者花园（Garden of the Fugitives）中的场景仍旧保留了当时人们罹难时的境况（如图 16-32 所示）。2015 年 9 月，考古学家们完成了对出自庞培古城内的 86 具遇难者遗骸的 CT 扫描，利用现代成像技

图 16-28　庙子沟遗址 QM F15
（承蒙魏坚授权使用）

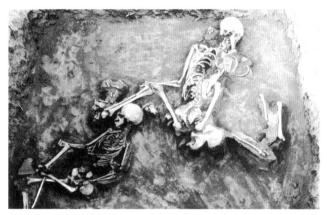

图 16-29　庙子沟遗址 QM M10
（承蒙魏坚授权使用）

图 16-30　庙子沟遗址 QM M29
（承蒙魏坚授权使用）

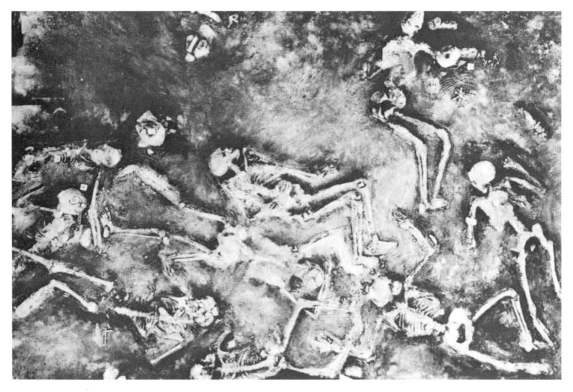

图 16-31　巴基斯坦 Mohenjo-daro 大屠杀遗址（5 号房址 74 室）

（Dales，1964）

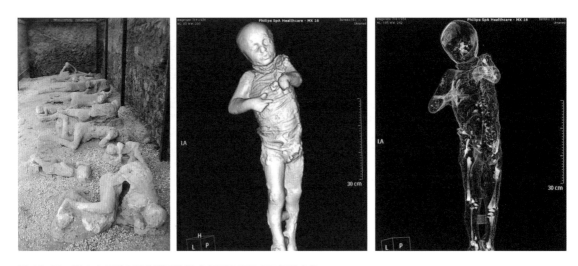

图 16-32　逃亡者花园内原位展示的罹难者石膏像及 CT 扫描成像

（Lancevortex，2000）

　生物人类学
（第二版）

术显示出他们的骨骼、面容等细节。在对一个可能的三口之家进行扫描后，发现其中4岁左右的男孩面部呈现的是惊恐的表情，双唇紧闭且微凸（如图16-32所示）（杨柳，2015）。

在秘鲁莫什（Moche）月亮祭祀址（the Huaca de la Luna）发现了公元6世纪后期至公元8世纪初因厄尔尼诺事件而导致的灾害现场（如图16-33所示）（Bouget，1996）。

上述所列举的考古学发现仅仅呈现了生物考古学对过去人们死因的部分研究成果。在后面第二十章的"创伤及形变"部分还列举了另外因骨骼创伤致死的例证。然而，古代人类的死亡原因必然是多样而复杂的，需要借助更为多元的方法和理念去解读。随着生物考古学科的发展，相信对古代个体和人群死亡原因和死亡过程的研究将揭示出更为细致的故事来。

图 16-33　秘鲁莫什月亮祭祀址 3-A 广场的人类遗骸
（Renfrew 和 Bahn，2012）

重点、难点

1. 生物考古学
2. 法医骨学
3. 死因的考古学证据
4. 个体境遇和群体遭遇
5. 奥茨生命过程的解读

深入思考

1. 生物人类学和生物考古学的关系是怎样的？
2. 生物考古学对考古学现象的阐释具有怎样的意义？
3. 人的生物遗存有哪些形式？
4. 如何理解考古学语境中的"未知死，焉知生"？
5. 生物考古学应当具有怎样的伦理观？
6. 法医人类学和生物考古学具有怎样的关联？

［1］《长沙马王堆一号汉墓古尸研究》编辑委员会. 长沙马王堆一号汉墓古尸研究［M］. 北京：文物出版社，1980.

［2］陈世贤. 法医人类学［M］. 北京：人民卫生出版社，1998.

［3］陈星灿，傅宪国. 史前时期的头骨穿孔现象研究［J］. 考古，1996（11）：62-74.

［4］黄展岳. 古代人牲人殉通论［M］. 北京：文物出版社，2004.

［5］李法军，王明辉，朱泓，等. 鲤鱼墩：一个华南新石器时代遗址的生物考古学研究［M］. 广州：中山大学出版社，2013.

［6］夏正楷，杨晓燕，叶茂林. 青海喇家遗址史前灾难事件［J］. 科学通报，2003，48（11）：1200-1204.

［7］翟建安. 法医创伤学教程［M］. 北京：中国人民公安大学出版社，2010.

［8］朱泓. 中国古代居民体质人类学研究［M］. 北京：科学出版社，2014.

［9］朱永刚，吉平. 探索内蒙古科尔沁地区史前文明的重大考古新发现：哈民忙哈遗址发掘的主要收获与学术意义［J］. 吉林大学社会科学学报，2012，52（4）：82-86.

［10］BUIKSTRA J, BECK L. Bioarchaeology: the contextual study of human remains［M］. New York: Elsevier, 2006.

［11］BROTHWELL D R. Digging up bones［M］. New York: Cornell University Press, 1981.

［12］DIRKMAAT D A. Companion to forensic anthropology［M］. Oxford: Blackwell Publishing Ltd., 2012.

［13］HILL K, HURTADO A M, WALKER R S. High adult mortality among Hiwi hunter-gatherers: implications for human evolution［J］. Journal of human evolution, 2007, 52（4）: 443-454.

［14］KAPPELMAN J, KETCHAM R A, PEARCE S, et al. Perimortem fractures in Lucy suggest mortality from fall out of tall tree［J］. Nature, 2016, 537: 503-507.

［15］LARSEN C S. Bioarchaeology: interpreting behavior from the human skeleton［M］. Cambridge: Cambridge University Press, 1997.

［16］MARTIN D L, HARROD R P, PÉREZ V R. Bioarchaeology: an integrated approach to working with human remains［M］. New York: Springer, 2013.

［17］PICKERING R, BACHMAN D. The use of forensic anthropology［M］. 2nd ed. Boca Raton: CRC Press, 2009.

［18］STECKEL R H, LARSEN C S, SCIULLI P W, et al. The global history of health project: data collection codebook［R］. 2006.

［19］WEISS E. Bioarchaeological science: what we have learned from human skeletoal remains［M］. New York: Nova Science Publishers, Inc., 2009.

［20］WILLIS A, OEENHAM M F. A case of maternal and perinatal death in Neolithic Southern Vietnam, c. 2100-1050 BCE［J］. International journal of osteoarchaeology, 2013, 23（6）: 676-684.

在考古学研究中，当我们第一眼看到墓葬中的人类遗骸时，除了自问他们的生前遭遇和死因外，还会好奇以下问题：这个人是谁？这些人是谁？他们的体质特征是怎样的呢？他们之间是否具有亲缘关系？如何确认他们的体质特征和亲缘关系呢？

如前所述，表型和基因型研究相结合，是目前探索古代人类体质特征和亲缘关系的主要途径（Martin，1928；Brothwell，1981；吴汝康等，1984；邵象清，1985；朱泓，1999、2007；吉林大学考古 DNA 实验室，2001；崔银秋和周慧，2004；王毅和颜劲松，2004；崔银秋等，2009；席焕久和陈昭，2010；Alvarez-Cubero 等，2012；李宏和韦晓兰，2013；盛桂莲等，2016；Fisch，2017）。表型研究常需要应用骨骼测量学方法（如图 17-1 所示），而基因型研究则依赖古 DNA 技术（如图 17-2、图 17-3 所示）。再结合特定的统计学分析，我们就可以尝试依据已有的人类骨骼或化石遗存来复原古代人类的体质特征并探讨他们之间的亲缘关系了。

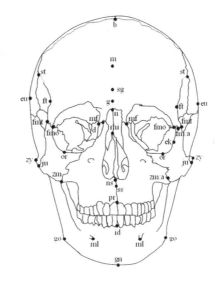
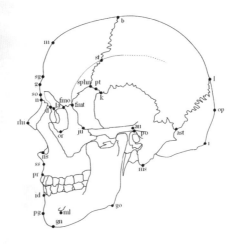

图 17-1　头骨的测量点标定

（© 李法军）

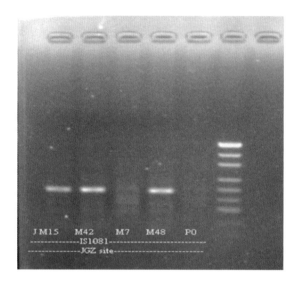

图 17-2　扩增线粒体基因组片段的电泳结果

（承蒙崔银秋授权使用）

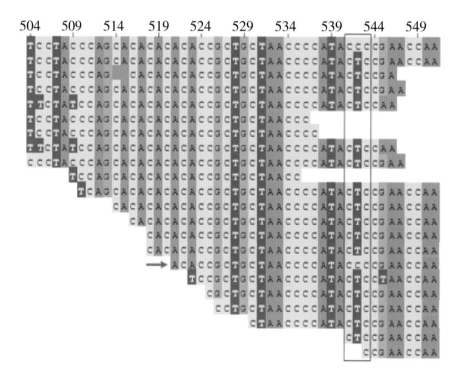

图 17-3　二代测序数据处理后的可视化结果

（承蒙崔银秋授权使用）

生物人类学

（第二版）

第一节　来自头骨和牙齿的信息

头骨和牙齿的测量学信息是确定个体间或群体间体质亲缘关系的重要来源，它既包括通过各种仪器获取的定量值，也包括通过观察记录的定性结果。一般来说，我们需要先对保存的头骨或者牙齿进行形态学观察，目的是为了初步了解这些样本在诸多表型特征上的特点和分布规律。

无论是头骨还是牙齿，有些形态均可被视为具有连续性分布或者等级分布的特征，即"连续性形态特征"；而对于另一些形态而言，我们只考察其出现与否，即"非连续性形态特征"或者"二分性状"（如图17-4、图17-5所示）（王令红，1988；张银运，1993；刘武和朱泓，1995；谭婧泽，2002；张君，2001；周文莲和吴新智，2001、2002；李法军和朱泓，2003；李法军，2008）。

形态学观察结束之后，我们已经能初步了解某些古代样本的基本表型特征，并能在一定程度确定这些样本和其他对比组的亲缘关系。接下来，研究者会尝试应用头骨测量学技术，通过对头骨、颅骨或牙齿进行的测量点标定和测量，获得不同类型的测量数据（如线段值、角度值和曲度值）或比值（Martin，1928）。

在此基础上，根据数据的特质，采用不同

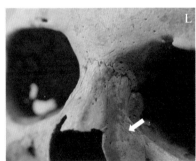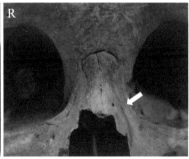

图 17-4　梨状孔上外侧部膨隆
（李法军，2009）
左：局部膨隆；右：不膨隆。

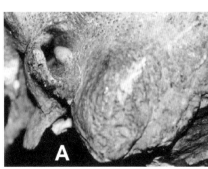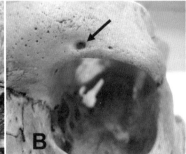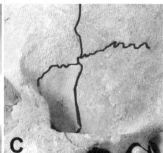

图 17-5　头骨上的非连续性形态特征
（修改自李法军等，2013）
A. 外耳道骨肿；B. 眶上孔；C. 额颞式连接翼区。

图 17-6　基于摩里逊定颅器的传统颅骨测量
（◎ 李法军）

的数理统计方法对其进行综合分析（吴定良，1940；吴定良和颜誾，1940）。对于生物考古学而言，特定的统计推断（如参数估计和假设检验）、非参数检验、多元统计分析、相关分析和回归分析是较为常见的方法（Woo，1929；Woo 和 Morant，1934；吴定良，1937）。

近年来，测量学技术、统计学方法和数据解释力等方面均有了显著的提升。根据骨骼材料的特质和实际条件，研究者们会选择传统测量仪器、显微图像、面扫描三维重建模型、X线片或 CT 影像获取测量值（如图 17-6 至图 17-11 所示）。然后在特定软件的辅助下，应用差异性检验、多元统计分析或者几何形态测量学方法进行综合研究（如图 17-12 所示）（Hughes 等，1993；李仁等，1999；Mafart 和 Delingtte，2002；Hillson 等，2005；李法军，

2008；Chhem 和 Brothwell，2008；吴秀杰和 Schepartz，2009；吴秀杰等，2011；苗春雨等，2017；刘畅，2018；Xing 等，2019）。

就东亚地区而言，基于头骨和牙齿测量学的古代族属体质特征变异和亲缘关系研究已经非常深入（颜誾等，1960；颜誾，1972；韩康信等，1976、2005；Pietrusewsky，1981、1988、1994、2000、2003、2008；韩康信和潘其风，1982、1983；潘其风和韩康信，1984；张振标，1984；潘其风，1989、1987、1996；朱芳武和卢为善，1994；Nguyễn，1996、2003、2018；朱泓，1996、1998、2014；Matsumra 和 Zuraina，1999；潘其风和朱泓，2001；Pietrusewsky 和 Chang，2003；张松林和杜百廉，2008；张银运等，2013、2014）。这些科学进展不仅为我们了解东亚地区古人类的起源、迁徙和融合过程提供了最为直接和翔实的证据，更为重建全球人

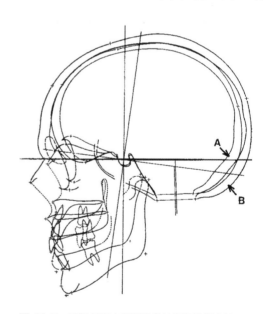

图 17-7　两组丹麦人的影像学轮廓和头影定位
（Chhem 和 Brothwell，2008）
A. 唐氏综合征男性；B. 正常男性。

类进化史和文化史做出了应有的贡献。

长久以来，基于对中国现代人群的体质特征划分，将之与不同的古代族属的体质特征进行比较，由此判断古代族属更像现代的哪个人群。但是，这样的判定方法存在一个逻辑问题，即我们现代人群的体质特征是古代人群体质特征的晚近反映，而不能与原来的古老型特征完全对应。如前所述，为解决这一问题，朱泓建立了一套关于中国先秦时期区域性体质特征的判定标准，将其划分为古中原类型、古华北类型、古华南类型、古西北类型和古东北类型（朱泓，1996、1998、2002a、2002b、2004、2006a、2006b）。

在这样的理论框架下，中国古代族属的体质特征研究取得了诸多突破性的进展。经过持续性的研究与分析，目前已经能够在很大程度上重建全新世以来中国人群的微观演化特点以及迁徙与融合过程中的诸多细节（陈山，2000、2002、2009；陈靓，2000、2003；王明辉，1999、2003、2017；魏东，2001、2009；李法军，2004；张全超，2005；贾莹，2006；顾玉才，2007；周蜜，2007；汪洋，2008；张敬雷，2008；赵欣，2009；原海兵，2010；赵永生，2013；肖晓

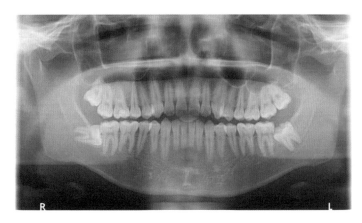

图 17-8　现代人颌面部 X 影像
（© 李法军）

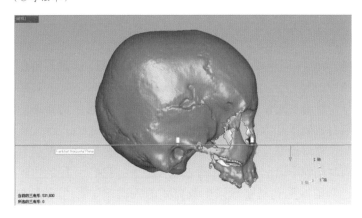

图 17-9　鲤鱼墩遗址 03SL M7 颅骨三维重建模型
（© 陈博宇和李法军）

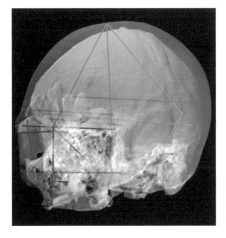

图 17-10　人类颅骨的虚拟 3D 重建图像及测量特征
（Decker，2010）

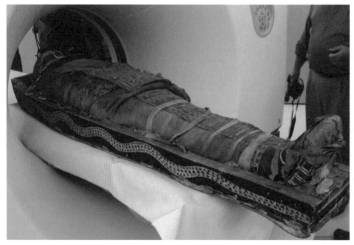

图 17-11　埃及木乃伊 ANSP 1903 的 CT 扫描情景（左）及颅骨三维重建后水平断面模型（右）

（Chan 等，2008）

鸣，2014；周亚威，2014；赵东月，2016；侯侃，2017；朱晓汀，2018；阿娜尔，2018）。

对出土人骨进行细致分析而获得的结论能够有效地提升考古学的解释力，使古人骨研究和考古学研究紧密地结合在一起。例如，在东周时期的中国北方地区内蒙古长城地带，我们经常能够见到具有不同生业方式的人群葬于同一墓地的现象（内蒙古自治区文物工作队，1984、1986；内蒙古自治区文物考古研究所，1989；曹建恩 等，2012）。

对凉城崞县窑子墓地、毛庆沟墓地和饮牛沟墓地所出人类头骨的测量学分析就是如此。结合考古学文化分析，研究者确认了毛庆沟墓地和饮牛沟墓地中的两类人群，即 A 组代表了草原文化系统，B 组代表了中原文化系统（朱泓，1991）。与崞县窑子墓地人群所代表的近似现代北亚地区人群的体质特征相比，这两组所代表的个体在体质特征上更趋向一致，与东亚地区现代人群的相近。后来对饮牛沟墓地所出新材料的头骨测量学分析结果也得出相近的结

论（何嘉宁，2001）。

对某一遗址出土人骨的综合性研究也已成为常态。例如，对发现于辽宁省北票市喇嘛洞三燕文化墓地出土人骨的体质人类学、分子考古学以及稳定同位素食谱分析结果表明，其居民的主体或许是来自第二松花江流域的夫余人，但也混杂了一部分辽西地区早期居民的后裔以及少量的鲜卑人，从而厘清了关于喇嘛洞三燕文化墓地的族属问题（陈山，2002、2009；朱泓等，2012）。

除了对中国全新世以来现代人的微观演化研究外，对东亚和东南亚地区现代人的起源和演化研究也取得了诸多的进展，许多学者提出了自己的相关理论创建（Turner，1975、2000、2006；Jacob，1967；Wolpoff 等，1984；Ishida，1993；Hanihara，1996；Matsumura 和 Hudson，2005、2006；Pietrusewsky，2008；李法军 等，2013）。

例如，在前面"东南亚地区古人类的起源与演化"专题中提到的"双层模式"认为东南

生物人类学
（第二版）

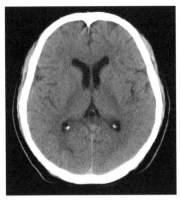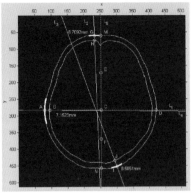

图 17-12　CT 图像（左）及基于 CT 图像的现代人颅骨几何特征测量（右）
（李海岩，2006）

亚地区首先被"澳大利亚 — 美拉尼西亚"人群占据，自新石器时代开始，该人群与来自东北亚地区的农业移民发生了融合（Jacob，1967；Matsumura 和 Hudson，2005）。"二重起源 – 混血"说和"二元群型"理论则关注日本列岛古人类的演化过程，指出现代日本人群起源的二重性（Turner，1975、2000、2006）。"二重构造模式"认为日本主要存在两个人群分支演化，一是从绳文时代人到现代阿伊努人；二是从弥生人到现代日本人（Hanihara，1996）。

许多学者也对环太平洋地区特别是亚太地区的人类亲缘关系进行了系统分析（李法军等，2013）。例如，有学者认为现代东亚地区（东北亚和东南亚）可分为澳大利亚 – 美拉尼西亚人群和亚洲人群（Pietrusewsky，1994、2008）。波利尼西亚人属于澳大利亚 – 美拉尼西亚人群，但与亚洲人群中的东南亚群体关系密切。

操南岛语的台湾泰雅人与中国商代的安阳人以及海南岛和台湾岛上的现代汉族人较为接近。日本人与南岛语系人群的联系较少。现代泰国人仅与中南半岛上的人群保持了较近的联系，但青铜时期的泰国人更接近于东南亚诸岛上的人群。摩鹿加群岛人群与中南半岛人群接近而远离岛屿东南亚人群。东北亚人群与东南亚人群的表型和基因型研究表明，这两大人群内部保持了长期的连续演化，二者之间的交融是较晚时期才发生的。

第二节　齿学人类学

齿学人类学经过持续性的发展，业已成为探讨古代人群亲缘关系的一块基石。牙齿上的诸多测量学特征，特别是非测量性特征为我们判别群体的表型和基因型联系的重要依据（Hrdlička，1920；Dahlberg，1956；Berry 和 Berry，1967；Turner 等，1991；Hanihara，1991、1992；朱泓，1990、1993；张振标，1993；刘武，1995；刘武和朱泓，1995；刘武和曾祥龙，1996a、1996b；刘武和杨茂

有，1999；李法军和朱泓，2006；Kondo 和 Townsend，2006；李法军等，2008、2009）。

例如，铲形门齿在东北亚人群中的高出现率自更新世早期就已显现（吴新智，1990、1994、1998；吴汝康和吴新智，1999；刘武等，2014）。中国北方新石器时代的许多人群都具有较高的铲形门齿出现率（李法军和朱泓，2006）。中国山西游邀遗址夏代居民的上颌中门齿的铲形形态出现率也非常高（朱泓，1990）。

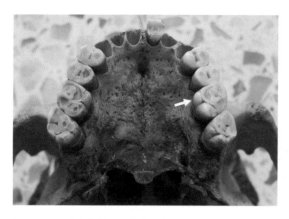

图 17-13　左上颌第一臼齿卡氏尖

（承蒙刘武授权使用）

这种高出现率在现代中国人群中一直保持着，考虑到其他牙齿形态特征的出现率，我们确知中国人群在牙齿的表型特征和基因型特征上的长久一致性。

除了铲形门齿，牙齿上还有许多非常重要的非测量性特征具有显著的遗传性。例如，有学者对澳大利亚欧裔群体的牙齿大小和卡氏尖尺寸的相关性进行了分析，结果发现较大尺寸的牙齿中，卡氏尖的发育程度更大（如图 17-13 所示）。卡氏尖的发育程度影响着牙齿齿冠的形态发育，且具有明显的遗传性（Kondo 和 Townsend，2006）。

我们在"东南亚地区古人类的起源与演化"专题中还曾提到，美国学者特纳通过研究新石器时代以来的环太平洋地区各人类群体的牙齿形态特征，认为该地区的人类牙齿形态可分为两类，即"中国型牙"和"巽他型牙"（如图 17-14 所示）。中国型牙主要分布在以中国安阳殷墟为代表的亚洲东北部地区，其中包括中国人群、朝鲜人群、日本人群、蒙古人群、西伯利亚地区人群以及美洲印第安人群。巽他型牙主要以东南亚地区各人群以及太平洋地区的波利尼西亚和密克罗尼西亚人群为代表（Turner，1990）。

特纳认为东南亚人群所具有的"巽他型"牙齿是本地区连续演化的，由"原巽他型"牙齿特征演化而来，而不是由"澳大利亚－美拉尼西亚"人群和东北亚人群混合的结果。"巽他型"牙齿没有受到来自东北亚人群遗传结构影响，并认为中国型牙是由巽他型牙分化出来的（如图 17-15 所示）（Turner，2000、2006）。

但是，有学者不认同特纳有关东南亚地区古今人群未受华南之影响而独立演化的观点（Matsumura 和 Hudson，2005、2006）。这些学者认为东南亚人群牙齿的复杂形态特征受到了明显的来自东北亚人群的影响，因而"巽他型"不能作为一种独立的分类依据。他们坚持

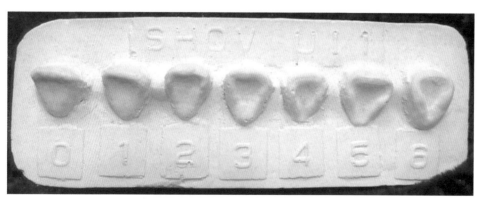

图 17-14　美国亚利桑那州立大学牙齿人类学系（ASU）铲形门齿发育等级的观察模板

（© 李法军）

认为东亚地区存在南北过渡类型。这与同期的有关东北亚人群牙齿形态特征的研究结果是一致的（李法军和朱泓，2006；李法军等，2008、2009、2013）。

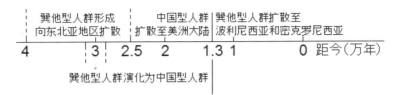

图 17-15　两种牙齿类型群体的演化模型

（李法军等，2013）

第三节　几何形态测量学

认识现代人颅面部和牙齿的区域性变异是讨论人类的起源与微观演化的重要基础。长久以来，颅面和牙齿形态变异研究都主要基于线性测量和角度测量特征，揭示了许多人类体质特征的重要演变过程。但是，传统的测量学存在一些局限性，例如，无法对骨骼的不规则形态进行考察，而几何形态测量学技术能够帮助我们实现对不规则曲线形态的分析（如图17-16所示）（O'Higgins 和 Strand-Vidarsdottir，1999；Hennessy 和 Stringer，2002；Martínez-Abadías 等，2006；Franklin 等，2007；Gunz 和 Harvati，2007；Gröning 等，2011；Adams 等，2011；Gunz 和 Mitteroecker，2013；Gómez-Robles 等，2013；Mitteroecker 等，2013；李海军和徐晓娜，2014；Hershkovitz，2015；Cui 和 Wu，2015；李海军等，2015；张亚盟等，2016；刘畅，2018）。

相对其他形态学分析方法而言，几何形态测量学经历了一个短暂而快速的发展过程（Bookstein，1991；萧旭峰和吴文哲，1998；Kendall 等，1999；Costa 和 Cesar Jr.，2000；Mitteroecker 和 Gunz，2009；Coquerelle 等，2010；Reyment，2010；Dean 等，2013；Rohlf，2015）。最初的阶段主要被应用于二维平面图形的分析，而后逐渐发展成对三维结构的几何形态学比较（如图17-17至图17-20所示）（刘保兴 等，2001；MacLeod，2002；Harvati，2003；Zelditch 等，2004；Nicholson 和

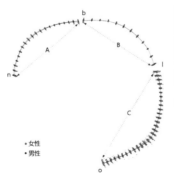

图 17-16　男性和女性头骨正中矢状面轮廓线叠印

（张亚盟等，2016）

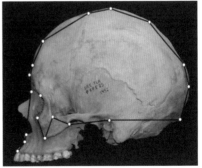

图 17-17　一例 17 世纪墨西哥特拉提洛哥（Tlatelolco）印第安人颅骨侧面地标点的标定

（Martínez-Abadías 等，2006）

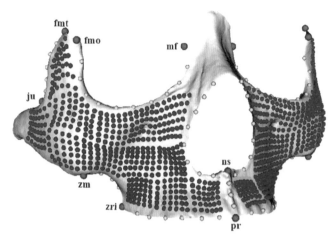

图 17-18 现代人中面部几何形态测量学标志点分布
（崔娅铭，2016）

扫描设备和 CT 设备，还可以借助便携式三维测量臂等获取精准的三维坐标数据。

随着计算方法的不断完善和相关软件的相继问世，几何形态测量学逐渐发展为一种独特的方法，除了用以了解当代人类牙齿的形状及变异特征外，还被逐渐引入古人类学和生物考古学研究中（如图 17-21 至图 17-23 所示）（O'higgins，2000；Richtsmeier 等，2002；Gómez-Robles，2007；Martinón-Torres 等，2007；von Cramon-Taubadel 等，2007；Claude，2008；Gómez-Robles 等，2008、2013、2015；Mitteroecker 和 Gunz，2009；刘武等，2010；邢松等，2010；Cucchi 等，2011、2015；Adams 等，2011；Wilson 和 Humphrey，2011；Adams 和 Otárola-Castillo，2013；Betti

Harvati，2006；Stevens，2006；Slice，2007；Barbeito-Andrés 等，2012；Bastir 等，2014；Cardini，2014；崔娅铭，2016）。目前，三维模型的构建方式较为多元，不仅可以借助面

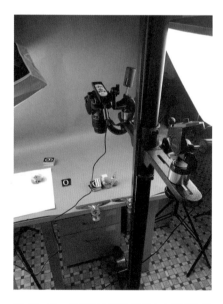

图 17-19 几何形态测量学研究中的影像获取规范性操作
（◎李法军）

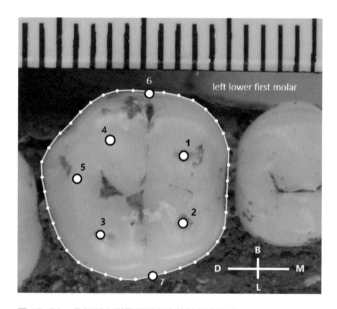

图 17-20 几何形态测量学研究中的地标点标定
（主地标点 7 个，半地标点 40 个）（◎李法军）

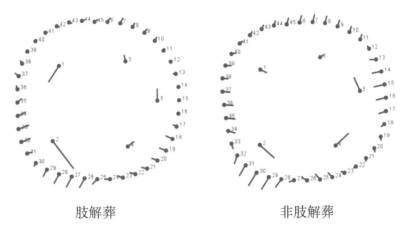

肢解葬   非肢解葬

图 17-21　顶蛳山遗址两种葬式个体下颌第二臼齿轮廓变异对比
（刘畅，2018）

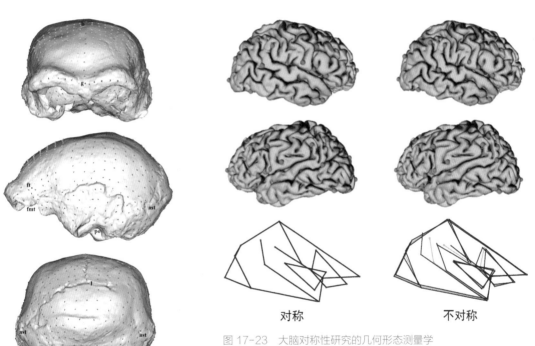

图 17-22　和县直立人颅骨上的 11 个主地标点和 648 个半地标点
（Cui 和 Wu，2015）

图 17-23　大脑对称性研究的几何形态测量学
（Gómez-Robles 等，2013）

对称　　　　　　不对称

——基于人类生物遗存的生物考古学重建过程

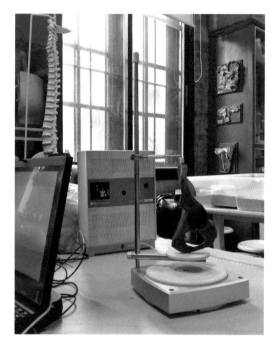

图 17-24　NextEngine 便携式激光扫描仪进行髋骨的
面扫描过程

（© 李法军）

等，2013；Gunz 和 Mitteroecker，2013；Liu 等，2013；Bae 等，2014；Xiao 等，2014；Cardini 等，2015；刘畅，2018）。可以预见到的是，随着这种方法的逐渐发展和普及，其将在生物人类学领域发挥越来越重要的作用（如图 17-24、图 17-25 所示）。

以往研究表明，基于几何形态测量学的前白齿形态变异研究有助于揭示人类的微观演化过程和种族区域特征（Biggerstaff，1969）。有学者研究了中国全新世以来不同时代和地区人群的前白齿几何形态特征，以便了解中国人群前白齿的时空演变特点和规律（邢松等，2010）。这些材料包括河南淅川下王岗新石器时代样本以及湖北新石器时代、东周、汉代、宋代及明清时期的样本。研究结果发现，这些人

群上颌两颗前白齿形状之间具有明显的重叠区域，而下颌两颗前白齿之间差别较明显。这一现象揭示了中国人群在牙齿形态的微观演化过程，并表明全新世以来中国黄河及长江流域人群的复杂流动过程。

在微观的层面上，几何形态测量学也有助于我们对诸多有趣的考古学疑问进行解答。例如，我们一直希望从多个视角来探讨中国华南史前时期古人类的微观演化、人群流动与融合以及特殊葬式人群的区分问题。众所周知，广西邕江流域史前时期的顶蛳山文化中出现了肢解葬这种较为特殊的葬式。几何形态测量学的分析表明，顶蛳山遗址古人类下颌第二白齿无论在性别间还是葬式间，其牙齿形态均显示出较为一致的特征（刘畅，2018）（如图 17-26、图 17-27 所示）。如果再综合其他相关的生物考古学分析，我们就能在一定程度上探讨人群差异与文化习俗的对应关系

图 17-25　英国利物浦大学基斯·都伯尼（Keith Dobney）教授和他的同事在使用 MicroScribe 三维测量臂获取三维数据

（承蒙 Keith Dobney 授权使用）

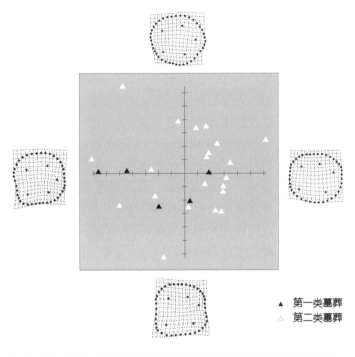

▲ 第一类墓葬
△ 第二类墓葬

图 17-26 顶蛳山遗址古人类下颌第二臼齿几何形态测量学 TPS 分析
（刘畅，2018）

和内在联系。

当然，仅仅依赖几何形态测量学等单一方法是无法全面和深刻地理解人类的生物性和文化性的交互关系及其复杂性的。因此，我们应当尽可能地应用多元的研究方法和手段，如此才能不断地加深对人类自身的诸多进化现象和文明进程的认知和理解。例如，在对人类生业方式的转变过程进行分析时，如能将几何形态测量学与传统的骨骼测量学相结合，并参考骨骼所蕴藏的生物力学信息，就能在很大程度上认识某一古代人群的演化细节和行为特点。形态与功能相结合的研究必将是生物考古学未来发展的重要方向。

图 17-27 顶蛳山遗址 98GYD 中区发掘区
（承蒙傅宪国授权使用）

第四节　分子考古学

　　分子考古学研究是古代人群基因型研究的重要体现，表型与基因型的研究极大地提升了考古学的解释能力。通过对中国内蒙古长城地带和辽西地区先秦时期人骨的表型特征和基因型结构分析，我们得以获知该地区先秦时期先民在种属和遗传结构方面的信息（吉林大学考古 DNA 实验室，2001；王海晶等，2007；嫦娥，2008；赵欣，2009）。例如，在辽西地区的人群构成上，由新石器时代以"古东北类型"居民为主逐渐转变为青铜时代以"古华北类型"居多，到青铜时代晚期受到蒙古高原南下人群的影响。这些历时性的变化显示了辽西地区先秦时期先民的多元性结构（如图 17-28 所示）（赵欣，2009）。

　　又如，有学者对吉林省大安县后套木嘎汉书二期（战国至西汉）墓地 A Ⅲ 区墓葬所出人骨进行了表型特征和基因型结构分析（如图 17-29 所示）（肖晓鸣和朱泓，2014、2015；宁超，2017）。研究结果显示，后套木嘎汉书二期墓地中的古人类来自一个以血亲关系为纽带形成的氏族群体。

　　最新的 18 个来自东南亚新石器时代至铁器时代（距今 4100 ～ 1700 年）个体的古 DNA 全基因组数据表明，越南僾薄（Mán Bạc）遗址的早期农业型人群呈现出一种由史前华南农业人群和东南亚史前南岛语族（狩猎 - 采集人群）混合的状态。而到了青铜时代，越南和缅甸的先民已展现出与当代同地区人群的同质性（Lipson 等，2018）。

　　欧亚大陆的青铜时代（公元前 3000—公元前 1000 年）是一个重要的文化变迁时期。然而，这些变迁是由思想的传播还是人类的迁徙造成的呢？通过对来自欧亚大陆的 101 名古代个体低覆盖率的基因组数据（low-coverage genomes）

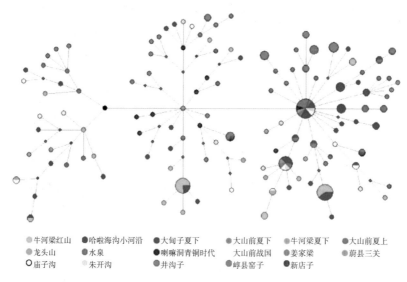

　　● 牛河梁红山　　● 哈啦海沟小河沿　　● 大甸子夏下　　● 大山前夏下　　● 牛河梁夏下　　● 大山前夏上
　　● 龙头山　　● 水泉　　● 喇嘛洞青铜时代　　大山前战国　　● 姜家梁　　● 蔚县三关
　　○ 庙子沟　　● 朱开沟　　● 井沟子　　● 崞县窑子　　● 新店子

图 17-28　辽西地区先秦时期 192 个古代个体 mtDNA HVR-I 构建的中介网络
（赵欣，2009）

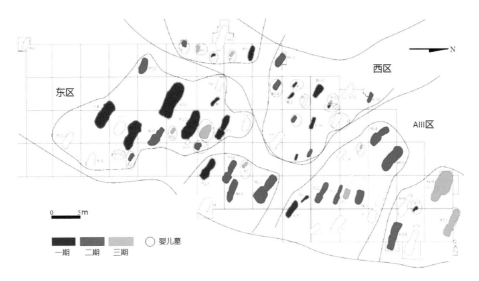

图 17-29　后套木嘎汉书二期墓地 A Ⅲ 区墓葬分布

（承蒙朱永刚授权使用）

进行分析，我们认识到青铜时代是一个人群高度动态的时期，曾发生过大规模的人口迁移和更替现象，也由此塑造了当今欧亚地区的主要人口结构（如图 17-30 所示）（Allentoft 等，2015）。

中国新疆塔里木盆地早期铁器时代曾经生活着原始欧洲类型、地中海东支类型和来自东亚与北亚的蒙古类群等三类人群（Han，1998）。而对古丝绸之路南线塔里木盆地的圆沙、山普拉、扎滚鲁克和尼雅等 4 处遗址（距今约 2000 年）进行的人类遗骸线粒体 DNA 数据分析结果显示，单倍型类群在塔里木盆地古人群的分布表明其是一个由已经分化的东西方谱系融合产生的混合人群（如图 17-31 所示）。

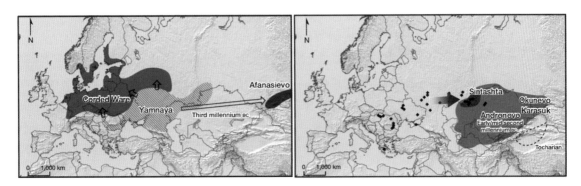

图 17-30　欧亚大陆青铜时代早期（左）及中晚期（右）的文化变迁

（修改自 Allentoft 等，2015）

图中显示了颜那亚文化（Yamnaya）、绳纹器文化（Corded Ware Culture）、阿凡纳谢沃文化（Afanasievo）、辛塔什塔文化（Sintashta）、安德洛诺沃文化（Andronovo）、欧库尼沃文化（Okunevo）和卡拉苏克文化（Karasuk）。

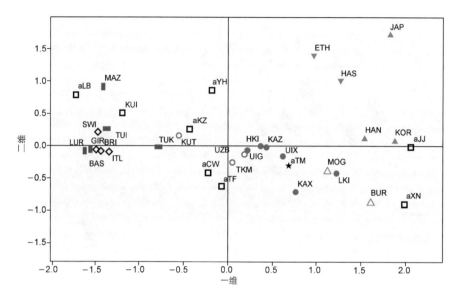

图 17-31 古代与现代人群构建的多维度分析

（崔银秋 等，2009）

东亚人群用三角表示；北亚人群用倒三角表示；中亚人群用圆形表示；安纳托利亚 / 高加索人群用横长方形表示；伊朗人群用竖长方形表示；欧洲人群用菱形表示；古代人群用正方形表示；古代塔里木盆地人群（aTM）用星形表示。

现代人群包括中国北方汉族（HAN）、南方汉族（HAS）、南方少数民族（ETH）、新疆维吾尔族（UIX）、韩国人（KOR）、日本人（JAP）、布里雅特人（BUR）、蒙古人（MOG）、哈萨克斯坦维吾尔族（UIG）、哈萨克人（KAZ）、低地吉尔吉斯人（LKI）、高地吉尔吉斯人（HKI）、乌兹别克人（UZB）、土库曼人（TUK）、库尔德人（KUT）、伊朗高原 Gilaki 人（GIR）、伊朗高原 Mazandarian 人（MAZ）、伊朗高原库尔德人（KUI）、Lur 人（LUR）、土耳其人（TUI）、阿塞拜疆的土耳其人（TUT）、瑞士人（SWI）、意大利人（ITA）、巴斯克人（BAS）、英国人（BRI）。古代人群包括匈奴人群（aMG）、新疆吐鲁番盆地人群（aTF）、洋海（aYH）、罗布诺尔（aLB）、察吾呼（aCW）、哈萨克游牧人群（aKZ）及塔里木盆地人群（aTM）。

其中，西部欧亚谱系的来源中有来自近东和伊朗地区的成分；东部欧亚谱系来源较广，融合过程也较复杂，其主体成分来自北亚和东北亚，但同时含有少量东南亚起源的成分（崔银秋等，2009）。

除了从宏观的视角探索古代人群的起源与迁徙，分子考古学也非常关注某些个体的"身世"。例如，采用基于 PCR 扩增和 454 序列的混合测序方法，有学者对著名的冰人奥茨进行了线粒体 DNA 分析。这是目前获取的第一个史前欧洲人类的完整线粒体基因组序列。结果显示，奥茨属于线粒体单倍型类群 K1 的一个分支（如图 17-32 所示）。这一分支非常独特，至少在现代欧洲人群中还未发现（Ermini 等，2008）。遗传学的研究还揭示出了有关奥茨的诸多个体信息，如他与撒丁岛上当代居民的遗传学关系最近。他可能有着褐色的眼睛、O 血型以及乳糖不耐受症（Keller 等，2012）。

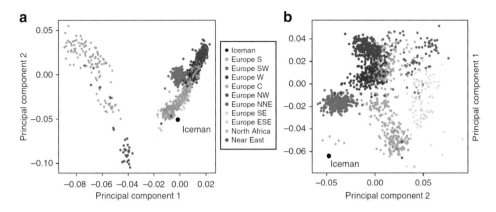

图 17-32　奥茨基因组与相邻人群单核苷酸多态性（SNP）序列的主成分分析结果，采用 123425 个 SNP 进行分析

（Keller 等，2012）

图例中所示人群：Europe S（意大利人群）、Europe SW（西班牙和葡萄牙人群）、Europe W（法国人群）、Europe C（德国人群）、Europe NW（英国人群）、Europe NNE（瑞典人群）、Europe SE（希腊人群）、Europe ESE（土耳其人群）、North Africa（阿尔及利亚、利比亚、埃及、摩洛哥、撒哈拉和突尼斯人群）以及 Near East（卡塔尔人群）。

🔍 重点、难点

1. 生物考古学中的表型和基因型研究
2. 古代族属的亲缘关系分析
3. 齿学人类学
4. 几何形态测量学
5. 分子考古学

💭 深入思考

1. 如何量化连续性形态特征？
2. 小变异特征都与遗传有关吗？
3. 某一墓地中出现的形态学异化个体是否意味着其是外来的？
4. 生物考古学对古代族属亲缘关系研究的贡献体现在哪些方面？
5. 东亚地区人群都是"中国型牙"群体吗？
6. 几何形态学相较于传统形态测量学有哪些优势和不足？
7. 当形态学分析和分子考古学结论不一致时，该如何解释？

延伸阅读

[1] 崔银秋，高诗珠，谢承志，等. 新疆塔里木盆地早期铁器时代人群的母系遗传结构分析 [J]. 科学通报，2009，54（19）：2912-2919.

[2] 李法军，朱泓. 河北阳原姜家梁新石器时代遗址头骨非测量性状的观察与研究 [J]. 人类学学报，2003，22（3）：206-217.

[3] 李海军，李劲松，张秉洁. 青海撒拉族侧面部几何形态测量分析 [J]. 人类学学报，2015，34（4）：528-536.

[4] 刘畅. 顶蛳山遗址古人类臼齿几何形态测量分析 [D]. 广州：中山大学，2018.

[5] 王令红. 华北人头骨非测量性状的观察 [J]. 人类学学报，1988，7（1）：17-25.

[6] 吴秀杰，舍帕茨·CT技术在古人类学上的应用及进展 [J]. 自然科学进展，2009，19（3）：257-265.

[7] 席焕久，陈昭. 人体测量方法 [M]. 北京：科学出版社，2010.

[8] 萧旭峰，吴文哲. 生物形状的科学：浅谈几何形态测量学之发展与应用 [J]. 科学月刊，1998，29（28）：624-633.

[9] 张松林，杜百廉. 中国腹心地区体质人类学研究 [M]. 北京：科学出版社，2008.

[10] 朱泓. 建立具有自身特点的中国古人种学研究体系 [M] // 吉林大学社会科学研究处. 我的学术思想：吉林大学建校50周年纪念. 长春：吉林大学出版社，1996：471-478.

[11] 朱泓. 中国古代居民的体质人类学研究 [M]. 北京：科学出版社，2014.

[12] 朱泓. 体质人类学 [M]. 北京：高等教育出版社，2004.

[13] ALVAREZ-CUBERO M J, SAIZ M, MARTINEZ-GONZALEZ L J, et al. Genetic identification of missing persons: DNA analysis of human remains and compromised samples [J]. Pathobiology, 2012 (79): 228-238.

[14] CUI Y, WU X. A geometric morphometric study of a Middle Pleistocene cranium from Hexian, China [J]. Journal of human evolution, 2015, 88: 54-69.

[15] FISCH G S. Whither the genotype-phenotype relationship? An historical and methodological appraisal [J]. American journal of medical genetics, 2017 (175C): 343-353.

[16] GÓMEZ-ROBLES A. Palaeoanthropology: the dawn of Homo floresiensis[J]. Nature, 2016, 534(7606): 188-189.

[17] MARTIN R. Lehrbuch der anthropologie in systematischer darsterllung: mit besonderer berucksichtigung der anthropologischen methoden fur Studierende artze und Forschungsreisende [M]. Jena: G. Fischer, 1928.

[18] O'HIGGINS P, STRAND-VIDARSDOTTIR U. New approaches to the quantitative analysis of craniofacial growth and variation [M] // HOPPA R D, FITZGERALD C M. Human growth in the past:

studies from bones and teeth. Cambridge: Cambridge University Press, 1999: 128–160.

[19] TURNER C G. Major features of Sundadonty and Sinodonty, including suggestions about East Asian microevolution, population history, and late Pleistocene relationship with Australian aboriginals [J]. American journal of physical anthropology, 1990, 82（3）: 295–317.

[20] XING S, TAFFOREAU P, O'HARA M, et al. First systematic assessment of dental growth and development in an archaic hominin（genus, Homo）from East Asia [J]. Science advances, 2019, 5（1）: eaau0930.

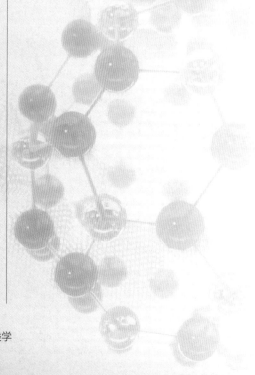

第十八章　容貌和身体发育状态

在了解了古人的体质特征和遗传关系之后，我们自然会对他们生前的容貌产生兴趣。在现代法医学领域，通过头骨重建逝者生前容貌是寻找尸源的重要途径，通常成为案件告破的关键所在（陈世贤，1998；Thomas，2003；Oxenham，2008；Black 和 Ferguson，2011）。许多人也都渴望知道远古人类的容貌。在研究古代人群的种族特征和个人生活史方面，容貌的复原是一项令人着迷的工作（格拉西莫夫，1958；林雪川，1992、2000）。试想一下，通过特定的方法，在还原了某座墓葬中墓主人生前的容貌之后，我们会透过这种复原真切地感受到某段逝去的历史。

由于进化阶段的早晚、生态环境的差异及社会类型和发展程度的不同，不同人群在总体身体发育状态上会显示出差别来。就个体层面而言，即便是同一群体内部的成员，因为先天的遗传因素和后天的综合因素，个体间在身高和体重方面也显示出明显的差别。

第一节　他们的容貌如何

从目前复原的自南方古猿阶段的人科成员以来各时期人类成员的面容来看，人类在宏观进化和微观演化的过程中，面貌的变化非常之大！对于化石人类而言，很少有像北京直立人、德马尼西人、尼安德特人或者弗洛勒斯人那样完整的头骨存留，大部分的复原工作都是基于残破的头骨或者颅骨进行的（如图 18-1 至图 18-5 所示）。全新世以来的人类容貌特征复原工作则非常丰富，透过人像的复原，我们对曾经发生过的历史片段有了更为感性的认识。

头骨是复原个体容貌的重要来源和依据。在现代法医人类学实践中，传统泥塑法、二维的颅像重合技术和三维头骨面容重建技术是主要的方式（如图 18-6 至图 18-8 所示）。但如

图 18-1　南方古猿露西头部
复原像
（©Tim Evanson）

图 18-2　德马尼西人复原像

图 18-4　尼安德特人成年男性
（©Tim Evanson）

图 18-5　弗洛勒斯人复原像

图 18-3 北京直立人
（©Bleached Rice）

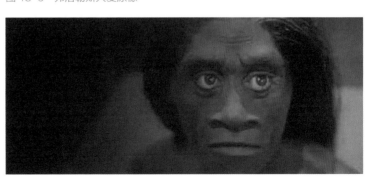

图 18-6　庙子沟遗址 M29 Ⅲ
号男性

（承蒙林雪川授权使用）

图 18-7　冰人奥茨的
全身复原像

（©Thilo Parg/Wikimedia
Commons 20）

Kustár，1999；
Pickering 和
Bachman，
2009；林雪
川和张全超，
2011）。随着
3D 技术的发
展，越来越多
的法医人类学
者使用数字化
复原方法（吉
林大学边疆考

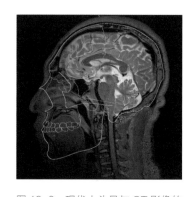

图 18-8　现代人头骨与 CT 影像的
拟合

（© 李法军）

古研究中心和北京市文物研究所，2004；朱泓
等，2004；周明全等，1997；李一波等，2006；
Gupta 等，2015；Lindsay 等，2015；李志文等，
2019），并辅以 3D 打印技术，使复原的数字头
像得以变成实物雕像（如图 18-9 所示）。

果希望了解某个时期特别是史前时期特定个体
的面部形象，那么最流行的方式是通过传统
雕塑法和 3D 头骨面容重建技术重建面容（左
崇新，1985；林雪川，1992、1994、2000；

在一个重建图坦卡蒙（Tutankhamun）面

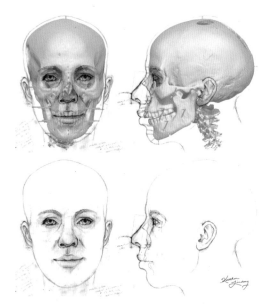

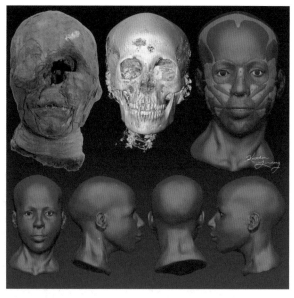

图 18-9　古埃及木乃伊两种头像复原结果

（Indsay 等，2015）

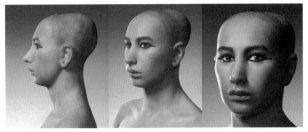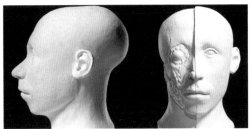

图 18-10　埃及卡哈来德·艾尔萨义德（Khaled Elsaid）的复原结果（左）以及美国苏珊·安东尼（Susan Antón）和米歇尔·安德森（Michael Anderson）的复原结果（右）
（Hawass 等，2005）

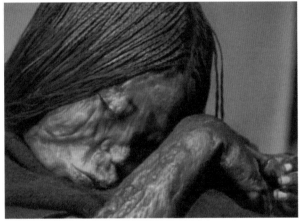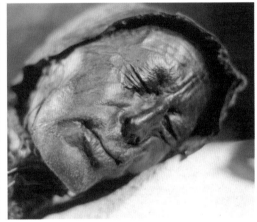

图 18-11　普罗姆（Plomo）木乃伊

图 18-12 丹麦托兰德人
（Sven Rosborn 摄制）

图 18-13　台湾大坌坑文化男性（35～45岁）颜面复原像（李志文等，2019）

容的项目中，埃及著名考古学家哈瓦斯（Zahi Hawass）博士采用了所谓"背对背"的多组同时复原方式，因此让这个研究项目变得更加科学而且令人期待。他组建了法国、美国和埃及三个独立艺术和科学研究团队，应用现代法医学技术对图坦卡蒙的面容进行重建（Hawass 等，2005）。其中法国和埃及团队被告知要重建的是图坦卡蒙的面容，而美国团队未被告知此事。重建结果非常接近（如图18-10所示），从而让我们能够更加真切地了解这位埃及法老的"真容"。

此外，在诸多的考古发现和发掘中，我们还会遇到各种类型的人类遗存（如图18-11至图18-13所示），某些类型还保存着当时的面容和完整的躯体。例如，前面提到的在那些干燥的沙漠地带通常会保存下来的完好的木乃伊或其他类型的干尸，在某些沼泽地带发现的泥炭

图 18-14　秦始皇陵一号坑

（Bencmq 摄）

图 18-15　秦始
皇陵一号坑俑

［修改自秦始皇帝
陵博物院（2014）
及 Svensson 作品］

图 18-16　千人千面
的兵马俑面部特征

（修改自陕西省考古研
究所和始皇陵秦俑坑
考古发掘队，1988）

生物人类学
（第二版）

图 18-17　法尤姆画像

（左：Eloquence 编辑；右：Matthias Kabel 摄制）

鞣尸（如丹麦托兰德人），或者在某些高寒地区发现的冰人（如冰人奥茨）。

当然，我们也能够通过保存下来的各种人工制品（如岩画、雕塑、绘画等）来了解当时人们的面容。秦俑面部素有"千人千面"之称。

例如，一号俑坑中出土了千余例陶俑，其形神兼备，基本上都具有接近真实感的个性特征（如图 18-14 至图 18-16 所示）。不仅如此，这些陶俑还具有很强的地方特点，反映出秦俑面部造型具有很强的写实性。这为我们了解 2000 多年前中国古人的样貌提供了难得的机会。

曾经在古埃及托勒密王朝时期盛行的法尤姆画像（Fayum Portrait）为我们展现了当时上层社会人们的面容（如图 18-17 所示）。这些正面像被画于木板之上，生者将其盖在已经木乃伊化的死者面部。这种画像具有强烈的写实特征，着笔细腻，色彩丰富，生动传神（Berman 等，2003）。但遗憾的是，除了少部分为考古发掘所得（Petrie，1911），大部分画像均属于盗掘所得，没有科学发掘甚至简单的记录，因此其科学价值大打折扣。直至今日，尚未出现有关将其所述个体进行面容重建并与之比较的报道，所以我们还无法确知这些画像与墓主人的真实对应关系及其程度。

专题

如何通过头骨重建容貌

人们很早就想了解古代人的长相。以往是根据流传的雕塑或者绘画作品知道古代人类的面容。直到 19 世纪的时候，才出现了根据头骨进行容貌复原的概念和实验。德国解剖学家赫尔曼·沙夫豪森（Hermann Schaaffhausen）（如图 18-18 所示）曾在 1877 年尝试根据金属时代初期的头骨重建人类的面貌。随后，德国人类学家赫尔曼·维尔克（Hermann Welcker）（如图

图 18-18　德国解剖学家赫尔曼·沙夫豪森

图 18-19　德国人类学家赫尔曼·维尔克

图 18-20　瑞士人类学家维尔和·西斯

（Nicola Perscheid, 1900）

图 18-21　德国人类学家朱利叶·科曼

18-19 所示）在 1883 年首次对 13 具男性尸体头面部的软组织厚度进行了测定。

1895 年，瑞士人类学家维尔和·西斯（Wilhelm His）（如图 18-20 所示）尝试复原著名音乐家巴赫（J.S. Bach）的面容（如图 18-22 所示），这是世界上第一次尝试用科学的方法通过头骨来复原一个人的生前面貌（Peipert 和 Roberts，1986；Lee 等，2012）。1898 年，德国人类学家朱利叶·科曼（Julius Kollmann）（如图 18-21 所示）和雕塑家比尤赫里（W. Büchly）共同改进了西斯依据尸体数据进行人像复原的方法，并在 1899 年发表了瑞士古代湖居女性的头部复原像。

之后，欧洲陆续有学者进行了不同时期古代人的头骨人像复原工作。1913 年，德国解剖学家海因里希·冯·爱格灵（Heinrich Von Eggeling）（如图 18-23 所示）发表了他对尼安德特人的复原结果。但有学者认为该复原工作是失败的，原因在于两点：一是雕塑工作非爱格灵

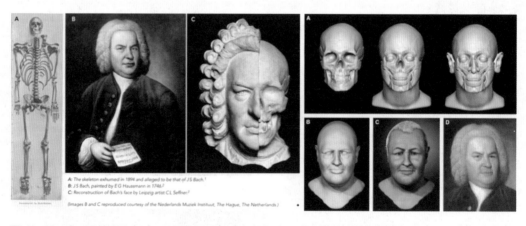

图 18-22　左：巴赫遗骸（A）、巴赫肖像画（B）与西斯（His）所做的巴赫复原像（C）；右：巴赫颅面复原步骤（A、B）、巴赫颅面复原像（C）与巴赫肖像（D）

（©www.mja.com.au；©www.digitalmeetsculture.net）

本人所做；二是所依据的出
自法国的圣沙拜尔人头骨是
老年个体，雕塑品未做年龄
修正，所以复原出了一个年
轻而面部丰满的个体（格拉
西莫夫，1958）。

法国人类学家马斯
兰·布勒（Marcellin Boule）
（如图18-24所示）1911年
的复原工作被认为是最成功
的，提供了关于尼安德特人
面貌特点的完备概念。美国

图 18-23　德国解剖学家　　　　图 18-24　法国人类学家马斯兰·布勒
海因里希·冯·爱格灵

解剖学家马克贵格（J.H. McGregor）的爪哇猿人等复原工作也值得称道。而美国体质人类学家
克罗格曼（W. Krogman）被认为是将头骨人像复原技术推广至法医学领域的关键性人物。有关
中国人面部软组织厚度的最早记录是伯克纳（Birkner）在20世纪初进行的，而首次由中国人
自己进行的国人面部软组织厚度测定工作是由丁涛在1963年完成的（陈世贤，1998）。直至今
日，依据头骨进行复原个体生前面容的工作依然受到高度的重视。

德国解剖学家汉斯·维尔绍（Hans Virchow）（如图18-25所示）曾提出"半头骨半假面
制品"的概念，目的是能够一目了然地显示软组织和位于其下的骨骼的对比关系（Virchow，
1914；Koel-Abt和Winkelman，2013）。他认为不适宜用新鲜头骨来进行工作，而是建议先用加
有酒精的福尔马林溶液注射
尸体，其硬化作用能够保证
软组织在未来的稳固性。用
石膏模铸头的一侧，在另一
侧进行一系列的规定测量。
铸出齿列的咬合位置，除去
颌骨的整个关节部和齿槽上
的软组织。除去头上的石
膏，沿正中线锯开，经过一
系列复杂处理，获得一个
"半头骨半假面制品"。但实
验结果表明，左右侧部分不

图 18-25　汉斯·维　　　图 18-26　苏联解剖学家和法医学家米克哈伊·格
尔绍　　　　　　　　拉西莫夫（中间手持模型者）

（Carl Günther，1912）　（AH CCCP，1941）

易相符（格拉西莫夫，1958）。

苏联解剖学家和法医学家米克哈伊·格拉西莫夫（Mikhail Mikhailovich Gerasimov）（如图18-26所示）被认为是一位集大成者。在其所著的《从头骨复原面貌的原理》(1958)一书中，他详尽地介绍了如何依据头骨来复原个体生前的容貌。他提出了"肖像性的复原"的概念，即可以根据某个人的头骨复原出来的容貌将其识别出来。

格拉西莫夫强调，复原出来的容貌在任何程度上，无论如何也不是从前生活过的那个人的本来面目，但是总是最大限度地接近其外貌。做出的形象没有可能被称作艺术性肖像，因为这是个体外貌的写实的复原像，而不是创造肖像的艺术家关于个体外貌所做的富于表情的面像。依据头骨复原的容貌是不同于艺术性的肖像的，它不是主观的而是严格客观的形象。格拉西莫夫主要采用了塑像技法，参照了大量的软组织数据，对不同种族的头骨进行了大量的复原工作。

许多文献都认为：蒙古人的软组织平均厚度大于欧洲人和黑人的；男人的比女人的厚些；青年个体的比老年个体的厚些。但格拉西莫夫认为，每一人种群体中都可以见到所谓的薄型和厚型的面部构造。面上的脂肪蜂窝组织并不是均匀分布的。在复原时，头的安放位置非常重要。随着年龄的增长，头的位置逐渐倾向前下方，这不仅是因为脊柱的变化，也在于颅底关节位置的改变。婴儿时期个体的头是略向上抬的；13～18岁时，头通常位于法兰克福平面位置上；成年后头开始逐渐向下低垂，通常在经过耳的水平线和法兰克福平面所成角度不小于12～15度的位置上（格拉西莫夫，1958）。

专 题

林雪川与中国古代个体的头像复原

林雪川是中国当代著名的古代人像复原专家，现任职于吉林大学边疆考古研究中心。他长期以来致力于中国古代考古学遗址出土的人类头骨容貌的重建工作，从华南史前时期的甑皮岩遗址所出头骨到内蒙古地区的辽代个体，跨越了多个地域的不同时期。

他早期的复原工作均是雕塑法，同时充分参考了考古学的相关信息，从而赋予了被复原个体的鲜明个性和文化特征。较有代表性的工作是对内蒙古宁城山嘴子辽墓契丹族头骨的复原（林雪川，1992）。他的具体工作过程是：首先是上泥前的准备工作，即翻制头骨石膏模型，以此来做复原面貌的骨性基础。然后将复制品置于法兰克弗平面上，设置标高小柱（用这些标柱来表示

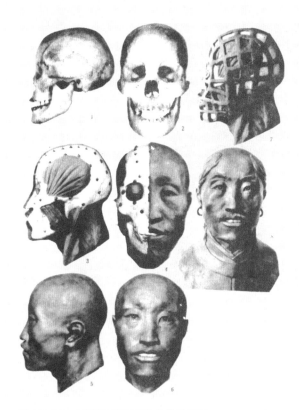

图 18-27　山嘴子辽墓契丹族头像的复原
（林雪川，1992）

图 18-29　吐尔基山辽墓墓主人三维复原像
（承蒙林雪川授权修改使用）

图 18-28　小黑石沟人像复原
（承蒙林雪川授权修改使用）

图 18-30　林雪川（右）和朱泓（左）教授在
讨论老山汉墓出土头骨的修复情况
（承蒙朱泓授权修改使用）

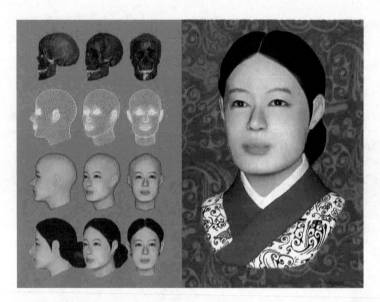

图 18-31　老山汉墓出土颅骨的计算机虚拟三维人像复原
（承蒙林雪川授权修改使用）

面部的软组织厚度）。

复原时采用先做左半边再做右半边的方法，注意表现出该个体面部所具有的左右不对称性。头固有部复原：用油泥按咀嚼肌在骨面所反映出的范围塑出此部肌肉，同时也塑上相应的颈肌。然后将已立好的标柱用油泥条按水平方向和矢状方向相互连接起来，形成方格状的嵴线。随着嵴线的增多增宽，头面部的软组织便逐渐复原到颅骨上。最后考虑到该个体所具有的北亚蒙古人的某些特征和文化习俗，按照颅骨上五官的位置，参照之前所估计的五官形态塑出该个体的容貌（如图 18-27 所示）。对内蒙古小黑石沟夏家店上层文化的人像复原以及庙子沟遗址新石器时代颅骨的人像复原也都体现了这样的特点（林雪川，1994、2000）（如图 18-28、图 18-6 所示）。

随着对人像复原工作的思考，林雪川逐渐发展出具有特色的三维人像复原技术（如图 18-29 所示）。这种探索首先体现在对北京市石景山区老山汉墓出土颅骨的计算机虚拟三维人像复原上（吉林大学边疆考古研究中心和北京市文物研究所，2004）。这一复原工作的难点之一在于，头骨虽然较完整，但变形较为严重，所以林雪川的首要工作是与朱泓教授等体质人类学者们一道对该头骨进行科学的修复和重建（如图 18-30 所示）。

为了便于在粘接过程中不断地修改和调整，他们选用了热溶型粘接剂。在头骨三维化方面，林雪川尝试将修整好的颅骨放置在立方定颅器上，用数码相机对颅骨的各面进行拍照，然后将得到的图像输入计算机。应用相关的图像处理软件，将颅骨图像在计算机中调整成实际大小，并将各个图像设置在一个统一的坐标系中。

他采用了头面部组织混同塑造方法，并根据颅骨表面肌嵴的发育程度进行适当的调整。采用三维技术，在颅骨建模上进行。眼、鼻、口、耳部的复原也是在计算机中完成的。根据该颅骨的性别、年龄及其人学特征，选择蒙古人种中年女性的皮肤，进行面部贴图处理。眉毛是按眉弓的形态添加上的，瞳孔的大小适中，颜色上选择了典型亚洲蒙古人种的黑褐色。为了更加逼真地反映出该个体的时代和身份特征，其发式选用了汉代有代表性的样式（如图 18-31 所示）。

可以看出，该复原方法仍根植于雕塑法的框架，只是复原的环境由实体环境变为虚拟环境。这种方法对复原者有着较高的要求，还不能形成模块化的复原流程。但是，这次复原工作具有开创性，填补了我国应用三维技术复原颅骨生前容貌的空白。这种方法的优点在于，与传统的雕塑复原法相比，利用三维技术复原颅骨生前容貌具有科学性更强、复原效果直观生动、复原工作周期短、复原过程完全数字化的特点（如图 18-32 所示）。

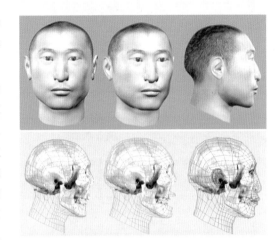

图 18-32　内蒙古东大井汉代鲜卑人容貌复原（林雪川和张全超，2011）

第二节　他们的身体发育状态是怎样的

人类在宏观进化和微观演化过程当中，其身体发育的状态和过程是怎样的呢？例如，不同进化阶段的古人类，以及处于同一进化水平但时代和地域不同的古人类，他们在身高和体重方面的一致性或者差异性如何呢？在诸多身体发育指标中，身高、体重和胸围是衡量一个群体总体发育水平的重要指标，也是比较个体发育水平的标尺。

就活体（包括尸体）而言，这些指标信息是比较容易获取的（邵象清，1985；姜虹等，1998；杨晓光等，2006；Shaw 和 Stock，2009；宋逸等，2015），但对于仅保存了骨骼或者化石遗存的个体而言，胸围数据较难获取，而身高和体重则需要依据特定的计算公式来进行推断（Pilbeam 和 Gould，1974；McHenry，1976；

Ruff 等，1997；刘武等，2007；原海兵等，2008；Stock，2011；方园等，2015；Young 等，2018）。

生物人类学者依据现代人的活体数据，应用其骨骼进行了大量的测量与统计，从而获得了不同的依据骨骼进行身高和体重推断的回归方程，并确定了它们的判别率（王永豪等，1979；莫世泰，1983；江西省公安厅等，1984；米罗诺夫，2008；Young 等，2018）。不同种族、不同地区和不同时代的数据累积，为我们推断远古时期人类个体的身高和体重提供了可能性。

现在看来，身高判别效果最好的是四肢的长骨，其他骨骼可作为补充和参照，手印和足印有时候也能派上用场（李力等，2007；谢伟东和龚舒展，2014；Shrestha 等，2015）；而体

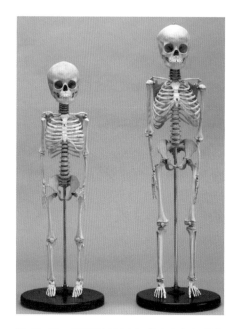

图18-33 摩洛哥6000年前（左）与现代
（右）5岁孩子骨骼发育差异
（©Bone Clones）

重判别效果最好的则是髋骨和股骨头（Ruff等，2005；Kurki等，2010）。

但我们也应当了解，应用现代人群的参数来推断远古时期人类的身高和体重是存在很大风险的。例如，如果我们将一个5000年前的幼儿个体与当代同龄个体的骨骼进行比较，就可以发现二者之间存在的显著发育差异（如图18-33所示）。诚然，这种简单的比较并不具有完全的说服力。因为我们知道，即使现在，不同种族、同种族不同地域和文化的人群在身高和体重方面都存在着不小的差异，个体差异的重要影响也不容忽视（如图18-34所示）（张振标，1988；黄凤

娟，2008）。简单比较的意义在于表明差异性是必须要重视的因素。因此，我们应当对所推断出的古代人类个体的身高和体重结果保持审慎的态度。

导致个体间身体发育的原因是什么呢？大量的研究表明，环境因素、文化因素和遗传因素是导致人群间和人群内个体之间身体发育存在显著差异的重要因素（Preece，1996；王宏运等，2008；蔡文萍和沈梅，2014）。例如，对20世纪70年代末东北城市8～12岁孩子的身体发育指标进行的回归分析表明，一般趋势是形态指标变异最小，运动素质指标变异最大，生理功能指标的变异居中，而青春期时变异系数普遍增大。8岁年龄组的各项测试指标的变异系数较小，而青春期的则较大（王忆军和唐锡麟，1989）。

又如，对以1991年全国体质与健康监测样本中13～18岁的70308名汉族中学生为对象的研究表明，中学生身体形态发育的群体水平具有明显的地域特征，中学生身体形态发育

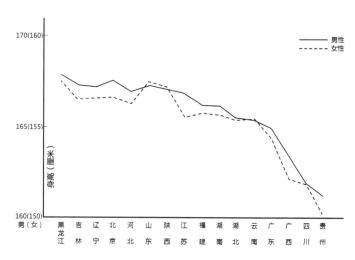

图18-34 现代中国成年人身高的分布
（修改自张振标，1988）

受地理环境、经济发展和遗传结构的影响较大（唐东辉，1995）。1992—2002年的体质调查结果进一步证实了上述因素的重要影响（杨晓光等，2006）。

一、身高

许多早期人类一般体形比我们之前认为的更小。就我们目前了解的依据完整骨骼而进行身高和体重推断的最早案例是南方古猿露西（A L 288-1）（如图12-21所示）。由于她保留了全身40%的骨骼，特别是肢骨的主要部分都保留了下来，因此可以据此进行身高和体重的推断。结果显示，露西是一个身高106.68厘米、体重大约为27千克的娇小型南方古猿（Jungers，1988）。此外，根据在坦桑尼亚的莱托里足印

（如图12-23所示）推算的两个南方古猿阶段的个体的身高分别是120厘米和140厘米。

最近的研究为我们揭示了有关人科成员身高演化的更多细节。尽管类似现代人高身材的个体在距今350万年～300万年的南方古猿阿法种当中就已出现，但总体上，早期非直立人阶段的人属成员在体形大小上与南方古猿并没有明显的差异，直立人阶段才开始进化出了比早期人类更大的平均体形大小（如图18-35所示）（Gallagher，2013；Grabowski 等，2015；Will和Stock，2015）。例如，在非洲肯尼亚发现的纳里奥科托姆人男性未成年直立人化石（如图13-15所示）。这个个体几乎保存了全部的骨骼，其身高已达168厘米，估计成年后可达183厘米（李法军，2007）。

但或许纳里奥科托姆人只是一个特例，因

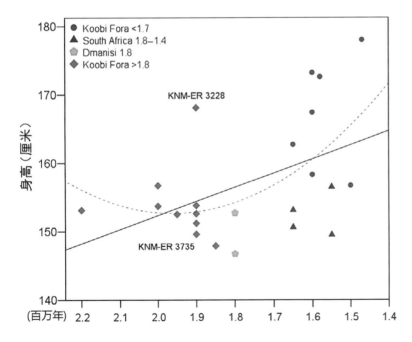

图18-35 早期人属身高分布
（修改自 Will 和 Stock，2015）

图18-36 弗洛勒斯女性（右）和现代人女性（左）身高比较
（Morwood 和 Oosterzee，2007）

为依据现有世界范围内人类化石的数据，人类大部分时间里还是矮身材，而且其身高并非一直呈增长趋势（如图 18-35 所示）。例如，根据罗马尼亚瓦托普（Vârtop）洞穴出土的一个尼安德特人的脚印推断其身高约为 146 厘米。距今约 1.8 万年的印度尼西亚弗洛勒斯人的成年者平均身高仅 100 厘米左右（Briwn 等，2004），是目前所复原的身材最小的人属成员（如图 18-36 所示）。因此，有关早期人属成员体形的普遍性认知还有赖于未来的新发现才能进一步深化。

古代中国人的身高的时空变化如何呢？从史前时期到历史时期，人群的身高值展现出了区域性差异和时代变化（王明辉，2003；顾玉才，2007；李法军，2008；汪洋，2008；张全超等，2008；原海兵等，2008；陈山，2009；原海兵，2010；张旭等，2013；彭卫，2015；孙蕾和朱泓，2015；张敬雷，2016；魏东，2017）。例如，先秦时期不同时期的各地人群当中，中原地区新石器时代人群的平均身高相对高些（如图 18-37 所示）。

新石器时代以后，中国北方人群中男性身高有增长的趋势，但是女性相较于男性而言一直处于一个相对稳定的低身高水平上（如图 18-38 所示）。通过对天津蓟县明清时期桃花园墓地出土的 171 例成年人骨标本的身高推算，我们得知该墓地男性居民的平均身高约为 167.19 厘米，女性居民的平均身高约为 152.89 厘米（原海兵等，2008）。与当代中国北方人群相比，天津蓟县明清时期的两性身高还是相对较低的。

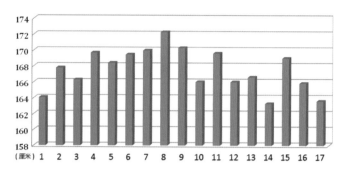

图 18-37　中国先秦时期男性人群身高均值的分布

（© 李法军）

1. 邕宁顶蛳山；2. 湛江鲤鱼墩；3. 余姚河姆渡；4. 阳原姜家梁；5. 华县元君庙；6. 西安半坡；7. 东营广饶；8. 泰安大汶口；9. 临潼姜寨；10. 陕县庙底沟；11. 翁牛特大南沟；12. 酒泉干骨崖；13. 伊金霍洛朱开沟；14. 敖汉大甸子；15. 北吕周人墓；16. 泰来平洋；17. 临淄两醇。

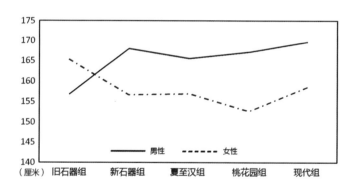

图 18-38　各时期北方人群的两性身高比较

（原海兵等，2008）

在欧洲的研究案例中，有学者对瑞士 1992—2009 年 45.8 万 18 ~ 19 岁男性士兵的身高变化特点进行了考察（Staub 等，2011）。在此基础上，他们还对瑞士人群自 1878 年以来的身高变化趋势进行分析，结果显示 130 年来，瑞士男性的身高值增加了 14.9 厘米。他们将此变化的主因归结于生活条件的改善。

由英国帝国理工大学马吉德·伊萨提

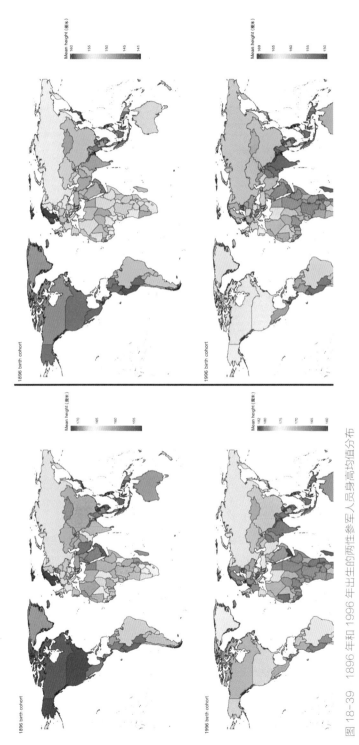

图 18-39 1896 年和 1996 年出生的两性参军人员身高均值分布
（Bentham 等，2016）

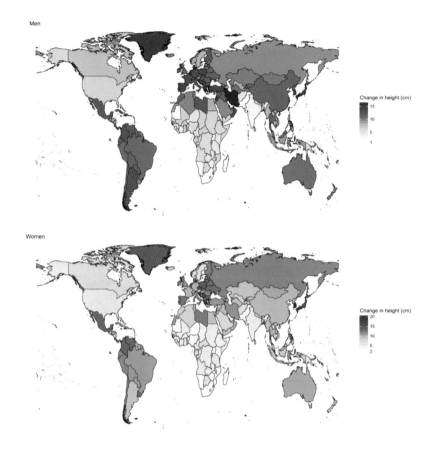

图 18-40　1896 年和 1996 年出生的两性参军人员身高均值变化
（Bentham 等，2016）

（Majid Ezzati）教授主导的国际研究团队在 2016 年发表了有关全球 1472 个人群 100 年来的身高发育调查结果（Bentham 等，2016）。这项研究的个体数达到了 1860 万例，出生于 1896—1996 年（如图 18-39 所示）。研究结果显示，韩国女性和伊朗男性的身高值增加最为显著，分别为 20.2 厘米和 16.5 厘米。而撒哈拉沙漠以南地区人群和南亚人群的身高值变化较小。20 世纪 70 年代出生的荷兰男性群体身高均值最高（182.5 厘米），而出生于 1896 年的危地马拉女性人群的身高均值为全球最低者

（140.3 厘米）。

中国大陆两性群体的身高均值分别为 171.8 厘米和 159.7 厘米，百年来分别增高了 11 厘米和 10 厘米。日本两性身高均值略低于中国大陆两性人群的，而韩国的则略高于中国大陆的。从全球范围来看，某些人群（如美国人群）的身高在近年出现停滞的现象，而撒哈拉以南的非洲地区甚至还出现了身高变矮的趋势（如图 18-40 所示）。该研究认为，身高的水平与基因、营养和环境等因素的相关性非常显著。

对中国当代不同人群的相关研究结果也表明，这样的差异和变化既可能是遗传结构所致，也可能是区域环境的影响和适应结果，还可能与生业方式和饮食结构有关（刑文华，1983；姜祯善等，1990；刘德华，1991；陈素华等，1996；李刚等，1997；许永敏等，2001；郗永义等，2005；杨晓光等，2005；霍塞虎等，2006；季成叶，2007；王宏运等，2008；陈开旭等，2015）。

对于我们而言，重建古人的身高是一件富有挑战性的事情。从上述的研究中可以发现，若试图了解古代人群的身高特点，长期的、全面的、跨时空的数据积累是非常必要的。当建立起一定规模的数据库信息后，我们才可能像了解当代人群的身高特点那样，获得一个建立在充分数据统计基础上的对古代人群身高的认识。

二、体重

在所有已知的早期人科成员中，除了部分南方古猿阿法种个体，大多数个体的体重主要为 25～45 千克（Grabowski 等，2015）。南方古猿非洲种属于体重最小的群体。距今 200 万年～120 万年的非洲古人类体重为 25～65 千克，大多数直立人个体拥有相对较大的体重，多集中在 40～65 千克。120 万年之后的智人相比之前的人群具有了体重上的明显优势（如图 18-41 所示）。

结合前面讲到的直立人在同一阶段内相对较大的体形，说明距今 200 万年～120 万年的古人类身高和体重是成正相关关系的。那么，同样具有相对大体重的南方古猿成员是否也符合这样的规律呢？综合目前的信息，可以看出

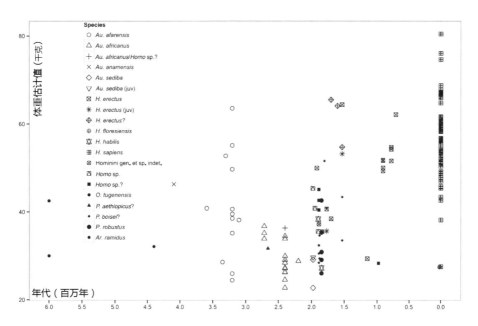

图 18-41　化石人类的体重估计
（修改自 Grabowski 等，2015）

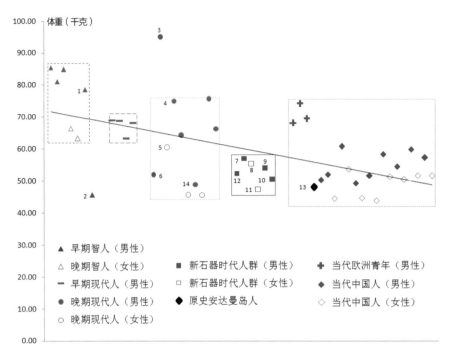

图 18-42　不同时期智人群体的体重分布

（© 李法军）

1. 金牛山人；2. 大荔人；3. 山顶洞人 101；4. 山顶洞人 103；5. 山顶洞人 102；6. 柳江人；
7. 顶蛳山男；8. 顶蛳山女；9. 鲤鱼墩 M5；10. 鲤鱼墩 M6；11. 鲤鱼墩 M7；12. 全新世早
期南非人；13. 原史安达曼岛人；14. 港川人。

南方古猿阶段的个体总体上还是相对矮小的，因此可以推测这些早期的人科成员具有相对较大的身体质量。

　　智人群体的体重分布特点总体上是早期智人大于晚期阶段的人群。但就某一阶段而言，地域上的和性别间的人群体重差异更加明显（如图 18-42 所示）。例如，华南史前时期较早阶段的顶蛳山遗址的两性在体重上大于稍晚期的鲤鱼墩遗址个体，当代欧洲人群的体重要大于当代中国人群。

🔍 重点、难点

1. 重建逝者生前容貌的方法
2. 身体发育的状态和过程重建
3. 身高推算
4. 体重的历时性分布

深入思考

1. 通过头骨重建容貌的可靠性有多大？

2. 影响身高推算准确性的因素有哪些？

3. 体重是否具有进化意义？

延伸阅读

[1]陈开旭，王为兰，张富春，等. 人类身高的遗传学研究进展［J］. 遗传，2015，37（8）：741-755.

[2]方园，范雪春，李史明. 福建漳平奇和洞新石器时代早期人类身体大小［J］. 人类学学报，2015，34（2）：202-215.

[3]格拉西莫夫. 从头骨复原面貌的原理［M］. 吴新智，孙廷魁，王钟明，等译. 北京：科学出版社，1958.

[4]黄凤娟. 二十年间辽宁省青少年身体指数变化动态分析［J］. 沈阳体育学院学报，2008，27（6）：57-59.

[5]吉林大学边疆考古研究中心，北京市文物研究所. 北京市石景山区老山汉墓出土颅骨的计算机虚拟三维人像复原［J］. 文物，2004（8）：81-86.

[6]刘武，吴秀杰，李海军. 柳江人身体大小和形状：体重、身体比例及相对脑量的分析［J］. 人类学学报，2007，26（4）：295-304.

[7]莫世泰. 华南地区男性成年人由长骨长度推算身长的回归方程［J］. 人类学学报，1983，2（1）：80-85.

[8]宋逸，胡佩瑾，张冰，等. 1985年至2010年中国18个少数民族17岁学生身高趋势分析［J］. 北京大学学报（医学版），2015，47（3）：414-419.

[9]孙蕾，朱泓. 郑州地区汉唐宋成年居民的身高研究［J］. 人类学学报，2015，34（3）：377-389.

[10]杨晓光，翟凤英. 中国居民营养与健康状况调查报告之三：2002居民体质与营养状况［M］. 北京：人民卫生出版社，2006.

[11]原海兵，李法军，张敬雷，等. 天津蓟县桃花园明清家族墓地人骨的身高推算：I［J］. 人类学学报，2008，27（4）：318-324.

[12]BENTHAM J, DI CESARE M, STEVENS G A, et al. A century of trends in adult human height［J/OL］. eLIFE, 2016, 5: e13410. https://dx.doi.org/10.7554/eLife.13410.

[13]BLACK S, FERGUSON E. Forensic Anthropology: 2000 to 2010［M］. New York: CRC Press, 2011.

[14]GRABOWSKI M, HATALA K G, JUNGERS W L, et al. Body mass estimates of hominin fossils

and the evolution of human body size〔J〕. Journal of human evolution, 2015（85）: 75–93.

〔15〕PICKERING R, BACHMAN D. The use of forensic anthropology〔M〕. 2nd ed. Boca Raton: CRC Press, 2009.

〔16〕RUFF C B, TRINKAUS E, HOLLIDAY T W. Body mass and encephalization in Pleistocene Homo〔J〕. Nature, 1997, 387: 173–176.

〔17〕RUFF C B, NISKANEN M, JUNNO J, et al. Body mass prediction from stature and bi-iliac breadth in two high latitude populations〔J〕. Journal of human evolution, 2005, 48: 381–392.

〔18〕STOCK J T, O'NEILL M C, RUFF C B, et al. Body size, skeletal biomechanics, mobility and habitual activity from the Late Palaeolithic to mid-Dynastic〔J〕. Nile valley, 2011.

〔19〕THOMAS P. Forensic anthropology: the growing science of talking bones〔M〕. New York: Facts On File, Inc., 2003.

〔20〕YOUNG M, JOHANNESDOTTIR F, POOLE K, et al. Assessing the accuracy of body mass estimation equations from pelvic and femoral variables among modern British women of known mass〔J〕. Journal of human evolution, 2018, 115: 130–139.

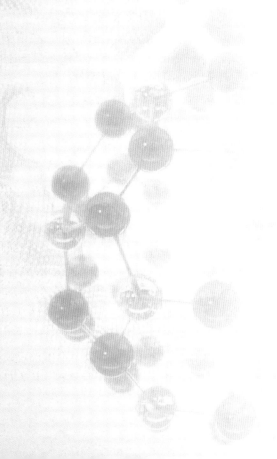

从最基础的层面讲，我们可以通过对某遗址或墓地当中出土人骨的性别和年龄进行鉴定，初步了解其中男女的性比例、成年人和未成年人的数量以及他们的死亡年龄。这对我们认识这个遗址或墓地的诸多现象有直接的帮助。

重建古代人群的人口规模具有更重要的指示作用。例如，人口规模能够推测某一人群的生业方式或者生育行为，反之亦然。人口规模的历时性变化在很大程度上反映了可能的生业方式变迁或者社会结构的变化。生育行为则从正的方向影响着人口总量变动，它不仅是一个生物学现象，也是一个社会学现象。

第一节　人口质量的相关因素

农业生产方式与人口规模及其密度增长的相关性探讨已经成为学术界持续探索的话题。有学者提出的"农业／语言扩散假说"（FLDH）在阐释这种生业方式转变的问题时提供了一种有趣的视角（Bellwood 和 Renfrew，2002）。有研究发现，在从狩猎－采集方式过渡为农业社会的过程中，人口生育率和净人口数量都有明显的增加，但过程漫长而且进展缓慢（Bellwood 和 Oxenham，2008）。

上述现象的产生与水生动物（如鱼类和贝类）所能提供的有限食物能量有关。这类食物对狩猎－采集人群的生育率有显著的负相关性，即越依赖水生动物能量的人群，其生育率越低。可以看出，食物结构和食物的能量构成会对人口规模产生直接的影响，食物生产和人口密度的交互作用是以一种类似滚雪球式的渐进方式实现一定的人口增长的。

有一种情形也是考古学极其重视的，即发生因适应环境而做出的放弃农业生产方式，转而以狩猎－采集或游牧方式生存的现象。中国北方先秦时期的鄂尔多斯地区就曾经出现过此种情况。袁靖提出的"被动发展论"认为，新石器时代居民总是尽可能地通过狩猎或捕捞居址周围的野生动物的方式获取肉食，除非野生动物资源不足以提供充足的肉食来源，才被迫通过饲养动物来获取肉食（袁靖，1999）。

人口质量所包含的信息有很多。在考古学的研究中，人口质量主要由古代人群的性比、年龄比、死亡年龄和平均预期寿命来反映。性比和年龄比有助于我们初步了解某一墓地当中两性的人口学构成情况，并借此知晓墓地中的人口分布特点，进而对相关现象的成因进行综合推断。例如，通过对内蒙古庙子沟遗址、哈民忙哈遗址和青海喇家遗址出土人骨的性别和年龄判定，再结合遗址揭示出来的诸多考古学遗迹现象得知，这些遗址内出土的个体很可能都是因自然灾害、瘟疫或屠杀而死亡的。

出生率和死亡率是影响人口规模的重要因素。新生儿的出生和人口迁入是人口增加的主要因素，新生儿死亡和人口迁出则造成人口的减少（Angel，1969；Bennett，1973；Weiss，1973）。现代人口学分析往往会通过大样本的抽样调查和统计，得出有关某个人群的大致人口规模、出生率和死亡率结果。但在考古学的情境下，这种结果还难以得出，因为我们还无从知晓特定古代人群的总体人口规模，其出生率和完整的死亡率信息也无法完全获取。

尽管如此，古人口学研究还是在诸多方面揭示了一定的人口学信息（武文军，1983；Hoppa 和 Vaupel，2002；王建华，2005）。新石器时代人口变迁（NDT）理论在探讨人口规模与生业方式转变方面颇具有新意。该理论推测从农业化开始的 500～700 年时间内，未成年个体（5～19 岁）的比例会出现突然增加的现象。与之相关的是"未成年人指数"（5～19），该指数是一定时期内某人群中 5～19 岁个体数与其 5 岁以上个体总数的比值，可以用于人口变迁过程的考察，主要反映了生育率和人口增长率的变化（Bocquet-Appel，2002）。有一种被称为"生育率下降（FD）"的理论还试图通过考察儿童所具有的经济价值比重来推断某一人群的生业方式。

平均死亡年龄和平均预期寿命能够反映某一古代人群的健康状态和生存状态。从人口平均死亡年龄的变化来看，中国北方人群从仰韶时代至夏商时期的人口学变化特点是，不同时代男性人口的平均死亡年龄普遍高于女性人口，总人口的平均死亡年龄有逐渐减小的趋势，但略有波动，这比较符合新石器时代人口变迁的模式。

华南和东南亚地区的情况如何呢？距今12000～7000年的广西桂林甑皮岩遗址先民的平均死亡年龄为27.2岁，26.32%的个体死于未成年阶段，两性均死于壮年期和中年期，壮年期最多，未发现青年期个体。中南半岛的农业经济很可能开始于距今4500～4000年。泰国科潘诺迪（Khok Phanom Di）遗址（公元前2000～公元前1500年）居民可能曾是与当时农业人群共处的狩猎－采集者，该遗址发现的个体中有41%死于出生后不久，5～19岁个体的死亡率相对较低（约19%），但约有33%的个体死于20～39岁，40岁以上个体仅占7%左右。地中海东岸的阿特里亚姆（Atlit Yam）前陶新时期时代遗址（公元前约7000～公元前6200年）女性之平均死亡年龄和预期寿命均明显高于男性，欧洲中石器时代和新石器时代人群的人口结构也反映出类似的特点。

顶蛳山遗址全部人口在1000年中的未成年人指数P（5～19）为0.111，第三期全部人口的未成年人指数为0.068。与世界范围内的新石器时代人群未成年人指数相比，顶蛳山文化的未成年人指数明显较低，表明该人群更可能营狩猎－采集的生活方式。华南新石器时代中期的顶蛳山文化人群的总体平均死亡年龄明显低于那些北方地区时代较晚的新石器时代人群和

鲤鱼墩人群的总体平均死亡年龄，但明显高于甑皮岩人群的总体平均死亡年龄。

结合顶蛳山遗址与科潘诺迪遗址的对比结果，表明在华南和中南半岛新石器时代早期至中期，应当存在一个新石器时代人口变迁的过程。鉴于顶蛳山遗址所揭示的人口学特征，其变迁模式尚未表现出明显的农业化开始阶段的人口突增现象，因此，这种变迁过程更可能是以渐进的方式发生的。

老龄率（OY ratio）是一种用于考察人类演化过程中的生活史以及成年人寿命的总体变化情况的比率，其计算公式为OY=S30+/S（15-30），即指定人口样本中，老年个体与年轻成年个体数量之比（Caspari和Lee，2004）。考虑到因人类微观演化和文化因素所引起的鉴定标准偏差以及成年个体中包含较多年龄不明确的个体，老龄率的计算目前仅能作为一种参考。

研究结果表明，南方古猿（0.12）、早期人属（0.25）、尼安德特人（0.39）和更新世晚期人群（2.08）的老龄率呈上升趋势（Caspari和Lee，2004）。对狩猎－采集方式的死亡人群和现生人群的死亡率、生育率和老龄率进行的分析结果表明，已死亡人群的老龄率明显与现生人群的平均年龄、成年人平均死亡率和总生育率相关，样本量的大小明显影响着对已死亡人群老龄率推算的准确度。在考虑更新世晚期样本的误差影响后，其可能的老龄率应为1.5～3.5，而现生人群的老龄率为1.5，已死亡人群的为2.0。狩猎－采集人群的低老龄率往往伴随着高死亡率、高生育率和低平均死亡年龄。

第二节 如何重建

我们都知道，要想重建某个古代人群的人口规模，首先需要对该人群的个体性别和年龄进行判别（Ubelaker，1989；陈世贤，1998），并要告知鉴别率。法医人类学的方法和古DNA检测技术在此方面贡献良多（Todd，1920；Işcan等，1984；Lovejoy，1985；Katz和Suchey，1986；任光金，1987；杨茂有等，1988；刘武等，1988、1989；张继宗等，2002；White和Folkens，2005）。例如，针对提高个体的性别和年龄判定准确率的问题，许多法医人类学者开发了许多精确而富有新意的方法（冯家骏，1985；Meindl和Lovejoy，1985；Schimitt，2001；Bruzek，2002；Murail等，2005；Kurki，2005；Braga和Treil，2007；Franklin等，2007）。

多结构具有明显的性别二态性，特别是坐骨大切迹、耳状关节面和耻骨联合部的特征（如图19-1至图19-3所示）（Schimitt，2001；Bruzek，2002）。头骨上的性别判定标志也不少，但需要谨慎参照。许多学者认为，就成年个体而言，仅依据头骨进行的性别鉴定准确率可达90%以上，但就实际情况而言，的确会出现难以依据头骨进行准确性别判别的情况。

而对于躯干骨和其他四肢骨来说，更可靠的性别判定方法是应用已有的较为合适的判别公式（见表19-1）（任光金，1987；刘武等，1988、1989；张继宗等，2002；Murail等，2005；K.R.Siddapur和G.K.Siddapur，2015）。然而，在应用相关判别公式的时候，需要考虑区域差异和时代差异。

一、性别判定

通常来说，髋骨的总体形态以及其上的许

表 19-1　肱骨性别判别

特征	判别式（Z_0，Z_1）	判别率（%）♂	判别率（%）♀	综合率（%）
上端宽X_3； 肱骨头周长X_8	左Z_0：$2.18X_3+1.39X_8-128.27$ Z_1：$1.91X_3+1.77X_8-163.16$	91.50	69.20	83.60
	右Z_0：$2.35X_3+1.33X_8-128.92$ Z_1：$2.52X_3+1.58X_8-167.98$	93.00	73.20	85.70
中部最大径X_5； 中部最小径X_6； 骨干最小周X_7	左Z_0：$-0.87X_5+1.09X_6-2.87X_7-76.41$ Z_1：$-1.22X_5+1.30X_6-3.38X_7-101.05$	85.00	73.00	81.30
	右Z_0：$1.16X_5+0.66X_6-2.30X_7-78.74$ Z_1：$-1.14X_5+0.74X_6+2.74X_7-104.98$	88.70	75.60	83.90
下端宽X_4； 滑车小头宽X_9； 滑车矢径X_{10}	左Z_0：$2.49X_4+1.16X_9-1.01X_{10}-96.94$ Z_1：$-2.84X_4+1.25X_9+1.30X_{10}-124.06$	90.10	67.50	82.00
	右Z_0：$2.57X_4+0.73X_9+1.06X_{10}-92.06$ Z_1：$2.93X_4+0.87X_9+1.15X_{10}-119.00$	88.70	70.70	82.10

注：$Z_0 > Z_1$为男性；$Z_0 < Z_1$为女性。

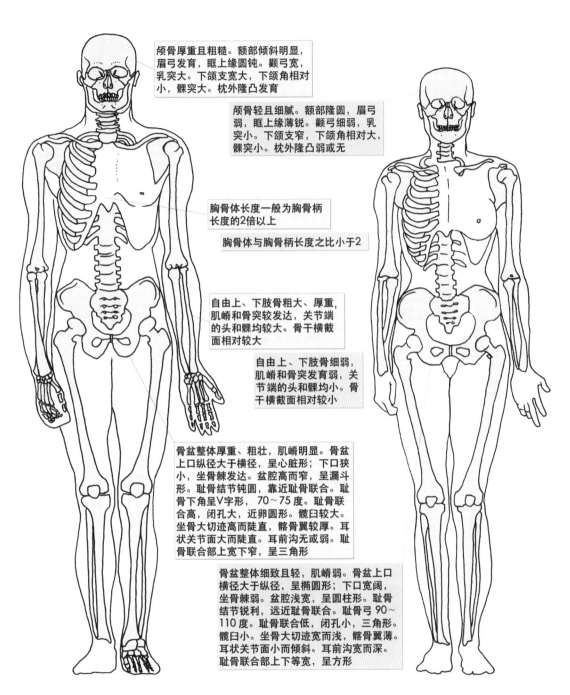

颅骨厚重且粗糙。额部倾斜明显，眉弓发育，眶上缘圆钝。颧弓宽，乳突大。下颌支宽大，下颌角相对小，髁突大。枕外隆凸发育

颅骨轻且细腻。额部隆圆，眉弓弱，眶上缘薄锐。颧弓细弱，乳突小。下颌支窄，下颌角相对大，髁突小。枕外隆凸弱或无

胸骨体长度一般为胸骨柄长度的2倍以上

胸骨体与胸骨柄长度之比小于2

自由上、下肢骨粗大、厚重，肌嵴和骨突较发达，关节端的头和髁均较大。骨干横截面相对较大

自由上、下肢骨细弱，肌嵴和骨突发育弱，关节端的头和髁均小。骨干横截面相对较小

骨盆整体厚重、粗壮，肌嵴明显。骨盆上口纵径大于横径，呈心脏形；下口狭小，坐骨棘发达。盆腔高而窄，呈漏斗形。耻骨结节钝圆，靠近耻骨联合。耻骨下角呈V字形，70~75度。耻骨联合高，闭孔大，近卵圆形。髋臼较大。坐骨大切迹高而陡直，髂骨翼较厚。耳状关节面大而陡直。耳前沟无或弱。耻骨联合部上宽下窄，呈三角形

骨盆整体细致且轻，肌嵴弱。骨盆上口横径大于纵径，呈椭圆形；下口宽阔，坐骨棘弱。盆腔浅宽，呈圆柱形。耻骨结节锐利，远近耻骨联合。耻骨弓90~110度。耻骨联合低，闭孔小，三角形。髋臼小。坐骨大切迹宽而浅，髂骨翼薄。耳状关节面小而倾斜。耳前沟宽而深。耻骨联合部上下等宽，呈方形

图 19-1　现代人两性的骨骼整体比较

（© 李法军）

——基于人类生物遗存的生物考古学重建过程

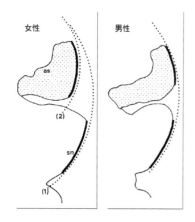

图 19-2 两性髋骨耳状关节面上缘
与坐骨大切迹前缘重合度差异
（依 Bruzek，2002 修改）

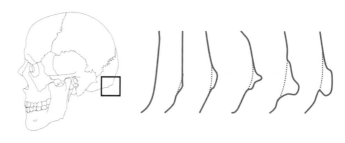

图 19-3 枕外隆凸发育程度示例
（李法军等，2013）

　　法国学者创立了一套依据髋骨 10 项测量值对个体进行判别的标准（DSP）（如图 19-4 所示），其判别率达到了 96%，为精确的性别判定提供了有益的参考（Murail 等，2005）。古 DNA 检测技术对某一个体特别是未成年人的性别鉴定极具决定意义，但有时候因为骨骼样本的保存条件限制，也阻碍了这种技术的广泛应用。

　　近年来，几何形态测量学方法在性别判别中的作用越来越受到重视（Franklin 等，2007；Bigoni 等，2010；Bastir 等，2014），但并不是所有的特征都有助于性别的判定。例如，有学者应用此方法对现代非裔美国人、南非班图人和高

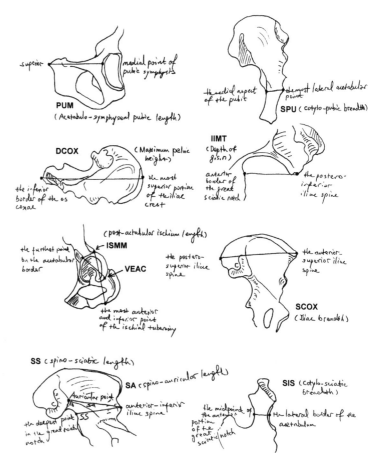

图 19-4 基于髋骨的性别统计学判别程序测量点
（© 李法军）

生物人类学
（第二版）

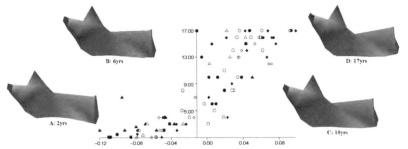

图 19-5　3 个人群 96 例现代两性未成年人下颌的侧面观几何形态

（Franklin 等，2007）

● 非裔美国人；▲ 高加索地区人群；◆ 南非班图人。

加索地区人群 96 例未成年个体下颌骨的性别二态性进行了分析（如图 19-5 所示）。他们利用形态分析软件分析了 38 个地标点的三维坐标，认为这些未成年个体在下颌骨的侧面观形态上并没有明显的性别二态性，仅显示了年龄组之间的差异性（Franklin 等，2007）。

二、年龄判定

对于年龄判定来说，最为可靠的是依据未成年人牙齿萌出规律、髋骨上的骨性特征、肢骨干骺端的愈合状况以及牙齿磨耗水平（McKern 和 Stewart，1957；Ubelaker，1989；席焕久，1997；朱泓 等，2004；White，2005；张继宗和田雪梅，2007；李法军等，2013）。颅骨骨缝的愈合水平、肋骨软骨端的退行性改变以及颅骨几何形态测量学分析也可用来进行辅助性的判别（如图 19-6、图 19-7 所示）（Meindl 和 Lovejoy，1985；Işcan 等，1984、1985；Braga 和 Treil，2007；Cerezo-Román 和 Espinoza，2014）。

例如，髋骨上的耻骨联合面和耳状关节面形态随年龄的增长，会呈现一种有规律的退行性改变（如图 19-8 所示）（Todd，1920；Katz 和 Suchey，1996；Schimitt，2001）。需要注意的是，

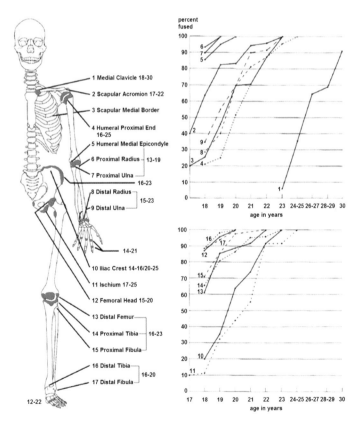

图 19-6　依据骨骼愈合进行年龄判定

（McKern 和 Stewart，1957）

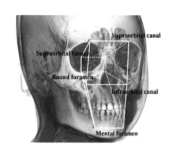

图 19-7 应用几何形态测量学方法进行的儿童颅骨形态标定
（修改自 Braga 和 Treil，2007）

虽然恒、乳齿的更替规律为我们判定这一时期的现代个体年龄提供了可靠的依据，但用于古代个体判别时仍须持谨慎的态度。

牙齿磨耗水平受很多因素的影响，饮食结构、牙齿发育正常与否、牙齿咬合、牙齿萌出时间以及个体的职业、习惯和疾病等均是影响牙齿磨耗水平的非年龄因素（朱泓等，2004）。因此，牙齿磨耗水平并不能完全作为年龄判定的依据，需要进行校正后才可参照（Lovejoy，1985）。

一般说来，前后牙综合磨耗判定要比单一齿种的磨耗判定准确率更高。有学者认为依据现代人群牙齿信息获得的死亡年龄的时间尺度可进行近代材料的年龄判定（Renfrew 和 Bahn，2012）。但根据对天津蓟县明清时期家族墓地人骨的年龄鉴定经验，此种论述还需考量（李法军和盛立双，2011）。

除了上述方法外，对马王堆一号汉墓尸体进行年龄判定时还使用了骨骼哈弗氏管进行推断，对西汉南越王墓墓主进行年龄判定时则使用了齿髓腔面积进行推断（《长沙马王堆一号汉墓古尸研究》编辑委员会，1980；冯家俊，1985）。

依据最小个体数以及性别和年龄的判定结果，我们就可以了解某一遗址所代表人群的人口结构和人口规模了。但是要想了解其人口质

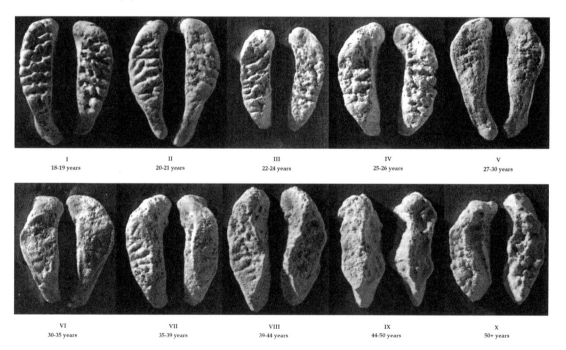

图 19-8 耻骨联合面形态的年龄差异
（依 Todd，1920 修改）

量，则需要进行死亡年龄分布和人口预期寿命的重建工作。在现代人口学研究中，生命表（也被称为死亡概率表）是一种重要的量表，用以进行相关重建工作。它是将年龄别死亡率的观点变成理论性概念，用以研究某一年龄段内的死亡概率分布情况。

在进行古代人群的人口质量评估时，通常用简略生命表代替生命表。生命表的研究是以年龄各岁为研究对象的，而简易生命表则以年龄组（通常每5岁为一组）为研究对象。显而易见，简易生命表更适合古人口学的重建工作。

第三节　可能性有多大

想要获得有关特定古代人群（特别是那些没有任何文献记载的人群）的人口信息并非易事。我们都清楚无法确认某处墓地是否属于某个古代人群的永久性或唯一墓地。即便是因持续性较长的埋葬行为而形成的墓地，也会面临低鉴别率的问题。造成这种较低鉴别率的因素有很多。例如，骨骼保存状况较差，人骨本身提供的信息不足以做出科学判定，遗址没有被完全揭露，遗址的某些部分已被后期人为活动破坏，或者因成年人与未成年人、两性之间骨骼发育的差异而造成性别和年龄判定的偏差。

广西南宁的顶蛳山遗址墓地中出土了300多例的人类个体遗骸。目前所得个体的性别鉴别率为69%，个体年龄鉴别率为60%，说明判定结果未完全反映顶蛳山遗址墓地已知总人口的性别和年龄构成情况。即便该遗址

中的墓葬后期没有被人为破坏（如图19-9所示），全部被发掘出来，但由于骨骼保存条件和个体判别率的问题，仍然无法达到全部准确判

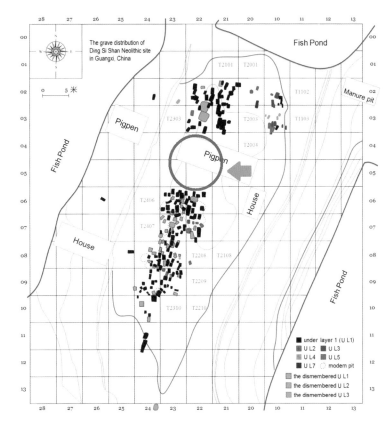

图 19-9　顶蛳山遗址的墓葬缺失处
（Li 等，2013）

别的程度。

虽然古 DNA 检测技术早已成熟，我们也期待着依此来提高我们的判别率。但针对古代人骨的基因检测技术的局限性也很明显，即受到出土人骨保存情况的限制。不过这种制约境况正在被改变，如应用从人类颞骨岩部提取 DNA 序列的新技术，大大提高了对古人骨性别鉴定的可能性。

理论上，人口死亡率的两性差异应该反映人群中两性人口的比例。从生物学角度来看，因受到生物自身繁殖能力属性的控制，同一人群中男女两性比例应该接近 1:1。现代人的性比为 103 ~ 105，到 20 岁左右则降到 100。然而，考古学遗存给我们留下来的信息往往是不完整的，即便已经获得了足够的个体数，但由于骨骼保存情况不佳，仍然很难依据有限的死亡人口性比来推测当时真实的情形。

在古人口学研究中，往往会出现一种我们称之为"性比失调"的现象。例如，青海柳湾墓地人口的性比为 230:1，仰韶文化居民的性比为 165:1，大汶口文化居民的性比是 175:1，龙山时代居民的性比是 167:1，江苏三星村遗址人口的性比为 163:1，广西甑皮岩遗址人口的性比为 116:1，广西顶蛳山遗址第三期人口的性比为 196:1，二里头文化居民的性比为 133:1，四坝文化居民的性比为 147:1，夏家店下层文化居民的性比为 104:1。

在采集人骨的过程中，由于未成年人特别是 15 岁以下的骨骼不易保存或者保存下来又难以做出性别鉴定。不同葬俗的差异、杀婴习俗、疾病与意外或因性别取向差异而导致的男女在物质获取方面的不均衡等因素都可能导致成年人性比失调现象。有学者认为，黄河中下游地区史前女性人口在儿童时期的大量死亡是由于杀女婴引起的，这一现象部分导致了史前人口的高性比现象。但有些学者在进行相关研究时，可能只偏重论述了成年人的性别构成，因而也会得出类似人口性比往往表现为男女不均衡特征这样的结论（王建华，2008）。

很多学者探讨了这种异常性比与墓地所属氏族或原始人群当时的成年人口真实性比的关系，对墓地人骨的性比鉴定能在多大程度上准确反映墓地主人原始人群的实际性比提出疑问。张忠培（1981）曾指出，仅依据从墓地见到的死者总数并不能了解当时社会儿童和成年个体的比例。判断一个人口的性别结构是否正常，除了要看总人口性比是否正常外，还要观察该人口各年龄组性比是否正常（陈友华，1995）。即使一个人群的总人口性比与相应的标准人口相比高了或低了，也不足以判断该人口性别结构是否正常。如果该人口各年龄组性比正常，即使总人口性比再高或再低，也无足够的理由认为该人口性别结构异常。应当把总人口性比与各年龄组性比综合起来一并加以考虑。

但是，应用性别和年龄判定结果以及简易生命表进行古人口学重建也面临着许多困境。首要问题是，遗址内出土的人骨究竟在多大程度上代表了其所属的古代人群数量，这些个体代表了多长时间内的人口数量。

考古学者早已将人口分析视为其以综合视角来研究人类生物和文化发展的核心要素之一。可是，该方法在被应用于古人口学研究时，其性别及年龄鉴定的精确性、样本的代表性、对人口增长率的考量和较小人口规模群体的统计可信性等也常常被质疑。人群所处的古生态环境以及文化特征也是古人口学研究必须考虑的因素，因为这些对考察史前文化人口问题具有重要的意义。而且在通常情况下，为了保护遗址本身的存在和可验性，考古遗址并非全部揭露，那么许多墓地所发掘出的人骨并不能代表特定时期的人群总量。

有一些可能性也需要我们考虑。例如，未成年人不能进入族墓地或者是临时性墓地。不同时期人类活动的破坏而造成的墓葬损毁使我们的重建工作变得更加困难。即便是获得了规模较大的来自同一墓地的古代人群遗骸样本，也因为年代不同或者人群更替而造成了单一人群样本量的减少。

"静止人口模型"较适宜应用生命表分析，但是非稳定型群体的生命表值通常都无法体现该群体真正的人口学特征。较小规模群体（几百人或几千人）因为其较少的样本数量，会明显偏离依据稳定人群理论模型得出的预测值（Bennett，1973；Weiss，1973）。如前所述，文化观念（如生育观念、对新生儿处置的观念）以及自身生育缺陷等因素，也都会造成人口分布的特化。

研究表明，在一个由 250～400 个个体构成的古人群样本中，当婴儿个体占总体的百分比由 4% 增加到 40% 时，仅婴儿期的预期寿命和生存曲线会发生明显改变，其死亡概率变化较小，而且其他年龄段的相应参数未发生或发生极小的改变（Moore 等，1975）。婴儿个体对整体的生命表值影响较小，而且单纯的生存曲线分析并不可靠。未包含婴儿个体（特指 0～1 岁这一年龄段）的人口统计会导致生命表结果失真，因而死亡年龄统计值需在基于死亡个体数的生存曲线所构建的范围内（Angel，1969）。

人口增长因素对生命表分析的影响也很大。在静止人口模型下，人口变化过程较容易通过数学统计进行校正获得，但人口增长率比较难。

人口增长率若不连续，那么生命表就毫无意义，而且很难断定人口增长率会一直保持稳定。对于某人群是否属于静止人口类型，从严格意义上来说，假设是否稳定本身就是不科学的。

古人口学假定分析的不可控性使得我们无法确定某人群是否属于稳定人群，因而不可假设其人口增长率的稳定性，也就不能保证该人群预期寿命和死亡概率的准确性。但从长期趋势来看，任何稳定性的偏离都较小。考古遗址所出的骨骼通常只能代表特定人群的一部分人口情况，具有较大的随机性。

一般的古人口学研究无法建立静止人口模型和真正的死亡分布模型，因为很多遗址的时间跨度很大（数百年甚至一千年），而且尚无法确知各个时期在这长时段中各自持续的时间。另外的原因在于，我们无法确知某墓地样本是否完全符合静止人口模型；即便符合，也不能笼统地进行总体建模推断，因为要考虑分层和分期。

由于世界各国人口预期寿命差异悬殊，男女人口预期寿命之间的差异也因国而异，世界各国普遍适用的标准人口——生命表人口实际上是不存在的（陈友华，1995）。所以在分析不同国家、甚至同一国家不同时期人口性别结构时应选择该国当时期望寿命水平下的生命表人口作为参照。不少学者就质疑能否应用现代人口学模型去理解史前遗址遗骸所反映的人口模式（Lovejoy 等，1977；Meindl 和 Russell，1988；Storey，1992）。

人口是否属于正常死亡也很重要。许多疾病（如肺炎）的罹患率是不可知的，这些疾病即使在近现代也是很重要的致死因素，特别是在山地地区（Eshed 和 Galili，2011）。有研究表明，因流行性疾病或者自然灾害等突发事件造成大量人口死亡时（即"短期死亡危机"），其人口结构有时也会类似于正常死亡人口的分布（如有一定量的儿童、青少年和青年个体），需要建立有关究竟文化性与生物性何以通过人类遗骸反映其相互关系的新模式来加以考察（Keckler，1997）。

此外，受检人群构成的偶然性也要考虑。例如，受检人群只出现单一性别或集中于某一年龄段。不少学者就拥有相同文化背景的人群是否可以具有明显的人口学特征差异进行了争论。虽然在某一人群内，其长期的人口增长率接近零，但仍旧很难确定区域性人口变化的历时性特征。

尽管如此，古人口学还是越来越显示其在解释古代人口动态过程的能力。有些学者认为，生命表可被视为代表区域性生物学人群的生命过程，是进一步研究该人群人口变迁与文化发展进程之关系的基础（Howell-Lee，1971；Green 等，1974）。依据李广元（1982）的观点，平均预期寿命综合反映了一个社会或地区在一定时间的死亡水平，是生命表中的重要指标。

由于不同的文化结构和生态环境，不同地区、不同时代的人口发展都会呈现不同的模式。因此，通过建立不同遗址的人口学模式，将有助于我们逐步了解和认识不同时代和不同地区人类社会发展的诸多细节。例如，中国北方尚缺乏旧石器时代晚期至新石器时代初期狩猎－采集群体的人口结构研究，华南地区新石器时代狩猎－采集人群的人口学研究在某种程度上提供了一种区域性的比较视角来推测北方的史前情境。

专题

现代海威人群的死亡原因

尽管我们还无法了解更多关于远古人群的人口学细节，但对现代狩猎－采集人群死亡率的研究可以相对地增加我们的认识。他们由于是小聚居群体，因此不必面对大规模流行疾病的威胁，而他们的免疫能力也不同于其他类型社会。但这些人群面对的是比其他类型社会更多的不利条件。例如，他们必须直接承受自然条件的变化，承担采集活动和被其他人群掠夺的风险，忍受营养缺失和疾病的侵扰，以及因族内和族际暴力事件而导致的伤亡。

虽然高预期寿命可能与饮食结构和生态环境差异有关（稳定的食物来源和高营养结构），但现代狩猎－采集人群的饮食结构总体上是高蛋白质、高纤维性、低碳水化合物和低盐性的，因而更容易产生某些代谢性疾病（Cordain 等，2000；Hurtado 等，2003）。女性的怀孕次数较多，哺乳期长，也更容易罹患生殖系统疾病（Eaton 等，1994）。

现代狩猎－采集人群中很少有活过 60 岁的（Hill 等，2007）。例如，南非现代!Kung 人群中有 39% 的人会在 10 岁前死亡，25% 的人会在 10 ～ 60 岁死亡，36% 的人会在 60 岁后死亡。南美洲现代海威（Hiwi）人的死亡率（2.3%/ 年）明显高于其他现代狩猎 - 采集人群（如南美洲的 Aché 人、非洲的 Hadza 人和 !Kung 人）的死亡率（每年 1.1% ～ 1.3%），只有约 51% 的 10 岁海威人个体预期活到 40 岁，而 Aché 等人群的这一比例则高达 72% ～ 76%。

即便如此，上述这些现代狩猎 - 采集人群的共同之处也是显而易见的。例如，婴儿和成年人死亡率都较高，但老年个体还是占一定比例。仅有 50% 的妇女能活过 15 岁并存活至绝经期（45 岁）之后，45 岁左右的妇女中有 47% 的个体平均预期寿命可达 70 岁。

现代海威人群直至 20 世纪末还过着几乎完全的狩猎 - 采集生活。与非洲现代狩猎 - 采集人群不同，海威人的一些分支群体并未受到外来文化和国家行为的明显影响。他们居住在草原地带，临近河畔丛林区，以捕猎沿河的哺乳动物、海龟和鱼类为生，也采集野生根茎和水果为食。这样的生存环境与生活方式可能与顶蛳山文化居民当时的情况非常相似。

造成海威人个体死亡的原因主要有四类，即疾病、退行性 / 先天性疾病、意外和暴力（Hill 等，2007）。疾病因素包括呼吸道感染、皮肤感染、微生物引发的失明、破伤风、麻疹、全身性感染、腹泻及呕吐、肠胃感染、疟疾、高烧即头痛、经常性昏睡等，也包括了器官和病理性疾病（如心脏疾病、肝脏疾病、身体肿胀、癌症以及痔疮等）。退行性 / 先天性因素不是因病毒感染而是因生物性原因而导致的（如新生儿产伤或断奶至死以及衰老死亡等）。

意外因素包括环境危害（如溺亡、坠落、烧伤、动物或昆虫导致的创伤或窒息等）和人为事故（如自我损伤、狩猎时的意外、窒息、中毒、游戏或睡眠时被杀以及醉酒引起的死亡等）。暴力因素包括族内致死原因（如自杀、杀婴、杀童、成人谋杀及战争等）和族际原因（与西班牙裔拉美人之间的谋杀或屠杀）。

从各年龄段的情况看，新生儿多死于先天性致死疾病或产后感染，儿童（1 ～ 9 岁）多死于环境不适、病毒感染以及意外伤。年轻个体（10 ～ 39 岁）主要死于意外因素和暴力因素，疾病因素影响较小。中老年个体（40 ～ 69 岁）主要死于因衰老而引起的感染和器官衰竭。这些致死因素虽然是在海威人群中发现的，但其中的一些因素很可能已经在中国广西邕江流域的顶蛳山文化人群中出现过，并可能是导致某些个体死亡的原因。

🔍重点、难点

1. 古代人口质量的相关因素
2. 古人口学
3. 性别判定
4. 年龄判定
5. 新石器时代人口变迁（NDT）理论

深入思考

1. 古人口学分析的客观制约因素有哪些？
2. 未成年人指数能否有效反映古代人群的生业方式？
3. 如何提高性别和年龄判别的准确率？
4. 如何解释古代遗址显示的性比失调现象？
5. 现代民族学和人类学信息是否有助于古代人群的人口质量分析？

延伸阅读

［1］陈友华. 生命表及其在人口性别构成分析中的应用［J］. 人口与经济, 1995（2）: 24-28, 38.

［2］冯家骏. 从牙齿结构推断年龄［J］. 人类学学报, 1985, 4（4）: 379-384.

［3］李法军, 盛立双. 有关古人骨年龄鉴定的问题: 以天津蓟县明清时期敦典夫妇合葬墓和桃花园墓地为例［J］. 文物春秋, 2011（3）: 24-27, 42.

［4］刘武, 杨茂有, 邰凤久. 应用判别分析法判断胸骨性别的研究［J］. 中国法医学杂志, 1988, 3（2）: 83-86.

［5］王建华. 黄河中下游地区史前人口性别构成研究［J］. 考古学报, 2008（4）: 415-440.

［6］袁靖. 论中国新石器时代居民获取肉食资源的方式［J］. 考古学报, 1999（1）: 1-22.

［7］张继宗, 田雪梅. 骨龄鉴定: 中国青少年骨骼 X 线片图库［M］. 北京: 科学出版社, 2007.

［8］张忠培. 史家村墓地的研究［J］. 考古学报, 1981（2）: 147-164.

［9］ANGEL J L. The basis of paleodemography［J］. American journal of physical anthropology, 1969, 30（3）: 427-438.

［10］BASTIR M, HIGUERO A, RÍOS L, et al. Three-dimensional analysis of sexual dimorphism in human thoracic vertebrae: implications for the respiratory system and spine morphology［J］. American journal of physical anthropology, 2014, 155（4）: 513-521.

［11］BELLWOOD P, RENFREW C . Examining the farming/language dispersal hypothesis［M］. Cambridge: McDonald Institute for Archaeological Research, 2002.

［12］BIGONI L, VELEM Í NSK Á J, BRŮŽEK J. Three-dimensional geometric morphometric analysis of cranio-facial sexual dimorphism in a Central European sample of known sex［J］. HOMO: journal of comparative human biology, 2010, 61（1）: 16-32.

［13］BRUZEK L. A method for visual determination of sex, using the human hip bone［J］. American journal of physical anthropology, 2002, 117（2）: 157-168.

［14］HILL K, HURTADO A M, WALKER R S. High adult mortality among Hiwi hunter-gatherers: implications for human evolution［J］. Journal of human evolution, 2007, 52（4）: 443-454.

［15］HOPPA R D, VAUPEL J W. Paleodemography age distributions from skeletal samples［M］. Cambridge: Cambridge University Press, 2002.

［16］MURAIL P, BRUZEK J, HOUĖT F S, et al. DSP: a tool for probabilistic sex diagnosis using worldwide variability in hip-bone measurements［J］. Bulletins et Mémoires de la Société d'Anthropologie de Paris, 2005, 17（3-4）: 167-176.

［17］SCHIMITT A. Variabilité de la sénescence du squelette humain. Réflexions sur les indicateurs de l'âge au décès à la recherché d'un outil performant［M］. Thèse de l'Universite Bordeaux I., 2001.

［18］SIDDAPUR K R, SIDDAPUR G K. A cross-sectional study on under-emphasized sex determining parameters of femur［J］. International journal of research in medical sciences, 2015, 3（9）: 2264-2267.

［19］STOREY R. Life and death in the ancient city of Teotihuacan: a modern paleodemographic synthesis［M］. Tuscaloosa: University of Alabama Press, 1992.

［20］WHITE T D, FOLKENS P A. The human bone manual［M］. London: Elsevier Academic Press, 2005.

第二十章　健康与疾病

除了身体发育和人口质量，健康水平也是反映生命质量的重要指标。健康与疾病都是个体生命中反复存在的状态，健康状态是人们正常生命过程的保障，而疾病则会困扰甚至终结这一过程。疾病是一个非常复杂的过程（武忠弼等，1993）。在病原因子和机体机能的相互作用下，患病机体的局部形态结构、代谢和功能都会发生诸多改变。现代病理学依据这些改变，探究疾病发生的原因，在病因作用下疾病发生发展的过程，以及机体在疾病过程中功能、代谢和形态结构的改变，从而为恢复现代人的健康和预防疾病发生提供可靠的方案。

若想了解古代人类的健康状态和生活质量，目前主要依靠检视过去人类遗留下来的物质遗存来实现。在生物人类学领域，我们将现代病理学研究的理论和方法应用于古代人类生前所患疾病的研究当中，就产生了古病理学（Paleopathology）这个分支学科（Ruffer，1921）。

生物人类学家关注的重点是人类群体健康与疾病的进化问题，他们试图从文化和生物的角度探讨人类的疾病的进化过程，同时也对个体生命质量给予足够的重视（Pietrusewsky 等，1997；Barnes，2005；Leroi，2005；李法军，2007；Roberts，2010；席焕久，2018）。与此同时，在关注疾病演化历史过程的同时还重视疾病的发生、发展与人类社会发展的相关性研究。

不同时期不同地区的人们在实践中创造了许多方法迥异的治疗疾病的手段，这不仅说明了疾病所具有的鲜明的地域特点，也说明了疾病所具有的时代特点。从人类的生物特征角度来看，在过去的100年内，人类寿命的不断延长已是不争的事实，但疾病模式也经历着迅速的变化。发达地区引起人类死亡的病因已由感染性疾病向非感染性疾病（如糖尿病和心血管病等）的方面转变（Relethford，2000）。这种转变使全世界不同领域的人们都开始考虑从古病理学的研究中了解人类疾病的演变过程和趋势。

环境因素和文化因素是影响特定人群疾病谱的重要因素。医学环境地球化学信息告诉我们，许多地方病的发生都与某地区的土壤和水文条件密切相关（林年丰，1991）。气候的周期性或者无规律变化也会对特定人群产生直接影响，例如，寒冷地区的人类易感染春季流感病毒，热带地区的人类易患一些感染性疾病（如疟疾、利什曼病、血吸虫病、盘尾丝虫病、淋巴丝虫病、恰加斯病、非洲锥虫病和登革病等）（世界卫生组织，2018）。

第一节　如何了解人类过去的健康状态

历史（特别是医学史）研究为我们呈现了富有真实感的人类健康史细节。对于生物考古学来说，这样的工作虽然极具吸引力，但从现实出发，我们必须重视人类生物性遗存并从中找到某种疾病曾经存在的证据。对于古代人群的健康状况，我们可以进行个体研究，但更重要的是通过个体研究来发现某个群体的疾病特点和总体健康状况。人类学家已经注重使用人群基础资料来估量有关不同文化和环境因素（这些因素包括农业发展、人群群居带来的压力以及社会分层的产生等）引起的健康状况，重视诸如遗传性疾病与人群组织、婚姻方式以及社会形态之间的关系研究。

由于大部分古代人类生物体遗存只保留了骨骼部分（包括化石），仅有少量个体存留了软组织（如各类型的尸体），因此古病理学的研究样本主要是以骨骼为主的。此外，寄生虫、粪化石、器物上的皮纹痕迹（如图 20-1 所示）、古代艺术品、历史文献甚至墓志也会成为古病理学研究的对象。上述研究对象不仅是探索某些现代疾病起源和发展的重要材料，而且也为探索古代居民的生活方式、生存环境和健康状况提供了重要的线索。

图 20-1　广州番禺东汉墓砖
上的手掌印纹
（© 韦璇）

骨骼本身承载的病理学信息是非常丰富的，但不够全面。若能发现远古时期带有软组织的尸体存留，那将会为我们带来更加丰富的信息。如前所述，古代的干尸、冻尸、尸蜡、泥炭鞣尸和马王堆尸等都是较好的病例研究对象。

借助多元的研究手段，生物人类学者们针对古代人类的生物体遗存进行了许多卓有成效的古病理学分析，使我们能够对人类过去的健康史有一定的了解。研究的手段主要是形态观察（包括肉眼观察和镜下观察）、影像分析（包括 X 射线分析和 CT 断层扫描分析）和骨组织的痕量分析等。除了传统的病理学观察和检验，遗传学在疾病的确认方面显示出了越来越重要的地位。

对长沙马王堆一号汉墓出土的女尸所进行的综合研究除了整体外观检查、皮肤研究以及射线检查外，还要进行组织化学和细胞化学的研究、血型分析、蛋白分析、脂类分析、组织核酸生物化学分析以及寄生虫分析等（《长沙马王堆一号汉墓古尸研究》编辑委员会，1980）。何慧琴等（2003）对上海明代墓葬所出的一例老年男性古尸进行了外形观察和测量、CT 扫描以及古 DNA 的提取与测序，发现该例个体生前患有多种疾病，并且有明显的老年性退行性病变。

古病理学研究目前仍旧存在很多的问题，例如，研究和诊断的标准不同，特殊疾病确认难度大，疾病谱具有片面性等。许多疾病根本不会对骨骼造成直接的损伤（如精神疾病）；即便是保留了有异常病变的骨骼，也可能由于长期的埋藏学作用而被损毁。

此外，对疑似骨骼创伤和病变的诊断也存在风险。许多所谓的骨骼创伤可能是由于非人为因素（如自然力作用或者动物啃咬）造成的。即便是人为损伤，也要考虑是否属于对死者尸体的有意或无意的破坏造成的。面对这种境况，国际生物考古学者们采取了积极应对的态度，例如，经常利用国际性或者国内会议进行交流；为了便于提供新的已知或者未知病理现象，共同促成了2010年《国际古病理学期刊》（*International Journal of Paleopathology*）的刊印。

第二节　现代流行病学研究

流行病学即指研究人类疾病及其成因模式的科学，它的研究对象是人类群体而非个体，但这并不是说流行病学研究忽略对个体的研究，因为这根本不可能。群体疾病研究的基础是建立在个案基础之上的，只是流行病学研究最终会将关注的重点落在对某种疾病对群体的作用的考察上。

一般来说，疾病可分为感染性疾病和非感染性疾病。对于一个群体来说，感染性疾病和非感染性疾病的形成原因有着明显的不同。感染性疾病一般由致病微生物造成，其中有许多具有较强的传染性即传染病。例如，疟疾就属于感染病，这种疾病的症状为周期性地感到冷、热和发汗。病因是一种疟原虫属原生动物寄生于人体的红血球内，这种原生动物通过已感染病菌的雌性疟蚊传播。糖尿病之所以属于非感染性疾病，是因为这种疾病的产生原因是遗传和环境因素而非致病微生物或媒介。糖尿病的成因与遗传、性别、年龄、饮食或者生活方式有关。因此，非感染性疾病较之感染性疾病更难以确定病因。

发病率是考察疾病传播或者流行程度的重要指标之一。发病率是指在特定时间内的特定人群当中，某种疾病的新发个例与该人群人口总数之比。这样便可以从总体上观察这种疾病在群体当中的流行程度。此外，在描述某种疾病的流行程度的时候还使用地方性流行和全国性流行这两个概念，这也能够直观地判断某种疾病的分布范围。

进行疾病分布的地理学分析是一项有效预测疾病流行程度的方法。通过对某种疾病的地理分布范围的调查和统计，不仅可以观察到其分布的趋势（缩小或者扩散），而且可以通过对病患的跟踪检查发现是否存在易感人群或者发病人群。对疾病分布范围的有效监控可以预测其是否已经发展成为地方性或者全国性的流行疾病，这对现代人群的健康至关重要。

前面已经对流行病学的研究对象进行了简要的阐述，对个体研究的重要性是显而易见的。任何流行性疾病包括感染性疾病和非感染性疾病都不是短时间爆发的，疾病在人群中的传播是有一个过程的。对发病个体的年龄、性别、体质类型、体质状况、日常保健以及职业等进行记录，将有助于我们寻找致病因素。

对病患特征进行综合记录是有原因的，因为很多现代流行性疾病是由于多致病因素造成的，单一的病理学观察和研究很难发现真正的致病原因。所以，重视个体病患特征的研究并最终对群体进行流行病学的综合研究才可能真正认识这些疾病的发生过程和发展趋势，并及时制定治疗措施。

流行疾病中，营养流行疾病一直以来都是较为突出的疾病种类。人类很早就意识到膳食与疾病之间的密切关系。以中医为代表的东方医学中，有关膳食特性的描述很早就出现在各时期的古代医学书籍之中。成书于战国时期的《黄帝内经》、东汉张仲景的《伤寒杂病论》、唐代孙思邈所著的《千金方》以及明代李时珍的《本草纲目》等古代中医著作中，都不同程度地阐释了膳食与疾病的辩证关系。

在西方世界，18世纪中叶开始出现了有关新鲜蔬菜和水果治疗维生素C缺乏症（坏血病）的例证。1747年，詹姆斯·林德（James Lind）设计了一种临床对照实验，发现柠檬和橘子对治疗该疾病有神奇的疗效。鉴于这两种水果中富含维生素C，林德认为坏血病的主因是维生素C缺乏。其实中国古代的航海船员们很早就发明了治疗坏血病的方法，他们食用豆芽并进行海岸线定期补给来补充维生素C。

其他有关营养流行病的例子还有脚气病、糙皮病和克山病。脚气病也叫维生素B$_1$缺乏症，后来的研究证实该病的主因是缺乏硫胺；糙皮病的致病因与以玉米为单一膳食来源有关；而中国中部地区的克山病则是因为缺乏硒。

第三节　社会进程与疾病谱

从总体上来说，人类的文化和社会组织经历了从狩猎－采集经济、游牧经济，经过农业社会和工业社会，直到后工业社会的过程。在这个过程当中，人类的体质经历了一个缓进的微观演化。在这个过程当中，人类与其他生物共享着同一个生态系统，包括人类在内的各种生物物种在进化适应方面或经常彼此发生冲突或与生态系统产生矛盾。在这样的对立统一格局下，疾病本身也在经历着不断的演化（Barnes，2005）。

在狩猎－采集和游牧经济社会里，不同人群大都从事捕猎或畜牧活动，并经常性更换居址。因此，由某些寄生虫和人畜共患疾病引发的传染病、由创伤和暴力所引发的疾病或退行性疾病的发病频率相对较高（如前面现代海威人群所展现的那样）。而许多非感染性疾病，如心脏病、心血管疾病、各类癌症或者消化性疾病等所谓的"文明病"的发病率却极低。一般认为这与这些人群的饮食习惯和生活方式有关，但也有学者认为最为可能的原因是这些人群的个体寿命一般都很短，没有足够的时间患上这些疾病（Relethford，2000）。

在农业社会当中，由于人群密度增大，人群内部的个体一般相对聚居。因此，较狩猎－采集经济社会而言，大规模传染病的爆发和传播的可能性要大得多，许多传染病（如天花等）都是在农业社会形成后出现的。农业社会也造成了生态结构的改变，人类在改造自然生态系统的同时也为许多疾病（如流行于非洲大陆的疟疾）的发生创造了条件。此外，许多非感染性疾病（如口腔疾病和营养匮乏等疾病）也是农业文明的产物。

在工业社会和后工业社会当中，大规模传染性疾病的发生给人类造成了巨大的灾难。例如，14世纪流行于欧亚地区的鼠疫（黑死病）造成了数百万个体的死亡。另一个例子是性梅毒，研究证明其源于新大陆的印第安人群，欧洲殖民者与这些群体的患病个体发生性行为而感染并将病毒带回欧洲，从而引发了性梅毒在欧洲的传播。

文化的相互接触，也使得许多传染性疾病迅速蔓延。目前仍旧在世界范围内肆虐的艾滋病，已经造成了数百万个体的死亡。艾滋病源于非洲，是一种比较特殊的疾病，它的社会性特征更加明显。由于目前世界大多数国家正在经历工业化的过程，因此它的传播与社会工业化方式、传统文化价值观念、社会保障力度以及政府的态度密切相关。

越来越多的科学证据有力表明，气候变化对人类健康具有多方面的巨大影响。温度上升、海平面升高和诸如水灾等极端天气事件，可造成水涝和污染，转而使腹泻疾病更为严重。疟疾和登革热等媒介传播疾病的时空分布预计会因温度适宜而有所增加，使传染病动态发生改变。（世界卫生组织，2009）

世界卫生组织（WHO）已开展了多项关于气候变化与人类健康的项目。例如，2010年，该组织与联合国开发计划署共同启动了首个公共卫生适应气候变化全球项目。该系列试点项目旨在"提高国家卫生系统机构包括基层工作人员的适应能力，以应对对气候敏感的卫生风险"（世界卫生组织，2009）。

该项目由巴巴多斯、不丹、中国、斐济、肯尼亚、约旦和乌兹别克斯坦等国的卫生部和其他有关伙伴执行，其经验和教训将非常有助于确定应对与气候变率和变化有关的卫生风险的最佳做法。例如，中国主要关注加强对城市地区极端高温天气的早期预警和应对系统，加强中国应对高温天气导致的更多卫生风险的能力；约旦重点通过对废水进行安全的再利用来应对水资源短缺并控制腹泻病；不丹、肯尼亚、巴巴多斯和斐济均关注病媒传播风险变化，前两国的重点是高地，后两国的重点是小岛屿

（世界卫生组织，2018a、2018b）。

虽然上述事实表明了社会进程与疾病谱的密切相关程度，但古病理学的研究表明，很多现代疾病在数千年前的新石器时代就已经出现了，这与人类农业文明的出现有着直接的关系（李法军，2002）。人类作为高度群体化的生物物种，在其社会和组织内部产生了许多与文化现象相关的疾病。"例如：牙龋病在历史上有显著增加的趋势是和人类农业生产的出现，食用大量富含糖分和淀粉的食物有关。牙齿的超年龄磨损也可能反映某些生活的侧面，如营养不良、食物粗糙、大多食用植物类等。"（韩康信，1985）而骨骼创伤则可能反映古代政治、社会生活和习俗方面的内容。因此，深入研究古代人骨，确认其中的病理材料，更可能多地为考古学工作者提供有关古代人类及其社会诸多方面的信息是非常重要的。

对古代人群的健康状况可以进行个体研究，但更重要的是通过这种个体研究来发现某个群体的疾病规律和总体健康状况。人类学家已经注重使用人群基础资料来估量有关不同文化和环境因素（这些因素包括农业发展、人群群居带来的压力以及社会分层的产生等）引起的健康状况，重视诸如遗传性疾病与人群组织、婚姻方式以及社会形态之间的关系研究。

目前，古病理学研究中最具挑战性的是古代人群生活方式与健康和环境的关系。重要的论题包括食物种类对健康的影响、肉食人群和素食人群的疾病种类的差别、采集和狩猎经济对资源过度破坏而造成的季节性食物缺乏以及人口控制方式和迁徙等所带来的健康问题等。作为聚落考古的重要研究内容，古病理学也非常重视感染性疾病的发生和传播与人口密度、人群规模以及隔离程度之间的关系研究。

全球健康史计划

菲尔·沃克（Phil L. Walker）在 2009 年发起了"全球健康史计划"（Global History of Health Project）（http://global.sbs.ohio-state.edu/），该项目创建了三个大型数据库以重新诠释从旧石器时代晚期至 20 世纪初期的欧洲人群健康史（Steckel 等，2002a、2002b）。在这一历史长河中，人类的命运经历了从狩猎－采集到农业的转变、城市的兴起和社会政治组织形式的复杂化、欧洲殖民化以及工业化过程。通过跨大西洋的合作网络，这一项目进行了大规模的比较研究，以了解在这一过程中诸多社会现象发生巨大变化的原因及其健康后果（Steckel 和 Rose，2002）。

人类学和考古学以外的大多数学者都未能充分意识到骨骼的潜在研究价值（Steckel 等，2002a）。在史前文明和那些有文字记录可循的社会中，骨骼的科学研究可为考察身体健康的长期趋势提供最佳依据。从目前的进展来看，其已经进行了相当程度的有关欧洲和西半球的健康史信息采集和研究。项目组让硕士研究生和博士研究生广泛参与进来，让他们到 350 多处博物馆和研究机构，依据标准采集程序获得了超过 60000 例骨骼遗存的健康信息（Ortner，2002）。所有原始数据（包括相关的气候史、考古学和历史学地理信息系统）被发送到美国俄亥俄州州立大学的中央处理中心进行整理、存储、分析并已经通过互联网向全球发布。

该项目所关注的主要研究论题包括四个方面：①健康、气候与生境；②卫生与农业方式的转变；③长期健康变化的社会和经济原因及后果；④妇女和儿童的健康问题。而在未来的工作中，该项目则将针对更加广泛的论题进行研究，例如：①有关创伤和暴力模式的长期趋势；②生物不平等；③老化与健康；④文明兴衰过程中的卫生；⑤健康地理模式；⑥退行性关节病和相关工作；⑦种群遗传学与迁移模式的古 DNA 分析；⑧应用 DNA 特定病原体研究人类和病原生物的协同进化。

第四节 他们曾罹患何种疾病

正如标题所言，我们主要想了解的是古人曾经遭遇了哪些病痛，而不是把精力放在讨论如何来诊断这些疾病。当然，必要的鉴别标准还需要适当提及。无法像现代医学工作者那样研究疾病，生物考古学主要依靠人类生物性遗存（特别是骨骼）来进行古病理学的分析。在进行古人类病理研究的时候，通常分三个方面记录：一是骨骼病变，二是骨骼损伤，三是骨骼形变。骨骼人工形变的主因是功能压力，更多反映了个体生前活动和行为的特点（李法军，2002）。

有学者将古病理学研究中所遇见的疾病划分为10种，即一般性骨骼感染、骨肿瘤、关节疾病、颌骨及牙齿疾病、骨骼畸形、内分泌素乱造成的骨骼改变、饮食结构影响造成的骨骼改变、血液疾病造成的骨骼改变、先天发育障碍以及原因不明的骨性融合（Brockman，1948；Fairbank，1951）。

后来，有学者将与家族遗传有关的骨骼变异、牙齿发育异常和因为某种习俗而造成的骨骼和牙齿损伤视为非病理学现象（Brothwell，1981）。对成年人中轴骨（包括头骨、椎骨、肋骨和骶骨）和人类牙齿的形态异常等病理现象的研究也日渐深入（Barnes，1994；Fuller 等，1999）。也有学者总结了国内外近年来有关古病理学研究的成果，将骨骼和牙齿疾病划分为13类（李法军，2007）。表 20-1 是在此基础上的进一步分类和补充。

表 20-1 常见骨骼及牙齿疾病

骨骼病理		
骨肿瘤：骨瘤、骨软骨瘤、骨样骨瘤、骨囊肿、Fving恶性毒瘤、巨细胞肿瘤、单发性内生软骨瘤	骨骼的特异性感染：早期先天性梅毒、晚期先天性梅毒、先天性梅毒突发性损伤、性病性梅毒、麻风病、结核病、雅司病、寄生虫感染性疾病	骨骼的非特异性感染：急性化脓性骨髓炎、慢性化脓性骨髓炎、脊椎化脓性骨髓炎、化脓性关节、类风湿性关节炎、骨性关节炎、骨膜炎、颅内感染、软组织感染
先天性骨、关节疾病：先天性脊柱侧曲、腰椎骶化和骶椎腰化、脊柱裂、先天性胫腓骨远端联合、多指（趾）畸形、并指（趾）畸形	口腔疾病：牙周炎、脓肿、发育不全、囊肿、牙瘤、龋齿、根尖脓肿、畸形齿、萎缩（阻生）、先天性缺如、结石	营养和代谢疾病：佝偻病、老年性骨萎缩、股骨头缺铁性坏死、脊椎骨骺炎、氟骨症、大骨节病、佩吉特氏病、维生素缺乏、贫血
内分泌素乱：巨人症、侏儒症、肢端肥大症	先天性发育缺陷：软骨发育不全、脑积水、尖形颅、小头形	非正常骨性接合：舟状颅、三角形颅、楔形颅、遗传性骶髂融合
血液性损伤：镰刀样细胞贫血、缺铁性细胞贫血、疟疾性细胞贫血、遗传性细胞贫血、成年股骨头缺血坏死	关节疾病：创伤性关节炎、痛风、退化性关节疾病、风湿性关节炎、感染性关节炎、银屑病、强直性脊柱炎	功能压力性骨关节异常：蹲踞面、跪坐面、骑马痕
骨骼创伤及形变：线状骨折、孔状骨折、粉碎性骨折、压缩性骨折、塌陷性骨折、骨质砍创、骨质划伤、骨质切创、骨质擦伤、骨质压痕、钻孔术创痕、关节脱位、 枕骨人工变形		

就目前的古病理学研究结果来看，不同时期、不同地域的人群罹患疾病的种类和程度有很大的差异。有些群体普遍具有较差的身体健康状态，而有些群体则比较健康。例如，我们注意到华南地区距今8000～7000年的顶蛳山遗址所出人骨上的低骨折率现象，也未见其患有严重的骨关节疾病。

河北阳原姜家梁新石器时代遗址的墓地人骨上出现了很多类型的疾病：骨骼病变包括骨瘤、单发性内生软骨瘤、先天性胫腓骨联合、成年股骨头缺血坏死、髌骨软化症、肱骨大结节结核、腰骶融合、强直性脊柱炎和退行性关节病；骨骼创伤包括肋骨骨折、锁骨骨折、桡骨骨折和腓骨骨折；口腔疾病包括齿畸形（珍珠釉、牙齿先天缺失、前臼齿臼齿化）、齿列不齐、阻生、龋齿、牙周炎、根尖脓肿、老年性齿槽萎缩。可以看出，很多在现代仍然具有高频发病率的疾病在数千年前就已经存在了（李法军，2008）。

一、骨、关节疾病

任何部位的骨、关节都有罹患疾病的现象。产生疾病的原因也较为多样，包括退行性的、先天性的、创伤性的、功能性的、病理性的和文化性的（武忠弼，1986；Barnes，1994；曹来宾等，1998；邱贵兴等，2009）。在古代遗址中，我们经常能够发现某些骨、关节疾病的例证（如图20-2所示）。最常见到的要属骨、关节炎症、各种先天性畸形和退行性变化。例如，距今2000多年的北美弗德台地的古印地安人居

图20-2　美国加利福尼亚史前时期一个个体左侧膝关节处的关节炎症

（White 和 Folkens，2005）

民中，超过35岁的成年人几乎都罹患关节炎。

（一）功能性骨、关节疾病

功能性骨、关节疾病与后面提到的与活动和行为相关的骨、关节改变不同。功能性骨、关节疾病的病理表现是骨、关节炎症；而后者并未造成骨炎症或者病理性骨、关节功能改变，仅仅是骨、关节的关节面或者骨骼其他部位发生了功能性形态学改变。

在现代社会中，功能性骨、关节炎的发生通常与职业性活动相关。在所有的骨骼中，与受力最直接相关的脊柱和上下肢的大关节最容易罹患此类疾病。椎体本身的增生或者椎间关节的病变除了自然形态结构的退行性变化，长期的和稳定的外力作用是最重要的原因。有研究表明，两性在诸多小关节上的关节炎发病率呈现出生理和职业性的差异（Merbs，1983）。例如，加拿大因纽特人群中的两性在足部关节炎发病率上就呈现出了性别差异（如图20-3所示）。

有学者曾对美国阿拉巴马州西北地区史前时期印第安人的脊柱关节炎发病情况进行了分析（Bridges，1994）。研究结果表明，腰椎椎体罹患骨赘和骨关节炎的比率最高，其次是颈椎和胸椎。骨关节炎是双侧不对称的，右侧的

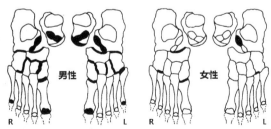

图20-3　加拿大因纽特人群中的两性足部关节炎好发部位

（Robert 和 Manchester，2005）

患病率更高。研究者认为大部分关节炎缘自人体直立姿势造成的脊柱弯曲和负重所施加的应力。此外，较高的颈椎椎体骨赘可能是由使用担架之类的器具造成的。

有学者研究了来自中国北方和蒙古国青铜－铁器时代游牧人群的骨、关节炎的发病率，目的是探讨其发病率与活动模式的关系（Eng，2016）。结果发现，青铜时代人群的足部运动量相对较高，铁器时代人群的背部和手臂应力较大。年龄增加与骨性关节炎之间的确呈正相关关系，其中脊柱受影响最大。

女性肘部骨、关节炎罹患率较高，而男性髋部的则较高。除此以外，两性之间普遍缺乏显著的差异性。研究还发现不同遗址人群在骨、关节炎的患病率上有差异，这说明生活在北方草原地带的不同人群的应力和运动特点是不完全一致的。

（二）退行性骨、关节疾病

退行性骨、关节疾病一般表现为关节软骨的退化、关节处新骨（特别是骨赘）的生成或者关节面骨性结节的出现（Goodman 等，1980），在许多遗址发现的骨骼上都容易发现此类疾病的例证（如图 20-4、图 20-5 所示）（李法军，2008；孙蕾，2011）。它的发生一般与年龄呈正相关（Bernstein，2010）。例如，台湾十三行遗址（距今 1800 ～ 500 年）出土了丰富的人骨遗骸，多数样本为年轻个体，两性的退行性骨关节炎发病率都比较低（Pietrusewsky 和 Tsang，2003）。

对于老年个体来说，这种病症也往往伴随着骨质疏松的症状。例如，马王堆一号墓辛追与现代 50 岁女性手部 X 射线照片的比较结果显示，辛追骨骼的骨质疏松现象已经非常明显

图 20-4　第一掌腕关节的骨关节炎（Rogers 和 Waldron，1995）

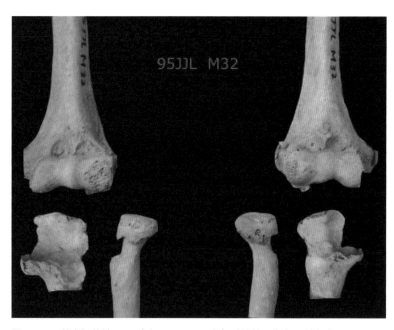

图 20-5　姜家梁墓地 M32（女，40 ～ 45 岁）肘关节周缘有骨刺生成（© 李法军）

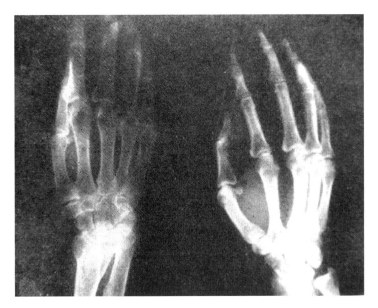

图 20-6　马王堆一号墓辛追（左）与现代 50 岁女性（右）手部 X 射线照片（《长沙马王堆一号汉墓古尸研究》编辑委员会，1980）

（如图 20-6 所示）（《长沙马王堆一号汉墓古尸研究》编辑委员会，1980）。在同样的 X 射线条件下，辛追手部骨骼的密度相对较低，骨皮质变薄，显示出明显的骨质疏松现象。

在不同的古代遗址中，我们还能经常见到下部胸椎和上部腰椎椎体上下边缘或上下面的中央区凹陷，它被称为"施莫尔结节"（如图 20-7 所示）。有学者认为这种骨骼疾病的主因是椎体长期受到外界压力，使得髓核通过断裂的纤维软骨进入椎体表面，是椎体退行性表现之一（Mattei 和 Rehman，2014）。通常还会在椎体上下边缘形成弧形凹陷，周边常有薄层骨硬化（如图 20-8 所示）。但也有学者认为这与其他因素（如外伤）相关（Roberts 和 Manchester，2005）。

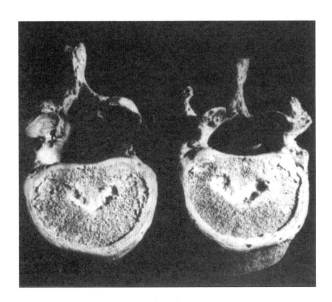

图 20-7　施莫尔结节的骨骼病理表现（Mattei 和 Rehman，2014）

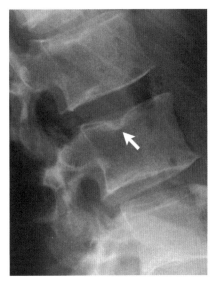

图 20-8　X 影像显示的腰椎椎体边缘施莫尔结节（©Jochen Lengerke，2010）

（三）先天性骨、关节疾病

先天性骨、关节疾病既可能源自遗传性的因素，也可能是某种环境适应性压力所致，或者是发生于个体胚胎时期的突变造成的。例如，头骨和躯干骨中的特定部位发育障碍对应着不同程度的且类型各异的压力（Barnes，1994）。研究表明，西北欧的某些人群先天性脊柱裂（如图 20-9 所示）和先天无脑畸形症（无脑症）的发病率非常高，日本人和北美印第安人罹患先天性腭裂的几率较高，黑人群体罹患先天性多指（趾）症的情况相对更多（Adams 和 Niswander，1967；Leck，1984；Barnes，1994）。

无脑症个体的死亡率较高，往往在胎儿时期成为个体死亡的主因。圣 - 希莱（Saint-Hilaire）在 1826 年发表了一例埃及史前时期木乃伊无脑症病例（Brothwell 和 Powers，1968），使我们对这种先天性脑发育障碍的疾病有了最早的认识（如图 20-10 所示）。

颅骨上常见的缝间骨和额中缝也属于先天性骨骼发育障碍疾病，只不过此类缝间骨的生成并不影响个体正常的生理功能。但是，像上

颚发育障碍则会导致严重的面部形态改变和诸多生理功能的失衡（如图 20-11 所示）。缝间骨的出现率在不同人群中有较大的差别。例如，顶枕间骨（印加骨）在南美洲印加帝国的人群中具有相对较高的出现率。此类缝间骨被认为具有较强的遗传性。

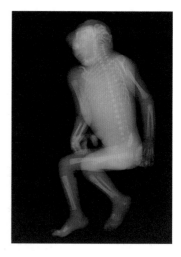

图 20-10　X 光片展示的一例死亡胎儿无脑症骨骼形态
（Lucien Monfils，2008）

有一些头骨上的先天性骨骼发育障碍疾病则较少见于考古发现，如顶孔扩大、颅缝发育不全、顶骨薄化和下颌骨畸形（如图 20-12 至图 20-14 所示）。已有关于下颌骨髁突发育障碍的报道（何嘉宁，2001；李法军，2008）。例如，姜家梁墓地的 M28 个体，其下颌骨两侧髁突即

图 20-9　来自海默珀里（Hermopolis）墓地的胚胎神经管缺陷患儿
（Barnes，1994）

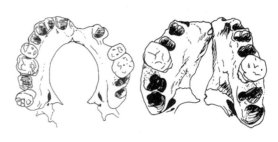

图 20-11　来自美国肯塔基州考古遗址的男性成年个体（NMNH 243208，左）和来自科罗拉多州考古遗址的女性成年个体（NMNH 316482，右）上颌腭裂
（Barnes，1994）

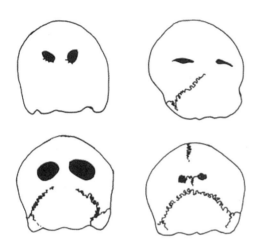

图 20-12 顶孔扩大

（修改自 Barnes，1994）

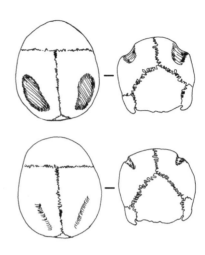

图 20-13 顶孔薄化

（修改自 Barnes，1994）

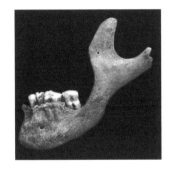

图 20-14 来自美国加州考古遗址的成年女性（NMNH 242146）下颌畸形

（修改自 Barnes，1994）

可见发育不全的现象。M28 髁突形态异常可能是损伤性的、病理性的或者先天性的结果（李法军，2008）。有研究发现患有慢性类风湿关节炎的病人的下颌髁突易发生髁突侵蚀、髁突扁平或者髁突消失现象（陈岩 等，2002）。

脊柱裂和腰骶融合则属于较为常见的先天性骨骼发育障碍。脊柱裂是由先天性椎管闭合障碍造成的，在很多遗址中均有发现（如图20-15 所示）。例如，在美国新墨西哥州帕雅里托（Pajarito）高原普耶（Puye）等遗址中就发现了多种类型的脊柱裂例证（Barnes，1994）。

腰骶融合也叫腰椎骶化，其发生原因与骨关节发育畸形或者强直性脊椎炎有关。有研究认为此种病症可能与家族遗传有关（韩康信，1985；Barnes，1994）。在姜家梁史前时期墓地

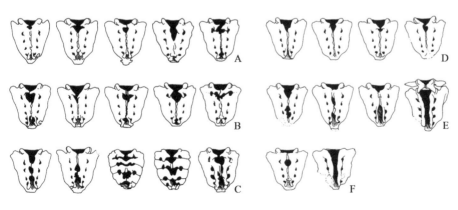

图 20-15 来自美国普耶遗址（A—C）、奥特威（Otowi）遗址（D—E）和差卡维（Tsankawi）遗址（F）的脊柱裂例证

（修改自 Barnes，1994）

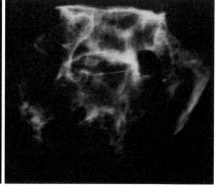

图 20-16　天津蓟县桃花园明清时期墓地 04JT M107 甲：2
（© 李法军）

图 20-17　姜家梁墓地 M43（上）个体的腰骶融合现象及 X 光影像
（李法军 2008）

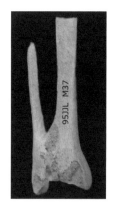

图 20-18　姜家梁墓地 M37 个体左侧胫腓骨远端有融合
（李法军，2008）

（四）病理性骨、关节疾病

病理性骨、关节疾病多与病菌感染或免疫系统失衡有关。在实际的考古发掘当中，通常以强直性脊柱炎椎间关节、手足部小关节和骶髂关节病变最为常见。强直性脊柱炎以脊柱附着点炎症和骶髂关节融合为主要症状，具体表现在四肢大关节、椎间盘纤维环及其附近结缔

以及天津蓟县桃花园明清时期墓地中均发现了此类疾病的例证（如图 20-16、图 20-17 所示）（李法军 等，2005；李法军，2008）。胫腓骨远端融合属于骨与关节发育畸形，可能有家族遗传性。其骨性联合部常发生在胫腓骨之下部，少数在上端。在姜家梁墓地中也发现了此种疾病的例证（如图 20-18 所示）（李法军，2008）。

组织纤维化、骨化并发生关节强直。手足部关节变化多为关节形变和增生。

我们在天津蓟县桃花园明清时期墓地中发现了较为典型的例证。04JT M108 甲（男性，55 岁）个体的胸腰椎段椎间隙发生了骨性融合现象，尤以第十一、第十二胸椎和第一腰椎为甚。其两侧骶髂关节也发生了骨性融合现象（如图 20-19 所示）。

在考古遗址中，我们还能发现与风湿性关节炎有关的骨骼例证（如图 20-20 所示）。风湿性关节炎很可能是由于某种抗原激发的慢性疾病。这种疾病多发生于青壮年女性身上，好发部位多为手足部的小关节，其次是其他大关节部位。在骨骼上，这种疾病多导致关节间隙变窄，关节面边缘出现侵蚀现象。严重的风湿性关节炎会导致关节畸形和骨性强直。与麻风病的破坏结果不同，此种疾病只发生于关节处。值得注意的是，此疾病所造成的足部骨性改变与缠足结果非常相似。区别在于风湿性关节炎会引起关节面的明显骨性改变，而缠足多会造成骨体的变形。

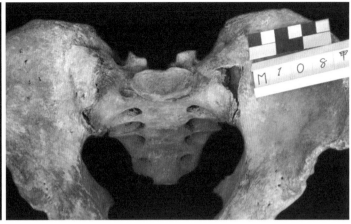

图 20-19 天津蓟县桃花园墓地 04JT M108 甲个体胸椎和腰椎椎体前部融合
（© 张敬雷和李法军）

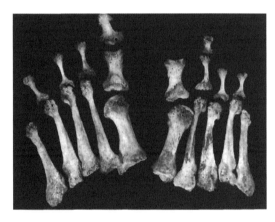

图 20-20 英格兰中世纪个体的风湿性关节炎足部
（Roberts 和 Manchester，2005）

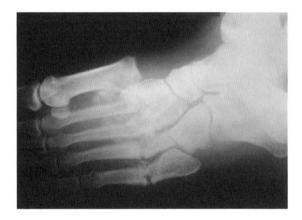

图 20-21 一个 45 岁男性糖尿病患者右侧足部的 X 线影像
（Jerome，2008）
第一跖骨脱位及其他跖骨骨折。

有一种神经源性关节炎是以神经性功能障碍为基础的关节破坏病变（Klenerman，1996；Bernstein，2010）。糖尿病是神经元性关节炎最为常见的病因，大约有 5% 的糖尿病患者会最终罹患此病（如图 20-21 所示）。这种关节疾病的病理表现与其他较为严重的骨性关节炎较为相似，例如软骨破坏、骨硬化、骨赘形成等，好发部位是踝关节和足部关节。严重时，跗骨和足骨间关节会发生塌陷并引发骨骼的严重形变，从而改变足底的应力分布，形成"摇摆椅足"（Wilson，1991）。了解此类关节疾病的骨骼表现，有助于我们考察糖尿病的发展史及其在古代人群中的分布情况。

二、传染病

如前所述，传染病是感染性疾病的一种形式，其对密集人口的杀伤力远远高于其他类型的疾病，由此产生的社会问题更是严重得多。在人类历史上，特别是历史时期曾经在各大洲肆虐的

图 20-22 感染了鼠疫杆菌的东方鼠蚤
(©National Institute of Allergies and Infectious Diseases)

图 20-23 法 国 南 部 城 市 Martigues 发 现 的 1720— 1721 年的鼠疫受害者墓地
(Tzortzis, 2011)

各种传染病, 不仅引起了人类极大的恐慌, 更改变了历史的轨迹和进程。在生物考古学的研究中, 我们更加注重从人类的生物性遗存中找到曾经存在的传染病类型, 或许像哈民忙哈遗址中死去的人们就是某种传染病的受害者。

对于现代人类而言, 像鼠疫 (黑死病) 一类的恶性传染病, 在短期内会造成大量人口的死亡 (如图 20-22、图 20-23 所示)。而如天花或麻疹一类的传染病虽不能造成大量人口的死亡, 但是在古代缺乏现代接种预防措施的情况下, 这些传染病确实是非常致命的。例如, 1875 年在斐济传播开来的流行性麻疹, 在短短 3 个月之内, 就造成了斐济群岛至少 1/5 的人口死亡。当时斐济岛上就有超过 4 万人死于此病, 不分性别, 不分年龄 (Cartwright 和 Biddiss, 2004)。

早有这样一种看法, 同是传染病的梅毒和雅司病属于同种疾病 (密螺旋体疾病) 的不同临床表现 (Hudson, 1958、1965)。有研究发现同一人群在环境变化时可反复感染不同的密螺旋体疾病 (Roberts 和 Manchester, 2005), 由此可以看出环境与此类传染病的密切关联。

(一) 骨结核

结核病曾被称作"白色瘟疫", 它是由结核杆菌引起的一种慢性传染病 (Li 等, 2019)。骨、关节结核病多由血源播散所致。骨结核多发于脊椎、指骨和长骨骨骺处 (如图 20-24 所示)。目前最早的结核杆菌证据来自距今 17000 年美国怀俄明州的野牛遗骸 (Rothschild 等, 2001)。虽然研究证明北美印第安人的肺结核罹患率与其农业化过程密切相关, 但目前尚未有明

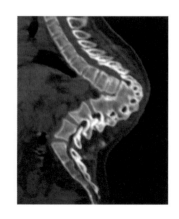

图 20-24 现代年轻女性个体结核引发脊椎后凸畸形的例证

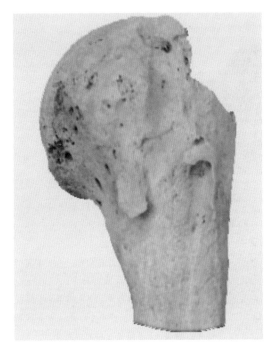

图 20-25　姜家梁墓地 M27 左侧肱骨结核

（李法军，2008）

确证据显示人类所感染的结核杆菌来自被驯养的家畜，特别是牛科动物（Roberts 和 Buikstra，2003；Pearce-Duvet，2006）。有学者认为人类早在农业革命发生之前就已经感染了结核病（Comas 和 Gagneux，2009）。

研究人员在距今 9000 年的以色列海法市南部的阿特里亚姆（Atlit-Yam）遗址的人骨样本中发现了结核杆菌 DNA 片段（Hershkovitz 等，2008）。在德国海德堡市附近发现的新石器时代墓葬个体脊柱的后凸畸形显示出典型的脊椎结核特征（Madkour，2004）。

中国河北阳原姜家梁墓地的 M27 个体（男性，35 岁）的左侧肱骨近侧端前面呈弥漫性的溶骨性破坏，局部有明显的骨质疏松，在大、小结节处各有一处片状骨硬化病变（如图 20-25 所示）（李法军，2008）。马王堆一号汉

墓的墓主人左肺上叶尖部表面有一个黄白色硬结，应是结核性钙化病灶（如图 20-26 所示）（《长沙马王堆一号汉墓古尸研究》编辑委员会，1980）。吐鲁番胜金店墓地出土的一些个体骨骼上的损伤可能是由感染结核病菌引起的（如图 20-27 所示）（Li 等，2013）。

在古埃及新王国时期的墓葬中发现许多个体都罹患了结核病。例如，TT183-8 号木乃伊（公元前 1250—公元前 500 年）是一个新生男婴，其内脏都保留着，肺 - 胸膜粘连特征显示其曾罹患肺结核。TT95-PC169 个体（公元前 1450—500 年）的右侧肱骨远端外侧有明显的瘘道（如图 20-28、图 20-29 所示）（Zink 等，2003）。

对公元 140—1200 年的南美洲安第斯山脉木乃伊组织的古 DNA 进行提取后，发现了结核杆菌的 DNA 序列（Konomi 等，2002）。而另一项有关出自秘鲁纳斯卡（Nasca）文化的 50 岁男性木乃伊的研究显示，其肺部病灶中存有结核杆菌的 DNA 片段，进而推定在公元 900 年左右的秘鲁南部海岸地区曾发生过大规模的结核病疫情（如图 20-30 所示）（Lombardi 和 Cáceres，2000；Darling 和 Donoghue，2014）。

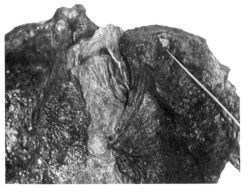

图 20-26　辛追肺部结核病灶

（《长沙马王堆一号汉墓古尸研究》编辑委员会，1980）

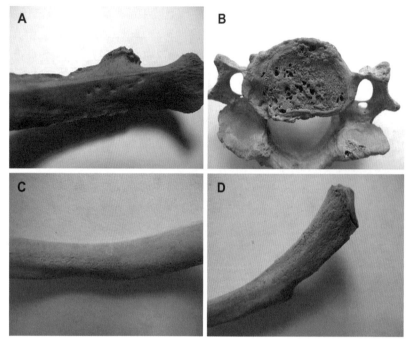

图 20-27　胜金店墓地中所见的病理现象
（Li 等，2013）
A. M2 墓葬中 50 ～ 65 岁男性个体左第七肋骨；B. 50 ～ 65 岁男性个体第七颈椎；C 和 D. M2 墓葬中 19 ～ 20 岁女性的左侧第三和第四肋骨。

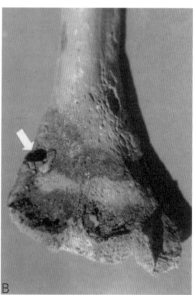

图 20-29　显示了脊椎结核病症的古埃及前王朝时期的陶制塑像
（Roberts 和 Manchester，2005）

图 20-28　TT183-8 个体（A）和 TT95-PC169 个体（B）
（DZink 等，2003）

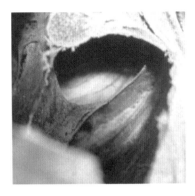

图 20-30　秘鲁 Nasca 文化 67466
号个体肺－胸膜粘连

（Lombardi 和 Cdceres，2000）

图 20-31　英国约克大学校园内出土的骨骼，有
结核病灶

（University of York，2008）

英国南部多塞特郡塔兰辛顿（Tarrant
Hinton）曾发掘出 15 座铁器时代的墓葬，年代
为公元前 400—公元前 230 年。其中的 7 号墓
中保存了一个三四十岁男性的大部分骨骼。形
态学和分析生物学的分析结果证明该男子生前
曾罹患骨肺结核（Mays 和 Taylor，2003）。约
克城也发现了罗马时期的一名 26～35 岁的男
子罹患了骨结核，他在儿童时期还患有缺铁性
贫血，因此比同时期罗马男性的平均身高要矮
（如图 20-31 所示）（University of York，2008）。

（二）麻风病

麻风病是由麻风杆菌引起的慢性传染病。
结核样型麻风病是最常见的类型，它传染性较
小，主要对皮肤和神经造成破坏；瘤型麻风则
传染性较强，通常会对人体多个部位造成明显
损伤（如图 20-33 所示）。瘤型麻风容易导致患
者面部（特别是鼻部和上腭部）、手部、足部的
骨组织的损伤和形变（赵先等，1980；Ortner 和
Pustchar，1981；Zmmemran 和 Kelley，1982）。
《黄帝内经·素问·长刺节论》就对"大风"这
种疾病做了详细的描述（如图 20-32 所示），提

到"病大风，骨节重，
须眉堕……"

丹麦医生维尔
和·穆勒–科瑞斯坦
森（Vilhelm Møler-
Christensen）在 1953
年首次记录了人类骨
骼上的麻风病例证
（Bennike，2002）。
虽然抗生素类药物疗
法的应用极大地降低
了该病在现代人群中
的传播，但仍有少数国家的麻风病发病率高居
不下。古代情况如何呢？

目前所见的最古老的人类麻风病骨骼例证

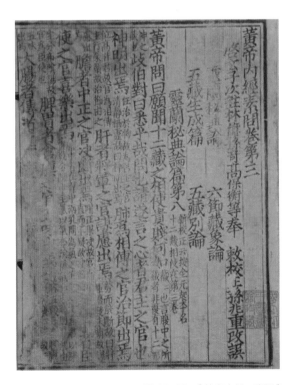

图 20-32　《黄帝内经·素问》

图 20-33 约 1895 年的 3 个塔希提岛麻风病患者

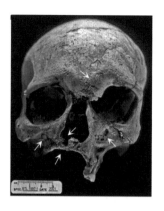

图 20-34 巴拉沙尔遗址 individual 1997-1 号个体的颅骨正面观（Robbins 等，2009）

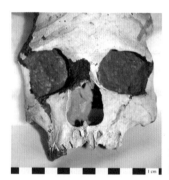

图 20-35 哈拉帕遗址 H.306a 个体（Robbins 等，2013）

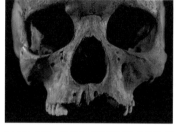

图 20-36 丹麦纳斯特为德成年女性麻风病个体（Brothwell，1981；Ortner，2002）

来自公元前 2000 年的印度巴拉沙尔（Balathal）遗址和巴基斯坦哈拉帕（Harappa）遗址。其中，巴拉沙尔遗址的 individual 1997-1 号个体较具代表性，其眼眶上部具有骨质侵蚀性病变，梨状孔（鼻孔）边缘缺损后有重建痕迹，上颌骨吸收并缺失相应的臼齿，上颚中线区形成腭裂（如图 20-34 所示）（Robbins 等，2009）。哈拉帕遗址 H.306a 个体显示出上颌齿槽部的萎缩和形变，梨状孔下缘形态有所改变且面部多处骨骼具多孔性特征（如图 20-35 所示）（Robbins 等，2013）。

目前还无法完全证实古代印度的麻风病是否是从埃及经由美索不达米亚传至印度的

（Robbins 等，2009、2013）。古 DNA 研究也证实一个公元 1—50 年来自耶路撒冷老城墓葬中的男子曾罹患麻风病（Carney 等，2009）。欧洲中世纪也发现了许多例证，如来自丹麦纳斯特为德（Nastved）的一个公元 1175—1600 年的女性成年个体（如图 20-36 所示）（Brothwell，1981；Ortner，2002）。

就目前所知，中国最早的麻风病骨骼例证是山西省朔州平鲁距今约 2000 年的汉墓 M47（如图 20-37 所示）（张振标，1994）。该个体为 30～35 岁的女性，其鼻前棘明显溶蚀萎缩，梨状孔下缘略有溶蚀吸收，上颌门齿已在死前脱落。硬腭中部出现一个较大的腐烂性穿孔，

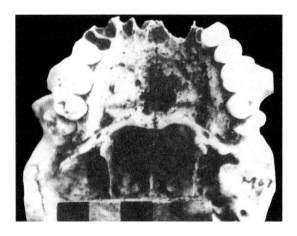

图 20-37 山西省朔州平鲁距今约 2000 年的汉墓 M47
（张振标，1994）

其周缘形态不规则且出现多孔性特征。腭骨水平板与前接的硬腭明显不在一个平面上，呈明显向下折曲状。

（三）梅毒

梅毒是由密螺旋体引起的疾病，主要分为地方性梅毒和性病梅毒。骨组织的感染可能是由病灶周围的淋巴结和血管侵染骨骼造成的（Buckley 和 Dias，2002）。至晚期阶段，骨组织发生骨髓炎，产生破坏性的梅毒瘤，进而导致骨骼严重形变或损伤（如图20-38所示）（Roberts 和 Manchester，2005）。并不是所有的梅毒患者都会发生骨骼感染，但相对而言，性病梅毒的骨骼感染发生率更高（超

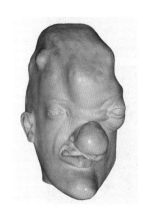

图 20-38　巴黎人类学博物馆藏梅毒患者头像
（承蒙 Axel Boldt 授权使用）

过 20%）（Resnick 和 Niwayama，1995）。

先天性梅毒会导致胫骨骨髓炎，产生马刀腿和各类牙齿发育不全（如锯齿形齿冠）的症状。从上述观点来看，梅毒特别是性病梅毒骨骼很容易与麻风病骨骼相混淆。欧洲艺术家丢勒的绘画作品《法国病》清晰地展示了一名罹患梅毒的北欧雇佣兵的形象（如图20-39所示）。

欧美学术界一直就梅毒在欧洲大陆出现的时间争论不休，争论的焦点在于欧洲的梅毒是否是由哥伦布船队从美洲带回的。目前的生物考古学证据显示，早在哥伦布时期之前，欧亚各地已经存在罹患梅毒的例证。在旧大陆发现的最早的疑似梅毒病骨骼的标本是来自亚洲的西伯利亚人，年代为公元前1000年（Steinbock，1976）。

出自印度安得拉邦阿格里帕勒（Agripalle）的一例约公元前2000年的颅骨（编号Ag-CistⅡ-2）上也显示出了可能的梅毒症状，有学者认为更早期的那些被诊断为雅司病的样本其实也可能是梅毒病症（如图20-40所示）（Rao 等，1996）。有研究提到，出自山西省朔州距今约2000年的汉墓

图 20-39 《法国病》
［丢勒作品（1496 年 8 月 1 日），描绘了一位患有梅毒的北欧雇佣兵］

图 20-40　印度安得拉邦阿格里帕勒 Ag-Cist Ⅱ-2 梅毒个体

（Walker 等，2015）

图 20-42　英国 Ludgate Hill 成年女性（1500-1800 BP.）颅骨上的梅毒例证

M59 个体的左侧股骨也显示出梅毒症状。中国福建东山万福宫地下墓室内出有一例可能是宋代的 35 ～ 40 岁女性颅骨梅毒的例证（张振标，1994）。

　　1999—2002 年，伦敦博物馆考古部对东伦敦圣玛丽医院旧址进行基建考古发掘，共发现 10500 例个体。C22251、C10566、C13715 和 C69745 分别是一个 26 ～ 35 岁的成年个体、26 ～ 35 岁的男性、17 岁左右的青年人和 11 岁左右的少年，他们头骨和肢骨上的病理特征表明他们生前曾患有梅毒（如图 20-41 所示）（Walker 等，2015）。C22251 的年代在公元

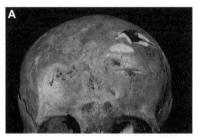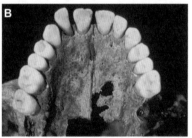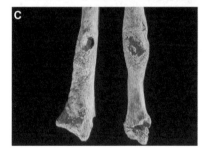

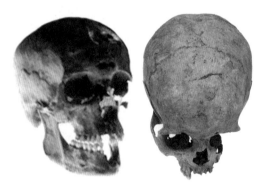

图 20-41　东伦敦圣玛丽医院 C10566 头骨

（Walker 等，2015）

图 20-43　赫尔裁判庭内奥古斯丁修道院 1216 号个体梅毒

（Roberts 等，2013）

前 1250—公元前 1200 年，C10566 和 C13715 的年代在公元前 1400—公元前 1250 年，而 C69745 的年代在公元前 1539—公元前 1400 年。这些研究支持在哥伦布时期之前，欧洲已经存在了梅毒（如图 20-42 所示）。

有学者应用锶（$^{87}Sr/^{86}Sr$）和氧（$\delta^{18}O$）稳定同位素分析方法研究了来自英格兰赫尔裁判庭内奥古斯丁修道院遗址的人类遗骸，他们认为这里存在明确的公元 14—16 世纪梅毒由波罗的海地区传播至不列颠的例证（如图 20-43 所示）（Roberts 等，2013）。

在新大陆，年代最早的梅毒病骨骼标本是来自美国东南部土墩葬墓的印第安人，年代为公元前 800 年至公元 200 年。在中美洲和秘鲁发现的哥伦布时期以前的墓葬中也找到了梅毒病骨标本（Halton 和 Shands，1938；Rokhlin 和 Rubasheva，1938）。而哥伦布时期的北美洲和中美洲地区梅毒骨骼病例非常多（Roberts 和 Manchester，2005）。历史文献方面的研究也揭示了美洲地区相关疾病的历史（Armelagos 等，2012）。

（四）雅司病

雅司病也是由密螺旋体引起的慢性特异性传染病，通过非性接触即可传染，儿童期多发（如图 20-44 所示）（Roberts 和 Manchester，2005）。该疾病对骨骼的破坏力超过了麻风病，经常累及胫骨，通常会引起胫骨骨髓炎，进而形成病态的马刀腿，这一点与梅毒的侵蚀结果相似。若感染头骨，则最容易造成比性病梅毒还具破坏力的口鼻部损伤（Manchester，1994）。

和梅毒一样，雅司病可以发生母婴传播，即为先天性雅司病。由于麻风病、梅毒和雅司病均会对颜面部造成严重的、近似的损伤，因此在鉴别中需要特别留意，最好有古 DNA 检测的过程。如前面"梅毒"部分所述，Rao 等（1996）认为更早期的那些被诊断为雅司病的样本其实也可能是梅毒病症。

雅司病属于热带疾病，多出现在赤道附近的国家。在印度中央邦的比莫贝卡特铁器时代洞穴中曾出土一例距今约 4000 年的人类颅骨（编号 No. 13TF-ICI-F-16），其病理表现与雅司病症相吻合（Kennedy，1990；Vasulu，1993）。在马里亚纳群岛发现的公元 850 年的颅骨和肢骨上也发现了雅司病症（Stewart 和 Spoehr，1967）。从公元 10 世纪至欧洲殖民者到来之前，太平洋地区的许多地方（如婆罗洲、澳大利亚、汤加、复活节岛和关岛等）以及中美洲的波多黎各均发现了雅司病的骨骼例证（Steinbock，1976；Rothschild 和 Healthcote，1993）。

图 20-44　12 岁爪哇儿童雅司病蜡像

（©Otis Historical Archives of National Museum of Health & Medicine）

（五）天花

天花是由天花病毒引起的烈性传染疾病，东晋时期葛洪所撰《肘后备急方》已经对天花病情进行了详细的描述。清代学者俞茂鲲在其《痘科金镜赋集解》中提到 16 世纪的中国人已经熟知预防天花的方法，这或许是天花无法在东亚地区普遍传播的原因之一。

在 16 世纪的南美洲，印第安文明的急剧衰落与此疾病的大规模传播密切相关。在天灾和

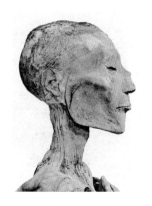

图 20-45 古埃及法老拉美西斯
五世罹患天花
（Hornung，1997）

图 20-46 立陶宛 17 世纪天花患者遗骸
（©Kiril Cachovski Lithuanian Mummy Project）

人祸的双重打击下，到 17 世纪初叶，南美洲印第安人的人口数从原有的 2000 余万人锐减到不足 200 万人。欧洲 17 世纪的天花泛滥也导致了大量人口的丧失，18 世纪因天花而死亡的总人口数达到 6000 万（Margotta，1996；Cartwright 和 Biddiss，2004）。而同时期天花在东亚地区的传播规模和影响都相对有限。

从目前的生物考古学研究来看，最早的天花罹患者是公元前 1157 年去世的古埃及法老拉美西斯五世（如图 20-45 所示）（Hornung，1997）。他的木乃伊于 1898 年被发现，后来的研究表明其面部有变形的损伤，可能是由天花造成的。

2016 年 12 月 8 日，生物考古学家们从在立陶宛首都维尔纽斯的一个 17 世纪的多明我会教堂地下室中发现的儿童木乃伊身体内提取出了完整的天花病毒基因组（如图 20-46 所示）（Duggan 等，2016）。这是目前所确知的最早的天花患者样本。

三、营养及代谢疾病

许多地方病与代谢性疾病相关。这些疾病往往能够反映出不同人群的饮食结构和健康状态，并具有区域指示性的作用。由于很多疾病并不作用于骨骼，所以我们无法直接通过对骨骼的形态学观察推测某个体是否死于某种癌症或者其他种类的疾病。

不过，仍有很多疾病会直接作用于骨骼而引发其形变。因生活方式和生活质量的改变或人群的迁徙而导致的饮食结构和饮食文化的改变，会相应地在某个时代、某个地区人群中的骨骼疾病的类型和患癌率上有所体现。目前发现的因营养缺乏和代谢障碍而导致的骨骼疾病种类就有很多，比如坏血病、佩吉特氏骨骼疾病、氟中毒、骨节病和佝偻病等。这些疾病有助于我们了解有关群体的营养状况。

通过长骨而获得的个体身高与体重信息也有助于群体营养状况的分析。婴幼儿时期过度的营养摄入既能够促进生长发育，又能导致长骨过早停止生长（Frisch 和 McArthur，1974）。在上述情况发生时，躯干发育并未受到影响，仍可以正常生长，因此坐高可能是考察个体 20 岁以前能量摄入水平的有效指标（Brickley 和 Ives，2008）。肩峰宽和骨盆最大宽能够反映个体早期的发育水平和营养状况，二者与乳腺癌的发生呈正相关关系（Brinkley 等，1971）。

（一）佩吉特氏病

佩吉特（Paget）氏骨骼疾病是一种慢性骨瘤样病变，属于慢性进行性代谢性骨病。一般以全身多处骨损伤为主，最常见于骨盆、脊柱、颅骨、股骨和胫骨（如图 20-47 所示）。该病以骨增生重建活跃、骨端增粗、骨结构异常，并导致疼痛、骨干畸形和病理性骨折等并发症为特点。多见于中老年个体上，男性发病率较女性的高（1.8∶1）。

佩吉特氏骨骼疾病具有明显的地域性特点，最常见的发病地区是英国，澳大利亚、新西兰和北美地区也具有较高的发病率，其他地区则少见。目前，佩吉特氏骨病的病因尚未明确，

图 20-48　英国切尔西老教堂（Chelsea Old Church）的 OCU615 个体颅骨板障因增厚和扩张而发生外凸现象

但有学者认为肌腱附着点感染为本病的病因（Galson 和 Roodman，2014），但与之相关的病毒目前仍无法确认。

由于目前仍旧存在着诊断标准方面的争议，确定古代个体是否罹患该病仍比较困难。但是，依据现有人群的病理记录，比照骨骼形态学和遗传学的信息，仍旧可以做出适当的推测。可观察到的影像学表现包括骨皮质增厚和膨胀（如图 20-48 所示）、骨松质的骨小梁粗糙以及骨干弯曲畸形（如股骨和胫骨弓形突出）等。病理学上主要以骨质吸收与骨质形成混乱进而形成特色的马赛克样改变为特征。现代临床学的记录表明，罹患此病的个体常伴有骨痛，重部位尤其明显。异常的机械应力作用可导致皮质裂隙骨折，进而可发展为完全骨折。

佩吉特氏骨病可以分为溶骨期、混合期和硬化期等三个阶段。溶骨期会发生非典型破骨细胞的过度的骨质吸收；混合期内，正常的成骨细胞增多并引起骨质快速增生；硬化期内，成骨细胞的活性占优势并形成增厚增大的硬化骨（如图 20-49 所示）。

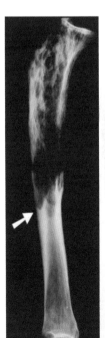
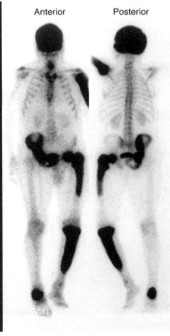

图 20-47　佩吉特氏骨病病灶分布

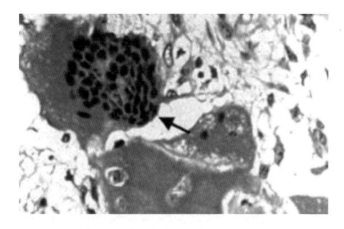

图 20-49　佩吉特氏骨病的破骨细胞现象

（Galson 和 Roodman，2014）

（二）维生素缺乏症

维生素对维持身体健康及代谢平衡至关重要。例如，现代营养流行病学的研究表明，新鲜水果的摄入量与胃癌等癌症的发病率呈明显的负相关关系，含维生素 C 丰富的水果有助于预防结肠癌等癌症以及治疗坏血病（张石革和程建娥，2003；朱志伟，2010；Yun 等，2015；王旭等，2017；Sun 等，2019）。另有研究表明，维生素 A 在细胞分化调节中具有重要的生理作用，可有效抑制恶性肿瘤的发生（徐芳和罗海吉，2013；张利华，2014）。

1. 维生素 C 缺乏

严重的维生素 C 缺乏还会引发坏血病，骨骼上表现为骨关节（特别是肋骨软骨端、腕关节、膝关节和踝关节）的发育障碍或者形变。由于基质的形成障碍，成骨作用被抑制，不能形成骨组织，因此骺端骨质较为脆弱，容易发生骨折和骨骺分离，甚至骨萎缩等现象。维生素 C 缺乏还会导致胶原蛋白合成障碍，从而产生骨质疏松现象。若儿童体内维生素 C 缺乏，其长骨会出现骺端杆状畸形现象，肋骨软骨端

明显突出增厚并呈压舌板状。

通过肉眼观察、放射学影像和组织学分析，生物人类学者们已经发现了可能的坏血病骨骼例证（Ortner 等，1999、2001；Mays，2008；Sun 等，2019）。通过肉眼观察，可发现病患的颅骨（特别是颅顶部、蝶骨、上颌骨、下颌骨和眶内部）出现非正常多孔性骨样结构，牙齿生前松动（或脱落）且发育不全（如图 20-50 至图 20-52 所示）（Brickley 和 Ives，2008）。肋骨、盆骨、肩胛骨以及长骨均会出现可观察病变特征。

在 X 射线影像中，罹患此病的幼儿个体眶部内有血肿现象（Sloan 等，1999）。长骨干骺端会出现钙化带变密、增厚的现象。骨质疏松较为普遍，并可能伴有骨折或者骨骺分离和移位。增生的骨骺盘向两旁凸出，形成特殊的 Pelkan 刺。骨骺中的骨化中心密度降低，骨小梁结构消失，周围呈细环状致密的 Wimberger 环（如图 20-53 所示）。组织学观察中可发现骨

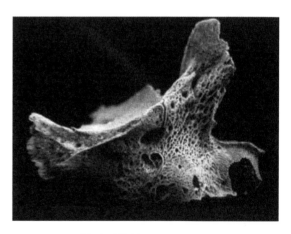

图 20-50　婴儿坏血病的例证

（Brickley 和 Ives，2008）

图 20-51 来自英格兰约克郡科比（Kirby）铁器时代遗址的一个 9～12 岁儿童右眶内部的新生骨
（Brickley 和 Ives，2008）

图 20-52 来自伦敦中世纪圣汤姆斯医院的一个 1～5 岁儿童颅骨上的新生骨
（Brickley 和 Ives，2008）

质减少的现象，但此现象也可能是由维生素 D 缺乏引起的。

在古代人群那里的情况又会如何呢？有研究表明，聚落人群的长距离迁徙会引起食物结构和丰富程度的改变，或者某种形式的环境压力（如地震等）的影响，都可能导致维生素 C 的缺乏，从而罹患坏血病等维生素缺乏症

（如图 20-53 所示）（Brickley 和 Ives，2008）。例如，北美的早期欧洲殖民者在冬季最容易罹患坏血病（Carpenter，1986）。英国伯明翰 19 世纪的圣马丁遗址中也发现了婴儿坏血病的例证（Brickley 和 Ives，2008）。但是，目前发现的成年人坏血病的骨骼例证相对未成年人来说非常少。

2. 维生素 D 缺乏

造成维生素 D 缺乏的主因是日照不足或者含维生素 D 的食物摄入不够，但文化和遗传学因素也不能忽视。其后果是导致全身性钙、磷

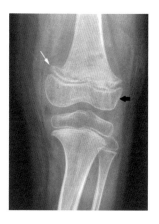

图 20-53 坏血病患者膝关节 X 光影像（左侧细箭头处为 Pelkan 刺，右侧粗箭头处为 Wimberger 环）
（Algahtani 等，2010）

图 20-54 佝偻病患儿
（©https://phil.cdc.gov/details.aspx）

图 20-55 软骨发育不全的现代女性侏儒骨骼
（©Bone Clones，UC 戴维斯解剖基金会授权使用）

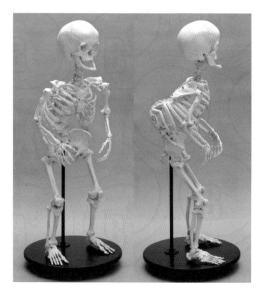

图 20-56　正常骨（左）和骨质疏松（右）

代谢失衡，进而产生骨骼发育畸形和骨质疏松现象（如图 20-56 所示）。佝偻病即为维生素 D 缺乏而导致的幼儿常见疾病，其有些病症能够与坏血病所产生的骨骼形态改变相区别（如图 20-54 所示）。例如，与坏血病患儿肋骨前端增宽不同，佝偻病患儿的肋骨末端呈杯状。成年佝偻病患者的骨骼上同样会出现诸多病理性的改变（如图 20-55 所示）。主要表现是，股骨骨干发生前后向的弯曲形变，前面骨干的弯曲度变大，后面骨干的皮质骨向髓腔内增厚等。

　　维生素 D 缺乏症会在骨骼上产生较为明显的形态改变。例如，维生素 D 缺乏性骨质软化会对成人骨盆造成严重的影响。图 20-57 显示该盆骨的耻骨上支骨折，耻骨下支屈曲，耻骨

联合部移位。髂骨翼屈曲和塌陷，骶骨前突成角（Ives 和 Brickley，2014）。这些缺陷的范围可能对分娩产生较大的影响。由佝偻病引起的青少年胫骨弯曲及局部形变的情况也较为普遍。例如，胫骨远端骨骺边缘轮廓会出现轻微磨损并略向内凹，或者胫骨远端骨骺内侧出现倾斜面（如图 20-58 所示）（Leroi，2005；Brickley 和 Ives，2008）。

　　在实际的古病理学研究中，虽然很难对此类疾病的成因进行完整的解释，但确认骨骼上的一系列病症是可以尽量做到的。虽然假骨折的成因有很多（如骨骼先天发育不全、佩吉特氏病、先天性梅毒或者骨石化症），但如若发现某一个体同时出现了肩胛骨棘和肋骨上正在愈合的假骨折现象，基本上可以尝试推断该个体罹患了维生素 D 缺乏性骨质软化症（Brickley 等，2007）。

　　许多考古遗址中都发现了维生素 D 缺乏的例证，时代上可以早到距今 2 万多年（Buzhilova，2005；Brickley 和 Ives，2008）。有观点认为弗洛勒斯人即是罹患了侏儒症的现代人个体（Hershkovitz 等，2007）。图 20-59 是

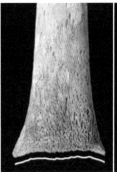
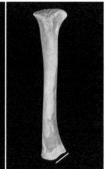

图 20-57　一个罹患维生素 D 缺乏症的成年人骨盆形态

（Brickley 和 Ives，2008）

图 20-58　由佝偻病引起的青少年胫骨形态改变

（Brickley 和 Ives，2008）

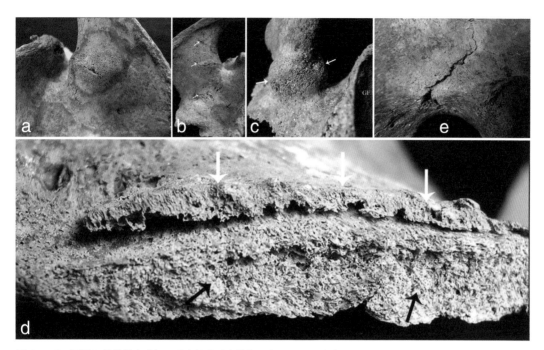

图 20-59　圣马丁教堂的中世纪不同个体骨骼上的假骨折和骨质异常隆起现象
（Ives 和 Brickley，2014）

英国伯明翰中世纪圣马丁教堂所出人骨的相关病理发现。图 20-59 中，a 是 OCU 615 左侧肩胛骨上的假骨折和骨质异常隆起现象，b 是 OCU 764 右侧肩胛骨上的假骨折和已经脆化的骨面，c 是 FAO 1970 右侧肩胛骨上的骨质异常隆起和骨折愈合痕迹，d 是 CAS 2401 右侧髂骨断面显示出的骨折线及骨质疏松现象，e 是 CAS 2401 右侧髂骨上的编织状孔洞及骨折裂痕（Ives 和 Brickley，2014）。

维生素 D 缺乏症的骨骼病理表现是探讨古代人群社会经济发展、文化习俗、饮食结构或者环境适应的重要依据。例如，有研究表明，蛋类和多脂鱼类中富含维生素 D（Holick，2003）。在那些缺乏充足日照的地区，人们必须依赖食物获取足够的维生素 D（Boyle，1991）。又如，一项有关现代约旦年轻女性人群的研究表明，因文化习俗而持续地或有规律地穿着某一类服装可导致个体较低的维生素 D 水平，进而产生维生素 D 缺乏症（Mishal，2001）。

如若对某一古代人群的骨骼维生素 D 缺乏症进行考察，再结合文化因素分析、古环境和饮食结构重建，那么就可能对其原有的社会文化习俗或者宗教行为进行有限的推测。

（三）哈里斯生长停滞线

这是一种因生长受到抑制而产生的骨骼非特异性病理现象，股骨和桡骨上多发（White，2001；Roberts 和 Manchester，2005）。哈里斯（Harris）生长停滞线发生于个体的生长发育期，此种疾病与个体的营养不良或儿童疾病相关（Harris，1927、1931）。在骨干内的髓腔中，横向的骨小梁呈现一种松散和脆弱的结构。骨体整体重量很轻，骨表面无异常发育现象。若是髓腔内发现此种现象，则说明该个体已经从疾病抑制期恢复。也就是说，哈里斯生长停滞线是骨发育的"复原线"。但若是某个体在经受长期营养不良或者患病期间死亡，则很难见到此线。

虽然对哈里斯生长停滞线是否可以作为生长压力分析的重要因素仍有争议（Papageorgopoulou 等，2011），但其目前仍有助于我们了解某个古代文化或社会人群内部的社会分层现象。例如，有学者研究了韩国 14 世纪朝鲜王朝时期居民的生长发育状况（如图 20-60 所示）（Beom 等，2014）。结果表明，当时具有哈里斯生长停滞线的个体较多（71 例样本中有 28 例存在此现象，占总体的 39.44%），而且女性所占比例远远高于男性。而现代韩国人中仅占 16.43%（213 例样本中有 35 例存在此现象），两性之间此现象的出现率几乎相同。这

项研究认为当时朝鲜王朝中的女性营养状况相对较差。

天津蓟县桃花园明清时期墓地中发现了数个股骨上存在此线的个体。例如，04JT M320（乙）个体的左股骨哈里斯生长停滞线（如图 20-61 所示）。股骨远端骨干破损处可见横向骨小梁结构。该个体牙齿表面亦可见到釉质发育不全的症状，因此推测此个体曾出现过因营养不良等情况导致的生长停滞现象。

（四）氟中毒

现代社会中多见由环境污染或者自然灾害而导致的氟中毒事件，氟中毒是长期摄入过量氟化物引起氟中毒并累及骨组织的一种慢性侵袭性全身性骨病。某些地区的水源中富集过多的氟元素，会造成该地区许多人罹患氟斑牙或者氟骨症。那么，在古代人群中是否也有个体罹患此类疾病呢？罹患该种疾病的比例和程度又如何呢？事实上，在古代个体的牙齿和骨骼上发现了氟中毒的证据。当然，很多研究也指出家畜也会罹患此类疾病。

如何进行诊断呢？如果某一个体罹患了氟中毒，其患牙首先会失去光泽，进而出现白色斑痕和黄褐色或暗棕色的斑块，最后发展成凹陷性的牙釉质缺损，这些就是所谓"氟斑牙"的典型症状。如果累及到骨骼，通常会见到软组织附着区域的骨质疏松现象，高氟地区脊柱僵直和侧弯的女性患者较男性显著增多（如图 20-62 所示）。在 X 光影像中，最常见的表现是骨密度的不寻常增加，骨的脆性增加，即为氟骨症。迪恩（Dean）在 1942 年创立了牙氟指数（DFI）用以分类和记录氟斑牙的出现情况。这种方法主要依据单颗牙齿的釉质变化量进行分类工作。

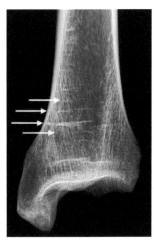
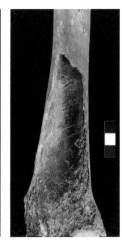

图 20-60　韩国 14 世纪朝鲜王朝时期所见的哈里斯生长停滞线例证
（Beom 等，2014）

图 20-61　天津蓟县 04JT M320（乙）左股骨哈里斯生长停滞线
（© 张月和李法军）

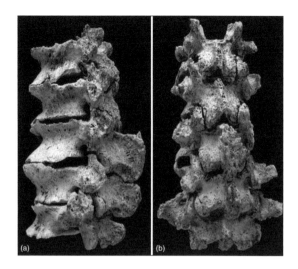

图 20-62　罹患氟中毒个体的 5 块腰椎，韧带附着处可见明显的骨赘

（Brickley 和 Ives，2008）

阿拉伯湾巴林岛的古代人群出现了高水平氟中毒的案例（如图 20-63 所示）（Littleon，1999）。研究者从不同检测水平的试验中发现了大量的骨骼例证，在颅骨、牙齿、椎骨、肋骨、髋骨和长骨上均有发现。皮质骨和骨小梁结构显示出来的组织学现象也显示出该种疾病的特殊

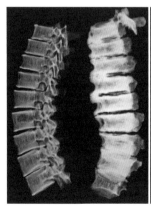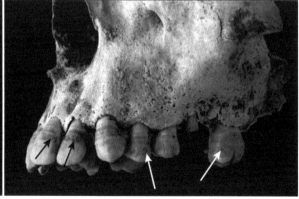

图 20-63　巴林岛 250 BC-AD250

（Littleon，1999）

性。他们认为氟斑牙的发病率要高于氟骨症的发病率。

已有的考古学发现显示，氟斑牙和氟骨症之间具有明显的共出关系。也就是说，如果某一个古代个体的骨骼上出现了氟骨症的迹象，那么其必然会罹患氟斑牙。但是，埋藏学环境的影响以及人为清理工作所造成的损伤可能会干扰科学的诊断工作（Littleon，1999；Brickley 和 Ives，2008）。

（五）成年股骨头缺血坏死

成年股骨头缺血坏死属于骨软骨缺血坏死性病症，其病因主要包括创伤性和非创伤性两大类。在现代，成年股骨头缺血坏死的发病率逐年增多，特别是年轻女性个体的发病率较高。

在中国新石器时代的不同地区都可见到此类疾患。例如，姜家梁史前时期墓地的 M24 个体（男性，25 ～ 30 岁）就不幸罹患了此种疾病（如图 20-64 所示）。他的左侧股骨头和髋关节的正常骨结构均已消失，股骨头明显呈蕈状变形，内部应有弥漫或局限性硬化或囊变区，股骨颈增粗，这些都是晚期阶段的典型表现。生前的时候，他

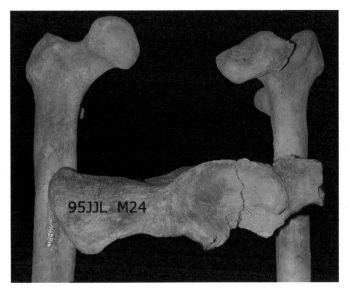

图 20-64　姜家梁墓地 M24 缺血性坏死

（李法军，2008）

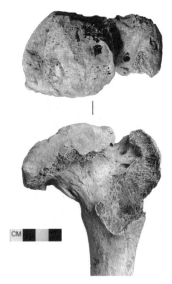

图 20-65　天津蓟县桃花园墓地 04JT M324

个体右侧股骨头坏死

（© 张月和李法军）

可能要经常忍受髋关节半脱位或全脱位所带来的痛苦。

　　天津蓟县桃花园明清时期家族墓中也发现了典型的例证（如图 20-65 所示）。04JT M324 是一名老年男性，其右侧股骨头严重变形，整体向下压缩扁平呈蕈状。股骨头颈也随之发生增生与形变，其上可见骨桥连接，并有较多的空隙与孔洞。

四、骨肿瘤

　　骨肿瘤可分为原发性和继发性两种类型。原发性骨肿瘤通常以病理形态为基础，可分为良性和恶性两类，后者具有较高的死亡率；继发性骨肿瘤较为常见，是组织、器官的恶性肿瘤转移至骨骼上的结果（如图 20-66 所示）。

　　良性骨肿瘤包括很多分类，主要有成骨性肿瘤（如良性的骨瘤、骨样骨瘤和恶性的骨肉瘤）、成软骨性肿瘤（如良性的骨软骨瘤、软骨瘤和恶性的软骨肉瘤）、多核巨细胞（如良性和恶性的骨巨细胞瘤）以及各种组织性肿瘤。一般而言，肉瘤类都属于恶性骨肿瘤。

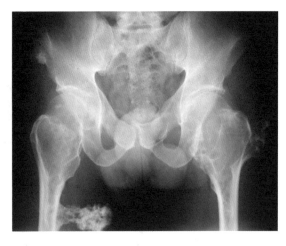

图 20-66　一个现代女性盆腔的 X 光影像

（Bovée，2008）

盆骨和股骨近中端出现骨软骨瘤。

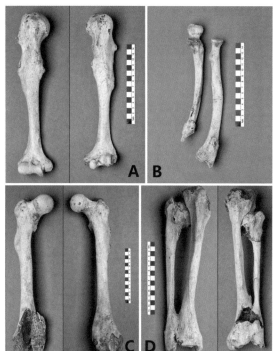

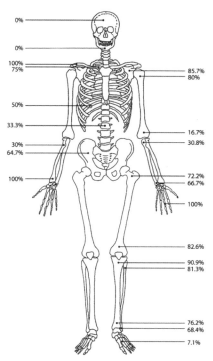

图 20-69
全球 16 个遗址的多发性软骨瘤发病部位出现率
（Murphy 和 McKenzie，2010）

图 20-67　爱尔兰伯力汉纳
（Ballyhanna）地区出土的 Sk
331 个体的多发性软骨瘤例证
（修改自 Murphy 和 McKenzie，
2010）
A．双侧肱骨；B．左侧尺骨和桡
骨；C．双侧股骨；D．双侧胫骨
和腓骨。

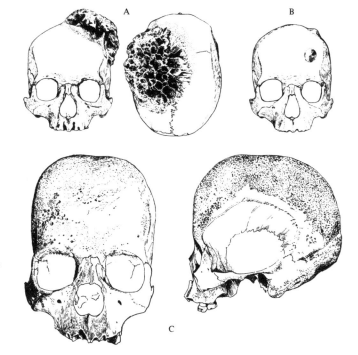

图 20-68　几种骨肿瘤例证
（Brothwell，1981）
A．一个秘鲁颅骨上存在的密集的恶性骨肉
瘤；B．多发性软骨瘤；C．一个尼泊尔颅骨上
存在的可能由血液疾病引发的额部和颅顶部
骨质增厚现象。

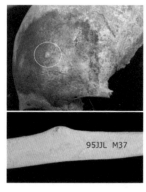
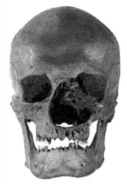

图 20-70　姜家梁Ⅲ M10（下）
个体骨瘤
（李法军，2008）

图 20-71　丹麦新石器
时代软组织瘤

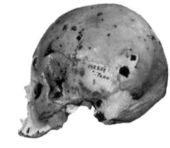

图 20-72　埃及
第五王朝股骨骨
软骨瘤
（Brothwell，1983）

图 20-73　秘鲁 Caudivilla 地区
历史时期 500-1530 女性 35 岁多
发性骨髓瘤，头骨上多处坑状病变
（Grauer，2012）

多发性骨软骨瘤是一种遗传性常染色体显性遗传的软骨内骨生长状态，在考古遗址中较为多见（如图 20-67、图 20-68 所示）。对国际病理记录中已确定的 16 种已知病例进行的综合研究发现，相关的骨骼畸形包括不成比例的身材矮小、不等长的骨骼长度、前臂畸形、胫腓骨脱位、髋关节外翻、膝关节和外翻畸形等（如图 20-69 所示）（Murphy 和 McKenzie，2010）。

前面的"个体死因的例证"部分提及过一

个丹麦中世纪因难产而死亡的女性，其原因很可能是她曾罹患多发性骨软骨瘤。因此，在某种情况下，良性肿瘤也有致死的可能性。

在新石器时代晚期的河北阳原姜家梁墓地发现了骨瘤和单发性骨软骨瘤的骨骼证据（如图 20-70 所示）。Ⅲ M10（下）个体（女性，30 岁）左侧额结节上方近中有一个近圆形的扁状的且边缘光滑的骨瘤，直径约 7 毫米。M37个体（男性，30 ～ 35 岁），左侧肱骨近侧端前外侧骨干有典型的单发性骨软骨瘤症状（李法军，2008）。在世界其他地区不同时期的遗址中也发现不少的例证（如图 20-71 至图 20-73 所示）（Brothwell，1983；Grauer，2012）。

马弗西（Maffucci）氏综合征多表现为多发性内生软骨瘤及软组织血管瘤，这是一种少见的先天性非遗传性中胚层发育不良疾病。患者的掌骨和指骨通常会发生骨骼畸形，有时也可累及长骨（如图 20-74 所示）。此种疾病还会造成骨发育不良，患者肢体不等长、不对称。尺骨短缩，下尺桡关节半脱位。我们还未在古代个体上找到罹患此病的例证。

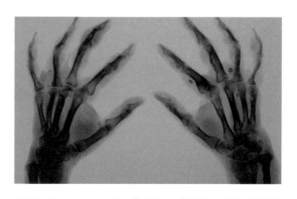

图 20-74　一名中年患者的手部 X 光影像表明该个体罹患了马弗西氏综合征

五、创伤

图 20-75　昂栋人 7 号颅骨顶部的人工创痕
（Swisher 等，1996）

骨骼创伤的原因可能是个体自身造成的，但也有很多与个体间或群体间的冲突有关，很多的例证也显示出其与文化习俗的密切关联。生物考古学对创伤的关注是全面的，既希望通过创伤研究获知个体的生命历程，又努力进行对群体行为的重建。

化石人类的遗骸上曾经发现过与暴力相关的创伤例证。魏敦瑞曾在印度尼西亚爪哇岛的昂栋人 7 号年轻女性个体的颅骨上发现了骨表损伤（如图 20-75 所示）（Swisher 等，1996）。研究表明，该个体的颅骨表面损伤可能源自头皮创伤引发的颅部感染（Indriati，2006）。

有研究者通过对广东马坝人头骨化石表面痕迹的研究，

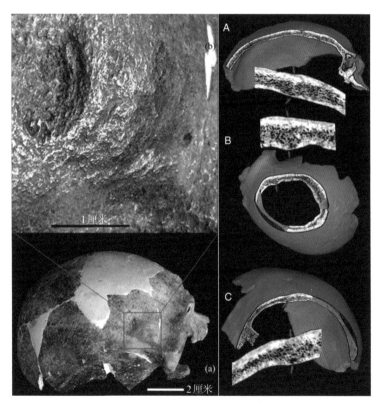

图 20-76　马坝人颅骨上的创痕
（吴秀杰等，2011）

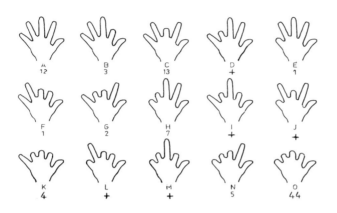

图 20-77　15 种可能的手势或者断指的方式示意

其中数字表示不同手印形式在 Gargas 洞穴中出现的次数，"+"表示该手势未在 Gargas 洞穴中出现（Leroi-Gourhan，1967）。

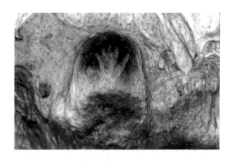

图 20-78　嘎赫嘎斯洞穴手印

（©http://www.nicolepeyrafitte.com/442/Gargas.jpg）

图 20-79　非洲卡拉哈里沙漠地区的布须曼人的手势

（Leroi-Gourhan，1967）

a. 表示猴子的手掌；b. 表示疣猪的獠牙；c. 表示长颈鹿的耳朵和角。

认为马坝人头骨表面的痕迹与骨膜炎、骨结核、骨肿瘤、烧伤等明显不同，而符合局部受到钝性物体打击的表现，是局部受到钝性外力冲击造成损伤愈合后形成的（如图 20-76 所示）（吴秀杰等，2011）。这项研究提供了东亚地区中更新世晚期人类受到暴力损伤后长时间存活的证据。

（一）洞穴手印

许多史前时期人类的岩画上也显示了可能与文化内涵相关的创伤例证。例如，比较具有争议的例子是法国比利牛斯山地区的嘎赫嘎斯（Gargas）洞穴手印（如图 20-77、图 20-78 所示）。有研究者认为他们是残缺的手掌印成的，但也有人认为这些图案代表了狩猎手势（Leroi-Gourhan，1967）。然而，根据对非洲卡拉哈里沙漠地区的布须曼人的人类学调查，他们给出了一些手势的含义（如图 20-79 所示）。

但现代社会中的确存在像新几内亚达尼（Dani）人群这样的例证，说明了残段手指存在的可能。为了复仇，达尼人不仅要为死去的族

人杀死某个敌人，还要选择自己族群中的某位年轻女性，将其指尖部分切除以供奉死者。因此，我们还无法完全证明嘎赫嘎斯洞穴中的手印原形是否有残缺。

（二）致命创痕

在世界各地不同的考古学遗址中，骨骼上存留的创伤痕迹经常被发现，因外力而造成的各种骨质损伤也较为常见。这些损伤多是致命伤，有一部分显示出受创个体有幸存活过一段时间，甚至很多遗骸上还能够见到箭镞等武器的残留（如图 20-80 所示）。

例如，在丹麦内斯特维德（Noestved）的珀斯摩斯（Poesmose）遗址出土过一例带有箭镞的新石器时代中年男性的头骨，该箭镞

从其梨状孔下缘穿透上颌（如图 20-81 所示）（Scarre，2009）。在南美洲秘鲁夸他卡里（Qotakalli）遗址印加人遗骸以及中国洛阳东汉刑徒墓遗骸上都发现了大量明显的钝器伤和砍创痕（如图 20-82 所示）（潘其风和韩康信，1988；Salpietra，2010）。在中国新疆哈密青铜 – 早期铁器时代的黑沟梁墓地，生物考古学者发现某些个体颅骨上存在明显的砍创和刺伤（如图 20-83 所示）（魏东等，2012）。

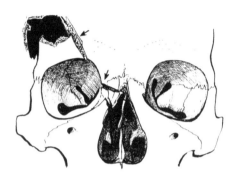

图 20-80　一位尼日利亚女性（AF 1822）颅骨上的骨质砍创
（Brothwell，1983）

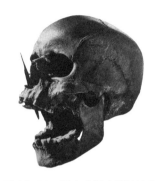

图 20-81　丹麦珀斯摩斯遗址男性头骨（35 ～ 40 岁）及其创伤
（Scarre，2009）

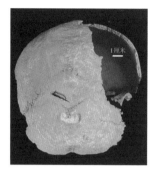

图 20-83　新疆哈密黑沟梁墓地所见颅骨创伤
（魏东等，2012）

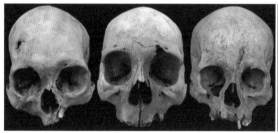
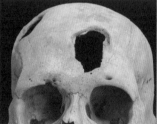
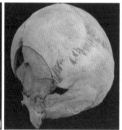

图 20-82　秘鲁夸他卡里遗址印加人颅骨创伤
（Salpietra，2010）

专题

洛阳东汉刑徒墓人骨所见的骨骼创伤

考古学者曾在原属东汉洛阳城南郊的区域发掘了 500 多座刑徒墓。在可鉴定的 397 例个体中，男性占总数的 98.2%。对可进行年龄判定的 330 例个体评估后，这些个体的平均死亡年龄仅为 30.18 岁。这些人的健康状况较差，有 81 人罹患了不同种类的牙齿疾病、骨性关节炎和类风湿性关节炎。

　　让人印象深刻的是，有31例个体的骨骼上显示了明显的创伤（如图20-84所示）（潘其风和韩康信，1988）。按照创伤类型的判断，基本可分为锐器损伤和钝器损伤。M7-18号个体的额部尚存有6处创口，其中3处创口较深。这些创口的创壁平整，似由锐器劈砍造成的。M9-22个体的下颌骨上有一处极为平整的创面，造成下颌体下缘缺失。这一平整的创面应为某种锐器砍削所致，总长度达76.5毫米；其右侧股骨上还发现了6处砍创痕，其中有2处还造成了穿孔性骨折。

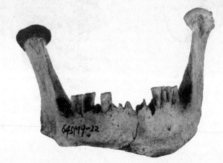

图 20-84　洛阳东汉刑徒墓人骨上所见创伤

（潘其风和韩康信，1988）

左：M7-18；中：M9-22；右：M9-22。

（三）剥头皮

　　剥头皮风俗曾广见于欧亚大陆北部人群和美洲印第安人群中（如图20-85所示）。据目前的考古学证据，在美洲，最早的剥头皮例证可以追溯到公元前2500—公元前1000年。欧亚大陆最早的剥头皮例证很可能来自公元前2000年左右的中国龙山时代的人群之中（陈星灿，2000）。1990年，考古学者在中国河南焦作武陟大司马遗址的灰坑中也发掘出2例剥头皮的例证，

图 20-85　世界范围内发现的剥头皮例证

（Nadeau，1994；陈星灿，2000）

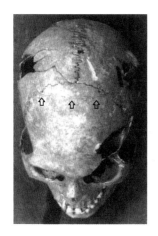

图 20-86 大司马遗址 1 号
头骨额骨上的切割痕迹
(陈星灿，2000)

其时代在公元前 17 世纪前后的夏末商初之际。

河北邯郸龙山时代的涧沟遗址中所见剥头皮的例证仅见于女性个体上，而夏末商初的大司马遗址中多见的剥头皮例证均为男性。大司马遗址 1 号头骨上的切割痕迹比较明显，特别是前额部分的痕迹为两端深，中间浅。前后横向至少有 4 道大致平行的、深浅不一的划痕。痕迹可能是右手持刀沿顺时针方向切割造成的，并且有来回锯切的现象（如图 20-86 所示）。涧沟遗址所见的例证均为自额骨至枕骨的纵向切割。大司马遗址的剥头皮例证保存有完整的骨骼，而涧沟遗址的却仅见头骨（严文明，1998；陈星灿，2000）。

至于剥头皮的原因，印第安人是为了证明猎杀了敌人，鲜卑人也可能是如此。剥头皮也

有可能是取头骨做器具的一个必须过程。例如，希罗多德笔下的伊塞顿人有如下风俗：父死杀羊献神，而后食混在一起的死者的肉和羊肉；把死者的头皮剥光，擦净后镀金作为圣物，每年都要对之举行盛大的祭典。这虽然是对亲属头骨的处理方法，但剥头皮也可能是制作头壳杯或别的头颅圣器的一个必不可少的程序，因此，以制作头壳杯为目的的剥头皮也可能在头骨上留下痕迹（陈星灿，2000）。

六、口腔疾病

就像骨骼当中蕴含着疾病信息和行为信息一样，口腔状况同样在这些方面提供了极具价值的线索（Aufderheide，2004；刘武等，2005；何嘉宁，2007、2008；孟勇等，2008；李海军和戴成萍，2011；张雅军等，2011；陈伟驹和李法军，2013；周蜜等，2013；戴成萍和李海

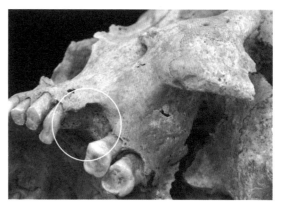

图 20-88 姜家梁遗址 M51 个体的根尖脓肿病患部位
(李法军，2008)

一处是在左侧上颌第一白齿齿槽颊侧面，颊面与齿槽相连通，破坏了齿槽原有的形态结构；另一处在右侧下颌前白齿齿槽颊面，颊面也与齿槽相连通，破坏了齿槽原有的形态结构，齿槽形成了一个边缘较圆钝的浅窝。

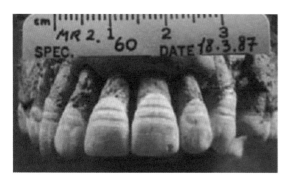

图 20-87 牙釉质发育不全的病理表现
(Steckel 和 Rose，2002；Steckel 等，2002、2006)

军，2014；张全超等，2017；李海军等，2017；张佩琪等，2018）。例如，对釉质发育不全的研究有助于我们了解古代人群的生业方式、饮食结构和社会分层等方面的信息（如图20-87所示）。同时，釉质发育不全的现象

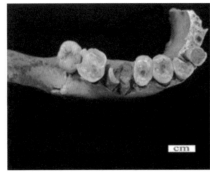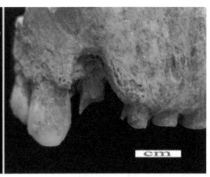

图20-89　顶蛳山遗址M71右下颌第一臼齿（左）和M322右上颌第一臼齿（右）的龋齿
（张佩琪等，2018）

也有助于我们了解某些个体的生前状态，因为这种牙齿疾病的主因与营养不良等系统新陈代谢压力或儿童期罹患麻疹等有关（Goodman和Rose，1991）。

如前所述，"牙龋病在历史上有显著增加的趋势是和人类农业生产的出现、食用大量富含糖分和淀粉的食物有关。牙齿的超年龄磨损也可能反映某些生活的侧面，如营养不良、食物粗糙、大多食用植物类等"（韩康信，1985）。

口腔疾病的种类有很多，较为常见的有牙周炎、脓肿、发育不全、囊肿、牙瘤、龋齿、根尖脓疡、畸形齿、萎缩（阻生）、先天性缺如、结石等（见表20-1）（如图20-88所示）。口腔疾病的成因也非常复杂。例如，齿畸形的成因除了基因紊乱外，环境因素也是不可忽视的原因（Fuller等，1999；李法军，2008）。齿列不齐和阻生的主要原因是骨量和牙量发育不均衡（耿温琦，1992；李法军，2008）。龋齿属于多因素口腔疾病，但宿主、微生物和饮食是不可或缺的致病因素（樊明文和边专，2003）。

对古代人群口腔疾病的考察有助于进一步探讨相关人群的食物构成、饮食行为与社会经济等方面内容。例如，最近的研究发现，顶蛳

山遗址人群的个体和牙齿患龋率都较高，并且在两性、葬式、年龄段间都存在差异，女性患龋程度要高于男性；不同葬式之间差异也显著，随着年龄的增长，患龋的比例和程度也随之加深（如图20-89所示）（张佩琪等，2018）。

研究还发现，包括顶蛳山遗址在内的三组华南渔猎-采集人群的牙齿患龋率都要高于其他农业遗址人群的。这是以往研究没有发现也没有认识到的结论。龋齿的出现与人类饮食中的碳水化合物关系密切。该研究认为华南史前时期这些人群的高患龋率可能与碳水化合物的摄入关系密切，但这与一般所认为的农业的出现没有联系，很可能源于当地的块茎类和含蔗糖类植物。

有学者对新疆、内蒙古和内地7处考古遗址出土的古代居民牙齿磨耗、牙齿疾病、牙齿生前脱落及咀嚼肌发育情况进行了研究（刘武等，2005）。在磨耗方式上，新疆和内蒙古居民呈现出一些可能反映其生活或行为方式的特殊磨耗。龋齿病和牙齿生前脱落的出现率在边疆和内地居民中具有明显的差别，表现为内地居民龋齿发病率高，而边疆居民牙齿生前脱落更普遍。

新疆和内蒙古居民上下颌骨有发育显著的骨质隆起，这可能是更为粗糙坚硬、含颗粒成

分高的食物所致，从而也导致这些居民的牙齿局部出现了特殊磨耗、牙齿生前脱落等现象。但这些居民的龋齿发病率相对较低，可能是因为摄入的富含碳水化合物食物的比例较内地居民低。研究者认为青铜－铁器时代的新疆和内蒙古地区居民，其社会经济生活中狩猎－采集仍占有较为重要的地位，而农业经济的比重相对较低。这是一个通过对口腔健康状况来重建某古代人群业方式的成功的研究案例。

七、寄生虫病

寄生虫对人体的危害非常严重。它们在宿主体内会掠取营养，造成器官和组织的损伤并产生过激性的免疫反应，使宿主遭受生命的威胁，至今仍是威胁现代人健康的重要病源所在（武忠弼等，1993；全国人体重要寄生虫病现状调查办公室，2005）。疟疾、血吸虫病、丝虫病、利什曼病和锥虫病甚至被世界卫生组织列为重点防治的热带疾病。

在"社会进程与疾病谱"部分提到狩猎－采集和游牧人群较容易罹患人畜共患疾病，而农业定居人群则更易罹患寄生虫病。由于寄生虫的特性及其与人类的紧密关联，它们便能在一定程度上反映古代的生态环境、人类行为、人类健康、饮食结构等诸多方面的信息（谢仲礼，1993；Cox，2002；张居中和任启坤，2006；Araújo 等，2008、2011、2013；Yeh 等，2014、2019；刘德平和黄亚铭，2016；Yeh 和 Mitchell，2017；Williams 等，2017）。

最早的与考古相关的古寄生虫研究与古埃及木乃伊有关。1901 年，鲁费尔（Ruffer）首次公布了对一具属于公元前 1250—公元前 1100 年的埃及木乃伊的研究结果（武忠弼 等，1993）。他通过组织切片染色方法，在该木乃伊的肾脏组织中发现了埃及血吸虫。但直至 20 世纪 70 年代，美洲和欧洲学者才开始系统地将寄生物学的方法引入考古学研究之中（谢仲礼，1993）。英国学者认为各种寄生物遗存是解释考古学遗址形成过程的重要线索（Jones，1986）。美国学者把自然界广泛存在的寄生现象与人类行为联系起来，研究人类行为对寄生现象的各种影响作用（Reinhard 等，1987）。

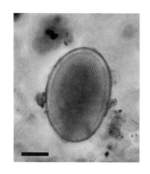

图 20-90　理查德三世体内的蛔虫卵
（比例尺为 20 μm）（Mitchell 等，2013）

通过对北美史前克洛维斯文化居民钩虫卵的分析，有学者认为这些居民不可能是第一批到达美洲生活的古人，因为寒冷的气候和几乎冻结的土壤是不可能把钩虫卵和鞭虫卵传给新的宿主的（Montenego 等，2005）。还有巴西学者以粪土和粪化石为主要研究对象，结合 16 世纪的史料对流行病学进行了深入的研究（Araújo，1988）。剑桥大学的一项研究表明，英国历史上赫赫有名的国王理查德三世生前曾感染了蛔虫（如图 20-90 所示）（Mitchell 等，2013）。

1996 年，考古学家们在耶路撒冷基督教区的西班牙学校内发掘出了一个中世纪的厕所。有研究者采用光学显微镜和酶联免疫吸附试验（ELISA）对 12 种粪便沉淀物进行了分析，共鉴定出蛔虫、鞭虫、带绦虫、鱼绦虫、阿米巴原虫和十二指肠贾第虫 6 种肠道寄生虫（Yeh 等，2015）。

中国的古寄生虫学在考古学中的应用研究

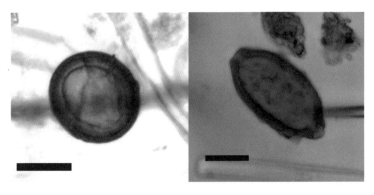

图 20-91　敦煌悬泉置遗址粪便中发现的绦虫卵（左）和鞭虫卵（右）
（Yeh 和 Mitchell，2016）

始于 20 世纪 50 年代。1956 年，有学者对广州发现的 2 具明代古尸进行了研究，在男性古尸体内检出人蛔虫卵，在女性古尸体内检出人鞭毛虫卵、华支睾吸虫卵和姜片吸虫卵（黄文宽，1957；苏州医学院，1965）。

　　20 世纪 70 年代末，研究者在马王堆一号汉墓古尸的肝脏、乙状结肠以及直肠内发现了日本血吸虫卵，《黄帝内经》等中国古代医学文献中早有对血吸虫病的详细记述，例如对其晚期高度腹水症状多有提及。在大肠内发现了鞭虫卵和蛲虫卵，证实早在西汉时期，鞭虫和蛲虫已经在我国古代人体内寄生了（《长沙马王堆一号汉墓古尸研究》编辑委员会，1980）。

　　我国学者对河南贾湖遗址中距今 9000～8600 年的人骨遗骸腹土内的寄生虫进行了提取和分析（张居中等，2006）。研究者在

419 号墓葬腹土中发现了鞭虫卵和绦虫卵，而在 477 号墓葬腹土中发现了蛔虫卵。而另一项有关河南郑州金水庙李和新郑梨河晨辉两处东周墓地部分墓葬腹土中寄生虫的研究，则向我们揭示出早在春秋时期，郑州地区就已经有蛔虫病的感染和流行了（魏元一等，2012）。台湾西南部乌山头史前时代遗址（公元前 1300—公元 200 年）中曾出土了首例史前台湾蛔虫卵。在可观察的 27 例样本中，仅有一个个体生前曾感染了蛔虫，显示了该人群较低的寄生虫感染率（Yeh 等，2016）。

　　剑桥大学的研究者收集了中国境内从新石器时代到清代的木乃伊、古厕所和墓葬中的盆腔土壤的样本，鉴定出蛔虫、鞭虫、中国肝吸虫、东方血吸虫、蛲虫、绦虫和肠吸虫等 7 种肠道寄生虫（如图 20-91 所示）（Yeh 和 Mitchell，2016）。这一研究为我们了解中国过去居民的健康状况和地方病提供了新的视角。研究认为，蛔虫、鞭虫和中国肝吸虫在过去似乎比其他物种更常见，蛔虫和鞭虫在 20 世纪末期仍很常见，但中国肝吸虫的患病率似乎随时间而显著下降。研究者从距今约 2000 年的敦煌悬泉置遗址茅厕的粪便中发现了中国肝吸虫卵，由此推测丝绸之路可能是传播古老疾病的媒介。

第五节　他们如何对待病患

　　病痛的困扰促进了医学的发生和发展，这是毋庸置疑的。但我们更为关心的一个话题是，当古人生病时，他们是如何被治疗和关照的？这不仅涉及了最为基础的医学史话题，而且还

关乎人性起源与发展的历史。

　　从人类学的视角来看，对病痛的认知和对病患的态度具有明显的文化性。例如，东方医学特别是中医学是以阴阳五行作为理论基

础，强调人作为气、形、神的统一性；而西方医学则建立了病理学和治疗学基础上的医学观念（Mitchell，2004）。在非洲的某些狩猎-采集社会中，如果一个人总是打不到猎物，族人就会觉得他生病了，需要专门的治疗（Hahn，2010）。但无论是在哪种类型的文化体系之下，人们的确经历了一种从感知疾病到治疗疾病的过程。这一过程并不强调病患个体的主观感受，而是一种实实在在的肌体健康失衡。

考古学的诸多发现告诉了我们远古人类在遭受疾病的过程中所做出的反应和努力，医学史为我们展示了古代人类为治愈疾病而做出的成就。有观点认为医学起源于巫术，如法国拉斯科洞穴中保留下来的史前时期带鹿面具的人物岩画形象可能与巫医有关（Renfrew 和 Bahn，2012）。全世界范围内发现的各类开颅创口的成因虽有争议，但其中部分例证被证实的确与治疗相关（韩康信等，2007）。比较有意思的想法是，古代医者是否曾经给自己治疗。但这无疑是很难回答的。

在中国，有关古代疾病种类及其治疗方法的记载不绝于书。例如，大约成书于战国至两汉时期的《黄帝内经》就是一本综合性的医学专论，该书重点记载了关于人体脏器、经络、病症及其治疗方法等内容。广州西汉南越王墓中曾

图 20-92 王惟一创制的针灸铜人

图 20-93 南宋著名画家李唐的《村医图》

经出土了装有药丸的银盒，此外还发现了铜、铁臼杵各一套，被认为是与研磨药物有关的器具（西汉南越王博物馆，2017）。此墓中出土的香料、熏香、羚羊角以及五色药石也被认为与养生相关（广州市文物管理委员会，1991）。

东汉时期的名医张仲景撰《伤寒杂病论》，系统性地分析了伤寒的病因、症状及其治疗方法。同时期的名医华佗精通多科医术，尤擅长外科。他为了在实施外科手术过程中减轻患者的病痛，还创制了麻沸散以作麻醉之用（朱泓等，2004）。

北宋医学家王惟一曾奉诏编修《铜人腧穴针灸图经》。他不仅系统地总结了以往医家有关针灸穴位的实践经验，还创制了针灸铜人两具（如图 20-92 所示）。铜人以精铜铸成，可合可分。体内腑脏俱全；体表腧穴处皆有孔，错金书穴名于其旁，外涂黄蜡。其中实以水，针

离则水出。南宋画家李唐曾在其《村医图》中生动地描绘了当时传统艾灸治病的场景（如图20-93所示）。明代李时珍所著《本草纲目》更为中国古代医学的集大成者，不仅记述和修正了历代医者有关本草及中药的理论，还涉及了大量的治疗方法。

许多古代西方医学文献当中也经常反映出不同时期西方医者对待病患的态度和治疗手段，有些对待病患的方式显得主观而刻意。例如，源自古希腊时期的放血疗法直至近代还盛行于欧美各地。18世纪中期的法国医生波姆（Pomme）为了治疗一个癔病患者，曾让其每天浸泡10多个小时，持续10个月之久，导致病患多处脏器内组织脱落（Foucault，2011）。这一时期的外科手术水平也能够从一些文献和画作当中展现出来，如托马斯·罗兰逊（Thomas Rowlandson）在其一幅1789年的画作上描绘了一位装有假肢的厨师形象（如图20-94所示）。直到18世纪末期可能才开始出现所谓的现代"实证"医学，临床医学才开始从长久的主观臆断逐渐转向对实证观察的信赖。

图20-95 德马尼西人4D号个体（D3444）

（©dmanisi.ge）

从生物考古学的观点来看，这些看法并没有客观物质材料的支持。若要了解古代人类究竟怎样认识疾病并采取相应对策，除了文献资料的记载之外，生物遗存往往会为我们提供最直接的证据。我们可以通过考古学的发现来了解不同年代、不同地域的人们对躯体进行有效修复的例证。

目前所知最早的对待病患的例证可能来自德马尼西人。如前所述，在这个较早时期的直立人群体中有一个40岁左右的个体。他的颌骨和齿槽已经发生吸收闭合，这说明他在无法正常咀嚼食物的情况下又生存了若干年（如图20-95所示）（李法军，2007）。

图20-94 在船上工作的装有假肢的厨师

（© 英国伦敦国家海洋博物馆）

一、头骨穿孔现象

有学者曾经对当时所见的国内外史前时期头骨穿孔的现象进行了梳理和分析（陈星灿和傅宪国，1996）。"头骨穿孔是为着某种目的而有意为之的人工穿孔"，这种穿孔现象有别于自然力或者病理性的破坏结果，更可能是出于治疗疾患或者某些巫术——宗教的目的。从全世界范围来看，欧洲、太平洋岛屿、美洲、亚洲和非洲均发现了头骨穿孔的例证（Lisowski，1967；韩康信等，2007；Wiesław，2007；Lv等，2012；Goodrich，2013；Nicklisch等，2018）。

从目前发现的材料来看，欧洲和南美洲是头骨穿孔现象最集中的地区。欧洲地区最常见

图 20-96 美洲发现的史前时期环孔穿孔方法

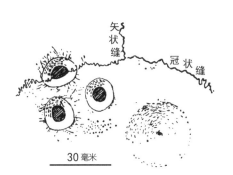

图 20-97 地中海东岸的耶里哥（Jericho）发现的青铜时代穿孔例证

图 20-98 不同时期的开颅工具
（Goodrich，2013）

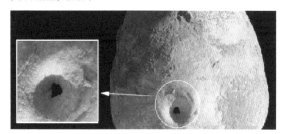

图 20-99 磨沟遗址 M1331R2 颅骨上的穿孔
（赵永生，2013）

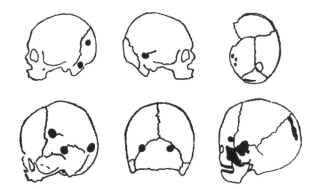

图 20-100 新疆察吾乎沟四号墓出土的颅骨穿孔示意

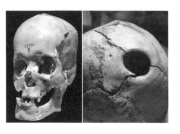

图 20-101 山东广饶傅家遗址出土颅骨上的穿孔

的头骨穿孔方法有刮剥法和挖槽法，此外也发现了锯切法的例证。亚洲发现的头骨穿孔方法与欧洲相似。美洲除了常见的锯切法外，还发现了较为独特的环孔穿孔方法（如图 20-96 至图 20-98 所示）。

在中国河南大司马龙山文化遗址、青海柳湾墓地马厂类型墓葬、甘肃磨沟齐家文化墓地以及新疆和静察吾乎沟四号墓地中都发现了较早期的头骨穿孔例证（如图 20-99、图 20-100 所示）。仅在磨沟遗址一处就发现了 9 例颅骨穿孔个体（赵永生，2013），皆有不同程度的骨愈合现象。但其他遗址中有些个体头骨上的穿孔未见骨愈合现象，较难确定是生前还是死后造成的。在中国发现的大部分穿孔直径较小，不似出于医疗的目的。较为肯定的几例人工穿孔后存活的例证来自黄河中下游和西北地区，能够为我们呈现古人为治愈病痛而进行的努力尝试。

1995 年，在山东大汶口文化遗址（距今约 5000 年）M392 墓中出土了一例 40 岁左右的男性个体（谭靖泽等，2006）。其右侧顶骨的中部有一个近圆形的孔洞，直径为 31×25 毫米。此孔洞边缘的创口光滑，愈合状态良好，说明该个体术后曾长期存活（如图 20-101 所示）。吴新智先生等认为这是细致的人工开颅术（韩康信等，2007）。

20 世纪 70 年代初，青海大通县上孙家寨墓地曾出土了大量卡约文化时期（公元前 900—公元前 600 年）的墓葬，其中的 M392（中年男性）和 M923（中年女性）个体颅骨上均发现了开颅术的例证（如图 20-102 所示）（韩康信等，2005）。从创口的骨形态和愈合程度来看，这两例个体均在实施手术后存活了相当一段时间。

南美秘鲁印加帝国首都库兹克（Cuzco）的印第安人也曾实施过许多开颅术，而且治愈率几乎达到了 90%。实施手术的工具可能是小型石钺或者石镞。1865 年，美国考古学家埃弗雷姆·斯奎尔（Ephraim G. Squier）在库兹克发现的一例

图 20-102　青海大通县上孙家寨墓地卡约文化 M392 中年男性颅顶部创痕
（韩康信等，2005）

开颅例证最为著名，该例颅骨属于公元 1400—1530 年的前哥伦比亚时期（如图 20-103 所示）（González-Darder，2017）。经由法国著名人类学家鲍尔·白洛嘉（Paul Broca）研究，认定该例颅骨上的独木舟形创孔确为开颅的结果，而且该个体术后还存活了一段时间。

在库兹克扩塔卡里（Qotakalli）遗址中发现的一例颅骨上竟然有 7 处大小不等的开颅手术创口，其中 6 处较小的存在骨骼自愈现

图 20-103　斯奎尔于 1877 年绘制的库兹克头骨（A）以及独木舟形创孔照片（B）
（Arnott 等，2003）

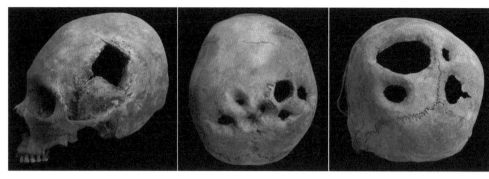

图 20-104　扩塔卡里遗址中发现的开颅术例证

（Salpietra，2010）

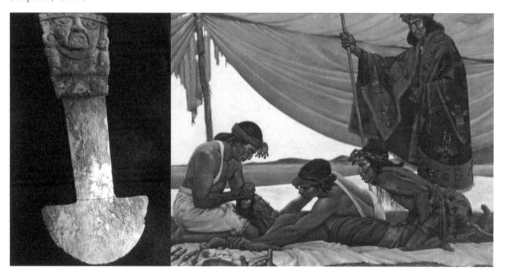

图 20-105　南美印加帝国印第安人的开颅工具和手术场景复原

（Salpietra，2010）

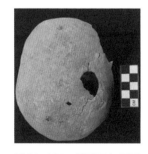

图 20-106　希腊亚加提亚德遗址发现的颅骨开颅例证

（Mountrakis 等，2011）

象，但最大的一处未见愈合发生，研究者认为这处创口成了该个体的致命伤（如图 20-104、图 20-105 所示）。开颅术被认为是释放颅内压的主要方法，但也可能出自控制其他疾病的动机（Salpietra，2010）。

在希腊的亚加提亚德（Agia Triad）遗址中同样发现了青铜时代晚期的开颅例证（如图 20-106 所示）。编号为 2/154-26 的右侧顶骨上有一处 32.53×25.37 毫米的创孔，被认为是人工开颅手术的结果。该创口的综合分析表明，此个体在术后也存活了一段时间（Mountrakis 等，2011）。

二、假肢

考古学的发现往往为我们呈现出意想不到的故事。在一座距今约 3000 年的古埃及新王国时期的墓葬中，一名 50 余岁的女性木乃伊右侧大脚趾因病变而缺失，被一个由木头和皮革制成的假肢所代替，假肢底部还有明显的磨损痕迹（如图 20-107 所示）。这一发现不仅展示了古埃及人高超的医学水平，也让我们对这名女性的社会身份产生浓厚的兴趣。

另一个让人惊叹的例子来自中国。距今约 2000 年的新疆吐鲁番胜金店遗址一例 50～65 岁的男性个体，其左侧膝关节可能因结核感染而导致了功能丧失，发生了完全性的骨性融合现象（Li 等，2013）。在他的身旁还发现了一柄长 89.2 厘米的桨形复合式物品，其主体由杨木制成，扁平的部分周缘分布着基本对称的穿孔。柄部末端套接在一块羊角上，羊角上又套接了一块马蹄。羊角末端有明显磨损的痕迹。结合该个体左侧膝关节的病变特点，研究者认为这个桨形物品是该男性生前使用的假肢（如图 20-108 所示）。

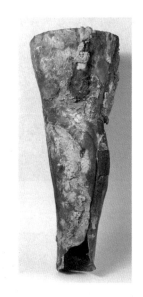

图 20-109 意大利古罗马时期的卡普亚假腿
（©Wellcome Trust）

此外，在意大利的卡普亚一处距今约 300 年的古罗马墓葬中，考古学家们发现了一件用青铜制作的被称为"卡普亚假腿"（Capua Leg）的假肢（如图 20-109 所示）。这件青铜制品是否真的是为了修复残疾的人体，或者仅仅是一个作为"护腿"的残件亦不得而知，但其精准的结构的确能够证明古罗马时期的技术水准。

图 20-107 古埃及新王国时期一名女性木乃伊的右脚趾假肢

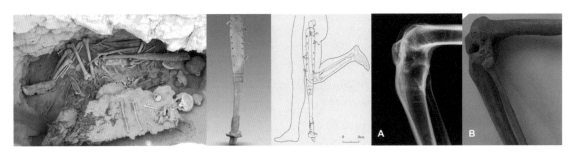

图 20-108 吐鲁番胜金店遗址 M2 中的男性个体骨骼及假肢
（Li 等，2013）

重点、难点

1. 人类健康史
2. 重建人类健康史的方法
3. 现代流行病学
4. 疾病谱
5. 古病理学

深入思考

1. 如何了解人类过去的健康状态？
2. 全新世以来人类的疾病谱有何变化？
3. 古病理学研究能否反映古人群的生业方式？
4. 如何确知某种骨骼病理现象的致病原因？
5. 现代人的疾病谱具有怎样的特点和历时性变化？

延伸阅读

［1］曹来宾. 实用骨关节影像诊断学［M］. 济南：山东科学技术出版社，1998.

［2］《长沙马王堆一号汉墓古尸研究》编辑委员会. 长沙马王堆一号汉墓古尸研究［M］. 北京：文物出版社，1980.

［3］陈星灿. 中国古代的剥头皮风俗及其他［J］. 文物，2000（1）：48-55.

［4］陈星灿，傅宪国. 史前时期的头骨穿孔现象研究［J］. 考古，1996（11）：62-74.

［5］韩康信，谭婧泽，何传坤. 中国远古开颅术［M］. 上海：复旦大学出版社，2007.

［6］李法军. 中国北方地区古代人骨上所见骨骼病理与创伤的统计与分析［J］. 考古与文物增刊（先秦考古），2002：361-366，375.

［7］李法军. 河北阳原姜家梁新石器时代人骨研究［M］. 北京：科学出版社，2008.

［8］林年丰. 医学环境地球化学［M］. 长春：吉林科学技术出版社，1991.

［9］邱贵兴，费起礼，胡永成. 骨科疾病的分类与分型标准［M］. 北京：人民卫生出版社，2009.

［10］孙蕾. 河南渑池笃忠遗址仰韶晚期出土的人骨骨病研究［J］. 人类学学报，2011，30（1）：55-63.

［11］魏东，曾雯，常喜恩，等. 新疆哈密黑沟梁墓地出土人骨的创伤、病理及异常形态研究［J］. 人类学学报，2012，31（2）：176-186.

［12］武忠弼. 病理学［M］. 2版. 北京：人民卫生出版社，1986.

［13］席焕久. 生物医学人类学［M］. 北京：科学出版社，2018.

［14］张居中，任启坤. 寄生物考古学简论［J］. 广西民族学院学报（自然科学版），2006，12（1）：19-22.

［15］张佩琪，李法军，王明辉. 广西顶蛳山遗址人骨的龋齿病理观察［J］. 人类学学报，2018，37（3）：393-405.

［16］张雅军，何驽，尹兴喆. 山西陶寺遗址出土人骨的病理和创伤［J］. 人类学学报，2011，30（3）：265-273.

［17］张振标. 中国古代人类麻风病和梅毒病的骨骼例证［J］. 人类学学报，1994，13（4）：294-299.

［18］BARNES E. Developmental defects of the axial skeleton in paleopathology［M］. Niwot: University Press of Colorado, 1994.

［19］BRICKLEY M, IVES R. The bioarchaeology of metabolic bone disease［M］. London: Elsevier Ltd., 2008.

［20］DUGGAN A T, PERDOMO M F, PIOMBINOMASCALI D, et al. 17th century variola virus reveals the recent history of Smallpox［J］. Current biology, 2016, 26（24）: 3407-3412.

［21］ENG J T. A bioarchaeological study of osteoarthritis among populations of northern China［J］. Quaternary international, 2016（405）: 172-185.

［22］FULLER J, DENEHY G E. Concise dental anatomy and morphology［M］. City of Iowa: The University of Iowa, 1999.

［23］GALSON D L, ROODMAN G D. Pathobiology of Paget's disease of bone［J］. Journal of bone metabolism, 2014, 21（2）: 85-98.

［24］LEROI A M. Mutants: on the form, varieties and errors of the human body［M］. London: Harper Perennial, 2005.

［25］MURPHY E M, MCKENZIE C J. Multiple osteochondromas in the archaeological record: a global review［J］. Journal of archaeological science, 2010（37）: 2255-2264.

［26］PAPAGEORGOPOULOU C, SUTER S K, R Ü HLI F J, et al. Harris lines revisited: prevalence, comorbidities, and possible etiologies［J］. American journal fo human biology, 2011, 23（3）: 381.

［27］ROBBINS G, MUSHRIF V, MISRA V N, et al. Ancient skeletal evidence for leprosy in India（2000 B.C.）［J］. Plos one, 2009, 4（5）: e5669.

［28］ROBERTS C. Adaptation of populations to changing environments: bioarchaeological perspectives on health for the past, present and future［J］. Bulletins et Mémoires de la Société d'anthropologie de Paris, 2010（22）: 38-46.

［29］ROBERTS C, MANCHESTER K. The archaeology of disease［M］. New York: Cornell University Press, 2005.

［30］WALKER D, POWERS N, CONNELL B, et al. Evidence of skeletal treponematosis from the medieval burial ground of St. Mary Spital, London, and implications for the origins of the disease in Europe［J］. American journal of physical anthropology, 2015, 156（1）: 90-101.

第二十一章

活动、行为方式与社会身份

如何知道古代人类的活动方式呢？他们的日常活动强度如何？能否从骨骼上看出他们的职业或是起居习惯呢？如果发现某个墓葬内的个体上肢骨较为粗壮，是什么原因造成的？如果他的拇指的指掌关节面比其他人的发育，是否与制陶有关？某一个体单侧肩胛骨上的关节盂前后缘有扩增的现象（如我们在越南香蕉园遗址东山文化人群中见到的那样），是否与长期的拉弓行为相关呢？我们可以提出许多类似的问题。所有这些问题，都与古人的行为有关，当然也与骨骼有关。

第一节　通过骨骼和牙齿区分人群

有些时候，应用骨骼的细微差别可以区分不同的人群。例如，英国手足病专家菲利斯·杰克森（Phyllis Jackson）分别对出自英格兰不同地区的新石器时代、铁器时代和罗马时期的人类足骨进行了分类（Kennedy，1998；Jackson，2007）。在这项富有创意的工作中，她试图通过足部骨骼来区分前撒克逊时期本土英国人和撒克逊人，结果显示依据足部形状完全可以将这两个人群区分开来。她特别指出，前撒克逊人的骰骨呈明显的方形体，而撒克逊人的呈四边形（如图21-1所示）。

牙齿作为人体的重要器官，不仅具有极为重要的进化研究意义，在区分人群方面也发挥着不可忽视的作用。例如，人类第三臼齿的退化速率在不同时代和不同地域的人群当中是不同的（刘武和杨茂有，1999）。中国型牙和巽他型牙也能在一定程度上区分东北亚人群和东南亚人群（Turner，1990）。

作为与文化传统密切相关的证据，拔牙习俗为我们探讨中国东部及东南部沿海史前时期文化交流、人群流动以及南岛语族起源问题提供了直接的参考（韩康信和中桥孝博，1998；Temple等，2011；Nguyen和Li，2012）。如果同时考虑拔牙是否为仰身直肢葬，则可以考察华南地区史前时期人群的文化差异性（Li等，2013）。

除此以外，对牙齿的修饰习俗也反映了某些古代人群的特殊文化传统（如图21-2所示）（Brothwell，1981；Renfrew和Bahn，2012）。还有许多特殊头骨变形的文化意义也有助于我们进行人群的区分，这部分内容将在本章和第二十二章详细介绍。

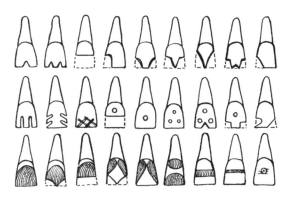

图 21-2　世界各地发现的牙齿修饰类型
（Brothwell，1981）

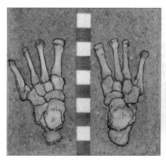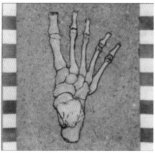

前撒克逊人右侧骰骨　　撒克逊人左侧骰骨

图 21-1　格洛斯特郡的莱施雷德（Lechlade）足骨
（Jackson，2007）
左边是一对罗马时期的英国脚，代表当地居民；右边可能是撒克逊人的脚。

第二节　行为方式与生业方式的骨骼表现

作为人体运动系统的重要组成部分，骨骼起到了不可替代的作用。在不同的活动强度和方式下，骨、关节和肌肉的协调运动会使骨骼在发育和代谢过程中产生特定的形态改变。骨骼的这种形态变化不仅承载了个体活动的某些特点，还能在一定程度上反映出不同群体在生业方式上的差异。就目前而言，通过骨骼分析重建古代人类的行为主要有三种途径：一是功能压力分析，二是骨骼粗壮程度分析，三是骨骼生物力学分析。

一、功能压力：习俗与职业

功能压力严格来说并不是病理的表现形式，而是一个与病理机制密切相关的用以解释行为学现象的概念（李法军，2002）。它借以生物人类学、人体解剖学、法医学、古病理学、考古学、行为学和民族学的方法来研究人类特别是古人类的骨骼遗存，发现骨骼上的非病理和创伤原因而形成的骨、关节异常现象（这种关节

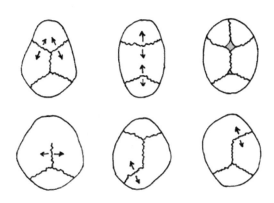

图 21-3　某些类型的颅骨发育不全

（修改自 Xxjamesxx，2010）

异常多发生在小关节上），进而以此来推测和解释古代人类的生活行为和社会行为（如生前的职业、氏族处置俘虏的方式、经济类型和社会等级等）。

在许多人群当中都发现了与特定服饰或者长期性劳作相关的头骨形变，这种形变与病理性形变（如小头症、脑积水或者其他类型颅骨发育不全）以及后面提到的头骨人工形变不同

图 21-4　一个 19 世纪初的脑积水儿童头骨形态

（Godefroy Engelmann 绘制）

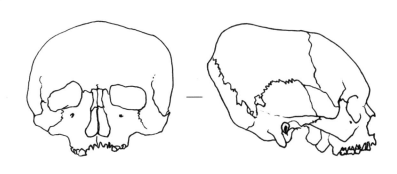

图 21-5　头顶部因压力造成的颅型改变

（© 李法军，修改自 Brothwell，1981）

图 21-6 1925 年一名芒比图部落妇女的头型与头饰
（Leon Poirier 和 George Specht 摄，© Eliot Elisofon Photographic Archives, National Museum of African Art）

（如图 21-3 至图 21-5 所示）。例如，由于从小就开始穿着特定类型的服饰（特别是与冠饰相关的），某些人群当中的一些个体颅顶部会发生

凹陷的情形；而长期用头骨支撑重物，则会导致颅顶部呈现扁塌形态。

刚果民主共和国的芒比图（Mangbetu）部落有这样一种习俗，即用长颈鹿皮制成的绷带绑缚婴儿的头部以使其增长（如图 21-6、图 21-7 所示）。随着婴儿的成长，其族人会更换绷带尺寸以适应头部的增长，最终让其变成既定的形态。这种既定的形态配之以特定的发饰，代表的是智慧、身份和美丽。这种习俗一直延续到 20 世纪 50 年代。南太平洋岛国瓦努阿图也存在与芒比图部落相似的习俗（如图 21-8 所示）。

而另一些骨骼的形态改变与长期从事某种活动或工作有关，特别是关节处的形态改变往往能揭示出有趣的现象来（如图 21-9 至图 21-11 所示）。例如：如何知道一个古代的个体曾经是制陶者或者弓箭手？某一个体生前经常肩挑重物吗？经常骑行的人群与经常在山地活动的人群，他们在骨骼上的差异性明显吗？有

图 21-7 20 世纪 30 年代的一对芒比图部落母子
（Drusus，2016；©Lewis Cotlow）

图 21-8 20 世纪初的一对瓦努阿图母子
（Martin Johnson 摄，©The Martin and Osa Johnson Safari Museum）

图 21-9 现代制陶者的手部活动方式
（©http://lincolnleo.lofter.com）

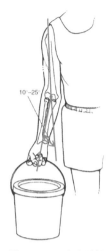

图 21-10 右上肢提水桶动作

（Hamill 和 Knutzen，2009）

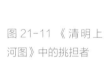

图 21-11 《清明上河图》中的挑担者

各自独特的骨骼发育现象吗？

　　在姜家梁遗址曾发现 M34 个体左侧锁骨锥状结节前下部、锁骨下窝内侧有一膨大的关节面，正常人体的锁骨在该位置上并不出现此结构（如图 21-12 所示）。与其相对应的肩胛骨的喙突背侧面也存在一浅大的关节面。该遗址中 M40 个体的左侧锁骨的肋锁韧带压迹形态异常，M47（上）左侧锁骨的肋锁韧带压迹前内侧形成一关节面。这些额外发育的关节面应为后天长期背负重物所致。

　　内蒙古自治区赤峰市喀喇沁旗永丰乡大山前村墓地的 97KD Ⅶ M28（男性，35 ～ 45 岁），骨骼异常主要表现为髂骨耳状关节面严重磨损，推测与某种长期性单一行为有关。其他骨骼异常有：由于经常下蹲而造成的跟骨蹲踞面扩大；

锁骨由于经常受力，肌腱受伤，可在远端形成一个长而深的窝；肱骨经常外旋造成的关节异

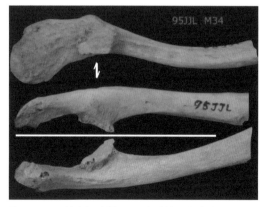

图 21-12 姜家梁遗址 M34 个体锁骨肩峰端下部额外的关节面

（李法军，2008）

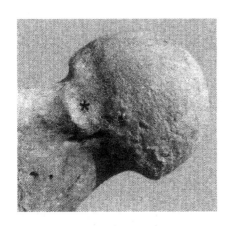

图 21-13 新疆于田县流水墓地 26 号墓 2 号个体右侧股骨径处的"骑马人小平面"
（Schultz 等，2008）

常等。这些骨骼异常现象都可以用"功能压力"这一概念来进行分析、推测和解释（李法军，2002）。

新疆于田县流水墓地 26 号墓出土了 6 具保存较完好的人骨：3 名男性、2 名女性和 1 名儿童。成年人大多数年龄较轻。他们的骨骼都比较纤细，但是某些肌肉的起止附着点有明显的膨大，大多能看出肌腱劳损的痕迹，可能是长

图 21-14 越南香蕉园遗址东山文化 11VC H3 M3 个体左侧关节盂与同侧的肱骨头
（© 李法军）

期骑马所造成（如图 21-13 所示）（Schultz 等，2008）。新疆哈密黑沟梁墓地出土的人骨也有类似的发现（魏东等，2012）。

在越南香蕉园遗址东山文化的墓葬中，有一个个体左侧关节盂后缘有一个纵向的额外关节面（如图 21-14 所示）（李法军，2019）。这一额外的关节面在一般个体上不常看到（Kapandji，2005），也并未出现骨性关节炎常见的关节内缘骨赘或者硬化骨的生成（Bernstein 等，2003），推测可能与其生前经常性的肩关节前后向作用力有关。鉴于在东山文化的遗址中已经发现箭镞，或许他生前曾经长期使用着弓箭一类的工具。

二、骨骼粗壮程度分析

骨骼是人体运动系统中的主动部分。骨骼肌附着于骨，在神经系统的支配下，收缩时，以关节为支点牵引骨改变位置，产生运动（于频等，2000）。长期坚持体育锻炼和劳动，可使骨密质增厚，骨变粗，鼓面肌肉附着处突起明显，骨小梁的排列因张力和压力变得更加整齐和有规律，其原因就在于良好的新陈代谢（运动解剖学教材小组，1989；Nordin 和 Frankel，2001）。因此，在依据骨骼进行粗壮程度分析的时候，骨小梁的排列方式和密度、嵴肌的发育状况和形态以及骨骼力学分析是应当充分考虑的。但是，需要强调的是，病理性原因造成的骨微观结构和表观形态的改变需要识别和确认，才能真正分析骨骼上与运动和行为相关的改变。

在最初的形成阶段，骨小梁的排列不具有特定的方向性，支持功能也较差。经过持续性的应力和应变过程，骨小梁的排列方向才与骨承受的压力和张力方向一致，Wollff 定律很好

 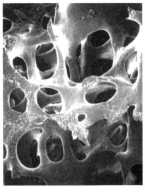

图 21-15　股骨近侧端骨小梁呈定向晶格状分布　图 21-16　胫骨松质骨的扫描电子显微照片（X30）

地展示了骨小梁的这一特性（如图 21-15、图 21-16 所示）。

长骨形态及其附着位点（区）的发育程度是对肌肉负荷长期适应的结果，因此可作为重建古代人类活动方式和活动强度的依据（如图 21-17 所示）（Hawkey，1995；Villotte，2006；Niinimäki，2013；赵永生等，2017；何嘉宁，2018）。我们很容易理解这样一种情形，长期生活于山地环境的人群与长期生活于平原地区的人群，他们在下肢的骨骼形态和发育程度上会存在较为明显的变化，前者通常会出现高比例的扁胫型胫骨个体（Acosta 等，2017）。

但是，针对雷州半岛史前时期人类活动方式的研究表明，某些个体也具有这种扁胫型胫骨的特征（如图 21-18 所示）（李法军，2017）。此外，北京延庆军都山东周时期游牧人群虽生活于山地，但其股骨粗壮度与平原地区定居型同性别人群的大致相当，并未明显体现出二者所处地形环境上的差异（何嘉宁和唐小佳，2015）。因此，需要更多有关下肢发育水平、骨干形态与地形环境的相关性研究才能解答上述的这种差异性。

在重庆奉节县永安镇墓群的东周时期至汉代墓葬中发现许多成年个体的长骨都有较为发育的嵴肌，不少个体还具有典型的扁胫型胫骨。虽然还未确定这些成年个体的社会身份，但其所居住的自然地理环境无疑是造成其骨骼较为发育的重要原因。台湾石桥遗址茑松文化的个体在胫骨形态特征上具有明显的性别差异，男性多具有扁胫型胫骨形态，而女性多为宽胫型胫骨（叶惠媛，2010）。天津蓟县桃花园明清时期家族墓地的许多成年个体也显示出下肢长骨较为发育的特点，但是否与长期的山地活动有关，则需要进一步的分析。

在粗壮程度分析时，粗壮指数是一个较为重要的指标；而在评估长骨的形态时，则要参

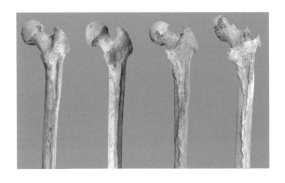

图 21-17　不同男性个体股骨骨干后部的发育程度比较（© 李法军）

图 21-18　广东湛江遂溪鲤鱼墩新石器时代遗址个体胫骨 50% 位置的截面形态（李法军，2017）

照特定骨骼的指数（如股骨扁平指数和胫骨指数）（邵象清，1985；朱泓等，2004；席焕久和陈昭，2010）。例如，依据股骨的扁平指数，我们可以将股骨骨干上部形态划分为超扁胫型、扁型、正型和狭型；依据胫骨指数，可将胫骨滋养孔处的骨干形态划分为超扁型、扁胫型、中胫型和宽胫型（朱泓等，2004）。

三、骨骼生物力学的贡献

除了通过观察骨骼表面的嵴肌发育程度和骨干形态变化，借助骨骼生物力学的分析也能够重建某一个体的行为方式和强度。这种方法是将长骨骨干视为中空的柱状体，通过对特定横截面生物力学参数的计算，依据生物力学的方法对其进行力的载荷分析，据此可以衡量个体骨骼的发育程度和活动特点（如图21-19至图21-21所示）（冯元桢，1983；Frankel 和 Burstein，1970；Ruff，1987、2008；Trinkaus 等，1994；Nordin 和 Frankel，2001；努森，2012；Arus，2013；Tien 和 Ho，2014；王成焘等，2015；李法军，2017、2020）。

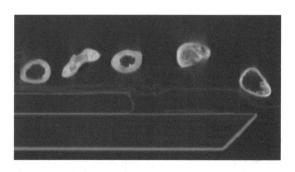

图21-20　骨骼CT的PQCT
（© 李法军，2013）

图21-19　对古代遗址出土的人类长骨进行CT扫描的准备
（© 李法军）

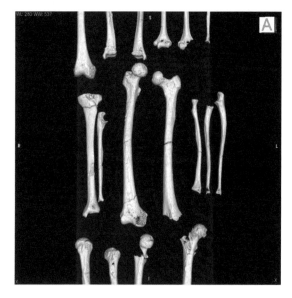

图21-21　顶蛳山遗址长骨的CT数据三维重建
（© 李法军，2013）

如何应用骨骼生物力学的方法进行相关分析呢？除了上面提到的基本手段，具有典型意义的人群数据库是非常重要的。例如，我们应该建立起近现代已知生业方式的各人群的相关骨骼生物力学数据库，或者各种职业人群的相关数据。这样，我们在对未知人群进行生业方式推断时就有了可供参考的依据。

近20年来，依据人类遗骸进行文化行为研究已成为国际考古学的热点，特别是骨骼生

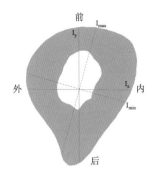

图 21-22　主要截面几何参数示例

(李法军，2017)

Iy: 横向截面惯性矩；Ix: 纵向截面惯性矩；Imax: 最大截面惯性矩；Imin: 最小截面惯性矩。(鲤鱼墩遗址 03SLM7 左侧股骨 50% 位置截面上面观)

物力学分析在其中扮演着重要的角色。这种方法可以有效地对个体的生前行为特点和活动强度进行评估，能够在更大程度上对生业方式和个体行为进行阐释（如图 21-22 所示）（Stock，2006；Stock 和 Shaw，2007；Perreard Lopreno，2007；Shaw 和 Stock，2009；Doube 等，2010；Stock 等，2011；何嘉宁，2012；Macintosh 等，2013、2014；何嘉宁和唐小佳，2015；何嘉宁，2016；李法军，2017、2020）。

加拉曼汀（Garamantian）文明（公元前 900—公元 500 年）是在利比亚西南部的撒哈拉沙漠中建立起来的，该人群属于典型的农业定居型人群。其骨骼生物力学特性显示的活动强度与苏丹地区古代人群的活动强度相当，并未显示出较大的骨骼载荷迹象（Nikita 等，2011）。

中国的骨骼生物力学在考古学方面的应用相对晚近，但已经取得了一定的进展。例如，北京延庆军都山东周时期游牧人群的下肢显示出该人群的流动性特征。其男性具有较高的流动性和下肢功能活跃度；而女性下肢功能活跃度较弱，与明清时期农业定居型人群较为一致（如图 21-23 所示）（何嘉宁和唐小佳，2015；何嘉宁，2016）。

对于中国华南地区史前时期的考古学来说，农业经济形态是何时、何地、以怎样的方式出现和发展的？这涉及一个非常有意义的论题，即华南史前时期生业方式的转变过程。许多考古学家们已经对此进行了大量的讨论，骨骼生物力学的相关分析为这些讨论带来了新的活力。

有研究表明，华南地区史前时期在距今 8000—4000 年的时期内，不同考古学文化人群在活动方式上较为相似。他们都表现出了较高的活动性，均未显示出低水平行为活动的现象（如图 21-24 所示）。这些人群在诸多骨骼生物力学特征上与已知的狩猎 – 采集型人群的最为相似，与农业定居人群的差异显著。（李法军，

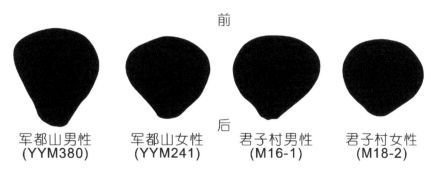

前

后

| 军都山男性 | 军都山女性 | 君子村男性 | 君子村女性 |
| (YYM380) | (YYM241) | (M16-1) | (M18-2) |

图 21-23　军都山与君子村股骨干中部断面形态差异

(何嘉宁和唐小佳，2015)

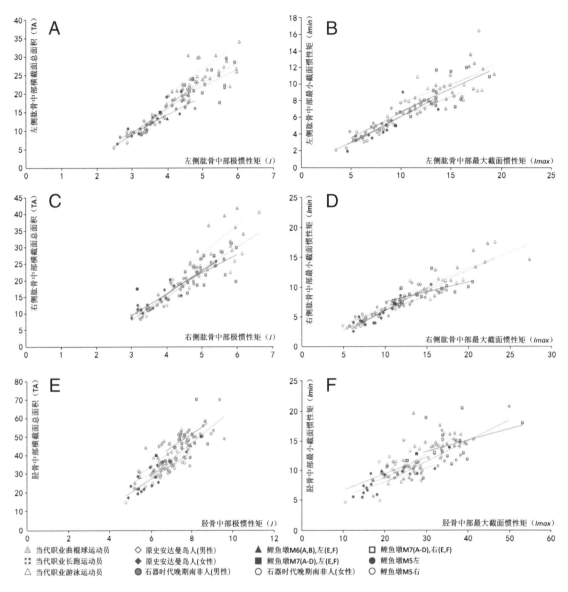

图 21-24　全新世人群骨骼生物力学参数的比较

（李法军，2017）

生物人类学
（第二版）

2017、2020）

　　虽然如此，我们仍不清楚那些由渔猎－采集型生业方式向农业型生业方式转变时期的人群或者史前农业初始阶段的农耕者的骨骼生物力学特征是怎样的。或许兼具了典型渔猎－采集人群和典型农耕人群骨骼的特征，因而呈现出一种所谓的镶嵌式现象？

　　许多研究都表明，人类骨骼形态的细弱化

与从狩猎－采集到农业的生业方式转变密切相关。对这一过程的细节分析而言，除了从骨骼生物力学和骨骼发育程度进行考察，几何形态测量学也越来越受到重视。例如，有学者试图通过应用几何形态计量学来了解两个不同生业方式的北美印第安人群股骨形态的差异性，从而探讨是否有可能区分这两个人群。他们对这些个体的股骨进行扫描并获得了可比较的三维

模型（Püschel 和 Beníte，2014）。

研究结果表明，股骨的密质骨外轮廓三维形态较之髓腔的三维形态能更好地区分这两个分别营狩猎－采集和农耕生活的人群，这说明由生业方式差异而导致的长骨重塑现象主要发生在股骨干外表面。该项研究还表明，与狩猎－采集者相比，农业人群的股骨的细化程度相对较高，这与许多骨骼生物力学的研究结论是一致的。

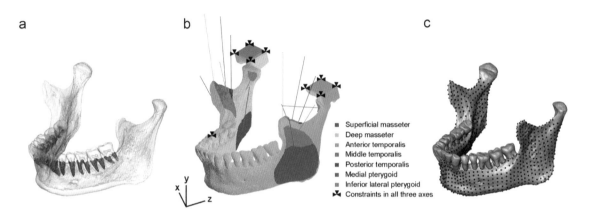

图 21-25　人类下颌咬肌功能重建
（Gröning 等，2011）

a. 深色透明部分代表下颌骨内牙周韧带；b. 施加了肌力和约束点的有限元结构，单一轴上的每个约束点用一个小的黑色三角形表示；c. 为提取表面应力和节点坐标而标定的地标点。

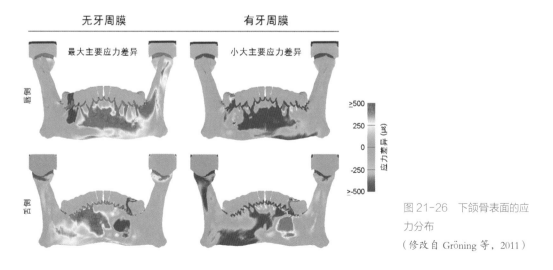

图 21-26　下颌骨表面的应力分布
（修改自 Gröning 等，2011）

如何了解过去的人们的颌部咀嚼力呢？将骨骼生物力学和几何形态学方法相结合，可探讨牙周韧带（PDL）在咬合力从牙齿转移到齿槽骨中的作用。有研究者使用具有各向同性均匀性的固体材料来模拟牙周韧带，发现其不仅影响了牙齿周围齿槽骨的形变，而且影响着整个下颌骨在力的载荷下的形变（如图21-25、图21-26所示）（Gröning等，2011）。在含牙周韧带的情况下，下颌体的应变明显增加，而齿槽内的应变减少。虽然这种方法仍然需要更多的实验数据支持，但无疑为我们重建古人的颌部咀嚼方式和行为习惯提供了新的可能性。

🔍 重点、难点

1. 通过骨骼和牙齿区分人群
2. 功能压力分析
3. 骨骼粗壮程度分析
4. 骨骼生物力学

💭 深入思考

1. 如何找到具有人群差异性的骨性指标？
2. 拔牙习俗与仰身直肢葬可否作为东南沿海史前时期人群的区分依据？
3. 如何推测某古代个体生前的职业？
4. 骨骼生物力学分析能否反映古代人群间的活动方式与强度？

📖 延伸阅读

[1] 冯元桢. 生物力学 [M]. 北京：科学出版社，1983.

[2] 韩康信，中桥孝博. 中国和日本古代仪式拔牙的比较研究 [J]. 考古学报，1998（3）：289-306.

[3] 何嘉宁. 军都山古代人群运动模式及生活方式的时序性变化 [J]. 人类学学报，2016，35（2）：238-245.

[4] 何嘉宁. 军都山古代人群股骨肌腱附着位点初步分析 [J]. 人类学学报，2018，37（3）：384-392.

[5] 何嘉宁，房迎三，何汉生，等. "高资人" 化石与股骨形态变异的生物力学分析 [J]. 科学通报，2012，57（10）：830-838.

[6] 何嘉宁，李楠. 北京军都山古代居民的颅骨创伤 [J]. 人类学学报，2020，39（4），576-585.

[7] 李法军. 华南地区史前时期人类行为的骨骼生物力学分析 [J]. 人类学学报，2020，39（4），599-615.

［8］李法军. 鲤鱼墩遗址史前人类行为模式的骨骼生物力学分析［J］. 人类学学报，2017，36（2）：193-215.

［9］潘雷，廖卫，王伟，等. 禄丰古猿蝴蝶种下第四前臼齿釉质－齿质交界面的三维几何形态［J］. 人类学学报，2020，39（4）：555-563.

［10］舒勒茨 M，舒勒茨 T，巫新华，等. 新疆于田县流水墓地26号墓出土人骨的古病理学和人类学初步研究［J］. 考古，2008（3）：86-91.

［11］王成焘，王冬梅，白雪岭，等. 人体骨肌系统生物力学［M］. 北京：科学出版社，2015.

［12］吴秀杰，严毅. 资阳人头骨化石的内部解剖结构［J］. 人类学学报，2020，39（4），511-520.

［13］席焕久，陈昭. 人体测量方法［M］. 北京：科学出版社，2010.

［14］于频. 系统解剖学［M］. 4版. 北京：人民卫生出版社，2000.

［15］赵永生，郭林，郝导华，等. 山东地区清墓中女性居民的缠足现象［J］. 人类学学报，2017，36（3）：344-358.

［16］BROTHWELL D R. Digging up bones: the excavation, treatment, and study of human skeletal remains［M］. 3rd ed. New York: Cornell University Press, 1981.

［17］LI F J, WANG M H, FU X G, et al. Dismembered Neolithic burials at the Ding Si Shan site in Guangxi, southern China［J/OL］. Antiquity, 2013, 87（337）［2013-08-23］. http://antiquity.ac.uk/projgall/fu337/.

［18］NGUYEN L C, LI F J. The custom of the incisor ablation among ancient people in Vietnam and China［C］// 4th international conference on Vietnamese studies. Hanoi, Vietnam, 2012.

［19］PINHASI R, STOCK J T. Human bioarchaeology of the transition to agriculture［M］. Chichester: John Wiiley and Sons, Ltd., 2011.

［20］PÜSCHEL T A, BENÍTEZ H A. Femoral functional adaptation: a comparison between hunter gatherers and farmers using geometric morphometrics. Inernational［J］. Journal of morphology, 2014, 32（2）：627-633.

［21］SHAW C N, STOCK J T. Intensity, repetitiveness, and directionality of habitual adolescent mobility patterns influence the tibial diaphysis morphology in athletes［J］. American journal of physical anthropology, 2009, 140（1）：149-159.

［22］STOCK J T, O'NEILL M C, RUFF C B, et al. Body size, skeletal biomechanics, mobility and habitual activity from the Late Palaeolithic to mid-Dynastic Nile Valley［M］//PINHAST R, STOCK J T. Human bioarchaeology of the transition to agriculture. Chichester: John Wiley & Sons, Ltd, 2011.

［23］VILLOTTE S. Connaissances médicales actuelles, cotation des enthésopathies: nouvelle méthode［J］. Bulletins et Mémoires de La Société d'Anthropologie de Paris, 2006, 18（1）：65-85.

埋葬制度，是现实社会制度的投影。人们把先后死亡的人埋在同一墓穴，是受亲属关系制约的（如图 22-1、图 22-2 所示）（张忠培，1981）。史前时期同性合葬或者异性合葬的现象尚无法与其所处的社会发展类型或阶段相对应，也就是说，具体还要看墓葬所属文化的特质来做相关的分析。

这些研究有助于我们审视曾经发现的诸多考古学遗迹和遗物的真正含义。例如，距今 8000 ～ 7000 年的广西邕江流域的顶蛳山文化出现了许多肢解葬，顶蛳山遗址中存在男性成年人与未成年人合葬的现象（中国社会科学院考古研究所广西工作队等，1998；Fu，2002）。这些究竟反映了当时古人怎样的生死观和等级观念？又如台湾台中安和遗址中发现的距今 4800年的母子合葬墓，它又投射出怎样的情感世界？这也正是生物考古学最感兴趣，也最想去探索和思考的内容。

有学者专门对内蒙古赤峰市大山前遗址不同时代的墓葬行为进行了重建。他们的研究展示了该遗址中战国时代墓葬、夏家店下层文化墓葬和夏家店上层文化墓葬的埋葬特点和可能的埋葬仪式。特别是对夏家店上层文化墓葬中人类骨骼的细致分析，向我们揭示了当时人们处死用于祭祀的个体以及祭祀的过程（罗恩和巴恩斯，2004）。

另有学者运用生物考古学和考古埋藏学方法，对全世界不同时期、不同文化的埋葬习俗进行了考察。该项研究探讨了人类对死亡的态度和对生命的意义，是对人类关于生与死的普遍意识的探讨（如图 22-3 所示）（Kerner，2016）。还有学者研究了 80 余种南岛语族文化，认为因活人祭祀而引发的恐惧是早期社会夺权的必由之路，由此产生了等级差异的扩大和稳定性，使得古代小型平等的群体向大型等级分明的现今社会过渡（Watts，2016）。

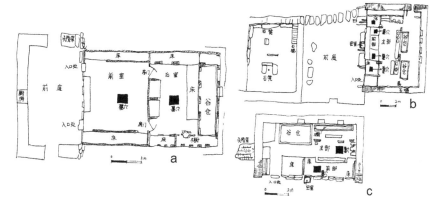

图 22-1　排湾族的室内葬

（何传坤，1992；李法军等，2013）

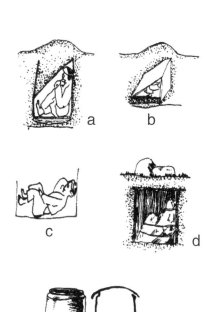

图 22-2　阿美族及雅美族的屈肢葬

（何传坤，1992；李法军等，2013）

a–c. 阿美族；d. 雅美族；e. 瓮棺。

图 22-3　大英博物馆藏埃及木乃伊

（© 李法军）

第一节　肢解葬仪

如何来定义所谓的"肢解葬"？肢解葬是把人体从关节处肢解，分别放置在墓中。这类墓葬中的骨骼，尽管在关节处未见明显的切割痕迹，但是从未切割部分的人体关节，尤其手、脚趾关节均未脱离原位的情况看，与二次葬有较大差异，应是在死者软组织尚未腐烂时有意肢解、摆放而成，是华南地区首次发现的较为独特的埋葬方式（中国社会科学院考古研究所广西工作队等，1998）。

中国广西邕江流域的顶蛳山文化的肢解葬是目前国际上所见最早的（如图 22-4 所示）（Li 等，2013）。以顶蛳山遗址为例，肢解痕迹出现较多的部位是人体主要的大关节，个体间被肢解部位有较大变化（如图 22-5、图 22-6 所示）。

头部多是从第三至第六颈椎处切割的，腰部通常从第一腰椎或者腰骶关节处被分割。一个直接的问题是，究竟是谁被选择用肢解的形式加以埋葬？

就目前的实验结果来看，任何动物躯体的肢解过程都不是轻易可以完成的。对于人类自身而言，实施肢解过程的行为者必定要面对超于常人的心理压力。我们目前仍不清楚的是，实施肢解过程的行为者是特定群体还是一般成员，也不清楚不同时期的实施者是否具有传承性。

在肢解葬中，成人还是占主体的，儿童墓葬显得并不突出而且都是"大龄儿童"。这些"大龄儿童"可能已被视为"成年个体"而被施以肢解葬形式。也就是说，较小的未成年个体

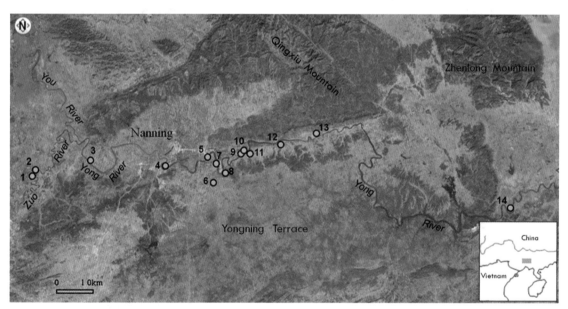

图 22-4　顶蛳山文化诸遗址分布

（© 李法军）

1. 敢造；2. 江西岸；3. 龙井；4. 豹子头；5. 灰窑田；6. 顶蛳山；7. 塘地冲；8. 长塘；9. 那北嘴；10. 牛栏石；11. 凌屋；12. 螺蛳山；13. 南蛇坡；14. 西津。

图 22-5　顶蛳山遗址 97GYD M65 显示的肢解葬

（承蒙傅宪国授权使用）

图 22-6　顶蛳山遗址 97GYD M117（左）和 97GYD M107（右）

（中国社会科学院考古研究所广西工作队等，1998）

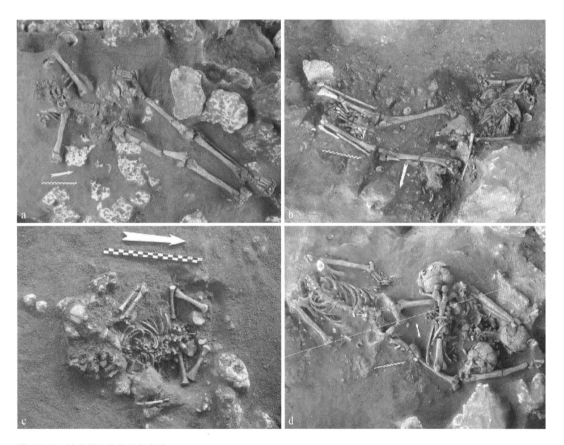

图 22-7　拉皮塔文化的肢解行为

（Valentin 等，2016）

是不被施以此种埋葬方式的。根据年轻死者的年龄来看，顶蛳山文化存在一种处置方式的明显变化，这或许反映了一种复杂的社会组织分层现象。

世界其他地区也曾发现形式各异的肢解葬仪。例如，太平洋地区史前时期的拉皮塔（Lapita）文化（公元前 1600—公元前 500 年）中也曾发现了肢解葬仪的例证（如图 22-7 所示）（Stone，2006；Valentin 等，2016）。2003 年，考古学家们在瓦努阿图艾菲特（Efate）岛的提欧玛（Teouma）发掘出 25 座属于公元前 1000 年的拉皮塔文化的墓葬，出土了 36 例个体。这些个体的头骨在埋葬之后被移除并被重新单独埋葬。

中亚地区是另一个曾经出现肢解葬仪的重要地区。例如，哈萨克斯坦早期铁器时代墓地中的人类骨骼上曾发现人为的刻痕，乌兹别克斯坦苏可汗达雅（Surkhan-Darya）村青铜时期的布斯坦（Bustan）墓地也曾发现了被肢解的个体遗骸（Avanesova，1995；Bendezu-Sarmiento 等，2008）。

第二节　头骨人工形变和修饰

在考古学发现中，往往出现头骨经过人为方法产生形变和修饰的现象（Dingwall，1936；颜訚，1972；Brothwell，1981；Zhang 等，2019）。头骨人工形变仅仅指个体生前所受的头骨特定部位形态的人为改变现象，而头骨修饰是指对死者头骨进行的刻画或装饰行为。

头骨人工形变的分布几遍于全世界（如图 22-8、图 22-9 所示）。南美洲以秘鲁为各种畸形头的中心而向其周边国家辐射，北美洲以密西西比河下游为中心，大洋洲的新几内亚等地亦有分布。太平洋地区的夏威夷人和关岛人也存在头骨人工变形的风俗（Marshall 和 Snow，1956）。在旧大陆，不同时期的欧洲、小亚细亚、高加索、亚美尼亚、中非、印度和中国也多有分布（颜訚，1972；李法军，2008；Zhang 等，2019）。古代克里米亚、高加索、中亚细亚与伏尔加河流域等古代墓葬中也都曾发现人工形变的头骨。

颜訚（1972）将变形颅分为枕型、额枕型、环型和混杂型。枕型在我国史前时期北方

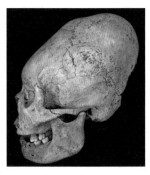
图 22-8　秘鲁原纳兹卡（Nazca）文化的头骨形变例证（公元前 200—公元前 100 年）（修改自 Didier Descouens，2012）

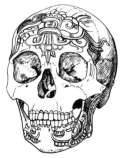
图 22-9　危地马拉发现的被修饰的头骨（de Terra，1957）

图 22-10　玛雅人头骨变形方法示例（©Fruitpunchline，2010）

图 22-11 一个北美切奴克族（Chinookan）头部形变妇女及其正在接受头部人工变形的婴儿

（©Paul Kane，1848）

地区的人群中多见，多是由于婴孩时头枕部无意识受压所致。额枕型常见于美洲的某些印第安人群中（如图 22-10、图 22-11 所示）。环型多见于古代秘鲁人，北美、南美、北非与欧洲地区的某些民族也存在此类变形头骨。例如，欧洲大陆早期的阿拉马农（Alamannen）人、勃艮第人和图卢兹人的头骨形变就属于环状类型，是由于头巾的包裹所致

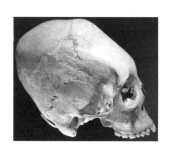

图 22-12 德国 6 世纪早期 Alamannen 人女性（30 ～ 40 岁）的颅骨变形

（©Anagoria，2013）

（如图 22-12 所示）。

这一类头骨形变与个体无意识的睡眠习惯或者地域性习俗有着密切的联系。例如，在中国北方先秦时期的诸多遗址中都出现了所谓的"变形颅"，多数是枕部的偏侧变形（如图 22-13 所示）（颜訚，1972；潘其风，1996；尚虹，2002；李法军，2008；侯侃，2017）。

图 22-13 河北阳原姜家梁遗址 M40 个体的枕部人工形变

（李法军，2008）

虽然许多变形颅骨被认为与个体睡眠习惯有关（如姜家梁遗址居民），但更多的可能与"睡头"习俗相关（如大汶口文化居民）（李法

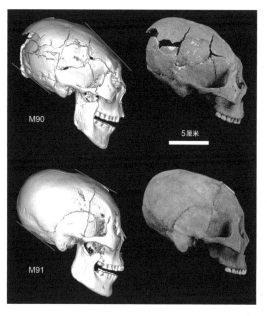

图 22-14 后套木嘎 M90（上）和 M91（下）变形头骨及其 CT 重建示例

（承蒙叶惠媛授权修改使用）

军，2008）。直至今日，山东地区和东北地区仍然存在着给婴儿睡头的习惯，这是否与大汶口文化的"睡头"习俗相关，则因年代相差久远而不得而知了。但新近在中国吉林大安后套木嘎遗址中发现了距今5500～5000年人工头骨形变的例证，研究者认为这种形变的目的是为了使形变者生前更具威仪感（如图22-14所示）（Zhang等，2019）。

第三节　蹲踞与跪坐

对于华南地区史前时期盛行的蹲踞葬而言，有学者认为这种葬式代表了胎儿在母亲体内的样子，但是否也可以推测这是逝者生前起居习惯的反映呢？胫骨远端和足骨（特别是距骨、跖骨和趾骨）的某些部位上会因为长期跪坐或者蹲踞而发生骨性改变，如我们所知的蹲踞面和跪坐面。

汤姆森（Thomson）于1889年首次描述并记录了蹲踞面，其后有学者开始对欧洲各时期人群的蹲踞面进行研究（如图22-15所示）（Barnett，1957）。从已有的研究结果看，欧洲人群中典型的蹲踞面出现率较低，多

图22-15　蹲踞面出现位置示例（Barnett，1957）

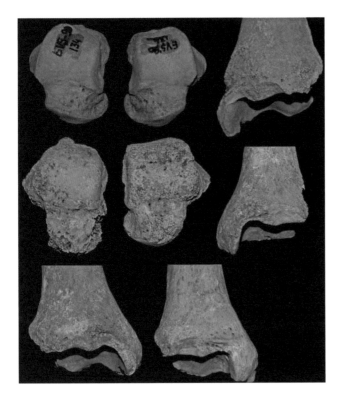

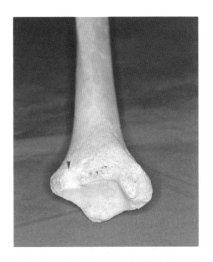

图22-17　拜占庭帝国时期居民的蹲踞面（Ari等，2003）

图22-16　迪卡亚和凡卡雷斯凡塞力地区中世纪人群胫骨和距骨上的蹲踞面（Baykara，2010）

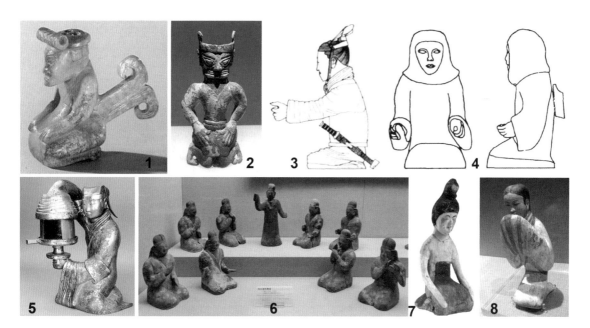

图 22-18 中国古代各时期的跪坐形象

1. 商代跪坐玉人俑；2. 三星堆遗址铜跪坐像；3. 秦始皇陵二号铜车铜俑；4. 狮子山兵马俑坑跪式俑；5. 长信宫灯跪坐俑；
6. 汉代跪坐俑乐队；7. 阿斯塔那墓地 214 彩绘跪坐女泥俑；8. 西安阳陵陪葬墓园跪坐陶俑。

图 22-19 荥阳河王水库 1 号墓东汉中期二层彩绘陶仓楼及局部跪坐像

（河南博物院，2002）

图 22-20　淮阳于庄 1 号墓东汉中期彩绘陶院落局部
（河南博物院，2002）

图 22-21　西汉南越王墓鎏金人操蛇
屏风支架
（© 李法军）

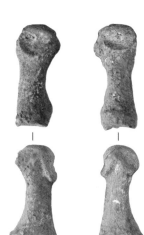

图 22-22　山东滕
州前掌大遗址所见
跪坐面的例证
（中国社会科学院
考古研究所，2005）
左、右侧第一跖骨

L　　　R

图 22-23　厄瓜多尔阿雅兰（Ayalan）史前时期墓葬
中所见的跪坐面例证
（Ubelaker，1979）
　　a. 第一跖骨；b. 第二跖骨；c. 第一近节趾骨。

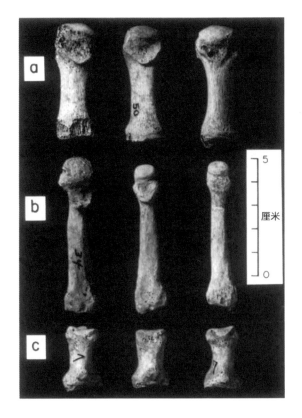

　生物人类学
（第二版）

是距骨上关节面前部的拉伸形变。有学者研究了土耳其迪卡亚（Dilkaya）和凡卡雷斯凡塞力（Van Kalesi-Eski Van Şehri）地区中世纪的人骨材料，发现这两地中世纪人群胫骨和距骨上的蹲踞面具有非常高的出现率（如图22-16所示）（Baykara，2010）。

对13世纪拜占庭帝国成年居民胫骨的研究表明，这些居民生前的行为方式并不相同，仅有少数人的蹲踞面是呈双侧对称的。研究者认为其原因是多元的，其中包括了长期在硬路面上站立或行走（如图22-17所示）（Ari等，2003）。

中国古人曾经长期行跪坐之姿，在许多考古器物、墓葬壁画以及很多传世画作中都可见到古人跪坐时的情景（如图22-18所示）。那么，更久远的中国古人又采取怎样一种坐姿呢？应用足骨来推断古人的起居习惯是可行的而且是很重要的方法。

在中国不同时代的墓葬中已经发现了这类骨骼的例证（如图22-19至图22-22所示）。例如，我国中原龙山时代的平粮台遗址墓葬、山东滕州前掌大西周早期贵族墓以及山西泽州县、安阳殷墟中小墓和村遗址出土的春秋时期墓葬中就都发现了跪坐面的例证（王明辉，2005；原海兵，2010；原海兵等，2017；孙蕾，2018）。

在南美洲厄瓜多尔阿雅兰（Ayalan）史前时期（公元前1550—公元前1200年）的墓葬中，考古学家发现当时人类的足骨上也显示出类似的形变特征，被认为与习惯性跪坐的姿势有关（如图22-23所示）（Ubelaker，1979）。

第四节　凿齿与拔牙

自大汶口文化开始的拔牙习俗，为我们了解古代人群的流动和文化交流提供了非常有益的参考。许多现代民族学调查都详细记录了这一习俗的仪式过程（如图22-24、图22-25所

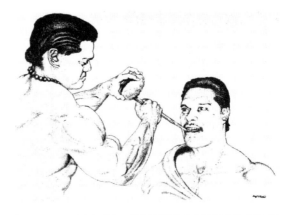

图22-25　夏威夷群岛原住民以凿齿来哀悼逝去的首领或者对某人示爱（Pietrusewsky和Douglas，1993）

图22-24　台湾近代布农族的拔牙仪式（连照美，1987）

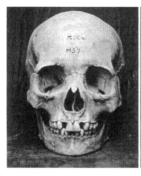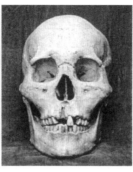

图 22-26　大汶口拔牙例证
（韩康信和何传坤，2002）
（左男右女）

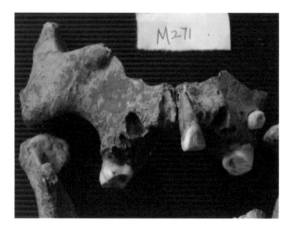

图 22-27　浙江平湖庄桥坟遗址生前拔牙例证
（© 李法军）

示）（连照美，1987；Pietrusewsky 和 Douglas，1993）。作为另一种人为去除特定牙齿的行为，凿齿也广见于东南亚及太平洋诸岛上的人群。关于对此类习俗的解释，从目前所获得的民族学和考古学证据来看，很可能与纪念死者、成年礼以及与之相关的获取氏族成婚资格有关（韩康信和潘其风，1981；何星亮，2003）。

拔牙习俗在中国、日本、越南、缅甸、泰国、北非、澳大利亚和太平洋岛屿的考古遗址中都发现了古代居民人工拔牙的例证（张振标，

1981；史卫红，1988；中桥孝博，1990；逄振镐，1993；孙佩波等，1993；陈星灿，1996；Tayles，1996；韩康信和中桥孝博，1998；张碧波，1998；韩康信和何传坤，2002；Lukacs，2007；邱鸿霖，2010；Temple 等，2011；Nguyen 和 Li，2012；Domett 等，2013；Burnett 和 Irish，2017）。

目前的考古学材料显示，中国北方地区的大汶口文化居民是最早进行此种习俗的人群（如图 22-26 所示）（颜訚，1972、1973）。鲁中南地区汶泗河流域的大汶口类型（如王因、大汶口、野店、建新、西公桥、西夏侯），成年男女拔出上颌侧门齿的习俗比较常见，王因遗址还发现了口含石、陶球的现象（山东省文物考古研究所，2005）。这种习俗逐渐从大汶口向南沿海传播至华南地区，向东经海路传播至朝鲜半岛和日本（如图 22-27 至图 22-30 所示）。

就目前所见的考古学发现可知，珠江三角洲以西至广西左江一线，北至桂林，南达越南北部的新石器时代遗址，其年代相对较早，主要以屈肢葬为主，不见拔牙习俗；珠江三角洲

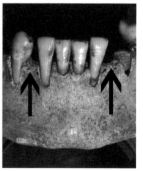

图 22-28　台湾卑南遗址
出土拔齿人骨
（连照美，1987）

图 22-29　日本 Yoshigo 遗
址所出绳文人的拔牙例证
（Temple 等，2011）

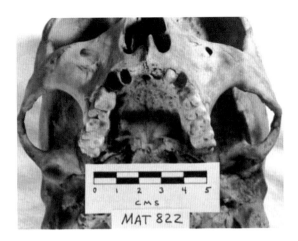

图 22-30　加纳利群岛史前时期男性成年个体的牙齿生前脱落

（Lukacs，2007）

同时被施以仰身直肢葬（连照美，1987）。有学者研究了台湾铁器时代石桥遗址茑松文化居民的拔牙习俗（邱鸿霖，2010）。石桥遗址中拔牙习俗的施行以女性为主要对象，多对称性拔除上颌双侧门齿和犬齿，拔牙始自青春期。研究者认为，拔牙习俗与成年、婚姻的象征有高度相关性，是女性特有的通过仪式，拔牙的样式在其生命历程中被赋予各种意义。

　　中国和日本古代拔牙习俗基本上都明显地局限于近海和海岛地区，但两者之间的系统演变关系尚缺乏明显的联系，彼此的影响似乎还及以东沿海地区所见的墓葬则相对较晚，以仰身直肢为特色，多数遗址都有拔牙习俗（如图 22-31 所示）（Li 等，2013）。

　　尽管在广西壮族自治区已经发现了 400 余处新石器时代遗址，其中 40 多处已经被发掘，但到目前为止仍未发现有人工拔牙的证据。海南省虽然在 2015 年发现了史前时期的墓葬及人骨，但未见拔牙习俗的例证。在广东省，较早期的人工拔牙证据出现在公元前 2400 年至公元前 1500 年。广西壮族自治区最早发现的拔牙证据出现于商代，而宋代至清代是该地区拔牙习俗最盛行的时期。

　　在台湾许多新石器时代的遗址（如芝山岩遗址、圆山遗址、垦丁遗址、鹅銮鼻遗址和卑南遗址）中都发现了拔牙现象，这些拔牙个体

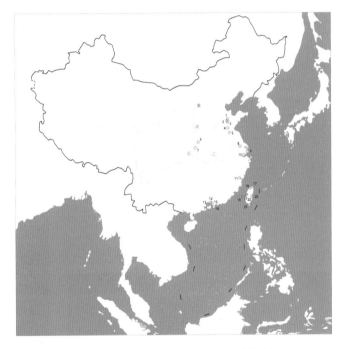

图 22-31　中国已发现的有拔牙习俗的主要考古遗址分布

（© 李法军）

1. 大汶口；2. 西夏侯；3. 野店；4. 三里河；5. 大墩子；6. 下王岗；7. 七里河；8. 圩墩；9. 崧泽；10. 庄桥坟；11. 昙石山；12. 金兰寺；13. 河宕；14. 鱿鱼岗；15. 灶岗；16. 东湾仔北；17. 圆山；18. 芝山岩；19. 澎湖锁港；20. 卑南；21. 垦丁；22. 鹅銮鼻；23. 高雄恒春。

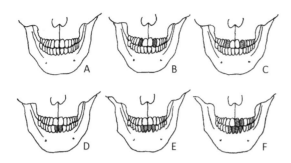

图 22-32　中国新石器时代拔牙部位示例

（修改自韩康信和潘其风，1981）

A 是未拔牙的形态；B—F 是各类拔牙形态。

局限于弥生时期的局部地区（如图 22-32 所示）（韩康信和中桥孝博，1998）。虽然两个地区的拔牙行为均具有高频率的特征，而且拔牙的年龄都始于青春期，但二者的拔牙行为在时间、发展趋势及拔牙的区位上还存在差异。总体来说，中国拔牙行为的出现时间及高峰时代都比日本的更早，两地区的盛行期之间存在约 2000 年的间隔。

　　中国和越南之间的拔牙习俗相似性和差异性并存（Nguyễn，2006、2009、2010；Nguyen 和 Li，2012）。相似性主要在于，几乎所有的门齿都被拔除，通常发生在成年个体身上（如

图 22-33 至图 22-35 所示）。两国拔牙习俗的原因可能是一致的。差异性则表现在三个方面：①中国的拔牙习俗始见于新石器时代的大汶口文化（公元前 4520 年），而越南的拔牙习俗始见于金属时代（距今 3800 年）；②越南的拔牙习俗通常为对称性的，而中国的拔牙习俗既有对称性也有非对称性的；③越南

图 22-33　越南宁平（Ninh Binh）省偬薄（Mán Bạc）遗址（距今 4000 ～ 3500 年）所见的拔牙例证

（Nguyễn，2006）

的拔牙习俗多见于成年个体，不见于未成年人（12 ～ 13 岁），而中国所见的最小的拔牙个体年龄为 12 ～ 13 岁（Nguyen 和 Li，2012）。

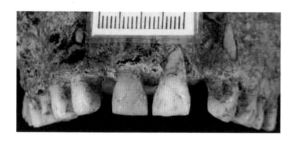

图 22-34　缅甸史前时期（距今 2500 ～ 1500 年）的拔牙例证

（Domett 等，2013）

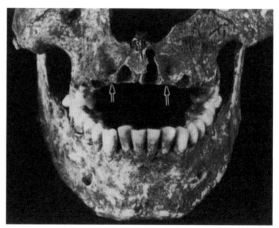

图 22-35　泰国 Khok Phanom Di 遗址（距今 4000 ～ 3500 年）18 岁男性个体的拔牙例证

（Tayles，1996）

第五节　缠足

缠足是中国历史上曾出现的主要针对女性的习俗。有关这一习俗流变的讨论自古至今都未有中断过，这不仅是中国人对传统文化进行思考的内容，也是域外社会热议的话题（如图 22-36、图 22-37 所示）（Chan，1970；Brothwell，1981；邱瑞中，1993、2007；Blake，1994；梁宁森，2004；陈淼，2006；Monagan，2010；冈本隆三，2011；王志学和刘燕，2012；彭　华，2013；Conroy，2014；Reznikov 等，2017）。

虽然文献中记载的缠足之风缘自五代时期，但目前考古学所见的缠足例证多来自明清时期的墓葬中（盛立双和李法军，2013；朱泓等，2017；赵永生等，2017；邱林欢，2019；Zhao 等，2020）。现代女性缠足的形态学研究也为我们展示了缠足导致的足部形变例证（如图 22-38 所示）（Mann 等，1990；秦为径等，2008；Richardson，2009；Pan 等，2013；Zhang 等，2014）。

通过对天津蓟县（今为蓟州区）桃花园明清时期家族墓地缠足女性足骨形变的研究，我们得以细致地了解该时期这一地区女性缠足的一般特点（如图 22-39 所示）。可以确认天津蓟县明清时期 101 例女性足骨中，只有一例女性因身体疾病未缠足，其余 100 例女性全部缠足。在足部骨骼中，缠足对跗骨形变的影响最

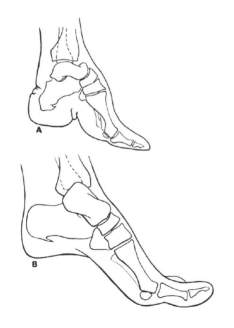

图 22-36　缠足女性与正常女性足部形态比较（Mann 等，1990）

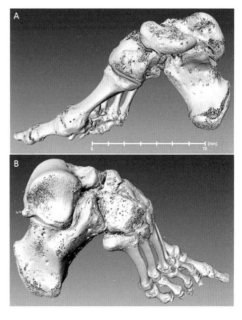

图 22-37　依据英国皇家外科医学院博物馆 1858 年所藏的中国 13 岁女子足部骨骼进行的三维重建模型（Reznikov 等，2017）

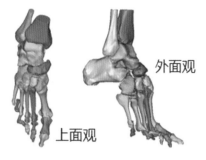

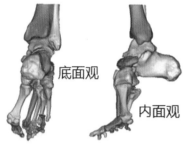

上面观　外面观　底面观　内面观

图 22-38　现代中国缠足女性足部三维重建

（Zhang 等，2014）

图 22-39　天津蓟县桃花园墓地所见缠足例证

（承蒙盛立立双授权使用）

（个体 04JT M218 乙：1）

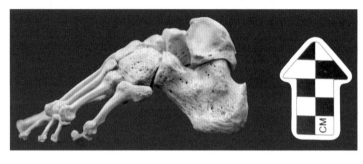

图 22-40　天津蓟县桃花园墓地缠足 04JT M107 乙

（© 邱林欢和李法军）

小；跖骨形变可分为轻度、中等和显著三类，其中中等形变者的形态较为一致；除第一近节趾骨形变较小外，其他趾骨均有不同程度的形变。个体间足部形变类型和程度的差异被认为与身体疾病、个人的劳动需要以及缠足观念有关（如图 22-40 所示）（邱林欢，2019；邱林欢和李法军，2019）。

前面的骨、关节疾病部分曾提到了缠足与风湿性关节炎造成的足部改变之间的差异，缠足主要是诱导骨体产生变形，而风湿性关节炎主要引起关节面的明显骨性改变。此外，高弓足和麻风病等疾病对足部造成的形变与缠足所造成的结果有诸多不同，在分析时应当谨慎识别（邱林欢，2019）。

🔍重点、难点

1. 骨骼埋藏学

2. 肢解葬仪

3. 头骨的变形修饰

4. 蹲踞与跪坐

5. 凿齿与拔牙

6. 足部形变

深入思考

1. 骨骼蕴藏了怎样的文化信息？
2. 谁被肢解？谁来肢解？为何肢解？
3. 特殊习俗的持久性有多强？
4. 如何区别蹲踞面和跪坐面？
5. 东亚大陆、日本与大陆东南亚史前拔牙习俗有何关系？

延伸阅读

[1] 陈星灿. 中国新石器时代拔牙风俗新探 [J]. 考古, 1996 (4): 59-62.

[2] 韩康信, 潘其风. 我国拔牙风俗的源流及其意义 [J]. 考古, 1981 (1): 64-76.

[3] 韩康信, 中桥孝博. 中国和日本古代仪式拔牙的比较研究 [J]. 考古学报, 1998 (3): 289-306.

[4] 侯侃. 山西榆次高校园区先秦墓葬人骨研究 [D]. 长春: 吉林大学, 2017.

[5] 李法军. 河北阳原姜家梁新石器时代人骨研究 [M]. 北京: 科学出版社, 2008.

[6] 连照美. 台湾史前时代拔齿习俗之研究 [J]. 文史哲学报, 1987 (35): 227-254.

[7] 秦为径, 雷伟, 吴子祥, 等. 缠足畸形的形态学特征 [J]. 第四军医大学学报, 2008, 29 (14): 1328-1330.

[8] 邱鸿霖. 台湾史前时代拔齿习俗的社会意义研究: 以铁器时代石桥遗址茑松文化为例 [J]. 考古人类学刊, 2010 (73): 1-60.

[9] 邱林欢. 天津蓟县桃花园墓地明清时期缠足女性足骨形变研究 [D]. 广州: 中山大学, 2019.

[10] 颜訚. 大汶口新石器时代人骨的研究报告 [J]. 考古学报, 1972 (1): 91-122.

[11] 原海兵. 殷墟中小墓人骨的综合研究 [D]. 长春: 吉林大学, 2010.

[12] 张振标. 古代的凿齿民: 中国新石器时代居民的拔牙风俗 [J]. 江汉考古, 1981 (1): 106-109, 119.

[13] 张忠培. 史家村墓地的研究 [J]. 考古学报, 1981 (2): 147-164.

[14] 赵永生, 郭林, 郝导华, 等. 山东地区清墓中女性居民的缠足现象 [J]. 人类学学报. 2017, 36 (3): 344-358.

[15] 朱泓, 侯侃, 王晓毅. 从生物考古学角度看山西榆次明清时期平民的两性差异 [J]. 吉林大学社会科学学报, 2017, 57 (4): 117-124.

[16] BAYKARA I, Y Ý LMAZ H, GÜLTEKIN T, et al. Squatting facet: a case study dilkaya and Van-Kalesi populations in eastern Turkey. Coll [J]. Antropol, 2010, 34 (4): 1257-1262.

[17] NGUYEN L C, LI F J . The custom of the incisor ablation among ancient people in Vietnam and China [C] // 4th international conference on Vietnamese studies. Hanoi, Vietnam, 2012.

[18] PIETRUSEWSKY M, DOUGLAS M T. Tooth ablation in old Hawaii [J]. Journal of the polynesian society, 1993, 102（3）: 255-272.

[19] VALENTIN F, ALLIÈSE F , BEDFORD S, et al. Réflexions sur la transformation anthropique du cadavre: le cas des sépultures Lapita de Teouma（Vanuatu）[J]. Bulletins et Memoires de la Societe d'Anthropologie de Paris, 2016, 28（1-2）: 19-44.

[20] ZHANG Q, LIU P, YEH H Y, et al. Intentional cranial modification from the Houtaomuga Site in Jilin, China: earliest evidence and longest in situ practice during the Neolithic Age [J]. American journal of physical anthropology, 2019, 169（4）: 747-756.

　　古人是如何维持生计的呢？或者说，他们是如何利用周围的资源的？食谱反映了某一人群长时段内的饮食方式，"吃什么"是饮食，而"怎么吃"就是文化了。我们可以试图通过各时期的文献记载来了解当时古人的饮食情况，但对于无文字记载的人群来说，则必须通过考古学的发现与分析来了解。

　　如何知道古人吃什么以及怎么吃呢？考古学的诸多发现为我们呈现了古代人类多样化的饮食文化，而生物考古学的发现与研究也为此贡献良多。通过前面提到的各类古代尸体遗存，我们可以了解到某一古代个体曾经的饮食情况。诸多考古遗址中存在的古代食物遗存也为我们提供了直观的例证。例如，中国青海省喇家史前遗址中曾出土了令世界震惊的发现——尚未食用的面条遗存（如图 23-1 所示）（Lu 等，2014；吕厚远等，2015）。但是这样的发现非常稀有，因为大多数时代久远的食物都无法长久保存下来。

图 23-1　喇家遗址的面条
（修改自吕厚远等，2015）

第一节 饮食结构与生业方式

就目前而言，稳定同位素分析被认为是最为直接和可靠的方法。例如，通过 $\delta^{13}C$ 和 $\delta^{15}N$ 的相关分析，我们即可获得人们在较长的生活过程中的饮食情况（Tauber，1981；Van der Merwe 等，1981；蔡莲珍和仇士华，1984；郑晓瑛，1993；魏博源等，1994；Lubell 等，1994；胡耀武等，2001、2005、2007、2008、2010；张雪莲，2003；张雪莲等，2003、2012；王轶华，2003；黄曜等，2005；崔亚平等，2006；齐乌云，2006；董豫等，2007；张全超等，2010；郭怡等，2016、2017；邬如碧和郭怡，2017；Yi 等，2018、2019）。

根据光合作用途径的不同，陆生绿色植物中的 C_3 类植物（如稻、麦，大部分树木、灌木等）具有低的 $\delta^{13}C$ 值；陆生绿色植物中的 C_4 类植物（如粟、玉米、高粱、大部分草类等）的 $\delta^{13}C$ 值通常较高；而海生植物的 $\delta^{13}C$ 值则位于 C_3 类植物与 C_4 类植物之间（O'Leary，1981；Chisholm 等，1982）。

但是，稳定同位素也受到新陈代谢异常等因素的强烈影响，反映出某些个体特定时期的身体状况（Fuller 等，2004、2005）。因此，在应用稳定同位素进行古人食谱重建工作时，综合考察骨骼样本的状况是非常必要的。"我即我食"和"我非我食"可以说是对这种情形的生动概括（尹粟等，2017）。

对丹麦西兰岛、格陵兰岛等地史前时期（公元前 5200 年）人骨的 $\delta^{13}C$ 分析结果显示，该地区中石器时期的古人类以海产品为主食，而新石器时期的人类则主要以陆相食物为主（Tauber，1981）。广东湛江鲤鱼墩遗址人骨的 C 和 N 稳定同位素分析结果表明，该遗址古人类主要以海生类资源为食，陆生资源（包括可能的块茎类原始农产品和动物）只占次要地位（如图 23-2 所示）（胡耀武等，2010）。

对华南地区、黄河流域及长江流域史前时期古人类稳定同位素的比较分析结果表明，中国早在 6000 年前就已出现了三类不同的生业方式（胡耀武等，2010）。黄河流域的先民广泛地种植粟类作物并饲养家畜，粟作农业在其生活方式中占据主导地位；在长江流域，先民虽已普遍种植水稻，但由于自然条件较为优越，更倾向于通过渔猎活动获取动物类资源，家畜的饲养尚不普遍；华南地区与海毗邻，先民的食物来源以海生类食物为主，陆生资源在其生活方式中只处于辅助地位。

有学者应用该方法通过对委内瑞拉帕玛纳

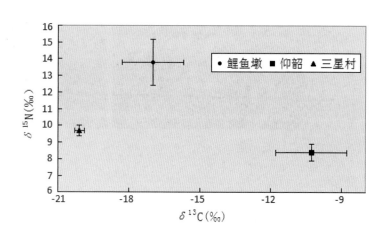

图 23-2　中国不同地区先民 $\delta^{13}C$、$\delta^{15}N$ 值的差异（胡耀武等，2010）

（Parmana）地区考古发掘得到的公元前800年至公元40年之间的人骨样品以及当地的农作物进行分析研究，提供了史前时期的人们由以C_3类植物为主食向以C_4类（包括玉米）植物为主食的转变证据（Van der Merwe 等，1981）。

我们不仅可以提取遗址内人类骨骼中的稳定同位素，还可以比较同遗址内不同物种的稳定同位素水平，以此来推断不同时期人类的饮食结构，特别是蛋白质摄入的水平。例如，通过对来自克罗地亚、捷克、法国以及比利时同时期尼安德特人以及伴出动物群稳定同位素水平的分析，证实了尼安德特人虽然属于杂食性群体，但肉类在他们的饮食中占有非常高的比重（Richards 等，2000）。

应用碳（C）、氮（N）稳定同位素进行古代儿童食物结构和断奶时间的分析也颇为有趣（Tsutaya 和 Yoneda，2015）。例如，有研究表明，英国牛津郡罗马时代晚期的昆福农场（Queenford Farm）墓地儿童的断奶时间在3～4岁（Fuller 等，2006），而约克郡中世纪的沃兰姆珀希（Wharram Percy）遗址和费舍加特豪斯（Fishergate House）墓地两处人群中儿童的断奶时间均在2岁左右（Richards 等，2002；Burt，

2013）。中国安徽滁州薄阳城遗址西周时期的多数儿童在3～4岁时断奶（夏阳等，2018）。韩国金海佳雅（Gaya）墓地（4—7世纪）儿童的断奶时间也在3～4岁（Choy 等，2010）。

有关古代族属间的同化与涵化关系探讨一直以来都是考古学较为关心的论题（Jones，2017）。例如，有学者应用碳、氮和 S 稳定同位素分析对拓拔鲜卑汉化过程中的生业模式转变进行了研究（张国文，2011）。早、中期的拓跋鲜卑人摄入的肉类蛋白较多，晚期的拓跋鲜卑人摄入的肉类蛋白明显减少，而且族群内部出现了明显的饮食分化现象。可以看出，晚期拓跋鲜卑人的食物结构和生业模式明显受到了汉民族的影响从而发生了转变，这也体现了汉民族的经济和文化在中国古代游牧民族汉化和融合过程中的重要作用。

更为重要的是，同位素分析对探讨全球范围内生业方式的转变过程研究具有不可忽视的作用（Pinhasi 和 Stock，2011）。例如，通过对欧洲中石器时代至新石器时代不同人群的 $\delta^{13}C$ 和 $\delta^{15}N$ 分析，研究者发现中石器时代人群在饮食结构上的异质化较为明显，而新石器时代人群的同质性较强（Schulting，2011）。

第二节　人群流动与社会分层

锶（Sr）同位素具有判断个体或群体活动范围和迁徙路径的作用。例如有关尼安德特人锶同位素的研究表明，这些早期智人群体具有较强的活动能力（Richards 等，2008）。对青海喇家遗址古人类牙釉质锶同位素的分析结果显示，多数个体属于本地生人，而且他们的生活方式较为统一（赵春燕等，2016）。而有关中国山西襄汾陶寺遗址人类牙釉质同位素的研究表明，在陶寺文化中期至晚期的陶寺遗址的先民中存在着高比例的外来移民的可能性（赵春燕和何驽，2014）。

氧（O）同位素分析不仅可以揭示先民和动物的饮用水来源，还可以被用来探讨古人的来源地和迁徙状况。例如，对中国商代都邑级别的郑州小双桥遗址出土的古人类和动物骨骼碳、氮和氧稳定同位素的分析结果显示，不同

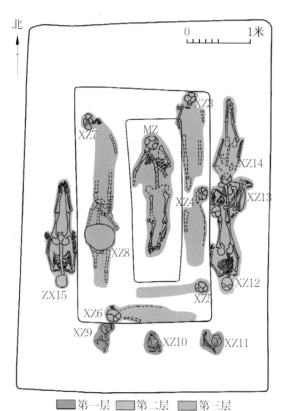

种属动物骨胶原的 ^{18}O 值存在较大差异，主要是受饮用水中 ^{18}O 值与新陈代谢方式（反刍和非反刍）的影响。研究结果还表明，遗址中人类 ^{18}O 值的显著差异暗示其人群在来源上较为复杂，V区丛葬坑 H66 中的个体极有可能是东夷族人（王宁等，2015）。

通过骨骼同位素、骨胶原和微量元素分析，不仅可以考察不同生业方式人群的饮食结构及其差异（李法军等，2006；张国文等，2013；侯亮亮等，2017；张雪莲等，2017），还可以重建某个群体的食谱结构，探讨社会分层现象。例如，对姜家梁遗址进行的食谱分析结果显示，该遗址所属的小河沿文化人群仍以粟类作物为主（刘晓迪等，2017），但是其中某些个体的锶元素含量、肉类蛋白摄入量要明显高于其他个体（李法军等，2006）。

对安阳殷墟 M54 墓葬中墓主人和殉人骨骼稳定同位素 δ ^{13}C 和 δ ^{15}N 的分析结果表明，墓主人和殉人均以 C$_4$ 类植物为主要食物来源（如图 23-3 所示）。墓主人 δ ^{15}N 值显著高于其他个体，但殉人的蛋白类物质含量也相对较高，这表明这些殉人至少在食物方面不应属于低等级的奴隶群体（张雪莲等，2017）。

第一层　第二层　第三层

图 23-3　殷墟 M54 墓主及殉人、牲人位置示意（张雪莲等，2017）

第三节　其他食谱分析的媒介

除了上述提到的稳定同位素分析外，牙齿表面残留物、牙齿磨耗水平及口腔状况、动植物遗存以及古代出土的器物等都可以让我们直接或间接地了解古人的饮食结构信息。

一、牙齿表面残留物

牙结石是另一种非常珍贵的用于古代人类食谱分析的对象，其中所含的植硅石、淀粉粒和孢粉等物质残留蕴含了丰富的食物信息（如图 23-4 所示）（Dobney 和 Brothwell，1986、1987；Fox 和 Pe'rez-Pe'rez，1994；Fox 等，1996；Scott 和 Magennis，1997；Gobetz 和 Bozarth，2001；Richards 等，2007；Henry 和 Piperno，2008；Piperno 和 Dillehay，2008；关莹和高星，2009；Hardy 等，2009）。

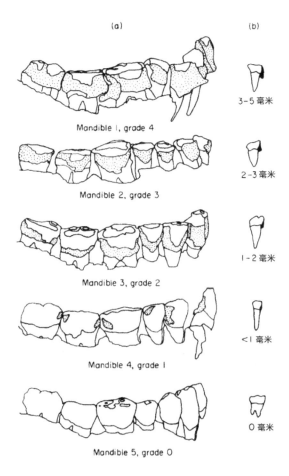

图 23-4 考古遗址所出人类牙齿及其牙结石的分级
(Dobney 和 Brothwell，1987)

对福建闽西地区奇和洞与南山两处新石器时代遗址出土古人类牙齿表面残留物的研究表明，其中的淀粉粒分别代表了禾本科植物种子、植物地下根茎部分和疑似的坚果类（关莹等，2018）。

二、牙齿磨耗水平及口腔状况

牙齿磨耗水平和方式也可为了解古代人群的生业方式或者饮食结构提供有益的解释（如图 23-5 至图 23-7 所示）（Smith，1984；刘武等，2005）。有研究表明，现代人类学调查结果显示，中国贵州荔波水族牙齿磨耗的特点与退行性生理磨耗、口腔健康状况、饮食结构和少餐的习惯等存在密切的相关性（李法军，2016）。中国先秦时期不同人群牙齿磨耗速率的差异与上下颌牙齿咬合关系、口腔咀嚼生理以及不同经济文化古人群的食物构成等差异有关（何嘉宁，2007）。

有学者对姜家梁遗址居民下颌第一臼齿的磨耗情况进行分析，结果发现其磨耗度大于现代华北地区人类，这提示这个时期的食物可能较现代人的食物坚硬（戴成萍和李海军，2014）。又如，河南安阳及辉县出土的殷代自由民和奴隶群体在龋齿发病率方面远低于现代中国人，其原因在于殷人牙合面磨耗的速率快于中国的现代人群（Montelius，1933；毛燮均和颜訚，1959）。

对新疆、内蒙古和内地 7 处青铜至铁器时代考古遗址古人类牙齿磨耗等的分析发现，这些古代人群在牙齿的平均磨耗方面大体接近，但新疆和内蒙古这一时期的人群在磨耗方式上相对特殊。该研究认为，青铜至铁器时代的新疆和内蒙古地区的人群仍以狩猎 - 采集方式为主（如图 23-8 所示）（刘武等，2005）。

龋病的高发往往被认为与农业的出现有关，以种植富含碳水化合物作物为主的农业与龋患率普遍呈正相关关系（Larsen，1982、1983；Lukacs，1992；Lubell 等，1994）。但有研究表明，东南亚地区史前时期稻作人群的龋齿发病率相对是较低的（Tayles 等，2000）。华南史前时期渔猎 - 采集人群的龋齿发病率明显高于史前时期的农业定居人群，这被认为与根茎块类植物和蔗糖类作物的经常性摄入有关（陈伟驹和李法军，2012；张佩琪等，2018）。

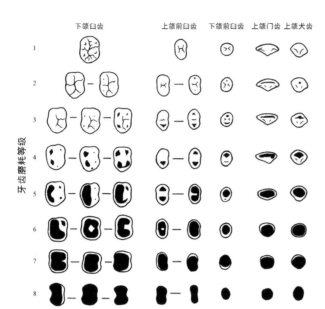

图 23-5　牙齿牙合面磨耗水平

（Smith，1984）

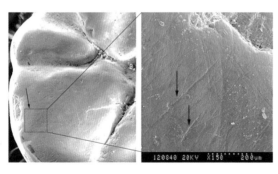

图 23-7　扫描电镜下的臼齿咬合面微痕

（Amee Alderman，2002）

左图为 20X，右图为 150X。

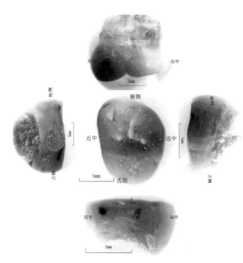

图 23-6　鲤鱼墩遗址 03SL M4 左上颌第三臼齿
磨耗的微痕观察

（体视显微镜，20X）（© 李法军等）

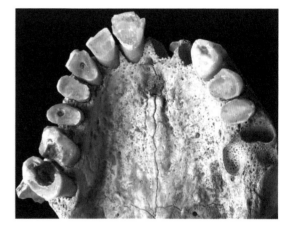

图 23-8　新疆及内蒙古地区青铜 - 铁器时代居民上颌前
牙舌侧磨耗

（刘武等，2005）

三、动物、植物遗存

当然，除了上述来自人类遗骸的相关分析，我们还可以借助诸多考古遗址出土的动、植物遗存，运用动物考古学和植物考古学的相关方法来了解古人可能的食物构成（杨钟健和刘东

生，1949；祁国琴，1977；李有恒和韩德芬，1978；黄蕴平，1996；严文明，1997；Dobney 等，1998； 袁靖，1999、2001；Yuan 和 Flad，2002；赵志军等，2005；罗运兵，2009；吕鹏，2011；李志鹏，2011；赵荦，2014；陈相龙等，

2015；Karr，2015；汤卓炜和张萌，2018）。

在中国东南沿海和华南地区的河岸台地上发现了大量的史前时期的贝丘遗址，大量的螺壳堆积和其他动物残骸显示了当时人们食用动物的种类和数量（赵荦，2014）。中原地区的许多商周时期的墓葬中，在青铜器当中还存留着不同种类的动物遗骸，有些被认为是祭祀的牺牲，但也有部分可能是被食用后的动物残骸（杨钟健和刘东生，1949；李志鹏，2011）。

长沙马王堆一号墓主人辛追的胃部残留物分析向我们展示了西汉贵族阶层的饮食文化和丰富的食物种类。广州西汉南越王墓曾出土了丰富的动物遗骸，其中禾花雀的残骸即多达200余只（广州市文物管理委员会等，1991）。该墓葬中还出土了一件被称为"气

图 23-9　气死蚁

（© 李法军）

死蚁"的器具，该器具造型精巧，反映出当时人们为保护食物所做出的不懈努力和奇思妙想（如图 23-9 所示）（林冠男，2017）。

🔍 重点、难点

1. 重构古人的食谱
2. C、N 稳定同位素
3. 同位素揭示的人群流动与社会分层
4. 牙齿磨耗与龋齿率

🖐 深入思考

1. 如何理解"我即我食"和"我非我食"？
2. 饮食结构与生业方式有怎样的相关性？
3. 中国史前时期不同地域人群的饮食结构差异化显著吗？

4. Sr 和 O 同位素何以能够追溯个体的来源与迁徙过程？

5. 某人群的高龋齿率意味着其营定居农业生活吗？

延伸阅读

[1]蔡莲珍，仇士华. 碳十三测定和古代食谱研究［J］. 考古，1984（10）：949–955.

[2]陈相龙，方燕明，胡耀武，等. 稳定同位素分析对史前生业经济复杂化的启示：以河南禹州瓦店遗址为例［J］. 华夏考古，2017（4）：70–79，84.

[3]戴成萍，李海军. 7000 年前河北姜家梁人群下颌臼齿磨耗研究［J］. 华夏考古，2014（3）：44–47.

[4]关莹，周振宇，范雪春，等. 牙齿残留物反映的闽西新石器时代人类食谱［J］. 人类学学报，2018，37（4）：631–639.

[5]何嘉宁. 陶寺、上马、延庆古代人群臼齿磨耗速率的比较研究［J］. 人类学学报，2007，26（2）：116–124.

[6]胡耀武，李法军，王昌燧，等. 广东湛江鲤鱼墩遗址人骨的 C、N 稳定同位素分析：华南新石器时代先民生活方式初探［J］. 人类学学报，2010，29（3）：264–269.

[7]胡耀武，理查兹，刘武，等. 骨化学分析在古人类食物结构演化研究中的应用［J］. 地球科学进展，2008，23（3）：228–235.

[8]李法军. 当代水族男性的牙齿磨耗特点及其成因［J］. 人类学学报，2016，35（2）：283–299.

[9]刘武，张全超，吴秀杰，等. 新疆及内蒙古地区青铜 – 铁器时代居民牙齿磨耗及健康状况的分析［J］. 人类学学报，2005，24（1）：32–52.

[10]刘晓迪，王婷婷，魏东，等. 小河沿文化先民生活方式初探：以河北姜家梁遗址为例［J］. 人类学学报，2017，36（2）：280–288.

[11]吕厚远，李玉梅，张健平，等. 青海喇家遗址出土 4000 年前面条的成分分析与复制［J］. 科学通报，2015，60（8）：744–756.

[12]吕鹏. 广西邕江流域贝丘遗址动物群研究［J］. 第四纪研究，2011，31（4）：715–722.

[13]汤卓炜，张萌. 动物考古研究范式的思考［J］. 吉林大学社会科学学报，2018，58（6）：171–183，208.

[14]王宁，李素婷，李宏飞，等. 古骨胶原的氧同位素分析及其在先民迁徙研究中的应用［J］. 科学通报，2015，60（9）：838–846.

[15]吴小红，陈铁梅. 生物学和分子生物学在考古学研究中的应用［J］. 文物保护与考古科学，1999（2）：45–52.

[16]夏阳，张敬雷，余飞，等. 中国古代儿童断奶模式与喂养方式初探：以安徽薄阳城遗址人骨的 C、N 稳定同位素分析为例［J］. 人类学学报，2018，37（1）：110–120.

[17]尹粟，李恩山，王婷婷. 我即我食 vs. 我非我食：稳定同位素跟踪人体代谢异常初探［J］. 第四

纪研究，2017，37（6）：1464–1471.

［18］袁靖. 论中国新石器时代居民获取肉食资源的方式［J］. 考古学报，1999（1）：1–22.

［19］张佩琪，李法军，王明辉. 广西顶蛳山遗址人骨的龋齿病理观察［J］. 人类学学报，2018，37（3）：393–405.

［20］张雪莲. 碳十三和氮十五分析与古代人类食物结构研究及其新进展［J］. 考古，2006（7）：50–56.

［21］张雪莲，徐广德，何毓灵，等. 殷墟54号墓出土人骨的碳氮稳定同位素分析［J］. 考古，2017（3）：100–109.

［22］赵春燕，王明辉，叶茂林. 青海喇家遗址人类遗骸的锶同位素比值分析［J］. 人类学学报，2016，35（2）：212–222.

［23］赵荦. 中国沿海先秦贝丘遗址研究［D］. 上海：复旦大学，2014.

［24］赵志军，吕烈丹，傅宪国. 广西邕宁县顶蛳山遗址出土植硅石的分析与研究［J］. 考古，2005（11）：76–84.

［25］BURT N M. Stable isotope ratio analysis of breastfeeding and weaning practices of children from medieval Fishergate House York, UK［J］. American journal of physical anthropology, 2013, 152（3）：407–416.

［26］CHOY K, JEON O R, FULLER B T, et al. Isotopic evidence of dietary variations and weaning practices in the Gaya cemetery at Yeanri, Gimhae, South Korea［J］. American journal of physical anthropology, 2010, 142（1）：74–84.

［27］FULLER B T, MOLLESON T I, HARRIS D A, et al. Isotopic evidence for breastfeeding and possible adult dietary differences from Late/Sub-Roman Britain［J］. American journal of physical anthropology, 2006, 129（1）：45–54.

［28］RICHARDS M P, MAYS S, FULLER B T. Stable carbon and nitrogen isotope values of bone and teeth reflect weaning age at the Medieval Wharram Percy site, Yorkshire, UK［J］. American journal of physical anthropology, 2002, 119（3）：205–210.

［29］TAYLES N, DOMETT K, NELSEN K. Agriculture and dental caries? The case of rice in prehistoric Southeast Asia［J］. World archaeology, 2000, 32（1）：68–83.

［30］TSUTAYA T, YONEDA M. Reconstruction of breastfeeding and weaning practices using stable isotope and trace element analyses: a review［J］. American journal of physical Anthropology, 2015, 156（S59）：2–21.

术　语　表

阿喀琉斯基猴：发现于中国湖北荆州下始新统洋溪组的距今约 5500 万年的灵长类。

阿伦法则：在恒温动物当中，同种的或形态相似的异种之间，越处于寒冷气候下的，其肢体等附肢结构越有明显缩短和变粗的倾向。

阿皮迪马人：发现于希腊南伯罗奔尼撒岛阿皮迪马洞穴距今 21 万年～ 17 万年的早期智人。

阿特拉斯猴：发现于摩洛哥的距今 5700 万年的很可能是最早的灵长类动物，甚至可能是最早的类人猿类动物。

埃尔布洛王子：1954 年在智利安第斯山脉埃尔布洛山中被发现的 8 岁男孩的冰冻躯体。

奥茨：发现于意大利和奥地利边界处的阿尔卑斯山中的古代冰人，距今约 5200 年。

奥杜维文化：在发现能人化石的地层中出土的石器，包括由砾石或石核加工成的砍砸器包括刮削器、圆形手斧、石球等。

半衰期：沉积岩中的某些元素有不稳定的同位素，经过一定的时间，原先的原子只留下了一半。

伴性遗传：遗传学疾病的发生与性别相关联的现象。

半跖行：猴类和猿类躯干的重心位于身体的上半部，髋关节的前方，因而不能像人类那样完全直立行走，只能呈半蹲姿态前行。

被动发展论：新石器时代居民总是尽可能地通过狩猎或捕捞居址周围野生动物的方式获取肉食，除非野生动物资源不足以提供充足的肉食来源，才被迫通过饲养动物来获取肉食。

北京人：发现于中国北京周口店遗址第一地点距今 60 万年～ 20 万年的直立人。

编码链：在转录过程中，解旋的 DNA 双链中充当转录模板任务的那条链。

变异：存在于生物个体或群体间的差异。

表型：一个生物体的外在性状。

表型分类法：基于全部或可观察到的相似性，而不是基于系统发生或进化的联系，进而对有机物进行分类的体系。

伯格曼法则：在某些哺乳动物当中，其身体尺寸与其生存地域的温度存在着一定的联系。在体形相似的个体中，身体尺寸越大，体热散失得越慢；在体形相似的个体中，体形呈线型者较非线型者而言，其体热散失较快。

哺乳动物：依靠恒温系统保持相对恒定体温的动物。其有毛囊和汗腺。具有心脏，循环系统完善。红血球无核，多数呈圆盘状。

采集说：20 世纪 70 年代，"妇女 – 采集者"阐释人类复杂社会起源问题的学说。

草食说：乔利以草籽为食的狮尾猴与其同类狒狒有显著区别，反映了早期人科成员与猿类之间的差别。

草原黑猩猩模式：华什伯恩等人认为人与猿的共同祖先在体质上与现生的黑猩猩最为接近，人科早期成员所处的环境则与现生狒狒所处的环境类似。

测量性状：可以通过测量获得数值以便进行数据分析的体质特征。

层位法：依据地层的早晚关系和层内动物群特征来确定某层位的相对年代。

粗壮型南方古猿：发现于东非和南非，生存于距今 250 万年～ 100 万年的南方古猿，包括粗壮种、埃塞俄比亚种和鲍氏种。

成功繁衍说：认为两足直立行走是一种效率不高的行动方式，因而必然是为着提高转移后代的效率以及便于携带东西。

齿列：排列在齿槽上的一组牙齿构成齿列。

齿隙：除了现代人，其他现生灵长类门齿与犬齿之间的齿槽不连续。

齿学人类学：依据人类牙齿形态和结构以及组成元素探讨人类演化的问题。

唇侧：齿学人类学上规定门齿与犬齿为前牙，前臼齿和臼齿为后牙。齿列上前牙靠近唇，因此前牙的近唇一侧为唇侧。

纯合：若来自亲代的两个等位基因是相同的，那么其子代的基因型是纯合的。

纯合子：由相同基因的配子结合成的合子发育成的子代叫作纯合子。

大脑化系数：某物种实际脑容量与现生哺乳类动物平均脑容量之比。

单雌性及多雄性群体：包括少量的成年雄性和一个或几个成年雌性个体及其后代，但通常只有一个年长的雌性个体比较积极地生育。

丹尼索瓦人：发现于俄罗斯西伯利亚南部阿尔泰山脉丹尼索瓦洞穴距今4.8万年～3万年的古人类，是有别于尼安德特人和其他早期智人的群体。

单雄雌群体：包括一个成年雄性和一个成年雌性及其年幼的后代。

单雄性及多雌性群体：包括一个成年雄性和少数成年雌性以及他们的后代。

德马尼西人：发现于格鲁吉亚第比利斯德尼尼西镇距今约177万年的直立人。

等位基因：在一对同源染色体上，占有相同基因座的一对基因，它们控制一对相对性状。

等位基因频率：同一群体内部不同等位基因相对的出现比例。

地猿：发现于埃塞俄比亚距今约440万年的被认为是可能的早期人科成员。

地质年代：地质学上将地球的历史划分为几个大的时间单位"代"，其下面又分为若干个较小的单位"纪"，"纪"之下为若干"世"。

点突变：如果某一基因上只有一个碱基发生突变，就叫作点突变或者基因突变。

电子自旋共振法：利用天然辐射损伤程度进行年代测定的磁共振微波光谱学方法。

东非大裂谷：1500万年～1200万年前，地球造山运动开始，非洲大陆东部的地壳裂开了。

动态平衡：努力使机体保持正常运行的机制。

独立群体：包括母亲及其未成年的后代，成年雄性和雌性的交往较少，一般在交配时才有短暂的接触。

多地区起源论：也被称为直接演化论或系统论。主张现生各大人种是由直立人演化而来的，但不可避免地发生过基因交流。

多基因性状：由两个或者更多的基因座控制的性状。

多态性：在一个指定的染色体上 Alu 染色体突增的存在或者缺失。

多雄雌群体：包括许多成年雄性和成年雌性以及为数较多的后代。

DNA：即脱氧核糖核酸，是一种由多个脱氧核苷酸聚合而成的长链双螺旋分子。

短期死亡危机：因流行性疾病或者自然灾害等突发事件造成大量人口的死亡。

二元遗传模式：现代人的个体因生物遗传获得了适应文化生活的能力。

发病率：指在特定时间内的特定人群当中，某种疾病的新发个例与该人群人口总数之比。

筏运假说：认为新大陆类人猿可能是以偶然的方式乘着海上漂浮物由非洲到达南美洲的。

反义链：在转录过程中，DNA 双链中不被转录却只能通过碱基互补合成新的 DNA 的单链被称为反义链。

非测量性状：包括骨骼的连续性形态特征和非连续性形态特征。连续性形态特征是指具有多个分级或分型的非测量性状；非连续性形态特征是指头骨上不具有多级分类的条件的非测量性状。

非洲古猿：距今约 1700 万年，非洲中新世猿类，可能是现代亚洲和非洲大猿的祖先，也可能是灭绝种。

非洲起源论：又被称为入侵论、迁徙论或代替论。主张现生的各大人种共同拥有一个近期（距今 10 万年～5 万年）的直接祖先，最可能的是来自非洲。

分歧：也被称为趋异。是指新种往往会因为适应了环境改变而发生进化上的重要事件，并在内部产生新种分化的趋势。

分子考古学：将现代遗传学方法应用于古代人群基因型和亲缘关系的研究。

弗洛勒斯人：发现于印度尼西亚弗洛勒斯岛布不哇洞穴距今 19 万年～5 万年的古人类，其系统地位存在争议。

复杂性状：由多基因控制并受外部环境影响的表型特征。

氟中毒：因长期摄入过量氟化物引起的慢性侵袭性全身性骨病。

分子遗传学：在分子水平上研究生物遗传和变异机制的遗传学分支学科。

分子钟理论：应用任何特殊蛋白之间的差别来推算人猿分离的时间的方法。

感觉器：感受器及其附属结构的统称，包括视器、位听器、味器、嗅器和皮肤。

感受器：人体内感受刺激的结构。

格罗杰法则：探讨温度和湿度与色素的相关性，认为湿热地区的动物肤色深、毛色浅；寒冷地区的动物肤色浅。

贡波里足印：发现于埃塞俄比亚中阿瓦什梅卡昆图雷的贡波里第二地点距今 70 万年的足印化石，被认为是非洲海德堡人所遗留的。

工具说：20 世纪 40 年代，肯尼斯·奥克利认为制造和使用工具而不是武器才是人类进化的动力，同时强调从猿到人的较为阴暗的分化。

功能压力：因长期人为作用而非病理因素导致的骨骼改变现象。

共有衍征：一个最近共同祖先的所有后代所共有的且不与其他群体共享的特征。

佝偻病：由于维生素 D 缺乏而导致的幼儿骨骼代谢疾病。

古病理学：将现代病理学研究的理论和方法应用于古代生物遗存生前所患疾病的研究当中，并且在现代病理学研究的基础上形成较为独特的研究内容，在关注疾病演化历史过程的同时还重视疾病的发生、发展与人类社会发展的相关性研究。

古地磁法：通过测定岩石和某些古物的天然剩余磁性来进行断代的方法。

骨骼生物力学：通过对特定横截面生物力学参数的计算，其分析载荷，据此就衡量个体骨骼的发育程度和活动特点。

古人类学：也叫人类古生物学，旨在探讨人类的起源与演化过程、生物学特征及其演化特点、行为模式与文化发展相关性以及生存环境重建等。

古新世：新生代第三纪的第一个阶段，距今 6500 万年～5000 万年，原始类灵长类动物出现。

哈迪－温伯格遗传平衡：一种预测某个群体内亲代的不同基因型在子代当中的分布频率的数学理论模式。

哈弗氏管：哈弗氏系统中央的管状结构。

哈弗氏系统：骨密质的外环骨板和内环骨板间呈同心圆排列的骨板，是骨骼的基本结构单元。

哈里斯生长停滞线：因生长受到抑制而产生的骨骼非特异性病理现象，股骨和桡骨上多发。

海德堡人：发现于德国海德堡市莫尔采石场距

今 70 万年～40 万年的直立人。

合子： 受精过程结束时，两个配子的遗传物质融合在一起即为合子的形成。

宏观进化： 指某一物种的长期进化改变，通常是指种间进化过程。

呼吸系统： 生物体进行气体交换的场所，分为呼吸道和肺两部分。

化石： 保存在岩层中地质历史时期的生物遗体和遗迹，或可理解为过去生物的遗骸或遗留下来的印迹经过物质置换作用而形成的石化物。

环境说： 塔特尔提出的有关人科起源的理论，即"小猿模式"，认为人类的祖先起源于某种与长臂猿类似的杂食性的非洲小猿。

获得性遗传： 生存环境引起的器官形态改变会产生新的器官形态，并遗传给其后代。

几何形态测量学： 基于地标点和薄片样条技术的几何形态学分析方法。

机能定位： 机体的各种机能在大脑皮层中都有特定的功能区域（中枢）。

脊索： 位于脊索动物消化管背方的一条纵长的、不分节的棒状结构，起着支持身体纵轴的作用。

脊索鞘： 脊索细胞外围厚的结缔组织鞘。

基因： 是 DNA 分子上的一个具有一定结构和功能的片段，能表达出一个有功能的多肽链或功能 RNA 分子的核酸序列。

基因表达： 基因控制蛋白质合成的方式。

基因的分离定律： 如果基因型是杂合的，那么子代的遗传学性状会发生分离。

基因的交换： 位于同一条染色体上的两个基因的连锁关系是会发生改变的，即来自父方的染色单体和来自母方的染色单体会发生染色体交叉互换。

基因的连锁： 是指位于亲代的同一条染色体上的不同等位基因在传给子代的过程中，互相连在一起传给子代，不发生分离的现象。

基因的自由组合定律： 在减数分裂形成配子的过程中，非同源染色体上的非等位基因能够自由组合。

基因流： 是指等位基因由一个群体向另一个群体的流动。

基因型： 与表型相关的基因组成。

基因型频率： 同一群体内部不同基因型相对的出现比例。

基因座： 在遗传学研究中，我们称一个基因在染色体上的特定位置为基因座。

脊柱裂： 由于先天性椎管闭合障碍造成的脊柱后面椎板闭合不全。

颊侧： 齿学人类学上规定门齿与犬齿为前牙，前臼齿和臼齿为后牙。齿列上后齿靠近脸颊的一侧为颊侧。

假说： 对所观察事物的合理解释。

加速器质谱分析： 加速器与质谱分析相结合的一种核分析技术。

渐变论： 认为物种是以渐进的方式演化的，在自然选择的作用下，宏观演化过程是缓慢的。

简鼻亚目： 即类人猿亚目，是比较高级的灵长类动物。

简单遗传性状： 由单基因控制的且不受外部环境影响的表型特征。

间断平衡理论： 进化的过程并非直线或跳跃式的，而是呈一种曲折上升之势，在保持长期的微观演化的过程中不定期地发生迅速的进化改变。

碱基： 构成 DNA 分子的基本化学单位，包括腺嘌呤、鸟嘌呤、胸腺嘧啶和胞嘧啶四种碳基类型。

减数分裂： 将含有 46 条染色体的细胞分成含有 23 条染色体的细胞，使其染色体数目由二倍体变为单倍体，是性细胞所独有的分裂方式。

渐新世： 新生代第三纪的第三个阶段，距今 3800 万年～2200 万年，类人猿开始繁盛。

匠人：发现于西班牙比格斯的阿塔普尔卡山格兰多利纳洞穴距今 90 万年～ 78 万年的古人类，与直立人并行发展。

结核病：由结核杆菌引起的一种慢性传染病。

阶元系统：卡罗勒斯·林奈在 18 世纪创制的生物分类学的基本体系。

进化：是指生物群体的变化过程，即某一生物群体的遗传结构发生了改变，并将这种改变遗传给其后裔的过程。

进化动力：导致代与代之间的等位基因频率改变的机制，是物种进化的根本原因。

进化论：用以阐释生物界一般发展规律的科学理论。"进化论"一词最先由拉马克提出，达尔文对其进行了最早的科学论证。

进化树：用以表示物种进化关系的图示化模型。

金牛山人：发现于中国辽宁省营口县永安乡西田屯距今约 23 万年的早期智人。

颈干角：股骨颈长轴与骨干长轴之间存在的交角。

静止人口模型：无移民行为，年龄和性别结构不以连续的比率变化而发生改变，且出生率和死亡率符合自然生长规律。

巨猿：曾生活于中国、印度、越南和印度尼西亚的已灭绝的中新世晚期到上新世早期的高等灵长类，分为布氏巨猿、巨型巨猿和毕拉斯普巨猿三个种。

均变论：查尔斯·莱尔，认为地壳的形成是以一种渐进的缓慢的方式进行的，地表的地貌形成也不是灾变的结果而是纯粹的自然力造成的。

绝对年代：根据沉积岩或火山岩形成后其化学元素自然放射性的衰变而计算的年代。

卡普莱斯茨：距今约 5600 万年的小型哺乳动物化石，可能是一种由近灵长类向灵长类过渡的类型。

抗体：是免疫系统用来鉴别和抑制外源物质的一种蛋白质复合体。每种抗体只识别特定的目标抗原。

抗原：一种能刺激人或动物机体产生抗体或致敏淋巴细胞，并能与这些产物在体内或体外发生特异性反应的物质。

考古学：通过对历史和史前时期文化遗存的分析来重建过去人类社会复杂化过程的学科。

克雷伯定律：体形越大的物种，其新陈代谢过程越慢。

克罗马农人：发现于法国南部多尔多涅省雷 – 亦兹的克罗马农洞距今 3.2 万年～ 3 万年的晚期智人。

克洛维斯文化：美洲距今 1.35 万年～ 1 万年的石器文化，以精致的石矛制品而闻名。

科学：其本质是对宇宙进行客观的解释，是一种试图理解世界运转的潜在逻辑和结构过程的方式。科学至少具有如下几种特征，即真实性、可假设性、可检验性和理论性。

肯尼亚人平面种：发现于肯尼亚特卡纳湖西岸洛米克维（Lomekwi）地区距今约 350 万年的古灵长类，系统地位未定。

阔鼻小目：也被称为新大陆猴，它们是美洲大陆仅有的猿猴类群。

莱托里足印：玛丽·利基等人 1976 年于坦桑尼亚奥杜维峡谷火山灰沉积中揭露出的一片古生物足印，其中包括了被认为是人科成员的足印。

老龄率：是一种用于考察人类演化过程中的生活史以及成年人寿命总体变化情况的比率。

勒瓦娄哇技术：早期智人独创的新型石器加工技术，也叫"预制石核技术"。

犁鼻器：位于鼻腔前部的一对盲囊，开口于口腔顶壁的一种化学感受器。

理论：对事实所做的系统性解释。

镰状细胞贫血：正常血红蛋白中 β 链的等位基因为 A，镰状细胞等位基因为 S，当某个体拥有两个

S 等位基因，时即罹患镰状细胞贫血。

裂变径迹法： 通过测定矿物中所含微量铀的自发裂变而引起的晶格损伤径迹密度和诱发径迹密度来进行年代推断的方法。

灵长类： 起源于树栖生活方式的具有复杂特征的高等哺乳类生物。

流行病学： 指研究人类疾病及其成因模式的科学，研究对象是人类群体而非个体，但并非忽略对个体的研究。

鲁道夫人： 发现于非洲肯尼亚的距今约 200 万年的有别于能人的古人类。

禄丰古猿： 发现于中国云南禄丰的中新世古猿，分为开远种、禄丰种和蝴蝶种。

露西： 发现于埃塞俄比亚哈达地点距今约 350 万年的南方古猿阿法种个体。

颅指数： 颅骨最大宽除以颅骨最大长。

罗得西亚人： 发现于非洲赞比亚布罗肯山喀布维地点距今 30 万年～12.5 万年的直立人。

洛美奎遗址： 位于肯尼亚特卡那湖畔，出土了目前已知最早（距今 330 万年）的石器。

吕宋人： 发现于菲律宾吕宋岛卡劳洞穴距今约 6.7 万年的晚期智人。

马坝人： 发现于中国广东韶关市曲江区马坝镇狮子山洞穴距今约 14 万年的早期智人。

马丁眼色表： 一种记录眼色的观察方法。其颜色分布由深至浅包括黑褐色、不同程度的褐色、不同程度的浅绿色以及浅色。

马尔萨斯人口论： 英国政治经济学家托马斯·马尔萨斯认为，如果人类人口不能以自然因素加以控制，那么人口就会以几何级方式每 25 年增加一倍，而食物的供应能力只呈算术级增长。

麻风病： 由麻风杆菌引起的慢性传染病。

马王堆尸： 主要见于中国历史时期的墓葬当中，尸体的皮肤发生过轻度尸蜡化变化，骨骼有脱钙现象，但外形和内脏完整。

脉管系统： 即循环系统，是心血管系统和淋巴系统的总称。

梅毒： 由密螺旋体引起的疾病，主要分为地方性梅毒和性病梅毒。

毛里坦人： 发现于非洲阿尔及利亚突尼芬距今约 70 万年的直立人。

孟德尔遗传学： 孟德尔从生物的性状出发，揭示了生物遗传的基因分离定律和基因自由组合定律，从而奠定了遗传学的基础。

泌尿系统： 由肾、输尿管、膀胱和尿道组成。体内因新陈代谢而产生的废物在肾内形成尿液后经由此系统排出体外。

免疫反应： 一种免疫系统通过产生抗体来阻止外来分子（抗原）进入的机制。

民族： 在历史上和一定的地域内形成的，具有共同语言、经济生活和共同的民族意识的群体。

莫斯特工业： 大部分尼安德特人使用的石器制造技术。

纳勒迪人： 发现于南非新星洞穴群迪纳勒迪支洞距今 33.5 万年～22.6 万年的古人类化石，系统未定。

纳里奥科托姆男孩： 发现于肯尼亚特卡纳湖西岸纳里奥科托姆地点距今约 160 万年的直立人。

南方古猿： 发现于非洲的大多数生存于距今 420 万年～200 万年的古灵长类，是目前被确认的最早的人科成员。

南方古猿阿法种： 发现于东非的埃塞俄比亚、肯尼亚和坦桑尼亚距今 400 万年～300 万年的南方古猿。

南方古猿埃塞俄比亚种： 发现于东非距今约 250 万年的南方古猿。

南方古猿鲍氏种： 发现于坦桑尼亚奥杜维峡谷距今约 180 万年的南方古猿。

南方古猿粗壮种： 发现于南非距今 200 万年～100 万年的南方古猿。

南方古猿非洲种： 发现于南非距今 300 万年～200 万年的南方古猿。

南方古猿湖畔种： 发现于肯尼亚距今 420 万年～390 万年的南方古猿。

南方古猿加扎勒河种： 发现于乍得巴赫尔哈扎地区距今 350 万年～300 万年的南方古猿，也被称为羚羊河种。

南方古猿近亲种： 发现于埃塞俄比亚阿法中部沃兰索 - 迈奥研究区距今 350 万年～330 万年的南方古猿。

南方古猿惊奇种： 发现于埃塞俄比亚哈塔耶地点距今约 250 万年的南方古猿。

南方古猿源泉种： 发现于南非马拉帕洞穴距今约 198 万年的南方古猿。

内分泌系统： 由分泌激素的内分泌腺及相关内分泌组织构成，其与神经系统关系密切。

能人： 意为"能够制造工具的人"，曾生活于东非距今 200 万年～150 万年的人属成员。

尼阿人： 发现于马来西亚加里曼丹岛西沙捞越的尼阿大洞距今约 3.7 万年的晚期智人。

尼安德特人： 发现于欧洲和中东地区的生存于距今 23 万年～2.8 万年的早期智人。

泥炭鞣尸： 发现于低温环境的泥炭沼泽或者酸性泥沼中的肤色深且具弹性，骨骼柔软的尸体。

牛津大论战： 1860 年 6 月 30 日，托马斯·赫胥黎和萨缪尔·威尔伯福斯在英国牛津大学自然史博物馆内进行的有关进化论的公开辩论。

欧亚大陆： 欧洲和亚洲大陆板块联合在一起形成的新大陆。

佩吉特氏病： 是一种慢性骨瘤样病变，属于慢性进行性代谢性骨病。

配偶家庭群体： 包括一个成年雄性和一个成年雌性及其年幼的后代，雄雌个体构成长期稳定的家庭组织，并且不与外者交配。

配子： 亲代产生的有性生殖细胞，如精子和卵子。

皮尔唐人： 由英国伪造者人为合成的畸形物。

皮耶罗拉古猿： 发现于西班牙巴塞罗纳距今 1300 万年～1250 万年的古猿，是非洲森林古猿在欧洲延续和独立演化的一个属。

平面人： 发现于非洲肯尼亚，距今 350 万年～320 万年的早期人科成员。

器官： 某些组织有机结合后构成的具有特定形态和功能的结构。

前牙负载理论： 也被称为"牙齿即工具假说"。认为尼安德特人拥有明显较大的前牙，可能被用作为工具使用，因而形成了较大的面部。

强直性脊柱炎： 以脊柱附着点炎症和骶髂关节融合为主要症状，具体表现在四肢大关节、椎间盘纤维环及其附近结缔组织纤维化、骨化并发生关节强直。

趋利避害说： 认为早期人科成员兼有双足直立行走和攀爬树木的能力，可以有效地避免其他肉食动物的袭击。

全基因组测序： 对生物体的全部基因组序列进行测序，以便获得完整的基因组信息。

全球健康史计划： 菲尔·沃克在 2009 年发起的项目，创建了三个大型数据库以重新诠释从旧石器时代晚期至 20 世纪初期的欧洲人群健康史。

拳头行走： 猩猩的手脚形态和结构使其在两足行走时需要手部以拳头的方式触地协助行走。

群体遗传学： 着重解释生物群体的基因型和表型以及自然环境之间的内在联系的学科。

染色体： 由染色质构成的细胞核在细胞分裂时变成的棒状物。

染色体突变： 因染色体上的某一区域增减而造成多个基因发生变异，并相应地使多个性状发生改变。

染色体遗传理论：美国生物学家与遗传学家托马斯·摩尔根因发现基因的交换与连锁现象和染色体的遗传机制而建立的有关染色体遗传的理论。

染色质：在细胞分裂之前，细胞核主要由脱氧核糖核酸和组蛋白组成的复合丝状物质构成，被称为染色质。

热释光法：利用热释光效应进行年代测定的方法。

热释光效应：岩矿受热时会将其中储存的辐射能以光的形式释放出来。

人科：人在生物分类上属于人科，即人的系统。

人类学：分为广义人类学和狭义人类学。广义人类学是指研究人类生物性和文化性变异以及演化的科学；狭义人类学特指生物人类学或者体质人类学。

人属：是人类系统的次一级分类单位，人属一般具有较大的脑容量以及较好的文化适应性。

人体测量学：基于测量点标定的线性和角度测量以及非测量性状观察而进行的表型特征及其规律的研究。

人体解剖学姿势：人体直立，两眼平视正前方，两上肢下垂并靠于躯干的两侧，下肢伸直，两足并拢，手掌和足尖向前。

人种：也称种族，是指那些具有区别于其他人群的某些共同遗传体质特征的人群。

人种学：即种族人类学，是研究人类各种族的起源、演变、分布规律和体质特征及其内部变异，并探讨人与生态环境之间的关系的科学。

RNA：是核糖核酸类分子的统称，包括信使RNA、核糖体RNA和转运RNA。

肉食说：达特提出的有关人科起源的"人——凶杀者的猿"的观点。

撒海尔人乍得种：发现于非洲乍得，生存于距今700万年～600万年，是目前发现的最早的可能的人科成员。

森林古猿：生活于渐新世的目前已知最早的旧大陆类人猿，包括渐新猿、风神猿、原上猿和埃及猿等属。

山顶洞人：发现于中国北京周口店距今3.51万年～3.35万年的晚期智人。

山猿：发现于意大利及东非距今900万年～700万年的古猿。

上颌三角座：灵长类上颌牙齿原尖、前尖和后尖构成的结构。

上新世：新生代第三纪的第五个阶段，距今500万年～180万年，早期人科成员出现。

舌侧：齿列上牙齿靠近舌的一侧均为舌侧。

社会生态学：主要集中于社会结构和组织形态与自然环境因素之间的关系研究，强调自然与社会是大自然内在统一的辩证发展过程。

社会生物学：从生物进化的时间尺度和整个生物界的范围来把握动物行为的独特的生物学基础，试图用生物学原理来说明人类的文化现象。

神经系统：人体内起主导作用的系统，负责统一和协调全身不同细胞、组织、器官和各系统的活动。

神经源性关节炎：以神经性功能障碍为基础的关节破坏病变。

生理适应：生物体的本能适应过程。有机体对外界的温度、阳光辐射、含氧量、物理压力以及食物选择等因素的刺激所产生的适应性变化均属于这种适应。

生态系统：是在一定时间和空间内，生物与其生存环境之间以及生物与生物之间相互作用，彼此通过物质循环、能量流动和信息交换而形成的一个不可分割的自然整体。

生物重演论：海克尔认为个体发育史是生物系统发展史的简单而快速的重演。

生物分类系统：按照生物体进化的亲缘关系来确定其相互之间的分类地位。

生物分类学：基于种系发生的关系和有机体群体的进化历史进行分类的体系。

生物考古学：狭义上是指针对考古遗址出土的人类遗骸的研究，广义上则指对所有过去有机质的研究。

生物人类学：即体质人类学，关注人类生物性的进化与变异问题，是研究人类的体质特征在时间上和空间上的变化及其规律的科学。

生物性适应：个体体质适应和群体遗传适应的合称。

生育：在一定社会条件下，男女两性结合生儿育女、繁衍后代的一种人口现象。

生长曲线：即距离曲线，记录的是个体一生的生长状况，每一个点对应的是某个体在某个给定的年龄段或发育期内的生长情况。

生殖系统：生物体中专门进行个体繁殖的系统。

生殖隔离：因生殖方面的原因，亲缘关系相近的类群间不杂交，或杂交不育，或杂交后产生不育性后代的现象。

世纪曙猿：发现了中国山西垣曲距今 4000 万年的始新世猿类化石。

视觉掠夺模式：认为最早期的灵长类动物是由食虫类发展而来的，这些食虫类最初在地面上和较矮的树枝上捕捉昆虫，随着捕食需求的增强，其逐渐发展了抓握功能和立体视觉以适应在更高的树枝上捕捉昆虫的需求。

施莫尔结节：下部胸椎和上部腰椎椎体上下边缘或上下面的中央区凹陷。

食物获取说：认为最早的两足直立行走的猿只是在其行动方式上是人，但其他特征诸如手、颌部以及牙齿的形态仍然像猿，因为他们的食物没有改变，只是获得食物的方式改变了，强调直立行走是

对环境变化做出的适应性改变。

始新世：新生代第三纪第二个阶段，距今 5500 万年～3800 万年，第一个灵长类动物出现，原猴类出现。

适应性：生物体获得生存和繁殖后代的可能性。

适应辐射：因对新环境的适应性结果而产生新种。

适应趋同：类别不同且不具有亲缘性的物种由于适应了相似的环境而在表型特征上渐趋相似的现象。

受精：雌雄原核接触、融合形成一个新细胞，恢复 46 条染色体的过程。

收敛性：生物体间表型的相似性。

狩猎说：20 世纪 60 年代，人类学家们把狩猎 - 采集者的生活方式视为人类起源的关键。

树栖模式：认为第一个真正的灵长类适应了在树上生活，自然选择能促使这些生活在树上的个体更好地适应树栖生活。

双命名制：每一物种的学名均由两个拉丁化名词所组成，第一个代表属名，第二个代表种名。

塔邦人：发现于菲律宾巴拉望省利普恩保护区塔邦洞群距今 4.7 万年～2.2 万年的晚期智人。

唐氏综合征：即 21- 三体综合征。个体第 21 号染色体因突变而由 2 条变为 3 条，从而导致个体出现一系列典型的表型特征。

体温调节说：认为早期人科成员的直立行为可能与体温的调节功能有关，这有利于早期的人科成员冒险去热带大草原寻找食物。

天花：由天花病毒引起的烈性传染疾病。

同源性：结构同源且具有相似性。

同种交配：一种在某个分离的或封闭的生物群体内部进行的近亲繁殖。

突变：染色体上某一位点上的基因或者染色体本身发生的改变。

突变率：突变发生的概率。

退行性骨、关节疾病：随年龄的增长而产生的一种退行性病变，主要表现为关节软骨退化、关节处新骨（特别是骨赘）生成或者出现关节面骨性结节。

托兰德人：1950 年被发现于丹麦沼泽的一例曾生活在公元前 3 世纪前罗马铁器时代的男性泥炭鞣尸。

语言人类学：被认为是语言学和人类学相结合的产物，强调通过对语言的本质特征和社会功能的变化的考察来分析人类群体的演化过程。

瓦贾克人：发现于印度尼西亚爪哇岛瓦贾克遗址距今 4 万年左右的晚期智人。

晚期智人：在距今约 16 万年，某些早期智人进化成为解剖学上的现代人，包括了我们的早期直系祖先和现代人类，即为晚期智人。

未成年人指数：一定时期内某人群中 5 ～ 19 岁个体数与其 5 岁以上个体总数的比值。

威尔逊法则：关注动物体毛及皮下脂肪与气温之间的相关性。认为低温地带动物的被毛厚密，皮下脂肪发达；高温地带动物的被毛稀疏，皮下脂肪不发达。

微观演化：指某一群体的短期的进化改变，关注某个群体内部代与代之间等位基因频率的变化。

微卫星 DNA：由若干重复而又短小的 DNA 区域组成。

文化：包括知识、信仰、艺术、道德、法律、习惯以及作为社会成员的人所获得任何其他才能和习性的复合体。

文化人类学：关注人类不同群体文化的变异与演化，倾向于跨文化研究。

文化性适应：既包括诸如衣、食、住、行等基本生存适应，也包括社会系统等高级行为适应，这些文化因素相互协调构成了完整的文化性适应系统。

无码 DNA 序列分析：利用微卫星 DNA 重复序列的高变异性追踪不同人群间的遗传学关系。

物种：划分为同一物种的各个群体之间的个体是可以互相交配并产生具有繁殖能力的后代的，而与其他物种种群处于生殖隔离状态。

物种灭绝：大量不同物种同时灭绝的事件。

细胞：是所有生命体的基本组成单位，其基本结构主要包括细胞核和细胞质。

西瓦古猿：中新世猿类，多发现于亚洲，距今1400 万年 ～ 700 万年。有学者认为西瓦古猿应当是亚洲猩猩的祖先，否认西瓦古猿作为人科成员的地位。

狭鼻小目：包括猕猴超科（旧大陆猴）和人猿超科，多数习惯陆地生活。

夏河人：发现于中国甘肃夏河县白石崖溶洞距今约 16 万年的智人。

下颌三角座：灵长类颌牙齿下原尖、下后尖和下内尖组成的结构。

夏娃理论：现代人的祖先应当起源于距今 20 万年的非洲，并在距今约 13 万年开始向亚洲和欧洲扩散并取代了当地的古老人类，进而演化成为世界各色人种的祖先。

消化系统：人体与外界进行物质交换以及营养摄入和吸收的主要场所，其由消化管和消化腺两部分组成。

现代进化理论：20 世纪 30 年代，进化论学者借鉴和吸收遗传学、动物学、胚胎学、生理学和数学等学科成果，而开创的关于进化的群体遗传学理论。

现代综合运动：以狄奥多西·杜布赞斯基、乔治·辛普森和恩斯特·迈尔为代表解决了既有的达尔文进化论的遗留问题，形成了"进化生物学"学科和"现代综合进化论"。

线粒体 DNA：存在于线粒体中的双链的超螺旋环状分子。

显性等位基因：杂合体中决定显性性状的等位基因。

限制片段长度多态性分析法：不同种类的细菌产生特定的酶，将其限定在特定的 DNA 区域来截取指定 DNA 片段。

相对性状：某一性状的不同表型。

镶嵌进化模式：身体上的各种性状并不是同时以相同的速度变化的，不同性状的进化速度可以有很大的不同。

信使 RNA：以 DNA 的一条链为模板，以碱基互补配对为原则，转录而形成的单链。

新体质人类学：20 世纪 50 年代初，由舍伍德·华什伯恩提出的概念。其核心内容包括：灵长类进化过程研究；人类变异的研究；回归基于遗传理论的达尔文主义；人种须被视为人群而非类型；继续迁移、遗传漂变和自然选择而非突变的研究；形态适应性与功能研究。

性比失调：在自然状态下，同一物种两性个体数之比明显偏离 1:1。

性别二态性：是性别差异的极端表现，雄性个体往往明显大于雌性个体，而雄性内部个体之间也存在着较大的差别。

性别决定：人类第 23 对为性染色体，其含有决定个体性别的遗传信息。

选型交配：表型相似体和非相似体之间的繁殖方式。

血红蛋白：血红细胞中一种含铁的血红色素，其主要功能是向机体组织传送氧气。

压力：任何一种干预机体保持正常运行的因素。

雅司病：由密螺旋体引起的慢性感染性疾病，通过非性接触即可传染，儿童期多发。

咽鳃裂：低等脊索动物消化管前端咽部的两侧有左右成对的排列数目不等的裂孔，直接或间接和外界相通。

摇摆椅足：神经元性关节炎严重时，跗骨和足骨间关节会发生塌陷并引发骨骼的严重形变，从而改变足底的应力分布。

遗传：生物的亲代产生与自己相似后代的现象。

遗传漂变：在某个种群内，由于个体数量较少，不能完全随机交配所造成的后代在基因库上的变化。

遗传适应：生物群体内部的大多数突变是中性的，其改变方向由实际环境和生态变化决定，若为有利结果会发生获得性遗传。

伊胡塔人：发现于摩洛哥萨菲的杰贝尔–伊胡塔山距今 31.5 万年～28.6 万年的早期智人。

异速生长：身体的各个部分的发育速率不同。

隐性等位基因：杂合体中不决定显性性状的等位基因。

用进废退假说：让–巴普提斯特·德·拉马克认为器官形态的稳定性是与其生存环境的稳定性相适应的，生存环境的改变会引起器官形态的改变。

有丝分裂：指全部的体细胞分裂。

铀系法：利用天然放射性物质中某些中间子体的放射性衰减或积累进行年代测定的方法。

原初人图根种：发现于非洲肯尼亚距今约 600 万年的可能的早期人科成员。

原猴亚目：灵长类中相对低级的类群，缺乏灵长类的一般性特征。

原康修尔猿：生活于东非中新世早期的距今 1900 万年～1300 万年的古猿。

运动系统：脊椎动物的骨骼以关节的方式组成支架，构成了躯体的基本形态。骨骼肌附着于骨的表面，就构成了人体的运动系统。

灾变论：法国的乔治·居维叶认为旧有的生命形式由于遭受一系列暴力或者突发灾难而遭受灭绝，灾变之后，新的生命体系形成。

早期智人：也叫古人，是生存于距今 25 万年～20 万年的不是完全的现代人。

长者智人：发现于埃塞俄比亚阿法地区中阿瓦什赫托地点距今 16 万年～ 15.4 万年的晚期智人。

爪哇人：发现于印度尼西亚爪哇岛距今 190 万年～ 40 万年的直立人。

整体观：人类学家关心人类的双重属性对演化的影响，依据一种"整体"的历史发展观点来考察发生于人类自身的种种变化，并重视考察其生物性和文化性之间的内在联系和相互作用。

指关节行走：大猩猩两足行走时前臂手指弯曲，以手背贴地行走的方式前行。

肢解葬：一种把人体从关节处肢解，然后分别放置在墓中的葬俗。

直立人：生活于旧大陆距今 200 万年～ 5.3 万年的人属成员，具有相对一致的体质特征，其与智人的演化关系还存在争议。

支配等级：是一种等级分配机制，个体依靠支配等级来确认自身的支配权限，这种支配等级在一段时间的社会生活中是比较稳定的。

智人洞人：发现于中国广西崇左市江州区木榄山智人洞距今约 11.1 万年的智人，处于古老型智人与现代人演化的过渡阶段。

滞育：在食物资源匮乏时期，母体能够停止胚胎的发育。

自然选择：对生物适应性的一种筛选机制，通过所谓的过滤机制使那些适应了进化需要的生物学特征以及控制这些特征的等位基因能够传递至下一代。

中国古代人种坐标系：由朱泓提出的对先秦时期中国古代人群进行的体质特征分类理论，包括古东北类型、古华北类型、古中原类型、古西北类型和古华南类型。

中华曙猿：始新世猿类化石。它代表了迄今为止人类发现的最早的高等灵长类，年代是距今 4500 万年的中始新世中期。

种群：同一物种的一群个体，享有特定的栖息区域，通过个体间的交配而保持一个共同的基因库。

中心法则：基因表达过程遵循的客观法则。

中新世：新生代第三纪的第四个阶段，距今 2200 万年～ 500 万年，猿类产生多样性演化。

中性理论：木村资生 1968 年提出该理论。其核心为：大部分对种群的遗传结构与进化有贡献的分子突变在自然选择的意义上都是中性或近中性的，因而自然选择对这些突变并不起作用；中性突变的进化是随机漂移的过程，或被固定在种群中，或消失。

中猿：发现于欧洲和中东距今 700 万年～ 500 万年的灵长类，是目前发现的最早的疣猴类。

种族：即人种，是指那些具有区别于其他人群的某些共同遗传体质特征的人群。

种族人类学：即人种学，是研究人类各种族的起源、演变、分布规律和体质特征及其内部变异，并探讨人与生态环境之间的关系的科学。

种族主义：除了以种族优劣来区分人群，还强调种族多元及其差异化，主张以差别权来维护某群体所谓的生存权。

转录：在细胞核内，以 DNA 单链为模板，以 4 种三磷核苷酸为原料，在 RNA 聚合酶催化下合成 RNA 链的过程。

转运 RNA：负责携带符合要求的氨基酸以连接成肽链的 RNA。

组织：由细胞和细胞间质构成的生物体结构。

最小个体数：依据不同部位的骨骼数量推算某群体个体数的方法。

左镇人：1971 年发现于中国台湾台南县（今台南市）左镇乡菜寮溪的臭屈河床上距今 3 万～ 1 万年的晚期智人。

参考文献

中　文

［1］阿格，达雷. 解剖学图谱［M］. 瞿佳，译. 北京：金盾出版社，2014.

［2］阿娜尔. 内蒙古准格尔旗川掌遗址人骨研究［D］. 长春：吉林大学，2018.

［3］阿什福德，雷克劳尔，洛蒂. 人类行为与社会环境：生物学、心理学和社会学视角［M］. 3版. 王宏亮，李艳红，林虹，译. 北京：中国人民大学出版社，2005.

［4］埃克尔斯. 脑的进化：自我意识的创生［M］. 潘泓，译. 上海：上海科技教育出版社，2004.

［5］埃力克. 人类的天性：基因、文化与人类前景［M］. 李向慈，洪佼宜，译. 北京：金城出版社，2014.

［6］柏树令，应大君. 系统解剖学［M］. 8版. 北京：人民卫生出版社，2013.

［7］本顿. 古脊椎动物学［M］. 4版. 董为，译. 北京：科学出版社，2017.

［8］伯恩斯坦. 骨科教程：肌肉骨骼疾病［M］. 徐皓，陈建梅，译. 北京：人民军医出版社，2010.

［9］布朗纳，法拉奇 – 卡森，罗奇. 人体骨骼发育学［M］. 罗卓荆，杨柳，译. 北京：人民军医出版社，2014.

［10］蔡莲珍，仇士华. 碳 –14 年代数据的统计分析［J］. 考古，1979（6）：554–559，561.

［11］蔡莲珍，仇士华. 碳十三测定和古代食谱研究［J］. 考古，1984（10）：949–955.

［12］蔡文萍，沈梅. 学龄儿童身体发育与营养状况的相关性研究［J］. 中外医学研究，2014，12（11）：71–72.

［13］曹建恩，孙金松，党郁，等. 凉城县水泉东周墓地发掘简报［J］. 草原文物，2012（1）：17–26.

［14］曹来宾. 实用骨关节影像诊断学［M］. 济南：山东科学技术出版社，1998.

［15］岑小波，胡春燕. 非人类灵长类动物组织病理学图谱［M］. 北京：人民卫生出版社，2011.

［16］常娥. 内蒙古长城地带先秦时期人类遗骸的 DNA 研究［D］. 长春：吉林大学，2008.

［17］《长沙马王堆一号汉墓古尸研究》编辑委员会. 长沙马王堆一号汉墓古尸研究［M］. 北京：文物出版社，1980.

［18］陈开旭，王为，张富春，等. 人类身高的遗传学研究进展［J］. 遗传，2015，37（8）：741–755.

［19］陈靓. 瓦窑沟青铜时代墓地颅骨的人类学特征［J］. 人类学学报，2000，19（1）：32–43.

［20］陈靓. 匈奴、鲜卑和契丹的人种学考察［D］. 长春：吉林大学，2003.

［21］陈森. 初探缠足和束腰及其变异［J］. 安徽文学，2006（12）：124–126.

［22］陈山. 克什克腾旗龙头山青铜时代颅骨的人类学研究［J］. 人类学学报，2000，19（1）：21–31.

［23］陈山. 喇嘛洞墓地颅骨种族类型初探［M］// 教育部人文社会科学重点研究基地，吉林大学边疆考古研究中心. 边疆考古研究：第1辑. 北京：科学出版社，2002：314–322.

［24］陈山. 喇嘛洞墓地三燕文化居民人骨研究［D］. 长春：吉林大学，2009.

［25］陈胜前，罗虎. 安徽东至县华龙洞旧石器时代遗址发掘简报［J］. 考古，2012（4）：7–13.

［26］陈世贤. 法医人类学［M］. 北京：人民卫生出版社，1998.

［27］陈守良，葛明德. 人类生物学十五讲［M］. 2 版. 北京：北京大学出版社，2016.

［28］陈松涛，靳桂云. 我国人骨 C、N 稳定同位素考古研究评述［M］//山东大学文化遗产研究院. 东方考古：第 12 集. 北京：科学出版社，2015：423-441.

［29］陈素华，闻良珍，冯玲，等. 胎盘感染人巨细胞病毒与胎儿生长发育关系探讨［J］. 中国实用妇科与产科杂志，1996，12（5）：277-278.

［30］陈伟驹，李法军. 鲤鱼墩遗址出土人牙的牙齿磨耗和龋齿［J］. 人类学学报，2013，32（1）：45-51.

［31］陈相龙，方燕明，胡耀武，等. 稳定同位素分析对史前生业经济复杂化的启示：以河南禹州瓦店遗址为例［J］. 华夏考古，2017（4）：70-79，84.

［32］陈相龙，袁靖，胡耀武，等. 陶寺遗址家畜饲养策略初探：来自碳、氮稳定同位素的证据［J］. 考古，2012（9）：75-82.

［33］陈星灿，傅宪国. 史前时期的头骨穿孔现象研究［J］. 考古，1996（11）：62-74.

［34］陈星灿. 中国古代的剥头皮风俗及其他［J］. 文物，2000（1）：48-55.

［35］陈星灿. 中国新石器时代拔牙风俗新探［J］. 考古，1996（4）：59-62.

［36］陈岩，杨秀峰，保明利. 慢性类风湿关节炎病人的下颌骨形态和位置研究［J］. 内蒙古医学院学报，2002，25（2）：93-95.

［37］陈友华. 生命表及其在人口性别构成分析中的应用［J］. 人口与经济，1995（2）：24-28，38.

［38］程罗根. 人类遗传学导论［M］. 北京：科学出版社，2015.

［39］崔亚平，胡耀武，陈洪海，等. 宗日遗址人骨的稳定同位素分析［J］. 第四纪研究，2006，26（4）：604-611.

［40］崔娅铭. 现代各主要人群中面部 3D 几何形态的对比［J］. 人类学学报，2016，35（1）：89-100.

［41］崔银秋，高诗珠，谢承志，等. 新疆塔里木盆地早期铁器时代人群的母系遗传结构分析［J］. 科学通报，2009，54（19）：2912-2919.

［42］崔银秋，周慧. 从 MtDNA 研究角度看新疆地区古代居民遗传结构的变化［J］. 中央民族大学学报（哲学社会科学版），2004，31（5）：34-36.

［43］达波洛尼亚. 种族主义的边界：身份认同、族群性与公民权［M］. 钟震宇，译. 北京：社会科学文献出版社，2015.

［44］戴成萍，李海军. 7000 年前河北姜家梁人群下颌臼齿磨耗研究［J］. 华夏考古，2014（3）：44-47.

［45］邓巴. 人类的演化［M］. 余彬，译. 上海：上海文艺出版社，2016.

［46］董豫，胡耀武，张全超，等. 辽宁北票喇嘛洞遗址出土人骨稳定同位素分析［J］. 人类学学报，2007，26（1）：77-84.

［47］杜抱朴. 再辨东亚古人类印加骨的高频出现［J］. 第四纪研究，2018，38（6）：1431-1437.

［48］杜远生，童金南. 古生物地史学概论［M］. 武汉：中国地质大学出版社，1998.

［49］樊明文，边专. 龋病学［M］. 北京：人民卫生出版社，2003.

［50］范雪春. 福建漳平奇和洞遗址地层、动物群及埋藏学研究［J］. 东南文化，2014（2）：68-75.

［51］方园，范雪春，李史明. 福建漳平奇和洞新石器时代早期人类身体大小［J］. 人类学学报，2015，34（2）：202-215.

［52］冯家俊. 从牙齿结构推断年龄［J］. 人类学学报，1985，4（4）：379-384.

［53］冯元桢. 生物力学［M］. 北京：科学出版社，1983.

［54］逄振镐. 史前东夷头骨人工变形拔齿含球

习俗［J］. 民俗研究，1993（1）：84-88，20.

［55］福尔迈. 进化认识论［M］. 舒远招，译. 武汉：武汉大学出版社，1994.

［56］福建博物院，龙岩市文化与出版局. 福建漳平市奇和洞史前遗址发掘简报［J］. 考古，2013（5）：7-19.

［57］福柯. 临床医学的诞生［M］. 刘北成，译. 南京：译林出版社，2011.

［58］福克斯. 塔崩洞：旧石器时代晚期居住遗址［J］. 许瀚艺，译. 亚太研究论丛，2014，11（1）：151-172.

［59］傅静芳，王景文，童永生. 山东五图早始新世更猴科（Plesiadapidae，Mammalia）化石［J］. 古脊椎动物学报，2002，40（3）：219-227.

［60］傅宪国，李新伟，李珍，等. 广西邕宁县顶蛳山遗址的发掘［J］. 考古，1998（11）：11-33.

［61］冈本隆三. 缠足史话［M］. 马朝红，译. 北京：商务印书馆，2011.

［62］高立红，袁俊杰，侯亚梅. 百色盆地高岭坡遗址的石制品［J］. 人类学学报，2014，33（2）：137-148.

［63］高罗佩. 长臂猿考［M］. 施晔，译. 上海：中西书局，2015.

［64］高诗珠. 青海省民和县喇家遗址古代居民线粒体DNA多态性研究［D］. 长春：吉林大学，2004.

［65］高士廉，于频. 人体解剖图谱［M］. 上海：上海科学技术出版社，1989.

［66］格拉西莫夫. 从头骨复原面貌的原理［M］. 吴新智，孙廷魁，王钟明，等译. 北京：科学出版社，1958.

［67］耿温琦. 下颌阻生智齿［M］. 北京：人民卫生出版社，1992.

［68］宫希成，郑龙亭，刑松，等. 安徽东至华龙洞出土的人类化石［J］. 人类学学报，2014，33（4）：427-436.

［69］古尔德. 人类的误测：智商歧视的科学史［M］. 柳文文，译. 重庆：重庆大学出版社，2017.

［70］顾景范，杜寿玢，查良锭，等. 现代临床营养学［M］. 北京：科学出版社，2003.

［71］顾玉才. 内蒙古和林格尔县土城子遗址战国时期人骨研究［D］. 长春：吉林大学，2007.

［72］关莹，高星. 旧石器时代残留物分析：回顾与展望［J］. 人类学学报，2009，28（4）：418-429.

［73］关莹，周振宇，范雪春，等. 牙齿残留物反映的闽西新石器时代人类食谱［J］. 人类学学报，2018，37（4）：631-639.

［74］广州市文物管理委员会，中国社会科学考古研究所，广东省博物馆. 西汉南越王墓［M］. 北京：文物出版社，1991.

［75］郭景元. 法医鉴定实用全书［M］. 北京：科学技术文献出版社，2002.

［76］郭士伦，郝秀红，陈宝流，等. 用裂变径迹法测定广西百色旧石器遗址的年代［J］. 人类学学报，1996，15（4）：347-350.

［77］郭怡，胡耀武，高强，等. 姜寨遗址先民食谱分析［J］. 人类学学报，2011，30（2）：149-157.

［78］郭怡，夏阳，董艳芳. 北刘遗址人骨的稳定同位素分析［J］. 考古与文物，2016（1）：115-120.

［79］郭怡，项晨，夏阳，等. 中国南方古人骨中羟磷灰石稳定同位素分析的可行性初探：以浙江省庄桥坟遗址为例［J］. 第四纪研究，2017（1）：143-154.

［80］哈拉维. 灵长类视觉：现代科学世界中的性别、种族和自然［M］. 赵文，译. 郑州：河南大学出版社，2017.

［81］韩康信，陈星灿. 考古发现的中国古代开颅术证据［J］. 考古，1999（7）：63-68.

［82］韩康信，何传坤. 中国考古遗址中发现的拔牙习俗研究［J］. 台湾博物馆年刊，2002，45：15–33.

［83］韩康信，潘其风. 广东佛山河宕新石器时代晚期墓葬人骨［J］. 人类学学报，1982，1（1）：42–52，107–108.

［84］韩康信，潘其风. 我国拔牙风俗的源流及其意义［J］. 考古，1981（1）：64–76.

［85］韩康信，潘其风. 殷墟祭祀坑人头骨的种系［M］//中国社会科学院历史研究所，中国社会科学院考古研究所. 安阳殷墟头骨研究. 北京：文物出版社，1985：82–108.

［86］韩康信，潘其风. 浙江余姚河姆渡新石器时代人骨［J］. 人类学学报，1983，2（2）：124–131，206.

［87］韩康信，谭婧泽，何传坤. 中国远古开颅术［M］. 上海：复旦大学出版社，2007.

［88］韩康信，谭靖泽，张帆. 中国西北地区古代居民种族研究［M］. 上海：复旦大学出版社，2005.

［89］韩康信，张振标，曾凡. 闽侯县石山遗址的人骨［J］. 考古学报，1976（1）：121–129，167–168.

［90］韩康信，中桥孝博. 中国和日本古代仪式拔牙的比较研究［J］. 考古学报，1998（3）：289–306.

［91］韩康信. 对《古代的凿齿民》一文的几点资料补充［J］. 江汉考古，1983（1）：70–71.

［92］韩康信. 丝绸之路古代居民种族人类学研究［M］. 乌鲁木齐：新疆人民出版社，1993.

［93］汉. 疾病与治疗：人类学怎么看［M］. 禾木，译. 上海：东方出版中心，2010.

［94］何传坤. 台湾史前的埋葬模式（后篇）［J］. 鲍卫东，译. 东南文化，1992（6）：76–95.

［95］何慧琴，张富强，朱庭玉，等. 一例明代古尸的研究［J］. 解剖学杂志，2003，26（4）：389–392.

［96］何嘉宁，房迎三，何汉生，等. "高资人"化石与股骨形态变异的生物力学分析［J］. 科学通报，2012，57（10）：830–838.

［97］何嘉宁，唐小佳. 军都山古游牧人群股骨功能状况及流动性分析［J］. 科学通报，2015，60（17）：1612–1620.

［98］何嘉宁. 军都山古代人群股骨肌腱附着位点初步分析［J］. 人类学学报，2018，37（3）：384–392.

［99］何嘉宁. 军都山古代人群运动模式及生活方式的时序性变化［J］. 人类学学报，2016，35（2）：238–245.

［100］何嘉宁. 内蒙古凉城县饮牛沟墓地1997年发掘出土人骨研究［J］. 考古，2001（11）：80–86.

［101］何嘉宁. 陶寺、上马、延庆古代人群臼齿磨耗速率的比较研究［J］. 人类学学报，2007，26（2）：116–124.

［102］何嘉宁. 中国北方部分古代人群牙周状况比较研究［M］//北京大学考古文博学院，北京大学中国考古学研究中心. 考古学研究：七. 北京：科学出版社，2008：558–573.

［103］何心一，徐桂荣，等. 古生物学教程［M］. 北京：地质出版社，1993.

［104］何星亮. 中日学术界拔牙风俗研究概述［J］. 广西民族研究，2003（1）：89–99.

［105］河南博物院. 河南出土汉代建筑明器［M］. 郑州：大象出版社，2002.

［106］侯侃. 山西榆次高校园区先秦墓葬人骨研究［D］. 长春：吉林大学，2017.

［107］侯亮亮，古顺芳，张昕煜，等. 农业区游牧民族饮食文化的滞后性：基于大同东信广场北魏墓群人骨的稳定同位素研究［J］. 人类学学报，2017，36（3）：359–369.

［108］侯林，吴孝兵．动物学［M］．北京：科学出版社，2007.

［109］侯亚梅，高立红，黄慰文，等．百色高岭坡旧石器遗址1993年发掘简报［J］．人类学学报，2011，30（1）：1-12.

［110］胡杰，胡锦矗．哺乳动物学［M］．北京：科学出版社，2017.

［111］胡锁钢．感受灾难：喇家遗址观后感言［EB/OL］．［2009-08-07］．http://blog.sina.com.cn/s/blog_616e92400100extt.html.

［112］胡耀武，安布罗斯，王昌燧．贾湖遗址人骨的稳定同位素分析［J］．中国科学（D辑：地球科学），2007，37（1）：94-101.

［113］胡耀武，波顿，王昌燧．贾湖遗址人骨的元素分析［J］．人类学学报，2005，24（2）：158-165.

［114］胡耀武，理查兹，刘武，等．骨化学分析在古人类食物结构演化研究中的应用［J］．地球科学进展，2008，23（3）：228-235.

［115］胡耀武，何德亮，董豫，等．山东滕州西公桥遗址人骨的稳定同位素分析［J］．第四纪研究，2005，25（5）：561-567.

［116］胡耀武，李法军，王昌燧，等．广东湛江鲤鱼墩遗址人骨的C、N稳定同位素分析：华南新石器时代先民生活方式初探［J］．人类学学报，2010，29（3）：264-269.

［117］胡耀武，王昌燧，左健，等．古人类骨中羟磷灰石的XRD和喇曼光谱分析［J］．生物物理学报，2001，17（4）：621-626.

［118］胡耀武，王昌燧．中国若干考古遗址的古食谱分析［J］．农业考古，2005（3）：49-54，64.

［119］胡耀武，王根富，崔亚平，等．江苏金坛三星村遗址先民的食谱研究［J］．科学通报，2007，52（1）：85-88.

［120］黄凤娟．二十年间辽宁省青少年身体指数变化动态分析［J］．沈阳体育学院学报，2008，27（6）：57-59.

［121］黄启善．百色旧石器［M］．北京：文物出版社，2003.

［122］黄慰文，何乃汉，佐川正敏．百色旧石器：中国广西百色遗址群发现手斧的对比研究Ⅱ［M］．日本国东北学院大学文学部考古学佐川研究室，2001：1-71.

［123］黄文宽．戴缙夫妇墓清理报告［J］．考古学报，1957（3）：109-118.

［124］黄曜，张照健，黄郁芳，等．古人类骨骼中微量元素的分析及其与古代食谱的关联［J］．分析化学，2005，33（3）：374-376.

［125］黄蕴平．内蒙古朱开沟遗址兽骨的鉴定与研究［J］．考古学报，1996（4）：515-536，552-557.

［126］黄展岳．古代人牲人殉通论［M］．北京：文物出版社，2004.

［127］霍塞虎，郑秀芬．影响人体身高发育的遗传基因研究进展［J］．承德医学院学报，2006，23（4）：415-418.

［128］吉翔．台湾4000年母与子遗骨：系台中"最早的妈妈"［EB/OL］．［2015-05-10］．http://www.chinanews.com/tw/2015/05-10/7264863.shtml.

［129］吉学平，吴秀杰，吴沄，等．广西隆林古人类颞骨内耳迷路的3D复原及形态特征［J］．科学通报，2014，59（35）：3517-3525.

［130］季成叶．牛奶对儿童青少年生长发育的长期影响［J］．中国学校卫生，2007，28（5）：478-480.

［131］贾万钧．抗原抗体反应动力学［M］．北京：军事医学科学出版社，2004.

［132］贾莹．山西浮山桥北及乡宁内阳垣先秦

时期人骨研究［D］.长春:吉林大学,2006.

［133］江西省公安厅,山东省公安厅,安徽省公安厅,等.中国汉族男性长骨推算身高的研究［J］.刑事技术,1984（5）:1–49.

［134］姜虹,陈晓梅,白淑清.身体发育多因素综合评价方法［J］.中国学校卫生,1998,19（2）:119.

［135］姜树华,沈永红,邓锦波.生物进化过程中人类脑容量的演变［J］.现代人类学,2015（3）:32–42.

［136］姜祯善,陈永祥,王三祥,等.大骨节病病区与非病区儿童少年身体发育规律的探讨［J］.中国地方病学杂志,1990,9（2）:94–98.

［137］金昌柱,潘文石,张颖奇,等.广西崇左江州木榄山智人洞古人类遗址及其地质时代［J］.科学通报,2009,54（19）:2848–2856.

［138］卡潘德古.骨关节功能解剖学［M］.6版.顾冬云,戴尅戎,译.北京:人民军医出版社,2013.

［139］柯本斯.我们的祖先:人类的起源［M］.许嵩玲,译.北京:电子工业出版社,2016.

［140］科塔克.人性之窗:简明人类学概论［M］.3版.范可,等译.上海:上海人民出版社,2014.

［141］肯尼迪.考古的历史［M］.牟翔,译.太原:希望出版社,2003.

［142］赖小平,何庆良,林汉光,等.东莞溺死案多发河段硅藻种群分布及其法医学意义［J］.中国法医学杂志,2012,27（1）:25–28.

［143］蓝万里,张居中,翁屹,等.腹土寄生物考古研究方法的探索和实践［J］.考古,2011（11）:87–93.

［144］李法军,陈博宇.重庆忠县翠屏山崖墓群人骨鉴定报告［M］//重庆市文物局,重庆市移民局.长江三峡工程文物保护项目报告（乙种第二十一号）:忠县翠屏山崖墓.北京:科学出版社,2011:256–265.

［145］李法军,金海燕,朱泓,等.姜家梁新石器时代遗址古人类的食谱［J］.吉林大学学报（理学版）,2006,44（6）:1001–1007.

［146］李法军,李云霞,张振江.贵州荔波现代水族体质研究［J］.人类学学报,2010,29（1）:62–72.

［147］李法军,盛立双.有关古人骨年龄鉴定的问题:以天津蓟县明清时期敦典夫妇合葬墓和桃花园墓地为例［J］.文物春秋,2011（3）:24–27,42.

［148］李法军,王明辉,冯孟钦,等.鲤鱼墩新石器时代居民头骨的形态学分析［J］.人类学学报,2013,32（3）:302–318.

［149］李法军,王明辉,冯孟钦,等.鲤鱼墩新石器时代居民牙齿的非测量特征研究［M］//吉林大学边疆考古研究中心.边疆考古研究:第8辑.北京:科学出版社,2009:343–352.

［150］李法军,王明辉,冯孟钦,等.鲤鱼墩新石器时代头骨的非连续性形态特征观察与分析［J］.广州文博:第4辑,2010（1）:176–193.

［151］李法军,王明辉,朱泓,等.鲤鱼墩:一个华南新石器时代遗址的生物考古学研究［M］.广州:中山大学出版社.2013.

［152］李法军,张敬雷,原海兵,等.天津蓟县明清时期居民牙齿形态特征研究［M］//董为.第十一届中国古脊椎动物学学术年会论文集.北京:海洋出版社,2008:145–166.

［153］李法军,朱泓.河北阳原姜家梁新石器时代人类牙齿形态特征的观察与研究［J］.人类学学报,2006,25（2）:87–101.

［154］李法军."自然"的人与"文化"的人:体质人类学和族群研究［J］.吉首大学学报（社会科学版）,2007,28（1）:87–97.

［155］李法军. 当代水族男性的牙齿磨耗特点及其成因分析［J］. 人类学学报，2016，35（2）：283-299.

［156］李法军. 河北阳原姜家梁新石器时代人骨研究［M］. 北京：科学出版社，2008.

［157］李法军. 鲤鱼墩遗址史前人类行为模式的骨骼生物力学分析［J］. 人类学学报，2017，36（2）：193-215.

［158］李法军. 生物人类学［M］. 广州：中山大学出版社，2007.

［159］李法军. 头骨三项非测量特征在中国古代人群中的分布差异［J］. 人类学学报，2009，28（1）：32-44.

［160］李法军. 匈奴的语言属性：来自考古学和人种学的线索［J］. 青海民族研究，2007，18（4）：20-25.

［161］李法军. 中国北方地区古代人骨上所见骨骼病理与创伤的统计与分析［J］. 考古与文物增刊（先秦考古），2002：361-366，375.

［162］李法军. 重庆万州大坪墓群人骨鉴定［J］. 四川文物，2005（3）：79，90.

［163］李刚，刘菁华，李寅. 不同生活环境对朝鲜族女学生身体形态发育的影响［J］. 中国学校卫生，1997，18（5）：333.

［164］李广元. 生命表法与平均预期寿命计算公式的关系［J］. 人口研究，1982，6（6）：32-37.

［165］李海军，陈峰，戴成萍. 全新世中国北方人群下颌第一臼齿磨耗的比较研究［J］. 第四纪研究，2017，37（4）：686-695.

［166］李海军，戴成萍. 青铜铁器时代新疆、内蒙古人群下颌磨牙的磨耗［J］. 解剖学报，2011，42（4）：558-561.

［167］李海军，李劲松，张秉洁. 青海撒拉族侧面部几何形态测量分析［J］. 人类学学报，2015，

34（4）：528-536.

［168］李海军，吴秀杰，李盛华，等. 甘肃泾川更新世晚期人类头骨研究［J］. 科学通报，2009，54（21）：3357-3363.

［169］李海军，吴秀杰. 甘肃泾川化石人类头骨性别鉴定［J］. 人类学学报，2007，26（2）：107-115.

［170］李海军，徐晓娜. 青海土族和藏族侧面部轮廓形状及其变异：基于标志点的几何形态测量分析［J］. 科学通报，2014，59（16）：1516-1524.

［171］李海岩. 基于CT图像的活体人颅骨几何特征测量与研究［D］. 天津：天津大学，2006.

［172］李宏，韦晓兰. 表型组学：解析基因型-表型关系的科学［J］. 生物技术通报，2013（7）：41-47.

［173］李辉，季成叶，宗心南，等. 中国0～18岁儿童、青少年身高、体重的标准化生长曲线［J］. 中华儿科杂志，2009，47（7）：487-492.

［174］李力，王丽萍，刘增峰. 依据手足印推算身高体重的可行性研究［J］. 刑事技术，2007（1）：22-24.

［175］李沛霖，刘鸿雁. 中国儿童母乳喂养持续时间及影响因素分析：基于生存分析方法的研究［J］. 人口与发展，2017，23（2）：100-112.

［176］李鹏，徐曲毅，陈玲，等. 检测藻类16SrDNA特异性片段在溺死诊断中的应用［J］. 南方医科大学学报，2015，35（8）：1215-1218.

［177］李普，钱方，马醒华，等. 用古地磁方法对元谋人化石年代的初步研究［J］. 中国科学，1976（6）：579-591.

［178］李仁，李昊，刘树元，等. X片上用颅外径线推算颅腔体积的研究：其逐步回归方程式与评价［J］. 人类学学报，1999，18（1）：17-21.

［179］李瑞祥. 简明人体解剖彩色图谱［M］.

北京：人民卫生出版社，2001.

［180］李一波，王扬扬，姬晓飞，等. 计算机辅助颅面复原技术研究［J］. 中国图象图形学报，2006，11（10）：1369-1379.

［181］李意愿，裴树文，同号文，等. 湖南道县后背山福岩洞 2011 年发掘报告［J］. 人类学学报，2013，32（2）：133-143.

［182］李英华. 旧石器技术：理论与实践［M］. 北京：社会科学文献出版社，2017.

［183］李有恒，韩德芬. 广西桂林甑皮岩遗址动物群［J］. 古脊椎动物与古人类，1978，16（4）：244-254，298-302.

［184］李愉. 二足直立行走的生物力学特征和南方古猿阿法种可能的行走方式［J］. 人类学学报，2004，23（4）：255-263.

［185］李志鹏. 晚商都城羊的消费利用与供应：殷墟出土羊骨的动物考古学研究［J］. 考古，2011（7）：76-87.

［186］李志文，李匡悌，臧振华. 利用三维技术对台湾南科遗址出土人骨颜面的复原［J］. 江汉考古，2019（2）：103-106.

［187］利伯曼. 人体的故事：进化、健康与疾病［M］. 蔡晓峰，译. 杭州：浙江人民出版社，2017.

［188］利基. 人类的起源［M］. 吴汝康，吴新智，林圣龙，译. 上海：上海科学技术出版社，1995.

［189］连照美. 台南县莱寮溪的人类化石［J］. 台湾大学考古人类学刊，1981（42）：53-74.

［190］连照美. 台湾史前时代拔齿习俗之研究［J］. 文史哲学报，1987（35）：227-254.

［191］梁宁森. 中国古代缠足略说［J］. 西安联合大学学报，2004，7（1）：46-48.

［192］梁钊韬，李见贤. 马坝人发现地点的调查及人类头骨化石的初步观察［J］. 中山大学学报（社会科学版），1959（C1）：136-146.

［193］廖承红，宿兵. 灵长类比较基因组学的研究进展［J］. 动物学研究，2012，33（1）：108-118.

［194］林年丰. 医学环境地球化学［M］. 长春：吉林科学技术出版社，1991.

［195］林雪川，张全超. 内蒙古东大井汉代鲜卑人容貌复原报告［J］. 草原文物，2011（1）：106-110.

［196］林雪川，赵福生，潘其风，等. 北京市石景山区老山汉墓出土颅骨的计算机虚拟三维人像复原［J］. 文物，2004（8）：81-86.

［197］林雪川. 内蒙古庙子沟遗址新石器时代颅骨的人像复原［J］. 北方文物，2000（4）：19-22.

［198］林雪川. 宁城县山嘴子辽墓契丹族头像的复原［J］. 内蒙古文物考古，1992（E1）：124-129.

［199］林雪川. 宁城小黑石沟夏家店上层文化的人像复原［J］. 辽海文物学刊，1994（1）：140-144，130.

［200］刘保兴，张志涵，张宏博. 三级异常咬合中脸部复合体之几何形态测量学分析［J］. Journal of Medical and Biological Engineering，2001，21（3）：167-174.

［201］刘畅. 顶蛳山遗址古人类臼齿几何形态测量分析［D］. 广州：中山大学，2018.

［202］刘德华，王芳芳，乔东升，等. 低碘地区农村中小学生身体发育状况调查［J］. 中国学校卫生，1991，12（5）：290-292.

［203］刘德平，黄亚铭. 古寄生虫学国内外研究进展［J］. 寄生虫病与感染性疾病，2016，14（3）：213-217.

［204］刘东生，丁梦林. 关于元谋人化石地质时代的讨论［J］. 人类学学报，1983，2（1）：40-48.

［205］刘慧. 也说大汶口文化拔牙习俗的因由［J］. 民俗研究，1996（4）：26-29.

［206］刘凌云，郑光美. 普通动物学［M］. 北京：高等教育出版社，2009.

［207］刘武，克拉克，邢松. 湖北建始更新世早期人类牙齿几何形态测量分析［J］. 中国科学（地球科学），2010，40（6）：724-736.

［208］刘武，曾祥龙. 第三白齿退化及其在人类演化上的意义［J］. 人类学学报，1996，15（3）：185-199.

［209］刘武，曾祥龙. 陕西陇县战国时代人类牙齿形态特征［J］. 人类学学报，1996b，15（4）：302-313.

［210］刘武，吴秀杰，李海军. 柳江人身体大小和形状：体重、身体比例及相对脑量的分析［J］. 人类学学报，2007，26（4）：295-304.

［211］刘武，吴秀杰，汪良. 柳江人头骨形态特征及柳江人演化的一些问题［J］. 人类学学报，2006，25（3）：177-194.

［212］刘武，吴秀杰，刑松，等. 中国古人类化石［M］. 北京：科学出版社，2014.

［213］刘武，杨茂有，邰凤久. 下肢长骨的性别判别分析研究［J］. 人类学学报，1989，8（2）：147-154.

［214］刘武，杨茂有，邰凤久. 应用判别分析法判断胸骨性别的研究［J］. 中国法医学杂志，1988，3（2）：83-86.

［215］刘武，杨茂有. 中国古人类牙齿尺寸演化特点及东亚直立人的系统地位［J］. 人类学学报，1999，18（3）：176-192.

［216］刘武，张全超，吴秀杰，等. 新疆及内蒙古地区青铜－铁器时代居民牙齿磨耗及健康状况的分析［J］. 人类学学报，2005，24（1）：32-53.

［217］刘武，朱泓. 庙子沟新石器时代人类牙齿非测量特征［J］. 人类学学报，1995，14（1）：8-20.

［218］刘武. 华北新石器时代人类牙齿形态特征及其在现代中国人起源与演化上的意义［J］. 人类学学报，1995，14（4）：360-380.

［219］刘武. 体质人类学研究近年在中国的快速发展［J］. 人类学学报，2020，39（4）：509-510.

［220］刘晓迪，王婷婷，魏东，等. 小河沿文化先民生活方式初探：以河北姜家梁遗址为例［J］. 人类学学报，2017，36（2）：280-288.

［221］刘兆，丁锰，徐少辉. 硅藻检验中应注意的新问题［J］. 中国人民公安大学学报（自然科学版），2009（3）：25-26.

［222］卢惠霖，卢光琇. 人类生殖与生殖工程［M］. 郑州：河南科学技术出版社，2001.

［223］陆庆五，徐庆华，郑良. 云南西瓦古猿头骨的初步研究［J］. 古脊椎动物与古人类，1981，19（2）：101-106.

［224］罗恩，巴恩斯. 赤峰大山前遗址埋葬行为的重建［M］// 教育部人文社会科学重点研究基地，吉林大学边疆考古研究中心. 边疆考古研究：第2辑. 杨建华，译. 北京：科学出版社，2004：337-352.

［225］罗金斯基，列文. 人类学［M］. 王培英，汪连兴，史庆礼，译. 北京：警官教育出版社，1993.

［226］罗运兵. 从龙虬庄遗址个案看史前家猪饲养与农业发展的相关性［J］. 东南文化，2009，（6）：33-38.

［227］吕厚远，李玉梅，张健平，等. 青海喇家遗址出土4000年前面条的成分分析与复制［J］. 科学通报，2015，60（8）：744-756.

［228］吕鹏. 广西邕江流域贝丘遗址动物群研究［J］. 第四纪研究，2011，31（4）：715-722.

［229］吕秋凤. 动物学［M］. 北京：化学工业出版社，2017.

［230］毛燮均，颜訚. 安阳辉县殷代人牙的研究报告［J］. 古脊椎动物与古人类，1959，1（2）：81-85.

［231］美国国家学院国家研究委员会. 非人灵长类动物营养手册［M］. 曾林，等译. 北京：化学工业出版社，2011.

［232］美普斯，布朗宁. 死者在说话：一个法医人类学家经历的奇妙案件［M］. 尚晓蕾，译. 北京：法律出版社，2010.

［233］孟勇，邵金陵，李海涛，等. 陕西出土1000 年前人牙齿的牙周病状况研究［J］. 临床口腔医学杂志，2008，24（2）：95-97.

［234］米罗诺夫. 18-20 世纪人体测量史：理论、研究方法、史料以及最初的结果［J］. 张广翔，译. 史学集刊，2008（6）：3-10.

［235］苗春雨，徐磊，王宁，等. CT 测量骨骼在法医人类学研究中的应用进展［J］. 法医学杂志，2017，33（1）：58-61，67.

［236］莫利斯. 人类动物园［M］. 何道宽，译. 上海：复旦大学出版社，2010.

［237］莫世泰. 华南地区男性成年人由长骨长度推算身高的回归方程［J］. 广西医学院学报，1981，（3）：29-31.

［238］内蒙古文物工作队. 毛庆沟墓地［M］// 田广金，郭素新. 鄂尔多斯式青铜器. 北京：文物出版社，1986：227-315.

［239］内蒙古文物考古研究所. 凉城崞县窑子墓地［J］. 考古学报，1989（1）：57-81，145-152.

［240］内蒙古自治区文物工作队. 凉城饮牛沟墓葬清理简报［J］. 内蒙古文物考古，1984（1）：9-10，25，26-32.

［241］聂少萍，徐浩锋，麦哲恒. 广东省学生首次遗精与月经初潮现状及变化趋势［J］. 中国公共卫生，2013，29（1）：117-119.

［242］宁超. 中国北方古代人群基因组学研究：以新疆下坂地墓地和吉林后套木嘎墓地为例［D］. 长春：吉林大学，2017.

［243］努森. 生物力学基础［M］. 钟亚平，胡卫红，译. 北京：人民体育出版社，2012.

［244］潘雷，魏东，吴秀杰. 现代人颅骨头面部表面积的纬度分布特点及其与温度的关系［J］. 中国科学：地球科学，2014，44（8）：1844-1853.

［245］潘其风，韩康信. 柳湾墓地的人骨研究［M］// 青海省文物管理处考古队，中国社会科学院考古研究所. 青海柳湾：乐都柳湾原始社会墓地. 北京：文物出版社，1984：261-303.

［246］潘其风，韩康信. 洛阳东汉刑徒墓人骨鉴定［J］. 考古，1988（3）：277-283.

［247］潘其风，朱泓. 先秦时期我国居民种族类型的地理分布［M］// 宿白. 苏秉琦与当代中国考古学. 北京：科学出版社，2001：525-535.

［248］潘其风. 大甸子墓葬出土人骨的研究［R］// 中国社会科学院考古研究所. 大甸子：夏家店下层文化遗址与墓地发掘报告. 北京：科学出版社，1996：224-322.

［249］潘其风. 我国青铜时代居民人种类型的分布和演变趋势［C］//《庆祝苏秉琦考古五十五年论文集》编辑组. 庆祝苏秉琦考古五十五年论文集. 北京：文物出版社，1989：294-304.

［250］潘其风. 中国古代居民种系分布初探［M］// 苏秉琦. 考古学文化论集：一. 北京：文物出版社，1987：221-232.

［251］潘悦容，吴汝康. 禄丰古猿地点中国兔猴一新种［J］. 人类学学报，1986，5（1）：31-40.

［252］裴树文，陈福友，张乐，等. 百色六怀山旧石器遗址发掘简报［J］. 人类学学报，2007，26（1）：1-14.

［253］裴文中. 广西省中部柳城县"巨猿"下颌骨之发现［J］. 古脊椎动物学报，1957，1（2）：65-72.

［254］彭华. 中国缠足史考辨［J］. 江苏科技

大学学报（社会科学版），2013，13（3）：6-16，24.

［255］彭卫. 秦汉人身高考察［J］. 文史哲，2015（6）：20-44.

［256］皮昕. 口腔解剖生理学［M］. 4版. 北京：人民卫生出版社，2000.

［257］浦庆余，钱方. 对元谋人化石地层：元谋组的研究［J］. 地质学报，1977（1）：89-99.

［258］齐乌云. 同位素和微量元素分析在古代人类食物结构研究中的应用［J］. 干旱区资源与环境，2006，20（6）：24-28.

［259］祁国琴，董为，郑良，等. 云南元谋盆地古猿的系统位置、时代及生存环境［J］. 科学通报，2006，51（7）：833-841.

［260］祁国琴，董为. 蝴蝶古猿产地研究［M］. 北京：科学出版社，2006.

［261］祁国琴. 福建闽侯县石山新石器时代遗址中出土的兽骨［J］. 古脊椎动物与古人类，1977，15（4）：301-307.

［262］奇迈可. 成为黄种人：亚洲种族思维简史［M］. 方笑天，译. 杭州：浙江人民出版社，2016.

［263］奇文，伯恩斯坦. 延续生命：生物多样性与人类健康［M］.索顿，乔琴，张体操，等译. 北京：科学出版社，2017.

［264］秦始皇帝陵博物院. 真彩秦俑［M］. 北京：文物出版社，2014.

［265］秦为径，雷伟，吴子祥，等. 缠足畸形的形态学特征［J］. 第四军医大学学报，2008，29（14）：1328-1330.

［266］琼斯. 族属的考古：构建古今的身份［M］. 陈淳，沈辛成，译. 上海：上海古籍出版社，2017.

［267］邱贵兴，费起礼，胡永成. 骨科疾病的分类与分型标准［M］. 北京：人民卫生出版社，2009.

［268］邱鸿霖. 台湾史前时代拔齿习俗的社会意义研究：以铁器时代石桥遗址蔿松文化为例［J］. 考古人类学刊，2010（73）：1-60.

［269］邱林欢，李法军. 天津蓟县桃花园墓地明清时期缠足女性足骨的形态观察［J］. 人类学学报，2019.

［270］邱林欢. 天津蓟县桃花园墓地明清时期缠足女性足骨形变研究［D］. 广州：中山大学，2019.

［271］邱瑞中. 中国妇女缠足考（下）［J］. 内蒙古师范大学学报（哲学社会科学版），2007，36（3）：99-100，110.

［272］邱瑞中. 中国妇女缠足考［J］. 内蒙古师范大学学报（哲学社会科学版），1993（3）：35-44.

［273］全国人体重要寄生虫病现状调查办公室. 全国人体重要寄生虫病现状调查报告［J］. 中国寄生虫学与寄生虫病杂志，2005，23（5）：332-340.

［274］任光金. 肩胛骨性别的判别分析［J］. 人类学学报，1987，6（2）：144-146.

［275］山东省文物考古研究所. 山东20世纪的考古发现和研究［M］. 北京：科学出版社，2005.

［276］陕西省考古研究所，始皇陵秦俑坑考古发掘队. 秦始皇陵兵马俑坑一号坑发掘报告：1974-1984［M］. 北京：文物出版社，1988.

［277］尚虹，刘武，吴新智，等. 萨拉乌苏更新世晚期的人类肩胛骨化石［J］. 科学通报，2006，51（8）：937-941.

［278］尚虹. 山东广饶新石器时代人骨及其与中国早全新世人类之间关系的研究［D］. 北京：中国科学院古脊椎动物与古人类研究所，2002.

［279］邵象清. 人体测量手册［M］. 上海：上海辞书出版社，1985.

［280］盛桂莲，赖旭龙，袁俊霞，等. 古DNA

研究 35 年回顾与展望［J］. 中国科学：地球科学，2016，46（12）：1564–1578.

［281］盛立双，李法军. 天津蓟县桃花园墓地明清人骨保护与研究述要［C］// 天津博物馆. 天津博物馆论丛（2012）. 北京：科学出版社，2013：77–88.

［282］史卫红. 从我国拔牙风俗看文化传播［J］. 广西民族研究，1988（3）：106–109.

［283］世界卫生组织. 健康主题：热带病［EB/OL］. 2018. http://www.who.int/topics/tropical_diseases/zh/.

［284］世界卫生组织. 适应气候变化，保护人类健康：全球项目概况［EB/OL］. 2018a. http://www.who.int/globalchange/projects/adaptation/zh/.

［285］世界卫生组织. 适应气候变化，保护人类健康：中国项目概况［EB/OL］. 2018b. http://www.who.int/globalchange/projects/adaptation/zh/index1.html.

［286］舒勒茨 M，舒勒茨 T，巫新华，等. 新疆于田县流水墓地 26 号墓出土人骨的古病理学和人类学初步研究［J］. 考古，2008（3）：86–91.

［287］司艺，李志鹏. 孝民屯遗址晚商先民的动物蛋白消费及相关问题初探［J］. 殷都学刊，2017，38（3）：18–23.

［288］斯特罗恩，里德. 人类分子遗传学［M］. 3 版. 孙开来，译. 北京：科学出版社，2007.

［289］宋逸，胡佩瑾，张冰，等. 1985 年至 2010 年中国 18 个少数民族 17 岁学生身高趋势分析［J］. 北京大学学报（医学版），2015，47（3）：414–419.

［290］宋逸，马军，胡佩瑾，等. 中国 9 ~ 18 岁汉族女生月经初潮年龄的地域分布及趋势分析［J］. 北京大学学报（医学版），2011，43（3）：360–364.

［291］苏州医学院. 观察明代古尸之初步报告［J］. 苏州医学院学报，1965（1）：1–4.

［292］孙红，彭聿平. 人体生理学［M］. 3 版. 北京：高等教育出版社，2016.

［293］孙蕾，朱泓. 郑州地区汉唐宋成年居民的身高研究［J］. 人类学学报，2015，34（3）：377–389.

［294］孙蕾. 河南龙山人骨的古病理学研究［R］. 河南省文物考古研究院 2017 年度考古工作汇报与交流会，2018.

［295］孙蕾. 河南渑池笃忠遗址仰韶晚期出土的人骨骨病研究［J］. 人类学学报，2011，30（1）：55–63.

［296］孙佩波，尤宝芸，陈翁良，等. 圩墩新石器时代人头骨解剖生理和口腔疾病的研究：拔牙情况的研究［J］. 口腔医学，1993,13（1）：49–50.

［297］特拉菲，巴图尔，王谦. 人属先驱种的系统位置：头面骨关键性状的比较研究［J］. 人类学学报，2018，37（3）：352–370.

［298］塔吉耶夫. 种族主义源流［M］. 高凌瀚，译. 北京：生活·读书·新知三联书店，2005.

［299］谭靖泽，徐智，王玲娥，等. 古人骨研究新的发展领域［M］// 新疆吐鲁番地区文物局. 吐鲁番学研究：第二届吐鲁番学国际学术研讨会论文集. 上海：上海辞书出版社，2006：284–293.

［300］汤卓炜，张萌. 动物考古研究范式的思考［J］. 吉林大学社会科学学报，2018，58（6）：171–183，208.

［301］唐东辉. 身高标准体重的回归方程及其应用［J］. 北京师范大学学报（自然科学版），1995，31（4）：557–560.

［302］田明中，程捷. 第四纪地质学与地貌学［M］. 北京：地质出版社，2009.

［303］童金南，殷鸿福. 古生物学［M］. 北京：高等教育出版社，2007.

［304］童永生. 华南一种晚古新世灵长类［J］. 古脊椎动物与古人类，1979，17（1）：65–70.

［305］托马塞洛. 人类认知的文化起源［M］. 张敦敏，译. 北京：中国社会科学出版社，2011.

［306］万诚，周惠，崔银秋，等. 河北阳原县姜家梁遗址新石器时代人骨 DNA 的研究［J］. 考古，2001（7）：74–81.

［307］汪家文，于晓军，王晓雁. 溺死法医学鉴定的研究新进展［J］. 法医学杂志，2008，24（4）：276–279.

［308］汪洋. 广富林良渚先民体质及文化适应研究［D］. 上海：复旦大学，2008.

［309］王頠，田丰，莫进尤. 广西布兵盆地么会洞发现的巨猿牙齿化石［J］. 人类学学报，2007，26（4）：329–343.

［310］王頠. 广西田东么会洞早更新世遗址［M］. 北京：科学出版社，2013.

［311］王成焘，王冬梅，白雪岭，等. 人体骨肌系统生物力学［M］. 北京：科学出版社，2015.

［312］王国秀，闫云君，周善义. 动物学［M］. 武汉：华中科技大学出版社，2019.

［313］王海晶，常娥，蔡大伟，等. 内蒙古朱开沟遗址古代居民线粒体 DNA 分析［J］. 吉林大学学报（医学版），2007，33（1）：5–8.

［314］王宏运，刘宁，胡耀文，等. 高原低氧环境对人体生长发育和营养状况的影响［J］. 西北国防医学杂志，2008，29（4）：289–291.

［315］王建华. 关于人口考古学的几个问题［J］. 考古，2005（9）：50–59.

［316］王建华. 黄河中下游地区史前人口性别构成研究［J］. 考古学报，2008（4）：415–440.

［317］王建华. 体质人类学与古代社会研究的新进展［J］. 文物，2011（1）：43–50.

［318］王建柱，林光辉，黄建辉，等. 稳定同位素在陆地生态系统动 – 植物相互关系研究中的应用［J］. 科学通报，2004，49（21）：2141–2149.

［319］王磊，王杰，王恩寿，等. 非溺死尸体肺脏硅藻最大值在溺死鉴定中的应用初探［J］. 中国法医学杂志，1998，13（3）：134–136.

［320］王明辉. 辽河流域古代居民的种系构成及相关问题［J］. 华夏考古，1999（2）：56–66，76–113.

［321］王明辉. 前掌大墓地人骨研究报告［M］// 中国社会科学院考古研究所. 滕州前掌大墓地. 北京：文物出版社，2005：674–727.

［322］王明辉. 青海民和喇家遗址出土人骨研究［J］. 北方文物，2017（4）：42–50.

［323］王明辉. 青海民和县喇家遗址人骨及其相关问题［J］. 考古，2002（12）：25–28.

［324］王明辉. 体质特征［M］// 中国社会科学院考古研究所，广西壮族自治区文物工作队，桂林甑皮岩遗址博物馆，等. 桂林甑皮岩. 北京：文物出版社，2003：405–428.

［325］王宁，李素婷，李宏飞，等. 古骨胶原的氧同位素分析及其在先民迁徙研究中的应用［J］. 科学通报，2015，60（9）：838–846.

［326］王旭，宁明杰，王南博，等. 维生素 C 对肿瘤的作用机制［J］. 吉林医药学院学报，2017，38（2）：138–141.

［327］王忆军，唐锡麟. 身体发育指标的代表性及变异性的探讨［J］. 哈尔滨医科大学学报，1989，23（3）：211–215.

［328］王轶华. 古食谱与微量元素分析［J］. 华夏考古，2003（3）：98–108.

［329］王毅，颜劲松. 人种学及古 DNA 分析在成都金沙遗址及相关诸遗存研究中的应用［J］. 四川文物，2004（3）：93–95.

［330］王永豪，翁嘉颖，胡滨成. 中国西南地区

男性成年由长骨推算身高的回归方程［J］．解剖学报，1979，10（1）：1-6.

［331］王志学，刘燕．论中国古代习俗与社会文化发展的逻辑演进：以古代缠足习俗为研究考据［J］．求索，2012（1）：46-48.

［332］魏博源，朱文，钟耳顺，等．广西崇左县冲塘新石器时代人骨微量元素的初步研究［J］．人类学学报，1994，13（3）：260-264.

［333］魏东，曾雯，常喜恩，等．新疆哈密黑沟梁墓地出土人骨的创伤、病理及异常形态研究［J］．人类学学报，2012，31（2）：176-186.

［334］魏东．青铜时代至早期铁器时代新疆哈密地区古代人群的变迁与交流模式研究［M］．北京：科学出版社，2017.

［335］魏东．新疆哈密地区青铜-早期铁器时代居民人种学研究［D］．长春：吉林大学，2009.

［336］魏东．郑州西山遗址新石器时代人骨研究［D］．吉林大学，2001.

［337］魏坚．庙子沟与大坝沟：新石器时代遗址发掘报告［M］．北京：中国大百科全书出版社，2003.

［338］魏坚．庙子沟与大坝沟有关问题试析［A］//内蒙古文物考古研究所．内蒙古中南部原始文化研究文集［C］．北京：海洋出版社，1991：113-118.

［339］魏偏偏，邢松．人类股骨断面面积与形状的不对称性：基于三维激光扫描的形态测量分析［J］．人类学学报，2013，32（3）：354-364.

［340］魏元一，翁屹，张居中，等．郑州春秋时代墓葬中的寄生虫［J］．人类学学报，2012,31（4）：415-423.

［341］沃恩，瑞安，恰普莱夫斯基．哺乳动物学［M］．6版．刘志霄，译．北京：科学出版社，2017.

［342］邬如碧，郭怡．氮稳定同位素分析法在史前施肥问题研究中的应用初探［J］．农业考古，2017（3）：7-12.

［343］吴定良，颜訚．测定颏孔前后位置之指数［J］．国立中央研究院历史语言研究所人类学集刊，1940，2（1-2）：99-106.

［344］吴定良．骨骼定位器和描绘器的改进［J］．复旦学报（自然科学），1956（1）：153-157.

［345］吴定良．皮尔生教授在科学上之贡献［J］．中国统计学社学报，1937，1（1）：127-133.

［346］吴定良．殷代与近代颅骨容量之计算公式［J］．国立中央研究院历史语言研究所人类学集刊，1940，2（1-2）：1-14.

［347］吴定良．中国猿人眉间凸度的比较研究［J］．古脊椎动物与古人类，1960，2（1）：22-24.

［348］吴庆龙，张培震，张会平，等．黄河上游积石峡古地震堰塞溃决事件与喇家遗址异常古洪水灾害［J］．中国科学（D辑：地球科学），2009，39（8）：1148-1159.

［349］吴如康．广西柳江发现的人类化石［J］．古脊椎动物与古人类，1959，1（3）：97-104.

［350］吴汝康，陆庆五，徐庆华．腊玛古猿和西瓦古猿的形态特征及其系统关系：下颌骨的形态与比较［J］．人类学学报，1984，3（1）：1-10.

［351］吴汝康，潘悦容．禄丰中新世兔猴类一新属［J］．人类学学报，1985，4（1）：1-6.

［352］吴汝康，吴新智，张振标．人体骨骼测量手册［M］．北京：科学出版社，1984.

［353］吴汝康，吴新智．中国古人类遗址［M］．上海：上海科技教育出版社，1999.

［354］吴汝康，徐庆华，陆庆五．腊玛古猿和西瓦古猿的形态特征及其系统关系：颅骨的形态与比较［J］．人类学学报，1983，2（1）：1-10.

［355］吴汝康，徐庆华，陆庆五．腊玛古猿和

西瓦古猿的形态特征及其系统关系：牙齿的形态与比较［J］. 人类学学报，1985，4（3）：197-204.

［356］吴汝康，徐庆华，陆庆五. 禄丰西瓦古猿和腊玛古猿的关系及其系统地位［J］. 人类学学报，1986，5（1）：1-30.

［357］吴汝康. 古人类学［M］. 北京：文物出版社，1989.

［358］吴汝康. 河套人类顶骨和股骨化石［J］. 古脊椎动物学报，1958，2（4）：208-212.

［359］吴汝康. 科学史上一场最大的骗局：皮尔唐人化石［J］. 人类学学报，1997，16（1）：43-54.

［360］吴汝康. 禄丰大猿化石分类的修订［J］. 人类学学报，1987，6（4）：265-271.

［361］吴汝康. 马坝人化石在我国人类发展史上的重要意义［C］//广东省博物馆，曲江县博物馆. 纪念马坝人化石发现三十周年文集. 北京：文物出版社，1988：1-2.

［362］吴汝康. 云南开远发现的森林古猿牙齿化石［J］. 古脊椎动物学报，1957，1（1）：25-33.

［363］吴汝康. 云南开远森林古猿的新材料［J］. 古脊椎动物学报，1958，2（1）：38-43.

［364］吴汝康. 中国古生物志（新丁种第11号）：巨猿下颌骨和牙齿化石［M］. 北京：科学出版社，1962.

［365］吴小红，陈铁梅. 生物学和分子生物学在考古学研究中的应用［J］. 文物保护与考古科学，1999（2）：45-52.

［366］吴新智，布罗厄尔. 中国和非洲古老型智人颅骨特征的比较［J］. 人类学学报，1994，13（2）：93-103.

［367］吴新智. 从中国晚期智人颅牙特征看中国现代人起源［J］. 人类学学报，1998，17（4）：276-282.

［368］吴新智. 大荔颅骨的测量研究［J］. 人类学学报，2009，28（3）：217-236.

［369］吴新智. 巫山龙骨坡似人下颌属于猿类［J］. 人类学学报，2000，19（1）：1-10.

［370］吴新智. 现代人起源的多地区进化学说在中国的实证［J］. 第四纪研究，2006，26（5）：702-709.

［371］吴新智. 中国远古人类的进化［J］. 人类学学报，1990，9（4）：312-321.

［372］吴星火，杨述华. Paget骨病研究进展［J］. 国外医学：骨科学分册，2005，26（4）：215-217.

［373］吴秀杰，舍帕茨. CT技术在古人类学上的应用及进展［J］. 自然科学进展，2009，19（3）：257-265.

［374］吴秀杰，范雪春，李史明，等. 福建漳平奇和洞发现的新石器时代早期人类头骨［J］. 人类学学报，2014，33（4）：448-459.

［375］吴秀杰，金昌柱，蔡演军，等. 广西崇左智人洞早期现代人龋病及牙槽骨异常研究［J］. 人类学学报，2013，32（3）：293-301.

［376］吴秀杰，李占扬. 中国发现新型古人类化石：许昌人［J］. 科学前沿，2018，12（1）：51-54.

［377］吴秀杰，刘武，董为，等. 柳江人头骨化石的CT扫描与脑形态特征［J］. 科学通报，2008，53（13）：1570-1575.

［378］吴秀杰，刘武，张全超，等. 中国北方全新世人群头面部形态特征的微观演化［J］. 科学通报，2007，52（2）：192-198.

［379］吴秀杰，潘雷. 利用3D激光扫描技术分析周口店直立人脑的不对称性［J］. 科学通报，2011，56（16）：1282-1287.

［380］吴秀杰. 化石人类脑演化研究概况［J］. 人类学学报，2003，22（3）：249-255.

［381］武文军. 古人口学有关问题新探［J］. 西

北人口，1983（2）：22-28.

［382］武忠弼.病理学［M］.2版.北京：人民卫生出版社，1986.

［383］武忠弼.病理学［M］.3版.北京：人民卫生出版社.1993.

［384］西汉南越王博物馆.西汉南越王博物馆［M］.广州：广东人民出版社，2017.

［385］郗永义，霍塞虎，梁小锋，等.健康成人身高相关基因研究进展［J］.国外医学：遗传学分册，2005，28（3）：177-179.

［386］席焕久，陈昭.人体测量方法［M］.北京：科学出版社，2010.

［387］席焕久.人的骨骼年龄［M］.沈阳：辽宁民族出版社，1997.

［388］席焕久.生物医学人类学［M］.北京：科学出版社，2018.

［389］夏鼐.序言［M］//中国社会科学院历史研究所，中国社会科学院考古研究所.安阳殷墟头骨研究.北京：文物出版社，1985：1-3.

［390］夏阳，张敬雷，余飞，等.中国古代儿童断奶模式与喂养方式初探：以安徽薄阳城遗址人骨的C、N稳定同位素分析为例［J］.人类学学报，2018，37（1）：110-120.

［391］夏正楷，杨晓燕，叶茂林.青海喇家遗址史前灾难事件［J］.科学通报，2003，48（11）：1200-1204.

［392］肖传桃.古生物学与地史学概论［M］.北京：石油工业出版社，2007.

［393］肖莉，杨红，石清明，等.藏酋猴脊柱的解剖学研究［J］.西南国防医药，2017，27（10）：1037-1040.

［394］肖晓鸣，朱泓.大安后套木嘎新石器时代中期墓葬出土人骨研究［J］.北方文物,2014（2）：16-21.

［395］肖晓鸣，朱泓.汉书二期文化居民的种族类型及相关问题：基于后套木嘎遗址人骨新材料的探索［J］.边疆考古研究，2015（1）：373-384.

［396］肖晓鸣.吉林大安后套木嘎遗址人骨研究［D］.长春：吉林大学，2014.

［397］萧旭峰，吴文哲.生物形状的科学：浅谈几何形态测量学之发展与应用［J］.科学月刊，1998，29（28）：624-633.

［398］谢光茂.广西隆安娅怀洞遗址［J］.大众考古，2018（1）：12-13.

［399］谢光茂.广西隆安娅怀洞遗址发掘取得重要收获［N］.中国文物报，2018-01-19（4）.

［400］谢伟东，龚舒展.从手足印科技手段推算身高体重的可行性分析［J］.通讯世界，2014（23）：245.

［401］谢仲礼.生物学与考古学的最新结合：考古寄生物学简介［J］.考古，1993（11）：1036-1040.

［402］邢松，周蜜，刘武.中国人牙齿形态测量分析：近代人群上、下颌前白齿齿冠轮廓形状及其变异［J］.人类学学报，2010，29（2）：132-149.

［403］邢松，周蜜，刘武.周口店直立人下颌前白齿齿冠形态结构及其变异［J］.科学通报，2009，54（19）：2902-2911.

［404］邢文华.中国、日本、美国中小学生身体发育状况比较［J］.学校体育，1983（1）：28-37.

［405］徐芳，罗海吉.维生素A对人类健康生活的重要性［J］.分子影像学，2013，36（1）：28-30.

［406］徐庆华，陆庆五.禄丰古猿：人科早期成员［M］.北京：科学出版社，2008.

［407］徐欣，李锋，陈福友，等.百色六怀山遗址周边新发现的旧石器［J］.人类学学报，2012，31（2）：144-150.

［408］许永敏，李晏，杨咏梅.胎儿窘迫条件下足月妊娠分娩婴幼儿身体发育情况调查分析［J］.

黑龙江医学，2001，25（1）：69.

［409］严文明. 史前考古论集［M］. 北京：科学出版社，1998.

［410］严文明. 我国稻作起源研究的新进展［J］. 考古，1997（9）：71-76.

［411］颜訚，吴新智，刘昌芝，等. 西安半坡人骨的研究［J］. 考古，1960（9）：36-44，47，61-64.

［412］颜訚. 大汶口新石器时代人骨的研究报告［J］. 考古学报，1972（1）：91-22.

［413］颜訚. 西夏侯新石器时代人骨的研究报告［J］. 考古学报，1973（2）：91-126.

［414］杨贵波，彭燕章，叶智彰. 中国食叶猴胃底粘膜的组织学结构及与其他灵长类的比较研究［J］. 解剖学报，1996，27（1）：96-99.

［415］杨柳. 庞贝古城木乃伊接受 CT 扫描：死前惊恐表情曝光［EB/OL］.［2015-09-30］. http://gb.cri.cn/42071/2015/09/30/8331s5120801.htm.

［416］杨茂有，刘武，邰凤久. 下颌骨的性别判别分析研究［J］. 人类学学报，1988，7（4）：329-334.

［417］杨希枚. 河南安阳殷墟墓葬中人体骨骼的整理和研究［M］// 中国社会科学院历史研究所，中国社会科学院考古研究所. 安阳殷墟头骨研究. 北京：文物出版社，1985：21-44.

［418］杨晓光，李艳平，马冠生，等. 中国2002 年居民身高和体重水平及近 10 年变化趋势分析［J］. 中华流行病学杂志，2005，26（7）：489-493.

［419］杨晓光，翟凤英. 中国居民营养与健康状况调查报告之三：2002 居民体质与营养状况［M］. 北京：人民卫生出版社，2006.

［420］杨正泽，纪凯容，阮俊人. "加拉巴哥，达尔文与演化理论"演讲笔记［J］. 物理双月刊，2009，31（5）：531-537.

［421］杨钟健，刘东生. 安阳殷墟哺乳动物群补遗［J］. 考古学报，1949（4）：145-153.

［422］姚海涛，邓成龙，朱日祥. 元谋人时代研究评述：兼论我国早更新世古人类时代问题［J］. 地球科学进展，2005，20（11）：1191-1198.

［423］叶惠媛. 从体质形态学研究探讨台南石桥遗址茑松文化之社会性别分工及相关问题［D］. 台北：台湾大学，2010.

［424］尹粟，李恩山，王婷婷. 我即我食 vs. 我非我食：稳定同位素跟踪人体代谢异常初探［J］. 第四纪研究，2017，37（6）：1464-1471.

［425］尤玉柱，刘后一，潘悦容. 云南元谋，班果盆地晚新生代地层与脊椎动物化石［C］// 中国地质科学院地层古生物论文集编委会. 地层古生物论文集. 北京：地质出版社，1978：40-67.

［426］于频. 系统解剖学［M］. 4 版. 北京：人民卫生出版社，2000.

［427］袁靖. 论中国新石器时代居民获取肉食资源的方式［J］. 考古学报，1999（1）：1-22.

［428］袁靖. 中国新石器时代家畜起源的问题［J］. 文物，2001（5）：51-58.

［429］原海兵，李法军，张敬雷，等. 天津蓟县桃花园明清家族墓地人骨的身高推算（I）［J］. 人类学学报，2008，27（4）：318-324.

［430］原海兵，刘岩，张光辉. 山西泽州县和村遗址出土春秋时期人骨初步研究［J］. 北方文物，2017（4）：51-53.

［431］原海兵. 殷墟中小墓人骨的综合研究［D］. 长春：吉林大学，2010.

［432］云南省博物馆. 云南丽江人类头骨的初步研究［J］. 古脊椎动物与古人类，1977，15（2）：157-161.

［433］《运动解剖学》教材小组. 运动解剖学［M］. 北京：人民体育出版社，1989.

［434］翟建安. 法医创伤学教程［M］. 北京：中国人民公安大学出版社，2010.

［435］张碧波. 关于大汶口文化三种习俗的文化思考［J］. 民俗研究，1998（2）：47-54.

［436］张法奎，杜湘珂，罗德馨，等. CT观察杨氏中国尖齿兽（Sinoconodon youngi）头骨化石标本的鼻部［J］. 古脊椎动物学报，1994，32，（3）：195-199.

［437］张国文，胡耀武，尼赫利希，等. 关中两汉先民生业模式及与北方游牧民族间差异的稳定同位素分析［J］. 华夏考古，2013（3）：131-141.

［438］张国文. 古食谱分析方法与中国考古学研究［J］. 郑州大学学报（哲学社会科学版），2016（4）：105-108.

［439］张国文. 拓跋鲜卑汉化过程中生业模式转变的C、N、S稳定同位素分析［D］. 北京：中国科学院大学，2011.

［440］张汉良. 亚里士多德的分类学和近代生物学分类［J］. 符号与传媒，2018（2）：1-25.

［441］张焕乔. 加速器质谱分析［M］// 周光召. 中国大百科全书：物理学. 2版. 北京：中国大百科全书出版社，2009：254.

［442］张继宗，田雪梅. 骨龄鉴定：中国青少年骨骼X线片图库［M］. 北京：科学出版社，2007.

［443］张继宗，王北瑜，张怀东. 中国人肱骨的性别鉴定［J］. 中国法医学杂志，2002，17（4）：214-216，237.

［444］张敬雷. 青海省西宁市陶家寨汉晋时期墓地人骨研究［D］. 长春：吉林大学，2008.

［445］张居中，任启坤，翁屹，等. 贾湖遗址墓葬腹土古寄生物的研究［J］. 中原文物，2006（3）：86-90.

［446］张居中，任启坤. 寄生物考古学简论［J］. 广西民族学院学报（自然科学版），2006，12（1）：19-22.

［447］张葵. 懒猴中轴骨（脊柱）及前肢骨系统观察［J］. 陕西师范大学学报（自然科学版），2005，33（S1）：103-107

［448］张立召，赵凌霞. 巨猿牙齿釉质厚度及对食性适应与系统演化的意义［J］. 人类学学报，2013，32（3）：365-376.

［449］张利华. 维生素与癌症的关系［J］. 内蒙古中医药，2014（8）：131-132.

［450］张佩琪，李法军，王明辉. 广西顶蛳山遗址人骨的龋齿病理观察［J］. 人类学学报，2018，37（3）：393-405.

［451］张秋芳，林锦锋，范雪春，等. 古人类遗址奇和洞文化堆积层真核生物多样性分析［J］. 古生物学报，2014，53（2）：252-262.

［452］张全超，曹建恩，朱泓. 内蒙古和林格尔县新店子墓地古代居民的身高研究［J］. 人类学学报，2008，27（4）：331-334.

［453］张全超，汪洋，翟杨. 上海松江区广富林遗址良渚时期人骨微量元素的初步研究［J］. 东南文化，2010（1）：31-36.

［454］张全超，张雯欣，王龙，等. 新疆吐鲁番加依墓地青铜-早期铁器时代居民牙齿的磨耗［J］. 人类学学报，2017，36（4）：438-456.

［455］张全超，朱泓，胡耀武，等. 内蒙古和林格尔县新店子墓地古代居民的食谱分析［J］. 文物，2006（1）：87-91.

［456］张全超. 内蒙古和林格尔县新店子墓地人骨研究［D］. 长春：吉林大学，2005.

［457］张瑞娥，刘玮，王燕，等. 兰州市中小学生首次遗精和月经初潮年龄现状调查［J］. 兰州大学学报（医学版），2016，42（6）：59-62.

［458］张瑞林. 人体寄生虫学实验技术指南及彩色图谱［M］. 广州：中山大学出版社，2013.

［459］张石革，程建娥. 维生素C（抗坏血酸）缺乏症（坏血病）与补充维生素C［J］. 中国药房，

2003, 14 (4): 255-256.

[460] 张书田, 卞戈, 黄和鸣, 等. 福州晋安河水域浮游微藻种群 18SrDNA 分析 [J]. 中国法医学杂志, 2012, 27 (3): 197-200.

[461] 张松林, 杜百廉. 中国腹心地区体质人类学研究 [M]. 北京: 科学出版社, 2008.

[462] 张小虎, 夏正楷, 杨晓燕. 青海喇家遗址废弃原因再探讨: 与《古代中国的环境研究》一文作者商榷 [J]. 考古与文物, 2009 (1): 100-103.

[463] 张兴永, 李长青. 广西隆林发现人类化石 [J]. 人类学学报, 1982, 1 (2): 199.

[464] 张兴永, 郑良, 杨烈昌, 等. 蒙自人类化石及其文化 [M] // 云南省博物馆. 云南人类起源与史前文化. 昆明: 云南人民出版社, 1991: 234-246.

[465] 张旭, 李婧, 朱思媚, 等. 内蒙古和林格尔县大堡山墓地古代居民的身高研究 [M] // 教育部人文社会科学重点研究基地吉林大学边疆考古研究中心. 边疆考古研究: 第 14 辑. 北京: 科学出版社, 2013: 323-330.

[466] 张雪莲, 仇士华, 钟建, 等. 山东滕州市前掌大墓地出土人骨的碳、氮稳定同位素分析 [J]. 考古, 2012 (9): 83-96.

[467] 张雪莲, 王金霞, 冼自强, 等. 古人类食物结构研究 [J]. 考古, 2003 (2): 62-75.

[468] 张雪莲, 徐广德, 何毓灵, 等. 殷墟 54 号墓出土人骨的碳氮稳定同位素分析 [J]. 考古, 2017 (3): 100-109.

[469] 张雪莲, 叶茂林, 仇士华, 等. 民和喇家遗址碳十四测年及初步分析 [J]. 考古 2014 (11): 91-104.

[470] 张雪莲. 碳十三和氮十五分析与古代人类食物结构研究及其新进展 [J]. 考古, 2006 (7): 50-56.

[471] 张雪莲. 应用古人骨的元素、同位素分析研究其食物结构 [J]. 人类学学报, 2003, 22 (1): 75-84.

[472] 张雅军, 何驽, 尹兴喆. 山西陶寺遗址出土人骨的病理和创伤 [J]. 人类学学报, 2011, 30 (3): 265-273.

[473] 张雅军. 日本人群的种族起源和演化 [J]. 世界历史, 2008 (5): 28-36.

[474] 张亚盟, 魏偏偏, 吴秀杰. 现代人头骨断面轮廓的性别鉴定: 基于几何形态测量的研究 [J]. 人类学学报, 2016, 35 (2): 172-180.

[475] 张银运, 吴秀杰, 刘武. 华北和云南现代人类头骨的欧亚人种特征 [J]. 人类学学报, 2014, 33 (3): 401-404.

[476] 张银运, 吴秀杰, 刘武. 中国西北地区古代人群头骨的欧洲人种特征 [J]. 人类学学报, 2013, 32 (3): 274-279.

[477] 张玉光. 始祖鸟与鸟类起源 [J]. 自然杂志, 2009, 31 (1): 20-26.

[478] 张振标, 陈德珍. 下王岗新石器时代居民的种族类型 [J]. 史前研究, 1984, 3 (1): 68-76.

[479] 张振标. 古代的凿齿民: 中国新石器时代居民的拔牙风俗 [J]. 江汉考古, 1981 (S): 106-109, 119.

[480] 张振标. 现代中国人身高的变异 [J]. 人类学学报, 1988, 7 (2): 112-120.

[481] 张振标. 长阳青铜时代与大同北魏朝代人类牙齿的形态变异 [J]. 人类学学报, 1993, 12 (2): 103-112.

[482] 张振标. 中国古代人类麻风病和梅毒病的骨骼例证 [J]. 人类学学报, 1994, 13 (4): 294-299.

[483] 张忠培. 史家村墓地的研究 [J]. 考古学报, 1981 (2): 147-164.

［484］赵春燕，何驽. 陶寺遗址中晚期出土部分人类牙釉质的锶同位素比值分析［J］. 第四纪研究，2014，34（1）：66-72.

［485］赵春燕，王明辉，叶茂林. 青海喇家遗址人类遗骸的锶同位素比值分析［J］. 人类学学报，2016，35（2）：212-222.

［486］赵东月. 汉民族的起源与形成：体质人类学的新视角［D］. 长春：吉林大学，2016.

［487］赵贵森，黄代新，杨庆恩. 溺死诊断中的浮游生物检测法［J］. 中国法医学杂志，2005，20（2）：89-91.

［488］赵荦. 中国沿海先秦贝丘遗址研究［D］. 上海：复旦大学，2014.

［489］赵先，荣何锐，周森安，等. 52例麻风病手足畸形骨骼127张爱克斯线平片分析报告［J］. 皮肤病与性病，1980（Z1）：15-19.

［490］赵欣. 辽西地区先秦时期居民的体质人类学与分子考古学研究［D］. 长春：吉林大学，2009.

［491］赵永生，郭林，郝导华，等. 山东地区清墓中女性居民的缠足现象［J］. 人类学学报，2017，36（3）：344-358.

［492］赵永生. 甘肃临潭磨沟墓地人骨研究［D］. 长春：吉林大学，2013.

［493］赵玉芬. 磷酰化氨基酸与生命系统：核酸与蛋白相互作用的基本规律研究［J］. 厦门大学学报（自然科学版），1999，38（S1）：207.

［494］赵志军，吕烈丹，傅宪国. 广西邕宁县顶蛳山遗址出土植硅石的分析与研究［J］. 考古，2005（11）：76-84.

［495］郑连斌，李咏兰，席焕久，等. 中国汉族体质人类学研究［M］. 北京：科学出版社，2017.

［496］郑晓瑛. 中国甘肃酒泉青铜时代人类股骨化学元素含量分析［J］. 人类学学报，1993，12（3）：241-250.

［497］中国科学院考古研究所实验室. 碳-14年代的误差问题［J］. 考古，1974（5）：328-332.

［498］中国社会科学院考古研究所. 滕州前掌大墓地［M］. 北京：文物出版社，2005.

［499］中国社会科学院考古研究所甘青工作队，青海省文物考古研究所. 青海民和县喇家遗址2000年发掘简报［J］. 考古，2002（12）：12-25.

［500］中华人民共和国卫生部妇幼保健与社区卫生司，九市儿童体格发育调查研究协作组，首都儿科研究所. 2005年中国九市7岁以下儿童体格发育调查研究［M］. 北京：人民卫生出版社，2008.

［501］周慧. 中国北方古代人群线粒体DNA研究［M］. 北京：科学出版社，2010.

［502］周蜜，潘雷，邢松，等. 湖北郧县青龙泉新石器时代居民牙齿磨耗及健康状况［J］. 人类学学报，2013，32（3）：330-344.

［503］周蜜. 日本人种论［D］. 长春：吉林大学，2007.

［504］周明全，耿国华，范江波. 计算机辅助的颅骨面貌复原技术［J］. 西北大学学报（自然科学版），1997，27（5）：375-378.

［505］周绮楼，袁传照，马原野. 中国七种非人灵长类动物脑形态的比较解剖学研究［J］. 人类学学报，1988，7（2）：167-176.

［506］周强，张玉柱. 青海喇家遗址史前灾难成因的探索与辨析［J］. 地理学报，2015，70（11）：1774-1787.

［507］周亚威. 北京延庆西屯墓地人骨研究［D］. 长春：吉林大学，2014.

［508］周长发. 进化论的产生与发展［M］. 北京：科学出版社，2012.

［509］朱芳武，卢为善. 广西壮族颅骨的非测量性状［J］. 人类学学报，1994，13（1）：39-45.

［510］朱泓，曾雯，张全超，等. 喇嘛洞三燕

文化居民族属问题的生物考古学考察［J］. 吉林大学社会科学学报，2012，52（1）：44–51，159.

［511］朱泓，侯侃，王晓毅. 从生物考古学角度看山西榆次明清时期平民的两性差异［J］. 吉林大学社会科学学报，2017，57（4）：117–124.

［512］朱泓，张全超，嫦娥. 探寻东胡遗存：来自生物考古学的新线索［J］. 吉林大学社会科学学报，2009，49（1）：63–68.

［513］朱泓，张全超. 中国边疆地区古代居民DNA研究［J］. 吉林大学社会科学学报，2003（3）：86–92.

［514］朱泓，周慧，林雪川. 老山汉墓女性墓主人的种族类型、DNA分析和颅像复原［J］. 吉林大学社会科学学报，2004（2）：21–27.

［515］朱泓，周立臣，侯桂华. 内蒙古察右前旗庙子沟新石器时代人类牙齿的形态观察［J］. 人类学学报，1993，12（3）：283–284.

［516］朱泓，周亚威，张全超，等. 哈民忙哈遗址房址内人骨的古人口学研究：史前灾难成因的法医人类学证据［J］. 吉林大学社会科学学报，2014，54（1）：26–33，172.

［517］朱泓. 东胡人种考［J］. 文物，2006（8）：75–77，84.

［518］朱泓. 东灰山墓地人骨的研究［M］//甘肃省文物考古研究所，吉林大学北方考古研究室. 民乐东灰山考古：四坝文化墓地的揭示与研究. 北京科学出版社，1998：172–183.

［519］朱泓. 分子考古学概论：现代分子生物学技术在考古学中的应用［M］//文化遗产研究与保护技术教育部重点实验室，西北大学文化遗产与考古学研究中心. 西部考古：第2辑. 西安：三秦出版社，2007：74–81.

［520］朱泓. 建立具有自身特点的中国古人种学研究体系［M］//我的学术思想：吉林大学建校50周

年纪念. 长春：吉林大学出版社，1996：471–478.

［521］朱泓. 鞑靼人种研究［C］//吉林大学考古学系. 青果集：吉林大学考古专业成立二十周年考古论文集. 北京：知识出版社，1993.

［522］朱泓. 内蒙古察右前旗庙子沟新石器时代颅骨的人类学特征［J］. 人类学学报，1994，13（2）：126–133.

［523］朱泓. 内蒙古凉城东周时期墓葬人骨研究［C］//《考古》编辑部. 考古学集刊：7. 北京：科学出版社，1991：169–191.

［524］朱泓. 内蒙古长城地带的古代种族［M］//教育部人文社会科学重点研究基地，吉林大学边疆考古研究中心. 边疆考古研究：第1辑. 北京：科学出版社，2002：301–313.

［525］朱泓. 山西省忻州市游邀遗址夏代居民牙齿的测量与研究［J］. 人类学学报，1990，9（2）：180–187.

［526］朱泓. 体质人类学［M］. 北京：高等教育出版社，2004.

［527］朱泓. 体质人类学［M］. 长春：吉林大学出版社，1993.

［528］朱泓. 西吴寺遗址人骨鉴定报告［M］//国家文物局考古领队训练班. 兖州西吴寺. 北京：文物出版社，1990：246–247.

［529］朱泓. 中国东北地区的古代种族［J］. 文物季刊，1998（1）：54–64.

［530］朱泓. 中国古代居民的体质人类学研究［M］. 北京：科学出版社，2014.

［531］朱泓. 中国古代居民种族人类学研究的回顾与前瞻［J］. 史学集刊，1999（4）：69–77.

［532］朱泓. 中国南方地区的古代种族［J］. 吉林大学社会科学学报，2002（3）：5–12.

［533］朱泓. 中国西北地区的古代种族［J］. 考古与文物，2006（5）：60–65.

［534］朱泓. 中原地区的古代种族［C］//吉林大学边疆考古研究中心. 庆祝张忠培先生七十岁论文集. 北京：科学出版社，2004：549-557.

［535］朱铭强，傅君芬，梁黎，等. 中国儿童青少年性发育现状研究［J］. 浙江大学学报（医学版），2013，42（4）：396-402，410.

［536］朱晓汀. 江苏兴化蒋庄良渚文化墓葬人骨研究［D］. 长春：吉林大学，2018.

［537］朱永刚，吉平. 探索内蒙古科尔沁地区史前文明的重大考古新发现：哈民忙哈遗址发掘的主要收获与学术意义［J］. 吉林大学社会科学学报，2012，52（4）：82-86.

［538］朱志伟. 坏血病的克星：维生素 C［J］. 大学化学，2010，（S1）：66-68.

［539］庄孔韶. 人类学通论［M］. 太原：山西教育出版社，2002.

［540］左崇新. 甘肃玉门火烧沟墓地男性头像复原［J］. 史前研究，1985（2）：99-103.

外　文

［1］中橋孝博. 土井ケ浜弥生人の風習に抜歯［J］. 人類学雑誌，1990（98）：483-507.

［2］朱泓，魏东. 内蒙古敖汉旗水泉遗迹出土の青铜器时代人骨［M］//西古正. 东北アヅアにわける先史文化の比较考古学的研究：平成 11 年度～13 年度科学研究费补助金（基盘研究 <A><2> 研究成果报告书）. 东京：シモグ印刷株式会社，2002.

［3］ABOITIZ F, GARCÍA R R. Merging of phonological and gestural circuits in early language evolution［J］. Reviews in the neurosciences, 2009, 20（1）：71-84.

［4］ABOITIZ F, GARCÍA R. The evolutionary origin of the language areas in the human brain: a neuroanatomical perspective［J］. Brain research reviews, 1997, 25（3）：381-396.

［5］ACOSTA M A, HENDERSON C Y, CUNHA E. The effect of terrain on entheseal changes in the lower limbs［J］. International journal of osteoarchaeology, 2017, 27: 828-838.

［6］ADAM W. The Keilor fossil skull: palate and upper dental arch［J］. Memoirs of the National Museum of Victoria, 1943（13）：71-77.

［7］ADAMS B J, CRABTREE P J. Comparative skeletal anatomy: a photographic atlas for medical examiners, coroners, forensic anthropologists, and archaeologists［M］. Totowa: Humanna Press, 2008.

［8］ADAMS D C, CARDINI A, MONTEIRO L R, et al. Morphometrics and phylogenetics: principal components of shape from cranial modules are neither appropriate nor effective cladistic characters［J］. Journal of human evolution, 2011, 60: 240-243.

［9］ADAMS D C, OTÁROLA-CASTILLO E. Geomorph: an R package for the collection and analysis of geometric morphometric shape data［J］. Methods in ecology and evolution, 2013（4）：393-399.

［10］ADAMS G R, GULLOTTA T P. Adolescent life experience［M］. 2nd ed. Pacific Grove: Brooks/Cole Publishing, 1989.

［11］ADAMS M S, NISWANDER J D. Health of the American Indians: conhenital defects［J］. Eugenics quart, 1967（15）：227-234.

［12］ADCOCK G J, DENNIS E S, EASTEAL S, et al. Mitochondrial DNA sequences in ancient Australians: implications for modern human origins［J］. PNAS, 2001, 98（2）：537-542.

［13］AGUSTÍ J, ANTÓN M. Mammoths,

sabertooths, and hominids: 65 million years of mammalian evolution in Europe [M]. New York: Columbia University Press, 2002.

[14] AHRENHOLT-BINDSLEV J, AHRENHOLT-BINDSLEV J. Grauballe Man's teeth and jaws [M] // ASINGH P, LYNNERUP N. Grauballe man: an Iron Age bog body revisited. Aarhus: Aarhus University Press, 2007: 140.

[15] AIELLO L C, WELLS J C K. Energetics and the evolution of the genus Homo [J]. Annual review of anthropology, 2002 (31): 323–338.

[16] AIELLO L C. Five years of Homo floresiensis [J]. American journal of physical anthropology, 2010, 142 (2): 167–179.

[17] AIELLO L C. Homo floresiensis [M] // HENKE W, TATTERSALL I. Handbook of paleoanthropology. Berlin: Springer, 2013: 1–16.

[18] AIELLO L, DEAN C. An introduction to human evolutionary anatomy [M]. London: Academic Press, 1990.

[19] AITKEN M J. Science-based dating in Archaeology [M]. London: Longman, 1990.

[20] ALEMSEGED Z, SPOOR F, KIMBEL W H, et al. A juvenile early Hominin skeleton from Dikika, Ethiopia [J]. Nature, 2006, 443 (7109): 296–301.

[21] ALGAHTANI H A, ABDU A P, KHOJAH I M, et al. Inability to walk due to scurvy: a forgotten disease [J]. Annals of Saudi medicine, 2010, 30 (4): 325–328.

[22] ALLEN J, O'CONNELL J F. The long and the short of it: archaeological approaches to determining when humans first colonized Australia and New Guinea [J]. Australian archaeology, 2003, 57 (1): 5–19.

[23] ALLENTOFT M E, SIKORA M, SJÖGREN K, et al. Population genomics of Bronze Age Eurasia [J]. Nature, 2015, 522 (7555): 167–172.

[24] ALPAGUT B, ANDREWS P, FORTELIUS M, et al. A new specimen of Ankarapithecus meteai from the Sinap Formation of central Anatolia [J]. Nature, 1996, 382 (6589): 349–351.

[25] ALTAMURA F, BENNETT M R, D'AOÛT K, et al. Archaeology and ichnology at Gombore II-2, Melka Kunture, Ethiopia: everyday life of a mixed-age hominin group 700,000 years ago[J]. Nature, 2018, 8(1): 2815.

[26] ALVAREZ-CUBERO M J, SAIZ M, MARTINEZ-GONZALEZ L J, et al. Genetic identification of missing persons: DNA analysis of human remains and compromised samples [J]. Pathobiology, 2012 (79): 228–238.

[27] AMANI F, GERAADS D. Le gisement moustérien du Djebel Irhoud, Maroc: Précisions sur la faune et la biochronologie, et description d'un nouveau-reste humain [J]. Comptes Rendus à l'Académie des Sciences de Paris, 1993 (306): 847–852.

[28] ANAPOL F, GERMAN R Z, JABLONSKI N G. Shaping primate evolution: form, function, and behavior [M]. Cambridge: Cambridge University Press, 2004.

[29] ANDREWS P, CRONIN J E. The relationships of Sivapithecus and Ramapithecus and the evolution of the orangutan [J]. Nature, 1982, 297 (5867): 541–546.

[30] ANGEL J L. The basis of paleodemography [J]. American journal of physical anthropology, 1969, 30 (3): 427–438.

[31] ANKEL-SIMONS F. Primate anatomy: an introduction [M]. 3rd ed. London: Elsevier Inc., 2007.

生物人类学
（第二版）

[32] ANTÓN S C. Early Homo: who, when, and where [J]. Current anthropology, 2012, 53 (S6): S278–S298.

[33] ARAMBOURG C. A recent discovery in human paleontology: Atlanthropus of Ternifine (Algeria) [J]. American journal of physical anthropology, 1955, 13 (2): 191–202.

[34] ARAÚJO A, REINHAD K, KARL J, et al. Parasites as probes for prehistoric human migrations? (galley proofs) [J/OL]. Natural Resources, 2008: 69. http://digitalcommons.unl.edu/natrespapers/69.

[35] ARAÚJO A, REINHARD K, FERREIRA L F, et al. Paleoparasitology: the origin of human parasites [J]. Arq Neuropsiquiatr, 2013, 71 (9–B): 722–726.

[36] ARAÚJO A, REINHARD K, LELES D, et al. Paleoepidemiology of intestinal parasites and lice in pre-Columbian Southamerica [J]. Chungara, Revista de Antropología Chilena, 2011, 43 (2): 303–313.

[37] ARAÚJO A. Dessecação experimental de fezes contendo ovos de ancilostomídeos [M] // FERREIRA L F, et al. Paleoparasitologia no Breasil. Lisboa: Escola Nacional de Saúde Pública, 1988: 111–112.

[38] ARGUE D, MORWOOD M, SUTIKNA T, et al. Homo floresiensis: a cladistic analysis [J]. Journal of human evolution, 2009, 57 (5): 623–639.

[39] ARI I, OYGUCU I H, SENDEMIR E. The squatting facets on the tibia of Byzantine (13th) skeletons [J]. European journal of anatomy, 2003, 7 (3): 143–146.

[40] ARMELAGOS G J, ZUCKERMAN M K, HARPER K N. The science behind pre-Columbian evidence of syphilis in Europe: research by documentary [J]. Evolutionary anthropology, 2012, 21 (2): 50–57.

[41] ARMS K, CAMP P S. Biology [M]. New York: Holt, Rinehart and Winston, 1979.

[42] ARNOTT R, FINGER S, SMITH C U M. Trepanation. History, discovery, theory [M]. Lisse: Swets & Zeitlinger, 2003.

[43] ARSUAGA J L, BERMUDEZ DE CASTRO J M, CARBONELL E. The Sima de los Huesos hominid site [J]. Journal of human evolution, 1997, 33 (1): 105–421.

[44] ARUS E. Biomechanics of human motion: application in the martial arts [M]. London: CRC Press, 2013.

[45] ASFAW B, GILBERT W H, BEYENE Y, et al. Remains of Homo erectus from Bouri, Middle Awash, Ethiopia [J]. Nature, 2002, 416 (6878): 317–320.

[46] ASFAW B. A new hominid parietal from Bodo, middle Awash Valley, Ethiopia [J]. American journal of physical anthropology, 2005, 61 (3): 367–371.

[47] ASHTON N, McNABB J, IRVING B, et al. Contemporaneity of Clactonian and Acheulian flint industries at Barnham, Suffolk [J]. Antiquity, 1994, 68 (260): 585–589.

[48] ATWATER A L, KIRK E C. New middle Eocene omomyines (Primates, Haplorhini) from San Diego County, California [J]. Journal of human evolution, 2018, 124 (1): 7–24.

[49] AUFDERHEIDE A C, ANGEL J L, KELLEY J O, et al. Lead in bone III. Prediction of social correlates from skeletal lead content in four colonial American populations [J]. American journal of physical anthropology, 1985, 66 (4): 353–361.

[50] AUFDERHEIDE A C, SALO W, MADDEN M, et al. A 9000-year record of Chagas's disease [J]. PNAS, 2004, (101): 2034–2039.

[51] AVANESOVA N A. Bustan VI, un-en'ecropole

de l'âge du Bronze dans l'ancienne Bactriane (Ouzbékistan méridional) : témoignages de cultes du feu [J]. Arts asiatiques, 1995, 50: 31–46.

［52］BAE C J, WANG W, ZHAO J, et al. Modern human teeth from late Pleistocene Luna Cave (Guangxi, China) [J]. Journal of human evolution, 2014, 354: 169–183.

［53］BALTER M. Candidate human ancestor from South Africa sparks praise and debate [J]. Science, 2010, 328 (5975) : 154–155.

［54］BARBEITO-ANDRÉS J, ANZELMO M, VENTRICE F, et al. Measurement error of 3D cranial landmarks of an ontogenetic sample using computed tomography [J]. Journal of oral biology and craniofacial research, 2012, 2 (2) : 77–82.

［55］BARD E, ARNOLD M, HAMELIN B, et al. Radiocarbon calibration by means of mass spectrometric 230Th/234U and 14C ages of corals: an updated database including samples from Barbados, Mururoa and Tahiti [J]. Radiocarbon, 1998, 40 (3) : 1085–1092.

［56］BARKER G, BARTON H, BEAVITT P, et al. The Niah Caves project: preliminary report on the first (2000) season [J]. Sarawak museum journal, 2000, (55) : 111–149.

［57］BARKER G, BARTON H, BIRD M, et al. The "human revolution" in lowland tropical Southeast Asia: the antiquity and behavior of anatomically modern humans at Niah Cave (Sarawak, Borneo) [J]. Journal of human evolution, 2007, 52 (3) : 243–261.

［58］BARKER G, BARTON H, COLE F, et al. The Niah Caves, the "human revolution", and foraging/farming transitions in island Southeast Asia [M] // BARKER G. Rainforest foraging and farming in island Southeast Asia, Vol. 1, the archaeology of the Niah Caves, Sarawak. Cambridge: McDonald Institute for Archaeological Research, 2013: 341–367.

［59］BARKER G, PIPER P J, RABETT R J. Zooarchaeology at the Niah Caves, Sarawak: context and research issues [J]. International journal of osteoarchaeology, 2009, 19 (4) : 447–463.

［60］BARNES E. Developmental defects of the axial skeleton in paleopathology [M]. Nivot: University Press of Colorado, 1994.

［61］BARNES E. Diseases and human evolution [M]. Albuquerque: University of New Mexico Press, 2005.

［62］BARNETT C H. Squatting facets on the European talus [J]. Journal of anatomy, 1957, 88 (4) : 509–513.

［63］BARNICOT N A, JOLLY C J, WADE P T. Protein variations and primatology [J]. American journal of physical anthropology, 1967, 27 (3) : 343–355.

［64］BARTON H, PIPER P J, RABETT R, et al. Composite hunting technologies from the Terminal Pleistocene and Early Holocene, Niah Cave, Borneo [J]. Journal of archaeological science, 2009, 36 (8) : 1708.

［65］BARTON R N E, CURRANT A P, FERNANDEZ-JALVO Y, et al. Gibraltar Neanderthals and results of recent excavations in Gorham's, Vanguard and Ibex Caves [J]. Antiquity, 1999, 73 (279) : 13–23.

［66］BASS W M. Human osteology: a laboratory and field manual [M]. 5th ed. Columbia: Special publication No. 2 of the Missouri Archaeological Society, 2005.

［67］BASSED R B, BRIGGS C, DRUMMER O H. Analysis of time of closure of the spheno-occipital synchondrosis using computed tomography [J]. Forensic science international, 2010, 200（1–3）: 161–164.

[68]BASTIR M, HIGUERO A, RÍOS L, et al. Three-dimensional analysis of sexual dimorphism in human thoracic vertebrae: implications for the respiratory system and spine morphology [J]. American journal of physical anthropology, 2014, 155（4）: 513–521.

[69]BAYKARA I, YÝLMAZ H, GÜLTEKIN T, et al. Squatting facet: a case study dilkaya and Van–Kalesi populations in eastern Turkey [J]. Coll. Antropol, 2010, 34（4）: 1257–1262.

[70]BEARD K C, GODINOT M. Carpal anatomy of Smilodectes gracilis（Adapiformes, Notharctinae）and its significance for lemuriform phylogeny [J]. Journal of human evolution, 1988, 17（1–2）: 71–92.

[71]BEARD K C, WANG J. The eosimiid primates（anthropoidea）of the Heti Formation, Yuanqu Basin, Shanxi and Henan Provinces, People's Republic of China[J]. Journal of human evolution, 2004, 46（4）: 401–432.

[72]BEARD K C. Basal anthropoids [M] // HARTWIG W. The primate fossil record. Cambridge: Cambridge University Press, 2002:133–149.

[73]BEARD K C. Gliding behaviour and palaeoecology of the alleged primate family paromomyidae（Mammalia, Dermoptera）[J]. Nature, 1990, 345（6273）: 340–341.

[74]BEAUVILAIN A. The contexts of discovery of Australopithecus bahrelghazali and of Sahelanthropus tchadensis（Toumaï）: Unearthed, embedded in sandstone or surface collected? [J]. South African journal of science, 2008, 104（3）: 165–168.

[75]BECK J W, RICHARDS D A, EDWARDS R L, et al. Extremely large variations of atmospheric 14C concentration during the last glacial period [J]. Science, 2001, 292（5526）: 2453–2458.

[76]BELLWOOD P, OXENHAM M. The expansions of farming societies and the role of the Neolithic demographic transition [M] // BOCQUET-APPEL J, BAR-YOSEF O. The Neolithic demographic transition and its consequences. New York: Springer, 2008.

[77]BELLWOOD P, RENFREW C. Examining the farming/language dispersal hypothesis [M]. Cambridge: McDonald Institute for Archaeological Research, 2002.

[78]BELLWOOD P. Prehistory of the Indo–Malaysian archipelago. [M]. Revised ed. Honolulu: University of Hawai'i Press, 1997.

[79]BENDEZU-SARMIENTO J, FRANCFORT H P, ISMAGULOVA A, et al. Post-mortem mutilations of human bodies in early Iron Age Kazakhstan and their possible meaning for rites of burial [J]. Antiquity, 2008, 82（315）: 73–86.

[80]BENNETT K. On the estimation of some demographic characteristics on a prehistoric population from the American Southwest [J]. American journal of physical anthropology, 1973（39）: 223–232.

[81]BENNIKE P. Vilhelm Møler-Christensen: his work and legacy [M] //ROBERTS C A, LEWIS M E, MANCHESTER K. The past and present of leprosy archaeological, historical, palaeopathological and clinical approaches. British archaeological reports international series 1054. Oxford: Archaeo Press, 2002: 135–144.

[82]BENTHAM J, DI CESARE M, STEVENS G A, et al. A century of trends in adult human height [J]. eLIFE, 2016, 5 e13410.

［83］BEOM J, WOO E J, LEE I S, et al. Harris lines observed in human skeletons of Joseon dynasty, Korea［J］. Anatomy of cell biology, 2014, 47（1）: 66–72.

［84］BERGER L R, DE RUITER D J, CHURCHILL S E, et al. Australopithecus sediba: a new species of Homo-like Australopithecus from South Africa［J］. Science, 2010, 328（5975）: 195–204.

［85］BERGER L R, HAWKS J, DE RUITER D J, et al. Homo naledi, a new species of the genus Homo from the Dinaledi Chamber, South Africa［J］. eLife, 2015, 4: e09560.

［86］BERGER L R, HAWKS J, DIRKS P H, et al. Homo naledi and Pleistocene hominin evolution in subequatorial Africa［J］. eLife, 2017, 6: e24234.

［87］BERGER L R, LACRUZ R, DE RUITER D J. Revised age estimates of Australopithecus-bearing deposits at Sterkfontein, South Africa［J］. American journal of physical anthropology, 2002, 119（2）: 192–197.

［88］BERGER T, TRINKAUS E. Patterns of trauma among the Neandertals［J］. Journal of archaeological science, 1995, 22（6）: 841–852.

［89］BERILLON G, D'AOÛT K, DAVER G, et al. In what manner do quadrupedal primates walk on two legs? Preliminary results on olive baboons（papio anubis）［M］// D'AOÛT K, VEREECKE E E. Primate locomotion: linking field and laboratory research. London: Springer Science+Business Media, LLC., 2011: 61–82.

［90］BERMAN L, FREED R E, DOXEY D. Arts of ancient Egypt［J］. Museum of fine arts Boston, 2003.

［91］BERMÚDEZ DE CASTRO J M, ARSUAGA J L, CARBONELL E, et al. A hominid from the lower Pleistocene of Atapuerca, Spain: possible ancesteor to Neandertals and modern humans［J］. Science, 1997, 276（5317）: 1392–1395.

［92］BERMÚDEZ DE CASTRO J M, MARTINÓN-TORRES M, MARTIN-FRANCÉS I, et al. Homo antecessor: the state of the eighteen years later［J］. Quaternary international, 2017, 433（Part A）: 22–31.

［93］BERNSTEIN J, et al. Musculoskeletal medicine［M］. Illinois: American Academy of Orthopaedic Surgeons, 2003.

［94］BERRY A C, BERRY R J. Epigenetic variation in the human cranium［J］. Journal of anatomy, 1967, 101（Pt 2）: 361–379.

［95］BERTHET M, MESBAHI G, PAJOT A, et al. Titi monkeys combine alarm calls to create probabilistic meaning［J］. Science advances, 2019, 5（5）: eaav3991.

［96］BETTI L, VON CRAMON-TAUBADEL N, MANICA A, et al. Global geometric morphometric analyses of the human pelvis reveal substantial neutral population history effects, even across sexes［J］. Plos one, 2013, 8（2）: e55909.

［97］BICHAKJIAN B H. Language evolution: how language was built and made to evolve［J］. Language sciences, 2017（63）119–129.

［98］BIGGERSTAFF R H. The basal area of posterior tooth crown components: the assessment of within tooth variation of premolars and molars［J］. American journal of physical anthropology, 1969, 31（2）: 163–170.

［99］BIGONI L, VELEMÍNSKÁ J, BRŮŽEK J. Three-dimensional geometric morphometric analysis of cranio-facial sexual dimorphism in a Central

生物人类学
（第二版）

European sample of known sex [J]. HOMO: journal of comparative human biology, 2010, 61 (1): 16–32.

[100]BILLIG E M W, O'MEARA W P, RILEY E M, et al. Developmental allometry and paediatric malaria [J]. Malaria journal, 2012, 11 (1): 1–13.

[101]BILSBOROUGH A, RAE T C. 7 Hominoid cranial diversity and adaptation [M] // HENKE W, TATTERSALL I. Handbook of paleoanthropology. New York: Springer Science & Business Media, 2007: 1031–1105.

[102]BINFORD L R. An Archaeological perspective [M]. New York: Seminar Press, 1972.

[103]BINFORD L R. Archaeology as anthropology [J]. American antiquity, 1962, 28 (2): 217–225.

[104]BLACK S, FERGUSON E. Forensic anthropology: 2000 to 2010 [M]. New York: CRC Press, 2011.

[105]BLAKE C F. Foot-binding in Neo-Confucian China and the appropriation of female labor [J]. Signs, 1994, 19 (3): 676–712.

[106]BLIQUEZ L J. Prosthetics in classical antiquity: Greek, Etruscan, and Roman prosthetics [M] //HAASE W, TEMPROINI H. Aufstieg und Niedergang der römischen Welt. Teil II: Principat. New York: De Gruyter, 1996, 37 (3): 2640–2676.

[107]BLOCH J I, BOYER D M. Grasping primate origins [J]. Science, 2002, 298 (5598): 1606–1610.

[108]BLOCH J I, FISHER D C, ROSE K D, et al. Stratocladistic analysis of Paleocene Carpolestidae (Mammalia, Plesiadapiformes) with description of a new late Tiffanian genus [J]. Journal of vertebrate paleontology, 2001, 21 (1): 119–131.

[109]BLOCH J I, SILCOX M T, BOYER D M, et al. New Paleocene skeletons and the relationship of plesiadapiforms to crown-clade primates [J]. PNAS, 2007, 104 (4): 1159–1164.

[110]BLUMENBACH J F, WAGNER R, MARX K F H, et al. The anthropological treatises of Johann Friedrich Blumenbach [M]. London: Longman, Green, Longman, Roberts & Green, 1865.

[111]BOAZ N T, CIOCHON R L. Dragon Bone Hill: an Ice-age saga of Homo erectus [M]. Oxford: Oxford University Press, 2004.

[112]BOCHERENS H, SCHRENK F, CHAIMANEE Y, et al. Flexibility of diet and habitat in Pleistocene South Asian mammals: implications for the fate of the giant fossil ape Gigantopithecus [J]. Quaternary international, 2017, 434 (A): 148–155.

[113]BOCQUET-APPEL J. Explaining the Neolithic demographic transition [M] // BOCQUET-APPEL J, BAR-YOSEF O. The Neolithic demographic transition and its consequences. New York: Springer, 2008.

[114]BOCQUET-APPEL J. The paleoanthropological traces of a Neolithic demographic transition [J]. Current anthropology, 2002, 43 (4): 638–650.

[115]BOLHUIS J, TATTERSALL I, CHOMSKY N, et al. How could language have evolved? [J]. Plos biology, 2014, 12 (8): e1001934.

[116]BONANI G, IVY S D, HAJDAS I, et al. AMS 14C age determination of tissue, bone and grass samples from the Ötzal Ice Man [J]. Radiocarbon, 1994, 36 (2): 247–250.

[117]BOOKSTEIN F L. Morphometric tools for landmark data: geometry and biology [M]. New York: Cambridge Univiversity Press, 1991.

[118]BOUGET S. Proyecto Arqueologico Huaca de la Luna: informe tecnico 1995, Vol. I textos (Uceda S. and R. Morales eds.) [M]. Trujillo: Universidad

Nacional de La Libertad–Trujillo, 1996: 52–61.

［119］BOULE M. L'homme Fossile de La Chapelle-aux-Saints［J］. Annales de Paléontologie, 1909（19）: 519–525

［120］BOULE M. Les hommes fossiles: éléments de paléontologie humaine［M］. Zéme édition. Paris: Masson et Cie, 1923.

［121］BOVÉE J. Multiple osteochondromas［J］. Orphanet journal of rare diseases, 2008（3）: 3.

［122］BOWLER J M, JONES R, ALLEN H, et al. Pleistocene human remains from Australia: a living site and human cremation from Lake Mungo, western New South wales［J］. World archaeology, 1970（2）: 39–60.

［123］BOWLER J M, THORNE A G, POLACH H. Pleistocene man in Australia: age and significance of the Mungo skeleton［J］. Nature, 1972, 240（5375）: 48–50.

［124］BOWLER J M, THORNE A G. Human remains from Lake Mungo: discovery and excavation of Lake Mungo［M］// KIRK R L, THORNE A G. The origin of the Australians. Canberra: Australian institute of aboriginal studies, 1976: 127–138.

［125］BOWMAN S. Radiocarbon dating［M］. London: British Museum Press, 1995.

［126］BOYER D M, COSTEUR L, LIPMAN Y. Earliest record of Platychoerops（Primates, Plesiadapidae）, a new species from Mouras Quarry, Mont de Berru, France［J］. American journal of physical anthropology, 2012, 149（3）: 329–346.

［127］BOYLE I T. Bones for the future［J］. Acta pediatrica scandinavia, 1991, 80（S373）: 58–65.

［128］BRACE C L. "Physcial" anthropology at the turen of the last century［M］//LITTLE M A, KENNED

K A R. Histories of American physical anthropology in the twentieth century. New York: Lexington Books, 2010: 25–54.

［129］BRAGA J, TREIL J. Estimation of pediatric skeletal age using geometric morphometrics and three-dimensional cranial size changes［J］. International journal of legal medicine, 2007, 121（6）: 439–443.

［130］BRAHIC C. Our true dawn［J］. New scientist, 2012（2892）: 34–37.

［131］BRAIN C K. New finds at the Swartkrans australopithecine site［J］. Nature, 1970, 225（5238）: 1112–1119.

［132］BRAIN C K. The hunters or the hunted? An introduction to African cave taphonomy［M］. Chicago: University of Chicago Press, 1981.

［133］BRASIER M D, GREEN O R, JEPHCOAT A P, et al. Questioning the evidence for Earth's oldest fossils［J］. Nature, 2002, 416（6876）: 76–81.

［134］BRÄUER G, PITSIOS T, SÄRING D, et al. Virtual reconstruction and comparative analyses of the Middle Pleistocene Apidima 2 cranium（Greece）［J］. The anatomical record, 2019.

［135］BREUER T, HOCKEMBA M B, FISHLOCK V. First observation of tool use in wild gorillas［J/OL］. Plos biology, 2005, 3（11）: e380. https://doi.org/10.1371/journal.pbio.0030380.

［136］BRICKLEY M, IVES R. Skeletal manifestation of infantile scurvy［J］. American journal of physical anthropology, 2006, 129（2）: 163–172.

［137］BRICKLEY M, IVES R. The bioarchaeology of metabolic bone disease［M］. New York: Academic Press, 2008.

［138］BRICKLEY M, MAYS S, IVES R. An investigation of skeletal indicators of vitamin D

生物人类学
（第二版）

deficiency in adults: effective markers for interpreting past living conditions and pollution levels in eighteenth and nineteenth century Birmingham, England [J]. American journal of physical anthropol, 2007, 132（1）: 67–79.

[139] BRIDGES P S. Vertebral arthritis and physical activities in the prehistoric United States [J]. American journal of physical antrhopology, 1994, 93（1）: 83–93.

[140] BRIGGS A W, GOOD J M, GREEN R E, et al. Targeted retrieval and analysis of five Neandertal mtDNA genomes [J]. Science, 2009, 325（5938）: 318–321.

[141] BROCKMAN D K, VAN SCHAIK C P. Seasonality in primates: studies of living and extinct human and non-human primates [M]. Cambridge: Cambridge University Press, 2005.

[142] BROMAGE T G, MCMAHON J, THACKERAY J F, et al. Craniofacial architectural constraints and their importance for reconstructing the early Homo skull KNM-ER 1470 [J]. Journal of clinical pediatric dentistry, 2008, 33（1）: 43–54.

[143] BROOM R. Another new type of fossil ape-man（Paranthropus crassidens）[J]. Nature, 1949, 162（4132）: 57.

[144] BROTHWELL D R. Digging up bones [M]. New York: Cornell University Press, 1981.

[145] BROTHWELL D R. Upper Pleistocene human skull from Niah Caves, Sarawak [J]. Sarawak museum journal, 1960, 9（15–16）: 323–349.

[146] BROWN P, MAEDA T. Liang Bua Homo floresiensismandibles and mandibular teeth: a contribution to the comparative morphology of a new hominin species [J]. Journal of human evolution, 2009,

57（5）: 571–596.

[147] BROWN P, SUTIKNA T, MORWOOD M J, et al. A new small-bodied hominin from the Late Pleistocene of Flores, Indonesia [J]. Nature, 2004（431）: 1055–1061.

[148] BROWN P. Australian palaeoanthropology [M] //SPENCER F. History of physical anthropology: an encyclopedia. New York: Garland Publishing, 1997: 138–145.

[149] BROWN P. Australian Pleistocene variation and the sex of Lake Mungo 3 [J]. Journal of human evolution, 2000, 38（5）: 743–749.

[150] BROWN P. LB1 and LB6 Homo floresiensis are not modern human（Homo sapiens）cretins [J]. Journal of human evolution, 2012, 62（2）: 201–224.

[151] BROWN P. Recent human evolution in East Asia and Australasia [J]. Philosophical transactions of the royal society of London, biological sciences, 1992, 337（1280）: 235–242.

[152] BRUNET M, BEAUVILAIN A, COPPENS Y, et al. Australopithecus bahrelghazali, a new species of early hominid from Koro Toro region, Chad [J]. Comptes rendus de l'academie des sciences serie II A sciences de la terre et des planetes, 1996, 322（10）: 907–913.

[153] BRUNET M, GUY F, PILBEAM D, et al. A new hominid from the upper Miocene of Chad, central Africa [J]. Nature, 2002, 418（6894）: 145–151.

[154] BRUNET M, GUY F, PILBEAM D, et al. New material of the earliest hominid from the upper Miocene of Chad [J]. Nature, 2005, 434（7034）: 752–755.

[155] BRUZEK L. A method for visual determination of sex, using the human hip bone [J]. American journal of physical anthropology, 2002, 117（2）: 157–168.

［156］BUCKLEY H R, DIAS G J. The distribution of skeletal lesions in treponemal disease: is the lymphatic system responsible?［J］. International journal of osteoarchaeology, 2002（12）: 178–188.

［157］BUIKSTRA J E, BECK L A. Bioarchaeology: the contextual analysis of human remains［M］. New York: Elesevier Academix Press, 2006.

［158］BUIKSTRA J, BECK L. Bioarchaeology: the contextual study of human remains［M］. New York: Elsevier, 2006.

［159］BUIKSTRA J. Biocultural dimensions of archaeological study: a regional perspective.［M］// BLAKE L Y. Biocultural adaptation in prehistoric America. Athens: University of Georgia Press, 1977: 67–84.

［160］BURBANO H A, HODGES E, GREEN R E, et al. Targeted investigation of the Neandertal Genome by array-based sequence capture［J］. Science, 2010, 326（5979）: 723–725.

［161］BURT N M. Stable isotope ratio analysis of breastfeeding and weaning practices of children from medieval Fishergate House York, UK［J］. American journal of physical anthropology, 2013, 152（3）: 407–416.

［162］BUSHEE J, OSMOND J K, SINGH R J. Dating of rocks, fossils, and geologic events［M］// BUSCH R M. Laboratory manual in physical geology. 5th ed. Upper Saddle River: Prentice Hall, 2000: 124–137.

［163］BUTZER K W, BEAUMONT P B, VOGEL J C. Lithostratigraphy of Border Cave KwaZulu, South Africa: a middle stone age sequence beginning c. 195,000 B.P.［J］. Journal of archaeological science, 1978, 5（4）: 317–341.

［164］BUZHILOVA A D. The environment and health condition of the Upper Palaeolithic Sunghir people of Russia［J］. Journal of physiological anthropology and applied human science, 2005（24）: 413–418.

［165］CAIRNEY P. Punctuated equilibrium.［M］// CAIRNEY P. Understanding public policy: theories and Issues. Basingstoke: Palgrave Macmillan, 2011: 175–199.

［166］CANN R L, STONEKING M, WILSON A C. Mitochondrial DNA and human evolution［J］. Nature, 1987（325）: 31–36.

［167］CARAMELLI D, LALUEZA-FOX C, CONDEMI S, et al. A highly divergent mtDNA sequence in a Neandertal individual from Italy［J］. Currunt biology, 2006, 16（16）: R630–R632.

［168］CARDINI A, SEETAH K, BARKER G. How many specimens do I need? Sampling error in geometric morphometrics: testing the sensitivity of means and variances in simple randomized selection experiments ［J］. Zoomorphology, 2015, 134（2）: 149–163.

［169］CARDINI A. Missing the third dimension in geometric morphometrics: how to assess if 2D images really are a good proxy for 3D structures?［J］. Hystrix, the Italian journal of mammalogy, 2014, 25（2）: 73–81.

［170］CARLSON K J, STOUT D, JASHASHVILI T, et al. The endocast of MH1, Australopithecus sediba ［J］. Science, 2011, 333（6048）: 1402–1407.

［171］CARPENTER K. The history of scurvy and vitamin C［M］. Cambridge: Cambridge University Press, 1986.

［172］CARRETERO J, RODRÍGUEZ L, GARCÍA-GONZÁLEZ R, et al. Stature estimation from complete long bones in the Middle Pleistocene humans from the Sima de los Huesos, Sierra de Atapuerca（Spain）［J］.

Journal of human evolution, 2012, 62（2）: 242–255.

［173］CARTWRIGHT F F, BIDDISS M D. Disease and history［M］. London: Sutton Publishing Ltd., 2004.

［174］CASHDAN E A. Natural fertility, birth spacing, and the first demographic transition［J］. American anthropologist,1985, 87（3）: 650–653.

［175］CASPARI R, LEE S-H. Older age becomes common late in human evolution［J］. PNAS, 2004（101）: 10895–10900.

［176］CAVALLI-SFORZA L L, CAVALLI-SFORZA F. The great human diasporas［M］. London: Addison Wesley Publishing Company, 1995.

［177］CELA-CONDE C J, AYALA F J. Genera of the human lineage［J］. PNAS., 2003, 100（13）: 7684–7689.

［178］CEREZO-ROMÁN J I, ESPINOZA P O H. Estimating age at death using the sternal end of the fourth ribs from Mexican males［J］. Forensic science international, 2014（236）: 196.e1–196.e6.

［179］CHAGNON N A. Life histories, blood revenge, and warfare in a tribal population［J］. Science, 1988, 239（4843）: 985–992.

［180］CHAIMANEE Y, SUTEETHORN V, JINTASAKUL P, et al. A new orangutan relative from the late Miocene of Thailand［J］. Nature, 2004, 427（6973）: 439–441.

［181］CHAN L M. Foot binding in Chinese women and its psycho-social implications［J］. Canadian psychiatric association journal, 1970, 15（2）: 229–232.

［182］CHAN S S, ELIAS J P, HYSELL M E, et al. CT of a Ptolemaic period mummy from the ancient Egyptian City of Akhmim［J］. Radiographics, 2008, 28（7）: 2023–2032.

［183］CHANDLER R H. On the Clactonian Industry at Swanscombe［M］. Cambridge: Cambridge University Press, 2013.

［184］CHENF H, WELKER F, SHEN C C, et al. A late Middle Pleistocene Denisovan mandible from the Tibetan Plateau［J］. Nature, 2019, 569（7756）: 409–412.

［185］CHEUNG A F, POLLEN A A, TAVARE A, et al. Comparative aspects of cortical neurogenesis in vertebrates［J］. Journal of Anatomy, 2007, 211（2）: 164–176.

［186］CHHEM R K, BROTHWELL D R. Paleoradiology: imaging mummies and fossils［M］. Berlin: Springer-Verlag Berlin Heidelberg, 2008.

［187］CHIKARASH Y, STEFFAN S A, OGAWA N O, et al. High-resolution food weds based on nitrogen isotopic composition of amino acids［J］. Ecologg and evolution, 2014（4）: 2423–2449.

［188］CHISHOLM B S, NELSON D E, SCHWARCZ H P. Stable-Carbon isotope ratios as a measure of marine versus terrestrial protein in ancient diets［J］. Science, 1982, 216（4550）: 1131–1132.

［189］CHIVERS D J, HLADIK C M. Morphology of the gastrointestinal tract in primates: comparisons with other mammals in relation to diet［J］. Journal of morphology, 1980, 166（3）: 337–386.

［190］CHOY K, JEON O R, FULLER B T, et al. Isotopic evidence of dietary variations and weaning practices in the Gaya cemetery at Yeanri, Gimhae, South Kore［J］. American journal of physical anthropology, 2010, 142（1）: 74–84.

［191］CHRISTENSEN A M, PASSALACQUA N V, BARTELINK E J. Forensic anthropology: current methods and practice［M］. Oxford: Elsevier Academic Press, 2014.

［192］CIEOHON L. The mystery ape of Pleistocene Asia［J］. Nature, 2009, 459（7249）: 910-911.

［193］CIOCHON R L, GUNNELL G F. Eocene primates from Myanmar: historical perspectives on the origin of Anthropoidea［J］. Evolutionary anthropology, 2002, 11（4）: 156-168.

［194］CIOCHON R, LONG V T, LARICK R, et al. Dated co-occurrence of Homo erectus and Gigantopithecus from Tham Khuyen Cave, Vietnam［J］. Proceedings of the national academy of sciences of the United States of America, 1996, 93（7）: 3016-3020.

［195］CLARK J G D. Star Carr: A case study in bioarchaeology（No.10）［M］. New York: Addison-Wesley Modular Publications, 1972.

［196］CLARK J, DE HEINZELIN J, SCHICK K, et al. African Homo erectus: old radiometric ages and young Oldowan assemblages in the middle Awash Valley, Ethiopia［J］. Science, 1994, 264（5167）: 1907-1909.

［197］CLARKE R J. The Ndutu cranium and the origin of Homo sapiens［J］. Journal of human evolution, 1990, 19（6-7）: 699-736.

［198］CLARKSON C, JACOBS Z, MARWICK B, et al. Human occupation of northern Australia by 65,000 years ago［J］. Nature, 2017, 547（7663）: 306-310.

［199］CLARKSON C, SMITH M, MARWICK B, et al. The archaeology, chronology and stratigraphy of Madjedbebe（Malakunanja Ⅱ）: a site in north Australia with early occupation［J］. Journal of human evolution, 2015, 83（1）: 46-64.

［200］CLAUDE J. Morphometrics with R［M］. New York: Springer, 2008.

［201］CLEMENS W A. Purgatorius（Plesiadapiformes, Primates?, Mammalia）, a Paleocene immigrant into Northeastern Montana: stratigraphic occurrences and incisor proportions［J］. Bulletin of the Carnegie museum of natural history, 2004（36）: 3-13.

［202］COHEN K M, HARPER D A T, GIBBARD P L. ICS International chronostratigraphic chart, 2018/08［R/OL］. [2019-07-14]. International commission on stratigraphy, IUGS. https://www.stratigraphy.org.

［203］COLES J. John Grahame Douglas Clark, 1907-1995［J］. Proceedings of the British academy, 1997（94）: 357-387.

［204］COMAS I, GAGNEUX S. The past and future of tuberculosis research［J］. Plos pathogens, 2009, 5（10）: e1000600.

［205］CONROY G C. Reconstructing human origins: a modern synthesis［M］. New York: Norton, 1997.

［206］CONROY H. Female Body modification through physical manipulation: a comparison of foot-binding and corsetry［J/OL］. History undergraduate theses. 2, 2014. https://scholars.carroll.edu/history_theses/2.

［207］COOKE H B S, MALAN B D, WELLS L H L. Fossil man in the Lebombo mountains, South Africa: the "Border Cave", Ingwavuma district, Zululand［J］. Man, 1945（45）: 6-13.

［208］COOLIDGE F L, WYNN T. The rise of Homo sapiens: the evolution of modern thinking［M］. Chichester: Wiley-Blackwell, 2009.

［209］COPPENS Y. The differences between Australopithecus and Homo: preliminary conclusions from the Omo research expedition's studies［M］// ONIGSSON L K. Current argument on early man.

Oxford: Pergamon, 1980: 207–225.

[210]COQUERELLE M, BAYLE P, BOOKSTEIN F L, et al. The association between dental mineralization and mandibular form: a study combining additive conjoint measurement and geometric morphometrics [J]. Journal of anthropological sciences, 2010（88）129–150.

[211]CORDAIN L, BRAND M J, EATON S B, et al. Plant-animal subsistence ratios and macronutrient energy estimations in worldwide hunter-gatherer diets [J]. American journal of clinical nutrition, 2000, 71（3）: 682–692.

[212]CORNY J, GARONG A M, SÉMAH F. Paleoanthropological significance and morphological variability of the human bones and teeth from Tabon Cave [J]. Quaternary international, 2016, 416（1）: 210–218.

[213]CORP N, BYRNE R W. Sex difference in Chimpanzee handedness [J]. American journal of physical anthropology, 2004, 123（S38）: 62–68.

[214]COSTA L D F, CESAR R M Jr. Shape analysis and classification: theory and practice [M]. New York: LLC CRC Press, 2000.

[215]COVERT H H. The earliest fossil primates and the evolution of prosimians: Introduction [M] // HARTWIG W C. The primate fossil record. Cambridge: Cambridge University Press, 2002: 13–20.

[216]COX F E G. History of human Parasitology [J]. Clinical microbiology reviews, 2002, 15（4）: 595–612.

[217]COYNE J A. Why evolution is true [M]. Oxford: Oxford University Press, 2009.

[218]CROMPTON A W, LUO Z X. Relationships of the Liassic Mammals Sinoconodon, Morganucodon oehleri, and Dinnetherium [M] // SZALAY F S, NOVACEK M J, MCKENNA M C. Mammal Phylogeny. New York: Springer, 1993, 30–44.

[219]CRONIN J E. Apes, humans and molecular clocks [M] //CIOCHON R L, CORRUCCINI R S. New interpretations of ape and human ancestry. Advances in primatology. Boston: Springer, 1983.

[220]CRONK L, CHAGNON N, IRONS W. Adaptation and human behavior: an anthropological perspective [M]. New York: Aldine de Gruyter, 2000.

[221]CUCCHI T, BAYLAC M, EVIN A, et al. Morphométrie géométrique et archéozoologie: concepts, méthodes et applications [M] // PHILIPPE DILLMANN P, et al. Collection Sciences Archéologiques: Messages d'os Archéométrie du squelette animal et humain. Paris: Éditions des archives contemporaines, 2015: 197–216.

[222]CUCCHI T, HULME-BEAMAN A, YUAN J, et al. Early Neolithic pig domestication at Jiahu, Henan Province, China: Clues from molar shape analyses using geometric morphometric approaches [J]. Journal of archaeological science, 2011, 38（1）: 11–22.

[223]CUI Y, WU X. A geometric morphometric study of a Middle Pleistocene cranium from Hexian, China [J]. Journal of human evolution, 2015, 88: 54–69.

[224]CURNOE D, DATAN I, TAÇON P S C, et al. Frontiers in ecology and evolution [EB/OL]. https://doi.org/10.3389/fevo.2016.00075.

[225]CURNOE D, JI X P, HERRIS A, et al. Human remains from the Pleistocene-Holocene transition of Southwest China suggest a complex evolutionary history for East Asians [J]. Plos one, 2012, 7（3）: e31918.

[226]CURNOE D, TOBIAS P V. Description, new reconstruction, comparative anatomy and classification

of the Sterkfontein Stw 53 cranium with discussions about the taxonomy of other southern African early Homoremains [J]. Journal of human evolution, 2006, 50 (1) : 36–77.

[227]CURNOE D. A review of early Homo in southern Africa focusing on cranial, mandibular and dental remains, with the description of a new species (Homo gautengensis sp. nov)[J]. Homo, 2010, 61(3): 151–177.

[228]CURNOE D. Affinities of the Swartkrans early Homomandibles [J]. Homo-journal of comparotive human biology, 2008, 59 (2) : 123–147.

[229]CURNOEA D, ZHAO J X, AUBERTC M, et al. Implications of multi-modal age distributions in Pleistocene cave deposits: a case study of Maludong palaeoathropological locality, Southern China [J]. Journal of archaeological science: reports, 2019 (25) : 388–399.

[230]DACEY J S, TRAVERS J E. Human development: across the lifespan [M]. Boston: McGraw-Hill, 1996.

[231]DAHLBERG A A. Materials for the establishment of standards for classification of tooth characteristics, attributes, and techniques in morphological studies of the dentition [R]. Zoller laboratory of dental anthropology, University of Chicago, 1956.

[232]DALES G F. The mythical massacre at Mohenjo-Daro [J]. Expedition magazine, Penn Museum, 1964, 6 (3) : 37–48.

[233]DAMERIUS L A, BURKART J M, VAN NOORDWIJK M A, et al. General cognitive abilities in orangutans (Pongo abelii and Pongo pygmaeus)[J]. Intelligence, 2019 (74) 3–11.

[234]DARLING M I, DONOGHUE H D. Insights from paleomicrobiology into the indigenous peoples of pre-colonial America: a review [J]. Mem Inst Oswaldo Cruz, Rio de Janeiro, 2014, 109 (2) : 131–139.

[235]DARWIN C R. On the origin of species by means of natural selection, or the preservation of favoured races in the struggle for life [M]. London: John Murray, 1859.

[236]DARWIN C. On the origin of species [M]. Cambridge: Harvard University Press, 1859.

[237]DAVIS L G, MADSEN D B, BECERRA-VALDIVIA L, et al. Late upper Paleolithic occupation at Cooper's Ferry, Idaho, USA, ~16000 years ago [J]. Science, 2019, 365 (6456) : 891–891.

[238]DAY M H, LEAKEY R E. New evidence of the genus Homo from East Rudolf, Kenya. I [J]. American journal of physical anthropology, 1973, 39(3): 341–354.

[239]DAY M H. Bipedalism: pressures, origins and modes [M] // WOOD B A, MARTIN L B, ANDREWS P. Major topics in primate and human evolution. Cambridge: Cambridge University Press, 1986: 188–201.

[240]DE GRAAFF V. Human anatomy [M]. 5th ed. Boston: The McGeaw-Hill Companies, Inc., 1998.

[241]DE GROOTE I, FLINK L G, ABBAS R, et al. New genetic and morphological evidence suggests a single hoaxer created "Piltdown man" [J/OL]. Royal Society Open Science, 2016, 3 (8) : 160328. https://doi.org/10.1098/rsos.160328.

[242]DE LUMLEY M. L'homme de Tautavel. Un Homo erectus européen évolué. Homo erectus tautavelensis [J]. L'Anthropologie, 2015, 119 (3) :303–348.

[243]DE WAAL F B M. Tree of origin: what

primate behavior can tell us about human social evolution [M]. Cambridge: Harvard University Press, 2001.

[244]DEAN C A, ROHLF F J, SLICE D E. A field comes of age: geometric morphometrics in the 21st century [J]. Hystrix, the Italian journal of mammalogy, 2013, 24（1）: 7–14.

[245]DEAN H T. The investigation of physiological effects by the epidemiological method [M] //MOULTON F R. Fluorine and dental health. Washington: American Association for the Advancement of Science, 1942（19）: 23–31.

[246]DECKER S J. The human in 3D: advanced Morphometric analysis of high-resolution anatomically accurate computed models [D]. Florida: University of South Florida, 2010.

[247]DEEM J M. Drents museum in Assen [M]. The Netherlands: The Yde Girl, 2014.

[248]DEINO A, SCOTT G R, SAYLOR B, et al. 40Ar/39Ar dating, paleomagnetism, and tephrochemistry of Pliocene strata of the hominid-bearing Woranso-Mille area, west-central Afa Rift, Ethiopia [J]. Journal of human evolution, 2010, 58（2）: 111–126.

[249]DELSON E, HARVATI K. Palaeoanthropology: return of the last Neanderthal [J]. Nature, 2006, 443（7113）: 762–763.

[250]DELSON E. An early dispersal of modern humans from Africa to Greece [J]. Nature, 2019, 571（7766）: 487–488

[251]DEMETER F, BACON A M, NGUYEN K T, et al. An archaic Homo molar from Northern Viêtnam [J]. Current anthropology, 2004, 45（4）: 535–541.

[252]DEMETER F, MANNI F, COPPENS Y. Late upper Pleistocene human peopling of the Far East:

multivariate analysis and geographic pattens of variation [J]. Comptes rendus palevol, 2003, 2（8）: 625–638.

[253]DEMETER F, PEYRE E, COPPENS Y. Présence probable de forms de type Wadjak dans la baie fossile de Quyhn Luu au Nord Viêtnam sur le site de Cau Giat [J]. Comptee rende de l'académie des sciences. Paris Series Iia, 2000（330）: 451–456.

[254]DEMETER F. New perspectives on the human peopling of Southeast and East Asia during the late upper Pleistocene[M]//OXENHAM M, TAYLES N. Bioarchaeology of Southeast Asia: Cambridge studies in biological and evolutionary anthropology. Cambridge: Cambridge University Press, 2006: 112–133.

[255]DENNELL R, ROEBROEKS W. An Asian perspective on early human dispersal from Africa [J]. Nature, 2005, 438（7071）: 1099–1104.

[256]DESILVA J M, GILL C M, PRANG T C, et al. A nearly complete foot from Dikika, Ethiopia and its implications for the ontogeny and function of Australopithecus afarensis [J]. Science advance, 2018, 4（7）: eaar7723.

[257]DESMIND A, MOORE J. Darwin [M]. London: Penguin Books, 1991.

[258]DÉTROIT F, CORNY J, DIZON E Z, et al. "Small size" in the Philippine human fossil record: is it meaningful for a better understanding of the evolutionary history of the Negritos? [J]. Human biology, 2013, 85（1–3）: 451–466.

[259]DÉTROIT F, DIZON E, FALGUÈRES C, et al. Upper Pleistocene Homo sapiens from the Tabon cave（Palawan, the Philippines）: description and dating of new discoveries [J]. Comptes rendus palevol, 2004, 3（8）: 705–712.

[260]DÉTROIT F, MIJARES A S, CORNY J, et

al. A new species of Homo from the late Pleistocene of the Philippines [J]. Nature, 2019, 568 (7751) : 181–186.

[261]DIEDRICH C G. "Neanderthal bone flutes": simply products of Ice Age spotted hyena scavenging activities on cave bear cubs in European cave bear dens [J]. Royal society open science, 2015, 2 (4) : 140022.

[262]DIEZ-MARTIN F, YUSTOS P S, DOMÍNGUEZ-RODRIGO M, et al. New insights into hominin lithic activities at FLK North Bed I, Olduvai Gorge, Tanzania [J]. Quaternary research, 2010, 74(3): 376–387.

[263]DINGWALL E J. Artificial cranial deformation: A contribution to the study of ethnic mutilations [M]. London: John Bale, Sons and Danielsson, Ltd., 1936.

[264]DIRKMAAT D. A companion to forensic anthropology [M]. Oxford: Blackwell Publishing Ltd., 2012.

[265]DIRKS P G H M, KIBII J M, KUHN B F, et al. Geological setting and age of Australopithecus sediba from Southern Africa [J]. Science, 2010, 328 (5975) : 205–208.

[266]DIRKS P H, ROBERTS E M, HILBERT-WOLF H, et al. The age of Homo naledi and associated sediments in the Rising Star Cave, South Africa [J]. eLife, 2017, 6:e24231.

[267]DIZON E, DÉTROIT F, SÉMAH F, et al. Notes on the morphology and age of the Tabon Cave fossil Homo sapiens [J]. Current anthropology, 2002, 43 (4) : 660–666.

[268]DOBNEY K, BROTHWELL D. A method for evaluating the amount of dental calculus on teeth from archaeological sites [J]. Journal of archaeological science, 1987, 14 (4) : 343–351.

[269]DOBNEY K, BROTHWELL D. Dental calculus: its relevance to ancient and oral ecology [J] // CRUWYS E, FOLEY R A. Teeth and anthropology. BAR international series 291, 1986: 55–82.

[270]DOBNEY K, KENWAED H, OTTAWAY P, et al. Down, but not out: biological evidence for complex economic organization in Lincoln in the late 4th century [J]. Antiquity, 1998, 72 (276) : 417–424.

[271]DOBZHANSKY T, AYALA F J, STEBBINS G L, et al. Evolution [M]. San Francisco: Freeman, 1977.

[272]DOBZHANSKY T. Genetics and the origin of species [M]. 3rd ed. New York: Columbia University Press, 1953.

[273]DOMETT K M, NEWTON J, O'RIELLY D Y W, et al. Cultural modification of the dentition in prehistoric Cambodia [J]. International journal of osteoarchaeology, 2013, 23 (3) : 274–286.

[274]DONOGHUE P C J, YANG Z. The evolution of methods for establishing evolutionary timescales [J]. Philosophical transactions of the royal society B: biological sciences, 2016, 371 (1699) : 20160020.

[275]DOUBE M, KŁOSOWSKI M M, ARGANDA-CARRERAS I, et al. Bone J: free and extensible bone image analysis in Image J [J]. Bone, 2010, 47 (6) : 1076–1079.

[276]DRUSUS L. 10 Intentionally deformed skulls from around the world[EB/OL]. [2016–11–01]. http://mentalfloss.com/article/87676/10–intentionally–deformed–skulls–around–world.

[277]DUBOIS E. De proto-Australische fossiele mensch van Wadjak (Java), I–II [J]. Koninklijke Akademie van Wetenschappen te Amsterdam, 1920(19):

88–105, 866–887.

［278］DUBOIS E. The Pro-Australian fossil man of Wadjak, Java［J］. Peoceedings de l'Académie d'Amsterdam, 1922, XXIII（7）: 1013–1051.

［279］DUGGAN A T, PERDOMO M F, PIOMBINOMASCALI D, et al. 17th century variola virus reveals the recent history of Smallpox［J］. Current biology, 2016, 26（24）: 3407–3412.

［280］DUPRAS T L, SCHULTZ J J, WHEELER S M, et al. Forensic recovery of human remains-archaeological approaches［M］. New York: Taylor and Francis, 2006.

［281］DURBAND A C, RAYNER D R T, WESTAWAY M. A new test of the sex of the Lake Mungo 3 skeleton［J］. Archaeology in Oceania, 2009, 44（2）: 77–83.

［282］DURBIN R M, ALTSHULER D L, ABECASIS G R, et al. A map of human genome variation from population-scale sequencing［J］. Nature, 2010, 467（7319）: 1061–1073.

［283］DURRANI A. Analysis and conservation of an armring from Old Croghan Man（Report）［J］. National museum of Ireland, 2015.

［284］EASTON R D, MERRIWETHER D A, CREWS D E, et al. mtDNA variation in the Yanomami: evidence for additional New World founding lineages［J］. American journal of hum genetics, 1996, 59（1）: 213–225.

［285］EATON S B, PIKE M C, SHORT R V, et al. Women's reproductive cancers in evolutionary context ［J］. Quarterly review of biology, 1994, 69（3）: 353–367.

［286］EECKHOUT P, OWENS L S. Human sacrifice at Pachacamac［J］. Latin American antiquity,

2008, 19（4）: 375–398.

［287］EKIZOGLU O, HOCAOGLU E, CAN I O, et al. Spheno-occipital synchondrosis fusion degree as a method to estimate age: a preliminary, magnetic resonance imaging study［J］. Australian journal of forensic science, 2016, 48（2）: 159–170.

［288］ELDREDGE N, GOULD S J. Punctuated equilibria: an alternative to phyletic gradualism［M］// SCHOPF T J M. Models in paleobiology. San Francisco: Freeman, Cooper, 1972: 82–115.

［289］ELTER D A. Mystery ape: other fossils suggest that it's no mystery at all［J］. Nature, 2009, 460（7256）: 684.

［290］ENARD W, PÄÄBO S. Cpmparative primate genomics［J］. Annual review of genomics and human genetics, 2004（5）: 351–378.

［291］ENDICOTT P, HO S Y, STRINGER C. Using genetic evidence to evaluate four palaeoanthropological hypotheses for the timing of Neanderthal and modern human origins［J］. Journal of human evolution, 2010, 59（1）: 87–95.

［292］ENG J T. A bioarchaeological study of osteoarthritis among populations of Northern China［J］. Quaternary international, 2016（405）: 172–185.

［293］ENNOUCHI E. Le deuxième crâne de l'homme d'Irhoud［J］. Annales de paléontologie （Vértébrés）LIV, 1968: 117–128.

［294］ERESHEFSKY M. The poverty of the Linnaean eierarchy: a philosophical study of biological taxonomy［M］. Cambridge: Cambridge University Press, 2000.

［295］ERIKSSON O, FRIIS E M, LÖFGREN P. Seed size, fruit size, and dispersal systems in angiosperms from the early Cretaceous to the late

Tertiary [J]. American naturalist, 2000, 156 (1): 47–58.

[296]ERMINI L, OLIVIERI C, RIZZI R, et al. Complete mitochondrial genome sequence of the Tyrolean Iceman [J]. Current biology, 2008, 18 (21): 1687–1693.

[297]ESHED V, GALILI E. Palaeodemography of Southern Levantine Pre-Pottery Neolithic Populations: regional and temporal perspectives [M] // PINHASI R, STOCK J T. Human bioarchaeology of the transition to agriculture. London: John Wiley and Sons Ltd, 2011: 403–428.

[298]ETLER D A, CRUMMETT T L, WOLPOFF M N. Longgupo: early Homo colonizer or late Pliocene Lufengpithecus survivor in south China? [J]. Human evolution, 2001, 16 (1): 1–12.

[299]EVELETH P B, TANNER J M. Worldwide variation in human growth [M]. 2nd ed. Cambridge: Cambridge University Press, 1990.

[300]FALK D, REDMOND J C, GUYER J, et al. Early Hominid brain evolution: a new look at old endocasts [J]. Journal of human evolution, 2000, 38 (5): 695–717.

[301]FALK D. Hominid paleoneurology [J]. Annual review of anthropology, 1987, 16: 13–30.

[302]FAWCETT C D, LEE A. A second study of the variation and correlation of the human skull, with special reference to the Naqada crania [J]. Biometrika, 1902, 1 (4): 408–467.

[303]FERNANDES A A, AMORIM P R S, BRITO C, et al. Measuring skin temperature before, during and after exercise: a comparison of thermocouples and infrared thermography [J]. Physiological measurement, 2014, 35 (2): 189–203.

[304]FISCH G S. Whither the genotype–phenotype relationship? An historical and methodological appraisal [J]. American journal of medical genetics, 2017(175C): 343–353.

[305]FISCHER J. Primate vocal production and the riddle of language evolution [J]. Psychonomic bulletin and review, 2017, 24 (1): 72–78.

[306]FISHER R A. The genetical theory of natural selection [M]. Oxford: Oxford University Press, 1930.

[307]FITCH W T, HAUSER M D. Computational constraints on syntactic processing in a nonhuman primate [J]. Science, 2004, 303 (5656): 377–380.

[308]FITCH W T, REBY D. The descended larynx is not uniquely human [J]. Proceedings of the royal society B: biological sciences, 2001 (268) 1669–1675.

[309]FLEAGLE J G, JANSON C H, REED K E. Primate communities [M]. Cambridge: Cambridge University Press, 2004.

[310]FLEAGLE J G. Primate adaptation and evolution [M]. 2nd ed. New York: Academic Press, 1998.

[311]FLEAGLE J G. Primate adaptation and evolution [M]. 3rd ed. New York: Academic Press, 2013.

[312]FOX C L, JUAN J, ALBERT R M. Phytolith analysis on dental calculus, enamel surface, and burial soil: information about diet and paleoenvironment [J]. American journal of physical anthropology, 1996, 101 (1): 101–113.

[313]FOX C L, PE'REZ-PE'REZ A. Dietary information through the examination of plant phytolith on the enamel surface of human dentition [J]. Journal of archaeological science, 1994, 21 (1): 29–34.

[314]FRANCISCUS R G, TRINKAUS E. Nasal

生物人类学
（第二版）

morphology and the emergence of Homo erectus［J］. American journal of physical anthropology, 1988, 75(4): 517–527.

［315］FRANKEL V H, BURSTEIN A H. Orthopaedic biomechanics［M］. Lea and Febiger: Philadelphia, 1970.

［316］FRANKLIN D, OXNARD C E, O'HIGGINS P. Sexual dimorphism in the subadult mandible: quantification using geometric morphometrics［J］. Journal of forensic science, 2007, 52（1）: 6–10.

［317］FRANZEN J L, GINGERICH P D, HABERSETZER J, et al. Complete primate skeleton from the middle Eocene of Messel in Germany: morphology and paleobiology［J］. Plos one, 2009, 4（e5723）: 1–27.

［318］FU Q, HAJDINJAK M, MOLDOVAn O T, et al. An early modern human from Romania with a recent Neanderthal ancestor［J］. Nature, 2015, 524（7564）: 216–219.

［319］FU Q, LI H, MOORJANI P, et al. Genome sequence of a 45,000-year-old modern human from western Siberia［J］. Nature, 2014, 514（7523）: 445–449.

［320］FU Q, MEYERB M, GAO X, et al. DNA analysis of an early modern human from Tianyuan Cave, China［J］. PNAS, 2013, 110（6）: 2223–2227.

［321］FU R Y, SHEN G J, HE J N, et al. Modern Homo sapiens skeleton from Qianyang Cave in Liaoning, Northeastern China and its U-series dating［J］. Journal of human evolution, 2008, 55（2）: 349–352.

［322］FU X G. The Dingsishan site and the prehistory of Guangxi, south China［J］. Bulletin of the Indo-Pacific prehistory association, 2002（22）: 63–72.

［323］FUENTES A. Biological anthropology concepts and connection［M］. 2nd ed. New York: McGraw-Hill, 2011

［324］FULLER B T, FULLER J L, SAGE N E, et al. Nitrogen balance and δ15N: Why you're not what you eat during pregnancy［J］. Rapid coummunication in mass spectrometry, 2004, 18（23）: 2889–2896.

［325］FULLER B T, FULLER J L, SAGE N E, et al. Nitrogen balance and δ15N: Why you're not what you eat during nutritional stress［J］. Rapid coummunication in mass spectrometry, 2005, 19（18）: 2497–2506.

［326］FULLER B T, MOLLESON T I, HARRIS D A, et al. Isotopic evidence for breastfeeding and possible adult dietary differences from late/sub-Roman Britain［J］. American journal of physical anthropology, 2006, 129（1）: 45–54.

［327］FULLER J L, DENEHY G E. Concise dental anatomy and morphology［M］. 3rd ed. Iowa City: The University of Iowa, 1999.

［328］GABUNIA L, ANTON S C, LORDKIPANI-DZE D, et al. Dmanisi and dispersal［J］. Evolutionary anthropology, 2001, 10（5）: 158–170.

［329］GALICK K, SENUT B, PICKFORD M, et al. External and internal morphology of the BAR 1002_00 Orrorin tugenensis femur［J］. Science, 2004, 305（5689）: 1450–1453.

［330］GALLAGHER A. Stature, body mass, and brain size: A two-million-year odyssey［J］. Economics and human biology, 2013, 11（4）: 551–562.

［331］GALSON D L, ROODMAN G D. Pathobiology of Paget's disease of bone［J］. Journal of bone metabolism, 2014, 21（2）: 85–98.

［332］GEARY D C. Male, female: the evolution of human sex differences［M］. 2nd ed. Washington, DC:

American Psychological Association, 2010.

[333] GIBBONS A. A new ancestor for Homo? [J]. Science, 2011, 332（6029）: 534.

[334] GINGERICH P D, GUNNELL G F. Brain of Plesiadapis Cookei（Mammalia, Proprimates）: surface morphology and encephalization compared to those of primates and dermoptera [J]. Museum of paleontology the university of Michigan, 2005, 31（8）: 185–195.

[335] GLOB P. The bog people: Iron-Age man preserved [M]. New York: New York Review of Books, 2004, 304.

[336] GOBETZ K E, BOZARTH S R. Implications for late Pleistocene mastodon diet from opal phytoliths in tooth calculus [J]. Quat Res, 2001, 55（2）: 115–122.

[337] GOLOVANOVA L V, HOFFECKER J F, KHARITONOV V M, et al. Mezmaiskaya Cave: a Neanderthal occupation in the northern Caucasus [J]. Current anthropology, 1999, 40（1）: 70–86.

[338] GÓMEZ-ROBLES A, BERMÚDEZ DE CASTRO J M, MARTINÓN-TORRES M. A geometric morphometric analysis of hominin lower molars: evolutionary implications and overview of postcanine dental variation [J]. Journal of human evolution, 2015, 82: 34–50.

[339] GÓMEZ-ROBLES A, HOPKINS W D, SHERWOOD C C. Increased morphological asymmetry, evolvability and plasticity in human brain evolution [J/OL]. Proceedings of the royal society B, 2013, 280: 20130575. http://dx.doi.org/10.1098/rspb.2013.0575.

[340] GÓMEZ-ROBLES A, MARTINÓN-TORRES M, BERMÚDEZ DE CASTRO J M, et al. A geometric morphometric analysis of hominin upper first molar shape [J]. Journal of human evolution, 2007, 53

（3）: 272–285.

[341] GÓMEZ-ROBLES A, MARTINÓN-TORRES M, BERMÚDEZ DE CASTRO J M, et al. Geometric morphometric analysis of the crown morphology of the lower first premolar of hominins, with special attention to Pleistocene Homo [J]. Journal of human evolution, 2008, 55（4）: 627–638.

[342] GÓMEZ-ROBLES A, SHERWOOD C C. Human brain evolution how the increase of brain plasticity made us a cultural species [J]. Mètode science studies journal annual review, 2017（7）: 35–43.

[343] GÓMEZ-ROBLES A, SMAERS J B, HOLLOWAY R L, et al. Brain enlargement and dental reduction were not linked in hominin evolution [J]. The proceedings of the national academy of sciences, 2017, 114（3）: 468–473.

[344] GÓMEZ-ROBLES A. Palaeoanthropology: the dawn of Homo floresiensis [J]. Nature, 2016, 534（7606）: 188–189.

[345] GOMMERY G, PICKFORD M, SENUT B. A case of carnivore-inflicted damage to a fossil femur from Swartkrans, comparable to that on a hominid femur representing Orrorin tugenensis, BAR 1003'00（Kenya）[J]. Annals of the Transvaal museum, 2007（44）: 215–218.

[346] GONZÁLEZ-DARDER J M. Cranial trepanation in primitive cultures [J]. Neurocirugía, 2017（28）: 28–40.

[347] GOODMAN A H, ARMELAGOS G J, ROSE J. Enamel hypoplasias as indicators of stress in three prehistoric populations from Illinois [J]. Human biology, 1980, 52（3）: 515–528.

[348] GOODMAN A H, ROSE J C. Dental

enamel hypoplasias as indicators of nutritional status [M] // KELLEY M, LARSEN C. Advances in dental anthropology. New York: Wiley-Liss, 1991: 279–293.

[349] GOODMAN M. The genomic record of humankind's evolutionary roots [J]. American journal of human genetics, 1999, 64 (1): 31–39.

[350] GOODRICH J T. Prehistoric skull trepanation clearly a worldwide phenomenon [J]. World neurosurgery, 2013, 80 (6): 819–820.

[351] GOULD S J, ELDREDGE N. Punctuated equilibria: the tempo and mode of evolution reconsidered [J]. Paleobiology, 1977 (3): 115–151.

[352] GOULD S J. The mismeasure of man: a brilliant and controversial study of intelligence testing "superlative": nature [M]. New York: Punguin Books Ltd., 1981.

[353] GOUYON P, HENRY J, ARNOULD J. Gene avatars: the Neo-darwininan theory of evolution [M]. New York: Kluwer Academic Oublishers, 2002.

[354] GRABOWSKI M, HATALA K G, JUNGERS W L, et al. Body mass estimates of hominin fossils and the evolution of human body size [J]. Journal of human evolution, 2015 (85): 75–93.

[355] GRAEME B, LUCY F. Archaeological investigations in the Niah Caves, Sarawak [M]. Cambridge: McDonald Institute of Archaeological Research, 2016.

[356] GRAUER A L. A companion to paleopathology [M]. Oxford: Blackwell Publishing Ltd., 2012.

[357] GRAY R D, ATKINSON Q D, GREENHILL S J. Language evolution and human history: what a difference a date makes. Philosophical transactions of the royal society of London [J]. Series B, biological sciences, 2011, 366 (1567): 1090–1100.

[358] GREEN O R. A manual of practical laboratory and field techniques in palaeobiology [J]. Alphen aan den Rijn: Kluwer Academic Publishers, 2001.

[359] GREEN R E, BRAUN E L, ARMSTRONG J, ET al. Three crocodilian genomes reveal ancestral patterns of evolution among archosaurs [J]. Science, 2014, 36 (6215): 1335, 1254449 (1–9).

[360] GREEN R E, MALASPINAS A S, KRAUSE J, et al. A complete Neandertal mitochondrial genome sequence determined by high-throughput sequencing [J]. Cell, 2008, 134 (3): 416–426.

[361] GREEN S, GREEN S, ARMELAGOS G J. Settlement and mortality of the Christian site (1050–1300 A.D.) of Meinarti (Sudan) [J]. Journal of human evolution, 1974 (3): 297–316.

[362] GREGERSEN M, JURIK A G, LYNNERUP N. Forensic evidence, injuries and cause of death [M] // ASINGH P, LYNNERUP N. Grauballe man: an iron age bog body revisited. Aarhus: Aarhus University Press, 2007: 240.

[363] GRIN F E, WEBER G W, PLAVCAN J M, et al. Sex at Sterkfontein: "Mrs. Ples" is still an adult female [J]. Journal of human evolution, 2012, 62 (5): 593–604.

[364] GRINE F E, SMITH H F, HEESY C P, et al. Phenetic affinities of Plio-Pleistocene Homofossils from South Africa: molar cusp proportions [M] //GRINE F E, FLEAGLE J, LEAKEY R E. The first humans. Origin and early evolution of the genus Homo, Vertebrate paleobiology and paleoanthropology series. New York: Springer, 2009: 49–62.

[365] GRINE F E. Early Homo at Swartkrans, South Africa: a review of the evidence and an evaluation of recently proposed morphs [J]. South African journal

of science, 2005, 101（1）：43–52.

［366］GRÖNING F, FAGAN M J, O'HIGGINS P. The effects of the periodontal ligament on mandibular stiffness: a study combining finite element analysis and geometric morphometrics［J］. Journal of biomechanics, 2011, 44（7）：1304–1312.

［367］GROVES C P. Nomenclature of African Plio-Pleistocene hominins［J］. Journal of human evolution, 1999, 37（6）：869–872.

［368］GROVES C. Extended family: long lost cousins: a personal look at the history of primatology ［M］. New York: Conservation International, 2008.

［369］GRÜN R, BEAUMON P. Border Cave revisited: a revised ESR chronology［J］. Journal of human evolution, 2011, 40（6）：467–482.

［370］GRÜN R, BEAUMONT P B, STRINGER C B. ESR dating evidence for early modern humans at Border Cave in South Africa［J］. Nature, 1990, 344（6266）：537–539.

［371］GRÜN R, EGGINS S, KINSLEY L, et al. Laser ablation U-series analysis of fossil bones and teeth［J］. Palaeogeography, palaeoclimatology, palaeoecology, 2014（416）：150–167.

［372］GRUSS L T, SCHMITT D. The evolution of the human pelvis: changing adaptations to bipedalism, obstetrics and thermoregulation［J］. Philosophical transactions of the royal society of London. Series B, biological sciences, 2015, 370（1663）：20140063.

［373］GUMERT M D, FUENTES A, JONES-ENGEL L. Monkeys on the edge: ecology and management of long-tailed Macaques and their interface with humans ［M］. Cambridge: Cambridge University Press, 2011.

［374］GUNZ P, HARVATI K. The Neanderthal "chignon": variation, integration, and homology［J］.

Journal of human evolution, 2007（52）262–274.

［375］GUNZ P, MITTEROECKER P. Semilandmarks: a method for quantifying curves and surfaces［J］. Hystrix, the Italian journal of mammalogy, 2013, 24（1）：103–109.

［376］GUNZ P, NEUBAUER S, MAUREILLE B, et al. Brain development after birth differs between Neanderthals and modern humans［J］. Current biology, 2010, 20（2）：R921–922.

［377］GUPTA S, GUPTA V, VIJ H, et al. Forensic facial reconstruction the final frontier［J］. Journal of clinical and diagnostic research, 2015, 9（9）：26–28.

［378］GUTTMAN B S, HOPKINS Ⅲ J W. Understanding biology［M］. New York: Harcourt Brace Jovanovich, Inc., 1983.

［379］GUY F, HASSANE-TAÏSSO M, LIKIUS A, et al. Symphyseal shape variation in extant and fossil hominoids, and the symphysis of Australopithecus bahrelghazali［J］. Journal of human evolution, 2008, 55（1）：37–47.

［380］HAEUSLER M. New insights into the locomotion of Australopithecus africanus based on the pelvis［M］. Evolutionary anthropology: issues, news, and reviews, 2002, 11（S1）：53–57.

［381］HAILE-SELASSIE Y, GIBERT L, MELILLO S M, et al. New species from Ethiopia further expands Middle Pliocene hominin diversity［J］. Nature, 2015, 521（7553）：483–488.

［382］HAILE-SELASSIE Y, MELILLO S M, VAZZANA A, et al. A 3.8-million-year-old hominin cranium from Woranso-Mille, Ethiopia［J/OL］. Nature, 2019. http://doi.org/10.1038/s41586–019–1513–8.

［383］HAILE-SELASSIE Y, SAYLOR B Z, DEINO A, et al. A new hominin foot from Ethiopia shows multiple Pliocene bipedal adaptations [J]. Nature, 2012, 483（7391）: 565–569.

［384］HAILE-SELASSIE Y, SAYLOR B Z, DEINO A, et al. New Hominid fossils from Woranso-Mille（Central Afar, Ethiopia）and taxonomy of early Australopithecus [J]. American journal of physical anthropology, 2010b, 141（3）: 406–417.

［385］HAILE-SELASSIE Y. Phylogeny of early Australopithecus: new fossil evidence from the Woranso-Mille（central Afar, Ethiopia）[J]. Philosophical transactions of the royal society of London. Science B: Biological science, 2010a, 365（1556）: 3323–3331.

［386］HALDANE J B S. The causes of evolution [M]. London: Longmans, 1932.

［387］HALTON W L, SHANDS A R. Evidence of syphilis in mound builders bones [J]. Arch Path, 1938（25）: 228–242.

［388］HAMILL J, KNUTZEN K M. Biomechanical basis of human movement [M]. 3rd ed. London: Lippincott Williams & Wilkins, a Wolters Kluwer business, 2009.

［389］HAMMOND A S, WARD C V. Australopithecus and Kenyanthropus [M] //BEGUN D R. A companion to paleoanthropology. London: Wiley-Blackwell, 2013:433–456.

［390］HAN K X. The physical anthropology of the ancient populations of the Tarim Basin and surrounding areas [M] //MAIR V H. The Bronze Age and early Iron Age peoples of eastern Central Asia. Philadelphia: University of Pennsylvania Museum Publications, 1998: 558–570.

［391］HANIHARA T. Comparison of craniofacial features of major human groups [J]. American journal of physical anthropology, 1996, 99（3）: 389–412.

［392］HANIHARA T. Negritos, Australian aborigines, and the "proto-sundadont" dental pattern: the basic populations in east asia, V [J]. American journal of physical anthropology, 1992, 88（2）: 183–196.

［393］HANIHARA T. The origin and microevolution of Ainu as viewed from dentition: the basic populations in East Asia [J]. Journal of anthroplogy and society of Nippon, 1991, 99（3）: 345–631.

［394］HARCOURT-SMITH W E H, AIELLO L C. Fossils, feet and the evolution of human bipedal locomotion [J]. Journal of anatomy, 2004, 204（5）: 403–416.

［395］HARCOURT-SMITH W E H, THROCKMORTON Z, CONGDON K A, et al. The foot of Homo Naledi [J]. Nature communation, 2015.

［396］HARDY K, BLAKENEY T, COPELAND L, et al. Starch granules, dental calculus and new perspectives on ancient diet [J]. Journal of archaeological science, 2009, 36（2）: 248–255.

［397］HARMAND S, LEWIS J E, FEIBEL C S, et al. 3.3-million-year-old stone tools from Lomekwi 3, West Turkana, Kenya [J]. Nature, 2015, 521（7552）: 310–315.

［398］HARRINGTON A R, SILCOX M T, YAPUNCICH G S, et al. First virtual endocasts of adapiform primates [J]. Journal of human evolution, 2016, 99（1）: 52–78.

［399］HARRIS H A. Lines of arrested growth in the long bones in childhood: the correlation of histological and radiographic appearances in clinical and experimental conditions [J]. Brithish journal of rodiology, 1931（18）: 622–640.

［400］HARRIS H A. The growth of the long bones in childhood with special reference to certain bony striations of the methaphysis and to the role of the vitamins[J]. Archives of internal medicine, 1926(38): 785–806.

[401]HART E, HART E, MCCABE D. Ghosts of murdered kings. NOVA (Television)[J]. PBS, 2014 (1).

[402]HARTWIG W C. The primate fossil record [M]. Cambridge: Cambridge University Press, 2002.

[403]HARVATI K, RÖDING C, BOSMAN A M, et al. Apidima cave fossils provide earliest evidence of Homo sapiens in Eurasia[J]. Nature, 2019, 571(7766): 500–504.

[404]HARVATI K. Quantitative analysis of Neanderthal temporal bone morphology using three-dimensional Geometric Morphometrics [J]. American journal of physical anthropology, 2003, 120 (4): 323–338.

[405]HATALA K G, DEMES B, RICHMOND G. Laetoli footprints reveal bipedal gait biomechanics different from those of modern humans and chimpanzees [J]. Proceedings of the royal society B: biological sciences, 2016, 283 (1836): 20160235.

[406]HAWASS Z, EL-SAID K G, VIGNAL J, et al. Tutankhamun facial reconstruction [EB/OL]. http://www.guardians.net/hawass/Press_Release_05–05_ Tut_Reconstruction.htm.

[407]HAWASS Z, GAD Y Z, ISMAIL S, et al. Ancestry and pathology in King Tutankhamun's family [J]. Journal of the American medical association, 2010, 303 (7): 638–647.

[408]HAWASS Z, SHAFIK M, RÜHLI F, et al. Computed tomographic evaluation of pharaoh Tutankhamun, ca. 1300 BC [J]. Annual service antiquity of egypte, 2009 (81): 159–174.

[409]HAWKEY D E, MERBS C F. Activity-induced musculoskeletal stress markers (MSM) and subsistence strategy changes among ancient Hudson Bay Eskimos [J]. International journal of osteoarchaeology, 1995, 5 (4): 324–338.

[410]HAWKS J, ELLIOTT M, SCHMID P, et al. New fossil remains of Homo Naledi from the Lesedi Chamber, South Africa [J]. eLife, 2017, 6: e24232.

[411]HAYES S. Faces in the museum: revising the methods of facial reconstructions [EB/OL]. Museum Management & Curatorship. http://www.tandfonline. com/eprint/vh5JWsQ3DKJnSruayvBD/full.

[412]HE L, LIU W. Craniofacial morphological variation and population history of neolithic-bronze age population in gansu and Qinghai [J]. Quaternary sciences, 2017, 37 (4): 721–734.

[413]HEBERER G. Ueber einen neuen archanthropin Typus aus der Oldoway-Schlucht [J]. Zeitschrift für Morphologie und Anthropologie, 1963 (53): 171–177.

[414]HENKE W, TATTERSALL I, HARDT T. Handbook of paleoanthropology [M]. New York: Springer Science & Business Media, 2007.

[415]HENNESSY R J, STRINGER C B. Geometric morphometric study of the regional variation of modern human craniofacial form [J]. American journal of physical anthropology, 2002, 117 (1): 37–48.

[416]HENRY A G, PIPERNO D R. Using plant microfossils from dental calculus to recover human diet: a case study from tell al-Raqa'I, Syria [J]. Journal of archaeological science, 2008, 35 (7): 1943–1950.

[417]HERRIES A I R, SHAW J. Palaeomagnetic analysis of the Sterkfontein palaeocave deposits: implications for the age of the hominin fossils and stone

tool industries［J］. Journal of human evolution, 2011, 60（5）: 523–539.

［418］HERSHKOVITZ I, DONOGHUE H D, HELEN D, et al. Detection and molecular characterization of 9,000-year-old Mycobacterium tuberculosis from a Neolithic settlement in the Eastern Mediterranean［J］. Plos one, 2008, 3（10）: e3426.

［419］HERSHKOVITZ I, KORNREICH L, LARON Z. Comparative skeletal features between Homo floresiensis and patients with primary growth hormone insensitivity（Laron Syndrome）［J］. American journal of physical anthropology, 2007, 134（2）: 198–208.

［420］HERSHKOVITZ I, MARDER O, AYALON A, et al. Levantine cranium from Manot Cave（Israel）foreshadows the first European modern humans［J］. Nature, 2015, 520（7546）: 216–219.

［421］HESS J H. Premature and congenitally diseased infants［EB/OL］. http://www.neonatology.org/classics/hess1922/hess.3.html.

［422］HEWITT G, MACLARNON A, JONES K E. The functions of laryngeal air sacs in primates: a new hypothesis［J］. Folia primatoogy, 2002, 73（2–3）: 70–94.

［423］HIGHAM T F G, BARTON H, TURNEY C S M, et al. Radiocarbon dating of charcoal from tropical sequences: results from the Niah Great Cave, Sarawak, and their broader implications［J］. Journal of quaternary science, 2009, 24（2）: 189–197.

［424］HILL K, HURTADO A M, WALKER R S. High adult mortality among Hiwi hunter-gatherers: implications for human evolution［J］. Journal of human evolution, 2007, 52（4）: 443–454.

［425］HILLSON S, FITZGRERALD C, FLINN H. Alternative dental measurements: proposals and relationships with other measurements［J］. American journal of physical anthropology, 2005, 126（4）: 413–426.

［426］HIS W. Anatomische forschungen ueber Johann Sebastien Bach's gebeine und antlitz nebst bemerkungen ueber dessen bolder, abhandlungen der mathematisch: physikalischen klasse der konigl［J］. Sachsischen Gesekkschafi der Wissenschafien, 1895（22）: 379–420.

［427］HOBOLTH A, DUTHEIL J Y, HAWKS J, et al. Incomplete lineage sorting patterns among human, chimpanzee, and orangutan suggest recent orangutan speciation and widespread selection［J］. Genome research, 2011, 21（30）: 349–356.

［428］HOCHBERG Z. Evo-devo of child growth: treatise on child growth and human evolution［M］. New York: John Wiley & Sons, Inc., 2012.

［429］HOFER H. Microscopic anatomy of the apical part of the tongue of Lemur fulvus（Primates, Lemuriformes）［J］. Gegenbaurs Morphologisches Jahrbuch, 1981, 127（3）: 343–363.

［430］HOFMAN M A, FALK D. Evolution of the primate brain: from neuron to behavior［M］. Amsterdam: Elsevier B.V., 2012.

［431］HOGERVORST T, BOUMA H W, DE VOS J. Evolution of the hip and pelvis［J］. Acta Orthopaedica, 2009, 80（sup 336）: 1–39.

［432］HOLICK M F. Vitamin D: a millennium perspective［J］. Journal of cellular biochemistry, 2003, 88（2）: 296–307.

［433］HOLLOWAY R L, HURST S D, GARVIN H M, et al. Endocast morphology of Homo naledi from the Dinaledi Chamber, South Africa［J］. PNAS, 2018, 115（22）: 5738–5743.

［434］HOLLOWAY R L, YUAN M S. Endocranial morphology of A.L. 444–2［M］// KIMBEL W H, RAK Y, JOHANSON D C. The skull of Australopithecus afarensis. Oxford: Oxford University Press, 2004: 123–135.

［435］HOLLOWAY R. Early homind endocasts: volumes, morphology and significance for hominid evolution［M］//TUTTLE R.The primate functional morphology and evolution. The Hague: Mouton, 1975: 393–416.

［436］HOPPA R D, FITZGERALD C M. From head to toe: integrating studies from bones and teeth in biological anthropology［M］//HOPPA R D, FITIGERALD C M. Human growth in the past: studies from bones and teeth. Cambridge: Cambridge University Press, 1999: 1–31.

［437］HOPPA R D, VAUPEL J W. Paleodemography age distributions from skeletal samples［M］. Cambridge: Cambridge University Press, 2002.

［438］HORNE P D, KAWASAKI S Q. The Prince of El Plomo: a paleopathological study［J］. Bulletin of the New York academy of medicine, 1984, 60（9）: 925–931.

［439］HORNE P D. The Prince of El Plomo: a frozen treasure［C］//. SPINDLER K, et al. Human Mummies. Springer-Verlag/Wien, 1996: 153–157.

［440］HORNUNG E. The Pharaoh［M］// DONADONI S, BIANCHI R. The Egyptians. Chicago: University of Chicago Press, 1997: 292.

［441］HOU Y M, POTTS R, YUAN B Y, et al. Mid-Pleistocene Acheulean-like stone technology of the Bose basin, South China［J］. Science, 2000, 287（5458）: 1622–1626.

［442］HOWELL-LEE N. The feasibility of demographic studies in small and remote populations ［N］. Paper presented to the Columbia University Ecology Seminar, December, 1971.

［443］HRDLIČKA A. Physical anthropology its scope and aims: its history and present status in the United States［M］. Philadelphia: Wistar Innstitute of Anatomy and Biology, 1919: 41.

［444］HRDLIČKA A. Shovel-shaped teeth［J］. American journal of physical anthropology, 1920, 3（4）: 429–465.

［445］HUANG W B, CIEOHON R L, GU Y M. Early Homo and associated artifacts from Asia［J］. Nature, 1995, 378（6554）: 275–278.

［446］HUBLIN J J, TILLIER A M, TIXIER J. L'humérus d'enfant moustérien（Homo 4）du Jebel Irhoud（Maroc）dans son contexte archéologique［J］. Bulletin et Mémoires de la Société d'Anthropologie de Paris, 1987, 4（2）: 115–141.

［447］HUBLIN J J, TILLIER A M. The Mousterian juvenile mandible from Irhoud（Morocco）: a phylogenetic interpretation［M］// STRINGER C B. Aspects of human evolution. Vol. 21 symposia of the society for the study of human biology, volume XXI. London: Taylor and Francis Ltd, 1981: 167–185.

［448］HUBLIN J J. Northwestern African Middle Pleistocene hominids and their bearing on the emergence of Homo sapiens［M］// BARHAM L, ROBSON-BROWN K. Human roots: Africa and Asia in the Middle Pleistocene. Bristol: Western Academy/Special Press, 2001: 99–131.

［449］HUBLIN J J. The last Neanderthal［J］. PNAS, 2017, 114（40）: 10520–10522.

［450］HUBRECHT A A W. The descent of the primates. Lectures delivered on the occasion of the sesquicentennial celebration of Princeton University［M］.

生物人类学
（第二版）

New York: Charles Scribner's Sons, 1897.

［451］HUGHES S W, SOFAT A, BALDOCK C, et al. CT imaging of an Egyptian mummy［J］. British journal of non-destructive testing, 1993, 35（7）: 369–374.

［452］HUME D W. Anthropology: tribal warfare ［J］. Nature, 2013, 494（7437）: 310.

［453］HUNT C, BARKER G. Missing links, cultural modernity and the dead: anatomically modern humans in the Great Cave of Niah（Sarawak, Borneo）［M］//DENNELL R, PORR M. Southern Asia, Australia, and the Search for human origins. Cambridge: Cambridge University Press, 2014: 90–107.

［454］HUNT K D. The postural feeding hypothesis: an ecological model for the evolution of bipedalism［J］. South African journal of science, 1996, 92（2）: 77–90.

［455］HURTADO A M, HURTADO I, HILL K. Public health and adaptive immunity among natives of South America.［M］// SALZANOAND F, HURTADO A M. Lost paradises and the ethics of research and publication. Oxford: Oxford University Press, 2003: 164–192.

［456］HUXLEY T H. Evidence as to man's place in nature［M］. New York: D. Appleton and Company, 1863.

［457］HYODO M, NAKAYA H, URABE A, et al. Paleomagnetic dates of hominid remains from Yuanmou, China, and other Asian sites［J］. Journal of human evolution, 2002, 43（1）: 27–41.

［458］INDRIATI E. Cranial lesions on the late Pleistocene Indonesian Homo erectus Ngandong 7 ［A］//OXENHAM M, TAYLES N. Bioarchaeology of Southeast Asia, 2006: 290–308.

［459］INTERNATIONAL HUMAN GENOME SEQUENCING CONSORTIUM. Initial sequencing and analysis of the human genome［J］. Nature, 2001, 409（6822）: 860–921.

［460］ISÇAN M Y, LOTH S R, WRIGHT R K. Age estimation from the rib by phase analysis: white females ［J］. Journal of forensic science, 1985, 30（3）: 853–863.

［461］ISÇAN M Y, LOTH S R, WRIGHT R K. Metamorphosis at the sternal rib end: a new method to estimate age at death in white males［J］. American journal of physical anthropology, 1984, 65（2）: 147–56.

［462］ISÇAN M Y, LOTH S R,WRIGHT R K. Age estimation from the rib by phase analysis: white females ［J］. Journal of forensic science, 1984, 29（4）: 1094–1104.

［463］ISHIDA H. Cranial nonmetric variation of Circun-Pacific populations with special reference to the Pacific peoples［J］. Japan review, 1993,（4）: 27–43.

［464］IVES R, BRICKLEY M. New findings in the identification of adult vitamin D deficiency osteomalacia: results from a large-scale study［J］. International journal of paleopathology, 2014, 7（7）: 45–56.

［465］JABLONSKI N G. Theropithecus: the rise and fall of a primate genus［M］. Cambridge: Cambridge University Press, 1993.

［466］JACKSON P. Footloose in archaeology ［EB/OL］.［2007–05–24］. https://www.archaeology. co.uk/articles/specials/timeline/footloose-in-archaeology. htm.

［467］JACOB T. Some problems pertaining to the racial history of the Indonesian region［M］. Dossertation: University of Utrecht, 1967.

［468］JACOBS L F. The navigational nose: a

new hypothesis for the function of the human external pyramid [J]. Journal of experimental biology, 2019, 222: jeb186924.

[469]JACOBS L F. The navigational nose: a new hypothesis for the function of the human external pyramid [J]. Journal of experimental biology, 2019, 222 (Suppl 1): jeb186924.

[470]JANKO M, STARK R W, ZINK A. Preservation of 5,300 year old red blood cells in the Iceman [J]. Journal of the royal society interface, 2012: (9): 2581–2590.

[471]JERISON H J. Animal intelligence as encephalization [J]. Phil Trans R Soc. London, 1985, 308 (1135): 21–35.

[472]JERISON H J. Evolution of brain and intelligence [M]. New York: Academic Press, 1973.

[473]JEROME J T J. Divergent Lisfranc's dislocation and fracture in the Charcot Foot: a case report [J]. Foot and ankle online journal (FAOJ), 2008, 1 (6): 3.

[474]JI X P, CURNOE D, BAO Z D, et al. Further geological and palaeoanthropological investigations at the Maludong hominin site, Yunnan Province, Southwest China [J]. Chinese science bulletin, 2013, 58 (35): 4472–4485.

[475]JI X P, JABLONSKI N G, SU D F, et al. Juvenile hominoid cranium from the terminal Miocene of Yunnan, China [J]. Chinese science bulletin, 2013, 58 (31): 3771–3779.

[476]JOHANSON D C, EDEY M A. Lucy: the beginnings of humankind [M]. London: Penguin Books, 1990.

[477]JOHANSON D C, WHITE T D, COPPENS Y. A new species of the Genus Australopithecus (primates: Hominidae) from the Pliocene of Eastern Africa [J]. Kirtlandia, 1978 (28): 1–14.

[478]JOHANSON D. Homo neanderthalensis [EB/OL] // SHACKELFORD T, WEEKES-SHACKELFORD V. Encyclopedia of evolutionary psychological science. Cham Heidelberg: Springer, 2017. https://doi.org/10.1007/978-3-319-16999-6_3438-1.

[479]JOHNSON N A. Darwinian detectives: revealing the natural history of genes and genomes [M]. Oxford: Oxford University Press, 2007.

[480]JONES A. Parasitological examination of Lindow Man [M] // STEAD I M, et al. Lindow Man: the body in the Bog. London: British Museum Publication, 1986: 136–139.

[481]JONES S, MARTIN R, PILBEAM D. The Cambridge encyclopedia of human evolution [M]. Cambridge: Cambridge University Press, 1992.

[482]JONES S. Darwin's Ghost: the origin of species updated [M]. London: Doubleday, 1999.

[483]JUNGERS W L, HARCOURT-SMITH W E H, WUNDERLICH R E, et al. The foot of Homo floresiensis [J]. Nature, 2009, 459 (7243): 81–84.

[484]JUNGERS W L. Lucy's length: stature reconstruction in Australopithecus afarensis (A. L. 288-1) with implications for other small-bodied hominids [J]. American journal of physical anthropology, 1988, 76 (2): 227–231.

[485]JURMAIN R, NELSON H, TURNBAUGH W A. Understanding physical anthropology and archaeology [M]. St. Paul: West Publishing Company, 1984.

[486]KAIFU Y, AZIZ F, INDRIATI E, et al. Cranial morphology of Javanese Homo erectus: new evidence for continuous evolution, specialization, and

terminal extinction [J]. Journal of human evolution, 2008, 55 (4): 551–580.

[487] KAIFU Y, BABA H, AZIZ F, et al. Taxonomic affinities and evolutionary history of the early Pleistocene hominids of Java: dentognathic evidence [J]. American journal of physical anthropology, 2005, 128 (4): 709–726.

[488] KAPANDJI A I. Physiologie articulaire [M]. 6th ed. Paris: Editions Maloine, 2005.

[489] KAPPELER P M, VAN SCHAIK C P. Cooperation in primates and humans: mechanisms and evolution [M]. Berlin: Springer-Verlag Berlin Heidelberg, 2005.

[490] KAPPELMAN J, KETCHAM R A, PEARCE S, et al. Perimortem fractures in Lucy suggest mortality from fall out of tall tree [J]. Nature, 2016, 537: 503–507.

[491] KAPPELMAN K. The evolution of body mass and relative brain size in fossil hominids [J]. Journal of human evolution, 1996, 30 (3): 243–276.

[492] KARAKOSTIS F A, HOTZ G, TOURLOUKIS V, et al. Evidence for precision grasping in Neandertal daily activities [J]. Science advances, 2018, 4 (9): eaat2369.

[493] KARR L P. Brewster site zooarchaeology reinterpreted: understanding levels of animal exploitation and bone fat production at the Initial Middle Missouri type site [J]. STAR: science & technology of archaeological research, 2015, 1 (1): 1–13.

[494] KATO G J, PIEL F B, REID C D, et al. Sickle cell disease [J]. Nature reviews disease primers, 2018, 4 (18010): 1–22.

[495] KATZ D, SUCHEY J M. Age determination of the male Os pubis [J]. American journal of physical anthropology, 1986, 69 (4): 427–435.

[496] KATZENBERG M A, SAUNDERS S R. Biological anthropology of the human skeleton [M]. 2nd ed. Hoboken: John Wiley & Sons Inc., 2008.

[497] KECKLER C N W. Catastrophic mortality in simulations of forager age-at-death: where did all the humans go? [C] //PAINE R R, CARBONDALE, I L. Integrating archaeological demography: multidisciplinary approaches to prehistoric population. Center for archaeological investigations, occasional papers. Carbondale: Southern Illinois University at Carbondale. 1997 (24): 205–228.

[498] KELLER A, GRAEFEN A, BALL M, et al. New insights into the Tyrolean Iceman's origin and phenotype as inferred by whole-genome sequencing [J]. Nature communications, 2012 (3): 698.

[499] KELLER H, POORTINGA Y H, SCHÖLMERICH A. Between culture and biology: perspectives on ontogenetic development [M]. Cambridge University Press, 2002.

[500] KELLEY J, SMITH T M. Age at first molar emergence in early Miocene Afropithecus turkanensis and life-history evolution in the Hominoidea [J]. Journal of human evolution, 2003, 44 (3): 307–329.

[501] KENDALL D G, BARDEN D, CARNE T K, et al. Shape and shape theory [M]. New York: John Wiley & Sons, Ltd., 1999.

[502] KENNEDY K A R. Reconstruction of trauma, disease and lifeways of prehistoric peoples of South Asia from the skeletal record [J]. Focal encyclopedia of photography, 1990, 170 (4): 469–471.

[503] KENNEDY K A R. The deep skull of Niah: an assessment of twenty years of speculation concerning its evolutionary significance [J]. Asian perspectives,

1977, 20（1）: 32–50.

［504］KENNEDY M. Hamlyn history archaeology［M］. London: Octopus Publishing Group Ltd., 1998.

［505］KERMACK K A, FRANCES MUSSETT F L S, RIGNEY H W, et al. The skull of Morganucodon［J］. Zoological journal of the Linnean Society, 1981, 71（1）: 1–158.

［506］KERNER J. Manipulations post-mortem du corps humain: implications archéologiques et anthropologiques［D］. Paris: La thèse de Université Paris Ouest-Nanterre La Défense, 2016.

［507］KIMBEL W H, DELEZENE L K. "Lucy" redux: a review of research on Australopithecus afarensis［J］. American journal of physical anthropology supplement, 2009, 49（S49）: 2–48.

［508］KIMBEL W H, RAK Y, JOHANSON D C, et al. The skull of Australopithecus afarensis［M］. New York: Oxford University Press, 2004.

［509］KIMURA M. Evolutionary rate at the molecular level［J］. Nature, 1968, 217（5129）: 624–626.

［510］KIMURA M. The neutral theory of molecular evolution［M］. Cambridge: Cambridge University Press, 1983.

［511］KING W. The reputed fossil man of the Neanderthal［J］. Quarterly review of science, 1864(1): 88–97.

［512］KIRK E C. Characteristics of crown primates［J］. Nature education knowledge, 2013, 4（8）: 3.

［513］KIRKUP J. A history of limb amputation［M］. London: Springer-Verlag London Limited, 2007.

［514］KITCHER P. Abusing science: the case against creationism［M］. Cambridge: MIT Press, 1982.

［515］KIVELL T L, DEANE A S, TOCHER M W, et al. The hand of Homo naledi［J］. Nature communation, 2015.

［516］KIVELL T L, KIBII J M, CHURCHILL S E, et al. Australopithecus sediba hand demonstrates mosaic evolution of locomotor and manipulative abilities［J］. Science, 2011, 333（6048）: 1411–1417.

［517］KLEIN R G. The human career: human biological and cultural origins［M］. Chicago: University of Chicago Press, 2009.

［518］KLENERMAN L. The Charcot joint in diabetes［J］. Diabert medince, 1996, 13（suppl）: S52–54.

［519］KOEL-ABT, WINKELMANN A. The identification and restitution of human remains from an Aché girl named "Damiana": an interdisciplinary approach［J］. Annals of anatomy, 2013, 195（5）: 393–400.

［520］KÖHLER M, MOYÀ-SOLÀ S. Ape-like or hominid-like? The positional behavior of Oreopithecus bambolii reconsidered［J］. PNAS, 1997, 94（21）: 11747–11750.

［521］KOLLMANN J, BÜCHLY W. Die persistenz der rassen und die reconstruction der physiognomie prahistorischer schadel［J］. Arch. fur Anthrop, 1898（25）: 329–359.

［522］KONDO S, TOWNSEND G C. Associations between Carabelli trait and cusp areas in human permanent maxillary first molars［J］. American journal of physical anthropology, 2006, 129（2）: 196–203.

［523］KONOMI N, LEBWOHL E, MOWBRAY K, et al. Detection of Mycobacterial DNA in Andean mummies［J］. Journal of clinical microbiology, 2002, 40（12）: 473–440.

［524］KOUFOS G D, BONIS L. Les hominoïdes

du Miocène supérieur Ouranopithecus et Graecopithecus. Implications de leurs relations et taxonomie [J]. Annales de paléontologie, 2005, 91 (3): 227–240.

[525] KRAUSE J, FU Q, GOOD J M, et al. The complete mitochondrial DNA genome of an unknown hominin from southern Siberia [J]. Nature, 2010, 464 (7290): 894–897.

[526] KRIGBAUM J, MANSER J. The west mouth burial series from Niah Cave: past and present [M] // MAJID Z. The perak man and other prehistoric skeletons of Malaysia. Pulau Penang: Universiti sains Malaysia, 2005: 175–206.

[527] KRINGS M, CAPELLI C, TSCHENTSCHER F, et al. A view of Neandertal genetic diversity [J]. Nature genetics, 2000, 26 (2): 144–146.

[528] KRINGS M, STONE A, SCHMITZ R W, et al. Neandertal DNA sequence and the origin of modern humans [J]. Cell, 1997, 90 (1): 19–30.

[529] KURKI H K, GINTER J K, STOCK J T. Body size estimation of small-bodied humans: applicability of current methods [J]. American journal of physical anthropology, 2010, 141 (2): 169–180.

[530] KURKI H K. Use of the first rib for adult age estimation: a test of one method [J]. International journal of osteoarchaeology, 2005, 15 (5): 342–350.

[531] KUSTÁR Á. Facial reconstruction of an artificially distorted skull of the 4th to the 5th century from the site of Mözs [J]. International journal of osteoarchaeology, 1999 (9): 325–332.

[532] LABORATORY OF ANCIENT DNA. DNA analysis of the neolithic human bones from the Jiangjialiang site [EB/OL]. [2012–02–29]. https:// doi. org/10.1515/char. 2002.2.1.84.

[533] LAGUE M R. The pattern of hominin postcranial evolution reconsidered in light of size-related shape variation of the distal humerus [J]. Journal of human evolution, 2014 (75): 90–109.

[534] LAHR M M. The evolution of modern human diversity: a study of cranial variation [M]. Cambridge: Cambridge University Press, 1996.

[535] LAIRD M F, SCHROEDER L, GARVIN H M, et al. The skull of Homo naledi [J]. Journal of human evolution, 2017 (104): 100–123.

[536] LALUEZA-FOX C, KRAUSEL J, CARAMELLI D, et al. Mitochondrial DNA of an Iberian Neandertal suggests a population affinity with other European Neandertals [J]. Curruent biology, 2006, 16 (16): R629–630.

[537] LALUEZA-FOX C, RÖMPLER H, CARAMELLI D, et al. A melanocortin 1 receptor allele suggests varying pigmentation among Neanderthals [J]. Science, 2007, 318 (5855): 1453–1455.

[538] LANE R A, SUBLETT A. The Osteology of social organization [J]. American antiquity, 1972 (37): 186–201.

[539] LAPÈGUE F, JIRARI M, SETHOUM S. Evolution of the pelvis and hip throughout history: from primates to modern man [J]. Journal de radiologie, 2011, 92 (6): 543–556.

[540] LARNACH S L, MACINTOSH N W G. The craniology of the aborigines of coastal New South Wales. Oceania monographs (No. 13) [M]. Sydney: University of Sydney, 1966.

[541] LARNACH S L, MACINTOSH N W G. The craniology of the aborigines of Queensland. The oceania monographs (No. 15) [M]. Sydney: University of Sydney, 1970.

[542] LARSEN C S. A companion to biological

anthropology [M]. Oxford: Blackwell Publishing Ltd., 2010.

[543]LARSEN C S. Behavioural implications of temporal change in cariogenesis [J]. Journal of archaeological science, 1983, 10 (1) : 1–8.

[544]LARSEN C S. Bioarchaeology: nterpreting behavior from the human skeleton [M]. Cambridge: Cambridge University Press, 1999.

[545]LARSEN C S. Description, hypothesis testing, and conceptual advances in physical anthropology: have we moved on? [M] //LITTLE M A, KENNED K A R. Histories of American physical anthropology in the twentieth century. New York: Lexington Books, 2010: 236.

[546]LARSEN C S. The anthropology of St. Catherines Island. 3: prehistoric human biological adaptation. Anthropological papers of the American museum of natural history [J]. The American museum of natural history, 1982, 57 (3) : n.p.

[547]LAVELLE C L. Non-human primate dental arch form [J]. Acta anatomica, 1977, 97 (2) : 166–174.

[548]LEAKEY L S B, TOBIAS P V, NAPIER J R. A new species of the genus Homo from Olduvai Gorge [J]. Nature, 1964, 202 (4927) : 7–10.

[549]LEAKEY L S B. A new lower Pliocene fossil primate from Kenya [J]. The annals and magazine of natural history, 1961, 4 (13) : 689–696.

[550]LEAKEY M D. A summary and discussion of the archaeological evidence from Bed I and Bed II, Olduvai Gorge, Tanzania [M] // ISAAC G L, Mc-COWAN E R. Human origins: Louis Leakey and the East African evidence. Menlo Park: W. A. Benjamin, Inc., 1976: 31–46.

[551]LEAKEY R E, LEAKEY M G, WALKER A C. Morphology of Afropithecus turkanensis from Kenya [J]. American journal of physical anthropology, 1988, 76 (3) : 289–307.

[552]LEAKEY R E. Evidence for an advanced Plio-Pleistocene Hominid from east Rudolf, Kenya [J]. Nature, 1973a, 242 (5398) : 447–450.

[553]LEAKEY R E. Further evidence of lower Pleistocene hominids from East Rudolf, North Kenya [J]. Nature, 1973b, 248 (5300) : 653–656.

[554]LEAKEY R E. The making of mankind [M]. London: Michael Joseph Limited, 1981.

[555]LECK I. The geographical distribution of neural tube defects and oral clefts [J]. British medicine bullitin, 1984 (40) : 390–395.

[556]LEE P C. Comparative primate socioecology [M]. Cambridge: Cambridge University Press, 2004.

[557]LEE W J, WILKINSON C M, HWANG H S. An accuracy assessment of forensic computerized facial reconstruction employing Cone-Beam computed tomography from live subjects [J]. Journal of forensic sciences, 2012, 57 (2) : 318–327.

[558]LEHMAN S M , FLEAGLE J G. Primate biogeography: progress and prospects [M]. New York: Springer Science+Business Media, LLC., 2006.

[559]LEROI A M. Mutants: on the form, varieties and errors of the human body [M]. London: Harper Perennial, 2005.

[560]LEROI-GOURHAN A. Les mains de Gargas [J]. Essai pour une étude d'ensemble Bulletin de la Société préhistorique française Année, 1967, 64 (1) : 107–122.

[561]LEWIN R. Human evolution: an illustrated introduction [M]. Oxford: Blackwell Publishing Ltd.,

2005.

[562]LEWIN R. In the age of mankind [M]. Washington: Smithsonian Books, 1988.

[563]LEWIS B, JURMAIN R, KILGORE L. Understanding humans an introduction to physical anthropology and archaeology [M]. London: WADSWORTH CENGAGE Learning, 2013.

[564]LEWONTIN R C. The apportionment of human diversity [M] // DOBZHANSKY T, HECHT M K, STEERE W C. Evolutionary biology. New York: Springer, 1972, 6: 381–398.

[565]LEWTON K L. Evolvability of the primate pelvic girdle [J]. Evolutionary biology, 2012, 39 (1): 126–139.

[566]LI F J, WANG M H, FU X G, et al. Dismembered Neolithic burials at the Ding Si Shan site in Guangxi, southern China [J/OL]. [2013–08–23]. http://antiquity.ac.uk/projgall/fu337/.

[567]LI F, BAE C J, RAMSEY C B, et al. Re-dating Zhoukoudian Upper Cave, northern China and its regional significance [J]. Journal of human evolutio, 2018, 121 (3): 170–177.

[568]LI H J, WU X J, LI S H, et al. Late Pleistocene human cranium from Jingchuan, Gansu Province [J]. Chinese science bulletin, 2010, 55 (11): 1047–1052.

[569]LI M, ROBERTS C A, CHEN L, ET AL. A male adult skeleton from the Han Dynasty in Shaanxi, China (202 BC–220 AD) with bone changes that possibly represent spinal tuberculosis [J]. International journal of paleopathology, 2019, 27 (1): 9–16.

[570]LI X, WAGNER M, WU X, et al. Archaeological and palaeopathological study on the third / second century BC grave from Turfan, China: individual health history and regional implications [J].

Quaternary international, 2013 (290–291): 335–343.

[571]LI Z Y, WU X J, ZHOU L P, et al. Late pleistocene archaic human crania from Xuchang, China [J]. Science, 2017, 355 (6328): 969–972.

[572]LIBERMAN D E. Those feet in ancient times [J]. Nature, 2012, 483 (7391): 550–551.

[573]LIEBERMAN D. The evolution of the human head [M]. Cambridge: Harvard University Press, 2011.

[574]LIEBERMAN P. Why human speech is special [J/OL]. The scientist magazine, 2018. https://www.the–scientist.com/features/why-human-speech-is-special-64351.

[575]LIENHARD J H. A 3,000-year-old toe [EB/OL]. http://www.uh.edu/engines/epi1705.htm.

[576]LIEVERSE A R, BAZALIISKII V I, WEBER A W. Death by twins: a remarkable case of dystocic childbirth in Early Neolithic Siberia [J]. Antiquity, 2015 (89): 23–38.

[577]LINDSAY K E, RÜHLI F J, DELEON V B. Revealing the face of an ancient Egyptian: synthesis of current and traditional approaches to evidence-based facial approximation [J]. The anatomical record, 2015, 298 (6): 1144–1161.

[578]LIPSON M, CHERONET O, MALLICK S, et al. Ancient genomes document multiple waves of migration in Southeast Asian prehistory [J]. Science, 2018, 361 (6397): 92–95.

[579]LISOWSKI F P. Prehistoric and early historic trepanation [J] //THOMAS C C. BROTHWELL D, SANDISON A T. Disease in antiquity. Springfield, 1967: 651–672.

[580]LITTLE M A, KENNEDY K A R. Introduction to the history of American physical

anthropology ［M］//LITTLE M A, KENNED K A R. Histories of American physical anthropology in the twentieth century. New York: Lexington Books, 2010: 1–24.

［581］LITTLETON J. Paleopathology of skeletoal fluorosis ［J］. American journal of physical anthropology, 1999, 109（4）: 465–483.

［582］LIU W, JIN C Z, ZHANG Y Q, et al. Human remains from Zhirendong, South China, and modern human emergence in East Asia ［J］. PNAS, 2010, 107（45）: 19201–19206.

［583］LIU W, MARTINON-TORRES M, CAI Y J, et al. The earliest unequivocally modern humans in southern China ［J］. Nature, 2015, 526（7575）: 696–699.

［584］LIU W, SCHEPARTZ L A, XING S, et al. Late Middle Pleistocene hominin teeth from Panxian Dadong, South China ［J］. Journal of human evolution, 2013, 64（5）: 337–355.

［585］LIU W, ZHANG Y, WU X. Middle Pleistocene human cranium from Tangshan（Nanjing）, Southeast China: a new reconstruction and comparisons with Homo erectus from Eurasia and Africa ［J］. American journal of physical anthropology, 2005, 127（3）: 253–262.

［586］LOBELL J A, PATEL S S. Clonycavan and Old Croghan Men ［J/OL］. Archaeology, 2010, 63（3）. https://archive.archaeology.org/1005/bogbodies/clonycavan_croghan.html.

［587］LOCKWOOD C A. Endocranial capacity of early Hominids ［J］. Science, 1999, 283（5398）: 9b–9.

［588］LOMBARDI G P, CÁCERES U G. Multisystemic tuberculosis in a pre-Columbian Peruvian mummy: four diagnostic levels and a paleoepidemiological hypothesis ［J］. Chungara, Revista de Antropología Chilena, 2000, 32（1）: 55–60.

［589］LORDKIPANIDZE D, VEKUA A, FERRING R, et al. The earliest toothless hominin skull ［J］. Nature, 2005, 434（7034）: 717–718.

［590］LOVEJOY C O, LATIMER B, SUWA G, et al. Combining prehension and propulsion: the foot of Ardipithecus ramidus［J］. Science, 2009a, 326（5949）: 72e1–8.

［591］LOVEJOY C O, MEINDL R S, PRYZBECK T R, et al. Paleodemography of the Libben Site, Ottawa County, Ohio ［J］. Science, 1977（198）: 291–293.

［592］LOVEJOY C O, SIMPSON S W, WHITE T D, et al. Careful climbing in the Miocene: the forelimbs of Ardipithecus ramidus and humans are primitive ［J］. Science, 2009b, 326（5949）: 70e1–8.

［593］LOVEJOY C O, SUWA G, SPURLOCK L, et al. The pelvis and femur of Ardipithecus ramidus: the emergence of upright walking ［J］. Science, 2009c, 326（5949）: 71e1–6.

［594］LOVEJOY C O. Dental wear in the Libben population: its functional pattern and role in the determination of adult skeletal age at death ［J］. American journal of physical anthropology, 1985, 68（1）: 47–56.

［595］LOVEJOY C O. The natural history of human gait and posture. Part 1. Spine and pelvis ［J］. Gait posture, 2005, 21（1）: 95–112.

［596］LOVEJOY C O. The natural history of human gait and posture. Part 2. Hip and thigh. ［J］. Gait posture, 2005, 21（1）: 113–124.

［597］LOVEJOY C O. The origin of man ［J］. Science, 1981, 211（4480）: 341–350.

[598] LOVEJOY C O, MENSFORTH R P, ARMELAGOS G J. Five decades of skeletal biology as reflected in the American journal of physical anthropology [M] //SPENCER F. A history of American journal of physical anthropology: 1930–1980. New York: Academic Press, 1982: 329–336.

[599] LU H Y, LI Y M, ZHANG J P, et al. Component and simulation of the 4,000-year-old noodles excavated from the archaeological site of Lajia in Qinghai, China [N]. Chinese Science Bulletin, 2014, 59 (35): 5136–5152.

[600] LUBELL D, JACKES M, SCHWARCZ H, et al. The Mesolithic-Neolithic transition in Portugal: isotopic and dental evidence of diet [J]. Journal of archaeological science, 1994, 21 (2): 201–216.

[601] LUKACS J R. Dental paleopathology and agricultural intensification in South Asia: new evidence from Bronze Age Harappa [J]. American journal of physical anthropology, 1992, 87 (2): 133–150.

[602] LUKACS J R. Dental trauma and antemoretem tooth loss in prehistoric Canary Islanders: precalence and contributing factors [J]. International journal of osteoarchaeology, 2007 (17): 157–173.

[603] LV X, WU Z, LI Y. Prehistoric skull trepanation [J]. World neurosurgery, 2013, 80 (6): 897–899.

[604] LYRAS G A, DERMITZAKIS M D, VAN DER GEER A A E, et al. The origin of Homo floresiensis and its relation to evolutionary processes under isolation [J]. Anthropological science, 2009, 117 (1): 33–43.

[605] MACINTOSH A A, DAVIES T G, RYAN T M, et al. Periosteal versus true cross-sectional geometry: a comparison along humeral, femoral, and tibial diaphyses [J]. American journal of physical anthropology, 2013, 150 (3): 442–452.

[606] MACINTOSH A A, PINHASI R, STOCK J T. Divergence in male and female manipulative behaviors with the intensification of metallurgy in central Europe [J]. Plos one, 2014, 9 (11): e112116.

[607] MACLEOD N. Geometric Morphometrics and geological form: classification systems [J]. Earth: science reviews, 2002, 59 (1–4): 27–47.

[608] MADEA B, PREUSS J, MUSSHOFF F. From flourishing life to dust: the natural cycle of growth and decay [M] //WIECZOREK A, ROSENDAHL W. Mummies of the world. Munich: Prestel, 2010: 28.

[609] MADKOUR M M. Tuberculosis [M]. Berlin: Springer, Berlin, Heidelberg, 2004.

[610] MAFART B, DELINGTTE H. Three dimensional imaging in paleoanthropology and prehistoric archaeology [R]. BAR S1049, publisher of British archaeological reports. Oxford: Archawi Press, 2002.

[611] MAIOLINO S, BOYER D M, BLOCH J I, et al. Evidence for a grooming claw in a North American adapiform primate: implications for anthropoid origins [J]. Plos one, 2012, 7 (1): e29135.

[612] MALTHUS T R. An essay on principle of population, as it affects the future improvement of society. With remarks on the speculations of Mr. Godwin, M. Condorcet, and other writers [M]. London: Printed for J. Johnson, 1798.

[613] MANCHESTER K. Rhinomaxillary lesions in syphilis: differential diagnosis [M] //DUTOUR O, et al. L'origine de la syphilis en Europe: Avant ou après 1493? Toulon: Centre Archeologique du Var, 1994:79–80.

[614] MANN R W, SLEDZIK P S, OWSLEY

D W, et al. Radiographic examination of Chinese foot binding [J]. Journal of the American podiatric medical association, 1990, 80 (8) : 405–409.

[615]MANZI G. Before the emergence of Homo sapiens: overview on the early-to-middle pleistocene fossil record (with a proposal about Homo heidelbergensis at the subspecific level) [J]. International journal of evolutionary biology, 2011.

[616]MARGOTTA R. The Hamlyn history of medicine [M]. London: Octopus Publishing Group Ltd., 1996.

[617]MARIGÓ J, MINWER-BARAKATA R, MOYÀ-SOLÀ S. New Anchomomyini (Adapoidea, Primates) from the Mazaterón Middle Eocene locality (Almazán Basin, Soria, Spain) [J]. Journal of human evolution, 2010, 58 (4) : 353–361.

[618]MARINO L. A comparison of encephalization between odontocete cetaceans and anthropoid primates [J]. Brain behavior and evolution, 1998, 51 (4) : 230–238.

[619]MARSHALL D S, SNOW C E. An evaluation of Polynesian craniology [J]. American journal of physical anthropology, 1956, 14 (3) : 495–427.

[620]MARTH G, SCHULER G, YEH R, et al. Sequence variation in the human genome data reflect a bottlenecked population history [J]. PNAS, 2003, 100 (1) : 376–381.

[621]MARTIN D L, HARROD R P, PÉREZ V R. Bioarchaeology: an integrated approach to working with human remains [M]. New York: Springer, 2013.

[622]MARTIN R D, MACLARNON A M, PHILLIPS J L, et al. Flores hominid: new species or microcephalic dwarf? [J]. The anatomical record part

A discoveries in molecular cellular and evolutionary biology, 2006, 288 (11) : 1123–1145.

[623]MARTIN R. Lehrbuch der anthropologie in systematischer darsterllung: mit besonderer berucksichtigung der anthropologischen methoden fur Studierende artze und Forschungsreisende[M]. Jena: G. Fischer, 1928.

[624]MARTÍNEZ-ABADÍAS N, GONZÍLEZ-JOSÉ R, GONZÁ LEZ-MARTÍN A, et al. Phenotypic evolution of human craniofacial morphology after admixture: a Geometric Morphometrics approach [J]. American journal of physical anthropology, 2006, 129 (3) : 387–398.

[625]MARTINÓN-TORRES M, BERMÚDEZ DE CASTRO J M, GÓMEZ-ROBLES A, et al. Dental evidence on the hominin dispersals during the Pleistocene [J]. PANS, 2007, 104 (33) : 13279–13282.

[626]MARWICK B. Biogeography of middle Pleistocene hominins in mainland Southeast Asia: a review of current evidence [J]. Quaternary international, 2009, 202 (1–2) : 51–58.

[627]MASAMI H, HIROHISA K, TAKA-AKI Y. Dating of the human-ape splitting by a molecular clock of mitochondrial DNA [J]. Journal of molecular evolution, 1985, 22 (2) : 160–174.

[628]MASCIE-TAYLOR C G N, LASKER G W. Applications of biological anthropology to human affairs [M]. Cambridge: Cambridge University Press, 1991.

[629]MATHESON C D, VERNON K K, LAHTI A, et al. Molecular exploration of the first-century tomb of the shroud in Akeldama, Jerusalem [J]. Plos one, 2009.

[630]MATSUMRA H, ZURAINA M. Metric analyses of an Ealy Holocene human skeleton from Gua

生物人类学
（第二版）

Gunung Runth, Malaysia [J]. Amenrican jouurnal of physical anthropology, 1999, 109 (3) : 327–340.

[631]MATSUMURA H, HUDSON M J. Dental perspectives on the population history of Southeast Asia [J]. American journal of physical anthropology, 2005, 127 (2) : 182–209.

[632]MATTEI T A, REHMAN A A. Schmorl's nodes: current pathophysiological, diagnostic and therapeutic paradigms [J]. Neurosurgical review, 2014, 37 (1) : 39–46.

[633]MAYR E. Discussion: footnotes on the philosophy of biology [J]. Philosophy of science, 1969, 36 (2) : 197–202.

[634]MAYR E. The growth of biological thought: diversity, evolution and inheritance [M]. London: Belknap Press of Harvard University Press, 1982.

[635]MAYR E. What evolution is [M]. New York: Basic Books, 2001.

[636]MAYS S, TAYLOR G M. A first prehistoric case of tuberculosis from Britain [J]. International journal of osteoarchaeology, 2003, 13 (4) : 189–196.

[637]MAYS S. A likely case of scurvy from early bronze age Britain [J]. International journal of osteoarchaeology, 2010, 18 (2) : 178–187.

[638]McCAFFREY T V, WURSTER R D, JACOBS H K, et al. Role of skin temperature in the control of sweating [J]. Journal of applied physiology: respiratory, environmental and exercise physiology, 1979, 47 (3) : 591–597.

[639]McCALMAN I. Darwin's armada [M]. London: Pocket Books, 2009.

[640]McDOUGALL I, BROWN F H. Geochronology of the Pre-KBS tuff sequence, Omo group, Turkana Basin [J]. Journal of the geological society, 2008, 165 (2) : 549–562.

[641]McGRAW W S, ZUBERBÜHLER K, NOË R. Monkeys of the Taï forest: an african primate community [M]. Cambridge: Cambridge University Press, 2007.

[642]McGREW W C, MARCHANT L F, NISHIDA T. Great ape societies [M]. Cambridge: Cambridge University Press, 1996.

[643]McGREW W C. Chimpanzee material culture: implications for human evolution [M]. Cambridge: Cambridge University Press, 1996.

[644]McGREW W C. The cultured chimpanzee: reflections on cultural primatology [M]. Cambridge: Cambridge University Press, 2004.

[645]McHENRY H M. Body size and proportions in early Hominids [J]. American journal of physical anthropology, 1992, 87 (4) : 407–431.

[646]McHENRY H M. Early hominid body weight and encaphalization [J]. American journal of physical anthropology, 1976 (45) : 77–84.

[647]McKERN T W, STEWART T D. Skeletal age changes in young American males [R]. Natick: quartermaster research and development command technical report EP– 45, 1957.

[648]McPHERRON S P, ALEMSEGED Z, MAREAN C W, et al. Evidence for stone-tool-assisted consumption of animal tissues before 3.39 million years ago at Dikika, Ethiopia [J]. Nature, 2010, 466 (7308) : 857–860.

[649]MEIJER H J M, VAN DEN HOEK OSTENDE L W, VAN DEN BERGH GD, et al. The fellowship of the hobbit: the fauna surrounding Homo floresiensis [J]. J Biogeogr, 2010, 37 (6) : 995–1000.

[650]MEINDL R S, LOVEJOY C O. Ectocranial

suture closure: a revised method for the determination of skeletal age at death based on the lateral-anterior sutures [J]. American journal of physical anthropology, 1985, 68（1）: 57–66.

［651］MEINDL R S, RUSSELL K F. Recent advances in method and theory in paleodemography [J]. Annu Rev anthropol, 1988（27）: 375.

［652］MELLARS P, BOYLE K, BAR-YOSEF O, et al. Rethinking the human revolution: new behavioral and biological perspectives on the origins and dispersal of modern humans [M]. Cambridge: McDonald Institute for Archaeological Research, 2007.

［653］MERBS C F. Patterns of activity induced pathology in a Canadian Inuit population. National museum of man mercury series, archaeological survey of Canada paper No. 119 [M]. Ottawa: University of Ottawa Press, 1983.

［654］MIELKE J H, KONIGSBERG L W, RELETHFORD J H. Human bioligical variation [M]. Oxford: Oxford University Press, 2006.

［655］MIJARES A S, DÉTROIT F, PIPER P, et al. New evidence for a 67,000-year-old human presence at Callao Cave, Luzon, Philippines [J]. Journal of human evolution, 2010, 59（1）: 123–132.

［656］MILLER E R, BENEFIT B R, MCCROSSIN M L, et al. Systenatics of early and middle Miocene Old World monkeys [J]. Journal of human evolution, 2009, 57（3）: 195–234.

［657］MILLER F P, VANDOME A F, McBREWSTE J. Linnaean taxonomy [M]. Saarbrücken: Alphascript Publishing, 2010.

［658］MILLER H. Secrets of the dead [M]. Basingstoke and Oxford: Channel 4 Books, 2000.

［659］MISHAL A A. Effects of different dress styles on Vitamin D Levels in healthy young Jordanian women [J]. Osteoporosis international, 2001, 12（11）: 931–935.

［660］MITCHELL P D, YEH H, APPLEBY J, et al. The intestinal parasites of King Richard Ⅲ [J]. The Lancet, 2013, 382（9895）: 888.

［661］MITCHELL P D. Medicine in the Crusades [M]. Cambridge: Cambridge University Press, 2004.

［662］MITTEROECKER P, GUNZ P, WINDHAGER S, et al. A brief review of shape, form, and allometry in geometric morphometrics, with applications to human facial morphology [J]. Hystrix, the Italian journal of mammalogy, 2013, 24（1）: 59–66.

［663］MITTEROECKER P, GUNZ P. Advances in Geometric Morphometrics [J]. Evolution biology, 2009, 36（2）: 235–247.

［664］MONAGAN S L. Patriarchy: perpetuating the practice of female genital mutilation [J]. Journal of alternative perspectives in the social sciences, 2010, 12（1）: 160–181.

［665］MONTAGU A. Science and creationism [M]. New York: Oxford University Press, 1983.

［666］MONTELIUS G A. Observation on the teeth of Chinese [J]. Journal dental research, 1933（13）: 501–509.

［667］MONTENEGRO A, ARAÚJO A J G, EBY M, et al. Parasites, paleoclimate and the peopling of the Americas: using the hookworm to time the clovis migration [R]. A report submitted to current anthropology, 2005.

［668］MOORE J A, SWEDLUND A C, ARMELAGOS G J. The use of life tables in paleodemography [A] //Memoirs of the society for American archaeology, No. 30, population studies in archaeology and biological anthropology: a symposium [C]. 1975: 57–70.

[669]MOORE K L. Before we a bone: basic embryology and birth defects [M]. 3rd ed. London: W.B. Saunders Company, 1989.

[670]MOORWOOD M, OOSTERZEE P V. The discovery of the Hobbit: the scientific breakthrough that changed the face of human history [M]. Sydney: Random House Australia, 2007.

[671]MORGAN T H. The theory of the gene [M]. New Haven: Yale University Press, 1926.

[672]MORROW J E, FIEDEL S J, JOHNSON D L, et al. Pre-Clovis in Texas? A critical assessment of the Buttermilk Creek complex [J]. Journal of archaeological science, 2012, 39（12）: 3677–3682.

[673]MORROW J E, FIEDEL S J. New rdiocarbon dates for the Anzick Clovis Burial [M] //MORROW J E, GNECCO C G. Paleoindian archaeology: a hemispheric perspective. Gainesville: University Press of Florida, 2006: 123–138.

[674]MORSE P E, CHESTER S G B, BOYER D M, et al. New fossils, systematics, and biogeography of the oldest known crown primate Teilhardina from the earliest Eocene of Asia, Europe, and North America [J]. Journal of human evolution, 2019, 128（1）: 103–131.

[675]MORWOOD M J, BROWN P, JATMIKO S T, et al. Further evidence for small-bodied hominins from the late Pleistocene of Flores, Indonesia [J]. Nature, 2005, 437（7061）: 1012–1017.

[676]MORWOOD M J, SOEJONO R P, ROBERTS R G, et al. Archaeology and age of a new hominin from Flores in eastern Indonesia [J]. Nature, 2004, 431（7012）: 1087–1091.

[677]MORWOOD M J, SUTIKNA T, SAPTOMO E W, et al. Preface: research at Liang Bua, Flores, Indonesia [J]. Journal of human evolution, 2009, 57（5）: 437–449.

[678]MORWOOD M, OOSTERZEE P E. The discovery of the Hobbit: the scientific breakthrough that changed the face of human history [M]. Sydney: Random House Ausrialia, 2007.

[679]MOUNIER A. Homo heidelbergensis is supported as a valid taxon-Validité du taxon Homo heidelbergensis Schoetensack, 1908 [D]. Thèse de Université de la Méditerranée-faculte de Médecine de Marseille, 2009.

[680]MOUNTRAKIS C, GEORGAKI S, MANOLIS S K. A trephined late Bronze Age skull from Peloponnesus, Greece [J]. Mediterranean archaeology & archaeometry, 2011, 11（1）: 1–8.

[681]MOYÀ-SOLÀ S, ALBA D M, ALMÉCIJA S, et al. A unique middle Miocene European hominoid and the origins of the great ape and human clade [J]. PNAS, 2009, 106（2）: 9601–9606.

[682]MOYÀ-SOLÀ S, KÖHLER M, ROOK L. Evidence of hominid-like precision grip capability in the hand of the Miocene ape Oreopithecus [J]. PNAS, 1999, 96（1）: 313–317.

[683]MOYÀ-SOLÀA S, KÖHLER M, ALBA D, et al. Pierolapithecus catalaunicus, a new middle Miocene great ape from Spain [J]. Science, 2004, 306（5700）: 1339–1344.

[684]MOZAYANI A, NOZIGLIA C. The forensic laboratory handbook: procedures and practice [M]. New York: Humana Press, 2011.

[685]MTURI A A. New hominid from Lake Ndutu, Tanzania [J]. Nature, 1976（262）: 484–485.

[686]MULLER M N, WRANGHAM R W. Sexual

coercion in primates and humans: an evolutionary perspective on male aggression against females [M]. Cambridge: Harvard University Press, 2009.

[687]MURAIL P, BRUZEK J, HOUËT F S, et al. DSP: a tool for probabilistic sex diagnosis using worldwide variability in hip-bone measurements [J]. Bulletins et Mémoires de la Société d'Anthropologie de Paris, 2005, 17 (3-4): 167-176.

[688]MURPHY E M, MCKENZIE C J. Multiple osteochondromas in the archaeological record: a global review [J]. Journal of archaeological science, 2010 (37): 2255-2264.

[689]MURRILL R I, THOMAS C C. Petralona Man. A descriptive and comparative study, with new information on Rhodesian Man [M]. Illinois: Springfield, 1981.

[690]MURRILL R I. A comparison of the Rhodesian and Petralona upper jaws in relation to other Pleistocene hominids [J]. Zeitschrift für morphologie und anthropologie, 1975, 66 (2): 176-187.

[691]NADEAU G. Indian scalping technique in different tribes [J]. Ciba symposia, 1994 (5): 1676-1681.

[692]NAPIER J R, GROVES C P. Primate mammal [J/OL]. Encyclopædia britannica, Inc., 2019. https://www.britannica.com/animal/primate-mammal/Classification#ref876383.

[693]NAPIER J. The antiquity of human walking [J]. Scientific American, 1967, 216 (4): 56-66.

[694]NASUHA N H, CASSANDRA E M N, IAN T J. Chapter 14: parallels between language evolution and child language acquisition [J/OL]. Wiki chapters, 2017. https://blogs.ntu.edu.sg/hss-language-evolution/wiki/chapter-14/.

[695]NEI M, ROYCHOUDHURY A K. Genic variation within and between the three major races of man, Caucasoids, Negroids, and Mongoloids [J]. American journal of human genetics, 1974, 26 (4): 421-443.

[696]NENGO I, TAFFOREAU P, GILBERT C C, et al. New infant cranium from the African Miocene sheds light on ape evolution [J]. Nature, 2017, 548 (7666): 169-174.

[697]NERLICH A G, PESCHEL O, EGARTER-VIGL E. New evidence for Ötzi's final trauma [J]. Intensive care of medicine, 2009 (35): 1138-1139.

[698]NERLICH A G, ZINK A, SZIEMIES U, et al. Ancient Egyptian prosthesis of the big toe [J]. The lancet, 2000, 356 (9248): 2176-2179.

[699]NERLICH A, BACHMEIER B, ZINK A, et al. Ötzi had a wound on his right hand [J]. Lancet, 2003 (362): 334.

[700]NEVES E B, VILACA-ALVES J, ANTUNES N, et al. Different responses of the skin temperature to physical exercise: systematic review [C]. 37th Annual international conference of the IEEE engineering in medicine and biology society (EMBC), 2015, 1307-1310.

[701]NGUYỄN L C, Li F J. The custom of the incisor ablation among ancient people in Vietnam and China [R]. 4th international conference on Vietnamese studies, Hanoi, Vietnam, 2012.

[702]NGUYỄN L C. Đăc điêm nhăn chung: cư dân văn hóa dông sơn ơ viêt nam [M]. Hã nôi: nhà xuât ban khoa hoc xã hôi, 1996.

[703]NGUYỄN L C. Nghiên cưu vê đăc điêm hình thái, chung tôc và bênh ly: răng ngươi cô thuôc thơi đai kim khí ơ miên băc Viêt Nam [M]. Hà Nôi: Nhà Xuât

Ban Khoa Hoc Xã Hôi, 2003.

[704] NGUYỄN L C. Nhân học hình thể [M]. Hà Nôi: Nhà Xuất Bản Giáo Dục Việt Nam, 2018.

[705] NI X, GEBO D L, DAGOSTO M, et al. The oldest known primate skeleton and early haplorhine evolution [J]. Nature, 2013, 498 (7452): 60–64.

[706] NICHOLSON E, HARVATI K. Quantitative analysis of human mandibular shape using three-dimensional Geometric Morphometrics [J]. American journal of physical anthropology, 2006, 131 (3): 368–383.

[707] NICKLISCH N, DRESELY V, ORSCHIEDT J, et al. A possible case of symbolic trepanation in Neolithic Central Germany [J/OL]. International journal of osteoarchaeology, 2018. https://doi.org/10.1002/oa.2648.

[708] NIINIMÄKI S, NISKANEN M, NIINIMÄKI J, et al. Modeling skeletal traits and functions of the upper body: comparing archaeological and anthropological material [J]. Journal of anthropological archaeology, 2013, 32 (3): 347–351.

[709] NIKITA E, SIEW Y Y, STOCK J, et al. Activity patterns in the Sahara Desert: an interpretation based on cross-sectional geometric properties [J]. American journal of physical anthropology, 2011, 146 (3): 423–434.

[710] NISHIMURA A. Reproductive parameters of wild female Lagothrix lagothricha [J]. International journal of primatology, 2003, 24 (4): 707–722.

[711] NMI. New theory of sacrifice: read about the theory connecting human sacrifice with sovereignty and kingship rituals during the Iron Age [EB/OL]. https://www.museum.ie/Archaeology/Exhibitions/Current-Exhibitions/Kingship-and-Sacrifice/New-Theory-of-Sacrifice.

[712] NORDIN M, FRANKEL V H. Basic biomechanics of the musculoskeketal system [M]. 3rd ed. London: Lippincott Williams and Wilkins, 2001.

[713] NOWAK M A, KRAKAUER D C. The evolution of language [J]. PNAS, 1999, 96 (14): 8028–8033.

[714] O'CONNELL J F, HAWKES K, LUPO K D, et al. Male strategies and Plio-Pleistocene archeology [J]. Journal of human evolution, 2002 (43): 831–872.

[715] O'HIGGINS P, STRAND-VIDARSDOTTIR U. New approaches to the quantitative analysis of craniofacial growth and variation [M] //HOPPA R D, FITZGERALD C M. Human growth in the past: studies from bones and teeth. Cambridge: Cambridge University Press, 1999: 128–160.

[716] O'HIGGINS P. The study of morphological variation in the hominid fossil record: biology, landmarks and geometry [J]. Journal of anatomy, 2000, 197 (1): 103–120.

[717] O'LEARY M H. Carbon isotope fractionation in plants [J]. Photochemistry, 1981, 20 (4): 553–567.

[718] OLSON S. Mapping human history: discovering the past through our genes [M]. New York: Houghton Mifflin Company, 2002.

[719] O'REILLY J E, MARIO D R. Dating tips for divergence-time estimation [J]. Trends in genetics, 2015, 31 (11): 637–650.

[720] ORTNER D J. Aleš Hrdlička and the founding of the American journal of physical anthropology [M] //LITTLE M A, KENNED K A R. Histories of American physical anthropology in the twentieth century. New York: Lexington Books, 2010: 87–104.

［721］ORTNER D J. Skeleton photos ［EB/OL］ European module, global history of health project, 2002. http://global.sbs.ohio-state.edu/new_docs/Ortner_Table.xls.

［722］ORTNER D, BUTLER W, CAFARELLA J, et al. Evidence of probable scurvy in subadults from archaeological sites in North America ［J］. American journal of physical anthropology, 2001, 114（4）: 343-351.

［723］ORTNER D, KIMMERLE E, DIEZ M. Probable evidence of scurvy in subadults from archaeological sites in Peru ［J］. American journal of physical anthropology, 1999, 108（3）: 321-331.

［724］ORTNER D, PUSTCHAR W C J. Identification of pathological conditions in human skeletal remains ［M］. Washington: Smithsonian Institution Press, 1981.

［725］OVCHINNIKOV I V, GÖTHERSTRÖM A, ROMANOVA G P, et al. Molecular analysis of Neanderthal DNA from the northern Caucasus ［J］. Nature, 2000, 404（6777）: 490-493.

［726］OVERDORFF D J. Differential patterns in flower feeding by Eulemur fulvus rufus and Eulemur rubriventer in Madagascar ［J］. American journal of primatology, 1992, 28（3）: 191-204.

［727］OWREN M J, RENDALL D. Sound on the rebound: bringing form and function back to the forefront in understanding nonhuman primate vocal signaling［J］. Evolutionary anthropology, 2001, 10（2）: 58-71.

［728］OWSLEY D W, HUNT D. Clovis and early Archaic crania from the Anzick site（24PA506）, Park County, Montana ［J］. Plains anthropologist, 2001, 46（176）: 115-124.

［729］OXENHAM M. Forensic approaches to death, disaster and abuse ［M］. Bowen Hills: Australian Academic Press, 2008.

［730］OXNARD C, OBENDORF P J, KEFFORC B J, et al. More on the Liang Bua finds and modern human cretins ［J］. Homo: journal of comparative humman biolology, 2012, 63（6）: 407-412.

［731］OYSTON B. Thermoluminescence age determinations for the Mungo III human burial, Lake Mungo, southeastern Australia ［J］. Quaternary science reviews, 1996, 15（7）: 739-749.

［732］PALMER D. Origins: human evolution revealed ［M］. Octopus publishing Group Ltd., 2010.

［733］PALMER D. The Marshall illustrated encyclopedia of dinosaurs and prehistoric animals ［M］. London: Marshall Editions, 1999.

［734］PALMOUR R M, CRONIN J E, CHILDS A, et al. Studies of primate protein variation and evolution: microelectrophoretic detection ［J］. Biochemical genetics, 1980, 18（7-8）: 793-808.

［735］PAN R, GROVES C, OXNARD C. Relationships between the fossil Colobine Mesopithecus pentelicus and extant cercopithecoids, based on dental metrics ［J］. American journal of primatology, 2004, 62（4）: 287-299.

［736］PAN Y, QIN L, XU M, et al. A study on bone mass in elderly Chinese foot-binding women ［J/OL］. International journal of endocrinology, 2013. http://dx.doi.org/10.1155/2013/351670.

［737］PANCHEN A L. Homology: history of a concept ［J］. Novartis found symp, 1999（222）: 5-18.

［738］PAPAGEORGOPOULOU C, SUTER S K, RÜHLI F J, et al. Harris lines revisited: prevalence, comorbidities, and possible etiologies ［J］. American journal of human biology, 2011, 23（3）: 381-391.

［739］PAUL A, KUESTER J. Life-history patterns of Barbary macaques（Macaca sylvanus）at Affenberg Salem［M］// FA J, SOUTHWICK C H. Ecology and behavior of food-enhanced primate groups. New York: Alan R. Liss, 1988 199–228.

［740］PAVID K. Piltdown Man hoax findings: Charles Dawson the likely fraudster［EB/OL］. The natural history museum.［2016–08–10］. https://www.nhm.ac.uk/discover/news/2016/august/piltdown-man-charles-dawson-likely-fraudster.html.

［741］PEACOCK W, DENNIS E, EASTEAL S, et al. Lake Mungo 3: a response to recent critiques［J］. Archaeology in Oceania, 2001, 36（2）: 163–174.

［742］PEARCE-DUVET J. The origin of human pathogens: evaluating the role of agriculture and domestic animals in the evolution of human disease［J］. Biological reviews Cambridge philosophical scoiety, 2006, 81（3）: 369–382.

［743］PEIPERT J F, ROBERTS C S. Wilhelm His Sr.'s finding of Johann Sebastian Bach［J］. The American journal of cardiology, 1986, 57（11）: 1002.

［744］PERREARD LOPRENO G. Adaptation structurelle des os du member supérieur et de la clavicule à l'activité［D］. Thèse de doctorat: Univercité de Genève, 2007.

［745］PETER L. Homo gautengensis: new species of alleged apeman is just another australopith［J］. Journal of creation, 2010, 24（3）: 3.

［746］PETRIDES M, PANDYA D N. Distinct parietal and temporal pathways to the homologues of Broca's area in the monkey［J］. Plos biology, 2009, 7（8）: e1000170.

［747］PETRIE W M F. Roman portraits and Memphis IV. British school of archaeology in Egypt and Egyptian research account,17th year, 1911［R］. Publication no. 20. School of archaeology in Egypt, University College: Bernard Quaritch, 1911.

［748］PEYRÉGNE S, SLON V, MAFESSONI F, et al. Nuclear DNA from two early Neandertals reveals 80,000 years of genetic continuity in Europe［J］. Science advance, 2019, 5（6）: eaaw5873.

［749］PICKERING R, BACHMAN D. The use of forensic anthropology［M］. 2nd ed. Boca Raton: CRC Press, 2009.

［750］PICKERING R, KRAMERS J D, PARTRIDGE T, et al. U-Pb dating of Calcite-Aragonite Layers in Speleothems from Hominin sites in South Africa by MC-ICP-MS［J］. Quaternary geochronology, 2010, 5（5）: 544–558.

［751］PICKFORD M, SENUT B. The geological and faunal context of late Miocene Hominid remains from Lukeino, Kenya［J］. Comptes rendus academie de science Paris, 2001, 332（2）: 145–152.

［752］PIETRUSEWSKY M, CHANG C F. Taiwan aboriginals and peoples of the Pacific-Asia region: multivariate craniometric comparisons［J］. Anthropological science, 2003, 111（3）: 293–332.

［753］PIETRUSEWSKY M, DOUGLAS M T, IKEHARA-QUEBRAL R M. An assessment of health and disease in the prehistoric inhabitants of the Mariana Islands［J］. American journal of physical anthropology, 1997, 104（3）: 315–342.

［754］PIETRUSEWSKY M, DOUGLAS M T. Tooth ablation in old Hawaii［J］. Journal of the polynesian society, 1993, 102（3）: 255–272.

［755］PIETRUSEWSKY M, TSANG C. A preliminary assessment of health and disease in human skeletal remains from Shi San Hang［J］.

Anthropological science, 2003, 111（2）: 203–223.

［756］PIETRUSEWSKY M. Cranial variation in early Metal Age Thailand and Southeast Asia studied by multivariate procedures［J］. Homo, 1981, 32(1): 1–26.

［757］PIETRUSEWSKY M. Craniometric variation in Southeast Asia and neighboring regions: a multivariate analysis of cranial measurements［J］. Human evolution, 2008, 23（1–2）: 49–86.

［758］PIETRUSEWSKY M. Metric analysisof skeletal remains: methods and applications［A］// KATZENBERG M A, SAUNDERS S R. Biological anthropology of the human skeleton［C］. New York: Wiley-Liss, 2000: 375–415.

［759］PIETRUSEWSKY M. Metric and non-metric cranial variation in Australian aboriginal populations compared with populations from the Pacific and Asia［J］. Occasional papers in human biology, 1984（3）: 1–113.

［760］PIETRUSEWSKY M. Multivariate comparisons of recently excavated Neolithic human crania from the socialist republic of Vietnam［J］. Internatonal journal of anthropology, 1988, 3（3）: 267–283.

［761］PIETRUSEWSKY M. Pacific-Asian relationships: A physical anthropological perspective ［J］. Oceanic linguistics, 1994, 33（2）: 407–429.

［762］PILBEAM D, GOULD S J. Size and scaling in human evoulution［J］. Science, 1974（186）: 892–901.

［763］PILBEAM D, SMITH R. New skull remains of Sivapithecus from Pakistan［J］. Memoir geological survey of Pakistan, 1981（11）: 1–13.

［764］PILBEAM D. Hominoid evolution: Harvard's program and field research in Pakistan［J］. Symbols, fall, 1983: 2–3, 15.

［765］PILBEAM D. New hominoid skull material from the Miocene of Pakistan［J］. Nature, 1982, 295（5846）: 232–234.

［766］PINEDA C, MANSILLA J, PIJOÁN C, et al. Radiographs of an ancient mortuary bundle support theory for the New World origin of syphilis［J］. American journal of radiology, 1998（171）: 321–324.

［767］PINHASI R, MAYS S. Advances in human palaeopathology［M］. Chichester: Wiley, 2008.

［768］PINHASI R, STOCK J T. Human bioarchaeology of the transition to agriculture［M］. Chichester: John Wiiley and Sons, Ltd., 2011.

［769］PIPERNO D R, DILLEHAY T D. Starch grains on human teeth reveal early broad crop diet in northern Peru［J］. PNAS, 2008, 105（50）: 19622–19627.

［770］POJETA J, JR, D A. Evolution and the fossil record［M］. American geological institute and the paleontological society. New York: Springer, 2007.

［771］PRADEL L, BOURDIER F, BRACE C L, et al. Transition from Mousterian to Perigordian: skeletal and industrial and comments and replies［J］. Current anthropology, 1966, 7（1）: 33–50.

［772］PREECE M A. The genetic contribution to stature［J］. Horm Res, 1996, 45（2）: 56–58.

［773］PRICE T D, BLITZ J, BURTON J H, et al. Diagenesis in prehistoric bone: problems and solution ［J］. Journal of archaeological science, 1992, 19（5）: 513–530.

［774］PRÜFER K, DE FILIPPO C, GROTE S, et al. A high-coverage Neandertal genome from Vindija Cave in Croatia［J］. Science, 2017, 358（6363）: 655–658.

［775］PRÜFER K, RACIMO F, PATTERSON N, et al. The complete genome sequence of a Neanderthal from the Altai Mountains [J]. Nature, 2014, 505 (7481) : 43–49.

[776] PÜSCHEL T A, BENÍTEZ H A. Femoral functional adaptation: a comparison between hunter gatherers and farmers using Geometric Morphometrics. Inernational [J]. Journal of morphology, 2014, 32 (2) : 627–633.

[777] QATAR J P. Prolonged exercise in the heart [J]. Aspetar: sports medicine journal, 2013, 2 (1) : 1–15.

[778] QUEIROZ-ALVES E, MACARIO K, ASCOUGH P, et al. The worldwide marine radiocarbon reservoir effect: definitions, mechanisms and prospects [J]. Reviews of geophysics, 2018, 56 (1) : 278–305.

[779] RAFF J A, BOLNICK D A. Palaeogenomics: genetic roots of the first Americans [J]. Nature, 2014, 506 (7487) : 162–163.

[780] RAGHAVAN M, SKOGLUND P, GRAF K E, et al. Upper Palaeolithic Siberian genome reveals dual ancestry of native Americans [J]. Nature, 2014, 505 (7481) : 87–91.

[781] RAICHLEN D A, GORDON A D, HARCOURT-SMITH W E H. Laetoli footprints preserve earliest direct evidence of human-like bipedal biomechanics [J]. Plos one, 2010, 5 (3) : e9769.

[782] RAICHLEN D A, GORDON A D. Interpretation of footprints from Site S confirms human-like bipedal biomechanics in Laetoli hominins [J]. Journal of human evolution, 2017, 107: 134–138.

[783] RAK Y. Australopithecine taxonomy and phylogeny in light of facial morphology [J]. American journal of physical anthropology, 1985, 66 (3) : 281–287.

[784] RAO V V, VASULU T S, BABU A D W R. Possible paleopathological evidence of treponematosis from a megalithic site at Agripalle, India [J]. American journal of physical anthropology, 1996, 100 (1) : 49–55.

[785] RASMUSSEN M, ANZICK S L, WATERS M R, et al. The genome of a Late Pleistocene human from a Clovis burial site in western Montana [J]. Nature, 2014, 506 (7487) : 225–229.

[786] RASMUSSEN M, LI Y, LINDGREEN S, et al. Ancient human genome sequence of an extinct Palaeo-Eskimo [J]. Nature, 2010, 463 (7282) : 757–762.

[787] RAVOSA M J, DAGOSTO M. Primate origins: adaptations and evolution [M]. New York: Springer Science+Business Media, LLC., 2007.

[788] REICH D, GREEN R E, KIRCHER M, et al. Genetic history of an archaic hominin group from Denisova Cave in Siberia [J]. Nature, 2010, 468 (7327) : 1053–1060.

[789] REINER W B, MASAO F, SHOLTS S B, et al. OH 83: a new early modern human fossil cranium from the Ndutu beds of Olduvai Gorge, Tanzania [J]. American journal of physical anthropology, 2017, 164 (3) : 533–545.

[790] REINHARD K J, HEVLY R H, ANDERSON G A. Helminth remains from prehistoric Indian coprolites on the Colorado Plateau [J]. Journal of parasitology, 1987, 73 (3) : 630–639.

[791] RELETHFORD J H. The human species: an introduction to biological anthropology [M]. 8th ed. Mountain View: Mayfield Publishing Company, 2010.

[792] RELETHFORD J H. The human species: an introduction to biological anthropology [M]. Mountain View: Mayfield Publishing Company, 2000.

[793] REMACLE M, ECKEL H E. Surgery of

larynx and lrachea [M]. Berlin: Springer-Verlag Berlin and Heidelberg, 2010.

[794] RENFREW C, BAHN P. Archaeology: teories, methods and practice [M]. London: Thames and Hudson Ltd., 2012.

[795] RENO P L, LOVEJOY C O. From Lucy to Kadanuumuu: balanced analyses of Australopithecus afarensis assemblages confirm only moderate skeletal dimorphism [J]. Peer J, 2015 (3): e925.

[796] RESNICK D, NIWAYAMA G. Rheumatoid arthritis [M] //RESNICK D. Diagnosis of bone and joint disorders. 3rd ed. London: W. B. Saunfers, 1995, 866–970.

[797] REYMENT R A. Morphometrics: an historical essay [M] //ELEWA A M T. Morphometrics for nonmorphometricians, lecture notes in earth sciences 124. Berlin: Springer-Verlag, 2010, 9–24.

[798] REZNIKOV N, PHILLIPS C, COOKE M, et al. Functional adaptation of the calcaneus in historical foot binding [J]. Journal of bone and mineral research, 2017, 32 (9): 1915–1925.

[799] RICHARDS M P, MAYS S, FULLER B T. Stable carbon and nitrogen isotope values of bone and teeth reflect weaning age at the Medieval Wharram Percy site, Yorkshire, UK [J]. American journal of physical anthropology, 2002, 119 (3): 205–210.

[800] RICHARDS M P, PETTITT P B, TRINKAUS E, et al. Neanderthal diet at Vindija and Neanderthal predation: the evidence from stable isotopes [J]. PNAS, 2000, 97 (13): 7663–7666.

[801] RICHARDS M, DOBNEY K, ALBARELLA U, et al. Stable isotope evidence of Sus diets from European and near eastern archaeological sites. Editur El semanario profesional del turismo [R], 2007.

[802] RICHARDS M, HARVATI K, GRIMES V, et al. Strontium isotope evidence of Neanderthal mobility at the site of Lakonis, Greece using laser-ablation PIMMS [J]. Journal of archaeological science, 2008, 35 (5): 1251–1256.

[803] RICHARDSON M L. Chinese foot binding: radiographic findings and case report [J]. Radiology case reports, 2009 (4): 270.

[804] RICHMOND B G, HATALA K G. Origin and evolution of human postcranial anatomy [A] // BEGUN D R. A Companion to paleoanthropology [C]. London: Wiley-Blackwell, 2013.

[805] RICHTER D, GRÜN R, JOANNES-BOYAU R, et al. The age of the Jebel Irhoud (Morocco) hominins and the origins of the Middle Stone Age [J]. Nature, 2017, 546 (7657): 293–296.

[806] RICHTER H, BENNCER A, BAILEY S E, et al. New fossils from Jebel Irhoud, Morocco and the pan-African origin of Homo sapiens [J]. Nature, 2017, 546 (7657): 289–292.

[807] RICHTSMEIER J T, DELEON V B, LELE S R. The promise of Geometric Morphometrics [J]. Yearbook of physical anthropology, 2002 (45): 63–91.

[808] RIGHTMIRE G P. Homo in the middle Pleistocene: hypodigms, variation, and species recognition [J]. Evolutionary anthropology, 2008, 17 (1): 8–21.

[809] RIGHTMIRE G P. Middle Pleistocene hominids from Olduvai Gorge, Northern Tanzania [J]. American journal of physical anthropology, 1980, 53(2): 225–241.

[810] RIGHTMIRE G P. The evolution of Homo erectus: comparative anatomical studies of an extinct human species [M]. Cambridge: Cambridge University

生物人类学
（第二版）

Press, 1993

[811]RIGHTMIRE G P. The Lake Ndutu cranium and early Homo sapiens in Africa [J]. American journal of physical anthropology, 1983, 61（2）: 245-254.

[812]RILLING J K, GLASSER M F, PREUSS T M, et al. The evolution of the arcuate fasciculus revealed with comparative DTI [J]. Nature neuroscience, 2008, 11（4）: 426-428.

[813]RIPLEY W Z. The races of Europe: a sociology study [M]. New York: D. Appleton and Co., 1899.

[814]ROBBINS G, MUSHRIF V, MISRA V N, et al. Ancient skeletal evidence for leprosy in India（2000 B.C.）[J]. Plos one, 2009, 4（5）: e5669.

[815]ROBBINS M M, SICOTTE P, STEWART K J. Mountain Gorillas: three decades of research at Karisoke [M]. Cambridge: Cambridge University Press, 2005.

[816]ROBBINS S G, BLEVINS K E, COX B, et al. Infection. Disease, and biosocial process at the end of the Indus civilization [J]. Plos one, 2013, 0084814（12）: e84814.

[817]ROBERTS C A, BUIKSTRA J E. The bioarchaeology of tuberculosis: a global view on a reemerging disease [M]. Gainesville: University Press of Florida, 2003.

[818]ROBERTS C A, MILLARD A R, NOWELL G M, et al. Isotopic tracing of the impact of mobility on infectious disease: the origin of people with treponematosis buried in hull, England, in the Late Medieval period [J]. American journal of physical anthropology, 2013, 150（2）: 273-285.

[819]ROBERTS C, MANCHESTER K. The archaeology of disease [M]. New York: Cornell University Press, 2005.

[820]ROBERTS C. Adaptation of populations to changing environments: bioarchaeological perspectives on health for the past, present and future [J]. Bulletins et Mémoires de la Société d'anthropologie de Paris, 2010（22）: 38-46.

[821]ROBERTS R G, WESTAWAY K E, ZHAO J X, et al. Geochronology of cave deposits at Liang Bua and of adjacent river terraces in the Wae Racang valley, western Flores. Indonesia: a synthesis of age estimates for the type locality of Homo floresiensis [J]. Journal of human evolution, 2009, 57（5）: 484-502.

[822]ROBINSON J T. Early Hominid posture and locomotion [M]. Chicago: University of Chicago Press, 1972.

[823]ROCHE H, DELAGNES A, BRUGAL J P, et al. Early hominid stone tool production and technical skill 2.34 Myr ago in West Turkana, Kenya [J]. Nature, 1999, 399（6731）: 57-60.

[824]RODMAN P S, MCHENRY H M. Bioenergetics and the origin of hominid bipedalism [J]. American journal of physical anthropology, 1980, 52（1）: 103-106.

[825]RODMAN P S, McHENRY H M. Bioenergetics and the origin of huminid bipedalism [J]. American journal of physical anthropology, 1980, 52（1）: 103-106.

[826]ROGERS A R, BOHLENDER R J, HUFF C D. Early history of Neanderthals and Denisovans [J]. PNAS, 2017, 114（37）: 9859-9863.

[827]ROGERS J, GIBBS R A. Comparative primate genomics: emerging patterns of genome content and dynamics[J]. Nature reviews genetics, 2014, 15（5）: 347-359.

［828］ROGERS J, WALDRON T. A field guide to joint disease in archaeology［M］. New York: John Wiley and Sons Ltd., 1995.

［829］ROHLF F J. The tps series of softwar［J］. Hystrix, the Italian journal of mammalogy, 2015, 26（1）: 9–12.

［830］RÖHRER-ERTL, O/O. On a newly modified method for plastic reconstruction of the face using the skull（based on Kollman data）［J］. Anthropologischer Anzeiger: Bericht über die biologisch-anthropologische literatur,1983, 41（3）: 191–208.

［831］ROKHLIN D G, RUBASHEVA A E. New data on the age of syphilis［J］. Vesinik renigenol, 1938（21）: 183.

［832］ROOK L, BONDIOLI L, KÖHLER M, et al. Oreopithecus was a bipedal ape after all: evidence from the iliac cancellous architecture［J］. PNAS, 1999, 96（15）: 8795–8799.

［833］ROSE K D. The earliest primates［J］. Evolutionary anthropology, 1995（3）: 159–173.

［834］ROSENMAN B A, WARD C V. Costovertebral morphology, thoracic vertebral number and last rib length in Australopithecus Africanus［J］. American journal of physical anthropology, 2011, 144: S257.

［835］ROSSIE J B, SMITH T D, BEARD K C, et al. Nasolacrimal anatomy and haplorhine origins［J］. Journal of human evolution, 2018, 114（1–2）: 176–183.

［836］ROTHSCHILD B M, HEALTHCOTE G M. Characterization of the skeletal manifestations of the trepoemal disease yaws as a population phenomenon［J/OL］. Clinical infectious diseases, 1993, 17（2）: 198–203. https://academic.oup.com/cid/article-abstract/17/2/198/482110?redirectedFrom=fulltext.

［837］ROTHSCHILD B M, MARTIN L D, LEV G, et al. Mycobacterium tuberculosis complex DNA from an extinct bison dated 17,000 years before the present［J］. Clinical infectious disease, 2001, 33（3）: 305–31.

［838］ROTHSCHILD B M. History of syphilis［J］. Clinical infectious disease, 2005, 40（10）: 1454–1463.

［839］ROYER W E. Jr. High-resolution crystallographic analysis of a co-operative dimeric hemoglobin［J］. Journal of molecular biology, 1994, 235: 657–681.

［840］RUFF C B, NISKANEN M, JUNNO J, et al. Body mass prediction from stature and bi-iliac breadth in two high latitude populations［J］. Journal of human evolution, 2005（48）: 381–392.

［841］RUFF C B, TRINKAUS E, HOLLIDAY T W. Body mass and encephalization in Pleistocene Homo［J］. Nature, 1997（387）: 173–176.

［842］RUFF C B. Biomechanical analyses of archaeological human skeletons［A］//KATZENBERG M A, SAUNDERS S R. Biological anthropology of the human skeleton［J］. New York: Wiley Liss, 2008: 183–206.

［843］RUFF C B. Sexual dimorphism in human lower limb bone structure: relationship to subsistence strategy and sexual division of labor［J］. Journal human evolution, 1987, 16（5）: 391–416.

［844］RUFFER M A. Studies in the paleopathology of Egypt［M］. Chicago: University of Chicago. Press, 1921.

［845］RUSHWORTH G, STEPHENS M, STRINGER C, et al. The "human revolution" in lowland tropical Southeast Asia: the antiquity and behavior of anatomically modern humans at Niah Cave（Sarawak, Borneo）［J］. Journal of human evolution, 2007, 52

（30）: 243–261.

［846］RUSSELL N. Marine radiocarbon reservoir effects（MRE）in archaeology: temporal and spatial changes through the Holocene within the UK coastal environment（PhD thesis）［D］. Glasgow: University of Glasgow, 2011.

［847］RUSSO G A, SHAPIRO L J. Reevaluation of the lumbosacral region of Oreopithecus bambolii［J］. Journal of human evolution, 2013, 65（3）: 253–265.

［848］RYAN A S, JOHANSON D C. Anterior dental microwear in Australopithecus afarensis: comparisons with human and nonhuman primates［J］. Journal of human evolution, 1989, 18（3）: 235–268.

［849］SALADIN K S. Anatomy Physiology: the unity og form and function［M］. Boston: the McGeaw-Hill companies, Inc., 1998.

［850］SALADIN K S. Human anatomy［M］. 2nd ed. New York: McGraw-Hill, 2008.

［851］SALAS A, LOVO-GÓMEZ J, ÁLVAREZ-IGLESIAS V, et al. Mitochondrial echoes of first settlement and genetic continuity in El Salvador［J］. Plos one, 2009, 4（9）: e6882.

［852］SALPIETRA M. Inca skull surgery［J/OL］. NOVA, Posted 01.01.10. http://www.pbs.org/wgbh/nova/ancient/inca–skull–surgery.html.

［853］SARICH V M, WILSON A C. Rates of albumin evolution in primates［J］. Proceedings of the national academy of sciences of the United States of America, 1967, 58（1）: 142–148.

［854］SATTENSPIEL L, HARPENDING H. Stable populations and skeletal age［J］. American antiquity, 1983, 48（3）: 489–498.

［855］SAWADA Y, PICKFORD M, SENUT B, et al. The age of Orrorin tugenensis: an early Hominid from the Tugen Hills, Kenya［J］. Comptes rendus paleovol, 2002, 1（5）: 293–303.

［856］SAWYER S, RENAUD G, VIOLA B, et al. Nuclear and mitochondrial DNA sequences from two Denisovan individuals［J］. PNAS, 2015, 112（51）: 15696–15700.

［857］SAXEN L, RAPOLA J. Congenital defect［M］. New York: Holt, Rinehart and Winston, 1969.

［858］SAYLOR B Z, GIBERT L, DEINO A, et al. Age and context of mid-Pliocene hominin cranium from Woranso-Mille, Ethiopia［J/OL］. Nature, 2019. http://doi.org/10.1038/s41586-019-1514-7.

［859］SCARRE C. The human past: world prehistory and the development of human societies［M］. London: Thames and Hudson, 2009.

［860］SCHEUER L, BLACK S, LIVERSIDGE H, et al. The juvenile skeleton［M］. Oxford: Elsevier Academic Press, 2004.

［861］SCHEUER L, BLACK S. Developmental juvenile osteology［M］. London: Elsevier Academic Press, 2000.

［862］SCHICK K, TOTH N. Making silent stones speak: human evolution and the dawn of technology［M］. New York: Simon & Schuster, 1993.

［863］SCHICK K, TOTH N. The cutting edge: new approaches to the archaeology of human origins［M］. Gosport, IN: Stone Age Institute Press, 2009.

［864］SCHICK K, TOTH N. The origins and evolution of technology［A］//BEGUN D R. A companion to paleoanthropology［C］. London: Wiley-Blackwell, 2013: 265–289.

［865］SCHILLACI M A, GUNZ P. Multivariate quantitative methods in paleoanthropology［M］//BEGUN D R. A companion to paleoanthropology.

London: Wiley-Blackwell, 2013: 75–96.

［866］SCHIMITT A. Variabilité de la sénescence du squelette humain. Réflexions sur les indicateurs de l'âge au décès à la recherché d'un outil performant［D］. Thèse de l'Universite Bordeaux I, 2001.

［867］SCHMIDT M, KRAUSE C. Scapula movements and their contribution to three-dimensional forelimb excursions in quadrupedal primates［M］// D'AOÛT K, VEREECKE E E. Primate locomotion: linking field and laboratory research. London: Springer Science+Business Media, LLC., 2011: 83–108.

［868］SCHMITT D, CHURCHILL S E. Hylander W experimental evidence concerning spear use in Neandertals and early modern humans［J］. Journal of archaeological science, 2003, 30（1）: 103–114.

［869］SCHMITT D, ROSE M D, TURNQUIST J E, et al. Role of the prehensile tail during ateline locomotion: experimental and osteological evidence［J］. American journal of physical anthropology, 2005, 126（4）: 435–446.

［870］SCHOETENSACK O. Der Unterkiefer des Homo heidelbergensis aus den Sanden von Mauer bei Heidelberg［M］. Leipzig:Wilhelm Engelmann, 1908.

［871］SCHOPF J W, KUDRYAVTSEV A B, AGRESTI D G, et al. Laser-Raman imagery of earth's earliest fossils［J］. Nature, 2002, 416（6876）: 73–76.

［872］SCHOPF J W, PACKER B M. Early Archean（3.3 billion to 3.5 billion-year-old）microfossils from Warrawoona group, Australia［J］. Science, 1987, 237（4810）: 70–73.

［873］SCHOPF J W. Microfossils of the early Archean Apex Chert: new evidence of the antiquity of life［J］. Science, 1993, 260（5108）: 640–646.

［874］SCHRENK F. Earliest Homo［A］//

BEGUN D R. A companion to paleoanthropology［C］. London: Wiley-Blackwell, 2013: 481–496.

［875］SCHULTA A H. Characters common to higher primates and characters specific for man［J］. The quarterly review of biology, 1936, 11（4）: 425–455.

［876］SCHULTING R. Mesolithic-Neolithic transitions: an isotopic tour through Europe［A］// PINHASI R, STOCK J T. Human bioarchaeology of the transition to agriculture［C］. Chichester: John Wiiley and Sons, Ltd., 2011: 17–42.

［877］SCHULTZ A H. The life of primates［M］. New York: Universe Books, 1969.

［878］SCHWARTZ J H, TATTERSALL I. Fossil evidence for the origin of Homo sapiens［J］. American journal of physical anthropology, 2010, 143（S51）: 94–121.

［879］SCHWARTZ J H, TATTERSALL I. The human fossil record, Vol. 2: craniodental morphology of genus Homo（Africa and Asia）［M］. New York: Wiley-Liss, 2003.

［880］SCHWARTZ J H, TATTERSALL I. Whoese teeth?［J］. Nature, 1996, 381（6579）: 201–202.

［881］SCHWARTZ J H. Skeleton keys: an introduction to human skeletal morphology, development, and analysis［M］. Oxford University Press, 1995.

［882］SCHWARTZ1 J H, TATTERSALL I. Fossil evidence for the origin of Homo sapiens［J］. Yearbook of physical anthropology, 2010, 53: 94–121.

［883］SCOTT C L, MAGENNIS A. A phytolith and starch record of food and grit in Mayan human tooth tartar［A］//PINILLA A, et al. Primer encuentro Europeo sobre el estudio de fitolitos［C］. Gra'ficas Fersa'n, 1997: 211–218.

[884] SEIFFERT E R, BOYER D M, FLEAGLEJ G, et al. New adapiform primate fossils from the late Eocene of Egypt [J]. Historical biology, 2018, 30 (1–2): 204–226.

[885] SEIFFERT E R, SIMONS E L, FLEAGLE J G, et al. Paleogene anthropoids [M] // WERDELIN L, SANDERS W J. Cenozoic mammals of Africa. Berkeley: University of California Press, 2010: 369–392.

[886] SEIFFERT E R. Revised age estimates for the later Paleogene mammal faunas of Egypt and Oman [J]. Proceedings of the national academy of sciences of the United States of America, 2006, 103 (13): 5000–5005.

[887] SENUT B, PICKFORD M, GOMMERY D, et al. First hominid from the Miocene (Lukeino Formation, Kenya) [J]. Comptes rendus de l'académie des sciences, 2001, 332 (2): 137–144.

[888] SEYFARTH R M, CHENEY D L. The structure of social knowledge in monkeys [M] // BEKOFF M, ALLEN C, BURGHARDT G M. The cognitive animal: empirical and theoretical perspectives on animal cognition. Cambridge: MIT Press, 2002.

[889] SHANG H, TONG H, ZHANG S, et al. An early modern human from Tianyuan Cave, Zhoukoudian, China [J]. PNAS, 2007, 104 (16): 6573–6578.

[890] SHANG H, TRINKAUS E. An ectocranial lesion on the middle Pleistocene human cranium from Hulu Cave, Nanjing, China [J]. American journal of physical anthropology, 2007, 135 (4): 431–437.

[891] SHAW C N, STOCK J T. Intensity, repetitiveness, and directionality of habitual adolescent mobility patterns influence the tibial diaphysis morphology in athletes [J]. American journal of physical anthropology, 2009, 140 (1): 149–159.

[892] SHIKAMA T, LING C C, SHIMODA N, et al. Discovery of fossil Homo Sapiens from Chochen in Taiwan [J]. Journal of the anthropological society of Nippon, 1976, 84 (2): 131–138.

[893] SHIPMAN P. Separating "us" from "them": Neanderthal and modern human behavior [J]. PNAS, 2008. 105 (38): 14241–14242.

[894] SHRESTHA R, SHRESTHA P K, WASTI H, et al. Craniometric analysis for estimation of stature in Nepalese population: a study on an autopsy sample [J]. Forensic science international, 2015 (248): 187.e1–187.e6.

[895] SIDDAPUR K R, SIDDAPUR G K. A cross-sectional study on under-emphasized sex determining parameters of femur [J]. International journal of research in medical sciences, 2015, 3 (9): 2264–2267.

[896] SIGÉ B, JAEGER J J, SUDRE J, et al. Altiatlasius koulchii n. gen. et sp., primate omomyidé du Paléocène supérieur du Maroc, et les origines des Euprimates [J]. Palaeontographica, abteilung A, 1990, 214 (1–2): 31–56.

[897] SILCOX M T, GUNNELL G F. Plesiadapiformes [A]. Evolution of tertiary mammals of North America Volume 2: Marine mammals and smaller terrestrial mammals [C] //JANIS C M, GUNNEL G F, UHEN M D. Cambridge: Cambridge University Press, 2008: 207–238.

[898] SILKEBORG MUSEUM. The last meal [M]. Silkeborg museum and amtscentret for undervisning. Silkeborg: Silkeborg Public Library, 2004c.

[899] SILKEBORG MUSEUM. The Tollund Man's appearance [M]. Silkeborg museum and amtscentret for undervisning. Silkeborg: Silkeborg

Public Library, 2004a.

［900］SILKEBORG MUSEUM. Was the Tollund Man hanged? ［M］. Silkeborg museum and amtscentret for undervisning. Silkeborg: Silkeborg Public Library （SPL）, 2004b.

［901］SILVERTOWN J. 99% Ape: how evolution adds up ［M］. London: The National History Museun and The Open University, 2008.

［902］SIMONS E L, GODFREY L R, JUNGERS W L, et al. A new species of Mesopropithecus（Primates, Palaeopropithecidae）from Northern Madagascar ［J］. International journal of primatology, 1995, 16（4）: 653-682.

［903］SIMONS E L, RASMUSSEN D T. The generic classification of Fayum Anthropoidea ［J］. International journal of primatology, 1991, 12（2）: 163-178.

［904］SIMONS E L. Two new primate species from the African Oligocene ［J］. Postilla, 1962, 64:1-12.

［905］SIMPSON G G. Evolution and geography: an essay on historical biogeography with special reference to mammals ［M］. Eugene: Oregon State System of Higher Education, 1953.

［906］SIMPSON S W. Before Australopithecus: the earliest Hominins ［M］ // BEGUN D R. A companion to paleoanthropology. London: Wiley-Blackwell, 2013: 417-433.

［907］SIMPSON S W. Early Pleistocene Homo ［A］. // MUEHLENBEIN M. Basics in human evolution ［C］. London: Elsevier Inc., 2015: 143-161.

［908］SJØVOLD T, SWEDBORG I, DIENER I. A pregnant woman from the Middle Ages with exostosis multiplex ［J］. Ossa, 1974（1）: 3-22.

［909］SLICE D E. Geometric Morphometrics ［J］. Annual review of anthropology, 2007（36）261-281.

［910］SLICOX M T. Primate origins and the Plesiadapiforms ［J］. Nature education knowledge, 2014, 5（3）: 1.

［911］SLOAN B, KULWIN D R, KERSTEN R C. Scurvy causing bilateral orbital hemorrhage ［J］. Archives of ophthalmology, 1999, 117（6）: 842-843.

［912］SLON V, VIOLA B, RENAUD G, et al. A fourth Denisovan individual ［J］. Science advances, 2017, 3（7）: e1700186.

［913］SMITH B H. Patterns of molar wear in hunter-gatherers and agriculturalists ［J］. American journal of physical anthropology, 1984, 63（1）: 39-56.

［914］SMITH C I, NIELSEN-MARSH C M, JANS M M E., et al. Bone diagenesis in the European Holocene I: patterns and mechanisms ［J］. Journal of archaeological science, 2007, 34（9）: 1485-1493.

［915］SMITH H F, GRINE F E. Cladistic analysis of early Homo crania from Swartkrans and Sterkfontein, South Africa ［J］. Journal of human evolution, 2008, 54（5）: 684-704.

［916］SNELL C A R D, DONHUYSEN H W A. The pelvis in the bipedalism of primates ［J］. American journal of physical anthropology, 1968, 28（3）: 239-246.

［917］SOCKOL M D, RAICHLEN D A, PONTZER H. Chimpanzee locomotor energetics and the origin of human bipedalism ［J］. PNAS, 2007, 104（30）: 12265-12269.

［918］SOFWAN N, SISWANTO, WIDIANTO H. Primata besar di Jawa: spesimen baru Gigantopithecus dari semedo / giant primate of Java: a new Gigantopithecus specimen from Semed ［J］. Berkala Arkeologi, 2016, 36（2）: 141-160.

［919］SOUMAH A G, YOKOTA N. Female rank

and feeding strategies in a freeranging provisioned troop of Japanese macaques [J]. Folia primatologica, 1991, 57（4）: 191–200.

［920］SPENCE M W. Residence practices and the distribution of skeletal traits in Teotihuacan, Mexico [J]. Man, 1974（9）: 262–273.

［921］SPOOR F, LEAKEY M G, O'HIGGINS P. Middle Pliocene hominin diversity: Australopithecus deyiremeda and Kenyanthropus platyops [J/OL]. Philos Trans R Soc. Lond B Biol Sci., 2016, 371（1698）: 20150231. http://dx.doi.org/10.1098/rstb.2015.0231.

［922］SPRINGER M S, STANHOPE M J, MADSEN O, et al. Molecules consolidate the placental mammal tree [J]. Trends in ecology and evolution, 2004（19）: 430–438.

［923］STANFORD C B. Arboreal bipedalism in wild chimpanzees: implications for the evolution of hominid posture and locomotion [J]. American journal of physical anthropology, 2006, 129（2）: 225–231.

［924］STANFORD C, ALLEN J S, ANTÓN S C. Biological anthropology: the natural history of humankind [M]. 3rd ed. New York: Prentice Hall, 2005.

［925］STANFORD C, ALLEN J S, Antón S. Biological anthropology: the natural history of humankind [M]. 3rd ed. Boston: Pearson Education, Inc., 2013.

［926］STANSFIELD S. Fetal-pelvic disproportion and pelvic asymmetry as a potential cause for high maternal mortality in archaeological populations [D]. Thesis of University of Missouri, 2011.

［927］STAUB K, RÜHLI F J, WOITEK U, et al. The average height of 18-year-old and 19-year-old conscripts（N=458,322）in Switzerland from 1992 to 2009, and the secular height trend since 1878 [J]. Swiss medical weekly, 2011（141）: w13238.

［928］STECKEL R H, LARSEN C S, SCIULLI P W, et al. A history of health in Europe from the late Paleolithic era to the present [R]. Mimeo, Columbus, Ohio, 2002.

［929］STECKEL R H, LARSEN C S, SCIULLI P W, et al. A history of health in Europe over the past 10,000 years: summary of a research proposa [EB/OL] l, 2002a. http://global.sbs.ohio-state.edu/project_overview.htm.

［930］STECKEL R H, LARSEN C S, SCIULLI P W, et al. European module [EB/OL] 2002b. Global history of health project. http://global.sbs.ohio-state.edu/european_module.htm.

［931］STECKEL R H, LARSEN C S, SCIULLI P W, et al. The global history of health project: data collection codebook [R]. 2006: 397–427.

［932］STECKEL R H, ROSE J C. The backbone of history health and nutrition in the western hemisphere [M]. Cambridge: Cambridge University Press, 2002.

［933］STEINBOCK R T. Paleopathological and interpretation [M]. London: Springfield Ill., Charles Thomas, 1976.

［934］STEPHAN C N. Accuracies of facial soft tissue depth means for estimating ground truth skin surfaces in forensic craniofacial identification [J]. International journal of legal medicine, 2015（129）: 877–888.

［935］STEPHAN H, FRAHM H, BARON G. New and revised data on volumes of brain structures on insectivores and primates [J]. International journal of primatology, 1981, 35（1）: 1–29.

［936］STERN C. The Hardy-Weinberg law [J]. Science, 1943, 97（2510）: 137–138.

［937］STERN J T. Climbing to the top: a personal

memoir of Australopithecus afarensis [J]. Evolutionary anthropology, 2000, 9 (3) :113–133.

[938]STEUDEL K L. Functional aspects of primate pelvic structure: a multivariate approach [J]. American journal of physical anthropology, 1981, 55(3): 399–410.

[939]STEVENS N J, SEIFFERT E R, O'CONNOR P M, et al. Palaeontological evidence for an Oligocene divergence between Old World monkeys and apes [J]. Nature, 2013, 497 (7451) : 611–614.

[940]STEVENS S D. The morphology of the knee joint in Homo Sapiens: a morphometric study of form variation in the distal femur and proximal tibia [D]. Durham: Durham University, 2006.

[941]STEWART T D, SPOEHR A. Evidence on the paleopathology of yaws [M] //BROTHWELL D, SANDISON A T. Diseases in antiquity. London: Springfield, Ill. Carles Thomas, 1967: 307–309.

[942]STOCK J T, O'NEILL M C, RUFF C B, et al. Body size, skeletal biomechanics, mobility and habitual activity from the Late Palaeolithic to the Mid-Dynastic Nile Valley [M] // PINHASI R, STOCK J T. Human bioarchaeology of the transition to agriculture. Chichester: John Wiley & Sons, Ltd., 2011.

[943]STOCK J T, SHAW C N. Which measures of diaphyseal robusticity are robust? A comparison of external methods of quantifying the strength of long bone diaphyses to cross-sectional geometric properties [J]. American journal of physical anthropology, 2007, 134 (3) : 412–423.

[944]STOCK J T. Hunter-gatherer postcranial robusticity relative to patterns of mobility, climatic adaptation, and selection for tissue economy [J]. American journal of physical anthropology, 2006, 131

(2) : 194–204.

[945]STONE R. Graves of the Pacific's first seafarers revealed [J]. Science, 2006, 312 (5772) : 360.

[946]STOREY R. Life and death in the ancient city of Teo59tihuacan: a modern paleodemographic synthesis [M]. Tuscaloosa: University of Alabama Press, 1992.

[947]STORM P. The evolutionary significance of the Wajak skulls [J]. Scripta Geologica, 1995, 110: 1–247.

[948]STRAIT D S, GERHARD W W, SIMON N, et al. The feeding biomechanics and dietary ecology of Australopithecus africanus [J]. PNAS, 2009, 106 (7) : 2124–2129.

[949]STRINGER C B, FINLAYSON J C, BARTON R N E, et al. Neanderthal exploitation of marine mammals in Gibraltar [J]. PNAS, 2008, 105 (38) : 14319–14324.

[950]STRINGER C. Out of Ethiopia [J]. Nature. 2003, 423 (6941) : 692–695.

[951]STRUHSAKER T T. Auditory communication among vervet monkeys (Cercopithecus aethiops) [M] // ALTMANN S A. Social communication among primates. Chicago: University of Chicago Press, 1967:281–324.

[952]SU D F. The earliest Hominins: Sahelanthropus, Orrorin, and Ardipithecus [J]. Nature education knowledge, 2013, 4 (4) : 11.

[953]SULIMA G, BRYEKHOV O, KOSOBOKOVA E, et al. Biomechanical aspects of lumbar hyperlordosis and low back pain during pregnancy [J]. The internet journal of minimally invasive spinal technology, 2010, 4 (1) : 1–6.

[954]SUN L, PECHENKINA K, CAO Y, ET AL.

Cases of endocranial lesions on juvenile skeletons from Longshan cultural sites in Henan Province, China [J]. International journal of paleopathology, 2018, 26 (1): 61–74.

［955］SUSSMAN R W, RAVEN P H. Pollination of flowering plants by lemurs and marsupials: a surviving archaic coevolutionary system [J]. Science, 1978, 200 (4343): 731–736.

［956］SUSSMAN R W. Primate origins and the evolution of angiosperms [J]. American journal of primatology, 1991, 23 (4): 209–223.

［957］SUTIKNA T, TOCHERI M W, MORWOOD M J, et al. Revised stratigraphy and chronology for Homo floresiensis at Liang Bua in Indonesia [J]. Nature, 2016, 532 (7599): 366–369.

［958］SUTTON M, PICKERING T, PICKERING R, et al. Newly discovered fossil-and artifact-bearing deposits, uranium-series ages, and Plio-Pleistocene hominids at Swartkrans Cave, South Africa [J]. Journal of human evolution, 2009, 57 (6): 688–696.

［959］SUWA G, ASFAW B, KONO R T, et al. The Ardipithecus ramidus skull and its implications for hominid origins [J]. Science, 2009, 326 (5949): 68, 68e1–68e7.

［960］SUWA G, KONO R T, SIMPSON S W, et al. Paleobiological implications of the Ardipithecus ramidus dentition [J]. Science, 2009, 326 (5949): 69, 94–99.

［961］SUWA G, WOOD B A, WHITE T D. Further analysis of mandibular molar crown and cusp areas in Pliocene and early Pleistocene Hominids [J]. American journal of physical anthropology, 1994, 93 (4): 407–426.

［962］SWARTZ S M. Curvature of the forelimb bones of anthropoid primates: overall allometric patterns and specializations in suspensory species [J]. American journal of physical anthropology, 1990, 83 (4): 477–498.

［963］SWINDLER D R. Primate dentition: an introduction to the teeth of non-human primates [M]. Cambridge: Cambridge University Press, 2002.

［964］SZALAY F S. New Genera of European Eocene Adapid primates [J]. Folia Primatologica, 1974, 22 (2–3): 116–133.

［965］SZALAY F S. The beginnings of primates [J]. Evolution, 1968, 22 (1): 19–36.

［966］SZATHMÁRY E J E. The founding of the American association of physical anthropologists: 1930 [M] //LITTLE M A, KENNEDY K A R. Histories of American physical anthropology in the twentieth century. New York: Lexington Books, 2010: 127–140.

［967］TABUCE R, MARIVAUX L, LEBRUN R, et al. Anthropoid versus strepsirhine status of the African Eocene primates Algeripithecus and Azibius: craniodental evidence [J]. Proceedings of the royal society B: biological sciences, 2009, 276 (1676): 4087–4094.

［968］TANNER J M. Prediction of adult height from height: bone aghe, and occurence of menarche at ages 14–16 with allowance for midparent height [J]. Archives of disease in childhood, 1975, 50: 14–16.

［969］TAPPAN H. The paleobiology of plant protists [M]. San Francisco: W. H. Freeman and Company, 1980.

［970］TAPPEN N C. The dentition of the "old man" of La Chapelle-aux-Saints and inferences concerning Neandertal behavior [J]. American journal of physical anthropology, 1985, 67 (1): 43–50.

［971］TAUBEr H. 13C evidence for dietary habits of prehistoric man in Denmark [J]. Nature, 1981, 292

（5821）: 332–333.

［972］TAVARÉ S, MARSHALL C R, WILL O, et al. Using the fossil record to estimate the age of the last common ancestor of extant primates［J］. Nature, 2002, 416（6882）: 726–729.

［973］TAYLES N, DOMETT K, NELSEN K. Agriculture and dental caries? The case of rice in prehistoric Southeast Asia［J］. World archaeology, 2000, 32（1）: 68–83.

［974］TAYLES N. Tooth Ablation in Prehistoric Southeast Asia［J］. International journal of osteoarchaeology, 1996（6）: 333–345.

［975］TAYLOR A B, GOLDSMITH M. Gorilla biology: a multidisciplinary perspective［M］. Cambridge: Cambridge University Press, 2003.

［976］TAYLOR C R, ROWNTREE V J. Running on two or on four legs: which consumes more energy? ［J］. Science, 1973, 179（4069）: 186–187.

［977］TEAFORD M F, UNGAR P S. Diet and the evolution of the earliest human ancestors［J］. PNAS, 2000, 97（25）: 13506–13511.

［978］TEMPLE D H, KUSAKA S, SCIULLI P W. Patterns of social identity in relation to tooth ablation among prehistoric Jomon foragers from the Yoshigo site, Aichi Prefecture, Japan［J］. International journal of osteoarchaeology, 2011（21）: 323–355.

［979］The editors of Encyclopaedia Britannica, revised and updated by ROGERS K. Peppered moth ［J/OL］. Encyclopædia Britannica, Inc. 2019. https://www.britannica.com/animal/peppered–moth.

［980］THOMAS P. Forensic anthropology: the growing science of talking bones［M］. New York: Facts On File, Inc., 2003.

［981］THOMPSON T, BLACK S. Forensic human identification: an introduction［M］. Bowen Hills: Australian Academic Press, 2007.

［982］THOMSON A. The influence of posture on the form of the articular surfaces of the tibia and astragalus in the different races of man and the higher apes［J］. Journal of anatomy, 1889（23）: 616–639.

［983］THOMSON–SMITH L D. Australopithecus bahrelghazali: towards exploring the past［M］. London: Fasbook Publishing, 2012.

［984］THORPE S K S, HOLDER R L, CROMPTON R H. Origin of human bipedalism as an adaptation for locomotion on flexible branches［J］. Science, 2007, 316（5829）: 1328–1331.

［985］TIEN T D, HO M B T. Biomechanics of the musculoskeletal system: modeling of data uncertainty and knowledge［J］. Wiley, 2014.

［986］TILLEY L. Theory and practice in the bioarchaeology of care, bioarchaeology and social theory［M］. Zurich: Springer International Publishing Switzerlan, 2015: 219–257.

［987］TIXIER J, BRUGAL J P, TILLIER A M, et al. Irhoud 5, un fragment d'os coxal non adulte des neveaux moustériens marocains［M］//Actes des 1ères Journées Nationales d'Archéologie et du Patrimoine. Paris: Société Marocaine d'Archéologie et du Patrimoine. Volume 1: Préhistoire. 2001: 1149–153.

［988］TOBIAS P V. Darwin's prediction and the African emergence of the Genus Homo［J］. Accademia Nazionale Dei Lincei, Quaderno, 1973, 182: 63–85.

［989］TOBIAS P V. Evolution of human brain, intellect and sprit. Andrew abbie memorial lecture［M］. Adelaide: Adelaide University Press, 1981.

［990］TOBIAS P V. Middle and early upper Pleistocene members of the genus Homo in Africa［A］//

生物人类学
（第二版）

KURTH G. Evolution und hominisation [C]. 1968: 176–194.

[991] TODD T W. Age changes in the public bone I: the male white pubic [J]. American journal of physical anthropology, 1920, 3 (3) : 285–234.

[992] TOTH N, SCHICK K. The importance of Actualistic studies in early stone age research: some personal reflections [M] // SCHICK K, TOTH N. The cutting edge: new approaches to the archaeology of human origins. Gosport, IN: Stone Age Institute Press, 2009: 267–344.

[993] TOTH N, SCHICK K. The Oldowan: case studies into the earliest stone age [M]. Gosport, IN: Stone Age Institute Press, 2006.

[994] TOTH N. Archeological evidence for preferential right-handedness in the Lower and Middle Pleistocene, and its possible implications [J]. Journal of human evolution, 1985, 14 (6) : 607–614.

[995] TREVATHAN W. Primate pelvic anatomy and implications for birth [J]. Philosophical transactions of the royal society B: biological sciences, 2015, 370 (1663) : 20140065.

[996] TRINKAUS E, CHURCHLL S E, RUFF C B. Postcranial robusticity in Homo. II Humeral bilateral asymmetry and bone plasticity [J]. American journal of physical anthropology, 1994, 93 (1) : 1–34.

[997] TRINKAUS E, SHIPMAN P. The Neanderthals: changing the image of mankind [M]. Knopf: New York, 1993.

[998] TRINKAUS E, WU X J. External auditory exostoses in the Xuchang and Xujiayao human remains: patterns and implications among eastern Eurasian Middle and Late Pleistocene crania [J]. Plos one, 2017, 12 (12) : e0189390.

[999] TRINKHAUS E. Pathology and the posture of the La Chappelle-aux-Saints Neanderthal [J]. American journal of physical anthropology, 1985, 67 (1) : 19–41.

[1000] TSUTAYA T, YONEDA M. Reconstruction of breastfeeding and weaning practices using stable isotope and trace element analyses: a review [J]. American journal of physical anthropology, 2015, 156 (S59) : 2–21.

[1001] TURNER II C G, CHRISTIAN R N, SCOTT G R. Scoring procedures for key morphological traits of the permanent dentition: the Arizona State University Dental Anthropology System [J]. Advances in dental anthropology, 1991: 13–31.

[1002] TURNER II C G, MANABE Y, HAWKEY D E. The Zhoukoudian Upper Cave dentition [J]. Acta anthropology sinica, 2000, 19 (4) : 253–268.

[1003] TURNER II C G. Dental morphology and the population history of the Pacific Rim and Basin: commentary on Hirofumi Matsumura and Mark J. Hudson [J]. American journal of physical anthropology, 2006, 130 (4) : 455–458.

[1004] TURNER II C G. Late Pleistocene and Holocene population history of East Asia based on dental variation [J]. American journal of physical anthropology, 1987, 73 (3) : 305–321.

[1005] TURNER II C G. Major features of Sundadonty and Sinodonty, including suggestions about East Asian microevolution, population history, and late Pleistocene relationship with Australian Aboriginals [J]. American journal of physical anthropology, 1990, 82(3): 295–317.

[1006] TUTTLE R H. Apes and human evolution [M]. Cambridge: Harvard University Press, 2014.

[1007] TYLER D E. Meganthropus cranial fossils

from Java [J]. Human evolution, 2001, 16（2）: 81–101.

［1008］UBELAKER D H. Human skeletal remains: excavation, analysis, interpretation [M]. 2nd ed. Washaington, DC: Taraxacum, 1989.

［1009］UBELAKER D H. Skeletal evidence for kneeling in prehistoric Ecuador [J]. American journal of physical anthropology, 1979, 51（4）: 679–685.

［1010］ULIJASZEK S J, MASCIE-TAYLOR C G N. Anthropometry: the individual and the population [M]. Cambridge: Cambridge University Press, 1994.

［1011］UNIVERSITY OF YORK. Roman York skeleton could be early TB victim [J/OL]. Science daily. [2008–09–17]. https://www.sciencedaily.com/releases/2008/09/080916101038.htm.

［1012］URABE A, NAKAYA H, MUTO T, et al. Lithostratigraphy and depositional history of the Late Cenozoic hominid-bearing successions in the Yuanmou Basin, southwest China [J]. Quaternary science reviews, 2001, 20（15）: 1671–1681.

［1013］VALENTIN F, ALLIÈSE F, BEDFORD S, et al. Réflexions sur la transformation anthropique du cadavre: le cas des sépultures Lapita de Teouma （Vanuatu）[J]. Bulletins et memoires de la societe d'anthropologie de Paris, 2016, 28（1–2）: 19–44.

［1014］VAN DER MERWE N J, ROOSEVELT A C, VOGEL J C. Isotopic evidence for prehistoric subsistence change at Parmana, Venezuela [J]. Nature, 1981, 292（5822）: 536–538.

［1015］VAN DER PLICHT J, HOGG A. A note on reporting radiocarbon [J]. Quaternary geochronology, 2006, 1（4）: 237–240.

［1016］VAN NOORDWIJK M A, VAN SCHAIK C P. Development of ecological competence in Sumatran Orangutans [J]. American journal of physical anthropology, 2005, 127（1）: 79–94.

［1017］VANZETTI A, VIDALE M, GALLINARO M, et al. The iceman as a burial [J]. Antiquity, 2010（84）: 684–692.

［1018］VASULU T S. The origin and antiquity of syphilis（treponematosis）in Southeast Asia [J]. Human evolution, 1993, 8（4）: 229–233.

［1019］VESALIUS A. De humani corporis fabrica libriseptem [M]. Padua: School of medicine, 1543.

［1020］VIALET A, GUIPERT G, He J, et al. Homo erectus from the Yunxian and Nankin Chinese sites anthropological insights using 3D virtual imaging techniques[J]. Comptes rendus palevol, 2010, 9（6–7）: 331–339.

［1021］VILLOTTE S. Connaissances médicales actuelles, cotation des enthésopathies: nouvelle méthode [J]. Bulletins et mémoires de la société D anthropologie de Paris, 2006, 18（1）: 65–85.

［1022］VINYARD C, RAVOSA M J, WALL C. Primate craniofacial function and biology [M]. New York: Springer Science+Business Media, LLC., 2008.

［1023］VIRCHOW H. Die anthropologische untersuchung de nase [J]. Zeitschrift für ethnologie. Berlin, 1912（44）: 288–337.

［1024］VON CRAMON-TAUBADEL N, FRAZIER B C, LAHR M M. The problem of assessing landmark error in Geometric Morphometrics: theory, methods, and modifications [J]. American journal of physical anthropology, 2007, 134（1）: 24–35.

［1025］WALKER A, LEAKEY R E F, HARRIS J, et al. 2.5-myr australopithecus boisei from west of Lake Turkana, Kenya [J]. Nature, 1986, 322（7）: 517–522.

［1026］WALKER D, POWERS N, CONNELL

B, et al. Evidence of skeletal treponematosis from the medieval burial ground of St. Mary Spital, London, and implications for the origins of the disease in Europe [J]. American journal of physical anthropology, 2015, 156 (1): 90–101.

[1027] WALSH J E. Unraveling Piltdown: the science fraud of the century and its solution [M]. New York: Random House, 1996.

[1028] WANG J, WANG W, LI R, ET AL. The diploid genome sequence of an Asian individual [J]. Nature, 2008, 456 (7218): 60–65.

[1029] WARD C V, KIMBEL W H, HARMON E H, et al. New postcranial fossils of australopithecus afarensis from Hadar, Ethiopia (1990–2007) [J]. Journal of human evolution, 2012, 63 (1): 1–51.

[1030] WARD C V, LEAKEY M G, WALKER A. Morphology of australopithecus anamensis from Kanapoi and Allia Bay, Kenya [J]. Journal of human evolution, 2001, 41 (4): 255–368.

[1031] WARD C V, PLAVCAN J M, MANTHIET F K. Anterior dental evolution in the Australopithecus anamensis: afarensis lineage [J]. Philosophical transactions of the royal society of London. Series B: biological sciences, 2010, 365 (1556): 3333–3344.

[1032] WARD C V. Interpreting the posture and locomotion of Australopithecus afarensis: where do we stand? [J]. American journal of physical anthropology supplement, 2002, 35 (S35): 185–215.

[1033] WATERS M R, STAFFORD T W. Redefining the age of Clovis: implications for the peopling of the Americas [J]. Science, 2007, 317 (5836): 1122–1126.

[1034] WATSON L. Jacobson's organ and the remarkable nature of smell [M]. London: W. W. Norton & Company, 2000.

[1035] WATTS J, SHEEHAN O, ATKINSON Q D, et al. Ritual human sacrifice promoted and sustained the evolution of stratified societies [J]. Nature, 532: 228–231.

[1036] WEISS E. Bioarchaeological science: what we have learned from human skeletoal remains [M]. New York: Nova Science Publishers, Inc., 2009.

[1037] WEISS K M. A method for approximation of age-specific fertility [J]. Human biology, 1973 (45): 195–210.

[1038] WELCKER H. Schiler's schädel und todenmaske: nebst mittheolungen über sclädel und todenmaske kant's [M]. Braunschweig: Fr. Vieweg und Sohn, 1883.

[1039] WELLER J M. The course of evolution [M]. New York: McGraw-Hill, 1969.

[1040] WHEELER P E. The influence of bipedalism on the energy and water budgets of early hominids [J]. Journal of human evolution, 1991, 21 (2): 117–136.

[1041] WHITE A A. Mortality, Fertility, and the OY Ratio in a model hunter-gatherer system [J]. American journal of physical anthropology, 2014 (154): 222–231.

[1042] WHITE T D, AMBROSE S H, SUWA G, et al. Macrovertebrate paleontology and the pliocene habitat of ardipithecus ramidus [J]. Science, 2009, 326 (5949): 67–93.

[1043] WHITE T D, ASFAW B, BEYENE Y, et al. Ardipithecus ramidus and the paleobiology of early hominids [J]. Science, 2009, 326 (5949): 75–86.

[1044] WHITE T D, FALK D. A quantitative and qualitative reanalysis of the endocast from the juvenile Paranthropus specimen L338y-6 from Omo, Ethiopia

[J]. American journal of physical anthropology, 1999, 110 (4) : 399–406.

[1045]WHITE T D, FOLKENS P A. The human bone manual [M]. London: Elsevier Academic Press, 2005.

[1046]WHITE T D, JOHANSON D C, KIMBEL W H. Australopithecus africanus: its phyletic position reconsidered [J]. South African journal of science, 1981, 77 (10) : 445–470.

[1047]WHITE T D, SUWA G, HALTER W K, et al. New discoveries of Australopithecus at Maka in Ethiopia [J]. Nature, 1993, 366 (6452) : 261–265.

[1048]WHITE T D. Earliest Hominids [A] // HARTWIG W C. The primate fossil record. Cambridge: Cambridge University Press, 2002: 407–417.

[1049]WHIITE T D. Human osteology [M]. 2nd ed. San Diego: Academic Press, 2001.

[1050]WHITE T, ASFAW B, DEGUSTA D, et al. Pleistocene Homo sapiens from Middle Awash, Ethiopia [J]. Nature, 2003, 423 (6491) : 742–747.

[1051]WHITEHEAD P F, JOLLY C J. Old world monkeys [M]. Cambridge: Cambridge University Press, 2000.

[1052]WHITEN A, SCHICK K, TOTH N. The evolution and cultural transmission of percussive technology: integrating evidence from palaeoanthropology and primatology [J]. Journal of human evolution, 2009, 57 (4) : 420–435.

[1053]WHO. Impact of climate change on communicable diseases [EB/OL]. Geneva: World Health Organization, 2009. http://www.searo.who.int/EN/Section10/Section2537_14458.htm.

[1054]WIESŁAW L. Prehistoric and early historic trepanation: a survey of main issues. Can trepanation be traced to the Mesolithic within the area of present-day [J]. Acta archaeologica lodziensia, 2007 (53) : 43–54.

[1055]WILEY A S. An ecology of high altitude infancy: a biocultural perspective [M]. Cambridge: Cambridge University Press, 2004.

[1056]WILL M, STOCK J T. Spatial and temporal variation of body size among early Homo [J]. Journal of human evolution. 2015 (82) : 15–33.

[1057]WILLIAMS B A, KAY R F, KIRK E C. New perspectives on anthropoid origins [J]. Proceedings of the national academy of sciences, 2010, 107 (11) : 4797–4804.

[1058]WILLIAMS F, ARNOLD-FOSTER T, YEH H, et al. Intestinal parasites from the 2nd–5th century AD latrine in the Roman baths at Sagalassos (Turkey) [J]. International journal of paleopathology, 2017(19): 37–42.

[1059]WILLIAMS S R, CHAGNON N A, SPIELMAN R S. Nuclear and mitochondrial genetic variation in the Yanomamö: a test case for ancient DNA studies of prehistoric populations [J]. American journal of physical anthropology, 2002, 117 (3) : 246–259.

[1060]WILLIS A, OXENHAM M F. A case of maternal and perinatal death in Neolithic Southern Vietnam, c. 2100–1050 BCE [J]. International journal of osteoarchaeology, 2013, 23 (6) : 676–684.

[1061]WILSON D E, REEDER D M. Mammal species of the world [M]. 3rd ed. Baltimore: Johns Hopkins University Press, 2005.

[1062]WILSON L A B, HUMPHREY L T. A virtual geometric morphometric approach to the quantification of long bone bilateral asymmetry and cross-sectional shape [J]. American journal of physical

anthropology, 2015, 158（4）: 541–556.

［1063］WILSON M. Charcot foot osteoarthopathy in diabetes mellitus［J］. Military medicine, 1991（156）: 563–569.

［1064］WINKELMANN A. The scientific legacy of Heinrich von Eggeling（1869–1954）, long-time secretary of the Anatomische Gesellschaft［J］. Annals of anatomy, 2015（201）: 31–37.

［1065］WOLPOFF M H, WU X, THORNE A G. Modern Homo sapiens origins: a general theory of Hominid evolution involving the fossil evidence from East Asia［M］//SMITH F H, SPENCER F. The origins of modern humans: a world survey of the fossil evidence. New York: Liss, 1984: 411–483.

［1066］WOLPOFF M H. Paleoanthropology［M］. 2nd ed. Boston: McGraw-Hill, 1999.

［1067］WOO T L, MORANT G M. A biometric study of the flatness of the facial skeleton in man［J］. Biometrka, 1934（26）: 196–250.

［1068］WOO T L. Table for ascertaining the significance or non-significance of association measures by the correlation ratio［J］. Biometrka, 1929（21）: 1–4.

［1069］WOOD B A, LONERGAN N. The hominin fossil record: taxa, grades and clades［J］. Journal of anatomy, 2008, 212（4）: 354–376.

［1070］WOOD B, BOYLE E K. Hominin taxic diversity: fact or fantasy?［J］. American journal of physical anthropology, 2016,159（S61）: 37–78.

［1071］WOODWARD A S. A new cave man from Rhodesia, South Africa［J］. Nature, 1921, 108（2716）: 371–372.

［1072］WRIGHT S. Evolution in Mendelian populations［J］. Genetics, 1931, 16（2）: 97–159.

［1073］WU X J, CREVECOEUR I, LIU W, et al. Temporal labyrinths of eastern Eurasian Pleistocene humans［J］. PNAS, 2014, 111（29）: 10509–10513.

［1074］WU X J, LIU W, BAE C J. Craniofacial variation between Southern and Northern Neolithic and Modern Chinese［J］. International journal of osteoarchaeology, 2012, 22（1）: 98–109.

［1075］WU X J, PEI S W, CAI Y J, et al. Archaic human remains from Hualongdong, China, and Middle. Pleistocene human continuity and variation［J］. Proceedings of the national academy of sciences, 2019.

［1076］WU Y, ZHOU H Y, HAN J W, et al. New dating of the Homo erectus cranium from lantian（gongwangling）, China［J］. Journal of human evolution, 2015, 78（2015）: 144–157.

［1077］XIAO D, BAE C J, SHEN G, et al. Metric and geometric morphometric analysis of new hominin fossils from Maba（Guangdong, China）［J］. Journal of human evolution, 2014, 7: 1–20.

［1078］XING L D, NIUK C, LOCKLEY M G, et al. A probable tyrannosaurid track from the upper Cretaceous of Southern China［J］. Chinese science bulletin, 2019, 64（16）.

［1079］XING S, TAFFOREAU P, O'HARA M, et al. First systematic assessment of dental growth and development in an archaic hominin（genus, Homo）from East Asia［J］. Science advances, 2019, 5（1）: eaau0930.

［1080］YEH H Y, CHEN Y P, MITCHELL P D. Human intestinal parasites from the Wushantou Site in Neolithic period Taiwan（800–1 BC）［J］. The journal of island and coastal archaeology, 2016, 11（3）: 425–434.

［1081］YEH H Y, MITCHELL P D. Ancient human parasites in ethnic Chinese populations［J］. Korean journal of parasitology, 2016, 54（5）: 565–572.

［1082］YEH H Y, MITCHELL P D. Intestinal parasites in the cesspool［M］// CLAMER C, et al. Colegio de Pilar: Excavations in Jerusalem, Christian Quarter. Cahiers de la Revue Biblique, 88. Peeters: Leuven, 2017: 154–161.

［1083］YEH H Y, PLUSKOWSKI A, KALĒJS U, et al. Intestinal parasites in a mid-14th century latrine from Riga, Latvia: fish tapeworm and the consumption of uncooked fish in the medieval eastern Baltic region［J］. Journal of archaeological science, 2014（49）: 83–89.

［1084］YEH H Y, PRAG K, CLAMER C, et al. Human intestinal parasites from a Mamluk period cesspool in the Christian Quarter of Jerusalem: potential indicators for long distance travel in the 15th century AD［J］. International journal of paleopathology, 2015（9）: 69–75.

［1085］YEH H Y, ZHAN X, QI W. A comparison of ancient parasites as seen from archeological contexts and early medical texts in China［J］. International journal of paleopathology, 2019（25）: 30–38.

［1086］YI B, LIU X, YUAN H, et al. Dentin isotopic reconstruction of individual life histories reveals millet consumption during weaning and childhood at the late Neolithic（4500 BP）Gaoshan site in southwestern China［J］. International journal of osteoarchaeology, 2018, 28（6）: 636–644.

［1087］YOUNG M, JOHANNESDOTTIR F, POOLE K, et al. Assessing the accuracy of body mass estimation equations from pelvic and femoral variables among modern British women of known mass［J］. Journal of human evolution. 2018（115）: 130–139.

［1088］YUAN J, FLAD R K. Pig domestication in ancient China［J］. Antiquity, 2002, 76（293）: 724–732.

［1089］YUN J, MULLARKY E, LU C, et al. Vitamin C selectively kills KRAS and BRAF mutant colorectal cancer cells by targeting GAPDH［J］. Science, 2015, 350（6266）: 1391–1396.

［1090］ZALMOUT I S, SANDERS W J, MACKATCHY L M, et al. New Oligocene primate from Saudi Arabia and the divergence of apes and Old World monkeys［J］. Nature, 2010, 466（7304）: 360–364.

［1091］ZELDITCH M L, SWIDERSKI D L, SHEETS H D, et al. Geometric morphometrics for biologists［M］. London: Elsevier Academic Press, 2004.

［1092］ZHANG Q, LIU P, YEH H Y, et al. Intentional cranial modification from the Houtaomuga Site in Jilin, China: earliest evidence and longest in situ practice during the Neolithic Age［J］. American journal of physical anthropology, 2019, 169（4）: 747–756.

［1093］ZHANG X L, HA B B,WANG S J, et al. The earliest human occupation of the high-altitude Tibetan Plateau 40 thousand to 30 thousand years ago［J］. Science, 2018, 362（6418）: 1049–1051.

［1094］ZHANG Y, HARRISON T. Gigantopithecus blacki: a giant ape from the Pleistocene of Asia revisited［J］. American journal of physical anthropology, 2017, 162（s63）: 153–177.

［1095］ZHANG Y, JIN C, CAI Y, ET AL. New 400–320 ka Gigantopithecus blacki remains from Hejiang Cave, Chongzuo City, Guangxi, South China［J］. Quaternary international, 2013, 354（1）: 35–45.

［1096］ZHANG Y, LI F L, SHEN W W, et al. Characteristics of the skeletal system of bound foot: a case study［J］. Journal of biomimetics biomaterials and tissue engineering, 2014, 19（1）: 120.

［1097］ZHAO L X, ZHANG L Z. New fossil evidence and diet analysis of Gigantopithecus blacki and its distribution and extinction in South China [J]. Quaternary international, 2013, 286 (1) : 69–74.

[1098] ZHOU W, ZHAO X, LU X, et al. The 3MV multi-element AMS in Xi'an, China: unique features and preliminary tests [J]. Radiocarbon, 2006, 48 (2) : 285–293.

[1099] ZINK A, SOLA C, REISCHL U, et al. Characterization of Mycobacterium tuberculosis complex DNAs from Egyptian mummies by Spoligotyping [J]. Journal of clinical microbiology, 2003, 41 (1) : 359–367.

[1100] ZIPFEL B, DESILVAJM, KIDDRS, et al. The foot and ankle of Australopithecus sediba [J]. Science, 2011, 333 (6048) : 1417–1420.

[1101] ZMMEMRAN M R, KELLEY M A. Atlas of human paleopathology [M]. New York: Praeger Publishers CBS Educational and Professional Publishing a Division of CBS Inc., 1982: 87–108.

[1102] ZOLLIKOFER C P E, PONCE DE LEON M S, LIEBERMAN D E, et al. Virtual cranial reconstruction of Sahelanthropus tchadensis [J].

Nature, 2005, 434 (7034) : 755–759.

[1103] ZUBERBÜHLER K, JENNY D, BSHARY R. The predator deterrence function of primate alarm calls [J]. International journal of behavioral biology, 1999, 105 (6) : 477–490.

[1104] ZUBERBÜHLER K. Language evolution: the origin of meaning in primates [J]. Current biology, 2006, 16 (4) : 123–125.

[1105] ZUBERBÜHLER K. The phylogenetic roots of language: evidence from primate communication and cognition [J]. Current directions in psychological science, 2005, 14 (3) :126–130.

[1106] ZUCKERKANDL E, PAULING L B. Molecular disease, evolution, and genic heterogeneity [M] // KASHA M, PULLMAN B. Horizons in biochemistry. New York: Academic Press, 1962: 189–225.

[1107] ZYWICZYNSKI P, GONTIER N, WACEWICZ S. The evolution of (proto-) language: focus on mechanisms [J]. Language sciences, 2017 (63) 1–11.

致　谢

自第一版问世至今已十余载。其间不断地审视之、修订之，未敢松懈。此过程是自由的、快乐的，全因所及的人和事而成，为此深感幸运并心存感激。本书的写作和出版是由"中山大学2013年本科教材建设立项项目"和中山大学教务部专项出版经费共同资助完成的，特此鸣谢！衷心感谢中山大学出版社的诸位同仁，特别感谢王天琪社长、徐劲总编和张蕊女士的理解、支持与鼓励。感谢贵州省文化与旅游厅曹巩华先生一直以来的关注与支持。本版新增的大量珍贵而精美的图片获得了国内外诸多机构和个人的慷慨授权，谨以文中标明版权出处的形式来表达诚挚的谢意。

本版自立项以来，得到了诸多师友的真诚支持与帮助。首先感谢恩师朱泓先生，感谢您一直以来对学生的无尽关爱与鼎力支持！特别感谢中山大学人类学系历届可爱的学生们，没有你们的审慎思考和科学疑问，就没有我精进教学的动力和敬畏知识的感悟。特别感谢广东省文物考古研究所的陈博宇先生，感谢您逐字逐句地阅读第一版内容，指出了诸多错误，并给予详细的修改建议。

我也要分别感谢如下诸位师友一直以来的帮助与指教。他们是：中山大学冯家骏教授、曾骐教授、陈华教授、许永杰教授、刘昭瑞教授、周大鸣教授、刘志伟教授、郑卓教授、罗镇忠书记、郑君雷教授、张应强教授、张振江教授、张晋昕教授、余翀副教授、韦伟燕博士、王婷婷博士、金志伟博士、黄晓倩女士、王宏副教授、冯琳教授、彭康强副教授、梁宏副教授、叶华副教授、吴涛教授、谢湜教授、于薇副教授、王承教副教授、肖文明副教授、董波副教授、钟文秀博士；吉林大学朱永刚教授、陈全家教授、史吉祥教授、汤卓炜教授、赵宾福教授、王立新教授、彭善国教授、周慧教授、崔银秋教授、林雪川副研究员、魏东副教授、井中伟教授、方启副教授、张全超教授、蔡大伟教授；中国社会科学院傅宪国研究员、赵志军研究员、陈星灿研究员、王浩天研究员、张雪莲研究员、张君研究员、王明辉副研究员、赵欣博士、付永旭副研究员、张旭博士、黄超博士、周振宇副研究员、彭小军先生；国家文物局顾玉才博士；中国科学院吴新智院士、刘武研究员、高星研究员、倪喜军研究员、吴秀杰研究员、邢松博士、付巧妹研究员、张佩琪博士、惠家明先生；广西文物考古研究所林强研究员、李珍研究员、谢光茂研究员、覃芳研究员、杨清平研究员、何安益研究员、蒙长旺先生；桂林甑皮岩博物馆周海研究员、韦军研究员；广东文物考古研究所卜工研究员、李岩研究员、尚杰研究员、曹劲研究员、邓宏文研究员、崔勇研究员、刘长博士、石俊会先生、柏宇亮先生；广州市文物考古研究院黄洪流书记、张强禄研究员、易西兵研究员、张百祥先生、张希女士、吕良波博士、饶晨女士、曹耀文先生；广州市西汉南越王博物馆吴凌云研究员、曹穗女士、黄巧好女士；广州市南越王宫博物馆全洪研究员、刘业沣博士；广东省博物馆肖海明研究员、王芳研究员、冯远副研究员、兰维副研究员；遂溪县博物馆陈成先生、王小青女士；东莞蚝岗遗址博物馆吴孝斌研究员、罗斌副研究员；韶关市曲江区文广新局禤细贤先生；韶关市马坝人博物馆肖东方研究员；韶关市博物馆李衡华先生；深圳市文物考古鉴定所谢鹏先生；非常博物馆（Very Museum）中国的徐晓辉先生；天津市文史馆陈雍研究员；天津市文化遗产保护中心盛立双研究员、刘健先生、甘才超先生、张瑞先生；平津战役纪念馆梅鹏云研究员；贵州文物考古研究所周必素研究员、宋先世研究员、张和荣研究员、张兴龙研究员、吴小华副研究员、杨洪副研究员、彭万副研究员；贵州省博物馆李飞研究员；湖南文物考古研究所郭伟民研究员、尹检顺研究员、赵亚峰先生；云南文物考古研究所蒋志龙研究员、吉学平研究员；重庆市文化遗产研究院袁东山研究员、胡立敏先生；山西大学李君教授、霍东峰副教授、谢尧亭教授、侯亮亮副教授、陈小三副教授、侯侃博士；复旦大学高蒙河教授、袁靖教授、胡耀武教授；福建博物院范雪春研究员、温松全研究员；福建泉州博物馆范佳平研究员；福建石狮市博物馆李国宏研究员；武汉大学李英华教授；山东大学王伟教授、靳桂云教授、王青教授、赵永生副教授、曾雯副教授；广东省公安厅杨武杰先生；公安部张继宗教授；华中科技大学周亦武教授；中国（海南）南海博物馆方园女士；中国人民大学魏坚教授、陈胜前教授、张林虎副教授；浙江文物考古研究所徐新民研究员、方向明研究员、蒋乐平研究员、黄昊德副研究员；成功大学熊仲卿博士；辽宁大学陈山教授；西北大学陈靓教授；内蒙古师范大学索明杰博士；南京大学张敬雷副教授；四川大学霍巍教授、李永宪教授、原海兵副教授；郑州大学韩国河教授、周亚威副教授；河南文物考古研究所孙蕾副研究员；河南大学张玲副教授；南京博物院朱晓汀副研究员；湖北文物考古研究所周蜜研究员；北京大学赵辉教授、吴小红教授、秦岭教授、何嘉宁教授、倪润安教授；中央民族大学麻国庆教授、李海军副教授、陈伟驹副教授；厦门大学蔡保全教授、Augustin Holl 教授、王传超教授；北京科技大学梅建军教授、陈坤龙教授、马颖博士；天津师范大学郑连斌教授；锦州医科大学席焕久教授、任甫教授；新疆师范大学刘学堂教授；西南民族大学王建华教授；清华大学甘阳教授。越南考古学会 Nguyễn Lân Cường 博士；越南国家社会科学院考古院 Nguyễn Kim Thuy 博士；越南国家大学 Lâm Thị Mỹ Dung 教授、Đặng Hồng Sơn 博士；加拿大西安大略大学 Jay Stock 教授、英国剑桥大学 Colin Shaw 博士、Piers Mitchell 教授、John Moffett 博士、滕忠照博士；澳大利亚悉尼大学 Keith Dobney 教授、英国利物浦大学 Arden Hulme-Beamen 博士；英国阿伯丁大学 Gordon Noble 教授、Kate Britton 博士；英国邓迪大学李书宇博士；美国加利福尼亚大学 Mauricio Henandez 博士；法国国家科学研究中心 Thomas Cucchi 博士；法国巴黎第十大学 Jennifer Kerner 博士；巴黎古脊椎人类研究所 Amelie Vialet 博士、法国法兰西学院及巴黎国家自然史博物馆 Fabrice Demeter 博士、瑞士日内瓦大学邸达博士；新加坡南洋理工大学叶惠媛博士；美国夏威夷大学 Michael Pietrusewsky 教授；澳大利亚国立大学 Peter Bellwood 教授；澳大利亚悉尼大学 Richard Wright 教授；日本新潟县立看护大学 Hisashi Fujita 副教授。

最后，感谢我的家人特别是我的妻子林冠男和女儿李澍尧一如既往的理解与支持。澍尧时常询问："爸爸，您的书写得怎么样了？"她还用自己的零花钱为我买了一本 Lefen S. Stavrianos 所著的《全球史纲：人类历史的谱系》，希望对我的写作有帮助。谢谢你，亲爱的女儿，我的确用到它了！

李法军
2020 年 12 月于康乐园